Karl Mägdefrau

Geschichte der Botanik

Geschichte der Botanik

Leben und Leistung großer Forscher

Karl Mägdefrau

Zweite Auflage

Mit 160 Abbildungen

SEMPER BONIS ARTIBUS

Gustav Fischer Verlag
Stuttgart · Jena · New York · 1992

Anschrift des Verfassers:
Professor Dr. Karl Mägdefrau
Waldstraße 11
D-8024 Deisenhofen bei München

Die Deutsche Bibliothek – CIP-Einheitsaufnahme

Mägdefrau, Karl:
Geschichte der Botanik : Leben und Leistung grosser Forscher / Karl Mägdefrau. – 2. Aufl. – Stuttgart ; Jena ; New York : G. Fischer, 1992
ISBN 3-437-20489-0

Satz: Typobauer Filmsatz GmbH, Scharnhausen
Druck und Bindearbeiten: Wilhelm Röck, Weinsberg
Printed in Germany

Vorwort zur zweiten Auflage

In diesem und im vorigen Jahrhundert sind zwölf Bücher über Geschichte der Botanik in deutscher, englischer und französischer Sprache erschienen. Das vorliegende Buch ist das einzige, dem das Glück zuteil wurde, in einer zweiten Auflage zu erscheinen. Diese Gelegenheit habe ich benutzt, zahlreiche Ergänzungen, vor allem in den Anmerkungen, vorzunehmen, ein Kapitel über die botanische Meeresforschung («Benthos und Plankton») einzufügen sowie eine Anzahl neuer bzw. besserer Portraitbilder einzusetzen. Ich konnte mich aber nicht entschließen, an die Kapitel der zweiten Hälfte des Buches jeweils noch einige Seiten über die Entwicklung in den letzten Jahrzehnten anzufügen. Der Biochemiker ERWIN CHARGAFF («Unbegreifliches Geheimnis» 1980) sagt angesichts der «Schrifttumsexplosion» mit Recht: «Bis in unsre dreißiger Jahre blieb das Wachstum der Wissenschaften in menschlichen Dimensionen».

Ich möchte nicht versäumen, auf das 7bändige Werk «Taxonomic Literature» von F. STAFLEU & R. COWAN hinzuweisen, das nicht nur eine sorgfältige botanische Bibliographie bietet, sondern auch die biographische Literatur in bisher unerreichter Vollständigkeit erfaßt.

Mit GOLO MANN bin ich «überzeugt, daß es immer wieder Studenten geben wird, die an der Historie Feuer fangen, wenn sie vergangenem Leben, vergangenen Zusammenhängen, Entwicklungen und Schicksalen begegnen.»

Für Anregungen und Hilfen bei der Bearbeitung der neuen Auflage danke ich Dr. KLAUS DOBAT, Dr. PETER DÖBBELER, Prof. Dr. HARTMUT DÖHL, Prof. Dr. ERNST FITTKAU, Prof. Dr. ILSE JAHN, Prof. Dr. DOROTHEA KUHN und Dr. EBERHARD SPEER.

Dem Verlag Gustav Fischer, mit dem mich eine 63jährige vorbildliche Zusammenarbeit verbindet, danke ich auch diesmal für die vorzügliche Bildausstattung der «Geschichte der Botanik».

Deisenhofen bei München
März 1992

KARL MÄGDEFRAU

Vorwort zur ersten Auflage

Wer nicht von dreitausend Jahren
sich weiß Rechenschaft zu geben,
bleib' im Dunkeln unerfahren,
mag von Tag zu Tage leben.

GOETHE (1819)

In meine Vorlesungen über allgemeine und spezielle Botanik gelegentlich eingeflochtene historische Exkurse wurden von den Hörern mit besonderer Anteilnahme verfolgt. Die vielfach zu hörende Klage, der heutigen Studentengeneration sei die Geschichte gleichgültig, trifft nur bedingt zu, jedenfalls nicht für diejenigen Studenten, die aus tieferem wissenschaftlichen Interesse heraus studieren. Diese Erfahrung ermutigte mich, 1957 eine Vorlesung »Geschichte der Botanik in Lebensbildern großer Forscher« abzuhalten, die ich später mehrfach wiederholt habe. Von den Hörern wurde ich gebeten, die Vorlesung zu veröffentlichen. Das Kollegmanuskript erfuhr eine weitgehende Umarbeitung und beträchtliche Ergänzung. Die Niederschrift zog sich mit mehrfachen Unterbrechungen über viele Jahre hin, so daß schließlich eine nochmalige Überarbeitung des Ganzen notwendig wurde.

Ziel und Weg der Darstellung werden in der Einleitung erörtert. Doch sei hier bereits hervorgehoben, daß dieses Buch nur dem Zwecke dienen soll, jungen Botanikern die Entwicklung unserer Wissenschaft in den Hauptzügen vorzuführen. VIRCHOW's Wort gilt heute in weit größerem Maße als vor hundert Jahren, als er es schrieb: »Kürze ist die stärkste Bürgschaft dafür, gelesen zu werden«. Wer sich über einzelne Probleme oder Forscherpersönlichkeiten weiter unterrichten möchte, findet in den Anmerkungen genaue Quellenangaben, bibliographisch vollständige Zitate der Originalwerke, Hinweise auf Biographien sowie Ergänzungen spezielleren Inhalts.

Bei der Beschaffung der Literatur wurde ich von den Bibliotheken der Botanischen Staatsanstalten in München und des Instituts für Biologie in Tübingen sowie von der Universitätsbibliothek in Tübingen stets aufs freundlichste unterstützt. Allen Helfern sage ich ebenso aufrichtigen Dank wie dem Verlag Gustav Fischer, der meinen Wunsch nach einer reichhaltigen Bebilderung in großzügiger Weise erfüllt hat.

Deisenhofen bei München
Pfingsten 1972

KARL MÄGDEFRAU

Inhalt

Einleitung

Es ist höchst bedeutend, einen Autor als Menschen zu betrachten. Ja eine Geschichte der Wissenschaften, insofern diese durch Menschen behandelt worden, zeigt ein ganz anderes und höchst belehrendes Ansehen, als wenn bloß Entdeckungen und Meinungen aneinandergereiht werden.

GOETHE (1810)

Unser gegenwärtiges Wissen, wie es in den Lehr- und Handbüchern niedergelegt ist, gleicht der Krone eines alten Baumes, der in der Tiefe wurzelt und dessen Äste in Zukunft sich weiter entwickeln, verzweigen und erstarken werden. Jede Forschergeneration hat zu dem von ihren Vorgängern übernommenen Wissen neue Erkenntnisse hinzugefügt. Jede Wissenschaft, in unserem Falle die Botanik, verzweigte sich in Teilgebiete verschiedener Zielsetzung, die aber alle miteinander in mehr oder weniger enger Beziehung stehen. Zu einem vertieften Verständnis des gegenwärtigen Zustandes unserer Wissenschaft gelangen wir daher nur durch die Kenntnis früheren Zustände, die uns in den Stand setzt, die gesamte Entwicklung zu verfolgen und zu überblicken.

Vieles in unseren Lehrbüchern ist nur historisch verständlich, z.B. die üblichen, vielfach sogar untypischen Beispiele[1] für morphologische und physiologische Erscheinungen oder die Konfusion in vielen Punkten unserer heutigen Terminologie[2]. Die geschichtliche Entwicklung eines Faches greift viel stärker in die Gegenwart ein als es zunächst den Anschein haben mag. Unsere heutigen Erkenntnisse wurzeln in der Forscherarbeit früherer Generationen. Der «moderne» Pflanzenphysiologe ist oft erstaunt, »seine« Probleme schon bei PFEFFER oder gar bei SACHS diskutiert zu finden, und der Evolutionsforscher studiert DARWIN's «Origin oft species» (1859) heute noch mit großem Gewinn. Was diese wenigen Beispiele andeuten, kommt uns in jedem Kapitel des vorliegenden Buches zum Bewußtsein: Ein Verständnis der Gegenwart gibt es nicht ohne Kenntnis der Vergangenheit.

Für die Geschichte bieten sich verschiedene Möglichkeiten der Darstellung an. Der Historiker JOHANN GUSTAV DROYSEN[3] unterscheidet deren vier: die untersuchende Darstellung, die lediglich über die historische Untersuchung als solche berichtet; die erzählende Darstellung, welche aus dem Erforschten ein Bild des Werdens gestaltet; die didaktische Darstellung, bei welcher wir die Vergangenheit zur Aufklärung unserer Gegenwart und zu deren tieferem Verständnis verwenden; schließlich die diskussive Darstellung, welche die Erkenntnis des Gewordenen auf das gegenwärtige Handeln anwendet. Während die letztgenannte Darstellung vorzugsweise für wirtschaftliche, soziale und juristische Belange von Bedeutung ist, haben wir für die drei anderen Darstellungsformen gute Beispiele aus der Botanik-Geschichte. Die «Geschichte der Botanik» von ERNST H.F. MAYER, die die zusätzliche Bezeichnung »Studien« trägt, gehört zum erstgenannten Typus. Sie beruht auf gewissenhaften und kritischen Detailuntersuchungen, die man bei der Lektüre gleichsam miterlebt. Dementsprechend ist der Text sehr ausführlich, und das Werk blieb unvollendet; es umfaßt mit 1841 Seiten nur die Zeit vom Altertum bis zum 16. Jahrhundert, also nur die drei ersten Kapitel des vorliegenden Buches. Ein ähnliches Schicksal hatte die mit gleicher Zielsetzung wie MEYER's Werk geplante «Introduction to the History of Science» von GEORGE SARTON. Von den 26 geplanten Bänden erschienen lediglich vier, die nur bis zum 14. Jahrhundert reichen. Ihrer Arbeitsweise entsprechend übersteigt die «untersuchende Darstellung» die Schaffenskraft eines einzelnen Gelehrten, wenn er die gesamte Geschichte eines Faches zu umfassen sich zum Ziele setzt. Beispiele für die zweite Darstellungsform haben wir vor uns in der «Geschichte der Botanik», von MARTIN MÖBIUS (1937) und in der «Botanik der Gegenwart und Vorzeit» von KARL JESSEN (1864). Während MÖBIUS eigentlich nur berichtet, «wer wann was» entdeckt oder untersucht hat, bemüht sich JESSEN, die Botanik früherer Jahrhunderte aus ihrer Zeit heraus zu verstehen. Die «didaktische Darstellung» schließlich tritt uns in der «Geschichte der Botanik» von JULIUS SACHS (1875) entgegen, der lebendigsten Botanik-Geschichte im deutschen Schrifttum. SACHS verfolgt die Probleme der Botanik durch die Jahrhunderte hindurch und führt zu einem Verständnis der Gegenwart durch die Vergangenheit. Die Werke von ERNST MEYER, KARL JESSEN und JULIUS SACHS dürfen wir heute, in historischem Abstand, ohne Übertreibung – jedes in seiner Art – als Meisterwerke ansehen. Schon DROYSEN hat betont, daß die verschiedenen Darstellungsformen der Geschichte gleichwertig nebeneinander stehen. Welche Darstellungsform ein Autor wählt, hängt lediglich von dem Ziel ab, das er sich gesteckt hat.

Wie bereits im Vorwort gesagt, betrachtet es das vorliegende Buch als seine Aufgabe, den gegenwärtigen Stand der Botanik als das Ergebnis einer jahrhundertelangen Entwicklung zu erkennen. Daraus ergibt sich die «didaktische Darstellung» nach DROYSEN. Wir dürfen dabei aber die Gegenwart nicht als einzigen Bezugspunkt der Vergangenheit ansehen, sondern wir müssen jede Leistung von ihren damaligen Voraussetzungen her und in ihrem kulturgeschichtlichen Zusammenhang betrachten. «Man kann nur dann von Geschichte reden, wenn man sie so fühlt, als ob man damals gelebt hätte» (B.G. NIEBUHR 1847).

Um die großen Züge der Entwicklung darzulegen, genügt es, diejenigen Forscher zu nennen, die den geschichtlichen Weg wesentlich beeinflußt haben. Während MÖBIUS in seiner rein referierenden «Geschichte der Botanik» annähernd 2000 Autoren nennt, reduziert sich die Zahl bei JESSEN auf etwa 700. Bei SACHS gehen nur 280 Botaniker in die Geschichte ein, und wenn man die nur gelegentlich erwähnten Autoren wegläßt, bleiben noch 80 Forscher von besonderer Bedeutung übrig.

Sich auf die Behandlung verhältnismäßig weniger überragender Persönlichkeiten zu beschränken, diese aber in biographischer Ausführlichkeit zu würdigen, hat sich das vorliegende Buch zum Ziel gesetzt. Wir fühlen uns darin gestärkt durch die Auffassung des Historikers KARL BRANDI, der in der Biographie «die einfachste und einwandfreieste Form der Geschichte» sieht[4]. Alles Neue in der Wissenschaft – eine Beobachtung, eine Entdeckung, ein Gedanke, eine Theorie – ist die Leistung eines Menschen, ist mit seinem Leben, mit seinem Schicksal aufs engste verbunden.

Die Begrenzung auf eine geringe Zahl von Forschern birgt insofern eine

Gefahr, als die ausgewählten Persönlichkeiten bis zu einem gewissen Grade überhöht werden auf Kosten zahlreicher anderer Forscher, die auch wichtige Bausteine zum Gebäude der Botanik beigetragen haben. Dieses Wagnis jedoch müssen wir auf uns nehmen, um — ohne in Einzelheiten zu ersticken — die wirklichen Marksteine der Entwicklung zu erfassen. Und diese letzteren wurden von einzelnen großen Persönlichkeiten gesetzt[5]. Daß dies auch gegenwärtig noch der Fall ist, sagt der Physiker REIMAR LÜST[6] als Präsident der Max-Planck-Gesellschaft: «Dieser Grundsatz (der Max-Planck-Gesellschaft, nur besonders qualifizierten Forschern ein Forschungsvorhaben anzuvertrauen) beruht auf der festen Überzeugung, daß wesentliche Fortschritte in der Wissenschaft immer auf die Leistungen eines Einzelnen zurückgehen. Bei aller notwendigen Teamarbeit in den meisten unserer Institute gilt dies auch heute noch für die Entwicklung der Wissenschaft.»

Die Botanik, wie überhaupt die Biologie, ist in ihrem heutigen Umfang im wesentlichen ein Produkt des abendländischen Kulturraumes, beginnend im griechischen Altertum. Die alten orientalischen, indischen und ostasiatischen Hochkulturen haben auf die Entwicklung der Biologie keinen unmittelbaren Einfluß ausgeübt. Erst später traten die Leistungen des russischen und des germano-amerikanischen Kulturraums hinzu. Etwa seit der letzten Jahrhundertwende nehmen auch Ostasien, Indien und Ibero-Amerika Anteil an der Erforschung des Lebens.

Die vorliegende Botanik-Geschichte beginnt mit ARISTOTELES und THEOPHRASTOS und endet in den Jahren nach dem ersten Weltkrieg. Die Entwicklung der Botanik in den letzten siebzig Jahren bleibt also unberücksichtigt, und zwar aus zwei Gründen: Erstens fehlt für die neueste Zeit der für eine historische Behandlung notwendige zeitliche und persönliche Abstand, und zweitens hat sich in den letzten Dezennien die Botanik so extensiv entwickelt und in Sondergebiete verzweigt, daß ohne entsprechende Vorarbeiten durch Spezialisten eine Überschau nicht möglich ist. In den Anmerkungen zu den Kapiteln 10–20 wird auf zusammenfassende Darstellungen der betreffenden Gebiete hingewiesen, aus denen der heutige Kenntnisstand und die neueste Entwicklung ersehen werden können[7].

Anmerkungen*

* Abkürzungen: ADB = Allgemeine Deutsche Biographie. 56 Bde. 1875–1912
DSB = Dictionary of scientific biography. 16 vol. 1970–80.
NDB = Neue Deutsche Biographie, 16 Bde. (A–M)). 1953–91.
TL = STAFLEU & COWAN, Taxonomic Literature. 7 vol., 1976–88.

1 Die «Paradebeispiele», denen wir in erstaunlicher Gleichförmigkeit in allen Lehrbüchern der Botanik begegnen, sind oft ausgesprochen «untypisch», d.h. sie stellen Ausnahmen dar, die das Verständnis des Normalfalles verbauen. Dies sei hier nur an zwei Beispielen erörtert. Cystolithen werden so gut wie ausnahmslos an *Ficus elastica* dargestellt, dazu meist noch falsch. Cystolithen entstehen stets in Epidermiszellen, nur bei *Ficus elastica* werden sie nachträglich in tiefere Gewebepartien abgedrängt (vgl. das richtige Bild bei RENNER, Beih, z.bot. Centralbl. **25**, I, 1910, S. 184). Die leicht

zugängliche Brennessel böte ein unvergleichlich besseres Objekt. – Das sekundäre Dickenwachstum führten bereits MOHL, SANIO und SCHACHT richtig darauf zurück, daß aus dem Meristem des Vegetationspunktes unmittelbar der Kambiumring entsteht. NÄGELI (1863) geriet an einen Ausnahmefall (zuerst entstehen Gefäßbündel, dann das faszikuläre Kambium, verbunden durch interfaszikuläre Kambiumbrücken). So nahm (durch STRASBURGER) *Aristolochia* als Beispiel den Weg in alle unsere Lehrbücher, obwohl KOSTYTSCHEW (1922) zeigte, daß die frühere Ansicht für die weitaus meisten Gehölze, die NÄGELI'sche Auffassung aber nur für wenige Arten (Lianen) zutrifft. Die Erkenntnis der Pflanzenhistologie wurde von den Lehrbüchern (und von den Hochschulübungen!) ein halbes Jahrhundert lang ignoriert.

2 Die Begriffe «Spore», «Konidie», «Gonidie» wurden im Laufe der letzten hundert Jahre in sehr verschiedener Weise benutzt. Alle Versuche, die terminologische Konfusion zu beseitigen (z.B. DE BARY 1884, RENNER 1916) sind gescheitert. – Der sprachlich falsche und obendrein zu völlig irriger Vorstellung führende Ausdruck «kongenitale Verwachsung» hält sich mit unfaßbarer Zähigkeit.

3 DROYSEN, J. G., Historik (6. Aufl., Darmstadt 1971), S. 273–316 und 359–366.

4 BRANDI, K., Ausgewählte Aufsätze (Oldenburg und Berlin 1938), S. 40.

5 JACOB BURCKHARDT (Weltgeschichtliche Betrachtungen, Kap. 5) gesteht nur Künstlern, Dichtern und Philosophen echte historische Größe zu, da ihr Bestreben auf das Weltganze (nicht bloß auf ein enges Fachgebiet) gerichtet ist und ihnen das Prädikat der Einmaligkeit und Unersetzlichkeit zukommt. Es genügt, um Namen aus dem griechischen Altertum zu nennen, auf PRAXITELES, HOMER und PLATON hinzuweisen. Unter den Naturforschern gesteht BURCKHARDT nur KOPERNIKUS, GALILEI und KEPLER wahre historische Größe zu, da ihr Wirken weit über ihr Fach hinaus die ganze Menschheit berührt. Wir dürfen wohl noch DARWIN's Namen hinzufügen. Mit dem strengen Maßstab BURCKHARDT's gemessen, kommt den in diesem Buch zu besprechenden Forschern nur eine relative historische Größe zu, da sich ihre Leistung im wesentlichen auf unser Fachgebiet bezieht und nur in besonderen Fällen darüber hinausgreift. Für die Wissenschaftsgeschichte genügt die Formulierung, die KARL ERNST VON BAER 1859 in seinem HUMBOLDT-Nachruf (Reden, Bd. I, S. 293) gegeben hat: «Groß sind solche Männer, die eine tiefe und nachhaltige Spur hinterlassen.»

6 R. LÜST, Wie die Max-Planck-Gesellschaft Forschung betreibt. MPG-Spiegel, Informationen der Max-Planck-Gesellschaft Jg. 1979, Heft 3/4, S. 55–61.

7 Gute Übersichten über die neuere Entwicklung zahlreicher Spezialgebiete finden sich in folgenden Werken: Vistas in Botany (Ed.: W. B. TURILL), vol. 1–4. Pergamon Press, Oxford–London–Paris–New York 1959–64. A Century of Progress in the natural Sciences 1853–1953. San Francisco 1955. UNGERER, E., Die Wissenschaft vom Leben. Bd. 3: Der Wandel der Problemlage der Biologie in den letzten Jahrzehnten. Freiburg u. München 1966.

I. Die Botanik im klassischen Altertum

Διὰ γὰρ τὸ θαυμάζειν οἱ ἄνθρωποι καὶ νῦν καὶ τὸ πρῶτον ἤρξαντο φιλοσοφεῖν.
'Αριστοτέλης

Durch die Verwunderung kamen heute wie früher die Menschen dazu, Wissenschaft zu treiben.

Aristoteles

Die Geschichte der Naturwissenschaften reicht zurück bis in die ältesten Kulturstufen überhaupt. Daß schon der Mensch der Altsteinzeit ein hervorragender Naturbeobachter war, bezeugen die Höhlenmalereien von Altamira und Lascaux sowie der Umstand, daß er sogar Fossilien sammelte und als Schmuck trug. Vor allem aber um sich die tägliche Nahrung zu beschaffen, war schon der paläolithische Mensch genötigt, bestimmte Pflanzen zu unterscheiden. Im Neolithikum, also etwa von 5000 bis 3000 v.Chr., wird der Mensch seßhaft, nimmt vielerlei Pflanzen in Kultur (unsere Getreidearten wie Weizen, Gerste, Hirse, ferner Flachs, Mohn usw.) und betätigt sich bereits als bewußter Züchter. Die Bronzezeit, in der die Zahl der Kulturpflanzen sich noch beträchtlich erhöht, leitet über in die Zeit der Kulturen des klassischen Altertums, eine Zeit, in der das Eisen zum wichtigsten Werkstoff wird, die Buchstabenschrift entsteht, die ersten planmäßigen astronomischen Beobachtungen gemacht werden. So bilden sich schließlich auch die Anfänge einer Naturwissenschaft[1] im heutigen Sinne heraus, als deren weitaus bedeutendster Vertreter uns Aristoteles entgegentritt.

ARISTOTELES (*'Αριστοτέλης*, Abb. 1)[2] wurde 384 v.Chr. in Stageira auf Chalkidike geboren. Seinen Vater, Nikomachos, Leibarzt des Königs von Makedonien, verlor er schon früh, so daß sich ein Amtsbruder seines Vaters seiner annahm. Mit 17 Jahren ging Aristoteles nach Athen zu Platon, wo er zwanzig Jahre blieb, seine ersten Schriften verfaßte und wo bereits Opposition gegen Platon begann. Nach seines Lehrers Tode siedelte Aristoteles nach Kleinasien über und übernahm bald darauf am Hofe Philipp's von Makedonien die Erziehung des dreizehnjährigen Alexander, des nachmaligen Alexanders des Großen. Er begeisterte ihn für Homer und vor allem für dessen Helden Achilleus, der sein Vorbild wurde. Schon im Alter von 20 Jahren kam Alexander zur Regierung. Auf seinem großen Zug gegen die Perser, den er bereits zwei Jahre später begann, nahm er zahlreiche Gelehrte mit, deren Beobachtungen von Aristoteles und Theophrast ausgewertet wurden. Alexander blieb seinem Lehrer Aristoteles zeitlebens in tiefer Dankbarkeit zugetan und hat ihn mit größter Freigebigkeit unterstützt, auch als er nach Athen ging und dort im Lykeion eine Philosophenschule («Peripatetiker») eröffnete. Nach Alexander's Tod (323 v.Chr.) wurde Aristoteles wegen «Gottlosigkeit» angeklagt. Er floh nach Chalkis auf Euboea, wo er 322 im Alter von 63 Jahren starb. Treffend sagt der Historiker Fr. Chr. Schlosser: «Aristoteles und Alexandros umfaßten

Abb. 1. ARISTOTELES (384–322 v. Chr.)

Abb. 2. THEOPHRASTOS (371–287 v. Chr.)

beide im Geiste die ganze Welt und ihre Wissenschaften, beide wollten sie ganz bezwingen, ganz umgestalten. Mit ARISTOTELES war das Schicksal, ALEXANDROS konnte seinen Plan nicht durchführen.»

In seinen Werken hat ARISTOTELES alles aufgezeichnet, was die griechischen Philosophen – die «Vorsokratiker» – von den Naturwissenschaften gewußt und gedacht haben, hat diesem Stoff eine Fülle neuer Beobachtungen und Befunde hinzugefügt und dies alles in einer außergewöhnlichen Klarheit dargestellt, so daß wir sagen dürfen: Mit ARISTOTELES beginnt die europäische Naturwissenschaft. Seine Forschungen hat er auf den gesamten Bereich des menschlichen Wissens ausgedehnt. Davon zeugen seine zahlreichen Schriften über die tote und lebende Natur, über den menschlichen Staat, über Ethik und Psychologie, über Rhetorik und Poetik. Er lehrt, wie man zu richtigen Begriffen, Urteilen und Schlüssen kommt und wird zum Begründer der wissenschaftlichen Logik. Sagt doch sogar KANT (Vorrede zur 2. Auflage seiner «Kritik der reinen Vernunft»), daß die Logik seit ARISTOTELES «keinen Schritt vorwärts hat tun können». Noch heute gelten auch die Grundsätze der Naturbetrachtung, die ARISTOTELES aufgestellt hat, sowie seine treffende Scheidung und Bewertung von freier und zweckgebundener Wissenschaft.

Von größter Bedeutung sind die zoologischen Schriften des ARISTOTELES, die erst 1800 Jahre später durch GESNER eine wesentliche Erweiterung und Bereicherung erfahren haben. Über 500 Tierarten werden behandelt und geordnet, wobei manche der aristotelischen Gruppen noch heutigen Ordnungen oder Klassen entsprechen. Neben der reinen Beschreibung werden auch anatomische, physiologische und ökologische Angaben beigefügt. Die botanischen Werke des ARISTOTELES sind uns leider nicht erhalten geblieben, wohl aber diejenigen seines Schülers THEOPHRASTOS.

THEOPHRASTOS (*Θεόφραστος*, Abb. 2)[3] wurde 371 v. Chr. zu Eresos auf Lesbos geboren. Er widmete sich schon frühzeitig der Philosophie, ging nach Athen zu PLATON und nach dessen Tode zu ARISTOTELES, dessen Vorträge er möglicherweise zusammen mit ALEXANDER hörte. THEOPHRAST blieb fortan bei ARISTOTELES, bis er von Athen nach Chalkis auswanderte, und übernahm dann seine Philosophenschule, die offenbar bestens besucht war (nach einer sicher übertriebenen Nachricht soll THEOPHRAST 2000 Schüler gehabt haben). Auch THEOPHRAST wurde einmal wegen «Gottlosigkeit» angeklagt, jedoch freigesprochen. Ob er größere Reisen unternommen hat, ist zwar wahrscheinlich, aber nicht sicher zu belegen. Daß er einen Pflanzengarten unterhalten hat, geht eindeutig aus seinem Testament hervor. THEOPHRAST starb im Jahre 285, also 85 Jahre alt, in Athen. Die ungewöhnliche Beteiligung der Bevölkerung an seinem Begräbnis zeigt die große Achtung und Verehrung, die ihm zuteil wurde.

Über 200 Werke soll THEOPHRAST verfaßt haben, von denen allerdings die meisten verloren gegangen sind. Unter seinen nichtbiologischen Schriften verdienen besondere Beachtung die «Meinungen der Physiker» («*φυσικῶν δόξαι*»), die wir als die älteste griechische Philosophengeschichte ansprechen dürfen, und die «Ethischen Charaktere» («*χαρακτῆρες*»), deren Übersetzung durch LA BRUYÈRE weite Verbreitung gefunden hat. THEOPHRAST's zoologische Schriften sind nicht erhalten, wohl aber seine beiden umfangreichen botanischen Werke: die «Ursachen des Pflanzenwuchses» (*περὶ φυτῶν αἰτιῶν*, perì phytõn aitiõn) und die «Geschichte der Pflanzen» (*περὶ φυτῶν ἱστορίας*, perì phytõn historías). Das erstgenannte Werk ist gewissermaßen ein Lehrbuch der allgemeinen und angewandten Botanik. Die sechs Kapitel haben folgenden Inhalt:

1. Entstehung der Pflanzen aus Samen, Vermehrung, Wachstum, Pfropfen.
2. Einfluß von Wasser, Wind, Wärme, Boden auf Sprosse und Früchte; ferner Epiphyten, Blatt-, Blüten- und Sproßbewegungen.
3. Acker-, Obst- und Weinbau, Palmen, Gartenblumen, Gemüse.
4. Samen nebst deren Aufbewahrung und Keimung, Getreide, Hülsenfrüchte.
5. Veränderungen der Gewächse, Krankheiten und Tod.
6. Geschmack und Duft der Pflanzen.

Das zweite Werk, die «Geschichte der Pflanzen»[4], besteht aus neun Kapiteln:

1. Allgemeine Probleme, insbesondere Terminologie.
2. Angepflanzte Bäume und deren Pflege.
3. Wildwachsende Bäume.
4. Ausländische Bäume sowie Krankheiten der Bäume.
5. Eigenschaften und Unterschiede der Hölzer.
6. Sträucher.
7. Gemüsepflanzen.
8. Cerealien.
9. Arzneikräfte der Pflanzen.

Die Grundlage jeder Wissenschaft ist eine klare Begriffsbildung. Eine solche im Bereich der Botanik erstmals durchgeführt zu haben, dürfen wir als eines der größten Verdienste von THEOPHRAST ansprechen. Er unterscheidet zunächst die «gleichartigen Teile» (*ὁμοιομερῆ*, homoiomeré) Rinde (*φλοιός*, phloiós), Holz (*ξύλον*, xýlon) und Mark (*μήτρα*, mētra), aus denen die «ungleichartigen Teile» (*οὐχ ὁμοιομερῆ*, ouch homoiomeré) zusammengesetzt sind. Letztere gliedert er in die «Hauptteile» (*πρῶτα καὶ μέγιστα*, prõta kai mégista): Wurzel (*ῥίζα*, rhiza),

Stengel (καυλός, kaulós), Ast (ἀκρεμῶν, akremōn) und Zweig (κλάδος, kládos) einerseits und in die einjährigen, hinfälligen (ἐπέτεια, epéteia) andererseits; Blatt (φύλλον, phýllon), Blüte (ἄνθος, ánthos), Frucht (καρπός, karpós) und Stiel (μίσχος, míschos). Die Frucht besteht aus Fruchtwand (περικάρπιον, perikárpion) und Samen (σπέρμα, sperma). Die meisten dieser Termini gelten heute noch!

Am Beispiel der Wurzel (ῥίζα, rhiza) sei gezeigt, mit welch sicherem Blick für Gestalt und Funktion THEOPHRAST die weitere, beschreibende Terminologie entwickelt hat, und zwar meist unter Verwendung von Worten der Volkssprache, denen ein festumrissener Sinn gegeben wird. So engt THEOPHRAST πολύῤῥιζος (polýrrhizos), das an sich lediglich «vielwurzelig» bedeutet, ein auf Pflanzen, die keine Hauptwurzel, sondern nur Seitenwurzeln haben, wie z.B. die Gräser, und er bildet das neue Abstraktum πολυῤῥιζία = Vielwurzeligkeit. Pflanzen mit Pfahlwurzel heißen μονόῤῥιζος (monórrhizos), die Seitenwurzeln ἀποφύσεις (apophýseis). Ferner finden wir die ökologischen Begriffe βαθύῤῥιζος (bathýrrhizos) = tiefwurzelig und ἐπιπολαιόῤῥιζος (epipolaiórrhizos) = flachwurzelig (πόλος, pólos = das gepflügte Land), die «histologischen» Begriffe σαρκώδεις ῥίζαι (sarkōdeis rhízai, fleischige Wurzeln) und ξυλώδεις ῥίζαι (xylōdeis rhízai, holzige Wurzeln) sowie die Ausdrücke ἀγγειόσπερμος (angeióspermos) = Samen in einer Kapsel eingeschlossen, und γυμνόσπερμος (gymnóspermos) = Samen bloßliegend (Coniferen und Umbelliferen!). In gleicher Weise hat THEOPHRAST auch die Blattform erfaßt. Eine solch umfassende Terminologie finden wir nicht mehr bis zu JUNGIUS' «Isagoge phytoscopica» (1678)!

Das Pflanzenreich teilt THEOPHRAST ein in Bäume, Sträucher, Stauden und Kräuter. Unter den letzteren erkennen wir bereits einige natürliche Gruppen, wie die Disteln, die ährentragenden Pflanzen (Gräser und Wegerich), die «kopfwurzeligen Pflanzen» (= Zwiebelgewächse). Bei der Beurteilung der alten Schriftsteller dürfen wir nicht vergessen, daß ihnen die uns geläufigen Begriffe «Gattung» und «Art» noch fehlten. Die Worte γένος (génos) und εἶδος (eidos) entsprechen nicht genus und species, sondern sind relative Begriffe; ein γένος kann mehrere εἴδη umfassen, die ihrerseits wieder aus γένη bestehen.

In beiden Werken THEOPHRAST's finden wir eine Fülle von physiologischen und ökologischen Beobachtungen über das Wachstum und seine Abhängigkeit von Klima und Boden, über Samen, Stecklinge, Pfropfen usw. Wir verdanken ihm die erste Schilderung der Seismonastie der ägyptischen *Mimosa asperata* (= *M. polyacantha*), deren Blattbewegungen er mit treffenden Ausdrücken bezeichnet: Bei Berührung fallen die Blättchen wie welk zusammen (ὥσπερ ἀφαυαινόμενα συμπίπτειν, hōsper aphauainómena sympíptein), leben aber nach einiger Zeit wieder auf und werden straff (ἀναβιώσκεσθαι καί θάλλειν, anabiōskesthai kai thállein). Davon unterscheidet er die Schlafbewegung der Fiederblättchen der Tamarinde, die sich abends schließen (συμμύειν, symmýein) und bei aufgehender Sonne wieder öffnen (διοίγνυσθαι, dioígnysthai). Durch die Berichte des Alexanderzugs erhielt THEOPHRAST z.B. Kenntnis von der Mangrove an den indischen Küsten, die er treffend schildert, und vom indischen Feigenbaum, bei dem die aus den Ästen entspringenden Adventivwurzeln gleichsam, eine Säulenhalle bilden. Diese erkennt THEOPHRAST bereits richtig als Wurzeln, da sie blaß (λευκότεροι, leukóteroi) und blattlos (ἄφυλλοι, áphylloi) sind. Auch eine Anzahl von Wüstenpflanzen, die auf dem Alexanderzug gefunden wurden, z.B. die stammsukkulente *Euphorbia antiquorum* und das giftige *Nerium odorum* sowie manche Tropengewächse wie Banane, Bambus, Reis, Ebenholz u.a. werden beschrieben.

Einmal stand THEOPRAST vor einer bedeutenden Entdeckung, aber seine methodische Vorsicht hinderte ihn, die letzten Folgerungen zu ziehen. So bespricht er die Kaprifikation der Feigen und das «*ὀλυνθάζειν*» (olyntházein)» der Dattelpalme und vergleicht es mit der Befruchtung der Fische. Aber den Schluß, daß bei den Pflanzen dieselbe Sexualität vorliegt wie bei den Tieren, wagt er nicht zu ziehen. Dieses Problem wurde erst zwei Jahrtausende später durch CAMERARIUS gelöst.

Aus dem letztgenannten Beispiel sehen wir, daß theoretisch-deduktive Schlußfolgerungen THEOPHRAST fern lagen. Er weist sie der Philosophie und Metaphysik zu. Für die Naturwissenschaft läßt er nur die Beobachtung (*αἴσθησις*, aísthesis) gelten, wobei wir nicht vergessen dürfen, daß Anschauung und Denken für den Griechen eine Einheit bilden und mit demselben Wort «*θεωρία*» (theoría) bezeichnet werden. Auf jeden Fall hat THEOPHRAST die Metaphysik aus der Biologie ausgeschieden und damit die induktive Forschungsmethode begründet. Seine Werke gehören – dies muß eindeutig hervorgehoben werden – zu den bedeutendsten Leistungen der Griechen auf dem Gebiet der Naturwissenschaft.

THEOPHRAST's Nachfolger am Lykeion, STRATON, geht einen methodischen Schritt weiter. Während ersterer sein Augenmerk nur auf die natürlichen Vorgänge (*τὸ κατὰ φύσιν*, to katà phýsin) gerichtet hatte, untersuchte STRATON auch die im Experiment (*τὸ παρὰ φύσιν*, to parà phýsin) realisierten Vorgänge. Welch wesentlichen Fortschritt dies bedeutet, ersehen wir daraus, daß PLATON dem Experiment jeden Erkenntniswert abgesprochen hatte. – Nach STRATON's Tod sank das Lykaion zu einer reinen Lehranstalt herab.

An dieser Stelle mögen einige Worte über die Bedeutung der Griechen für die europäische Wissenschaft eingefügt werden. Unsere heutige wissenschaftliche Terminologie baut sich – von wenigen Begriffen der allerneuesten Zeit abgesehen – aus griechischen Wortelementen auf, oder aus lateinischen, die ihrerseits aus dem Griechischen übersetzt sind. Kaum einer unserer Termini gehört einer lebenden Sprache an, und doch werden sie zu jeder lebenden Sprache benutzt, in der man wissenschaftlich denkt, redet und schreibt. So ist «ein internationaler Jargon geworden, den, genau genommen, doch kein Mensch versteht, der Fachgelehrte nicht, weil er meist des Griechischen nicht mehr mächtig ist, und der Philologe nicht, da er die bezeichnete Sache nicht kennt – in dem man sich aber zwischen den Nationen ausgezeichnet verständigt» (SNELL). – Den ersten philosophisch-wissenschaftlichen Fachausdruck finden wir, worauf SNELL hinweist, bei ANAXIMANDER, dem ältesten ionischen Naturphilosophen (6. Jhdt. v.Chr.): *τὸ ἄπειρον* (to ápeiron) = das Grenzenlose, Unendliche. *Ἄπειρος* (ápeiros) ist ein z.B. bei HOMER gebrauchtes Adjektiv: *ὁ ἄπειρος πόντος* (ho ápeiros póntos) = grenzenlose Meer. ANAXIMANDER macht aus dem Wort ein Abstraktum, indem er den bestimmten Artikel davor setzt: *τὸ ἄπειρον* (to ápeiron) = das Unendliche. Vielfach sind auch Worte der naiven Sprache in eine geistige Ebene gehoben worden, wie z.B.

εἰδέναι (eidénai) = sehen; dann: geistig sehen, verstehen.
γνῶναι (gnōnai) = wiedererkennen; dann: erkennen im Sinne einer absichtlichen Tätigkeit.
νοεῖν (noein) = wahrnehmen; dann: denken.

Abb. 3. Dioskorides (1. Jhdt. n. Chr.)

Abb. 4. Plinius (23–79 n. Chr.)

Etwas Entsprechendes haben wir ja oben bei Theophrast's Terminologie am Beispiel der Wurzel gesehen. So dürfen wir sagen: Durch Bildung abstrakter Begriffe haben die Griechen ein wissenschaftliches Reden und Schreiben ermöglicht und somit eine Grundlage der europäischen Wissenschaft geschaffen.

Durch den Zug Alexanders drang griechische Kultur in weite Bereiche des Orients vor und umgekehrt orientalische Kultur nach Westen. Griechisch wurde zur allgemeinen Sprache im östlichen Mittelmeerraum. Alexandreia, 332 an der westlichen Nilmündung gegründet, wurde das geistige Zentrum dieser «hellenistischen» Zeit. Hier befand sich die größte Bibliothek der Antike (700000 Rollen, 47 v. Chr. durch Caesar zerstört). Wenn auch unter den zahlreichen alexandrinischen Gelehrten die Philologen und Historiker weit in der Überzahl waren, so erreichten doch auch Mathematik und Astronomie eine hohe Blüte; es sei nur erinnert an Eukleidos, dessen Lehrbuch der Geometrie noch bis zur letzten Jahrhundertwende als Schulbuch verwendet wurde, an Eratosthenes, an Archimedes. Die Biologie aber sank von der Höhe, die sie unter Aristoteles und Theophrastos erreicht hatte, wieder herab und fristete nur noch in den Büchern über Heilmittelkunde ein kümmerliches Dasein, unter denen das Werk von Dioskorides besonders hervorragt.

Dioskorides (*Διοσκορίδης*, Abb. 3)[5] – Linné hat die Gattung *Dioscorea* nach ihm benannt – lebte im ersten Jahrhundert nach Christi Geburt. In Anazarba (im südlichen Kleinasien) geboren, erhielt er seine Ausbildung in Alexandria. Als Militärarzt nahm er an Kriegszügen des Claudius und Nero teil. Um 60 n. Chr. schrieb er sein berühmtes Werk «*περὶ ὕλης ἰατρικῆς* (perì hýles iatrikés)» («De materia medica»), welches in fünf Büchern eine Beschreibung aller bekannten Arzneimittel bietet. Es ist uns erhalten in einer prachtvoll illustrierten Handschrift, die 512 für eine reiche Römerin geschrieben und gemalt worden war und jetzt in der Wiener Hofbibliothek aufbewahrt wird. Im ersten Buch werden Spezereien und Salben, Bäume nebst Milchsäften, Harzen und Früchten behandelt; im zweiten Buch Tiere, Honig, Milch, Fett, Getreide, Gemüse und Gewürze; im dritten und vierten Buch die Kräuter und im letzten Buch Wein, Essig und Metalle. Von den etwa 580 sehr sorgfältig beschriebenen Pflanzen werden – offenbar weitgehend auf Grund eigener Anschauung und Erfahrung – Kennzeichen, Gebrauch und Wirkung dargelegt, dazu die Synonymie der Römer, Ägypter usw. So gewissenhaft und gründlich das Werk auch ist, bringt es aber in methodischer Hinsicht und in biologischer Erkenntnis keinerlei Fortschritt gegenüber THEOPHRAST; lag doch auch das Ziel des DIOSKORIDES in einer ganz anderen Richtung. Bis ins 17. Jahrhundert hinein galt dieses Werk als unumstößliche Grundlage der Arzneimittellehre und der Botanik. Viele seiner Pflanzennamen sind in die heutige Nomenklatur eingegangen. Auch findet sich bei ihm erstmals das Wort *βοτανική* (botaniké) = Pflanzenkunde.

«Von den Griechen hatten die Römer die Anfänge der Kultur empfangen, aber wie anders gestaltete sie sich hier! Ihnen war es nicht zu tun um die Ausbildung des Körpers, noch um die Vervollkommnung des Geistes, sondern um den Besitz äußerer Güter.» Diese treffende Charakteristik, die JESSEN gibt, sei noch ergänzt durch den Hinweis, daß es bei den Römern keine Olympiaden (an ihre Stelle trat das Gladiatorengemetzel!) und auch keine Philosophenschulen gab[6].

Die römische Literatur ist zwar reich an Büchern über die Landwirtschaft. Als Beispiele seien genannt die «Rerum rusticarum libri tres» von MARCUS TERENTIUS NARRO (1. Jhdt. v. Chr.), VERGIL's «Georgica», ein Lehrgedicht über den Landbau, oder COLUMELLA's Werke «De re rustica libri XII» und «Liber de arboribus» (50 n. Chr.). Aber botanische Fragen werden hier nirgends behandelt, sondern nur die reine Praxis.

Als einziger naturwissenschaftlicher Schriftsteller bei den Römern tritt uns Caius PLINIUS Secundus entgegen (23–79 n. Chr., Abb. 4)[7]. Einer Beamtenfamilie aus Como entstammend, war er von Beruf Offizier und Verwaltungsbeamter (auch längere Zeit in Germanien), zuletzt Flottenkommandant in Misenum. Beim Vesuvausbruch fand er in Stabiä den Tod durch Herzschlag. Er war ein Mann von ganz ungewöhnlichem Fleiß; stand ihm doch nur die «dienstfreie» Zeit für seine umfangreiche Schriftstellerarbeit zur Verfügung. Fast immer hatte er einen Schnellschreiber neben sich, um ihm zu diktieren; sogar einen Spaziergang hielt er für Zeitvergeudung. Neben vielen Büchern über Kriegswesen, Geschichte, Grammatik und Rhetorik schrieb er eine umfassende Naturgeschichte «Naturalis historiae libri XXXVII». In diesem Werk ist alles zusammengefaßt, was sämtliche ihm bekannten älteren Autoren (insgesamt 327!) über die Dinge auf und in der Erde geschrieben haben. Die 37 Bücher behandeln:

I: Einleitung und Literatur; II–VI: Astronomie, Geographie; VII: Mensch; VIII–XI: Tiere; XII–XXVII: Pflanzen; XXVIII–XXXII: Drogen aus dem Tierreich, Bäder; XXXIII–XXXVII: Mineralien und deren Verwendung. Die Schilderung der Tiere beginnt jeweils mit dem größten (die der Landtiere mit dem Elefanten, der Wassertiere mit dem Wal, der Vögel mit dem Strauß), die der Pflanzen mit den Bäumen, und zwar mit den wohlriechenden. Die «Naturgeschichte» des PLINIUS' ist ein ungemein fleißiges Sammelwerk, ein «Studierlampenbuch» (MOMMSEN), aber ohne Kritik, ohne tiefere Auffassung, jedoch – dies muß betont werden – mit sorgfältiger Angabe der Quellen. «Das Leben als nutzbare Vielfalt» hat BALLAUF in seiner Biologiegeschichte das Plinius-Kapitel treffend überschrieben. Eine gewisse historische Bedeutung liegt darin, daß PLINIUS viele Autoren exzerpiert hat, deren Werke uns nicht erhalten sind. Gelegentlich sind ihm beim Abschreiben bzw. Übersetzen sonderbare Fehler unterlaufen, z. B. beim Süßholz, dessen Blätter sein Gewährsmann mit denen des Mastixbaums (*σχῖνος*, schīnos) vergleicht; PLINIUS las *ἐχῖνος* (echīnos) und übersetzt «foliis echinatis» (mit igelförmigen Blättern). In einem anderen Fall liest er statt *ἀγνῶδες* (agnōdes, weidenähnlich) *ἰχνῶδες* (ichnōdes, spurenähnlich) und schreibt: folium habet vestigio hominis simile (hat ein Blatt wie die Fußspur eines Menschen). Obwohl DIOSKORIDES und PLINIUS an vielen Stellen auffällig übereinstimmen, hat offenbar keiner vom anderen abgeschrieben, sondern sie haben beide dieselben Quellen benutzt. – Trotz allem ist PLINIUS' Werk für anderthalb Jahrtausende eine Hauptquelle naturgeschichtlicher Belehrung geblieben, und hier liegt seine eigentliche historische Bedeutung.

Infolge der rein praktischen Ausrichtung hat die gesamte römische Naturwissenschaft auf keinem Gebiet irgendwelche neuen Erkenntnisse aufzuweisen. Die aus zweiter Hand schöpfenden Quellen sind beinahe das einzige, was das nächste Jahrtausend überlebt hat.

Anmerkungen

1 Zur Einführung in die griechische Kulturgeschichte: BURCKHARDT, J., Griechische Kulturgeschichte. Stuttgart 1898–1902 (Neudruck München 1982). DURANT, W., The life of Greece. New York 1939 (deutsch: Das Leben Griechenlands. Bern 1957). FRIEDELL, E., Kulturgeschichte Griechenlands. München 1966. SCHEFFER, TH. VON, Die Kultur der Griechen. Köln 1935 (Neudruck Stuttgart 1980). Als Nachschlagewerk leistet gute Dienste: K. ZIEGLER & W. SONTHEIMER, Der Kleine Pauly, Lexikon der Antike (5 Bände). München 1979.

Griechische Pflanzennamen und Fachausdrücke findet man in: PAPE, W., Griechisch-deutsches Wörterbuch. 2 Bde. 3. Aufl. Braunschweig 1880. PASSOW, F., Handwörterbuch der griechischen Sprache. 5. Aufl. 2 Bde. Leipzig 1841–57. Neudruck 1971. LENZ, O., Botanik der alten Griechen und Römer. Gotha 1859 (Neudruck 1966).

Unter den im Literaturverzeichnis am Schluß des Buches genannten Werken zur Geschichte der Biologie sei vor allem hingewiesen auf ANKER & DAHL, BALLAUF, JESSEN, MEYER (Bd. 1–2), und NORDENSKIÖLD.

2 BALSS, H., Aristoteles, Biologische Schriften (griechisch und deutsch). München 1943. LEWES, G. H., Aristoteles. Übersetzt von J. V. CARUS. Leipzig 1865. JAEGER, W., Aristoteles. 2. Aufl. Berlin 1955. DÜRING, I., Aristoteles, Realencyclopädie d. class. Altertumswissensch. Suppl. **II,** 159–335. 1968. BRETZL, H., Botanische Forschungen des Alexanderzuges. Leipzig 1903 (Neudruck 1972). DSB **1,** 250–281, 1970.

3 THEOPHRASTI ERESII opera quae supersunt. Herausgeg. von FR. WIMMER (griechisch und lateinisch). Paris 1866. Deutsch: Naturgeschichte der Gewächse, von K. SPRENGEL. Altona 1822 (Neudruck 1971). Englisch: A. HORT, Theophrastus, New York 1916. THEOPHRASTUS, De causis plantarum (griechisch und englisch). Loeb classical Library Nr. 471–475, London 1976–90. KIRCHNER, O., Die botanischen Schriften des Theophrast von Eresos. Jahrb. f. class. Philologie, 7. Suppl.-Bd., 449–539. 1874. REGENBOGEN, O., Theoprastos von Eresos. PAULY & WISSOWA, Realencyclopädie der classischen Altertumswissensch. Suppl.-Bd. VII, 1354–1562. Stuttgart 1940. SENN,

G., Die Entwicklung der biologischen Forschungsmethode in der Antike und ihre grundsätzliche Förderung durch Theophrast von Eresos. Veröffentl. d. schweiz. Ges. f. Gesch. d. Med. u. d. Naturwiss. **8,** Arau 1933. CAPELLE, W., Der Garten des Theophrast. Festschrift f. Friedrich Zucker, S. 47–82.Berlin 1954. STRÖMBERG, R., Theophrastea. Studien zur botanischen Begriffsbildung. Göteborgs kgl. Vetensk.-och Vitterh.-Samhälles Handl., 5. Folge, Ser. A, Bd. 6, Nr. 4. Göteborg 1937. GREENE, E. L., Landmarks of botanical history (Stanford 1983), **1,** 128–211. DSB **13,** 228–234, 1978.

4 Das Wort *ἱστορία* (historia) bedeutet ursprünglich Wissen, Kenntnis, Wissenschaft, ähnlich wie in unserem Wort «Naturgeschichte».

5 Griechische Ausgabe von M. WELLMANN (Dioscorides, De materia medica) Berlin 1906–14; deutsche Übersetzung von J. BERENDES (Des Dioskorides Heilmittellehre) Stuttgart 1902, Reprint 1970; englische Übersetzung von R.T. GUNTHER (The greek herbal of Dioscorides) New York 1934, Reprint 1959. KILLERMANN, S., Die in den illuminierten Dioscorides-Handschriften dargestellten Pflanzen. Denkschr. d. Regenburg. botan. Ges. **24,** 3–64, 1955. Die in der Österreich. Staatsbibliothek Wien befindliche, mit 392 farbigen Bildern illustrierte, 512 n.Chr. vollendete D.-Handschrift erschien 1965–70 in farbiger Facsimile-Ausgabe (Akadem. Verlagsgesellschaft Graz). Biogr.: DSB **4,** 119–123, 1971; WELLMANN, M., in: PAULY & WISSOWA, Realencyclopädie d. class. Altertumswissensch. **5,** 1131–1142, 1905.

6 JAX, K., Die Stellung des Römers zur Wissenschaft. Schlern-Schriften **158,** 153–170. 1957.

7 PLINIUS SECUNDUS, Historiae naturalis libri XXXVII (Ed. JULIUS SILLIG). Gotha 1851–58. Deutsche Übersetzung von FR.L. STRACK 1853–55, Reprint Darmstadt 1968. Neuausgabe (lateinisch und deutsch) von R. KÖNIG & G. WINKLER, Zürich u. München 1973–85.

Biogr.: DSB **11,** 38–40, 1975; W. KNOLL in: PAULY & WISSOWA, Realencyclopädie d. klass. Altertumswissensch. **21,** I, 271–439, 1951; DANNEMANN, F., Plinius und seine Naturgeschichte. Jena 1921.

2. Die Botanik im Mittelalter

Scientiae naturalis non est simpliciter narrata accipere, sed in rebus naturalibus inquirere causas.
(Aufgabe der Naturwissenschaft ist es, nicht einfach das Berichtete hinzunehmen, sondern in den natürlichen Dingen den Ursachen nachzuforschen.)

ALBERTUS MAGNUS

Die europäische Wirtschaft vermochte während eines Jahrtausends so gut wie keine Fortschritte zu erzielen.[1] ARISTOTELES galt als größte Autorität für alle wissenschaftlichen Fragen, ja sogar für Tatsachen. Seine Werke waren vielfach nur in Auszügen und Kommentaren zugänglich. Im Jahre 391 wird das Christentum zur Staatsreligion erklärt, alle heidnischen Kulte werden verboten, 394 findet die letzte Olympiade statt. Der menschliche Körper, wie überhaupt die ganze belebte Natur, werden als etwas Niederes, von bösen Mächten Besessenes angesehen. In der christlichen Welt kommt es geradezu zu einem Haß gegenüber «heidnischen» Naturwissenschaften.[2] Nur die Medizin fristet noch ein kümmerliches Dasein.

Während des Tiefstandes der europäischen Wissenschaft lebte am Hofe zu Byzanz und in den Ländern von Syrien bis zum Persischen Golf eine griechisch-römisch-semitische Kultur weiter. Im 7. Jahrhundert eroberten die Araber dieses Gebiet, und um 700 erlangte das Reich der Araber seine größte Ausdehnung: Westasien vom Arabischen Golf bis zum Kaukasus, ganz Nordafrika, Spanien, Südfrankreich, Balearen, Sardinien, Korsika! Wenn auch eine nach tieferer Erkenntnis strebende Gelehrsamkeit dem Islam ebenso unbequem war wie dem Christentum und mit allen Mitteln bekämpft wurde, so waren im Koran doch Körperpflege vorgeschrieben und Sinnengenüsse erlaubt, und so konnten sich alle angewandten Naturwissenschaften und die Medizin entwickeln – soweit sie nicht mit dem Koran in Widerspruch gerieten. Erst als Spanien Hauptsitz der arabischen Wissenschaft wurde, war eine freiere Entfaltung möglich. Das bedeutendste Werk von IBN AL-BAYTAR[1a] «Zusammenstellung über die Kräfte der Heil- und Nahrungsmittel» (ca. 1240 n.Chr.) behandelte etwa 1400 Pflanzen aus dem Raum von Spanien bis Ägypten. Wesentlich tiefer schürfte jedoch ein um 1000 entstandenes Werk «Abhandlungen der Aufrichtigen Brüder», eines Geheimbundes von Gelehrten (u.a. ist hier der Befruchtungsvorgang der Palmen bereits klar erkannt und mit dem der Tiere parallelisiert). Aber diese Abhandlungen blieben verborgen und somit ohne jeden Einfluß. Die arabische Wissenschaft fiel schließlich der religiösen Intoleranz zum Opfer. Zu den germanischen Völkern wurde die Literatur des Altertums durch die Kirche bzw. durch die Klöster gebracht. Vor allem dem um 500 n.Chr. begründeten Benediktinerorden ist es zu verdanken, daß die Kontinuität mit dem Altertum nicht abriß. Außer den Heiligen Schriften waren es auch die römischen Dichter und Schriftsteller, die in den

Klöstern gelesen, abgeschrieben und verbreitet wurden. Die Mönche widmeten sich auch der praktischen Medizin. Daher stand das Werk des DIOSKORIDES in besonderem Ansehen. Solche heimischen Pflanzen, die man bei diesem Autor nicht finden konnte, wurden neu benannt, meist nach Heiligen, z.B. *Galium verum* = Stramentum Mariae; *Hypericum perforatum* = Herba Johannis; *Hepatica triloba* = Herba sanctae Trinitatis; *Actaea spicata* = Herba Christophori. Manche dieser Namen haben sich bis heute im Volk erhalten.

Karl der Große war zwar den Wissenschaften sehr zugetan, aber bekanntlich sank nach seinem Tode das Reich und mithin auch die Kultur wieder in Trümmer. Aus Karls des Großen Landgüterordnung «Capitulare de villis et curtis imperii» (812) und aus dem Lehrgedicht «Hortulus» des WALAHFRID STRABO (Abt des Benediktinerklosters Reichenau)[3] wissen wir wenigstens, welche Pflanzenarten damals in den Gärten kultiviert wurden. In erster Linie sind es Nutzpflanzen, Gemüse, Gewürze, Arzneigewächse, manche von letzteren zugleich Zierpflanzen. Aus dem Arzneigarten hat sich wohl der Blumengarten am Bauernhaus entwickelt, dessen heutiger Pflanzenbestand zum Teil bis in jene Zeiten zurückreichen dürfte.[4]

Erst im 12. Jahrhundert begegnen wir wieder einem Anzeichen beginnender Naturforschung, nämlich bei der Benediktiner-Nonne HILDEGARD VON BINGEN.[5] HILDEGARD (Abb. 5) wurde 1098 auf Burg Boeckelheim an der Nahe als Tochter des Vogtes Hildebert und seiner Gattin Mechthilde geboren. Bereits mit 8 Jahren kam sie in das Benediktinerkloster Disibodenberg südöstlich Böckelheim (675 von dem irischen Bischof Disibod gestiftet, 1259 in ein Zisterzienser-Kloster umgewandelt, 1768 säkularisiert und weitgehend zerstört). Hier wurde HILDEGARD unterrichtet von der Oberin Jutta. Mit 38 Jahren wurde sie nach Juttas Tode Vorsteherin der Klause. Wahrscheinlich erhielt HILDEGARD schon durch Jutta Kenntnis von den Schriften des GALENOS, DIOSKORIDES usw. Mit 50 Jahren gründete sie ein neues Kloster auf dem Rupertsberg bei Bingen. HILDEGARD war eine Frau von ungewöhnlicher Begabung. Sie verfaßte ein Lehrbuch der Dogmatik («Sci vias» = Wisse die Wege), dichtete Hymnen, setzte sie in Musik und spielte Harfe. Sie entfaltete eine umfangreiche ärztliche Tätigkeit, durch die sie hohe Achtung und großes Vertrauen erwarb. Wie weitblickend sie war, ersehen wir auch daraus, daß sie in jede Klosterzelle Wasserleitung legen ließ und daß sie besondere Anweisungen zur Zahnpflege erteilte. Auch bei den größten Persönlichkeiten ihrer Zeit stand sie in hohem Ansehen. Kaiser Konrad III. und Friedrich Barbarossa baten sie um Rat; mit mehreren Päpsten, mit zahlreichen Erzbischöfen, Bischöfen und Äbten stand sie im Briefwechsel. HILDEGARD war aufrichtig und unerschrocken auch den höchsten geistlichen und weltlichen Herrschern gegenüber. So ist es nicht verwunderlich, daß ihr auch Gegner und Neider erwuchsen. Als sie bereits im 80. Lebensjahr stand, wurde ihr Kloster aus nichtigem Anlaß durch den Erzbischof von Mainz auf Betreiben mehrerer Prälaten mit dem Interdikt belegt. Nach dreivierteljährigem Kampf erreichte sie dessen Aufhebung und starb wenige Monate darauf im 81. Lebensjahr (1179).

In den Jahren von 1151–1158 schrieb HILDEGARD ihre beiden medizinisch-naturwissenschaftlichen Schriften: «Physica» oder «Liber simplicis medicinae secundum creationem» (= Buch der einfachen Heilmittel nach dem Schöpfungsbericht geordnet) und «Causae et curae» oder «Liber compositae medicinae de aegritudinum causis, signis et curis» («Buch der zusammengesetzten Heilmittel

Abb. 5. Hildegard von Bingen (1098–1179)

über Ursachen, Anzeichen und Heilungen der Krankheiten»). Hildegard schrieb diese Bücher selbst nieder, die Mönche Volmar und Gotefridus brachten sie in besseres Latein. Für unsere Betrachtung bedeutsam ist nur das erstgenannte Werk, die «Physica», und zwar die Bücher «De plantis» und «De arboribus». Abgesehen von etwa zwei Dutzend ausländischen Gewächsen, von denen Hildegard nur die Drogen, nicht aber die lebenden Pflanzen bekannt sein konnten (z.B. Pfeffer, Cubebe, Kampfer, Gewürznelke, Dattel, Muskatnuß u.a.), werden vorwiegend einheimische Heil- und Nutzpflanzen genannt, ingesamt etwa 300 Arten, darunter über vierzig Gehölze. Auch einige Pilze sind ihr bekannt, z.B. Hirschtrüffel, Habichtschwamm, Judasohr, Baumschwämme u.a. Da stets auch die deutschen Namen genannt werden, die heute noch, vor allem im Nahegau, fortleben, ist es uns möglich, die Pflanzen zu identifizieren. Die Gewächse interessieren HILDEGARD nur in ihrer Beziehung zum Menschen, d.h. als Nahrungs- und Heilmittel. In der Anwendung der letzteren ist sie übrigens recht vorsichtig. HILDEGARD sah «das Leben als Gottes zweckvolle Schöpfung», wie BALLAUF treffend sagt. In der Geschichte der Botanik gebührt HILDEGARD VON BINGEN deshalb ein Ehrenplatz, weil sie im Gegensatz zur Gepflogenheit der damaligen Zeit, die alten Autoren abzuschreiben und zur erläutern, nur diejenigen Pflanzen bespricht, die ihr aus eigener Anschauung bekannt sind, und ihre Darstellung einzig und allein auf ihre eigene Erfahrung gründet.

Im nächsten Jahrhundert war es wiederum ein Angehöriger des Priesterstandes, der sich mit Erfolg der Pflanzenkunde zuwandte, wenn auch mit anderen Voraussetzungen und unter anderen Gesichtspunkten: ALBERTUS MAGNUS.[6] Sein Leben verlief so bewegt und erscheint so wesentlich mit seinem Werk verknüpft, daß wir ihm eine eingehendere Schilderung nicht versagen dürfen. ALBERTUS (Abb. 6) wurde als Sohn des Grafen von Bollstädt um das Jahr 1200 (1193?) in Lauingen an der Donau (zwischen Ulm und Donauwörth) geboren. Er studierte an der Universität Padua[7] Medizin und Philosophie, unterzog sich jedoch keiner Abschlußprüfung. Dort trat er 1223 in den Dominikanerorden ein, der kurz vorher als Bettelorden gegründet worden war, und der der Kirche die Ketzer zurückgewinnen sollte. Da diesem Orden vom Papst die Durchführung der Inquisition übertragen wurde, gewann er eine äußerst mächtige Stellung in Staat und Kirche. In Köln empfing ALBERTUS seine theologische Ausbildung und war ab 1233 als Lehrer in verschiedenen Klöstern tätig (Hildesheim, Freiburg, Regensburg, Straßburg), bezog 1245 die Universität Paris und kehrte schließlich 1248, also im Jahre der Grundsteinlegung des Domes, als Leiter der Ordensschule nach Köln zurück, wo er sich offenbar größter Beliebtheit bei Studenten und Bürgern erfreute. Sechs Jahre später wurde er zum Provinzial der deutschen Ordensprovinz gewählt, der 40 Klöster in ganz Deutschland angehörten. Diese mußte ALBERTUS persönlich besuchen und beaufsichtigen, wobei er gemäß der Ordensregel alle Reisen zu Fuß zurückzulegen hatte. 1260 wurde er zum Bischof von Regensburg gewählt, kehrte aber nach Ausübung verschiedener Ämter, vor allem in Süddeutschland, nach Köln zurück, wo er 1280 starb. «Als einzigem Fürsten der Feder und nicht des Schwertes ist Albert der Beiname ‹der Große› beigelegt worden» (BALSS).

Bevor wir auf die Bedeutung ALBERT's für die Geschichte unserer Wissenschaft eingehen, sei mit einigen Worten Kultur und Kunst seines, des 13. Jahrhunderts gekennzeichnet. Es war die Zeit der Minnesänger (Wolfram von Eschenbach, Walther von der Vogelweide, Gottfried von Straßburg), die Zeit der letzten Hohenstaufen (Friedrich II., einer der bedeutendsten deutschen Kaiser, verfaßte eine Naturgeschichte der Vögel auf biologischer Grundlage «De arte venandi cum avibus»), die Zeit des Städtewachstums (Frankfurt, Nürnberg, Ulm, Reutlingen, Dinkelsbühl u.a. werden «Freie Reichsstädte»). Der romanische Baustil wird vom gotischen, der von Nordfrankreich zu uns kommt, abgelöst. Erwin von Steinbach erbaut das Straßburger Münster. In der Plastik tritt das unmittelbare

Abb. 6. ALBERTUS MAGNUS (ca. 1200–1280)

Naturvorbild[8] stärker hervor, wie wir an den menschlichen Figuren und den herrlichen Blatt- und Blütenkapitellen, etwa des Naumburger Doms oder der französischen Kathedralen bewundernd erkennen (Abb. 7). Wir dürfen jedoch um der Gerechtigkeit willen auch die Schattenseiten dieser Zeit, die zu dem Wort des «finsteren Mittelalters» geführt haben, nicht vergessen: Die Inquisition hatte Prozeßverfahren von unvorstellbarer Grausamkeit und Todesmarter zur Folge

Abb. 7. Kapitell mit Hahnenfuß-Blättern und -Blüten. Naumburger Dom. 13. Jhdt.

(gerade die Dominikaner waren ja mit der Durchführung der Inquisition betraut worden), die Hexenverfolgungen, eines der traurigsten Kapitel unserer Geschichte, nehmen ihren Anfang.

Die Schriften ALBERT's befassen sich überwiegend mit Theologie und Philosophie. Für uns ist hier nur von Interesse, daß er die aristotelische Philosophie in die Scholastik einbaut, also gleichsam einen christlichen Aristotelismus schafft, und daß er als erster Vertreter der Kirche der Naturwissenschaft volle Anerkennung zuteil werden läßt. Die Werke des ARISTOTELES und THEOPHRASTOS sind es auch, die ALBERTUS seinen biologischen Schriften zugrunde legt. In seinen zoologischen Büchern («De animalibus libri XXVI»), deren Originalmanuskript jetzt noch in Köln aufbewahrt wird, baut er im theoretischen Bereich völlig auf ARISTOTELES, dagegen in der Morphologie und Ökologie ist er weitgehend eigenständig; hier fußt er auf den zahlreichen Beobachtungen, die er auf seinen Reisen, die er kreuz und quer von Rom bis Lübeck, von Paris bis Prag unternommen hat. Ähnlich liegen die Dinge in ALBERT's botanischem Werk «De vegetabilibus libri VII», das in der 21 Foliobänden umfassenden Gesamtausgabe seiner Schriften nicht einmal zweihundert Seiten im 5. Bande umfaßt. Der Inhalt der sieben bontanischen Bücher sei kurz gekennzeichnet. Das 1. Buch hat rein theoretisches Gepräge und handelt darüber, ob die Pflanzen leben oder nicht, ob sie wachen oder schlafen, inwiefern Analogien zwischen Pflanzen und Tieren bestehen. Dieses Buch ist gleichsam ein Kommentar zum 1. Buch des NICOLAUS DAMASCENUS, der um Christi Geburt lebte und in griechischer Sprache einen Auszug aus ARISTOTELES und THEOPHRASTOS verfaßte. Seine lateinische Übersetzung davon galt im Mittelalter und auch für ALBERTUS als echtes Werk des ARISTOTELES. Das 2. Buch ALBERT's ist eine eigene Arbeit von Früchten und Samen. Das 4. Buch kommentiert das zweite Buch des NICOLAUS DAMASCENUS über die Lebensvorgänge der Pflanzen, ihre Abhängigkeit von Klima und Boden. Das 5. Buch ist wieder ein eigenständiges und hat die Verschiedenheit der Pflanzen untereinander, ihre Umwandlung durch die Kultur, die Wirkungen als Heilmittel (letztere nach dem Araber AVICENNA) zum Inhalt. Im 6. Buch werden Bäume und Kräuter jeweils in alphabetischer Folge besprochen, insgesamt 390 Arten, wobei er sich für die ausländischen Gewächse an AVICENNA und an PLATEARIUS aus Salerno hält. Das 7. Buch schließlich hat zum Inhalt: Ackerbau, Veredlung der Bäume, Ziergartenpflanzen sowie in Feld und Garten kultivierte Nutzpflanzen.

Während die «Kommentare» sich zumindest inhaltlich an ihr Vorbild anlehnen, sind die jeweils anschließenden «Digressiones» (= Abschweifungen) völlig selbständige Leistungen ALBERT's, die auf eigenen Beobachtungen beruhen und ihren Verfasser als Naturforscher ausweisen. Nur einige Beispiele sollen zeigen, welch sicherer Blick, verbunden mit folgerichtigem Denken, ihm eigen war. Er unterscheidet zwei Arten von Dornen: solche, die aus der Tiefe der Pflanzen herauswachsen (also Sproßdornen im heutigen Sinne) und andere, die nur der Rinde aufsitzen, wie bei der Rose (= Stacheln). Die «Fäden», die man bei Wegerichblättern sehen kann, wenn man sie langsam abreißt, erkennt er als die Wege für den Nahrungssaft. An der Rose fiel ihm die Verschiedenheit der Kelchblätter auf sowie die Tatsache, daß die Kronblätter, wie auch sonst bei allen Blüten mit doppelter Hülle, alternierend über den Kelchblättern stehen. Dem Weinstock ist eigen, daß immer eine Traube einem Blatt gegenübersteht und manchmal eine Ranke an Stelle einer Traube erscheint, «weil eine Ranke sozusagen nur eine unentwickelte Traube ist». Alle Baumstämme wachsen nach ALBERT «ex ligneis tunicis» (aus hölzernen Hüllen = Jahresringen); nur der Weinstock wächst strahlenförmig (die Markstrahlen fallen hier mehr auf als die Jahresringe). Diese wenigen Proben mögen genügen, um ALBERTUS MAGNUS als selbständigen Beobachter zu erweisen.[9]

ALBERTUS teilte mit THEOPHRASTOS dasselbe Schicksal: Er hatte keinen ihm ebenbürtigen Schüler. Erst dreihundert Jahre später fand er in dem Italiener ANDREA CESALPINO (s. Kap. 4) einen Nachfolger.

Anmerkungen

1 Über die Naturwissenschaft im Mittelalter: CROMBIE, A. C., Von Augustinus bis Galilei. Köln und Berlin 1959. GRUNDMANN, H., Naturwissenschaft und Medizin in mittelalterlichen Schulen und Universitäten. Deutsches Museum, Abh. u. Ber. **28,** Nr. 2. München 1960.

Über die Biologie des Mittelalters: BALLAUF, JESSEN, MEYER (Bd. 3–4), NORDENSKIÖLD, JAHN.

1a IBN AL-BAYTAR wurde 1190 in Málaga (Spanien) geboren und starb 1248 in Damascus (Syrien). Biogr.: DSB **1**538–539, 1970; MEYER, Geschichte der Botanik **3**,227–239. – Einer der überragendsten Vertreter der arabischen Medizin und Wissenschaft war IBN SINA (980–1037), lateinisch AVICENNA. LINNÉ benannte ihm zu Ehren den Mangrove-Baum *Avicennia.* Biogr.: DSB **15**,494–501, 1978; BRENTJES, B., IBN SINA, der fürstliche Meister aus Buchara, Leipzig 1979.

2 TERTULLIANUS schreibt in seiner kirchengeschichtlich wichtigen Schrift «De praescriptione haereticorum» (ca. 200 n. Chr.): Nobis curiositate opus non est post Christum, nec inquisitione post evangelium» (Wißbegierde ist seit Christus, Forschung ist seit dem Evangelium für uns nicht mehr nötig).

3 Des Walahfrid von der Reichenau Hortulus. Münchner Beitr. z. Gesch. u. Lit. d. Naturw. u. Med., I. Sonderheft. München 1926. Walahfrid Strabo, Hortulus. Übersetzung von W. NÄF & M. GABATHUBER. St. Gallen 1957. Engl. Übersetzung von R. PAYNE, Pittsburg 1966. STOFLER, H.-D.. Der Hortulus des Walahfrid Strabo. Sigmaringen 1978. H. SIERP, Walafrid Strabos Gedicht über den Gartenbau in: K. BEYERLE, Die Kultur der Abtei Reichenau **2**,756–772, München 1925. GENEWEIN, C., Des Walahfrid Strabo Hortulus und seine Pflanzen. Med.Diss. München 1947.

4 CHRIST, H., Zur Geschichte des alten Bauerngartens in der Schweiz. 2. Aufl. Basel 1923. FISCHER, H., Mittelalterliche Pflanzenkunde. München 1929 (Neudruck Hildesheim 1967). FISCHER-BENZON, R. v., Altdeutsche Gartenflora. Kiel 1894 (Neudruck Wiesbaden 1972). HAUSER, A., Bauerngärten der Schweiz. Zürich u. München 1976. MOSIG, A., Der deutsche Bauerngarten. Berlin 1958. VOGEL-LEHNER, D., Garten und Pflanzen im Mittelalter. In: FRANZ, G., Geschichte des deutschen Gartenbaus, S. 69–98. Stuttgart 1984.

5 FISCHER, H., Die heilige Hildegard von Bingen, die erste deutsche Naturforscherin und Ärztin. Münchener Beitr. z. Gesch. u. Lit. d. Naturw. u. Med., Heft 7/8. München 1927. HILDEGARD VON BINGEN, Naturkunde. Übersetzt und erläutert von P. RIETHE. Salzburg 1959. HÜNERMANN, W., Das lebendige Licht. 6. Aufl. Bonn 1954. MAY, J., Die heilige Hildegard von Bingen. Kempten u. München 1911. MÜLLER, I., Die pflanzlichen Heilmittel bei Hildegard von Bingen. Salzburg 1982.

6 ALBERTUS MAGNUS, De vegetabilibus libri VII. Editionen criticam ab E. MEYER coeptam absolvit C. JESSEN. Berlin 1867. BALSS, H., Albertus Magnus als Biologe. Stuttgart 1947. FELLNER, ST., Albertus Magnus als Botaniker. Wien 1881. SCHEEBEN, H. CHR., Albertus Magnus. 2. Aufl. Köln 1955. STADLER, H., Albertus Magnus als selbständiger Naturforscher. Forschungen z. Geschichte Bayerns **14,** 95 bis 114, 1906. STRUNZ, FR., Albertus Magnus. Wien und Leipzig 1926. WIMMER, J., Deutsche Pflanzenkunde nach Albertus Magnus. Halle 1908. MEYER, G. & ZIMMERMANN, A., Albertus Magnus, Doctor universalis. Mainz 1980. ALTNER, H., Albertus Magnus, ein Wegbereiter der Naturwissenschaft im Mittelalter. Schriftenreihe d. Univ. Regensburg **4**,9–28, 1980. ALTNER, H., Albertus Magnus als Naturwissenschaftler in seiner Zeit. Beitr.z.Geschichte d. Bistums Regensburg **14**,63–76. 1980. DSB **1**,99–103, 1970.

7 Hier mögen einige Worte über die Geschichte der Universitäten Platz finden. Um 1000 bildete sich in Bologna eine studentische Gilde («universitas magistrorum et scolarium») zum gegenseitigen Schutz und zur Versorgung ihrer Lehrer, wobei die Verwaltungsgewalt in den Händen der Studenten lag. Bald folgten weitere Universitäten (auch «Studium generale» genannt) in Salerno und Padua, dann Anfang des 12. Jhdt.

in Paris, Anfang des 13. Jhdt. in Oxford und Cambridge, 1348 die erste deutsche Universität in Prag, 1365 in Wien, Ende des 14. Jhdt. in Heidelberg, Köln, Erfurt. An Wissenschaften gab es damals: Rechtswissenschaft, Medizin, Philosophie einschließlich Mathematik, Astronomie, Rhetorik usw.

8 BEHLING, L., Die Pflanze in der mittelalterlichen Tafelmalerei. Weimar 1957. – Die Pflanzenwelt der mittelalterlichen Kathedralen. Köln 1964. JAHN, J., Die Schmuckformen des Naumburger Doms. Leipzig 1944.

9 Worauf das abfällige Urteil, das SACHS in seiner «Geschichte der Botanik» (1875, S. 15) über ALBERTUS MAGNUS fällt, zurückzuführen ist, bleibt unklar, insbesondere deshalb, weil bereits MEYER (Geschichte der Botanik, Bd. 4, 1857) und JESSEN (Botanik der Gegenwart und Vorzeit, 1864) auf Grund eingehenden Quellenstudiums eine gerechte Würdigung ALBERT's gegeben hatten.

3. Die «Väter der Pflanzenkunde»

Frei von zahllosen Schranken individuell hoch entwickelt und durch das Altertum geschult, wendet sich der Geist auf die Entdeckung der äußeren Welt und wagt sich an deren Darstellung in Wort und Form.

JACOB BURCKHARDT
(Geschichte der Renaissance in Italien)

Im 14. Jahrhundert beginnt, zunächst in Italien, eine kulturelle Bewegung sich abzuzeichnen, die wir Renaissance[1] nennen. Das Wort Renaissance bedeutet Wiedergeburt, nämlich des klassischen Altertums oder besser des freien, schöpferischen Geistes des klassischen Altertums, im Gegensatz zur autoritativen Gebundenheit des Mittelalters.

In Italien war die Verbindung mit dem Altertum nie ganz abgerissen. PETRARCA kehrte in seinen Dichtungen zum Latein zurück und versuchte, die antike Forderung nach geistiger Freiheit wieder zu erwecken. Die griechische Sprache, jahrhundertelang wenig beachtet, trat wieder in den Vordergrund. Die Stadtstaaten Italiens wetteiferten in der Pflege der Kunst. Als Exponent jener Zeit sei LEONARDO DA VINCI[2] genannt, geboren 1452 in Vinci zwischen Florenz und Pisa, gestorben 1519 bei Tours in Frankreich. Er war Maler, Bildhauer, Ingenieur, Architekt, Physiker, Biologe, Anatom und Philosoph, und auf jedem Gebiet leistete er Überragendes, Beobachtung und Experiment (und zwar wiederholte, gleichsinnig verlaufene Versuche) sind ihm die Grundlage aller Wissenschaft. Er leitete die Hebelgesetze ab, erörterte die Probleme der Hydrodynamik, der Luft- und Wasserwellen, er erkannte die Fossilien als Reste einstiger Lebewesen. Als Bildhauer und Maler verschaffte er sich die Grundlage durch genaues Studium der Anatomie; mehr als zehn Leichen hat er seziert und alle Einzelheiten in genauen Zeichnungen festgehalten.

Über Frankreich gelangte die Renaissance nach Deutschland, wo sie mit einer anderen geistigen Umwälzung zusammentraf; mit der Reformation (1517: Luthers Thesen). Die Reformation hatte drei Ziele: Wiederherstellung der kirchlichen Disziplin, Reform der Lehre und Gewährung einer individuellen geistigen Freiheit. Einige wenige Daten mögen die kulturelle Situation dieser Zeit kennzeichnen:

1446:	Johannes Gutenberg erfindet den Buchdruck mit beweglichen Lettern.
1492:	Christoph Kolumbus entdeckt Amerika.
1493:	Martin Behaim fertigt den ersten Globus.
1519–22:	Erste Erdumsegelung durch den Portugiesen Fernão Magalhães.
1543:	Das Werk von Nikolaus Kopernikus erscheint im Druck («De revolutionibus orbium coelestium»). (Manuskript beendet 1507.)

Zur selben Zeit, als das geozentrische Weltsystem durch das heliozentrische abgelöst wurde, erlebte die Botanik eine grundlegende Erneuerung durch BRUN-

Abb. 8. Otto Brunfels (1488–1534)

Abb. 9. Hieronymus Bock (1498–1554)

fels, Bock und Fuchs, drei deutsche Gelehrte, die Kurt Sprengel in seiner Geschichte der Botanik (I, 1817, p. 258) «Deutsche Väter der Pflanzenkunde» genannt hat.

Otto BRUNFELS[3] (Abb. 8; südamerikanische Solanaceengattung *Brunfelsia!*) wurde 1488 in Mainz geboren. Sein Vater stammte aus Brunfels (Braunfels) im Lahntale. Er besuchte eine gelehrte Schule in Mainz, wo er von dem Humanisten Nicolaus Gerbelius stark beeinflußt wurde, erwarb den Magistergrad und trat als Mönch in die Straßburger Kartause ein, aus der er aber nach einigen Jahren entfloh. Er bekannte sich zum Protestantismus, fand zunächst Unterkunft bei Frank von Sickingen auf der Ebernburg bei Kreuznach, wurde durch Huttens Vermittlung Pfarrer in Steinheim bei Hanau, dann in Neuenburg (Breisgau) und ging schließlich 1524 als Prediger nach Straßburg, eröffnete dort später eine Schule und erwarb den «Dr. med.». Als Arzt erfreute er sich eines solchen Ansehens, daß er als Stadtarzt und Professor der Medizin nach Bern berufen wurde, wo er aber bald darauf (1534) an einem Halsleiden im Alter von 46 Jahren starb.

Neben zahlreichen protestantisch-theologischen und medizinischen Schriften verdanken wir ihm das Werk «Herbarum vivae eicones», welches zusammen mit zwei Nachtragsbänden 530 erschien und zwei Jahre später auch in deutscher Sprache unter dem Titel «Contrafayt Kreuterbuch» herauskam. Der Text ist weitgehend aus älteren Werken zusammengesetzt, wobei sich Brunfels bemüht, die südwestdeutschen Pflanzen mit denen des Dioskorides zu identifizieren. Bei der Küchenschelle entschuldigte er sich geradezu, daß er eine Pflanze aufnimmt, die nur einen deutschen Namen hat, «sonst nichts». Der Wert des Buches liegt in den hervorragenden Abbildungen (insgesamt 229) aus der Hand des Hans Weiditz aus Straßburg (Abb. 11). Eine größere Anzahl von Vorlagen für die Holzschnitte, aquarellierte Tuschezeichnungen, fanden sich in dem Herbar des Baseler Arztes Felix Platter (16. Jhdt.) im Botanischen Institut zu Bern und wurden 1936 von W. Rytz herausgegeben.[4] Hierbei handelt es sich um völlig naturgetreue Wiedergaben ganzer lebender Pflanzen (einschließlich Wurzeln), die wohl ohne Aufsicht von Brunfels gemalt worden sind. In bewundernswerter Sicherheit sind auch komplizierte Blüten und Blütenstände dargestellt, deren Aufbau erst zweihundert Jahre später von den Botanikern erkannt wurde. Auch die Stellung der Deck- und Vorblätter, die Blütenhüllen der Compositenköpfchen, die in späteren Werken vielfach übersehene Drehung des Orchideen-Fruchtknotens (Abb. 11) u. v. a. sind fehlerfrei wiedergegeben. Während Albrecht Dürer nur mit dem Pinsel malte, besitzen Weiditz' Bilder mit der Feder gezogene Umrisse und sind offensichtlich als Vorlagen für die Holzschnitte gemalt; auf diesen sind gelegentlich Einzelheiten weggelassen. Weiditz hat die

Abb. 10. *Mandragora officinarum* («Alraun») aus «Hortus sanitatis» (1485)

Abb. 11. *Orchis purpureus* aus BRUNFELS (a) und das diesem Holzschnitt zugrundeliegende Aquarell von HANS WEIDITZ (b)

Pflanzen so gemalt, wie sie ihm vorlagen, die unteren Blätter welk, zerknittert, verdorrt. Auf Schattierung hat er weitgehend verzichtet und die Plastik erreicht durch natürliche Wiedergabe der Stellung und Haltung der Blätter und Blüten. Bilder gleicher Qualität finden wir nur bei Dürer[5], dessen Pflanzendarstellungen wenige Jahre früher (wohl die meisten im Jahre 1503) entstanden sind, und bei LEONARDO DA VINCI. Die älteren Pflanzenbilder, wie im «Herbarius» von VITUS AUSLASSER (1479)[6] oder im «Hortus sanitatis» (1485 und später)[7], können keinen Anspruch auf Naturtreue erheben und sind mitunter noch mit allegorischem Beiwerk versehen (Abb. 10). BRUNFELS' Kräuterbuch mit seinen hervorragenden Holzschnitten wurde Vorbild für alle späteren Kräuterbücher: Bock, Fuchs, Dodonaeus, Mattioli usw. «Die Malerei ist am lobenswertesten, die am meisten Übereinstimmung hat mit dem nachgeahmten Bilde. Diesen Satz stelle ich auf zur Beschämung derjenigen Maler, die die Werke der Natur verbessern wollen» (Leonardo da Vinci).

Wenige Jahre nach Brunfels' «Contrafayt Kreuterbuch» erscheint ein ähnliches Werk von Hieronymus BOCK, der sich lateinisch Tragus nannte (Abb. 9; tropische Euphorbiaceengattung *Tragia!*).[8] Er wurde 1498 in Heidelsheim nordwestlich von Bretten geboren. Ursprünglich von seinen Eltern für das Kloster bestimmt, vermochte er aber doch durch Unterstützung von Verwandten zu studieren, und zwar neben Theologie besonders Medizin. Er erhielt dann in Zweibrücken eine Schullehrerstelle nebst Aufsicht über den fürstlichen Garten. 1532 wurde ihm eine protestantische Predigerstelle in Hornbach südlich Zweibrücken übertragen, wo er außerdem eine ärztliche Praxis ausübte. Er starb hier im Jahre 1554. Es wird berichtet, daß er auf seinen zahlreichen botanischen Exkursionen, die ihn bis Graubünden und Tirol führten, Bauernkleidung trug, um nicht als Geistlicher aufzufallen. Bock und Brunfels verband ein reger wissenschaftlicher Briefwechsel und große gegenseitige Hochachtung. Brunfels hat Bock bei einem Besuch in Hornbach (1533) sehr zugeredet, sein Kräuterbuch zu vollenden und herauszugeben, hat aber dessen Veröffentlichung nicht mehr erlebt.

Bock's 1539 erschienenes Werk trägt den Titel «New Kreütterbuch von underscheidt, würckung und namen der Kreutter, so in Teutschen landen wachsen». Die erste Ausgabe enthält noch keine Abbildungen, wohl aber ist die zweite, 1546 erschienene Auflage mit 465 Holzschnitten geschmückt, die ein junger Künstler namens David Kandel[9]) aus Straßburg gezeichnet, vielfach jedoch nach Brunfels oder Fuchs kopiert hat. Es sind übrigens noch acht weitere deutsche und eine lateinische Ausgabe erschienen. Die Bedeutung von Bock's Werk liegt weniger in den Abbildungen als in den anschaulichen und lebendigen Beschreibungen, die besonders den Habitus und die Entwicklung der Pflanzen im Laufe der Vegetationszeit treffend kennzeichnen.

Als Beispiel möge die Beschreibung des Aronstabs (nach der Ausgabe von 1556, Blatt ccxciii-ccxcv) hier Platz finden:

«Von Aron. Cap. lxxx.

Der Aron kompt auch im Hornung / wa di Sonn hin scheinen mag / herfür gekrochen / gewint schöne grüne bletter / schier als Mangolt bletter / ein jedes stöcklin hat selten vber iiij oder v bletter / zwischen denselben schleüfft in spitziger stengel / etwan spannen lang vber sich / als ein gedrungene fruchtäher in jren kraut scheiden verschlossen / die thut sich im Aprillen auff / darinn findt man ein purpur braunes kölbl in stehen / als ein kertzl in in einer laternen / das selbig ist die blüet des Arons / vnd den köblin wachset har solches kölblin würt mit der zeit grösser / vnd besetzt sich zu rings vmher mit grünen körnern / als ein dreüblin anzusehen. So der herbst kompt / würd das dreüblin gantz rot als die schöne rote Corallen. Das schön lieblich kraut verwelckt im Ende des Meien / vnd bleibt allein das nacket dreüblin biß inn den herbst. Die wurtzel ist einem langen zwibelin oder einer oliuen gleich / mit vilen harechten zaselen besetzt / erjünget sich alle jar als die Satyriones.»

Bei Bock finden sich auch eingehende Angaben über Vorkommen und Fundorte. Er behandelt nur Pflanzen, die er selbst gesehen hat. Viele Gewächse hat er in seinem Garten kultiviert und beobachtet. Philologische Gelehrsamkeit spielt bei ihm nur eine untergeordnete Rolle. Unsere mitteleuropäischen Pflanzen mit den Beschreibungen und Namen des DIOSKORIDES, der ja die mediterrane Flora beschreibt, zu identfizieren, ist in vielen Fällen von vornherein ein fruchtloses Bemühen. Bei der Bibernell *(Pimpinella)* schreibt BOCK «Hilff Gott / was hat dise gemeine Wurtzel sich müssen leiden bei den gelerten / haben alle darüber gepümpelt und gepampelt / noch nie eigentlich dar gethon / wie sie bei den alten heiß / oder was es sei», und beim Mutterkraut *(Chrysanthemum parthenium)* «Herre Gott, wa soll ich mit dem Kraut hin? Oder was soll ich ihm für Tauffnamen auß der geschrifft geben.» Dieser letzte Satz könnte genausogut der Stoßseufzer eines heutigen Botanikers über das gegenwärtige Nomenklaturchaos sein. BOCK bemüht sich auch um eine natürliche Anordnung. Manche auffälligen Gruppen, wie Hülsenfrüchtler, Lippenblütler, Doldengewächse, Kreuzblütler, Korbblütler, Gräser, treten bereits klar hervor. BOCK scheint nicht ohne Humor gewesen zu sein, wie z.B. das Bild vom Feigenbaum zeigt, auf dem die Wirkung der Pflanze drastisch dargestellt ist.

Der Dritte unter den Vätern der Pflanzenkunde, LEONHART FUCHS[10]) (Abb. 12; südamerikanische Oenotheracee *Fuchsia!*), wurde 1501 in Wemding im Nördlinger Ries geboren, wo heute eine Gedenktafel mit einer Fuchsienblüte sein Geburtshaus kennzeichnet. Mit 5 Jahren verlor er seinen Vater. Die Mutter schickte ihn zunächst nach Heilbronn zur Schule, dann nach Erfurt, wo er mit 12 Jahren an der dortigen Universität immatrikuliert wurde und den Grad eines Baccalaureus artium erwarb. Mit 16 Jahren eröffnete er in Wemding eine gelehrte Schule, ging aber nach zwei Jahren auf die Universität Ingolstadt, um weiterhin klassische Sprachen zu studieren (er hörte hier den berühmten Humanisten REUCHLIN). Mit 20 Jahren erwarb er den Magister-Grad, womit damals noch die «venia legendi» verbunden war, und 1524 wurde er zum Doctor medicinae promoviert. Schon frühzeitig fesselten ihn die griechischen medizinischen Autoren und außerdem LUTHERS Schriften. Nach zweijähriger ärztlicher Praxis in München kehrte er nach Ingolstadt zurück, und zwar als 25jähriger Professor der Medizin, wo er sich aber als Protestant nicht halten konnte. Zwischendurch war er Leibarzt des protestantischen Markgrafen von Brandenburg in Ansbach. Schließlich folgt er 1535 einem Rufe nach Tübingen. Hier war er als hochangesehener, aber wohl auch gefürchteter Professor siebenmal Rektor und war an der Neuorganisation der Universität maßgeblich beteiligt. In der Medizin sah er es als eines seiner Hauptziele an, die arabische Medizin durch die griechische zu ersetzen. LEONHART FUCHS starb in Tübingen im Jahre 1566 nach einem von rastloser, vielseitiger Arbeit und mannigfachen Kämpfen erfüllten Leben.

Literarisch war FUCHS außergewöhnlich produktiv; er schrieb mehr als 40 Bücher, wobei die verschiedenen Ausgaben nicht mitgerechnet sind. Die größte Zahl entfällt auf Übersetzungen und Kommentierungen griechischer medizinischer Autoren, besonders von HIPPOKRATES und GALENOS, sowie medizinische Lehrbücher und Kompendien. Ferner entstammen seiner Feder ein Dutzend Streitschriften, vor allem medizinischen Inhalts, beginnend bereits 1530 mit den «Errata recontiorum medicorum», die ihn rasch berühmt machten. Mehrfach hin und her ging der Streit mit dem Mediziner JOHANN CORNARIUS, der ebenso wie FUCHS für die griechische Medizin eintrat. Zunächst benutzten beide Gelehrte innerhalb ihrer medizinischen Lehrbücher jede Gelegenheit, einander etwas am

Abb. 12. LEONHART FUCHS (1501–1566)

Zeug zu flicken, und dann brachte CORNARIUS eine Streitschrift «Vulpecula excoriata» (= «das abgehäutete Füchslein») heraus, der FUCHS mit seiner Schrift «Cornarrius furens» antwortete, in welcher bereits die Initiale der Aufforderung des Götz von Berlichingen eindeutig Ausdruck verleiht, und wo er spottet, daß des CORNARIUS Schrift «cum blattis et tineis rixatur»; worin wohl eine Anspielung darauf zu sehen ist, daß die medizinischen Schriften des CORNARIUS bei weitem nicht die große Verbreitung erreichten wie diejenigen von FUCHS. COR-

NARIUS entgegnet wieder mit einer Schrift «Vulpeculae catastrophe», auf die nochmals zu antworten FUCHS für unter seiner Würde hielt.

Alle diese Schriften von LEONHART FUCHS sind längst vergessen, während sein Buch «De historia stirpium commentarii» (1542) heute noch zu den bedeutendsten Werken der botanischen Literatur zählt. Es ist ein Band von fast 900 Seiten im Folioformat mit 511 vorzüglichen Holzschnitten illustriert. Im Jahre darauf erschien es auch in deutscher Sprache unter dem langen Titel «New Kreüterbüch, in welchem nit allein die gantz histori, das ist namen, gestalt, statt und zeit der wachsung, natur, krafft und würckung des meysten theyls der Kreuter so in Teütschen unnd anderen Landen wachsen, mit dem besten vleiß beschriben, sonder auch aller derselben wurtzel, stengel, bletter, blümen, samen früchte, in summa die gantze gestalt, allso artlich und kunstlich abgebildet und kontrafayt ist, das deßgleichen vormals nie gesehen noch an tag kommen». Diese deutsche Ausgabe ist überarbeitet, die Beschreibung der Pflanzen ausführlicher (unter z.T. wörtlicher Verwendung von BOCK's Text), das Philologische gekürzt, die Bildzahl um sechs vermehrt.

Das Werk wurde von seinem Verleger, Michael Jsingrin in Basel, geradezu wie eine Luxusausgabe ausgestattet. Den Abbildungen jeder Pflanzenart ist jeweils eine volle Seite zugestanden, nie steht eine Abbildung im Text einer anderen Art. Von den beschriebenen Pflanzen stammen etwa hundert aus Gärten, alle anderen sind wildwachsende Arten, bei denen vielfach Fundorte aus der Umgebung von Tübingen genannt werden. Die Arten sind in der lateinischen wie in der deutschen Ausgabe nach dem Alphabet der griechischen Namen angeordnet, beginnend mit ἀψίνθιον (*Artemisia absinthium*) und endend mit ὠκιμοειδές (*Ocimum basilicum*). Jede Beschreibung besteht aus sieben Abschnitten: Nomina (Namen), genera («Geschlecht»), forma («Gestalt»), locus («Statt irer wachsung»), tempus («Zeit»), temperamentum («Die natur und complexion») und vires («Krafft und würckung»). Der Text ist zu einem guten Teil eine Überarbeitung des DIOSKORIDES, wie ein genauer Vergleich ergibt.

Die Abbildungen (Abb. 13) waren unter FUCHS' Aufsicht von H. Füllmaurer und A. Meyer gezeichnet und von V.R. Speckle in Holz geschnitten worden. Die Bilder der drei Künstler sowie des Verfassers selbst sind dem Buch beigegeben. Durchweg sind vorzügliche, vollständige Exemplare zur Darstellung gelangt, die außerdem weitgehend ergänzt sind. So werden z.B. die zur Blütezeit meist schon vertrockneten Grundblätter stets in frischem Zustand gezeichnet. Eine falsche Ergänzung ist FUCHS nur bei *Spartium junceum* (Taf. 435) unterlaufen, wo an einem fruchtenden Zweig radiäre, tetramere Blüten ansitzen, und beim Schneeglöckchen (Taf. 273), wo je eine Blüte von *Leucoium* und *Galanthus* derselben Zwiebel entspringen. FUCHS' Bilder stellen die Gewächse in idealer Vollkommenheit dar, während uns bei BRUNFELS die Pflanzen in wirklicher Naturtreue entgegentreten. So wie von BRUNFELS erschien auch von Fuchs eine «Taschenbuchausgabe» mit verkleinerten Abbildungen (ohne Text). Offenbar war der buchhändlerische Erfolg der großen Ausgaben gering. Vor allem mit FUCHS' Bildern wurde viel Plagiat getrieben, u.a. auch von BOCK. Die minderwertigen, billigeren Kräuterbücher der damaligen Zeit waren wohl buchhändlerisch wesentlich erfolgreicher.

FUCHS plante eine Fortsetzung seines Werkes mit zwei weiteren Bänden; insgesamt sollte es 1500 Abbildungen enthalten. Es fand sich hierfür jedoch kein Verleger. Das über zweihundert Jahre verschollene Manuskript wurde 1954 in

Abb. 13. Odermennig, *Agrimonia eupatorium* (aus FUCHS 1543)

der Österreichischen Nationalbibliothek wieder aufgefunden.[11] Es besteht aus neun starken Foliobänden mit 1525 farbigen Pflanzenbildern[12], unter denen sich auch die meisten Vorlagen für die Holzschnitte der «Historia stirpium» von 1542 befinden.

Die Bedeutung der drei besprochenen «Kreutterbücher» für die Entwicklung der botanischen Wissenschaft können wir nicht besser kennzeichnen als es JULIUS SACHS getan hat, dem wir wörtlich folgen wollen. «Wer an die neuere botanische Literatur gewöhnt zum ersten Male die Werke von BRUNFELS, FUCHS und BOCK zur Hand nimmt, findet sich überrascht nicht nur von der fremdartigen Form, dem wunderlichen, uns jetzt nicht mehr geläufigen Beiwerk, aus welchem das Brauchbare mit Mühe hervorgesucht werden muß, sondern noch mehr von der außerordentlichen Gedankenarmut dieser dickleibigen Folianten. Nimmt man jedoch statt von der Gegenwart rückwärts den entgegengesetzten Weg, hat man sich vorher mit den botanischen Ansichten des ARISTOTELES und dem umfangreichen botanischen Werk seines Schülers THEOPHRASTOS von ERESOS, mit der Naturgeschichte des PLINIUS und der Heilmittellehre des DIOSCORIDES beschäftigt, hat man die immer ärmlicher werdende botanische Literatur des Mittelalters kennengelernt und ist man endlich bis zu dem vor und nach 1500 vielgelesenen Naturgeschichtswerk «Hortus sanitatis» (Garten der Gesundheit) und ähnlichen vorgedrungen; dann allerdings ist der Eindruck, den die ersten Kräuterbücher von BRUNFELS, BOCK und FUCHS machen, ein ganz anderer, fast imponierender. Im Vergleich zu den zuletzt genannten Produkten mittelalterlichen Aberglaubens erscheinen uns diese Bücher fast modern, und nicht zu verkennen ist, daß mit ihnen eine neue Epoche der Naturwissenschaft beginnt, daß wir in ihnen vor allem die ersten Anfänge der jetzigen Botanik finden. Zwar sind es bloße Einzelbeschreibungen von meist gemeinen, in Deutschland wildwachsenden oder kultivierten Pflanzen; zwar sind diese Beschreibungen unseren gegenwärtigen kunstgerechten Diagnosen kaum vergleichbar; aber die Hauptsache ist, sie sind von den Verfassern selbst entworfen; sie haben diese Pflanzen selbst vielfach gesehen und genau betrachtet, es sind Bilder beigefügt, welche immer die ganze Pflanze darstellen, von geübter Künstlerhand unmittelbar nach der Natur entworfen. In diesen Bildern und Beschreibungen würde, auch wenn sie weniger gut wären, ein großes Verdienst dieser Männer um die Geschichte unserer Wissenschaft liegen; denn soweit war die botanische Literatur vor ihnen heruntergekommen, daß nicht nur die Bilder wie in dem erwähnten Hortus sanitatis fabelhafte Zutaten enthielten, zum Teil ganz nach der Phantasie entworfen waren, sondern auch die mageren Beschreibungen selbst ganz gemeiner Pflanzen waren nicht nach der Natur gemacht, vielmehr von früheren Autoritäten entlehnt und mit abergläubischem Fabelwesen durchwebt. Mit der Unterdrückung und Verkümmerung des selbständigen Urteils im Mittelalter war sogar die Tätigkeit der Sinne krankhaft geworden; selbst diejenigen, welche sich mit Naturgegenständen beschäftigten, sahen dieselben in fratzenhafter Verzerrung: jeder sinnliche Eindruck wurde durch die Tätigkeit einer abergläubischen Phantasie verunreinigt und entstellt. Dieser Verkommenheit gegenüber erscheinen die kindlichen Beschreibungen BOCKS sachgemäß, naturgetreu und durch ihre frische Unmittelbarkeit wohltuend. Es war sehr viel damit gewonnen, daß man wieder anfing, die Pflanze mit offenem Auge anzuschauen, sich ihrer Mannigfaltigkeit und Schönheit zu erfreuen.»

Die Werke von BRUNFELS, BOCK und FUCHS wirkten ungemein anregend auf die gesamte europäische Botanik. Eine wahre Flut von «Kräuterbüchern» setzte ein, von denen manche jedoch von minderer Qualität, aber weit verbreitet waren; so erreichte das «Kreuterbuch» des Frankfurters ADAM LONITZER *(Lonicera!)*, dessen Bilder meist aus späteren Bearbeitungen des «Hortus sanitatis» stammten oder nach BOCK kopiert waren, von 1557 bis 1783 über 20 Auflagen. Einen noch größeren Erfolg erzielte PIETRO ANDREA MATTIOLI, latinisiert MATTHIOLUS *(Matthiola!)*, aus Siena (1500–1577, Abb. 14)[13], dessen mit vielen, in den älteren Ausgaben zum Teil sehr schönen Holzschnitten illustrierter Dioskorides-Kommentar von 1554 bis 1744 in mehr als 60 Auflagen erschienen ist, und zwar lateinisch, italienisch, deutsch, französisch und tschechisch. Wir finden bei MAT-

Abb. 14. ANDREA MATTIOLI (1500–1577)

Abb. 15. Edelweiß, *Leontopodium alpinum* (aus MATTIOLI 1569)

TIOLI viele neue Arten beschrieben und abgebildet (Abb. 15). In der Sorgfalt jedoch erreicht er seine deutschen Vorgänger nicht. Maßlos eitel und rechthaberisch, beschimpft er aufs unflätigste jeden, der eine andere Meinung hatte oder ihm gar Fehler nachwies. ERNST MEYER sagt, die Vorrede zur Ausgabe von 1565, worin sich MATTIOLI «contra obtrectatores» (gegen neidische Widersacher) wandte, «wäre nicht einmal ein Stallknecht, wenn er auch lateinisch verstünde, zu übersetzen imstande».

REMBERT DODOENS, latinisiert DODENAEUS[14], aus Antwerpen und MATTHIAS L'OBEL, latinisiert LOBELIUS[15] *(Lobelia!)*, aus Flandern schrieben ebenfalls umfangreiche Kräuterbücher in der zweiten Hälfte des 16. Jahrhunderts, vor allem die belgisch-niederländische Flora berücksichtigend. Bei LOBELIUS schälen sich manche natürlichen Gruppen gut heraus (Gräser, Lilien, Binsen und Riedgräser, Labiaten, Leguminosen u.a.). BOCK's Schüler JAKOB THEODOR aus Bergzabern, der sich TABERNAEMONTANUS[16] *(Scirpus Tabernaemontani!)* nannte, arbeitete 36 Jahre lang an seinem zweibändigen «Kreuterbuch» (1588 bis 1591), in dem 3000 Arten beschrieben und (recht mäßig) abgebildet sind. Etwa dieselbe Artenzahl umfaßt die zweibändige «Historia generalis plantarum» (1587) von JACQUES DALÉCHAMPS[17] aus Lyon, mit einer beträchtlichen Anzahl neuer Spezies. Nur ein Torso ist leider die «Historia stirpium» von VALERIUS CORDUS (1515–1544)[18] geblieben, von KONRAD GESNER posthum herausgegeben. CORDUS stammte aus Erfurt, war Professor in Wittenberg, durchstreifte Mittel- und Süddeutschland und starb 29jährig auf einer Reise, die ihn kreuz und quer durch Italien führte. Er verfaßte die erste gesetzlich vorgeschriebene Pharmakopoe «Dispensatorium pharmacorum omnium» (1546). CORDUS war ein vorzüglicher Beobachter, was

Abb. 16. CHARLES DE L'ECLUSE, CARLOLUS CLUSIUS (1526–1609)

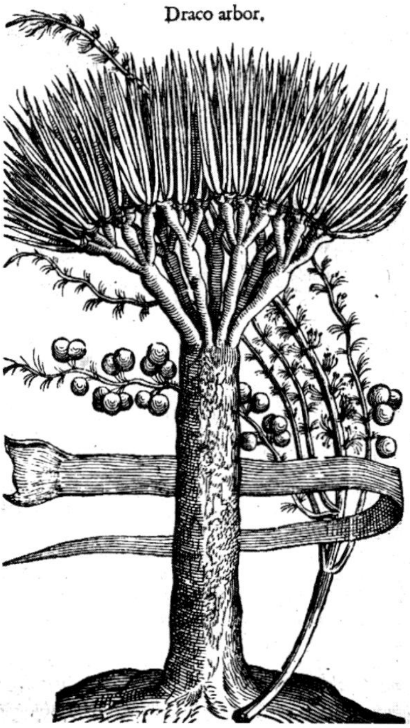

Abb. 17. Drachenbaum, älteste wissenschaftliche Darstellung (aus CLUSIUS 1576)

u.a. daraus hervorgeht, daß er die Fortpflanzung der Farne bereits klar erkannt hat; bei *Asplenium trichomanes* schreibt er: «Es produziert weder Blüte noch Samen, pflanzt sich aber trotzdem fort, und zwar durch der Unterseite der Blätter anhaftendes Pulver, wie alle anderen Farnarten auch.» Daß seine Pflanzenbeschreibungen diejenigen seiner Vorgänger an Schärfe übertreffen, nimmt uns daher nicht wunder. TOURNEFORT zeichnet ihn mit dem Satz aus: «In describendis plantis omnium primus excelluit.» – Besondere Erwähnung verdient schließlich noch CHARLES DE L'ECLUSE, latinisiert CLUSIUS[19] (Abb. 16; *Clusia, Gentiana Clusii!*) aus Arras, das damals noch zu Flandern gehörte. Er studierte in Genf und Lyon, lebte dann in Marburg, Wittenberg, Frankfurt, Straßburg, Montpellier, Antwerpen, London, dann 14 Jahre lang in Wien, schließlich in Frankfurt und folgte zuletzt noch einem Rufe nach Leiden, wo er 1609, fast 84 Jahre alt, starb. Sowohl durch den häufigen Wechsel seines Wohnortes wie vor allem auf ausgedehnten Reisen durch Spanien, die Alpen und Ungarn lernte er die europäische Flora aus eigener Anschauung kennen wie kein anderer Botaniker seiner Zeit. Keiner hat daher so viele neue Arten entdeckt wie er, die er sehr sorgfältig beschrieben und abgebildet hat (Abb. 17), vor allem in «Rariorum aliquot stirpium per Hispanias observatarum historia» (1576) und «Rariorum aliquot stirpium per Pannoniam, Austriam et vicinas quasdam provincias observatarum historia» (1584) sowie in seinem Pilzwerk «Fungorum in Pannoniis observatorum brevis historia» (1601).

Die beiden erstgenannten Bücher von CLUSIUS können als Vorläufer einer «Flora» angesehen werden im Sinne eines Buches, welches die Pflanzenarten eines räumlich begrenzten Gebietes aufzählt und beschreibt. Ein Zeitgenosse von CLUSIUS, JOHANNES THAL[20], Standphysikus in Stolberg am Harz, hat mit seinem 1588 erschienenen Buch «Sylva Hercynia, sive catalogus plantarum sponte nascentium in montibus Hercyniae» die erste «Flora» im heutigen Sinn geschaffen. Während CLUSIUS eine Auswahl von Pflanzen des betreffenden Gebietes beschreibt und auch Kulturpflanzen einbezieht, behandelt THAL nur die Wildpflanzen («sponte nascentium») des Harzes und seines Vorlandes, bemüht sich aber, diese möglichst vollständig zu erfassen.

Gleichzeitig mit dem Kräuterbuch-Autoren des 16. Jahrhunderts, deren Leistungen in die Geschichte der Botanik eingegangen sind, lebte in Zürich ein Gelehrter, den JESSEN treffend kennzeichnet als einen Mann, «der an Umfang seiner Arbeiten und Genauigkeit der Beobachtungen alle seine Zeitgenossen überragte und nicht bloß die Botanik, nicht bloß die Naturwissenschaft, sondern das ganze Gebiet der damaligen Geistesbildung sich untertan gemacht hatte»: KONRAD GESNER (Abb. 18; *Gesneria, Conradia, Tulipa Gesneriana!*).[21] Er wurde 1516 in Zürich geboren als Sohn eines armen, kinderreichen Kürschnermeisters, der 1531 im Kampf der reformierten Züricher gegen die katholischen Kantone in einem Gefecht nach der Schlacht bei Kappel den Tod fand. Ein Stipendium ermöglichte dem jungen GESNER das Studium in Paris, wo er den Grund zu seiner wahrhaft universalen Bildung legte. Mehrere Jahre hatte er die Stelle eines Lehrers in Zürich und Lausanne inne, bis er – nach seiner Promotion zum Doctor medicinae in Basel – zum Stadtarzt von Zürich bestellt wurde und zugleich die Professur für Naturgeschichte an der dortigen Universität erhielt. Während einer Pestepidemie setzte er sein ganzes Können in der Bekämpfung der Krankheit ein und veröffentlichte seine Beobachtungen darüber. Bei einer neuen Pestepidemie im darauffolgenden Jahr, 1565, wurde GESNER selbst ein Opfer dieser Krankheit und somit seines Berufes, erst 49 Jahre alt.

GESNER's literarische Leistung ist trotz seines frühen Todes von einer geradezu unfaßbaren Vielseitigkeit. Er war aber keineswegs ein reiner Kompilator wie etwa PLINIUS – ein solcher Vergleich wäre für GESNER geradezu eine Beleidigung –, vielmehr war er von größter Sorgfalt, stets kritisch eingestellt, dazu ein vorzüglicher Beobachter und Zeichner. Besonders in der Biologie ging er eigene Wege. Völlig frei von Ruhmsucht (im Gegensatz etwa zu FUCHS oder MATTIOLI) diente er überall nur der Sache. Dies ersehen wir vor allem daraus, daß er mehrfach die Werke anderer herausgab, oft unter bedeutenden Opfern an Zeit und Arbeit, z.B. die Schriften des früh verstorbenen VALERIUS CORDUS; ein Buch seines Freundes MORIBANUS über DIOSKORIDES vollendete und verbesserte er und ließ das Honorar den Waisen des Verfassers auszahlen.

Von seinen nichtbiologischen Werken seien nur genannt ein viel benutztes und sehr geachtetes, etwa 1000 Seiten starkes griechisch-lateinisches Wörterbuch (das er, wie er selbst sagt, nur geschrieben hat, um in sorgenvoller wirtschaftlicher Lage Geld zu verdienen), kritische Ausgaben zahlreicher klassischer Schriftsteller, besonders der Medizin und Naturwissenschaften, sowie ein Verzeichnis aller vor ihm lebenden Schriftsteller und ihrer Werke, ein 1500 Seiten dicker Folioband von außerordentlicher Genauigkeit.

Unter seinen biologischen Werken steht an erster Stelle seine 5 Foliobände (etwa 3500 Seiten mit rund 1000 Abbildungen) umfassende «Historia anima-

Abb. 18. KONRAD GESNER (1516–1565)

lium» (1551–1587). CUVIER hat sie als die Grundlage der neueren Zoologie bezeichnet, und BALLAUF sagt von ihr: «Sie eröffnet die Zoologie der Neuzeit.»

An botanischen Werken sind zu seinen Lebzeiten nur zwei erschienen: ein «Catalogus plantarum latine, graece, germanice et gallice» (1543), der heute noch zur Identifizierung der in alten Werken genannten Pflanzen gute Dienste leistet, und die «Descriptio montis fracti» (1555). GESNER bestieg mit drei Freunden den 2132 Meter hohen Pilatus, wegen seines Doppelgipfels «mons fractus» genannt, wozu die besondere Erlaubnis des Bürgermeisters von Luzern nötig war. Es ist wohl die älteste Monographie eines Berges überhaupt. Begeistert über die seelischen Werte einer Bergbesteigung ruft er aus: «Quod quaeso aliud intra naturae quidam limites honestius, maius et omnibus absolutius numeris oblectamenti inveneris?» (Welche Art des Genusses, frage ich, findest du innerhalb der Grenzen der Natur ehrenwerter, größer und vollendeter?) Und an einen Freund schreibt er: «Welch herrlicher Genuß, was für eine Wonne ist es, die unermeßlichen Bergmassen bewundernd zu betrachten und sein Haupt über die Wolken emporzuheben. Nur Menschen von träger Seele bewundern nichts, bleiben in dumpfer Gefühllosigkeit zu Hause, liegen gleich Murmeltieren in einem Winkel begraben.» – In diesem Bericht seiner Pilatus-Besteigung gibt GESNER die erste Gliederung der Vegetation in Höhenregionen:

1. Die Region des dauernden Winters.
2. Die Region des Frühlings: Hier blühen mitten im Sommer Pflanzen, die in der Ebene schon im Frühling blühen wie Veilchen, Huflattich und Pestwurz.
3. Die Region des Herbstes: Einige Bäume, besonders Kirschen, kommen zur Fruchtreife.
4. Die Region des Sommers: Täler und Ebenen.

In dieser letzten Region wirken sich alle vier Jahreszeiten aus. Die dritte «besitzt außer Frühling und Winter noch etwas Herbst». In der zweiten folgt auf einen langen Winter ein kurzer Frühling. In der obersten Region aber herrscht dauernder Winter «und wenn der Schnee an tieferen Stellen schmelzt, Kälte und Stürme.»

Auch fällt ihm der Unterschied im Habitus der Pflanzen der Berge und der Ebene auf: «Die Pflanzen der Berge weichen von denen, die in tieferen Lagen wachsen, durch kleinere und gedrungenere Blätter ab.»

In Zürich legte GESNER zwei botanische Gärten an, die ersten dieser Art in der Schweiz. Darin hatte er sogar eine Alpenanlage errichtet, in der er etwa 50 Alpenpflanzen kultivierte. In seinem «De hortis Germaniae liber» (1561) beschreibt er die damaligen Gärten und mancherlei neue Pflanzen. Gewächshäuser erwähnt er noch nicht.

Seine «Naturgeschichte der Pflanzen» zu vollenden, die ein Gegenstück zur Historia animalium werden sollte, hat sein früher Tod vereitelt. Viele Jahre lang hatte GESNER Material dazu gesammelt, zahlreiche Exkursionen zum Studium der Pflanzen gemacht, viele Pflanzen in seinem Garten gezogen, auf Tausenden von Zetteln und in seinen Handexemplaren des THEOPHRASTOS, PLINIUS und DIOSKORIDES seine Beobachtungen vermerkt und etwa 1500 Abbildungen, meist selbst gezeichnet, zusammengebracht. Kurz vor seinem Tode nahm er seinem Freunde CASPAR WOLF, Professor der Philosophie in Zürich, das Versprechen ab, das Werk herauszugeben. WOLF hat zwar einiges aus dem botanischen und medizinischen Nachlaß GESNER's ediert, aber das Hauptwerk zu vollenden ging über seine Kräfte. So verkaufte er um 175 Gulden den gesamten botanischen Nachlaß einschließlich der Handexemplare der alten Autoren an JOACHIM CAMERARIUS den Jüngeren in Nürnberg. Dieser benutzte zwar viele Bilder GESNER's ohne Namensnennung zur Illustration seiner Bücher, machte aber keine Anstrengungen zur Herausgabe des GESNERschen Werkes. Schließlich

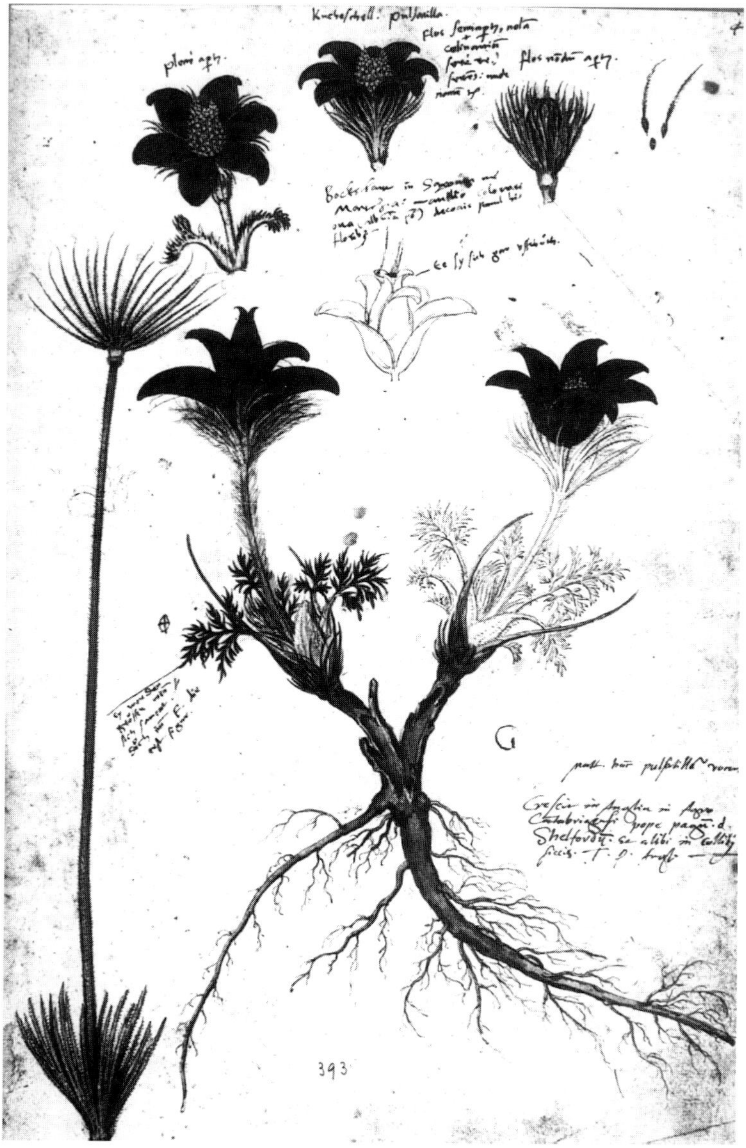

Abb. 19. Pulsatilla vulgaris (aus dem Manuskript von GESNER's «Historia plantarum»)

gelangte der restliche Nachlaß 1744, also 180 Jahre nach GESNER's Tod, in die Hände des berühmten Nürnberger Arztes CHR. JAK. TREW, der in dem Erlanger Mediziner CASIMIR CHRISTOPH SCHMIEDEL[20] einen ebenso uneigennützigen wie sachkundigen Bearbeiter fand (er hat u.a. die Archegonien der Lebermoose entdeckt). So erschienen schließlich 1751–71 die «Opera botanica Conradi Gesneri» in zwei prachtvollen Foliobänden mit vielen, z.T. kolorierten Tafeln. Die Abbildungen – nur nach ihnen vermögen wir GESNER's botanische Leistung zu beurteilen – sind großenteils vorzüglich. Ein bedeutender Fortschritt gegenüber allen früheren Autoren liegt in der Beigabe von Detailzeichnungen der morphologisch wichtigen Organe, wie Blüten, Früchte, Rhizome usw. (Abb. 17). Waren doch gerade diese Organe in den Kräuterbüchern etwas vernachlässigt worden. Erst GESNER erkannte ihre Wichtigkeit für die sichere Unterscheidung der Arten und für die Gruppierung derselben. Zahlreiche Arten, besonders von Alpenpflanzen, hat GESNER erstmals gesehen, die später CLUSIUS, BAUHIN u.a. beschrieben haben. Auch war er der erste, der Gattungen nach Botanikern genannt hat (z.B. *Cortusa, Aretia* u.a.).

Aber alle diese großen Leistungen GESNERS waren ohne Einwirkung auf die Entwicklung unserer Wissenschaft, da sie erst 200 Jahre nach seinem Tode veröffentlicht wurden, als sie bereits durch die Arbeit anderer Forscher erreicht bzw. sogar überholt waren.

Diesem Abschnitt über die Väter der Pflanzenkunde sei noch ein Wort über botanische Gärten und Herbarien jener Zeit angefügt. Durch beides wurde das Studium der Gewächse von der Buchgelehrsamkeit auf die Objekte selbst gelenkt. Schon THEOPHRASTOS hatte, wie wir oben sahen, einen Garten in Athen neben seiner Akademie angelegt. Wenn auch im Mittelalter da und dort pflanzenreiche Gärten existiert haben werden, so entstehen doch solche in größerer Zahl und von bedeutendem Umfang erst während der Renaissance in Oberitalien, so in Ferrara und Venedig. Die ersten akademischen botanischen Gärten wurden angelegt um 1545 in Padua, in Florenz und in Pisa, an erstgenanntem Ort sogar mit einem Gewächshaus; war doch Venedig im Mittelalter der bedeutendste Sitz der Glasherstellung. Dann folgen Bologna (durch ULISSES ALDROVANDI 1567), Leiden (1577), Jena (1586), Montpellier (1593) und Heidelberg (1597). In Montpellier wurde erstmals auch der Boden des Gartens verändert, um günstige Lebensbedingungen für die verschiedenen Arten zu schaffen. Es erschienen damals bereits Kataloge der botanischen Gärten. In Deutschland wie in der Schweiz gab es auch mehrere reichhaltige Privatgärten, wie diejenigen von CAMPERARIUS in Nürnberg, FUCHS in Tübingen und vor allem GESNER in Zürich.

Das Wort Herbarium bezeichnete ursprünglich ein Kräuterbuch. Zum Unterschied davon nannte man eine Sammlung getrockneter Pflanzen «Herbarium vivum» oder auch «Hortus hiemalis», da sie im Winter den Garten ersetzt. CAESALPINUS – wir werden seiner im nächsten Kapitel gedenken – schenkte, wie er selbst in der Widmung seines Werkes an FRANCESCO MEDICI schreibt, dessen Vater Cosimo I. (1519–74) ein «liber ex plantis agglutinatis». ALDROVANDI, der Begründer des Botanischen Gartens von Bologna, hatte ein Herbar von etwa 4000 Pflanzen in 16 Bänden zusammengebracht, das wenigstens um die Mitte des vorigen Jahrhunderts in Bologna noch erhalten war. Die ältesten deutschen Herbarien[23] wurden angelegt von HIERONYMUS HARDER, Schulmeister in Ulm (1562) und von CASPAR RATZENBERGER, Arzt in Naumburg (1592). Die gepreßten Pflanzen sind mit Leim auf Papier aufgeklebt, gelegentlich durch Zeichnungen ergänzt, und die Blätter wie Bücher zusammengebunden. Auch auf Reisen legten die Botaniker damals schon Herbarien an. So brachte der Augsburger LEONHART RAUWOLF (*Rauwolfia!*) von seiner Reise nach dem Orient (1573–76) 513 getrocknete Pflanzen mit, die heute noch in der Leidener Universitätsbibliothek aufbewahrt werden.

Anmerkungen

1 Über die Botanik des 16. Jahrhunderts finden sich ausführliche Darstellungen in BALLAUF, JESSEN, MEYER (Bd. 4), SACHS und SPRENGEL. Vollständige Bibliographie der im folgenden behandelten Autoren bei PRITZEL, Thesaurus literaturae botanicae.

Ferner sei hingewiesen auf: BEHLING, L., Die Pflanze in der mittelalterlichen Tafelmalerei. Weimar 1957. ARBER, A., Herbals, their origin and evolution. 2. Ed. Cambridge 1938 (Reprint 1971). SCHREIBER, W.L., Die Kräuterbücher des XV. und XVI. Jahrhunderts. München 1924. (Reprint Stuttgart 1982). ANDERSON, F., An illustrated history of the herbals. New York 1977.

2 LEONARDO DA VINCI, Tagebücher und Aufzeichnungen. Leipzig 1940. –, Das Lebensbild eines Genies. 3. Aufl. Wiesbaden und Berlin 1955.

3 BRUNFELS, O., Herbarum vivae eicones. Straßburg 1530–32. Deutsch: Contrafayt Kreuterbuch. Straßburg 1532. Neudruck München 1964.

Biographien und Leistung als Botaniker: FLÜCKIGER, F.A., Otto Brunfels, Fragment zur Geschichte der Botanik und Pharmacie. Archiv d. Pharmacie III. Reihe, 12. Bd. (der ganzen Reihe 212. Bd.), 493–514, 1878. ROTH, F.W.E., Otto Brunfels. Botan. Ztg. **58**,I, 191–232, 1900. SANWALD, E., Otto Brunfels. Diss. Univ. München (Phil. Fak.) 1932. SPRAGUE, T.A., The Herbal of Otto Brunfels. Journ. of the Linnean Society of London, Botany, **48,** 79–124, 1928. DSB **2,** 535–538, 1970.

4 RYTZ, W., Pflanzenaquarelle des Hans Weiditz. Bern 1936. –, Das Herbarium Felix Platters. Verh. d. naturf. Ges. Basel **44,** I, 1–122, 1933. Allgem. Lexikon der bild. Künstler, herausgeg. von H. VOLLMER, **35,** 269–271, 1942.

5 KILLERMANN, S., Albrecht Dürers Werk. Eine natur- und kulturgeschichtliche Untersuchung. Regensburg 1953. KOSCHATZKY, W., & A. STROBL, Die Dürerzeichnungen der Albertina. Salzburg 1971.

6 FISCHER, H., Vitus Auslasser. Ber. d. bayer. bot. Ges. **16**(1), 1–31, 1925

7 KEIL, G., Gart-Herbarius-Hortus. Würzburger med.-hist. Forschungen **24** (Festschr. f. W. Daems), 589–635, 1982. SCHREIBER, W.L., s. Anm. 1.

8 BOCK, H., New Kreütterbuch. Straßburg 1539, 1546, 1556 usw. (Neudruck München 1964).

Biographien und Leistung als Botaniker: HOPPE, B., Das Kräuterbuch des Hieronymus Bock. Stuttgart 1969. MARZELL, H., Das Kräuterbuch des Hieronymus Bock. Natur **13,** 208–213, 1922 (s. a. Naturwiss. Rundschau **7,** 307–309, 1954). MAYERHOFER, J., Beiträge zur Lebensgeschichte des Hieronymus Bock, genannt Tragus. Histor. Jahrbuch **17,** 765–799, 1896. ROTH, F.W.E., Hieronymus Bock, gen. Tragus. Bot. Cbl. **74,** 265–271, 313–318, 344–347, 1898. FIGALA, K., Hieronymus Bock. Knoll-Information 1979, Nr. 2, 21–26. REICHERT, H., in: Pfälzer Lebensbilder **4,** 85–103, 1987. DSB **2,** 218–220, 1970.

9 GEROCK, J.-E., Une artiste Strasbourgeois du XVIe siècle: David Kandel. Archives alsaciennes d'Hist. de l'Art **2,** 84–96, 1923. –, Les illustrations de David Kandel dans le «Kreuterbuch» de Tragus. Ebenda **10,** 137–148, 1931.

10 FUCHS, L., De historia stirpium commentarii. Basel 1542. –, New Kreüterbuch. Basel 1543 (Facsimile-Ausgabe, besorgt von H. MARZELL, Leipzig 1938; Neudruck München 1964, Dietikon-Zürich 1981.

Biographien und botanische Leistung von L. FUCHS: FICHTNER, G., Neues zu Leben und Werk von Leonhart Fuchs. Gesnerus **25,** 65–82. 1968. –, Die Paradoxa des Leonhart Fuchs. Welt am Oberrhein **7,** 194–197, 1967. ROTH, F.W.E., Leonhart Fuchs, ein deutscher Botaniker. Beih. z. Bot. Cbl. **8,** 161–191. 1898. SPRAGUE, T.A., & E. NELMES, The Herbal of Leonhart Fuchs. Journ. of the Linnean Society of London **48,** 454–642, 1931. STÜBLER, E., Leonhart Fuchs. Münchner Beitr. z. Gesch. u. Lit. d. Naturw. u. Med., Heft 13/14. München 1928. DSB **15,** 160–162, 1978. CHOATE, H., The earliest glossary of botanical terms. Torreya **17,** 186–201, 1917.

11 GANZINGER, K., Ein Kräuterbuchmanuskript des Leonhart Fuchs. Sudhoff's Archiv f. Gesch. d. Med. u. Naturwis. **43,** 213–224, 1959. –, Rauwolf und Fuchs. Veröff. d. internat. Ges. f. Gesch. d. Pharm. N.F. **22,** 23–33, 1963. SEYBOLD, S., Die Orchideen des Leonhart Fuchs. Tübingen 1986.

12 Viele der neuen Bilder hatte FUCHS bereits auf Holz zeichnen lassen. Diese wurden von den Erben verkauft und gelangten in verschiedene Hände. Bis 1899 waren 195 solcher Holztafeln im Besitz der Tübinger Universitätsbibliothek, die sie an das Botanische Institut abgab. In der Inflationszeit wurden sie von dem damaligen Institutsdirektor an die Stuttgarter Akademie der Künste verkauft, dort abgeschliffen und wieder verwendet. 23 dieser Tafeln befinden sich noch jetzt im genannten Institut; sie sind abgebildet in: DOBAT, K., Tübinger Kräuterbuchtafeln des Leonhart Fuchs. Attempto-Verlag Tübingen 1983.

13 MATTHIOLUS, P. A., Commentarii in sex libros Pedacii Dioscordis Anazarbei de materia medica. Venedig 1565. Deutsche Übersetzung, bearbeitet von J. CAMERARIUS Frankfurt a.M. 1626 Neudruck München-Grünwald 1981. MEYER, Gesch. d. Bot. **4,** 366–378, 1857. LECLERC, H., Un naturaliste irascible. Janus **31,** 336–345, 1927. SCHMID, G., Ein unbekanntes Bild von M. Sudhoffs Arch. f. Gesch. d. Med. u. Nat. **30,** 133–151, 1937 (mit weiteren Lit.-Angaben). FISCHER, H., Mattioli und die Anfänge der Alpenfloristik Jahrb. d. Ver. z. Schutze d. Alpenpfl. **4,** 76–83, 1932. GREENE, E.L., Landmarks of bot. history **2,** 798–806, 1983. WINTER, G., Die Heilpflanzen des M. gegen Infektionen der Harnwege und zur Förderung der Wundheilung im Lichte der Antibiotikaforschung. Forschungsber. d. Landes Nordrhein-Westfalen, Heft 94, 1954. DSB **9,** 178–180, 1974.

14 DODOENS, R., Cruydeboeck. Antwerpen 1554 (und weitere Auflagen bis 1644, Reprint Amsterdam 1978). Auch in französischer und englischer Übersetzung. –, Stirpium pemptades sex. Antwerpen 1583. Näheres über DODOENS (geb. 1517 in Mecheln, gest. 1585 in Leiden) siehe bei MEYER Bd. 4, S. 340–350. Ferner in: Janus **22,** 153–162, 1917 (F.W.T. HUNGER). E.L. GREENE, Landmarks of bot. hist. **2,** 847–876, 1983. DSB **4,** 138–140, 1971.

15 LOBELIUS, M., Plantarum seu stirpium historia. Antwerpen 1576. A. LOUIS, Mathieu de l'Obel. 1980. E.L. GREENE, Landmarks of bot. hist. **2,** 877–937, 1983. DSB **8,** 435–436, 1973.

16 TABERNAEMONTANUS, J.TH., New Kreuterbuch. Frankfurt 1588–91. Neudruck München 1974. T. (1520–90) war Schüler von BRUNFELS und lebte als Arzt in Heidelberg. Biogr.: Bot. Zeitung **57,** 105–123, 1899 (F.W.E. ROTH). Knoll-Informationen 4(1), 25–28, 1974 (K. FIGALA)

17 DALÉCHAMPS, J., Historia generalis plantarum. Lyon 1587. Über JACQUES DALÉCHAMPS (1513–88) siehe MEYER Bd. 4, S. 394–399; Bull. Soc. bot. Genève, 2. sér., **9,** 137–164, 1917 (H. CHRIST); DSB **3,** 533–534. 1971.

18 CORDUS, V., Annotationes in Pedacii Dioscoridis Anazarbei de materia medica libros V. Ed. C. GESNER. Straßburg 1561. Über CORDUS (1515–1544) siehe MEYER Bd. 4, S. 317–322; Mitteil. d. thüring. bot. Ver., N.F. **33,** 37–66, 1916 (A. SCHULZ); IRMISCH, TH., Über einige Botaniker des 16. Jahrhunderts (Sondershausen 1862), S. 10–34. E.L. GREENE, Landmarks of bot. hist. **1,** 369–415, 1909. Journ. Linnean Soc. London, Bot. **52,** 1–113, 1939 (T.A. SPRAGUE). Pharmaz. Ztg. **113,** 1062–1072, 1968 (G.E. DANN). Jahresh. d. Ges. f. Naturk. in Württemberg **142,** 143–155, 1987 (S. SEYBOLD).

19 CLUSIUS, C., Rariorum aliquot stirpium per Pannoniam, Austriam etc. historia. Antwerpen 1583 (Neudruck Graz 1964). CHRIST, H., Die ungarisch-österreichische Flora des Carl Clusius vom Jahre 1583. Österr. bot. Ztschr. **62,** 330–334, 393–394, 426–430, 1912; **63,** 131–136, 159–167, 1913. CLUSIUS, C., Rariorum aliquot stirpium per Hispanias observatarum historia. Antwerpen 1576. CLUSIUS, C., Fungorum in Pannoniis observatorum brevis historia. Antwerpen 1601 (hervorragender Reprint mit historischen Beiträgen Graz 1983).

Biographien: HUNGER, F.W.T., Charles de l'Ecluse. Gravenhage 1927–43. Neue Deutsche Biographie **3,** 296–297, 1957 (H. DOLEZAL). CLUSIUS-Festschrift (Burgenländ. Forschungen, Sonderheft V, Eisenstadt 1973. MÄGDEFRAU, K., Die ersten Alpenbotaniker. Jahrb. d. Ver. z. Schutze d. Alpenpfl. **40,** 33–46, 1975.

20 «Sylva Hercynia» ist 1977 (Zentralantiquariat Leipzig) im Neudruck erschienen mit deutscher Übersetzung des Textes, Kommentar und Einleitung von ST. RAUSCHERT. Über JOHANNES THAL (1542–83) siehe IRMISCH, TH., Über einige Botaniker des 16. Jahrhunderts (Programm des fürstl. schwarzburg. Gymnasium Sondershausen 1862, 3–58). IRMISCH, TH. Einige Nachrichten über Johann Thal (Zeitschr. d. Harz-Ver.f. Gesch. u. Altertumskunde **8,** 149–161, 1875.

21 GESNERUS, C., Catalogus plantarum latine, graece, germanice et gallice. Zürich 1542. –, De raris et admirandis herbis, et descriptio montis Fracti. Zürich 1555. –, Opera botanica. Ed.CAS. CHRIST. SCHMIEDEL. Nürnberg 1751–1771. Conradi Gesneri historia plantarum, herausgeg. u. kommentiert von H. ZOLLER. Dietikon–Zürich 1973–80 (vorzügliche farbige Facsimile-Ausgabe mit 187 Tafeln).

Biographien: FISCHER, HANS, Conrad Gessner. Neujahrsblatt der naturforschenden Gesellschaft Zürich Nr. **168.** Zürich 1966. LEY, W., Konrad Gesner. Münch. Beitr. z. Gesch. u. Lit. d. Naturw. u. Med., Heft 15/16, München 1929. WIDMANN, H., Konrad Gesner, Alemann. Jahrb. 1966/67, 219–256, 1970. CONRAD GESSNER, Universalgelehrter-Naturforscher-Arzt. Zürich 1969. C. SCHMIDEL, Vita Conradi Gesneri. (Gesneri opera botanica, 1754, I–LVI).

Über GESNER als Botaniker: FRETZ, D., Konrad Gessner als Gärtner. Zürich 1948. MÄGDEFRAU, K., Die ältesten Verzeichnisse von Alpenpflanzen aus der Mitte des 16. Jhdts. Fedde's Repert. spec. nov. regni veget., Beihefte **101,** 140–164, 1938. SALZMANN, CH., Conrad Gessners Persönlichkeit. Gesnerus **22,** 115–133, 1965. SCHRÖTER, C., 400 Jahre Botanik in Zürich. Verh. d. Schweiz. Naturf. Ges., 99. Jahresvers. (1917), 3–28, 1918. ZOLLER, H., Konrad Gessner als Botaniker, Gesnerus **22,** 216–227, 1965. ZOLLER, H., Verh. d. schweiz. naturf. Ges. 1975, 57–70.

Über die Schreibweise des deutschen Namens (GESNER oder GESSNER) herrscht keine Einigkeit; in seinen wissenschaftlichen Schriften findet sich durchweg die latinisierte Form GESNERUS.

22 CASIMIR CHRISTOPH SCHMIEDEL, auch SCHMIDEL geschrieben (geb. 1718 in Bayreuth, gest. 1792 in Ansbach), war Professor der Anatomie und Botanik in Erlangen. Seine Untersuchungen über Leber- und Laubmoose veröffentlichte er in seinen «Icones plantarum et analyses partium» (Nürnberg 1747) und in den Dissertationen «De Buxbaumia» (1758), «De Blasia» (1759) und «De Jungermannia» (1760). Alle Abhandlungen SCHMIEDEL's sind mit vorzüglichen, farbigen Tafeln illustriert.

Biographie: LEYDIG, F., Kasimir Christoph Schmidel, Naturforscher und Arzt (Abh. d. naturhist. Ges. Nürnberg, **15,** 326–355, 1905). MÄGDEFRAU, K., Die Geschichte der Moosforschung in Bayern. Hoppea **37,** 129–159, 1978

23 HARDER legte von 1562 bis 1594 zehn Herbarien an (vorhanden z.B. in München, Ulm, Salzburg), die je etwa 400–500 Arten umfassen. Von RATZENBERGER sind zwei Herbarien bekannt: in Kassel (1592, 3 Bände mit 746 Arten) und in Gotha (1598, 4 Bände mit 873 Arten). Das älteste Herbarblatt in RATZENBERGER's Kasseler Herbar ist 1556 datiert. SCHORLER, B., Herbarien aus dem 16. Jahrhundert. Sitz ber. u. Abh. d. naturwiss. Ges. Isis Dresen Jg. 1907, 73–91, 1908. SCHWIMMER, J., Hieronymus Harder. Natur u. Kultur **32,** 497–501, 543–546, 1935. ZIMMERMANN, W., Das Anfangsherbarium des H. Harder. Süddeutsche Apothekerzeitung **76**(64) – **77** (86–88), 1936–37. WIEDEMANN, H., Caspar Ratzenberger. Abh. u. Ber. d. Ver. f. Naturkunde Kassel **62**(2), 1–7, 1965.

4. Die Anfänge der Systematik

Filum ariadneum Botanices est systema, sine quo chaos est Res herbaria.
(Der Ariadnefaden der Botanik ist das System, ohne das die Pflanzenkunde ein Chaos darstellt.)

LINNÉ (Philosophia botanica)

In mehreren der im vorigen Kapitel behandelten Kräuterbücher, zuerst bei BOCK und später vor allem bei LOBELIUS, erkennen wir das Bestreben, ähnliche Gewächse zu Gruppen zusammenzufassen, so daß sich manche unserer heutigen Familien schon recht klar abzeichnen, etwa Gräser, Liliaceen, Orchideen, Umbelliferen, Labiaten, Compositen und manche andere. Die Gruppierung geschah aber offenbar nach dem Habitus, also nach einer gewissen Vielfalt der Merkmale, und nicht nach einem scharfen Prinzip. Ein solches begegnet uns erstmals in dem Werk «De plantis libri XVI» (1583) des Italieners ANDREA CESALPINO, lateinisch CAESALPINUS (Abb. 21; *Caesalpinia*, Caesalpiniaceae!).[1] Er wurde um 1519 in Arezzo (Toscana) geboren, erhielt in jungen Jahren als Nachfolger seines Lehrers LUCA GHINI[2] eine Professur in Pisa und wurde 1592 von Papst Clemens VIII. als Leibarzt nach Rom berufen, wo er 1603 gestorben ist. Das erste Buch seines Werkes stellt gewissermaßen die theoretische Einleitung dar, gleichsam in gedrängtester Form eine «Allgemeine Botanik», deren Bedeutung von den Botanik-Historikern erstmals JULIUS SACHS erkannt hat. In diesem Abschnitt spürt man deutlich den Geist des ARISTOTELES und THEOPHRASTOS, der mitunter auch zu rein spekulativen Betrachtungen führt, z.B. daß der Sitz der Pflanzenseele an dem Verbindungsstück von Wurzel und Sproß, «cor» (Herz) genannt, zu suchen sei. Seine Ausführungen über Ranken an Sprossen, die rankenden Blattstiele von *Clematis*, die Haftwurzeln von *Hedera*, die Nektarausscheidungen der Blüten, die Gallen u.v.a. verraten eine außergewöhnliche Beobachtungsgabe. Wichtig sind seine Bemühungen um eine eindeutige Terminologie, wobei Morphologie und Physiologie verwoben werden, und seine Betrachtungen über die Prinzipien der Systematik. Nicht «zufällige Eigenschaften» («accidentia») wie Heilwirkung u.ä., sondern solche, die aus dem Wesen («substantia») der Gewächse abzuleiten sind, dürfen zur Einteilung verwendet werden. Die Aufteilung der Pflanzen in Holzgewächse und Kräuter hält auch er, ebenso wie einst ARISTOTELES, für grundlegend. Für die weitere Einteilung zieht CAESALPINUS den Bau und die Samenzahl der Früchte heran, während er die Blüte für unwichtig hält und eine Sexualität der Pflanzen für unmöglich erklärt. Die übrigen 15 Bücher seines Werkes sind nun der Einteilung und Beschreibung der Pflanzen gewidmet, wobei er folgendes System aufstellt:

I. Bäume und Sträucher (arbores, frutices) mit
   a) Einsamigen Früchten (Eiche, Nuß, Pfirsich, Pflaume)
   b) Zweiteiligen Früchten (Pappel, Weide)

Abb. 20. ANDREA CESALPINO (1519–1603)

Abb. 21. KASPAR BAUHIN (1560–1624)

c) Dreiteiligen Früchten (Buchsbaum, Myrte)
d) Vierteiligen Früchten (Apfel, Nadelhölzer)
e) Vielteiligen Früchten (Pfaffenhütchen)

II. Kräuter (suffrutices et herbae) mit
a) Einsamigen Früchten (Baldrian, Knöterich, Gräser, Cyperus)
b) Zweiteiligen Früchten (Umbelliferen, Leguminosen, Cruciferen)
c) Dreiteiligen Früchten (Wolfsmilch, Lilien, Veilchen)
d) Viersamigen Früchten (Borraginaceen, Labiaten)
e) Vielsamigen Früchten (Compositen, Hahnenfuß, Malven, Baumwolle, Mohn)

III. Samenlose Pflanzen (Farne, Moose, Flechten, Algen, Pilze).

Höchste Anerkennung verdient die Gründlichkeit, mit der CAESALPINUS – ohne Lupe! – zahllose Feinheiten im Bau der Früchte festgestellt hat, und nicht weniger seine rein wissenschaftliche Grundeinstellung, ohne jegliche Rücksicht auf den Nutzen der Pflanzen. In beiden Punkten stehen sich CAESALPINUS und GESNER recht nahe. LINNÉ nennt den CAESALPINUS «primus verus systematicus» und schreibt über ihn: «Ille mihi maxime placet, eiusque breves descriptiones, quibus discedit ab omnibus aliis, tamen semper habet aliquid singulare.» («Er gefällt mir ganz besonders, ebenso seine kurzen Beschreibungen, durch die er sich von allen anderen unterscheidet, doch hat er immer etwas Eigenes.»)

Zur systematischen Botanik gehört aber außer der Einteilung der Pflanzenformen in umfangreichere Gruppen, wie sie CAESALPINUS versucht hat, auch die scharfe Fassung der kleineren Einheiten und deren Benennung. Auf diesem Gebiet hat KASPAR BAUHIN (Abb. 20)[3] vorbildliche Arbeit geleistet. Er entstammt einer französischen Hugenottenfamilie. Sein Vater war in Paris als Protestant zum Feuertod verurteilt, aber begnadigt worden; als später in Antwerpen, wo er als Arzt tätig war, in einer Nacht alle Protestanten gefangen und hingerichtet wurden, gelang ihm die Flucht nach Basel. Hier wurden seine zwei Söhne JOHANN (1544) und KASPAR (1560) geboren, die beide bedeutende Botaniker wurden. In dem Gattungsnamen *Bauhinia*, einer tropischen Caesalpiniaceen-Gattung mit zweilappigen Blättern, hat LINNÉ das Gedenken an die Brüder BAUHIN festgehalten. KASPAR BAUHIN studierte in Basel Medizin bei seinem Vater und bei FELIX PLATTER, in dessen Herbar, wie wir im vorigen Kapitel gehört haben, fast vier Jahrhunderte später die Originalaquarelle des HANS WEIDITZ für BRUNFELS' Kräuterbuch gefunden wurden. Zur Botanik führte den jungen BAUHIN die Lektüre der Werke des GALENOS, der wiederholt darauf hinweist, daß die genaue Kenntnis der Heilpflanzen für den Arzt unerläßlich sei. BAUHIN bezog mit 12 Jahren die Universität Basel, bestand mit 16 Jahren die Baccalaureats- und Magisterprüfung. Später studierte er in Padua, wo ANTONIO CORTUSO *(Cortusa Matthioli!)* sein Lehrer in Botanik war und wo ihm der dortige botanische Garten reiche Anregung bot. Anschließend reiste er durch Italien, studierte in Montpellier und in Paris, wo er die nach ihm benannte «Valvula Bauhini», die «Bauhinsche Klappe», am Übergang des Ileum in das Coecum (die einen Rücktritt des Inhalts in das Ileum verhindert) entdeckte. Über Tübingen kehrte er nach Basel zurück, wo ihn sein kranker Vater als Hilfe benötigte und wo er 1581 zum Dr. med. promoviert wurde. Bei dieser Gelegenheit sezierte er unter dem Vorsitz von FELIX PLATTER vor 70 Zuschauern eine Leiche, damals ein ungewöhnliches Ereignis. Bald darauf wurde BAUHIN Dozent für Anatomie und Botanik an der Universität Basel. So wie einst GESNER bewährte sich auch BAUHIN während einer großen Pestepidemie, an der in Basel in einem dreiviertel Jahr 1300 Menschen starben. Schließlich erhielt BAUHIN eine Professur für die genannten Fächer (Anatomie mit 2 Sektionen im Winter, Botanik mit Exkursionen im Sommer) und nach PLATTERS Tode die Professur für praktische Medizin. Später wurde er auch zum württembergischen Leibarzt ernannt. Er starb 1624 im Alter von fast 65 Jahren. Sein älterer Bruder JOHANN (1541–1613) war ebenfalls Arzt und Botaniker zugleich (württembergischer Leibarzt in Mömpelgard); seine dreibändige, mit 3600 Holzschnitten versehene «Historia plantarum universalis», in der viele neue Arten beschrieben sind, erschien erst 1650.

Von BAUHIN's Werken seien zuerst seine zweibändige «Anatomie» und sein «Theatrum anatomicum» erwähnt, worin er die Anatomie des Menschen behandelt, alle anatomischen Synonyme sammelt und eine Anzahl neuer anatomischer Bezeichnungen, besonders im Bereich der Muskulatur, einführt. Auch in der Botanik ist ihm die Eindeutigkeit der Namensgebung ein besonderes Anliegen. Kurz hintereinander erschienen der «Prodromos theatri botanici» (1620) und der «Pinax theatri botanici» (1623). Im erstgenannten Buch werden 600 neue Pflanzenarten beschrieben (mit etwas steifen Holzschnitten illustriert), während das zweite, ungleich bedeutendere Werk eine Übersicht aller bekannten Pflanzenarten (etwa 6000) bietet. Die Artbeschreibungen im Prodromos sind von einer bisher nicht erreichten Präzision, kaum länger als zwanzig Zeilen, so daß wir schon von Diagnosen* sprechen können, und berücksichtigen alle Teile von der

---

* Eine Diagnose (*διάγνωσις* = Unterscheidung, Erkennung)[16] umfaßt im Gegensatz zur Beschreibung nur diejenigen Merkmale, durch die sich die betreffende Art von ähnlichen Arten unterscheidet. Das gelegentlich benutzte Wort «Differentialdiagnose» ist somit ein Pleonasmus.

Wurzel bis zum Samen. Er schreibt selbst, daß er keine Mühe gescheut habe, die Pflanzen an ihrem Standort aufzusuchen, und zwar öfters, um ihre verschiedenen Entwicklungszustände kennenzulernen. Die gesammelten Pflanzen hat er gepreßt und aufbewahrt wie sein Lehrer FELIX PLATTER.

Im «Pinax» (πίναξ = Schreibtafel, Zeichnung) wird erstmals die Unterscheidung von «genus» und «species» konsequent durchgeführt. Die Gattungsnamen sind Substantiva, deren Etymologie stets beigefügt ist. LINNÉ hat diese Namen fast durchweg übernommen, und wir benutzen sie heute noch. Diagnosen hat BAUHIN den Gattungen jedoch nicht beigefügt; dies hat erst, wie wir noch sehen werden, TOURNEFORT gewagt. – Die Artnamen bestehen aus einem oder aus mehreren Eigenschaftsworten. In vielen größeren Gattungen hat BAUHIN ähnliche Arten zu einer Gesamtart zusammengefaßt, etwa so wie es in unserem Jahrhundert ASCHERSON und GRAEBNER in ihrer «Synopsis der mitteleuropäischen Flora» getan haben, und diese Gesamtarten tragen außer dem Gattungsnamen meist nur ein weiteres Kennwort. Von hier bis zu LINNÉ's «binärer Nomenklatur» war es also nur noch ein kleiner Schritt. Ein Beispiel möge BAUHIN's Darstellung erläutern, wobei rechts jeweils die heute übliche Benennung beigefügt ist.

Gentiana: Γεντιανή DIOSCORIDES, quae ab inventore Gentio Illyriorum rege, qui primus in bello eius vires reperit, denominata.

Gentiana alpina maior	
G. maior lutea	*G. lutea*
G. maior purpurea	*G. purpurea*
G. maior flore punctato	*G. punctata*
G. asclepiadis folio	*G. asclepiadea*
Gentiana alpina minor sive Gentianella	
G. alpina latifolia magno flore	*G. acaulis*
G. alpina verna maior	*G. verna*
G. alpina verna minor	*?*
G. omnium minima	*G. nana?*
Gentiana pratensis	
G. cruciata	*G. cruciata*
G. autumnalis ramosa	*G. campestris*
G. pratensis flore lanuginoso	*G. amarella*
G. utriculis ventricosis	*G. utriculosa*
G. angustifolia autumnalis, minor floribus ad latera pilosis	*G. ciliata*
Gentiana palustris	
G. palustris angustifolia	*G. pneumonanthe*
G. palustris latifolia flore punctato	*Sweertia perennis*

Bei allen Arten hat BAUHIN noch die Namen beigefügt, die sie bei DIOSKORIDES, BRUNFELS, BOCK, FUCHS, MATTHIOLUS, LOBELIUS, DODONAEUS u.a. tragen. Dadurch ist uns für das Studium der vorlinnéischen botanischen Werke der «Pinax» heute noch unentbehrlich.

BAUHIN führt nun aber die Pflanzen nicht etwa alphabetisch auf wie GESNER in seinem Catalogus, sondern bemüht sich um eine natürliche Ordnung. Seine Reihenfolge beginnt mit den Gräsern, dann folgen die Liliengewächse und andere Monokotylen, hierauf die krautigen Dikotylen und schließlich die Sträucher und Bäume (den Schluß bilden die Palmen). Sonderbarerweise stehen die Kryptogamen mitten unter den Dikotylen zwischen Schmetterlingsblütlern und Disteln.

Ganz besonders verdient hervorgehoben zu werden, daß BAUHIN, ebenso wie vor ihm CAESALPINUS, obwohl sie beide Ärzte waren, die Nutzanwendung der Pflanzen völlig außer acht gelassen und somit die Botanik aus der Rolle einer medizinischen Hilfswissenschaft befreit und zu einer selbständigen Disziplin erhoben hat.

Wie sehr seit BRUNFELS die Botanik angewachsen war, ergibt sich aus der Zahl der beschriebenen Arten:

BRUNFELS	1532:	240 Arten
BOCK	1552:	800 Arten
DALECHAMPS	1586:	3000 Arten
BAUHIN:	1623:	6000 Arten

Einen wichtigen Grundpfeiler beim Aufbau eines Systems der Pflanzen bildet eine eindeutige Fassung der morphologischen Begriffe, um welche seit THEOPHRASTOS kein Botaniker sich so sehr bemüht hat wie JOACHIM JUNGIUS (Abb. 22).[4] 1587 wurde er in Lübeck geboren, studierte in Padua und dann in Rostock, wo er eine naturwissenschaftliche Gesellschaft ins Leben rief. 1609 habilitierte er sich in Gießen mit einer Antrittsvorlesung über «Würde, Vorzüge und Nutzen der Mathematik», worin er erstmals die Mathematik als selbständigen Teil der Philosophie begründete. Nachdem er Professuren in Lübeck und Helmstedt bekleidet hatte, wurde er Rektor der gelehrten Unterrichtsanstalten in Hamburg. Hier lebte er während des Dreißigjährigen Krieges in einem sicheren Wirkungskreis bis zu seinem Tode im Jahre 1657. Wie berichtet wird, ist er ein hervorragender Lehrer gewesen, der durch seine geschickte Lehrmethode und die frohe Stimmung, die in seinem Unterricht herrschte, die Herzen seiner Schüler gewann. Er war befreundet mit WOLFGANG RATKE (RATICHIUS), dem Reformator des Unterrichts, und mit dem berühmten Pädagogen JOHANN COMENIUS. Vor allem legte JUNGIUS größten Wert auf die Entwicklung selbständigen Denkens, auch seiner eigenen Autorität gegenüber («praestat educare fratres ignorantiae quam servos opinionum»). Daß er durch diese Erziehung zum freien, unabhängigen Denken mit der (protestantischen!) Kirche in Konflikt geriet, verwundert uns nicht. Er wurde sogar des Atheismus beschuldigt, eine Anschuldigung, mit der man seit Sokrates auf leichte Weise unbequeme Geister zu beseitigen versuchte. Wenn die selbständigeren seiner Schüler zur Universität kamen, waren sie gegen jeglichen Dogmatismus gewappnet. Sie waren es auch, die seinen hohen Ruf und die Ergebnisse seines Forschens weit über Deutschland hinaus verbreiteten.

JUNGIUS hat während seines Lebens nichts Botanisches veröffentlicht. Nur Nachschriften seiner Vorlesungen gingen von Hand zu Hand und gelangten sogar ins Ausland. Seine Forschungsgrundsätze waren: «Per inductionem et experimentum omnia. Non igitur auctoritas destituta rationibus valeat; neque vetustas quidquam praescribat.» (Alles durch Induktion und Experiment. Autorität, die der Gründe entbehrt, ist nichts wert; auch das Alter hat nichts vorzuschreiben.) Seine bedeutendstes Werk «Isagoge phytoscopica» erschien erst 1678, also zwei Jahrzehnte nach seinem Tode.

Bei seiner ausgesprochen mathematisch-logischen Veranlagung ist es verständ-

Abb. 22. JOACHIM JUNGIUS (1587–1657)

lich, daß er sich vor allem der Klärung der morphologischen Begriffe widmete. In seiner «Isagoge phytoscopica» schafft JUNGIUS die Grundlage einer Terminologie, die von LINNÉ später erweitert wurde und im wesentlichen heute noch in Gebrauch ist. Seit THEOPHRASTOS hatte sich kein Botaniker so eingehend mit diesen Fragen beschäftigt wie JUNGIUS; auch CAESALPINUS dürfte nicht ohne Einfluß geblieben sein. Eigentümlicherweise wird die Wurzel, deren Terminologie bei THEOPHRASTOS wir früher (S. 8f.) kennengelernt haben, nur recht stiefmütterlich behandelt. Einen bedeutenden Fortschritt dagegen erkennen wir im Bereich des Blattes und der Blüte. So vermutet JUNGIUS z. B. richtig, daß die 4-, 5- oder 6zipfeligen Blumenkronen, noch bis ins vorige Jahrhundert hinein als «monopetalae» bezeichnet, aus 4, 5 oder 6 Kronblättern bestehen. Ferner definiert er erstmals die verschiedenen Blütenstandsformen, gebraucht den Begriff «Perianth», erörtert die Blattstellung usw.

Ein System der Pflanzen aufzustellen, hat sich JUNGIUS zwar nicht entschließen können, aber in seinen «De plantis doxoscopiae» (1662, also ebenfalls nach seinem Tode, erschienen) hat er doch die Prinzipien der Systematik auseinandergesetzt. Er unterscheidet zwischen wesentlichen und unwesentlichen Merkmalen: Farbe, Geruch, Geschmack, Standort. Zahl der Blüten und Früchte usw. sind nur «differentiae accidentales». Dasselbe Problem wird uns bei Linné wieder begegnen.

Der Ausbau des Systems der Pflanzen ging, wie nicht anders zu erwarten, nur langsam voran, gelegentlich sogar mit Rückschritten. So verfaßte der Engländer ROBERT MORISON (1620–1683)[5] eine Kritik des «Pinax theatri botanici», in der er zeigt, welche Pflanzen BAUHIN nicht richtig eingeordnet hat. Die «Hallucinationes Caspari Bauhini» sind, wie sich ja schon im Titel zu erkennen gibt, ein recht gehässiges Werk, das bloß darauf ausgeht, Fehler aufzudecken, ohne auch nur ein einziges Wort für die Leistung BAUHIN's übrig zu haben. LINNÉ sagt kurz und treffend: «MORISON war ein eitler und aufgeblasener, aber immerhin verdienter Mann.» Denn in vielen Punkten war seine Kritik zutreffend. MORISONS «Plantarum umbelliferarum distributio nova» (1672) stellt die erste Monographie einer Pflanzenfamilie dar, allerdings nicht nur «ex libro naturae observata et detecta», wie es auf dem Titelblatt heißt, sondern unter weitgehender Benützung von BAUHINS Werk. In seiner «Historia plantarum universalis» (1680) baut er ein System unter Zugrundelegung der Früchte auf, aber auch nicht mit mehr Erfolg als CAESALPINUS. So stellt er z. B. Solanum, Paris, Sambucus, Convallaria, Cyclamen in ein und dieselbe Klasse («Bacciferae»). «Dem CAELSALPIN hat er sein System nicht gestohlen, denn dann wäre es besser geworden», soll LINNÉ einmal in seiner Vorlesung gesagt haben.

Ein Landsmann und Zeitgenosse MORISONS, JOHN RAY (1628–1705)[6] (Abb. 23), hat unter den Botanikern des 17. Jahrhunderts den bedeutendsten Beitrag zum Ausbau des natürlichen Systems der Pflanzen geleistet. Er war ein Biologe im umfassenden Sinn des Wortes, so daß er mit Recht zu den «Founders of British Science» gezählt wird. JOHN RAYS Lebensweg war ein wesentlich anderer als derjenige seiner Zeitgenossen, die fast durchweg, wenigstens anfangs, Mediziner waren. Er stammte aus einem Dorf bei Braintree nordöstlich von London; sein Vater war Schmied, seine Mutter eine heilkräuterkundige Frau, die dem Sohn die erste Pflanzenkenntnis vermittelte. Ebenso wie ISAAC NEWTON wurde RAY durch Fürsprache eines Geistlichen in das Trinity College in Cambridge aufgenommen. Hier wurde er zum Lektor für alte Sprachen ernannt und später zum Priester geweiht. Als er diese Stellung infolge politischer Umstände verlor, begleitete er einen wohlhabenden, zoologisch sehr interessierten früheren Schüler, FRANCIS WILLUGHBY, auf einer naturwissenschaftlichen Reise durch Frankreich, Belgien, Deutschland, Schweiz, Österreich und Italien. RAY lebte dann mehrere Jahre, ganz der zoologischen und botanischen Arbeit zugewandt, in WILLUGHBY's Familie, nach dessen Tod er eine kleine Rente erhielt, die ihm für ein einfaches, aber ganz der Wissenschaft gewidmetes Leben in seinem Heimatort ausreichte. Hier, in Black Notley bei Braintree, vollendete er seine große «Historia plantarum», drei Foliobände von insgesamt dreitausend Seiten (1686–1704), nachdem er vorher in seiner «Methodus plantarum nova» (1682, 2. Ed. 1703) die Grundsätze der Systematik auseinandergesetzt hatte.

In seiner «Methodus» (1703) stellt Ray sechs Regeln auf, die in der heutigen Systematik noch volle Geltung haben bzw. haben sollten:

1. Namen sollen nicht verändert werden, um Verwirrung und Irrtum zu vermeiden.
2. Merkmale müssen distinkt und exakt definiert sein; solche, die auf Vergleich beruhen (wie Größenunterschiede) sollen nicht verwendet werden.
3. Merkmale sollen für jedermann leicht feststellbar sein.
4. Gruppen, die von fast allen Botanikern anerkannt werden, sollen beibehalten werden.
5. Es ist darauf zu achten, daß verwandte Pflanzen («cognatae et congeneres plantae») nicht getrennt, unähnliche und einander fremde (dissimiles et alienae) nicht vereinigt werden.
6. Die Merkmale dürfen nicht ohne Notwendigkeit vermehrt, sondern nur so viele aufgeführt werden, als zur sicheren Kennzeichnung erforderlich sind.

Ray entwickelt in der «Methodus plantarum» sein System unter Berücksichtigung aller Teile der Pflanze und führt es bis zu den Gattungen durch, deren Merkmale («notae») er zu kurzen Diagnosen vereinigt. Zunächst teilt Ray die Pflanzen ein in Kräuter, ohne Knospen (Herbae, plantae gemmis carentes), und Bäume, mit Knospen (Arbores, plantae gemmiferae). Erstere in «Plantae flore destitutae» (Fungi, Musci, Capillares = Farne) und «Plantae floriferae», die ihrerseits, ebenso wie die Bäume, in Dicotyledones und Monocotyledones aufgeteilt werden. Die Bedeutung der Keimblatt-Zahl für die Systematik der Blütenpflanzen hatte Ray bereits 1674 erkannt. Di- und Monokotyledonen werden jeweils in eine größere Zahl von «summa genera» aufgeteilt, von denen mehrere unseren heutigen Familien entsprechen, z.B. Herbae umbelliferae = Umbelliferen, H. stellatae = Rubiaceen, H. asperifoliae = Borraginaceen, H. verticillatae = Labiaten usw. Sonderbarerweise benutzt Ray das Wort «genus» in zweierlei Sinne, einmal so, wie wir es heute noch verwenden («Gattung»), andererseits als «summum genus» im Sinne von «Familie». Die der «Methodus» beigegebenen Bestimmungstabellen, die bis zu den Gattungen führen, gewähren ein Höchstmaß an Übersicht, wie es von späteren Autoren nicht mehr erreicht worden ist.[7]

Die «Historia plantarum», wie alle botanischen und zoologischen Werke von Ray in bestem Latein geschrieben, folgt im Aufbau dem in der «Methodus» entwickelten System und behandelt etwa 6100 Species (dazu noch viele Varietäten und Kulturformen), die sämtlich in allen Merkmalen beschrieben werden (radix, caulis, folia, flores, fructus, semen), jedoch unter Verzicht auf Bilder. Außerdem macht Ray bei allen Arten Angaben über ihre Verbreitung, bei Heilpflanzen auch über ihre Verwendung. Von besonderer Bedeutung ist die dem Werk vorangestellte Einleitung «De plantis in genere». Zunächst wird in einem Abschnitt «de partibus plantarum» eine wohl durchdachte Terminologie entwickelt, und zwar im Anschluß an Jungius, dessen damals noch nicht gedruckte «Isagoge phytoscopica» ihm in einer Abschrift durch einen seiner Schüler vermittelt worden war. So wurde Ray zugleich Mittler zwischen Jungius und Linné, der die Jungiussche Terminologie aus Rays «Historia plantarum» übernahm und in seinen «Fundamenta botanica» weiter ausbaute. Weiterhin behandelt Ray in mehreren Kapiteln die Lebenserscheinungen der Pflanzen (Ernährung, Wachstum, Vermehrung, Lebensdauer, Krankheiten usw.), z. T. mit Benutzung der von ihm hochgeschätzten Werke von Malpighi und Grew (während Linné diese Forscher geringschätzig als «botanophili» abtat). Eingehend befaßte sich Ray – mehrere Jahrzehnte vor Hales – auch mit der Saftbewegung in der Pflanze. Eine besondere Bedeutung kommt schließlich den beiden Abschnitten zu, die die Überschriften tragen «De specifica plantarum differentia» und «De specierum in plantis transmutatione», wo Ray Begriff und Konstanz der Species diskutiert. Ein wesentliches Merkmal der Species sieht Ray nicht nur in der Übereinstimmung unter sich, sondern auch mit der Nachkommenschaft: «Plantae, quae ex eodem semine ortum docunt, et speciem suam satione iterum propagant, specie conveniunt» (Pflanzen, die vom gleichen Samen abstammen und ihre Eigenart durch Aussaat weiter fortpflanzen, stimmen der Art nach überein). Gelegentlich jedoch, wenn auch selten – so führt Ray weiter aus –, können die Nachkommen von der Mutterpflanze abweichen. So gibt er an, daß aus Samen von Wirsingpflanzen («Brassica sabauda») wieder gewöhnlicher Blattkohl («Brassica aperta») hervorgeht oder aus Samen von «Primula veris maior» wieder «Primula pratensis inodora lutea». Die oben zitierte Definition der Species schließt geschlechtliche Differenzen, wie wir sie bei höheren Tieren vielfach finden, ein, während sie andererseits nur durch Außeneinflüsse bedingte Abänderungen (Größenunterschiede usw.) ausschließt.

Wenn wir die Gesamtleistung von John Ray überschauen, verstehen wir, daß ihn Albrecht von Haller als den größten Botaniker seit Menschengedenken bezeichnet.[8] Dazu kommen aber auch noch Rays zoologische Werke, vor allem seine «Historia animalium quadrupedum et serpentium» und die nach seinem Tode erschienene «Historia Insectorum», in der erstmals deren Systematik auf alle Entwicklungsstadien gegründet wird.[9] Das Bild dieses bedeutenden Mannes wäre unvollständig, wenn wir nicht noch einer anderen Seite seiner Tätigkeit gedenken würden. In der Zeit, als er die beiden Hauptbände seiner «Historia plantarum» vollendet hatte, veröffentlichte er ein Werk «The Wisdom of God in the Works of Creation» (1691), in dem er sich bemüht zu zeigen, daß das genaue Studium der Natur mit ihrer Vielfalt an sinnvollen Einrichtungen und Vorgängen den Menschen die Weisheit Gottes erschließt. Mit diesem Buch wollte Ray offenbar eine Schuld seinem Gewissen gegenüber begleichen, weil er sein Leben der Erforschung der Pflanzen und Tiere gewidmet hatte, anstatt der Theologie, wie es für ihn als Geistlichen an sich Pflicht gewesen wäre. Auch hier bleibt Ray Naturforscher: «Laßt uns nicht denken, daß die Grenzen der Wissenschaft feststehen wie die Säulen des Herkules.»

Schließlich muß noch des Leipziger Professors August Bachmann (1652–1725), lateinisch Rivinus (Phytolaccaceen-Gattung *Rivina, Falcaria Rivini!*)[10] gedacht werden, der sich darum bemühte, die morphologischen Prinzipien von Jungius der Systematik dienstbar zu machen. Er setzt zwar die Vorteile einer binären Nomenklatur auseinander, befolgte sie aber selbst nicht. Da die Blüten früher erscheinen als die Früchte, sind sie nach seiner Meinung für die Einleitung wichtiger. Da er aber so unwesentliche Merkmale wie Symmetrie der Krone und Zahl der Kronblätter benutzte und die Staubblätter als Ausscheidungsorgane der Pflanze für systematisch bedeutungslos ansah, brachte sein System keinen Fortschritt.

Abb. 23. JOHN RAY (1628–1705)

Abb. 24. JOSEPH PITTON DE TOURNEFORT (1656–1708)

Ein wesentlich größerer Erfolg als seinen Zeitgenossen MORISON, RAY und RIVINUS war dem Franzosen JOSEPH PITTON DE TOURNEFORT (Abb. 24; Borraginacee *Tournefortia!*)[11] beschieden. Er wurde 1656 in Aix (Provence) geboren. Von seinem Vater für den geistlichen Stand bestimmt, besuchte er zunächst ein Jesuitenkolleg. Ein verwandter Arzt begeisterte ihn für Medizin und Naturkunde. In seiner Heimat unternahm er viele botanische Wanderungen. Nach seines Vaters Tode ging er zum Studium nach Montpellier, wo er mehr Zeit in der freien Natur als in den Hörsälen zugebracht haben soll. Er durchstreifte die seit CLUSIUS von keinem Botaniker betretenen Pyrenäen. JUSSIEU berichtet darüber: «Von kräftigem Körper, Hunger und Durst ertragend, an Wind und Wetter gewöhnt, wagte er sich ohne weiteres auch in weglose, unwirtliche Gegenden, fiel unter die Bergräuber, die ihn, da sie in seinem Gepäck nur trockene Pflanzen und ein Stück Schwarzbrot fanden, wieder laufen ließen.» Nach Aix zurückgekehrt, erhielt er mit 27 Jahren einen Ruf als Professor am «Jardin de Roi» in Paris. Seine Reisen aber setzte er trotzdem fort und botanisierte in Frankreich, Spanien, Portugal, Holland und England. Schließlich unternahm er, begleitet von dem deutschen Arzt ANDREAS GUNDELSHEIMER und dem Zeichner CLAUDE AUBRIET *(Aubrieta!)*, 1700–1702 eine große Reise nach Griechenland und Kleinasien. Er bestieg dabei den Ararat bis zur Schneegrenze und verglich die Höhenstufen mit der armenischen, mediterranen, französischen, skandinavischen und arktischen Flora. Von dieser Reise brachte er 1300 neue Arten mit, von AUBRIET sauber gezeichnet. In Paris, von einem rasch vorüberfahrenden Wagen niedergeworfen, verstarb er 1708 im Alter von 52 Jahren.

Auf seinen vielen Reisen hatte sich TOURNEFORT durch eigene Anschauung eine Formenkenntnis erworben wie kein anderer Botaniker seiner Zeit. Von seinen Reiseberichten und seiner Flora von Paris abgesehen, stellen seine «Institutiones rei herbariae» (1700 bzw. 1719; 1. Auflage 1694 als «Elémens de botanique») sein Hauptwerk dar. In einem einführenden Kapitel «Isagoge in rem herbariam» würdigt er zunächst eingehend die Leistungen aller seiner Vorgänger und setzt dann die Grundsätze seines Systems auseinander.

Ähnlich wie RIVINUS benutzt auch TOURNEFORT die Blüte als Einteilungsgrundlage, legt aber den Hauptwert nicht auf Symmetrie und Zahlenverhältnisse, sondern auf die Verwachsung. Seine drei Hauptgruppen der Kräuter sind:

Simplices monopetali (= «Sympetalae» im heutigen System)
Simplices polypetali
Compositi
Apetali.

Dann folgen die
Herbae sine flore (Farne, Flechten)
Herbae sine flore et fructu (Moose, Pilze, Algen)
Arbores.

Die einzelnen Gruppen werden weiter nach der Blütenform eingeteilt, z.B.:
Flores monopetali campaniformes (glockenförmige)

	infundibuliformes (trichterförmige)
	anomali (unregelmäßige, z.B. *Arum, Aristolachia*)
	labiati (lippenförmige).
Flores polypetali	cruciformes (kreuzförmige)
	rosacei (rosenartige)
	umbellati (doldenförmige)
	caryophyllei (nelkenförmige)
	liliacei (lilienartige)
	papilionacei (schmetterlingsartige)
	anomali (unregelmäßige, z.B. *Delphinium, Aconitum, Viola, Orchis*)

Einerseits zeichnen sich manche der heutigen Ordnungen bzw. Familien klar ab, andere Gruppen TOURNEFORTS dagegen sind völlig uneinheitlich. Ober- und Unterständigkeit des Fruchtknotens werden scharf auseinandergehalten. Gelegentlich werden auch Blätter oder die unterirdischen Organe herangezogen. Es geht TOURNEFORT wie seinen Vorgängern: In ein rationales System fügen sich manche einheitlich gebauten Gruppen gut ein, andere dagegen stellen ein völlig heterogenes Konglomerat dar.

Der Aufbau des Systems ist streng hierarchisch:

Classis
 Sectio
  Genus
   Species.

Eine besondere Leistung TOURNEFORTS besteht darin, daß er, wie es RAY in seiner «Methodus» eingeführt hatte, alle Gattungen mit Diagnosen versehen und sie außerdem auf vorzüglichen Tafeln mit Darstellung aller Einzelheiten des Blüten- und Fruchtbaues illustriert hat.[12]

Bei jeder Gattung werden alle bekannten Arten ohne Diagnosen aufgeführt, genau so wie in BAUHIN's Pinax. Es ist unbillig, TOURNEFORT vorzuwerfen – wie es SACHS getan hat –, er habe im Gegensatz zu BAUHIN die Arten vernachlässigt. BAUHIN hat ja nur in seinem «Prodromos» Diagnosen seiner neuen Arten, gewissermaßen als Musterbeispiele, gebracht; in seinem «Pinax» hat er die Arten lediglich aufgezählt.

Die klare Gliederung, die Gattungsdiagnosen, die sauber ausgeführten Kupfertafeln, die Handlichkeit der Bände, dies alles hat wohl zusammengewirkt und dem Werke TOURNEFORTS zu einer weiten Anerkennung verholfen, so daß es jahrzehntelang führend blieb, bis es von LINNÉS «Species plantarum» abgelöst wurde.

Die intensive Erforschung der europäischen Pflanzenwelt während des 17. Jahrhunderts brachte es mit sich, daß neben den genannten umfassenden Werken auch zahlreiche Lokalfloren erschienen, vor allem im Bereich der Universitätsstädte. So schrieb TOURNEFORT eine Flora von Paris (1698), der bald eine zweite aus der Feder seines Schülers VAILLANT folgte (1723). LUDWIG JUNGERMAN *(Jungermania!)* verfaßte eine Flora von Altdorf (1615) und von Gießen (1623), ELIAS TIL-LANDS *(Tillandsia!)* eine Flora von Åbo in Finnland (1673), JOHN RAY eine Flora von Cambridge (1660), HEINRICH RUPP *(Ruppia!)* eine Flora von Jena (1718), JOHANN JAKOB DILLENIUS eine Flora von Gießen (1718), J. VON MURALT die erste Flora der Schweiz (1710) usw. Insgesamt weist Deutschland nicht nur in dieser Zeit, sondern bis zur Gegenwart unter allen europäischen Ländern die meisten Lokalfloren auf.

Auch große Reisen in außereuropäische Länder wurden in der Zeitspanne zwischen BAUHIN und LINNÉ unternommen. So fuhr CHARLES PLUMIER *(Plumieria!)*, wohl der bedeutendste botanische Forschungsreisende dieser Epoche, dreimal nach Westindien, LOUIS FEUILLÉE bereiste Chile und Peru, Sir HANS SLOANE erforschte Jamaica (seine Sammlungen bildeten den Grundstock des Britischen Museums), ENGELBERT KÄMPFER, der Entdecker des *Ginkgo*, lebte viele Jahre in Ostasien, GEORG RUMPF (RUMPHIUS) in Niederländisch-Indien (sein fünfbändiges «Herbarium Amboinense» ist das umfangreichste botanische Reisewerk jener Zeit). Schließlich sei MARIA SYBILLA MERIAN genannt, die als Entomologin Surinam bereiste und auf ihren herrlichen Tafeln auch die Pflanzen dargestellt hat, die den Insekten als Nahrung dienen.

Die Zahl der botanischen Gärten steigt im 17. Jahrhundert beträchtlich an. So werden in dieser Zeit gegründet die Gärten in Paris, Hamptoncourt, Amsterdam und Uppsala, in Deutschland in Gießen, Altdorf, Leipzig, Halle, Helmstedt und Straßburg. Berühmt war der botanische Garten, den der Bischof von Eichstätt, Joh. Corn. von Gemmingen, auf der Willibaldsburg anlegen und dessen Pflanzen er in einem Prachtwerk «Hortus Eystettensis» (1613) auf 366 hervorragend ausgeführten Kupfertafeln in Großfolio abbilden ließ, zu denen B. BELSER und L. JUNGERMAN den Text verfaßten.[17] Für die Gartenkunst des 17. Jahrhunderts, also der Zeit des Barock, der auch LINNÉ noch angehörte, ist bezeichnend, daß zu der streng geometrischen Gestaltung des Gartens der Renaissancezeit die enge Verbundenheit mit den Schöpfungen der Architektur tritt; aus dem geometrischen Garten entwickelt sich der architektonische, für den die Anlage von Versailles zum Vorbild wird. Unter den deutschen Gärten dieser Art sei Herrenhausen (Hannover) genannt.

Die in diesem Kapitel behandelten «Systeme» sowie die «Floren» und die Botanischen Gärten waren ausschließlich oder doch vorwiegend auf die Blüten

Abb. 25. PIER ANTONIO MICHELI (1679–1737)

Abb. 26. JOHANN JACOB DILLENIUS (1687–1747)

pflanzen ausgerichtet. Die Niederen Pflanzen (Algen, Pilze, Flechten, Moose) werden z. B. bei TOURNEFORT als «Herbae sine flore et fructu» zwar berücksichtigt, stehen aber doch im Hintergrund. Nur zwei Botaniker im Anfang des 18. Jahrhunderts haben sich mit letzteren vorzugsweise beschäftigt: MICHELI und DILLENIUS.

PIER ANTONIO MICHELI (1679–1737, Abb. 25)[13] wurde in Florenz als Sohn eines Arbeiters geboren und lebte in Armut. Er konnte nur die Elementarschule besuchen, fiel aber durch sein außergewöhliches Interesse an Pflanzen auf, so daß er sich sogar die Zuneigung von Cosimo III. de Medici, Großherzogs der Toscana, erwarb, ebenso von dessen Nachfolger Gian Gastone de Medici. Cosimo III. schenkte ihm 1700 TOURNEFORT's «Institutiones rei herbariae», ein Werk, das den jungen MICHELI stark beeinflußte. Da es ihm nicht möglich war, einen akademischen Grad zu erreichen, war ihm nur eine bescheidene Stellung am Botanischen Garten Florenz vergönnt. Aber durch sein Werk «Nova plantarum genera juxta Tournefortii methodum disposita» (1729) errang er höchstes Ansehen unter den Botanikern seiner Zeit. MICHELI beschreibt etwa 1900 Arten, davon 1400 erstmals. Die meisten dieser neuen Arten gehören zu den Niederen Pflanzen. Die 108 Kupfertafeln dieses Buches verteilen sich auf Algen (2), Pilze (44), Flechten (18), Lebermoose (8), Laubmoose (1), *Salvinia* (1) und Blütenpflanzen (34). Das Schwergewicht liegt somit auf den Pilzen. Die Herausgabe des Werkes wurde dadurch ermöglicht, daß MICHELI zahlreiche Spender gewann, denen er dann je eine Tafel widmete, einigen von ihnen auch Gattungsnamen, die

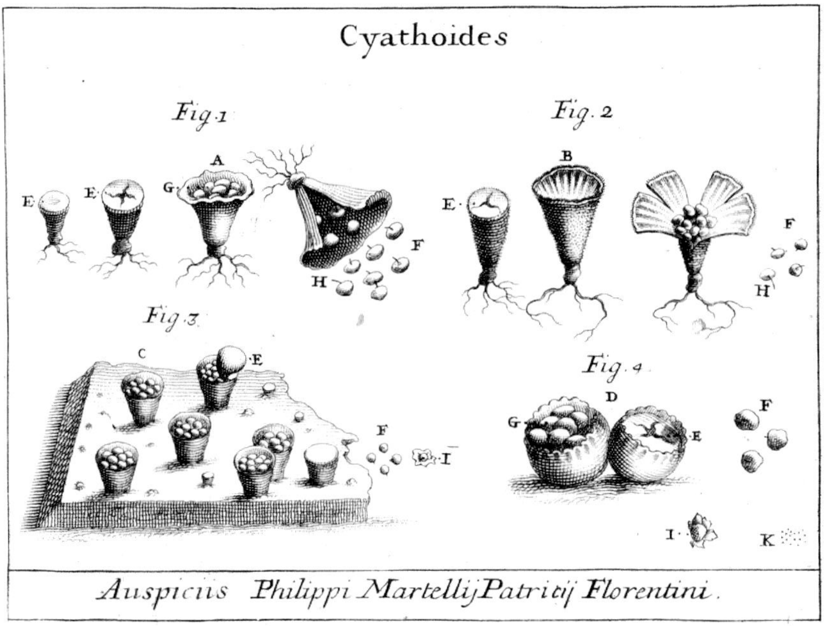

Abb. 27. Bau und Entwicklung der Fruchtkörper verschiedener *Nidulariaceae* (aus MICHELI 1729)

von LINNÉ übernommen und daher heute noch gültig sind (z. B. die Lebermoose *Blasia, Corsinia, Targionia*, der Wasserfarn *Salvinia*, die Blütenpflanzen *Montia, Tozzia, Vallisneria*). Die Flechten teilte MICHELI in 34 «Ordines» und prägte jetzt noch gültige Gattungsnamen. MICHELI's Leistung ging aber, vor allem bei den Pilzen, weit über Beschreibung und Systematik hinaus. Er bemühte sich vor allem um die Erforschung der Entwicklung der Fruchtkörper (Abb. 27). Ferner beobachtete er das Ausstäuben der Sporen bei *Geaster* und *Lycoperdon*, das Abschleudern der Gleba bei *Sphaerobolus*, den Funiculus an den Peridiolen von *Cyathus*. Er benutzte bereits das Mikroskop und stellte 4 Sporen in den Asci von Tuber fest, beobachtete die Konidien von *Aspergillus*, die perlschnurartigen Zellketten von *Nostoc* usw. Von vielen Pilzen säte er die Sporen aus und verfolgte die Entwicklung des Myzels, sogar bis zur Fruchtkörperbildung. Wir dürfen daher MICHELI als den ersten Mykologen ansprechen.

Der zweite Begründer der «Kryptogamen-Systematik», JOHANN JACOB DILLENIUS (1684–1747, Abb. 26; *Dillenia!*)[14] wurde als Sohn eines Arztes in Darmstadt geboren, studierte in Gießen Medizin, wurde 1719 promoviert und veröffentlichte in demselben Jahr eine umfangreiche Flora von Gießen, in der er auch, wie RUPP in seiner oben erwähnten Flora von Jena (1718), die Kryptogamen behandelte. Er beschrieb nicht nur zahlreiche neue Arten, sondern bemühte sich auch, vor allem bei den Pilzen, um die Abgrenzung der Gattungen, von denen mehrere von LINNÉ übernommen wurden. Von den 200 Moos-Arten, die DILLENIUS in seiner Flora von Gießen aufführt, waren 140 bisher noch nicht

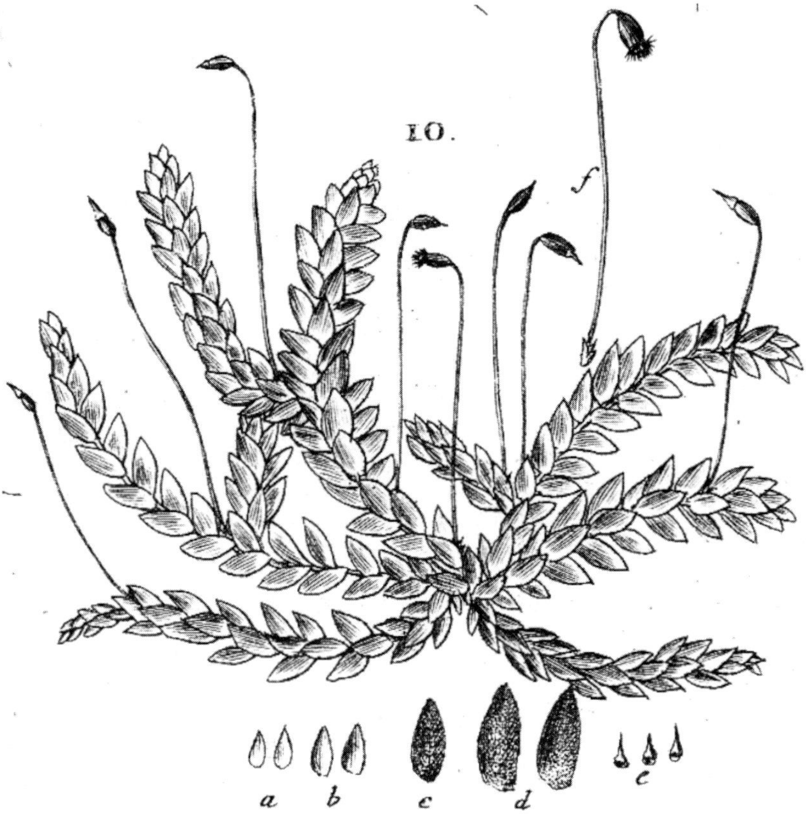

Abb. 28. *Hookeria lucens* (aus DILLENIUS 1741)

bekannt; von den 160 Pilz-Arten waren 90 neu. Der englische Botaniker WILLIAM SHERARD *(Sherardia!)*, der bei TOURNEFORT in Paris studiert hatte und längere Zeit Konsul in Smyrna war, kam 1721 auf der Heimfahrt von einer Italienreise durch Gießen und überredete DILLENIUS, als Mitarbeiter nach London zu kommen, um ihm bei einer Neubearbeitung von BAUHINS «Pinax» zu helfen und den privaten Botanischen Garten seines Bruders JAMES SHERARD in Eltham (Kent) zu leiten. Die Neuausgabe des «Pinax» blieb zwar unvollendet, aber die Besonderheiten des Botanischen Gartens von Eltham stellte DILLENIUS in einem Prachtband mit 324 von ihm selbst gezeichneten und gestochenen Kupfertafeln dar; LINNÉ nannte es «opus botanicum quo absolutius mundus non videt» («ein Werk, wie es vollkommener die Welt noch nicht gesehen hat»). 1728 wurde DILLENIUS auf eine von SHERARD gestiftete Professur für Botanik an die Universität Oxford berufen. Hier vollendete er 1741 sein bedeutendstes Werk «Historia Muscorum», einen Quartband von 576 Seiten mit 85 von ihm selbst gestochenen Kupfertafeln. «Musci» wurde in weiterem Sinne benutzt als heute; hatte doch schon RAY gesagt: «Non facile est, substantiam muscorum definire» («es ist nicht leicht, den Begriff der Moose zu definieren»). Auf 22 Tafeln werden

Flechten, auf 29 Tafeln Laubmoose, auf 2 Lycopodien und Selaginellen, auf 11 Lebermoose und auf 10 Algen dargestellt. Im Text werden bei jeder Art behandelt: Beschreibung (bis zu einer Seite), Unterschiede ähnlicher Arten, Jahreszeit (der Sporenkapsel), Erklärung der Abbildungen, Standort, Synonyma, Kritik und Varietäten. Der Standort wird stets treffend gekennzeichnet, z.B. bei Funaria hygrometrica: «Passim gregatim in sylvis, hortis, ad semitas, quin et super muros et gaudet locis carbonariis et ubi praecedentibus annis ignes fuerunt» («allenthalben herdenweise in Wäldern, Gärten, auf Wegen und sogar auf Mauern und liebt Kohlenstellen und wo in früheren Jahren Feuer gewesen sind»). Ein Moosforscher, der sich heute in den Text der «Historia Muscorum» vertieft und die Tafeln (Abb. 28) aufmerksam mit der Lupe betrachtet, wird in größter Hochachtung des Verfassers gedenken.

Zum Verständnis der in diesem Kapitel besprochenen Werke der «vor LINNÉischen Zeit» müssen noch einige Worte über die damaligen Nomenklatur angefügt werden. Der heutige Biologe ist so sehr an die von LINNÉ eingeführte binäre Nomenklatur der Pflanzen und Tiere (mit Gattungs- und Artnamen) gewöhnt, daß er sich eine andere Benennungsweise gar nicht vorstellen kann. TOURNEFORT, MICHELI, RUPP, DILLENIUS hatten zwar schon Gattungsnamen verwendet (bei den Moosen z.B. *Sphagnum, Bryum, Hypnum* usw.), die Arten aber wurden durch sog. «Phrasen» (*φράσις* = Sprache, Redewendung) bezeichnet, eine Aneinanderreihung von charakteristischen Merkmalen. Da aber oft jeder Autor andere Merkmale einer Art für wichtig hielt, lauteten die Phrasen für ein und dieselbe Art bei den einzelnen Autoren recht unterschiedlich, oft sogar in verschiedenen Werken desselben Autors! So lautet, um ein Beispiel herauszugreifen, für das bekannte Laubmoos *Funaria hygrometrica* die Phrase in DILLENIUS' Flora von Gießen (1718) «Bryum aureum capitulis reflexis piriformibus, calyptra quadrangulari, foliis in bulbi formam congestis», in der «Historia Muscorum» desselben Autors (1741) «Bryum bulbiforme aureum, calyptra quadrangulari, capsulis piriformibus nutantibus», und in RUPP's «Flora Jenensis» 1718: «Muscus capillaceus folio rotundiore, capsula oblonga, incurva». Diese Phrasen mit unserer heutigen binären Nomenklatur zu identifizieren, ist nur möglich mit Hilfe der Abbildungen der älteren Autoren (deshalb sind die vorzüglichen Tafeln bei DILLENIUS so wichtig!), am sichersten aber durch Vergleich mit den Herbarproben der betreffenden Autoren. Die alten Herbarien sind daher von hohem Wert. TOURNEFORTS Herbar befindet sich in Paris, das von MICHELI in Florenz, das von DILLENIU's in Oxford. Aus dem Dargelegten geht die eminente Bedeutung der binären Nomenklatur hervor, deren Entstehung und Durchführung wir im nächsten Kapitel kennenlernen werden.

Anmerkungen

1 CAESALPINUS, A., De plantis libri XVI. Florentiae 1583. Biogr.: VIVIANI, Vita ed opere de A.C. Collana di pubblicazioni storiche e litterarie aretine, Nr. 6, Arezzo 1922. GREENE, E., Landmarks of botan. history, **2** (1983), 807–831. DSB **15,** 80–81, 1978 (K. MÄGDEFRAU).

2 LUCA GHINI (1490–1556) hielt 1534–44 Vorlesungen über Heilpflanzen («Simplicia») in Bologna und wurde 1544 von Cosimo I. als Lector simplicium nach Pisa berufen,

wo der den botanischen Garten begründete. Zu seinen Schülern gehörten auch ULISSE ALDROVANDI (1522–1605, Aldrovandia!), der in Bologna 1568 einen botanischen Garten einrichtete und umfangreiche zoologische Werke verfaßte, sowie WILLIAM TURNER (1515–1568), der das erste englische Kräuterbuch (New Herbal 1551) schrieb.

3 BAUHIN, CASPAR, *Πρόδρομος* theatri botanici. Frankfurt 1620. –, *Πίναξ* theatri botanici. Basel 1623.

Biographien: HESS, J.W., Kaspar Bauhins Leben und Charakter. Beitr. f. vaterländ. Geschichte **7,** 105–176, Basel 1860. Neue Deutsche Biographie **I,** 649–650, 1953 (BUESS: Joh. u. Kasp. Bauhin). Allg. Deutsche Biographie **2,** 149–152, 1889 (JESSEN: Joh. u. Kasp. Bauhin). DSB **1,** 522–527, 1970.

4 ALBRECHT, JOH. SEB., Joachimi Jungii opuscula botanico-physica. Coburg 1747.

Biographien und wissenschaftliche Bedeutung: GOETHE, J.W. VON, Leben und Verdienste des Dr. Joachim Jungius, Schriften zur Naturwissensch. (Leopoldina-Ausg.) I, **10,** 285–296; Weimarer Ausg. II, **7,** 105–109. GUHRAUER, G.E., Joachim Jungius und sein Zeitalter. Stuttgart und Tübingen 1850. SCHUSTER, J., Jungius'Botanik als Verdienst und Schicksal. Festschrift der Univ. Hamburg 1929, S. 27–50. Die Entfaltung der Wissenschaft. Zum Gedenken an Joachim Jungius. Hamburg 1957. Nature **180,** 570–571, 1957 (J. GREENE). DSB **7,** 193–196, 1973 (H. KANGRO).

5 MORISON, R., Praeludia botanica. Pars II: Hallucinationes Caspari Bauhini in Pinace. London 1669. –, Plantarum umbelliferarum distributio nova. Oxford 1672. –, Plantarum historia universalis oxoniensis. Oxford 1680. F.W. OLIVER, Makers of British Botany, Cambridge 1913, p. 8–43. DSB **9,** 528–529, 1974.

6 RAY (RAJUS), J., Methodus plantarum nova. Amsterdam 1682 (Neudruck Weinheim 1962). –, Methodus plantarum emendata et aucta. London 1703. –, Historia plantarum. 2 vol. + Suppl. London 1686–1704. RAY war Begründer der englischen Dialektforschung (Collection of english words 1673); die Wörtersammlung führte er auf seinen botanischen Exkursionen durch.

Biographien: CROWTHER, J.G., Founders of British Science, London 1960, S. 94 bis 130. LANKASTER, E., Memorials of John Ray, consisting of his life by W. DERHAM. London 1846. RAVEN, CH.E., John Ray. 2. Ed. Cambridge 1950. OLIVER, F.W., Makers of British Botany, Cambridge 1913, p. 28–43. L.C. MIALL, The early naturalists, London 1912, p. 99–130. DSB **11,** 313–318, 1975.

7 Bestimmungstabellen derselben Art findet man z.B. in der «Synopsis der Pflanzenkunde» von J. LEUNIS, Hannover 1847, 3. Aufl. 1883–86.

8 HALLER, A. VON, Bibliotheca botanica, vol. I (Zürich 1771), p. 500: «Vir pius et modestus, maximus hominum memoria botanicus».

9 RAY's Büste im British Museum (Natural History) steht im Department of Zoology! Vgl. CARUS, J.V., Geschichte der Zoologie (München 1872), S. 428 bis 449.

10 RIVINUS, A., Introductio generalis in rem herbariam Leipzig 1690 (2. Aufl. 1696).

Biographie: Allg. Deutsche Biographie **28,** 708, 1889 (PAGEL). DSB **1,** 368–370, 1970.

11 TOURNEFORT, J.P., Institutiones rei herbariae. Paris 1700. Editio tertia. Paris 1719. (Mit Lebensbeschreibung TOURNEFORT's von ANT. DE JUSSIEU.) HEIM, R. (Edit.) Tournefort. Paris 1957. GREENE, E.L., Landmarks of bot. hist. **2,** 938–964, 1983.

12 Die Kennzeichnung der Gattungen haben RAY und TOURNEFORT unabhängig voneinander durchgeführt. In seiner «Historia plantarum» (1686) hat RAY sorgfältige Art-Diagnosen gegeben (radix, caulis, folia, flores, fructus, semina) und jede Gattung durch einige wichtige Merkmale charakterisiert. TOURNEFORT hat in seinen «Élémens de Botanique» (1694) ebenso wie in der ins Lateinische übersetzten zweiten und dritten Auflage dieses Werkes (1700 bzw. 1719) die Arten nur aufgezählt, aber sehr genaue, durch Abbildungen erläuterte Gattungsdiagnosen gegeben. RAY hat in der 1. Auflage seiner «Methodus» (1682) nur Bestimmungstabellen gebracht, in der 2. erweiterten Auflage (1703) jedoch die Merkmale («notae») der Gattungen angegeben. Der historische Sachverhalt ist somit kurz gesagt folgender: RAY hat als erster die Gattungen

durch wichtige Merkmale gekennzeichnet, TOURNEFORT dagegen als erster eingehende Gattungsdiagnosen verfaßt.

13 MICHELI, PER ANTONIO, geb. 11.12.1679 Florenz, gest. 1.1.1737 Florenz. Hauptwerk: Nova plantarum genera juxta Tournefortii methodum disposita. Florentiae 1729 (Repr. Richmond 1976).

Biogr.: TARGIONI-TOZETTI, G., Notizie della vita e delle opere di P.A. Micheli. Firenze 1858. LÜTJEHARMS, W.J., Zur Geschichte der Mykologie (XVIII. Jahrhundert). Gouda 1936 (auch in: Mededeel. v. d. Nederl. mycolog. Vereeniging **23,** 1936). SPILGER, L., Entwicklung der Pilzsystematik bis zu Linné. Zschr. f. Pilzkunde **16 (11),** 6–12, 1932.

NEGERI, Pier Antonio Micheli, Nuovo Giorn. bot. ital. **45**(1), LXXXI-CVI, 1938. DSB **9,** 368–369, 1974.

14 DILLENIUS, JOH. JAC., Catalogus plantarum sponte circa Gissam nascentium. Frankfurt (Main) 1719. –, Hortus Elthamensis seu plantarum rariorum... delineationes et descriptiones. London 1732. –, Historia Muscorum in qua circiter sexcentae species veteres et novae ad sua genera relatae describuntur et iconibus genuinis illustrantur. Oxford 1741 und Edinburgh 1811. (Tafeln ohne Text London 1763 und 1768) DILLENIUS war wohl der Erfinder der Botanisierbüchse, die LINNÉ in seiner «Philosophia botanica» (S. 213) «vasculum Dillenianum» nennt. Vgl. SCHMID, G., in: Österr. bot. Zschr. **85,** 140–150, 1936.

Biogr.: SCHILLING, A.J., Joh. Jac. Dillenius, sein Leben und Wirken. Samml. gemeinverstwissensch. Vorträge (herausg. von R. VIRCHOW und FR. VON HILTZENDORF), N. F., III. Ser., **66,** Hamburg 1888.

SMITH, J.E., A selection of the correspondence of Linnaeus, **2,** 82–160 (London 1821).

REYNOLDS-GREEN, J., History of Botany in the United Kingdom (London 1914), 162–173. SPILGER s.Anm. 13. NDB **3,** 718–719, 1957. DSB **4,** 98–100, 1971.

15 WILLIAM SHERARD (1659–1728). DSB **12,** 394–395, 1975.

16 HOPPE, B., Der Ursprung der Diagnosen. Sudhoff's Archiv f. Gesch. d. Naturw. **62,** 105–130, 1978.

17 Hortus Eystettensis. Zur Geschichte eines Gartens und eines Buches. Schriften der Universitätsbibliothek Erlangen, Bd. 20. Verlag Schirmer, München 1989. Reprint des «Hortus Eystettensis» im Verlag Kölbl, Grünwald bei München 1982.

5. Carl von Linné

Deus creavit
Linnaeus disposuit.

Unterschrift unter einem
LINNÉ-Portrait (1792)

Seit der Wiedergeburt der Naturwissenschaften im 16. Jahrhundert bestand das Hauptanliegen der Biologen darin, die Mannigfaltigkeit der Pflanzen- und Tiergestalten in ein System zu bringen und dadurch überschaubar zu machen und zugleich die einzelnen Arten auf möglichst knappe Weise eindeutig zu benennen. Dieses Bestreben fand ihren Höhepunkt im Lebenswerk des Schweden CARL VON LINNÉ (Abb. 29 und 30).

Am 23. Mai[1] 1707 wurde CARL LINNAEUS[2] in Råshult, Kirchspiel Stenbrohult (110 km nordöstlich von Lund) am Möckelnsee geboren als Sohn des evangelischen Geistlichen Nils Ingemarsson, der sich nach einer alten Linde (linn) in seiner Heimat den Familiennamen LINNAEUS zulegte. Bald danach erhielt NILS LINNAEUS die Pfarrei Stenbrohult, wo CARL seine Jugendzeit verbrachte. Der Vater, ein eifriger Blumenliebhaber, legte hier einen der schönsten Gärten der ganzen Gegend an, reich an seltenen Gewächsen.

Nach dreijährigem Privatunterricht kam CARL in die Schule nach Växjö, wo ein roher Lehrer den Kindern nicht nur jegliche Freude am Lernen austrieb, sondern sogar «das stärkste Grauen» einflößte. Auch auf dem Gymnasium ging es ihm nicht viel besser. Wo irgend möglich, entzog sich der junge LINNAEUS der Schularbeit, so daß er in Eloquenz, Griechisch, Hebräisch und Theologie einer der schlechtesten Schüler war, dagegen einer der besten in Mathematik und Physik. TIL-LANDS' «Flora Aboënsis» und einige andere Pflanzenbücher kannte er fast auswendig. Ein Jahr vor Abschluß des Gymnasiums, als CARL 19 Jahre alt war, wurde seinem Vater von den Lehrern eröffnet, ein weiterer Schulbesuch des Sohnes sei zwecklos, und er möge ihn lieber bei einem Handwerker in die Lehre tun. Anschließend ging Vater LINNAEUS zu dem Provinzialarzt Dr. ROTHMANN, um sich wegen einer Unpäßlichkeit untersuchen zu lassen und klagte ihm auch sein Leid über seinen Sohn. ROTHMANN, der gleichzeitig Physiklehrer am Gymnasium war, erklärte, daß CARL der hoffnungsvollste aller dortigen Schüler sei, nahm ihn in sein Haus auf und unterrichtete ihn bis zum Schulabschluß. Außerdem klärte er ihn darüber auf, daß seine Art, Botanik zu treiben, nicht die richtige sei, und wies auf ihn TOURNEFORT's System hin. Manche Pflanze entdeckte CARL, die in keinem Werke, auch nicht bei TOURNEFORT, zu finden war, wie *Lobelia, Isoëtes, Trientalis, Andromeda, Utricularia* u.a.

Mit 20 Jahren bezog CARL LINNAEUS die Universität Lund, damals eine kleine Landstadt, eher vom Charakter eines Dorfes. Hier fand er Unterkunft bei dem Professor und Archiater STOBAEUS, über dessen reichhaltiger Bibliothek er bis in die Nächte hinein saß. Auf Anraten seines Lehrers ROTHMANN siedelte LINNAEUS 1728 nach Uppsala über. Das wenige Geld, das ihm sein Vater mitgeben konnte, war bald verbraucht, so daß er seine Schuhe mit Baumrinde flicken mußte. Aber auch hier fand er einen Gönner wie in Lund. Als er im botanischen Garten saß, um einige Pflanzen zu beschreiben, trat ein würdiger Geistlicher zu ihm, fragte, was er schriebe, was er studiere, wie groß sein Herbar sei (damals 600 inländische Arten), und bat LINNAEUS, ihn nach Hause zu begleiten. So trat er in die Wohnung des Professors der Theologie OLOF CELSIUS ein, der sich auch mit Botanik befaßte und ein Werk über die Pflanzen der Bibel plante (Hierobotanicon, 2 Bände, 1745/47). CELSIUS nahm den jungen LINNAEUS in sein Haus auf, beköstigte ihn und stellte ihm seine ansehnliche Bibliothek zur Verfügung. Professor der Medizin waren OLOF RUDBECK *(Rudbeckia!)* und LARS ROBERG. Aber keiner las über Botanik. So hat LINNAEUS niemals in seinem Leben eine botanische Vorlesung gehört, auch nicht privatim.

In Uppsala kam ihm eine Rezension der Abhandlung von SÉBASTIEN VAILLANT (TOURNEFORT's Nachfolger in Paris) «Sermo de structura florum» (1718) in die Hände, die ihn anregte, die Stamina und Pistille in den Blüten selbst anzuschauen. Er fand, daß sie genauso verschiedenartig wie die Kronblätter und die wesentlichsten Teile der Blüte seien. Er schrieb darüber eine Abhandlung «De nuptiis et sexu plantarum»[2] und gab sie Professor CELSIUS. Studenten schrieben sie ab, und eine solche Abschrift gelangte in die Hände des Professors RUDBECK. Dieser bestellte LINNAEUS zu sich, examinierte ihn gründlich und übertrug ihm – nach noch nicht dreijährigem Studium – die öffentlichen botanischen Vorlesungen. Außerdem gestaltete er den botanischen Garten neu und hielt Exkursionen ab. Der Tag galt dem Unterricht, die Nacht der Ausarbeitung seines Systems. Es entstanden in dieser Zeit umfangreiche Manuskripte, die er einige Jahre später in Holland in Druck gehen ließ.

Im Jahre 1732, also im Alter von 25 Jahren, unternahm LINNAEUS auf Anregung von RUDBECK eine fünfmonatige Reise nach Lappland. Sie führt an der Küste entlang nach Lulea, von hier über das Gebirge bis Rörstad an der norwegischen Küste, zurück über Jakkasjärvi nach Tornea, an der finnischen Seite über Wasa nach Åbo. Die Ergebnisse dieser über tausend Meilen langen Reise, die damals unvergleichlich beschwerlicher war als heute, legte er in seiner «Flora Lapponica» (1737) nieder. Das Tagebuch seiner Reise erschien erst 1811 in englischer Übersetzung, 1889 im schwedischen Urtext und 1964 in deutscher Sprache.[3] Es liegt somit in ursprünglicher Fassung vor, nicht nachträglich am Schreibtisch überarbeitet, und gehört durch seine anschaulichen Landschaftsschilderungen und die Fülle botanischer, zoologischer, mineralogischer und vor allem ethnographischer Beobachtungen zu den lebendigsten Reiseschilderungen der damaligen Zeit.

Später bereiste LINNAEUS die Bergwerksgebiete um Falun und in Dalekarlien, um die Mineralien zu studieren, unterrichtete an der Bergschule Mineralogie und Probierkunde und untersuchte als Arzt die Berufskrankheiten der Bergleute. In Falun begann seine Freundschaft mit JOHAN BROWALLIUS, den späteren Bischof von Åbo, sowie die Bekanntschaft mit dem Stadtarzt JOHAN MORAEUS, mit dessen Tochter Sara Lisa er sich verlobte. Dieser gab aber seine Einwilligung zur Heirat nur unter der Bedingung, daß LINNAEUS erst seine Doktorprüfung ablegte, was man damals üblicherweise im Ausland, besonders in Holland, tat. Daher begab er sich nach kurzem Zwischenaufenthalt in Amsterdam an die heute

Abb. 29. CAROLUS LINNAEUS (1707–1778) im 41. Lebensjahr

Abb. 30. CARL VON LINNÉ (1707–1778) im 66. Lebensjahr

nicht mehr bestehende Universität Harderwijk, wo er examiniert und nach einer Disputation «de nova hypothesi febrium intermittentium» am 24. Juni 1735 promoviert wurde. Dann kehrte er zurück nach Amsterdam, um den Botanik-Professor BURMANN zu besuchen, und reiste anschließend nach Leiden, wo ihn der Mediziner GRONOVIUS, der später das Moosglöckchen *Linnaea borealis* zu Ehren LINNÉ's benannte, bei dem berühmten Mediziner und Botaniker BOERHAAVE einführte, nachdem er vorher LINNAEUS' «Systema naturae» (1735)[3] mit größter Bewunderung gelesen hatte. Auf BOERHAAVE's Empfehlung nahm ihn BURMANN in Leiden in sein Haus auf, wo LINNAEUS zwei weitere Werke, «Fundamenta botanica» (1736) und «Bibliotheca botanica» (1736), herausgeben konnte. Schließlich wurde er mit dem reichen Bankier CLIFFORD bekannt, der einen prächtigen Garten mit vielen exotischen Pflanzen besaß und der ihn zu sich einlud. Hier arbeitete LINNAEUS Tag und Nacht, brachte die «Flora Lapponica» (1737) heraus, reiste auf CLIFFORDS Kosten nach England, um DILLENIUS in Oxford zu besuchen. Dieser wollte sein Gehalt mit LINNAEUS teilen, wenn er bliebe. Nach Leiden zurückgekehrt, brachte er CLIFFORD's Herbarium in Ordnung, beschrieb zahlreiche neue Pflanzen in dem Prachtwerk «Hortus Cliffortianus» (1737) und schrieb seine «Critica botanica» (1737). Dies alles leistete LINNAEUS in drei Vierteljahren! Neidische Zeitgenossen haben geäußert, LINNAEUS sei nur dadurch so rasch vorwärts gekommen, weil er immer wieder Gönner gefunden habe: ROTHMANN, CELSIUS, RUDBECK, BURMANN, CLIFFORD. Aber die Zuneigung dieser Männer hat sich LINNAEUS durch seine außergewöhnlichen Leistungen errungen, und er hat wahrlich keinen seiner Gönner enttäuscht.

LINNAEUS widerstand allen Anstrengungen seiner Freunde, ihn in Holland zu halten. Er blieb zwar noch einige Zeit in Leiden, um den botanischen Garten neu einzurichten, das große Werk seines verunglückten Freundes ARTEDI über Fische und seine eigenen «Classes plantarum» (656 Seiten) und «Genera plantarum» (384 Seiten) herauszugeben. Dann aber reiste er nach dreijährigem Aufenthalt in seine Heimat zruück, mit einem Umweg über Paris, wo er REAUMUR und die Brüder JUSSIEU besuchte, in die «Académie des Sciences» gewählt wurde und eine Jahresrente der Akademie angeboten bekam, wenn er bliebe und Franzose würde. Aber er schlug alle Anerbieten aus.

LINNAEUS hat übrigens in den drei Jahren seines Hollandaufenthaltes die holländische Sprache nicht gelernt, ebensowenig wie Englisch, Französisch oder Deutsch. «Nichtsdestoweniger kam er allenthalben glücklich durch», wie er selbst schreibt. Zum Umgang mit den Gelehrten genügte ihm die lateinische Sprache vollauf.

Nach Schweden heimgekehrt, mußte sich LINNAEUS eine Lebensstellung schaffen. Er ließ sich in Stockholm als Arzt nieder, erwarb sich bald eine gute Praxis, wurde Admiralitätsarzt und heiratete Sara Lisa Moraeus. Er gründete die Schwedische Akademie der Wissenschaften und wurde 1741 – zwei Jahre nach seiner Rückkehr aus Holland – nach Uppsala berufen, und zwar als Professor für Botanik, Materia medica, Diätetik und Naturgeschichte. Kurz darauf erhielt er den hohen Titel «Archiater» (= königlicher Leibarzt).

In Uppsala wirkte LINNAEUS genauso unablässig weiter wie bisher, bearbeitete Neuauflagen seiner Werke.[3] Sein «Systema naturae» umfaßte in der 1. Auflage (1735) sieben Folioseiten, in der 10. Auflage (1759) dagegen 1384 Seiten. Ferner schrieb er u.a. folgende Bücher: Flora Suecica (1745), Fauna Suecica (1746), Philosophia botanica (1751), vor allem aber Species plantarum (1753), ein zweibändiges Werk, das mit 5900 Arten die gesamte damals bekannte Formenfülle des Pflanzenreichs umfaßte.

Hier in Uppsala entfaltete LINNAEUS eine ungewöhnlich erfolgreiche Lehrtätigkeit, nicht nur durch seine Vorlesungen, sondern auch durch seine Exkursionen («Herbationes»), auf denen er seine Studenten durch die Umgebung von Uppsala führte. In seiner «Philosophia botanica» (S. 293) finden wir nähere Bestimmungen über Kleidung, Instrumente, Zeiteinteilung auf solchen botanischen Ausflügen, die von früh 7 Uhr, mit mehreren, genau festgelegten Pausen, bis abends 7 Uhr dauerten. Mitzunehmen waren: LINNAEUS' «Systema naturae», «Flora» und «Fauna Suecica», Lupe, Präpariernadel, Messer, Schreibblei, Botanisierbüchse, Sammelpapier, Insektennadeln. Es gab eigene Bestimmungen für Zuspätkommen, Weggehen, Fehlen. Auch die Kleidung war festgelegt. Jede halbe Stunde wurden die gesammelten Naturalien von LINNAEUS nach Gattung, Art, Standort, Nutzen und Besonderheiten besprochen. Das Auffinden einer Seltenheit wurde durch Blasen auf dem Waldhorn verkündet. Abends zog man nach Uppsala zurück – es sollen zeitweise bis zu zweihundert Teilnehmer gewesen sein –, und ein lautes «Vivat LINNAEUS» beschloß die Exkursion.

Wohl kein anderer Botaniker hat so viele Schüler gehabt, nicht nur aus seinem eigenen Lande, sondern aus der ganzen Welt, wie LINNAEUS. Uppsala war das Zentrum der Botanik, wie es ein solches weder vorher noch später gegeben hat. Manche Botaniker der Gegenwart dürfen sich, in sechster oder siebenter Generation, noch Schüler LINNÉ's nennen. Wir haben viele Zeugnisse dafür, daß LINNÉ's Schüler mit großer Verehrung an ihrem Lehrer hingen; und er selbst vergalt es durch zuverlässige Freundschaft. Seinen Studenten war er nicht bloß Professor, sondern brachte ihnen auch volles menschliches Verständnis entgegen. Wenn gelegentlich an Sonntagen die jungen Botaniker zu einer Drehorgel mit LINNES Töchtern tanzen, befolgten sie die Mahnung ihres Meisters: «Interpone tuis curis interdum gaudia» («Setze zwischen deine Sorgen gelegentlich das Vergnügen»).

Wieviel Zeit LINNAEUS der Lehrtätigkeit widmete, geht aus einem Brief an einen Freund hervor: «Ich lese täglich 5 Stunden, 8 Uhr für Dänen, 10 Uhr publice, 11–12 Uhr für Russen und um 2 Uhr privatim für Schweden. Mittwoch und Freitag werde ich drei Stunden durch Korrigieren der «Fauna Suecica» gepeinigt. Ich habe keine Zeit, an mich selbst zu denken, weshalb ich dies um 2 Uhr nachts schreibe.» Und an anderer Stelle lesen wir: «Ein Professor kann sich in seinem Amt nicht besser distinguieren als durch Heranziehen und Ermuntern kecker Eleven, wobei die größte Kunst in selectu ingeniorum besteht, denn die rechten Originale sind unter dem großen Haufen wie Kometen unter den Sternen.»

LINNAEUS führte außer seiner erwähnten Lappland-Unternehmung noch mehrere Reisen innerhalb Schwedens durch (1741 Öland und Gotland, 1746 Vestergötland, 1749 Schonen), hat aber sein Vaterland nicht mehr verlassen. Dafür schickte er seine Schüler in alle Welt (Abb. 31). Mancher von ihnen ist nicht mehr in die Heimat zurückgekehrt. LINNAEUS hielt das Andenken an sie fest, indem er Pflanzengattungen nach ihnen benannte.

JOHAN BARTSCH (1709–38), der junge Königsberger, den LINNÉ in Leiden für die Botanik begeistert hatte, ging in holländischen Diensten als Arzt nach Surinam und starb dort im Alter von 28 Jahren. LINNÉ verlor mit ihm einen treuen Jugendfreund und benannte die dunkle *Bartsia* zu seinem Gedenken.

CHRISTOPHER TÄRNSTROEM (1703–46, *Ternstroemia!*) reiste nach China, starb kurz vor seinem Ziele auf der Insel Pulo-Condor.

PEHR KALM (1715–79, Ericacee *Kalmia!*) ging für vier Jahre nach Nordamerika.

OLOF TORÉN (1718–53, Scrophulariacee *Torenia!*) unternahm eine Reise durch das tropische Asien.

FREDERIC HASSELQUIST (1722–52, Umbellifere *Hasselquistia!*) bereiste Ägypten und Palästina; er starb in Smyrna.

PEHR OSBECK (1723–1805, Melastomatacee *Osbeckia!*) bereiste China.

DANIEL ROLANDER (1725–93, Composite *Rolandra!*) erforschte die Flora von Surinam.

PEHR LÖFLING (1729–56, Caryophyllacee *Loeflingia!*) bereiste Spanien und starb in Venezuela. LINNÉ hielt ihn für seinen besten Schüler.

DANIEL SOLANDER (1733–82, Umbellifere *Solandra!*) nahm mit J. BANKS an COOK's 1. Weltumseglung (1768–71) teil und begleitete BANKS auf seiner Reise nach Island (1771).

PEHR FORSKÅL (1736–68, Urticacee *Forskohlea!*), ein hervorragender Kenner der orientalischen Sprachen, durchstreifte als Beduine verkleidet Arabien und starb in Jerim.

CLAS ALSTRÖMER (1736–94, Amaryllidacee *Alstroemeria!*) bereiste 1760–64 Westeuropa.

PEHR THUNBERG (1743–1828, Acanthacee *Thunbergia!*) zog durch das damals verbotene Japan, durchstreifte als erster Botaniker die Hänge des Fuji-San, ging mit SPARRMANN nach dem Kapland und bekleidete zuletzt LINNÉs Amt in Uppsala.

ANDREAS SPARRMANN (1748–1820, Tiliacee *Sparmannia!*) bereiste Nordchina

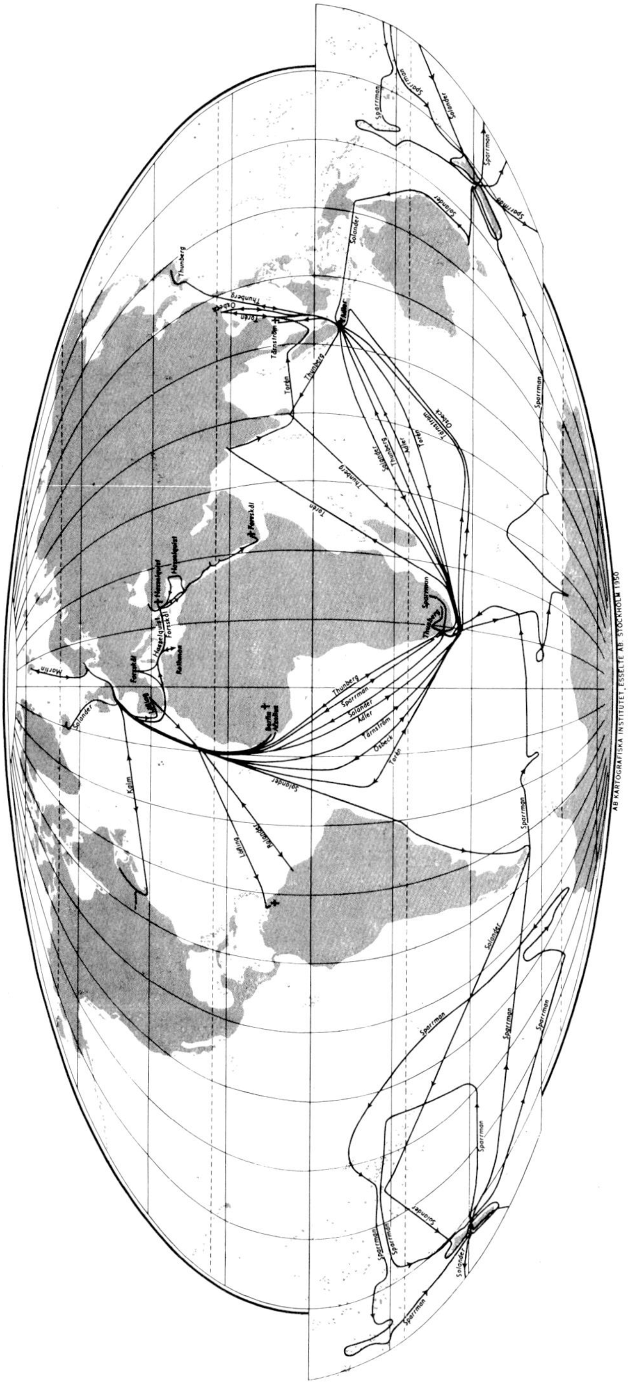

Abb. 31. Die Reisen der Schüler LINNÉ's

und das ungemein artenreiche Kapland; er schloß sich COOK auf seiner zweiten Weltumsegelung (1772–75) an.

Wenn wir die Bände der «Natürlichen Pflanzenfamilien» von ENGLER und PRANTL durchblättern, stoßen wir Seite für Seite auf die Namen dieser Männer als Autoren der von ihnen entdeckten Pflanzen. So haben LINNAEUS und seine zahlreichen Schüler den Grund gelegt zu unserem heutigen Überblick über den Formenreichtum der Pflanzenwelt.

Von LINNAEUS' Leben bleibt nur noch wenig zu berichten. Er wurde mit 50 Jahren in den Adelsstand erhoben und nannte sich von da ab «VON LINNÉ». Einige Jahre später kaufte er das Landgut Hammarby südöstlich von Uppsala, wo er den größten Teil des Sommers verbrachte. Die Wände des Hauses waren mit herrlichen Pflanzenbildern bedeckt, ein eigenes Gebäude barg die umfangreichen Sammlungen, den Garten schmückten zahlreiche Blumen. In Uppsala starb LINNÉ am 10. Januar 1778 im 71. Lebensjahr, im selben Jahr wie VOLTAIRE und ROUSSEAU und wenige Monate nach ALBRECHT VON HALLER. Ein Schlaganfall einige Jahre vorher hatte seine Gesundheit derart untergraben, daß er zuletzt nicht einmal mehr die Namen der Pflanzen wußte. Aber eines blieb ihm bis zuletzt erhalten, die staunende Bewunderung der Natur, die «curiositas naturalis», wie er es selbst nannte, wohl dasselbe, was ARISTOTELES mit dem Wort *θαυμάζειν* (thaumázein) meint, das am Anfang aller Wissenschaft steht.

LINNÉ's Herbar, seine Sammlungen, seine Bibliothek, seine Manuskripte und seine Korrespondenz wurden 1783 (nach dem Tode von LINNÉ's Sohn) von seiner Witwe Sara Lisa für 1000 Pfund Sterling an den englischen Botaniker JAMES EDWARD SMITH verkauft. König Gustav von Schweden, der während des Verkaufs außer Landes war, sandte nach seiner Rückkehr dem englischen Segler ein Kriegsschiff nach, doch es kam zu spät.[4] Der gesamte Nachlaß LINNÉ's wird seit 1802 von der «Linnean Society of London» vorbildlich verwahrt und betreut.

Über LINNÉ's Persönlichkeit unterrichten uns viele Mitteilungen seiner Schüler und Freunde, die aufs beste mit dem übereinstimmen, was LINNÉ in seinen «eigenständigen Anzeichnungen über sich selbst» sagt. LINNÉ war kaum mittelgroß, kräftig, mit großem Kopf und lebhaften, durchdringenden Augen. Die meisten Bilder stellen ihn mit der im Barock üblichen Perücke dar, wie wir es etwa von den Portraits seiner Zeitgenossen Bach oder Händel gewohnt sind. «Offen, leicht erregbar zu Zorn, Freude und Trauer, doch rasch wieder zu beruhigen; heiter und vergnügt in der Jugend und auch im Alter nicht erstarrt», so kennzeichnet LINNÉ sich selbst. Unbedingte Wahrheitsliebe war ein wesentlicher Charakterzug LINNÉ's; er sagte die Wahrheit, auch wenn es für ihn nachteilige Folgen hatte. Machte ihn jemand auf Fehler in seinen Büchern aufmerksam, verbesserte er sie sofort. Heuchelei und Intrigen waren ihm aufs tiefste verhaßt. Er war ehrgeizig, sogar sehr, aber nur im Bereich der Wirtschaft. Angriffe seiner Gegner beantwortete er nicht; höchstens teilte er gelegentlich einen Seitenhieb aus, etwa wenn er *Buffonia* nur mit einem f *(Bufonia)* schreibt (bufo = Kröte). Seine Leistung hat er selbstbewußt eingeschätzt, indem er schreibt («Eigenhändige Anzeichnungen» S. 93): «Keiner vor ihm hat mit mehr Eifer sein Fach betrieben und mehr Auditores gehabt, hat mehr Observationen in der Naturkunde gemacht, ist größerer Botanicus oder Zoolog gewesen; hat mehr Werke geschrieben, richtiger, ordentlicher, aus eigener Erfahrung; hat eine ganze Wissenschaft so total renoviert und eine neue Epoche gemacht; ist über die ganze

Welt berühmter geworden usw.» Wir müssen heute in einem geschichtlichen Abstand von zwei Jahrhunderten zugestehen, daß LINNÉS Selbsteinschätzung kaum übertrieben war. Aber alle Erfolge, alle äußeren Ehren (er war Mitglied von 21 Akademien!) haben LINNÉ nicht überheblich gemacht; beschlich ihn doch immer wieder die Furcht, daß die «Nemesis divina», die strafende Gerechtigkeit, sich an seinem großen Glück eines Tages rächen würde.[5]

Als Sohn eines Geistlichen ist LINNÉ im christlichen Glauben aufgewachsen. Die Universität Uppsala wurde damals, wie auch anderenorts, von der Theologischen Fakultät beherrscht. Daß es unter diesen Umständen für einen Naturforscher zu Spannungen zwischen Erkenntnis und Glauben kommen mußte, ist verständlich. Für LINNÉS Zeitgenossen ALBRECHT VON HALLER, den in strengem Pietismus aufgewachsenen großen Anatomen, Physiologen und Botaniker, waren Wissen und Glauben zwei völlig getrennte, unüberwindliche Welten; immer wieder plagten ihn Zweifel, ob nicht Naturforschung ein Gottesfrevel sei. Unter diesem Zwiespalt hat HALLER, wie seine Briefe zeigen, in bedrückender Weise gelitten bis in seine Todesstunde. LINNÉ dagegen hielt sich von Gott zur Naturforschung geradezu beauftragt. Wenn er von sich schreibt «Gott hat ihm eine so brennende Neigung für die Wissenschaft eingeflößt, daß sie sein allergrößtes Vergnügen geworden; Gott hat ihm die größte Einsicht an der Naturkunde verliehen», so spricht daraus geradezu ein Sendungsbewußtsein. Sein Gottesbegriff war gegenüber dem christlichen beträchtlich erweitert bzw. verändert. In seiner Abhandlung «Politia naturae» (1760), in der er über die Nahrung der Tiere schreibt, kommt er zum Schlußsatz «Bellum omnium in omnes» (Krieg aller gegen alle) und fügt hinzu «Nur der Mensch vermag diese Ökonomie der Schöpfung zu erkennen und Gott in seinen bewundernswerten Werken zu verehren». Daß diese Auffassung dem Gottesbegriff SPINOZAS «Deus sive natura» nahesteht, zeigte eine andere Äußerung LINNÉ's: «Dolent theologi miscere nos Deum cum Natura» («Die Theologen sind darüber sehr betrübt, daß wir Gott mit der Natur vereinen»). Es ist möglich, daß LINNÉ in Holland mit SPINOZAS Philosophie in Berührung kam; hatte doch sein Lehrer BOERHAAVE als SPINOZA-Anhänger einst das Theologie-Studium aufgeben müssen und sich der Medizin zugewandt.

Für die historische Bewertung eines wissenschaftlichen Werkes gibt es zwei Bezugspunkte: einerseits die Zeit, in der die Leistung vollbracht, andererseits die Gegenwart, oder in zwei Fragen ausgedrückt: Welche Förderung der Wissenschaft ging von dem Werk unmittelbar aus, und welche Bedeutung hat das Werk noch für die Gegenwart? Zunächst soll uns die erste Frage beschäftigen.

LINNÉ hat, abgesehen von Dissertationen und kleineren Abhandlungen, über 20 Bücher verfaßt, die – jeweils die erste Auflage gerechnet – rund 7000 Druckseiten ergeben.[3] Die wichtigsten Titel wurden bereits bei der Schilderung seines Lebenslaufs erwähnt. Im folgenden sollen LINNÉ's Leistungen nach sachlichen Gesichtspunkten gewürdigt werden.

LINNÉ schuf die heute noch übliche binäre Nomenklatur, d.h. die zweigliederigen Pflanzen- und Tiernamen, bestehend aus substantivischen Gattungs- und adjektivischen Artnamen. Damit fielen die bisher üblichen, oft zeilenlangen, von jedem Autor anders gefaßten Benennungen, die sog. «Phrasen», weg, wie folgende Beispiele zeigen:

Frühere Benennung	LINNÉische Benennung
Gentiana alpina latifolia flore magno	Gentiana acaulis
Gentiana angustifolia autumnalis minor floribus ad latera pilosis	Gentiana ciliata
Gentiana foliis ovato-lanceolatis floribus campanulatis in alis sessilibus	Gentiana asclepiadea

Ansätze zu einer binären Nomenklatur gab es schon vor LINNÉ. So hat bereits RIVINUS 1690 die Vorzüge einer aus zwei Worten bestehenden Benennung gepriesen, aber sich selbst nicht nach dieser Empfehlung gerichtet. LINNÉ gebührt das unbestreitbare Verdienst, die binäre Nomenklatur konsequent für alle Pflanzen und Tiere durchgeführt und damit eine ganz wesentliche Grundlage für die gesamte Biologie geschaffen zu haben.

LINNÉs binäre Nomenklatur, für die Pflanzen erstmals 1753 in den «Species plantarum», für die Tiere 1758 in der 10. Auflage des «Systema naturae» verwendet, hat sich erstaunlich rasch in den Floren- und Faunenwerken durchgesetzt. Einer der wenigen Gegner derselben war ALBRECHT VON HALLER; er benutzte noch 1768 in seiner großen «Historia stirpium indigenarum Helvetiae inchoata» die früher üblichen Phrasen ohne Beifügung der LINNÉschen Namen. Sein Werk ist daher heute so gut wie unbenutzbar. Als Gegenbeispiel sei JOHANN ANTON SCOPOLI genannt, der in der 1. Auflage seiner «Flora Carniolica» (1760) noch die «Phrasen» benutzt, aber die 2. Auflage (1772) auf die binäre Nomenklatur umgestellt hat. Letztere ist noch heute wie eine moderne Flora verwendbar und daher 1972 abermals als Nachdruck erschienen.

Schon BAUHIN hatte den Arten und TOURNEFORT den Gattungen Diagnosen beigegeben, d.h. Zusammenstellungen der Merkmale, durch die sich ein Taxon von einem ähnlichen Taxon unterscheidet. Aber diese Diagnosen waren oftmals nicht scharf und vielfach unvollständig. LINNÉ hingegen nennt in seinen «Genera plantarum» (1737) für jede Gattung die Merkmale für: calyx, corolla, stamen, pistillum, pericarpium, semen. Besonders die bisher vernachlässigten Staubblätter, ihre Zahl und die Art der Verwachsung, hat LINNÉ erstmals in ihrer diagnostischen Bedeutung erkannt.

Bei den Artdiagnosen greift LINNÉ mit scharfem Blick die wesentlichen Merkmale heraus. Erst die Verbindung mit einer unmißverständlichen Diagnose gibt der binären Nomenklatur ihre Eindeutigkeit und Sicherheit. Einige Beispiele mögen die Überlegenheit von LINNÉ's Diagnosen gegenüber den älteren Phrasen zeigen:

	RUPP (1718)	LINNÉ (1753)
Lythrum salicaria	Salicaria vulgaris, purpurea, foliis oblongis	Lythrum foliis oppositis cordato-lanceolatis, floribus spicatis dodecandris
Vaccinium myrtillus	Vaccinium foliis oblongis, crenatis, fructu nigricante	Vaccinium pedunculis unifloris, foliis serratis ovatis deciduis, caule angulato

Vaccinium vitis-idaea	Vaccinium foliis Buxi, semper virens, baccis rubris	Vaccinium racemis terminalibus nutantibus, foliis obovatis semper-virentibus revolutis integerrimis subtus punctatis

Um unmißverständliche Diagnosen aufstellen zu können, muß man sich über den Umfang der morphologischen Begriffe im klaren sein. Auch hier hat LINNÉ den Grund gelegt, indem er eine klare, präzise Terminologie schuf, die er in den «Fundamenta botanica» (1736) und in deren ausführlicher Neubearbeitung, der «Philosophia botanica» (1751), darlegte. Letztere war GOETHE's «steter Begleiter» bei seinen botanischen Studien, und er «bekennt, daß nach SHAKESPEARE und SPINOZA auf mich die größte Wirkung von LINNÉ ausgegangen» ist. Manche spätere Erkenntnis ist in der «Philosophia botanica» vorweggenommen, etwa der Metamorphose-Gedanke in dem Satz «Principium florum et foliorum idem est».

LINNÉ hat Gattungs- und Artbegriff wesentlich präziser gefaßt als die früheren Botaniker. Während KASPAR BAUHIN alle mit dreiteiligen Blättern versehenen Pflanzen wie unsere heutigen Genera Trifolium, Menyanthes und Oxalis als «Trifolium» zusammenfaßte, hat TOURNEFORT solche heterogenen Gattungen aufgelöst. LINNÉ hat dadurch, daß er konsequent alle Blüten- und Fruchtmerkmale berücksichtigte, die Gattungen noch schärfer umrissen, so daß die meisten derselben noch heute im Gebrauch sind. Während TOURNEFORT Arten, Varietäten und Kulturformen ohne Unterschied aufführt, scheidet LINNÉ erstmals die Varietäten aus und ordnet sie den Arten unter: «Varietas est planta mutata a causa accidentali: climate, solo, calore, ventis» («Eine Varietät ist eine durch äußere Ursache veränderte Pflanze: durch Klima, Boden, Wärme, Winde»). Solche Varietäten weichen ab durch «magnitudo, plenitudo, crispatio, color, sapor, odor» (Größe, Blütenfüllung, Kräuselung, Farbe, Geschmack, Duft). LINNÉ hielt also die Varietäten für umweltbedingt.

LINNÉ's oft zitierter Satz «Species tot sunt, quot diversas formas ab initio produxit Infinitum Ens» (Es gibt so viele Arten, als Gott am Anfang als verschiedene Gestalten geschaffen hat) ist keine Artdefinition im naturwissenschaftlichen Sinne. An der hierin zum Ausdruck gebrachten «Konstanz der Arten» sind LINNÉ offenbar vielfach Zweifel gekommen, etwa durch die Entdeckung einer Pelorie (radiären Endblüte) bei Linaria (1744) oder in Anbetracht der Tatsache, daß die Arten einer Gattung sich nur in einem begrenzten Gebiet finden («Cacti omnes in sola America; Gerania africana, conformia flore, ad Caput Bonae Spei; Aloë numerosissimae in Africa»). So kommt LINNÉ 1760 in einer Preisschrift der Petersburger Akademie («Disquisitio de sexu plantarum») zu der Auffassung, daß die zur selben Gattung gehörigen Arten zu Beginn eine einzige Art gewesen sind: «Nam inde sequi videtur, plures illas plantarum, in eodem genera, species initio non nisi unam plantam fuisse, et ex hac generatione hybrida exortas esse» (Denn daraus scheint zu folgen, daß jene vielen Pflanzenarten in derselben Gattung anfangs nur eine einzige Pflanze gewesen und aus dieser durch Bastardierung entstanden sind). Ob aber der Schöpfer von vornherein die Zahl der Arten begrenzt hat, wagt LINNÉ nicht zu entscheiden.

In seinem «Systema naturae» (1735) entwickelt LINNÉ sein bereits 1731 skizziertes Sexualsystem, das auf Verteilung, Zahl und Verwachsung der Staub- und Fruchtblätter begründet ist. «Filum Ariadneum botanices est systema, sine quo chaos est res herbaria» (Der Ariadne-Faden der Botanik ist das System, ohne das die Pflanzenkunde ein Chaos ist) lesen wir in der «Philosophia botanica». LINNÉ teilte die Pflanzen in 24 Klassen ein, von denen I–XXIII «Publicae» (Nuptiae coram totum mundum visibilem apertae celebrantur; die Hochzeiten werden vor aller Welt öffentlich gefeiert), die XXIV. Klasse «Clandestinae» (Nuptiae clam instituunter; die Hochzeiten werden heimlich begangen) bezeichnet werden. An deren Stelle traten später die noch heute benutzten Worte «Phanerogamae» und «Cryptogamae». Die «Publicae» werden eingeteilt in «Monoclinia» (Mariti et uxores uno eodemque thalamo gaudent) und «Diclinia» (Mariti seu feminae distinctis thalamis gaudent), also in Pflanzen mit zwitterigen und mit eingeschlechtigen Blüten. Die weitere Einteilung erfolgt nach Zahl, Länge und Verwachsung der Staubblätter, z.B. «Monandria» («Maritus unicus in matrimonio), «Diandria» (Mariti duo eodemque conjugio) bis «Polyandria» (Mariti viginti et ultra in eodem cum femina thalamo). Die von LINNÉ zur Erläuterung beigefügten Vergleiche aus dem menschlichen Eheleben haben vielfach Anstoß erregt. So entrüstete sich der Petersburger Botaniker J.G. SIEGESBECK in seiner «Botanosophiae verioris brevis sciagraphia» (1737, S. 49): «Wenn z.B. «acht, neun, zehn, zwölf oder gar zwanzig und mehr Männer in demselben Bett mit einer Frau gefunden werden» oder wenn «dort, wo die Betten der wirklichen Verheirateten einen Kreis bilden, auch die Betten der Dirnen einen Kreis beschließen, so daß die von verheirateten Männern begattet werden» (Compositen!)... Wer möchte glauben, daß von Gott solche verabscheuungswürdige Unzucht im Reiche der Pflanzen eingerichtet worden ist? Wer könnte solch unkeusches System der akademischen Jugend darlegen, ohne Anstoß zu erregen? Der Bischof von Åbo, JOHANN BROWALLIUS, und J.G. GLEDITSCH, Professor in Berlin, antworteten in Gegenschriften und traten für LINNÉ ein. Noch mehr als acht Jahrzehnte später äußert sich GOETHE[6] entrüstet über LINNÉS System: «Wenn unschuldige Seelen, um durch eigenes Studium weiter zu kommen, botanische Lehrbücher in die Hand nehmen, können sie nicht verbergen, daß ihr sittliches Gefühl beleidigt sei; die ewigen Hochzeiten, die man nicht los wird, wobei die Monogamie, auf welche Sitte, Gesetz und Religion gegründet sind, ganz in vage Lüsternheit sich auflöst, bleiben dem reinen Menschensinn unerträglich.»

LINNÉ's «Sexualsystem» ist an sich ebenso rational oder künstlich wie früher CAESALPINUS' Einteilung nach den Früchten oder die des RIVINUS nach der Blumenkrone. Daß LINNÉS System, im Gegensatz zu allen früheren Einteilungen, fast zwei Jahrhunderte – auch noch neben dem natürlichen System – im Gebrauch geblieben ist, hat seinen Grund darin, daß es die Bestimmung sehr erleichtert. Wir finden es daher bis in das 20. Jahrhundert, vereinzelt sogar bis in die Gegenwart (z.B. in der «Exkursionsflora der Schweiz» von A. BINZ) als Bestimmungsbehelf. Mit Recht schreibt SCHOPENHAUER (1851)[7]: «Des LINNAEUS künstliches oder willkürlich gewähltes System kann durch kein natürliches ersetzt werden, weil ein solches nie die Sicherheit und Festigkeit der Bestimmungen gewährt, die das künstliche hat.» Auch in unseren heutigen taxonomischen Werken entsprechen die Bestimmungstabellen nicht dem natürlichen System der betr. Organismengruppe, sondern sind mehr oder weniger künstlich.

Das Sexualsystem erscheint LINNÉ selbst nur als Notbehelf. Schon in seinen «Classes plantarum» (1737) folgen auf dieses «Systema a staminibus, quod nostrum est» die «Fragmenta methodi naturalis», und in seiner «Philosophia botanica» (1751, p. 137) schreibt er, daß das Natürliche System «ultimus finis botanices est et erit» (Endziel der Botanik ist und sein wird). Er hat sich zeitlebens darum bemüht, aber er sieht bis zuletzt das Erreichte nur als «Fragmenta»: «Vollenden kann ich es nicht, und würde ich mein ganzes Leben daran verwenden.» Er unterscheidet 67 «Ordines» (wir würden heute z. T. sagen: Familien); ein Rest von 112 Gattungen bleibt übrig als «Vagae et incertae sedis», z. B. Montia, Cuscuta, Viscum, Najas, Lemna usw. LINNÉ war also ehrlicher als die meisten späteren Systematiker, die sämtliche Genera – ohne Rest – einzuordnen versuchen. Er belegte seine «Ordines» nur mit Namen, z. B. Liliaceae, Orchideae, Compositi, Umbellatae, Papilionaceae usw. ohne ihnen Diagnosen beizugeben. Diese Arbeit leistete erst ANTOINE LAURENT JUSSIEU 1789.

LINNÉ beschäftigte sich als Arzt eingehend mit den «Vires» oder «Virtutes», den Heilkräften der Pflanzen, oder in heutiger Ausdrucksweise: mit den Inhaltsstoffen. Bereits in der 1. Ausgabe des «Systema naturae» (1735) und in den «Fundamenta botanica» (1737) stellt er fest: «Quaecunque plantae genere conveniunt, etiam virtute conveniunt, quae ordine naturali continentur, etiam virtute propius accedunt» (Pflanzen, die in der Gattung übereinstimmen, stimmen auch in ihrer Wirkung überein; die welche einer natürlichen Ordnung zugehören, stehen sich auch in ihrer Wirkung nahe). Hiermit ist erstmals das Prinzip der Chemotaxonomie erfaßt.

Nach landläufiger Meinung bestand LINNÉ's Streben allein darin, Pflanzen zu beschreiben, zu benennen und zu klassifizieren. Zu diesem Mißverständnis hat LINNÉ selbst beigetragen, indem er (Philos. bot. p. 4) als «veri botanici» (wahre Botaniker) solche bezeichnet, die «omnia vegetabilia nomine intellegibili nominare sciant» (alle Pflanzen mit einem verständlichen Namen zu nennen wissen). Daß seine Interessen aber weit über die Taxonomie hinausgingen und vor allem viele Bereiche dessen umfassen, was wir heute unter Ökologie verstehen, zeigen einerseits die bereits erwähnten Schilderungen seiner Reisen und seine «Flora Lapponica», andererseits zahlreiche unter seiner Leitung entstandene und nach damaliger Gepflogenheit meist von ihm selbst verfaßte Dissertationen. Eine der bekanntesten ist diejenige, welche sich mit dem «Schlaf» der Pflanzen befaßt: «Somnus plantarum» (1755). Zwar waren schon THEOPHRASTOS die Bewegungen der Fiederblättchen von Tamarindus bekannt, aber erst LINNÉ hat die weite Verbreitung dieser vom Tag/Nacht-Wechsel gesteuerten Stellungsänderungen der Blätter festgestellt und den Namen «Pflanzenschlaf» geprägt. Er erwähnt diese Bewegungen zwar schon in der «Flora Lapponica», aber den Anstoß zur genaueren Untersuchung gab das sonderbare Verhalten von Lotus ornithopodioides, von dem er Samen aus Montpellier erhalten hatte. Bei dieser Pflanze legen sich nachts die drei Teilblättchen wie beim Klee zusammen, so daß die Blüten unter dem Dach der Blättchen verschwinden und sich somit dem Blick entziehen. So beobachteten LINNÉ und sein Schüler P. BREMER die Schlafbewegungen an Vertretern aus 43 verschiedenen Pflanzengattungen. Auch dem Öffnen und Schließen der Blüten widmete LINNÉ besondere Aufmerksamkeit und stellte eine «Blumenuhr» («Horologium florae», Philosophia botanica p. 274) zusammen, aus der man vom Morgen bis zum Abend die Stunde ablesen kann; diese Blumenuhr funktioniert selbstverständlich nur bei sonnigem Wetter, da Wolkenschatten die Blüten zum Schließen veranlaßt. Den jahreszeitlichen Beginn der Blütezeit und des Austreibens der Knospen stellte LINNÉ in einem «Calendarium florae» zusammen. Hierüber schrieb er in seiner Autobiographie: «Diese Gegenstände werden unfehlbar in der Folgezeit von größtem Gewicht für die

Landkultur werden» und ahnte damit die erst hundert Jahre nach seinem Tode einsetzende «Phänologie» voraus. – Insekten hat LINNÉ an den Blüten beobachtet, allerdings ohne ihre Rolle als Bestäuber eindeutig zu erkennen. Die Mannigfaltigkeit der Nektarien regte ihn zu einer Dissertation an; der Nektar jedoch, meinte er, diene zur Ernährung des jungen Embryo.

Schon in seiner «Flora Lapponica» hat LINNÉ bei jeder Pflanze nicht nur ihre regionale Verbreitung angegeben, sondern auch ihren Standort («statio») gekennzeichnet, oft sehr treffend, z. B. bei Loiseleuria procumbens: «totos vastissimos campos alpinos obvestit, si modo sterilis, siccus et sabulosus est locus» (bedeckt alle alpinen Einöden, wenn der Ort nur unfruchtbar, trocken und sandig ist), bei Saxifraga nivalis: «ubi aqua nivalis pedetentim declivia madefacit» (wo Schneewasser allmählich die Hänge durchtränkt), oder bei Rubus chamaemorus: «loca amat paludosa, quae nec laeta fovent gramina sed per aestatem siccissima persistunt» (liebt feuchte Orte, die keinen frischen Graswuchs begünstigen, sondern im Sommer sehr trocken bleiben).

Noch in seiner letzten akademischen Rede «Deliciae naturae» (1772) ermahnte LINNÉ die Botaniker, bei der Untersuchung einer Pflanze sich nicht auf Feststellung des Namens und der Stellung im System zu beschränken, sondern noch zu beachten: Standort, Besonderheiten im Bau, Lebensdauer, Blühvorgänge, Öffnen und Schließen der Blüte, Samenverbreitung, Schlafbewegungen der Blätter, Geruch und Geschmack, welche Tiere sie fressen und ob Gallen vorhanden sind. Es sind also überwiegend Fragen der Ökologie, die für LINNÉ im Vordergrund seines Interesses stehen, und zwar so stark wie bei keinem Botaniker vor ihm.

Auf seiner Lapplandreise wie auch auf seinen späteren Reisen hatte LINNÉ stets auch die Aspekte der «angewandten Botanik» im Auge. In seiner «Flora Lapponica» wird überall auf die Verwendung der Pflanzen als Nahrung, Heilmittel, Viehfutter, zum Gebrauch als Bau- und Polstermaterial, zur Herstellung von Geräten usw. hingewiesen. Eine Reihe von Dissertationen war der Praxis gewidmet: «Vires plantarum» (1747), «Flora oeconomica» (1748), «Plantae esculentae patriae» (1752), «Horticultura academica» (1754), «Plantae tinctoriae» (1759), «Fructus esculenti» (1763), «Hortus culinaris» (1764), «Usus muscorum» (1766), ferner über zahlreiche Heilpflanzen (Radix Senegae, Rhabarbarum, Plantae officinales, Potus theae, Potus chocolatae, Mentha, Dulcamara, Cimicifuga usw.). Auf sein Buch «De materia medica» werden wir noch zu sprechen kommen.

In seinem «Systema naturae» unterscheidet LINNÉ drei «Reiche»: Regnum lapideum, R. vegetabile und R. animale. Er kennzeichnet sie mit den Worten: «Lapides crescunt; vegetabilia crescunt et vivunt; animalia crescunt, vivunt et sentiunt» (Steine wachsen; Pflanzen wachsen und leben; Tiere wachsen, leben und fühlen). Wenn auch seine Neigung in erster Linie dem Pflanzenreich galt, so hat er sich doch auch in der Systematik des Tierreichs große Verdienste erworben. Er führte erstmals eine konsequente hierarchische Gliederung in Klassen, Ordnungen, Gattungen und Arten durch. Er unterschied sechs Klassen: Quadrupedia, Aves, Amphibia, Pisces, Insecta und Vermes. Zur Kennzeichnung der Ordnungen und Gattungen der Säugetiere benutzte er erstmals die Merkmale des Gebisses. Die binäre Nomenklatur führte er für das gesamte Tierreich in der 10. Auflage des «Systema naturae» (1758) durch. In die erste Ordnung der Quadrupedia, die Anthropomorpha, stellte er die drei Gattungen Homo, Simia und Bradypus; als Diagnose für Homo fügte er hinzu: «Nosce te ipsum» (Erkenne dich selbst). LINNÉ hat also bereits 1735 den Menschen ins Tierreich gestellt, und zwar an die Spitze nächst den Affen. In einem Brief an J. G. Gmelin in Tübingen schrieb Linné 1747: «Es erregt Anstoß, daß ich den Menschen unter die Anthropomorphen gestellt habe; aber der Mensch erkennt sich selbst. Verzichten wir auf das Wort, mir ist es einerlei, welches Namens wir uns bedienen; doch frage ich Sie und die ganze Welt nach einem Gattungsunterschiede zwischen dem Menschen und dem Affen, d.h. wie ihn die Grundsätze der Naturwissenschaft fordern. Ich kenne wahrlich keinen und wünschte mir, daß jemand mir nur einen einzigen nennen möchte. Hätte ich den Menschen einen Affen genannt oder umgekehrt, so hätte ich sämtliche Theologen hinter mir her; nach kunstgerechter Methode hätte ich es wohl eigentlich gemußt.»

Linné befaßte sich nicht nur mit der Systematik der Tiere, sondern auch mit ihren Lebensgewohnheiten, z. B. mit dem Vogelzug, mit der Nahrung der Haustiere und der Insekten. In der bereits erwähnten Dissertation «Politia naturae» (1760) legte er dar, welche Tiere von anderen gefressen werden, und zeigte damit erstmals «Nahrungsketten» auf, woraus sich ein «bellum omnium in omnes» (Krieg aller gegen alle) in der freien Natur ergibt. Mit seiner «Fauna suecica» (1746) führte Linné das Wort «Fauna» (nach der Tochter des Faunus, des Gottes der Herden) für den Tierbestand eines Gebietes ein, als Analogon zu dem schon im 17. Jahrhundert gebräuchlichen Wort «Flora».

In der Systematik der Mineralien und Gesteine wurde Linnés Bemühungen kein Erfolg zuteil; denn bald nach seinem Tode wurden diese Gebiete durch die aufstrebende Chemie und Kristallographie auf eine völlig neue Grundlage gestellt. Seine Reisebeschreibungen enthalten jedoch viele gute Beobachtungen sowohl in der Mineralogie als auch in der Geologie, wie z. B. seine stratigraphischen Profile auf Öland und Gotland oder seine Entdeckung der Antennen der Trilobiten zeigen. Er beobachtete die ehemaligen höher gelegenen Strandlinien und Muschelbänke an der Ostseeküste, aber die Sintfluthypothese lehnte er ab. Kennzeichnend für Linné's erdgeschichtliches Denken ist seine Äußerung: «Ich hätte gern die Erde für älter halten wollen als selbst die Chinesen behaupten, wenn die Heilige Schrift es gestattet hätte» (Eigenhänd. Anzeichnungen p. 218). Seine binäre Nomenklatur hat Linné nur in Einzelfällen auf fossile Tierreste angewandt; konsequent durchgeführt wurde sie erst 1820 durch Ernst Friedrich von Schlotheim (s. Kap. 21).

Seine Pflichten als akademischer Lehrer hat Linné, wie bereits erwähnt, gewissenhaft erfüllt («nie versäumte er eine Lektion»), und dazu gehörten auch seine medizinischen Vorlesgungen. Welch bedeutende Rolle die Medizin in seiner Lehrtätigkeit spielte, ersehen wir daraus, daß von 187 unter seiner Leitung entstandenen bzw. von ihm verfaßten Dissertationen sich 42 auf botanische, 31 auf zoologische und 85 auf medizinische Themen beziehen. Besonders lag ihm als Botaniker die Heilmittellehre nahe; seine in mehreren Auflagen (erstmals 1749) erschienene «Materia medica» war ein wegen seiner Übersichtlichkeit viel benutztes Handbuch für Ärzte und Apotheker. Er führte eine Reihe pflanzlicher Drogen in die Pharmazie ein und arbeitete am schwedischen Arzneibuch mit. Linné's «Genera morborum» (1763) waren damals ein wegen seiner knappen, klaren Darstellung vielbenutztes Kompendium. Da viele Krankheiten wie Pocken, Pest, Syphilis u.a. nur durch Ansteckung (contagium) übertragen werden, hält Linné winzig kleine Tiere (animalcula) für die Erreger. Seine besondere Neigung galt der Diätetik, die er nicht, wie heute, auf die Ernährung beschränkte, sondern womit er im ursprünglichen Sinne wie ihr Begründer Hippocrates die gesamte

Lebensweise umfaßte. Er hat kein Buch darüber geschrieben, aber es sind mehrere Vorlesungsmanuskripte und Kollegnachschriften erhalten, die erst in diesem Jahrhundert veröffentlicht wurden. Die «Diaeta naturalis» wurde auch von Hörern anderer Fakultäten besucht, wohl nicht zuletzt wegen LINNÉ's lebhafter Vortragsweise.

In einer neueren Biologie-Geschichte lesen wir: «Nach LINNÉS Tod artete die Systematik aus. Das System und seine geistlose Bereicherung an Arten wurde zum ausschließlichen Selbstzweck». Dieser Satz wird aber der historischen Entwicklung und der gegenseitigen Beziehung der Teilgebiete der Biologie nicht gerecht. Gewiß, es hat Auswüchse, besonders in Deutschland, gegeben, und noch auf manche Botaniker des 19. Jahrhunderts traf die Definition der Botanik zu, die einst LINNÉ's Lehrer BOERHAAVE aufgestellt hatte: «Botanica est scientiae naturalis pars, cujus ope felicissime et minimo negotio plantae cognoscunter et in memoria retinentur» (Botanik ist derjenige Teil der Naturwissenschaft, mit dessen Hilfe die Pflanzen am glücklichsten und mit geringster Mühe erkannt und im Gedächtnis behalten werden). Auf solche Botaniker waren SCHLEIDEN's Worte gemünzt: «Ein großer Teil der Laien, selbst unter den Gebildeten, ist noch von früher daran gewöhnt, den Botaniker für einen Krämer in barbarisch-lateinischen Namen anzusehen, für einen Mann, der Blumen pflückt, sie benennt, trocknet und in Papier wickelt, und dessen ganze Weisheit in Bestimmung und Klassifikation dieses künstlich gesammelten Heus aufgeht.» Derselbe SCHLEIDEN hat aber auch eine vorzügliche LINNÉ-Biographie verfaßt!

LINNÉ beschrieb in seinen «Species plantarum» 5000 Pflanzenarten, PYRAMUS de CANDOLLE in seinem «Prodromus systematis naturalis regni vegetabilis» (1823–73) 59000 Arten allein von Dicotyledonen. Der Physiologe JULIUS SACHS urteilt in seiner kritischen «Geschichte der Botanik» über den «Prodromus»: Solche Werke «bilden die eigentliche empirische Grundlage der gesamten Botanik, und je besser und umsichtiger diese gelegt ist, desto größere Sicherheit gewinnt die ganze Wissenschaft in ihren Fundamenten». Die enorme Erweiterung der Formenkenntnis war das Ergebnis zahlreicher Forschungsreisen. Es sei nur an Namen wie HUMBOLDT, ROBERT BROWN, MARTIUS und HOOKER erinnert. Allein HUMBOLDT brachte von seiner Amerikareise, die ihn zur Begründung der Pflanzengeographie anregte, 3600 neue Arten mit, und MARTIUS schuf mit seiner 40 Foliobände umfassenden «Flora Brasiliensis» das größte Florenwerk aller Zeiten. Heute sind etwa 370000 Pflanzenarten bekannt. Dieser Zuwachs betrifft vorwiegend die Kryptogamen, deren Erforschung mit Hilfe des Mikroskops vor allem nach LINNÉ eingesetzt hat. Erst die Erfassung der gesamten Formenmannigfaltigkeit ermöglichte den Ausbau des Natürlichen Systems und damit zugleich in Verbindung mit der ebenso angewachsenen Kenntnis der fossilen Pflanzen und Tiere unser Verständnis für die Evolution. Die gradweise abgestufte Mannigfaltigkeit, die im natürlichen System ihren Ausdruck findet, stellt den Grundbeweis für die Deszendenztheorie dar. Die Kenntnis der Formenmannigfaltigkeit ist außerdem einer der Hauptpfeiler der gesamten Ökologie.

LINNÉ's Wirksamkeit erstreckt sich noch bis in die Gegenwart. Wir benutzen noch heute seine binäre Nomenklatur mit Gattungs- und Artnamen, ohne daran zu denken, daß vorher bis zu einem Dutzend Worte notwendig waren, eine Pflanzen- oder Tier-Art zu bezeichnen. Nach internationaler Übereinkunft gilt der älteste Gattungs- und Artname, wobei LINNÉ's Werke als Anfangspunkt («starting point») festgelegt sind: die «Species plantarum» (1753) für die botanische und die 10. Auflage des «Systema naturae» (1758) für die zoologische Nomenklatur. Deshalb stehen beide Werke, meist in neuzeitlichem «Reprint», noch heute stets griffbereit in der Handbibliothek jedes Taxonomen.

Anmerkungen

1 Der Geburtstag von CARL LINNAEUS fiel nach dem damals in Schweden geltenden Julianischen Kalender auf den 13. Mai, nach dem in Schweden erst 1753 eingeführten Gregorianischen Kalender auf den 23. Mai.

2 *Biographisches Schrifttum* über LINNAEUS:

AFZELIUS, A., Linné's eigenhändige Anzeichnungen über sich selbst. Deutsch von K. LAPPE, Berlin 1826. Auszugsweise abgedruckt in: ZEKERT, C., Carl von LINNÉ, eigene Lebensbeschreibung (Wien 1954), und in: LINNÉ, Lappländische Reise, Reclam-Verlag, Leipzig 1977.

BLUNT, W., The compleat naturalist – a life of Linnaeus. New York 1971. Schwedisch: Carl von Linné, Stockholm 1977. Vorzüglich illustriert!

BOERMAN, A. J., Carolus Linnaeus. A psychological study. Taxon **2** (7), 145–156. 1953.

FRÄNGSMYR, T., Linnaeus, the man and his work. 1983.

GISTEL, J., Carolus Linnaeus. Frankfurt 1873.

GOERKE, H., Carl von Linné, Arzt, Naturforscher, Systematiker. Stuttgart 1966

GOERKE, H., u.a., Carl von Linné, Beitr. über Zeitgeist, Werk u. Wirkungsgeschichte (Symposion Hamburg 1978). Göttingen 1980.

HAGBERG, K., Carl Linnaeus. Ein großes Leben aus dem Barock. Hamburg 1940.

JACKSON, B. D., Linnaeus. The history of his life. Adapted from the Swedish of TH. M. FRIES. London 1923.

JAHN, I., & SENGLAUB, K., Carl von Linné. Leipzig 1978.

LARSON, J. K., Linnaeus and the harmony of nature. Dissertations and orations. Acta et capita selecta biohistorica **3**, 1979.

LINNÉ's Bedeutung als Naturforscher und Arzt. Jena 1909. Reprint 1968.

SCHLEIDEN, M. J., Ritter Carl von Linné. Westermann's Illustrierte Deutsche Monatshefe **30**, 52–68, 162–180, 282–296, 376–392. 1871.

SCHRANK, F. v. P., Karl von Linné. In: SCHRANK, Nachrichten von den Begebenheiten u. Schriften berühmter Männer **1**, 53–170. Nürnberg 1797.

SCHUSTER, J., Linné und Fabricius. Münchner Beitr. z. Gesch. u. Lit. d. Naturw. u. Med., 4. Sonderheft. München 1928.

STAFLEU, F., Linnaeus and the Linnaeans. Utrecht 1971.

STEARN, W. TH., An introduction to the «Species plantarum». In: LINNAEUS, Species plantarum, Reprint London 1957, p. 1–167. Three prefaces on Linnaeus and Robert Brown. Weinheim 1962.

STÖVER, D. H., Leben des Ritters Carl von Linné. 2 Bde. Hamburg 1792.

TULLBERG, T., Linnéporträt. Stockholm 1907, Supplement: Acta univ. Uppsaliensis Nr. 14. Uppsala 1967.

WEINSTOCK, J., Contemporary perspectives on Linnaeus. 1985. Weiteres biographisches Schrifttum über LINNAEUS siehe F. STAFLEU & R. COWAN, Taxonomic Literature, 2. Ed., **3**, 71–76. Utrecht 1981.

3 LINNÉ's *Hauptwerke:*

(Die mit × bezeichneten Werke sind in letzter Zeit als Reprint erschienen)

× Systema naturae. 1. Ed. Leiden 1735. 11 S. Großfolioformat.

× Systema naturae, 10. Ed. Stockholm 1758/59. 2 vol. 1384 S.

× Bibliotheca botanica. Amsterdam 1736. 14 + 153 + 14 S.

× Fundamenta botanica. Amsterdam 1736. 36 S.
Critica botanica. Leiden 1737. 270 + 24 S.
× Genera plantarum. Leiden 1737, 384 S. (7. Ed. 1778)
Flora Lapponica. Amsterdam 1737. 372 + 48 S., 12 Taf. (2. Ed. 1792)
× Hortus Cliffortianus. Amsterdam 1737. 501 + 17 S., 37 Taf.
Classes plantarum. Leiden 1738. 656 S. (2. Ed. 1747)
Flora Suecia. Stockholm 1745. XII + 419 S. (2. Ed. 1755)
Fauna Suecia. Stockholm 1746. 411 S.
Flora Zeylanica. Stockholm 1747. 240 S.
Materia medica. Stockholm 1749. 252 S. (2. Ed. 1773)
× Philosophia botanica. Stockholm 1751. 362 S. (2. Ed. 1763)
× Species plantarum, 2. vol. Stockholm 1753. 1200 + 31 S.. (3 .Ed. 1764)
Genera morborum. Uppsala 1763. 63 S. (2. Ed. 1774)
× Mantissa plantarum. 2 vol., Stockholm 1767/71. 588 S.
Amoenitates academicae seu dissertationes. 10 vol.
1749–90. (Von den im Text erwähnten Dissertationen sind enthalten in Bd. I: «Peloria», «Sponsalia plantarum», «Vires plantarum», «Flora oeconomica», «Curiositas naturalis»; Bd. II: «Pan Suecicus»; Bd. III: «Plantae esculentae patriae», «Pandora insectorum»; Bd. IV: «Horticultura academica», «Stationes plantarum», «Somnus plantarum», «Calendarium florae»; Bd. V: «Plantae tinctoriae»;Bd. VI: «Nectaria florum», «Politia naturae», Fructus esculenti», «Hortus culinaris», «Fundamentum fructificationis»; Bd. VII: «Usus muscorum»; Bd. X: «Deliciae naturae», «Disquisitio de sexu plantarum, 1760».)
Vollständige Bibliographie von LINNÉ's Werken in: F. STAFLEU & R. COWAN, Taxonomic literature, 2. Ed., **3,** 76–111, 1981.
LINNÉ's Reisebeschreibungen (Deutsche Ausgaben)
Lappländische Reise, Inselverlag, Frankfurt 1964; Reclam, Leipzig 1977.
Versuche einer Natur-, Kunst- und Öconomie-Historie (Schonen-Reise) Leipzig und Stockholm 1756.
Öländische und gothländische Reise. Halle 1763 (s.a. Biol. Journ. of the Linnean Soc. **5,** 1–220, 1973.
Reise durch Westgothland. Halle 1765.

4 WALKER, M., Smith's acquisation of Linnaeus's library and herbarium. The Linnean **1** (6), 16–19. 1985.

5 LINNÉ hinterließ seinem Sohn CARL ein aus 203 Blättern bestehendes Manuskript mit der Aufschrift «Nemesis divina» (*Νέμεσις*: Göttin der ausgleichenden, den Frevel bestrafenden Gerechtigkeit), in dem zahlreiche solcher «Nemesis-Fälle» aus der jüngeren schwedischen Geschichte mit Nennung der Personen-Namen darlegt. LINNÉ verfügte vollständige Geheimhaltung dieses Manuskripts. Diese Anordnung haben auch die späteren Besitzer desselben respektiert bis es 1845 an die Schwedische Akademie verkauft wurde. Dann hat man sich über LINNÉ's ausdrückliche Verfügung um Geheimhaltung hinweggesetzt und es 1852 und 1878 auszugsweise, 1968 vollständig und 1981 in deutscher Übersetzung herausgegeben.

6 Weimarer Ausg. II, **6,** 194; Leopoldina-Ausg. I, **9,**214–215; Cotta-Ausg. **19,** 256.

7 Parerga und Paralipomena, Bd. 2, Kap. 9, § 127.

6. Das Natürliche System

Methodus naturalis primum et ultimum in Botanicis desideratum est.
(Das Natürliche System ist der erste und letzte Wunsch der Botaniker.)

C. von Linné (1751)

Seit der Mitte des 18. Jahrhunderts setzten sich Linné's morphologische Terminologie und die binäre Nomenklatur allgemein durch. Aber eine Weiterentwicklung der Systematik ist in Schweden, Deutschland und England nicht festzustellen. Die Bedeutung eines Botanikers wurde gemessen an der Zahl der Arten, die er kannte. Man erging sich darin, neue Arten zu beschreiben, die Lokalfloren zu erfassen, neue Kunstausdrücke der Pflanzenbeschreibung zu schaffen. Sachs hat nicht so unrecht, wenn er schreibt, ein Botanik-Lehrbuch dieser Zeit gleiche «eher einem deutsch-lateinischen Lexikon als einem naturwissenschaftlichen Werke». Die Definition der Botanik, die einst Linnés Lehrer Boerhaave[1] gegeben hat, galt noch lange Zeit: «Botanica est... scientiae naturalis pars... cuius ope felicissime et minimo negotio plantae cognoscuntur et in memoria retinentur» («Die Botanik ist der Teil der Naturwissenschaft, mit dessen Hilfe die Pflanzen am glücklichsten und mit der geringsten Mühe erkannt und im Gedächtnis behalten werden»).

In Frankreich aber regten sich unmittelbar nach Linné neue Kräfte, die zu einer Vertiefung der Systematik führten. Linné selbst hatte das Natürliche System (von ihm «methodus naturalis» genannt) als das Endziel der Botanik bezeichnet. 67 «Ordnungen» hatte er 1751 in seiner «Philosophia botanica» unterschieden, diese mit Namen belegt und die jeweils dazugehörigen Gattungen genannt. Die in keine der Ordnungen passenden Gattungen führt er am Schluß als «vagae et etiamnum incertae sedis» an. Linné's «Natürliches System» erfuhr eine entscheidende Vertiefung durch Antoine Laurent de Jussieu in Paris.

Als sich Linné 1738 auf der Heimreise von Holland einige Zeit in Paris aufhielt, wurde er von den Botanikern Antoine de Jussieu (Schüler und Nachfolger Tournefort's) und seinem Bruder Bernard de Jussieu aufs freundlichste empfangen. Der von Linné zeitlebens hochgeschätzte Bernard, 1758 zum Aufseher des Gartens von Trianon berufen, versuchte hier durch Gruppierung ähnlicher Gattungen das Natürliche System der Pflanzen anschaulich darzustellen. Das größte Verdienst um das Natürliche System gebührt jedoch Bernard's Neffen, ANTOINE LAURENT DE JUSSIEU (Abb. 32).[2] Er wurde 1748 in Lyon geboren und studierte von 1765 ab Medizin in Paris, wohin ihn sein Onkel Bernard eingeladen hatte und in dessen Haus er wohnte. Von Bernard, der zwar wenig geschrieben hat, aber ein hervorragender Lehrer war, hat Antoine Laurent sicher viele wertvolle Anregungen empfangen. Nach Abschluß seines Studiums wurde ihm die Abhaltung des Botanik-Kursus übertragen, und mit 29 Jahren wurde er bereits in die Akademie gewählt. Seine ganze Arbeit galt nun seinem Hauptwerk «Genera plantarum secundum ordines naturales disposita» (1789). JUSSIEU behandelt 1754 Gattungen, die er in 100 Ordnungen einreiht, welche er in 15 Klassen zusammenfaßt; in einem Anhang werden noch 137 Gattungen «incertae sedis» besprochen. Der wesentliche Fortschritt gegenüber LINNÉ besteht darin, daß er die Ordnungen (wir würden heute sagen: Familien) durch ausführliche Diagnosen charakterisiert, und zwar sowohl durch Merkmale der Blüte und Frucht als auch der vegetativen Organe. Diese Arbeit hat nicht nur eine gründliche Kenntnis aller Gattungen zur Voraussetzung, sondern auch ein bedeutendes Abstraktionsvermögen. BAUHIN hatte als erster die Arten mit Diagnosen versehen, die Gattungen jedoch nur benannt, die dann hundert Jahre später TOURNEFORT durch Diagnosen kennzeichnete. LINNÉ gruppierte die Gattungen zu Ordnungen, ohne deren Merkmale herauszuarbeiten. Dies geschah erst durch ANTOINE LAURENT DE JUSSIEU. Daß es jeweils Franzosen waren, welche die Diagnosen der Arten, der Gattungen und der Familien schufen, ist wohl kein Zufall; hat doch das französische Volk auch in der Philosophie überragende abstrakte Denker hervorgebracht. – Das ganze Pflanzenreich teilt JUSSIEU ein in Acotyledones (Algen, Pilze, Moose, Farne), Monocotyledones und Dicotyledones, letztere wiederum in Apetalae, Monopetalae (= Sympetalae), Polypetalae, während die hypo-, peri- und epigyne Stellung der Staubblätter und der Krone die einzelnen Klassen kennzeichnet. Da JUSSIEU für die Kennzeichnung der Klassen nur eine einzige Merkmalsgruppe verwendet, erscheint also der «Oberbau» seines Systems ebenso «künstlich» wie im LINNÉschen «Sexualsystem». – In den folgenden Jahrzehnten veröffentlichte JUSSIEU eine beträchtliche Zahl gründlicher Monographien einzelner Pflanzenfamilien und -gattungen, deren letzte in seinem 82. Lebensjahr erschien. ANTOINE LAURENT DE JUSSIEU verstarb 1836; zehn Jahre vorher wurde sein Sohn ADRIEN DE JUSSIEU sein Nachfolger als Professor am Jardin des plantes in Paris.

Einen wichtigen und tragfähigen Baustein zum Natürlichen System der Pflanzen lieferte der schwäbische Arzt und Botaniker JOSEPH GÄRTNER (1732–1791, Abb. 33)[3] mit seinem dreibändigen Werk «De fructibus et seminibus plantarum», in welchem die Früchte und Samen von 1275 Gattungen behandelt und auf Kupfertafeln dargestellt werden. Die Bedeutung von GÄRTNERS Werk liegt nicht nur in den Beschreibungen, sondern auch in den klaren morphologischen Auffassungen. Die Früchte sind in ihrem Bau viel schwieriger zu erfassen als die Blüten. GÄRTNER erkennt die verschiedenen Abwandlungen des Perikarps und somit die Natur der Schließfrüchte, die bisher als nackte Samen angesehen wurden. Er unterscheidet das Endosperm von den Cotyledonen. Den entwicklungsfähigen Teil des Samens nennt er Embryo (bisher sprach man von «corculum seminis» = «Samenherzchen»). Wie schon aus der Zahl der behandelten Gattungen hervorgeht, umfaßt GÄRTNER's Werk außer den europäischen Pflanzenfamilien auch zahlreiche ausländische. Vor allem hatte Sir JOSEPH BANKS[4] sämtliche auf seiner Weltreise (1768–71) gesammelten Früchte und Samen in großzügiger Weise zur Verfügung gestellt. Während GÄRTNER in Frankreich sogar die offizielle Anerkennung der Pariser Akademie fand, war – wenigstens anfangs – seine Beachtung in Deutschland recht gering.

Erst einige Jahrzehnte nach JUSSIEU's «Genera plantarum» erfuhr das Natürliche System der Pflanzen eine wesentliche Verbesserung, und zwar durch den Engländer ROBERT BROWN und den Schweizer PYRAMUS DE CANDOLLE. Beide gehörten zu den hervorragendsten Botanikern in der ersten Hälfte des vorigen

Abb. 32. Antoine Laurent de Jussieu (1748–1836)

Abb. 33. Joseph Gärtner (1732–1791)

Jahrhunderts, waren jedoch in ihrer Arbeitsweise höchst unterschiedliche Persönlichkeiten.

Robert BROWN (Abb. 34)[5], jedem Naturwissenschaftler bekannt durch die von ihm 1827 in Pollenkörner entdeckte «Brownsche Molekularbewegung», wurde 1773 als Sohn eines Bischofs der schottischen Episkopalkirche in Montrose (zwischen Aberdeen und Edinburgh) geboren, studierte an den beiden letztgenannten Universitäten Medizin und trat als Arzt in den Militärdienst ein. Nebenher sammelte und untersuchte er Pflanzen, auch Moose. Die Entdeckung des seltenen Laubmooses *Glyphomitrium daviesii* in Irland vermittelte ihm die Bekanntschaft mit Sir Joseph Banks, der ihn zur Teilnahme an einer Expedition nach Australien (damals Neuholland genannt) vorschlug, die unter Kapitän Flinders Küstenvermessungen durchführen sollte. Das Schiff «Investigator» erreichte am Ende des Jahres 1801 die Südwestspitze Australiens, von wo die Süd-, Ost- und Nordküste bis zum Golf von Carpentaria aufgenommen wurden, wobei Brown nicht nur mit größtem Eifer Pflanzen sammelte, sondern sie auch nach Möglichkeit an Ort und Stelle untersuchte. Als die «Investigator» 1803 seeuntüchtig wurde, kehrte Kapitän Flinders zurück, um ein neues Schiff zu holen, wurde aber auf Mauritius von den Franzosen gefangen genommen. Brown setzte seine botanischen Studien allein fort und traf im Oktober 1805 mit einer Ausbeute von fast 4000 Pflanzenarten in England ein. Hier übertrug ihm Banks[4] die Verwaltung seiner Bibliothek und seiner Sammlungen, und als diese nach Banks' Tode an das Britische Museum übergingen, trat auch Brown als Kustos der botanischen Abteilung in den Dienst des Museums, wo er bis zu seinem Tode (1858) sich voll und ganz seinen botanischen Studien widmen konnte.

Robert Brown hat, abgesehen vom ersten (und einzigen!) Band seines «Prodromus Florae Novae Hollandiae», in dem er 1500 Arten beschreibt, kein selbständiges Buch geschrieben. Die Ergebnisse seiner Forschungen veröffentlichte er in den Abhandlungen der Linnean Society und anderer wissenschaftlicher Gesellschaften. Die meisten dieser Arbeiten wurden von CHR.G. NEES VON ESENBECK ins Deutsche übersetzt und in fünf Bänden herausgegeben, was sehr zu ihrer Verbreitung und Wirksamkeit beigetragen hat. Es handelt sich hierbei fast durchweg um systematische Abhandlungen über bestimmte Familien und Gattungen, in denen alle seine bedeutsamen Entdeckungen und Gedanken verborgen sind. Zwei Beispiele hierfür seien herausgegriffen. In einer Abhandlung über «Remarkable plants collected by Oudney, Denham and Clapperton in... Central Africa» (1826) legt BROWN dar, inwieweit die Bildung der Fruchtscheidewand für die Charakteristik der Cruciferen-Gattungen verwendet werden kann; er faßt Capparidaceae, Cruciferae, Resedaceae und Papaveraceae zu einer Klasse zusammen (erst durch die Chemotaxonomie sind neuerdings die Papaveraceae abgetrennt worden); bei der Besprechung der Leguminosen weist BROWN darauf hin, daß bei den Dicotyledonen mit vollständiger Blüte die Zahl der Staubfäden gleich ist der Zahl der Abschnitte des Kelches und der Krone zusammengenommen, bei den Monocotyledonen der Zahl der Teile der beiden Hüllkreise, und daß da, wo ein Staubblatt oder ein Staubblattkreis fehlen, oftmals Rudimente auf die vollständige Zahl hinweisen. – Die «Description of Kingia, a new genus of plants... of New Holland» (1825) gibt BROWN Gelegenheit, den Bau der Samenanlagen der Angiospermen sowie der Cycadeen und Coniferen darzulegen. An der Samenanlage unterschied BROWN erstmals Integumente, Nucellus und Embryosack; er erkannte, daß der Nabel des Samens der Anhaftungsstelle der Samenanlage entspricht und daß die Wurzel des Embryos stets zur Mikropyle gerichtet ist; er unterschied zwischen Endosperm und dem aus dem Nucellus hervorgehenden Perisperm; er erkannte die Gymnospermennatur der Cycadeen und Coniferen. Vor allem betont er wiederholt, daß es nicht genügt, die fertigen Stadien der Organe zu untersuchen und weist auf die Bedeutung entwicklungsgeschichtlicher Studien hin. – Mehrfach beschäftigte sich BROWN mit den Asclepiadaceae, die er erstmals eindeutig von den Apocynaceae trennte, und mit den Orchidaceae, bei denen er den Zellkern entdeckte (s. Kap. 13). Als Instrument für seine histologischen und entwicklungsgeschichtlichen Forschungen diente ihm ein äußerst primitives Mikroskop, das heute noch im Britischen Museum aufbewahrt wird. BROWN's Biograph J.B. FARMER fügt hinzu: «and it is well to examine it and reflect on how much may be discerned even with a very primitive instrument of only a good brain lies behind the retina».

Wenn BROWN auch kein Werk über das Natürliche System veröffentlicht hat, so enthielten doch seine Spezialabhandlungen eine Fülle von Anregungen zur Systematik, die ihre Wirkung nicht verfehlten. Die hohe Anerkennung, die ihm seine Zeitgenossen entgegenbrachten, ergibt sich daraus, daß er (neben MOHL) der einzige Botaniker war, den SCHLEIDEN in seinen «Grundzügen» der Botanik mit uneingeschränkter Hochachtung behandelte und daß ihn ALEXANDER VON HUMBOLDT «botanicorum princeps», den Fürsten der Botaniker, nannte. BROWN starb 1858 im 85. Lebensjahr in seinem Bibliothekszimmer.

In Wesen und Arbeitsweise von ROBERT BROWN völlig verschieden war der Schweizer Botaniker AUGUSTIN-PYRAMUS DE CANDOLLE (Abb. 35).[6] Er wurde 1778 in Genf geboren, besuchte das Gymnasium und wollte Historiker werden. Doch die klaren und scharfsinnigen Vorlesungen der Physiker PREVOST

Abb. 34. Robert Brown (1773–1858)

Abb. 35. Augustin-Pyramus de Candolle (1778–1841)

und Pictet fesselten ihn stark, und als er bei dem durch sein Werk über die Süßwasseralgen berühmt gewordenen Theologen Pierre Vaucher einen Kursus über Botanik absolvierte, entschloß er sich voll und ganz für diese Wissenschaft. Zwar studierte de Candolle in Paris offiziell Medizin, aber sein tieferes Interesse lag bei den Naturwissenschaften. Besondere Förderung erfuhr er durch den Mineralogen Dolomieu (nach dem der «Dolomit» benannt wurde), den Zoologen Cuvier, durch die Botaniker Desfontaines und L'Heritier und nicht zuletzt durch J. Lamarck, dessen «Flore française» er 1805 in völliger Neubearbeitung herausgab. Nebenher verfaßte er den Begleittext zu den Prachtwerken des Pflanzenmalers P. J. Redouté über Sukkulenten und Liliaceen. 1807 wurde de Candolle als Professor der Botanik und Direktor des Botanischen Gartens nach Montpellier berufen. Hier schrieb er sein Buch «Théorie élémentaire de la Botanique» (1813, 2. Aufl. 1819), das die Prinzipien der Jussieuschen Methoden weiter ausführt und viele neue Gedanken und Begriffe enthält, die allgemeine Aufnahme gefunden haben. Als Genf nach dem Sturz Napoleons wieder aus der französischen Republik austrat, kehrte de Candolle in seine Heimatstadt zurück, wo er bis zu seinem Tode (1851) eine ungewöhnlich vielseitige Wirksamkeit entfaltete, die weit über sein Amt als Professor der Botanik hinausging. Er begründete den botanischen Garten, wurde in den Rat der Repräsentanten des Kantons gewählt, trug wesentlich zur Förderung der Landwirtschaft sowie des Schulwesens bei, hielt zahlreiche, von weiten Kreisen der Stadt besuchte botanische Vorträge. Augustin-Pyramus de Candolle verkörpert somit den Typus des extrovertierten Gelehrten, im Gegensatz zu dem ausgesprochen introvertierten Robert Brown.

Den Ausbau des Natürlichen Systems förderte de Candolle mit der bereits erwähnten «Théorie élémentaire de la Botanique» und mit dem vielbändigen

«Prodromus systematis naturalis regni vegetabilis». Im erstgenannten Werk, das den Untertitel «exposition des principes de la classification naturelle et de l'art de décrire et d'étudier les végétaux» führt, behandelt er die Grundsätze der Klassifikation («Taxonomie»[7]), der Beschreibung («Phytographie») und der Terminologie («Glossologie»), wie er sie schon in der Einleitung zu seiner Neubearbeitung von LAMARCKS «Flore française» kurz dargelegt hatte. DE CANDOLLE hebt erstmals mit aller Deutlichkeit hervor, daß für die Klassifikation «die Symmetrie oder die regelmäßige Anordnung, nach der die Organe verteilt sind» von grundlegender Bedeutung ist, nicht aber deren «Lebenstätigkeit, woraus sich oft Störungen gegenüber dem Gesetz der Symmetrie ergeben». «Die Symmetrie ist oft umgekehrt oder unseren Augen verdeckt durch drei Umstände: 1. teilweise Rückbildungen (avortements) bestimmter Organe), 2. Veränderungen ihrer Größe, Form, Beschaffenheit, Deutlichkeit usw. und 3. durch natürliche Verwachsungen (soudures) zwischen Teilen eines Organs oder zwischen benachbarten mehr oder weniger analogen Organen.»[8] «Die Kunst der natürlichen Klassifikation besteht darin, diese verändernden Umstände zu beurteilen und zu abstrahieren, um den wahren Symmetrietypus einer Gruppe zu erkennen.» DE CANDOLLE hat also als erster klar erkannt, daß die «Symmetrie», d.h. Stellung, Zahl, Deckung der Organe, für die Systematik ungleich bedeutender ist als deren physiologische Eigenschaften. Ob z.B. das Blatt einer Pflanze groß und grün oder klein und farblos ist, die Pflanze sich also autotroph oder heterotroph ernährt, ist für die Systematik belanglos. Dagegen ist die Stellung der Blätter (etwa gegenständig oder wechselständig) zwar physiologisch ohne Bedeutung, aber höchst wichtig für die Einordnung einer Pflanze in das System. Wichtig ist ferner DE CANDOLLES Feststellung, daß natürliche Gruppen durch Merkmale sowohl der Fortpflanzungs- als auch der Vegetationsorgane gekennzeichnet sind. «Ich bestätige also, daß die Einteilung in Monokotyledonen und Dikotyledonen, die Unterscheidung der Gramineen von den Cyperaceen natürliche Abteilungen kennzeichnen, da ich in diesem Fall zum gleichen Ergebnis mittels der Fortpflanzungsorgane wie der Ernährungsorgane gelange, während mir die Unterscheidung von choripetalen und sympetalen Dikotyledonen künstlich erscheint, da ich hierzu allein durch Berücksichtigung der Fortpflanzungsorgane gelangen kann.»

Abb. 36. STEPHAN ENDLICHER (1805–1849)

DE CANDOLLE's umfangreichste Leistung stellt sein «Prodromus systematis naturalis regni vegetabilis» dar, der eine knappe Beschreibung aller bekannten Gattungen und Arten «nach den Regeln des natürlichen Systems» bringen sollte. Von diesem 1824 begonnenen Riesenwerk hat AUGUSTIN-PYRAMUS DE CANDOLLE sieben Bände, die mehr als hundert Familien umfassen, selbst geschrieben. Sein Sohn ALPHONSE hat es unter Mitarbeit weiterer Botaniker fortgeführt und 1874 mit dem 17. Bande abgeschlossen; es enthält über 5100 Gattungen mit fast 59000 Arten, jedoch nur Dicotyledonen. Das Urteil des Physiologen JULIUS SACHS über den Prodromus verdient hervorgehoben zu werden: «Solche Arbeiten bilden die eigentlich empirische Grundlage der gesamten Botanik, und je besser und umsichtiger diese gelegt ist, desto größere Sicherheit gewinnt die ganze Wissenschaft in ihren Fundamenten.» Die immense Leistung, die im Prodromus niedergelegt ist, tritt besonders hervor durch die Tatsache, daß er nicht etwa eine Literaturkompilation darstellt, sondern daß fast sämtliche Diagnosen auf eigener Untersuchung von Herbarexemplaren beruhen. Mehrfach ist darauf hingewiesen worden, daß DE CANDOLLE seine eigenen, in der «Théorie élémentaire» aufgestellten Prinzipien der natürlichen Systematik nicht durchweg berücksichtigt habe. Dies trifft jedoch nur für die großen Gruppen (z.B. Sympetalen, Monochlamydeen) zu, wobei wir hervorheben müssen, daß gerade diese eben genannten Taxa erst in neuester Zeit, also anderthalb Jahrhunderte später, aufgelöst wurden.

Die wissenschaftlichen Leistungen DE CANDOLLE's sind damit bei weitem nicht erschöpft. Er verfaßte seine zweibändige «Organographie végétale», deren drei Ziele auf dem Titelblatt vermerkt sind: «pour servir de suite et de développment à la théorie élémentaire de la botanique et d'introduction à la physiologie végétale et à la description des familles». Hier wird nicht nur eine ausführliche Beschreibung der einzelnen Teile der Pflanze gegeben, sondern auch auf deren Funktion hingewiesen, so daß der Titel «Organographie» (*ὄργανον* = Werkzeug) seine volle Berechtigung hat. Wie weit gespannt die Kenntnisse DE CANDOLLE's waren, zeigt sich vor allem in seiner dreibändigen «Physiologie végétale», die wir in Kap. 8 würdigen werden. Schließlich verdankt ihm auch die Pflanzengeographie wesentliche Impulse (s. Kap. 9). So ist AUGUSTIN-PYRAMUS DE CANDOLLE als einer der bedeutendsten Botaniker seiner Zeit in die Geschichte unserer Wissenschaft eingegangen.

Zur selben Zeit, als BROWN in England und DE CANDOLLE in der Schweiz ihre bedeutsame Arbeit am natürlichen System der Pflanzen leisteten, übte in Deutschland die «Naturphilosophie» ihren unheilvollen Einfluß auf die Biologie aus (s. Kap. 14). Als Beispiel eines solchen «philosophischen» Systems sei das von LORENZ OKEN 1819 entworfene erwähnt. Da es seiner Meinung nach 16 Pflanzenorgane gibt, kann es nur 16 Pflanzenklassen geben: Zeller, Aderer, Droßler (Drosseln = Schraubengefäße), Rinden-, Bast-, Holz-, Wurzel-, Stengel-, Laub-, Samen-, Gröps-, Blumen-, Nuß-, Pflaumen-, Beeren- und Apfel-Pflanzen. Jede der 16 Klassen wird in 16 Zünfte eingeteilt (16 × 16 = 256); jede Zunft enthält 16 Gattungen, jede Gattung 16 Arten. Daraus errechnet sich die Gesamtzahl der Arten zu 65536! OKEN's System lag zu weit abseits der soliden Wissenschaft, um von den Botanikern ernst genommen zu werden.

DE CANDOLLE's «Prodromus», dessen Erscheinen sich über ein halbes Jahrhundert erstreckte, umfaßte nur die Dicotyledonen. Eine Übersicht des gesamten Pflanzenreichs, wie sie seit JUSSIEU (1789) nicht wieder versucht worden war, gab der österreichische Botaniker STEPHAN ENDLICHER (Abb. 36)[9] 1836 bis 1840 in seinen «Genera plantarum secundum ordines desposita», einem Quartband von 1483 Seiten, dem noch mehrere Supplementa folgten. Der Verfasser dieses ebenso umfangreichen wie sorgfältigen Werkes war ein Gelehrter, der zeitlebens halb Botaniker, halb Philologe war. Er wurde 1805 in Preßburg als

Sohn eines Arztes geboren, studierte anfangs Theologie, dann Linguistik, wobei ihn besonders die orientalischen Sprachen interessierten, ferner Geschichte, Numismatik und Botanik. Im Jahre 1828 trat er als Beamter in die Wiener Hofbibliothek ein. Acht Jahre später übernahm er eine Stelle als Custos der botanischen Abteilung im Naturalienkabinett, hatte er doch «nebenbei» eine Flora seiner Heimatstadt und eine Flora der Norfolk-Insel verfaßt sowie die von EDUARD POEPPIG auf seiner großen Südamerikareise gesammelten Pflanzen untersucht und in drei Foliobänden beschrieben. Die Neigung zur Botanik dürfte auch durch seine 1829 begonnene Freundschaft mit dem vier Jahre älteren FRANZ UNGER (vgl. Kap. 20) verstärkt worden sein. 1840 wurde ENDLICHER als Nachfolger JOSEF VON JACQUIN's als Professor der Botanik und Direktor des Botanischen Gartens der Universität Wien berufen. Zusammen mit FRANZ UNGER schrieb er einen «Grundriß der Botanik», das erste Botanik-Lehrbuch, das mit in den Text eingebauten Holzschnitten illustriert war; im Jahre darauf (1844) erschien aus seiner Feder eine auf langjährigen Studien beruhende «Chinesische Grammatik». Erst 45 Jahre alt, verstarb STEPHAN ENDLICHER 1849 an den Folgen einer chronischen Mittelohreiterung.

Den «Genera plantarum» hat ENDLICHER folgende Einteilung zugrunde gelegt:

Regio I: Thallophyta (kein Gegensatz von Stengel und Wurzel).
Regio II: Cormophyta (polarer Gegensatz von Stengel und Wurzel).
- Sectio I: Acrobrya (Stengel nur an der Spitze wachsend).
- Sectio II: Amphibrya (Stengel nur am Umfang wachsend).
- Sectio III: Acramphibrya (Stengel an der Spitze und am Umfang wachsend).

Die Acrobrya umfassen die Bryophyten, Pteridophyten und Cycadeen; die Amphibrya die Monocotyledonen; die Acramphibrya die Gymnospermen (außer Cycadeen) und die Dicotyledonen. Diese drei Sektionen beruhen auf einer irrtümlichen Auffassung der Wachstumsverhältnisse. Es wäre aber ungerecht, ENDLICHERS Werk nur nach der Großgliederung des Systems zu beurteilen; ist diese doch bis heute noch nicht befriedigend gelöst. Wenn wir aber die weitere Einteilung in Klassen (die bei den Angiospermen unseren heutigen Ordnungen entsprechen), Familien und Unterfamilien betrachten, erkennen wir eine weitgehende Übereinstimmung mit dem gegenwärtigen System. Hierin liegt also ein wesentlicher Fortschritt von ENDLICHER's Werk gegenüber demjenigen JUSSIEUS.

Daß ENDLICHERS «Genera plantarum» jahrzehntelang das täglich benutzte Handbuch des Botanikers (nicht nur des Systematikers!) geblieben ist, hat seinen Grund darin, daß es eingehende Gattungsdiagnosen nebst genauen Literaturzitaten enthält, daß Vorkommen und geographische Verbreitung jeder Gattung angegeben werden und daß das gesamte Pflanzenreich, im letzten Supplement auch die fossilen Genera (bearbeitet von F. UNGER) erfaßt sind. Abgelöst wurde ENDLICHER's Werk bis zu einem gewissen Grade durch die nur Samenpflanzen umfassenden «Genera plantarum» von BENTHAM und HOOKER (1862–83), vollständig aber erst durch «Die Natürlichen Pflanzenfamilien» von A. ENGLER und K. PRANTL (1887–1909).

Die Diskussion über das «Natürliche System» (im Gegensatz zu LINNÉ's «Sexualsystem») betraf nur die Blütenpflanzen. Die «blütenlosen Pflanzen» hatte LINNÉ zur letzten (24.) Klasse seines Systems, den *«Cryptogamia»*, zusammengefaßt und in *Filices, Musci, Algae* (einschließlich der Lebermoose und der Flechten) und *Fungi* aufgeteilt. Dieses Cryptogamen-System war also bereits «natürlich» und hielt sich im wesentlichen bis in unser Jahrhundert. Der Ausbau des Cryptogamen-Systems im vorigen Jahrhundert war vor allem an die Benützung des Mikroskops gebunden und stand im Zusammenhang mit der Erforschung der Entwicklungsgeschichte der Pflanzen (siehe Kap. 14).

Das Natürliche System der Pflanzen, dessen Begründung und Ausbau wir im Vorstehenden verfolgt haben, hat bis zu einem gewissen Grade auch die Botanischen Gärten dieser Zeit beeinflußt. Sie waren bis ins 18. Jahrhundert im wesentlichen Heilpflanzengärten, die das Material für die Arzneipflanzen-Vorweisungen zu liefern hatten. Durch LINNÉ und seine zahlreichen Schüler war die Ordnung der Formenfülle Hauptziel der Botanik geworden. Dies wirkte sich auch auf die Botanischen Gärten aus, in denen man die Gewächse nunmehr ohne Rücksicht auf ihre praktische Verwendung in systematischer Anordnung, anfangs, wie in LINNÉs eigenem Botanischen Garten in Uppsala, nach dem LINNÉschen «Sexualsystem», später aber nach dem Natürlichen System anpflanzte. BERNARD DE JUSSIEU gebührt, wie oben erwähnt, das Verdienst, als Erster einem Garten die «Ordines naturales» zugrunde gelegt zu haben (1759). In Deutschland waren es wohl A. BATSCH, der erstmals in Jena 1795 den Botanischen Garten «secundum areolas systematice dispositas» gestaltete. Im Laufe der ersten Hälfte des vorigen Jahrhunderts geschah dies wohl in allen botanischen Gärten; bis heute gehört eine «Systematische Abteilung» zum Grundstock eines jeden Universitätsgartens. Die botanischen Gärten jener Zeit blieben in ihrer Gestaltung von der Geschmacksrichtung der Gartenkunst[10] nicht unberührt. Der Barockgarten mit seiner strengen Regelmäßigkeit, wie er uns bis heute in den Parks von Herrenhausen bei Hannover, Berlin-Charlottenburg und Schleißheim bei München erhalten geblieben ist, wurde durch den Landschaftsgarten englischen Stils abgelöst, der in Deutschland zur Goethezeit seinen Einzug hielt. Der von FRIEDRICH LUDWIG VON SCKELL gestaltete Englische Garten in München sei als bekanntestes Beispiel genannt. In den mehrfach erweiterten Parks von Schwetzingen und München-Nymphenburg können wir diese Entwicklung unmittelbar ablesen. Fast alle botanischen Gärten, die Ende des 18. und Anfang des 19. Jahrhunderts begründet wurden, zeigen das Gepräge des «Landschaftsgartens», am großzügigsten wohl der 116 Hektar umfassende Garten von Kew bei London. Dasselbe gilt auch für die beiden größten botanischen Gärten der Tropen, den «Hortus Bogoriensis» in Buitenzorg auf Java (58 Hektar, gegründet 1817) und den Botanischen Garten von Peradeniya auf Ceylon (46 Hektar, gegründet 1821). Beide Gärten haben viele begeisterte Schilderungen erfahren.[11] Buitenzorg wurde später durch sein dem Garten angegliedertes Institut zur bedeutendsten botanischen Forschungsstätte in den Tropen.

Anmerkungen

1 Herman Boerhaave (1668–1738), Professor der Medizin und Botanik in Leiden, gilt als einer der bedeutendsten Mediziner aller Zeiten. Sein klinischer Unterricht wurde vorbildlich für andere europäische Universitäten. Haller nannte ihn daher «communis Europae praeceptor». Biogr.: DSB **1**, 224–228, 1970. Das Zitat «Botanica est...» steht in seiner «Historia plantarum, quae in horto academico Lugduni crescunt» (Rom 1727), p. 16.

2 Die Familie de Jussieu hat in anderthalb Jahrhunderten fünf Botaniker hervorgebracht, die im folgenden Stammbaum zusammengestellt sind (Namen der Botaniker unterstrichen): siehe Schema auf S. 262 oben.

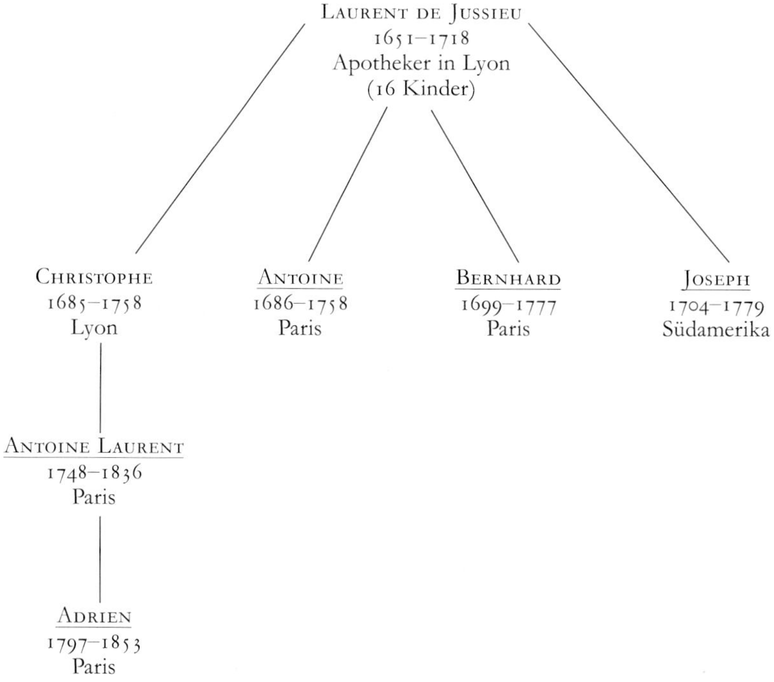

Über das Leben der 5 Botaniker de Jussieu finden sich Angaben in folgenden Schriften:

Antoine: Histoire de l'Académie des Sci. de Paris 1758, 115–126. DSB 7, 197–198, 1973.

Bernard: Histoire de l'Académie des Sci. de Paris 1777, 94–117 (1780). (Bildnis: Davy de Virville, A., Histoire de Botanique en France, Paris 1954, p. 67.) DSB **7**, 199–200, 1973.

Joseph: Histoire de l'Académie des Sci. de Paris 1779, 44–85 (1782). Condorcet, A., Éloge de J. de Jussieu, Oeuvres de Condorcet **2**, 357–369. Paris 1847. DSB **7**, 200–201, 1973.

Antoine Laurent: Ann. des Sci. nat., Bot., Sér. 2, Tome **7**, 5–24 (1837). Hooker's Journ. of Bot. **3**, 47–77 (London 1841). DSB **7**, 198–199, 1973.

Adrien: Bull. de la Soc. bot. **I**, 386–400 (1853). Nouv. Biogr. générale **27**, 282 bis 285 (1858). DSB **7**, 196–197, 1973. (Bildnis: Ann. des Sci. nat., Bot., Sér. 10, Tome **16**, p. XXXIII, 1934).

Hauptwerk von A.L. de Jussieu: Genera plantarum secundum ordines naturales deposita juxta methodum in horto regio Parisiensi exaratam anno MDCCLXXIV. Paris 1789. Neudruck in «Historiae naturalis Classica», Tomus 35, Weinheim und New York 1964 (mit Einleitung von F. Stafleu).

3 Gärtner, Joseph, de fructibus et seminibus plantarum. 3 vol. Lipsia 1788. 1791, 1807, 1160 S., 255 Taf. (Reprint Amsterdam 1974, mit Einführung von F. Stafleu).

Gärtner wurde 1732 in Calw geboren, studierte in Tübingen und Göttingen. 1760 wurde er in Tübingen zum Prosektor an der Anatomie ernannt und 1768 als Professor der Botanik an die Akademie der Wissenschaften in Petersburg berufen, wo er mit dem Studium der Früchte und Samen begann. Er kehrte bereits im Jahre 1780 nach Calw zurück, wo er sich ganz dem Studium der Früchte und Samen widmete. Er starb 1791 während der Arbeit am 3. Band seines Werkes, den sein Sohn Carl Friedrich Gärtner beendete. Die Gärtner'sche Fruchtsammlung befindet sich im Institut für Biologie (Lab. f. spezielle Botanik) der Universität Tübingen.

Biographien: Deleuze, J.P., Über das Leben und die Werke Gärtner's und Hedwig's. Stuttgart 1805. Reinöhl, F., Joseph Gärtner, Schwäbische Lebensbilder **3,** 182–189, 1942. Graepel, P.H., Carl Friedrich Gärtner (Dissertation Marburg 1978) S. 40–55. DSB **5,** 216–217, 1972.

4 Joseph Banks (1743–1820) nahm 1768–1771 an Cook's Weltumsegelung als Naturforscher teil, war 1773–1820 Director der Kew Botanical Gardens und 1778–1820 Präsident der Royal Society. Biogr.: DSB **1,** 433–437, 1970. Cameron, H.C., Joseph Banks. London 1952. Lack, E., Die Abenteuer des Sir Joseph Banks. Wien, Köln 1985. Obrian, P., Joseph Banks. London 1987.

5 Farmer, J.B., Robert Brown. In: Oliver, F.W., Makers of British Botany (London 1913), p. 108–125. Green, R., A History of Botany in the United Kingdom. London and Toronto 1914. (Über Brown p. 309–335.) Martius, C.F.Ph. von, Robert Brown. In: Akademische Denkreden (Leipzig 1866), p. 365–382. Morren, E., Prologue consacré à la mémoire de Robert Brown. Gand 1858. Mabberley, D.J., Jupiter botanicus – Robert Brown of the British Museum. Braunschweig 1985. DSB **2,** 516–522, 1970. Bibliographie der Schriften Brown's in Pritzel, Thesaurus literaturae botanicae (1871), p. 43–44, und TL **1,** 364–369 (1976).

6 Der aus der Provence stammenden, aus konfessionellen Gründen nach Genf übergesiedelten Familie De Candolle gehörten 4 in unmittelbarer Ahnenreihe folgende Botaniker an, die in Genf das gleiche Haus bewohnten: Augustin-Pyramus (1778–1841), Alphonse (1806–1893), Casimir (1836–1918) und Augustin (1868–1920). Das Herbar De Candolle bildete den Grundstock zu dem jetzt 4 Millionen Bogen umfassenden Herbar des «Conservatoire Botanique» in Genf. Zum Vergleich die Bogenzahlen der größten Herbarien: Kew (England) 6 Millionen, Leningrad 5 Millionen, New York 3 Millionen.

Von den zahlreichen Nachrufen und Biographien über Augustin-Pyramus de Candolle seien nur genannt: De Candolle, A.P., Mémoires et souvenirs, publiés par son fils. Genève et Paris 1862. De la Rive, A., A.-P. de Candolle, Sa vie et ses travaux. Paris 1851 (I. Ed. Genève 1844). Martius, C.F.Ph. von, Augustin-Pyramus de Candolle. Flora **25,** I, I–44. 1842. (Wieder abgedruckt in Martius, Akad. Denkreden, Leipzig 1866, p. 113–147.) DSB **3,** 43–45, 1971.

Bibliographien: Briquet, J., Biographies des Botanistes à Genève, p. 114–130. Ber. d. schweiz. bot Ges. **50a,** 1–494 (1940). Enthält auch Kurzbiographien und Bibliographien von Alphonse, Casimir und Augustin de Candolle. Pritzel, Thesaurus literaturae botanicae (1871), p. 52–55.

7 «Taxonomy» wird in der angloamerikanischen Literatur im gleichen Sinn wie das in den letzten hundert Jahren gebräuchliche Wort «Systematik» verwendet. Dies entspricht genau der Definition bei De Candolle, der im Gegensatz zur Taxonomie die reine Pflanzenbeschreibung («l'art de décrire les plantes») «Phytographie» nennt. Wenn im neueren deutschen Schrifttum Taxonomie = Pflanzenbeschreibung gesetzt wird, so widerspricht dies der ursprünglichen Definition.

8 Wie bereits SACHS (Gesch. d. Bot. S. 142) betont, könnten die Ausführungen DE CANDOLLE's in diesen Abschnitten seiner «Théorie élémentaire» als Beweise für die Deszendenztheorie gewertet werden. Doch hielt DE CANDOLLE zeitlebens an der «Konstanz der Arten» fest.

9 HABERLANDT, G., Briefwechsel zwischen Franz Unger und Stephan Endlicher. Berlin 1899. KANITZ, A., Versuch einer Geschichte der ungarischen Botanik. Linnaea **33,** 401–588, 1864/65 (über ENDLICHER: S. 583–588). KNOLL, F., Stephan Endlicher. Österreichische Naturforscher, Ärzte und Techniker (Wien 1957), S. 78 bis 80. NEILREICH, A., Geschichte der Botanik in Nieder-Österreich. Verhandl. des zool.-botan. Vereins in Wien **5,** 23–76, 1855 (über ENDLICHER: S. 51–53). STAFLEU, F., Endlicher's Genera plantarum, Icones plantarum and Atacta botanica. Journal of the Arnold Arboretum **28,** 424–429, 1947.

Seine umfangreiche Bibliothek und sein Herbar, beides auf 24000 Taler geschätzt, schenkte ENDLICHER dem österreichischen Staat. Aus eigenen Mitteln begründete er die heute noch bestehende Zeitschrift «Annalen des Naturhistorischen Museums Wien».

10 CLIFFORD, D., Geschichte der Gartenkunst. München 1966. HENNEBO. D., & HOFMANN, A., Geschichte der deutschen Gartenkunst. 3 Bde. Hamburg 1962–65. (Neudruck Königstein 1980).

11 HABERLANDT, G., Eine botanische Tropenreise. 3. Aufl. Leipzig 1926. HAECKEL, E., Indische Reisebriefe. 6. Aufl. Leipzig 1922. –, Aus Insulinde. 3. Aufl. Leipzig 1923.

7. Die ersten Mikroskopiker

Non ex libris, sed ex dissectionibus, non ex placitis philosophorum, sed fabrica naturae discere et docere Anatomen profitear.
(Ich bekenne, daß der Anatom nicht aus Büchern, sondern durch Zerschneiden, nicht aus den Meinungen der Philosophen, sondern aus dem Bau der Natur lernt und lehrt.)

WILLIAM HARVEY (1628)

Die Botaniker des 16. Jahrhunderts beschrieben die Pflanzen durchweg nur nach ihrem äußeren Bau, soweit er sich mit dem bloßen Auge wahrnehmen läßt. Selbst CESALPINO bei seinen Fruchtuntersuchungen und GESNER bei seinen Blütenanalysen benutzten noch keine Lupe. Erst um 1590 fertigten zwei holländische Brillenschleifer, JOHANNES und ZACHARIAS JANSSEN (Vater und Sohn), in Middelburg auf Walcheren die ersten Mikroskope.[1] Solche einfachen Instrumente, «Flohgucker» («vitrum pulicare») genannt, bestanden aus einem kurzen Rohr, an dessen einem Ende eine oder zwei Linsen angebracht waren, während am anderen Ende der Gegenstand auf einer Glasscheibe befestigt war. Zur Untersuchung wurde das Instrument gegen das Licht gehalten (Abb. 37a).

Durch das Mikroskop werden nicht nur die Gegenstände vergrößert, sondern auch die Aufmerksamkeit des Beobachters wird stärker konzentriert als bei der Betrachtung mit dem unbewaffneten Auge. Auch haben sich die ersten Mikroskopiker viel mehr Gedanken über die Funktion der beobachteten Strukturen gemacht als etwa die Morphologen über die Funktion der Organe des Pflanzenkörpers, eine Feststellung, die sich noch in unserem Jahrhundert machen läßt, wenn wir Lehrbücher der pflanzlichen Histologie mit solchen der Morphologie vergleichen.

Ein halbes Jahrhundert nach der Erfindung des Mikroskops durch JANSSEN wurde dieses Instrument wesentlich verbessert durch den Engländer ROBERT HOOKE, der ihm auch eine Form gab, die genauere pflanzenanatomische Untersuchungen bei etwa hundertzwanzigfacher Vergrößerung ermöglichte.

ROBERT HOOKE[2] (geboren 1635 auf der Insel Wight, gestorben 1703 in London) wurde bereits mit 27 Jahren in die Royal Society gewählt und war hier jahrzehntelang verantwortlich für die Planung und Vorbereitung der allwöchentlich vorzuführenden Experimente. HOOKE war ein Mann von ungewöhnlicher technischer Begabung. Er erfand die Federunruhe an der Uhr an Stelle des Schwerependels (1658), erkannte die Konstanz von Schmelz- und Siedepunkt, entdeckte vor BOYLE den Zusammenhang zwischen Druck und Volumen der Gase, beschäftigte sich mit der Mechanik der Himmelskörper, fand das nach ihm benannte Elastizitätsprinzip (die Verlängerung ist proportional der Kraft), stellte für die Grenze des Auflösungsvermögens des Auges einen Sehwinkel von 1′ fest usw. Auch betätigte er sich erfolgreich als Architekt.

Für die Biologie bedeutsam ist seine Verbesserung des Mikroskops, dem er

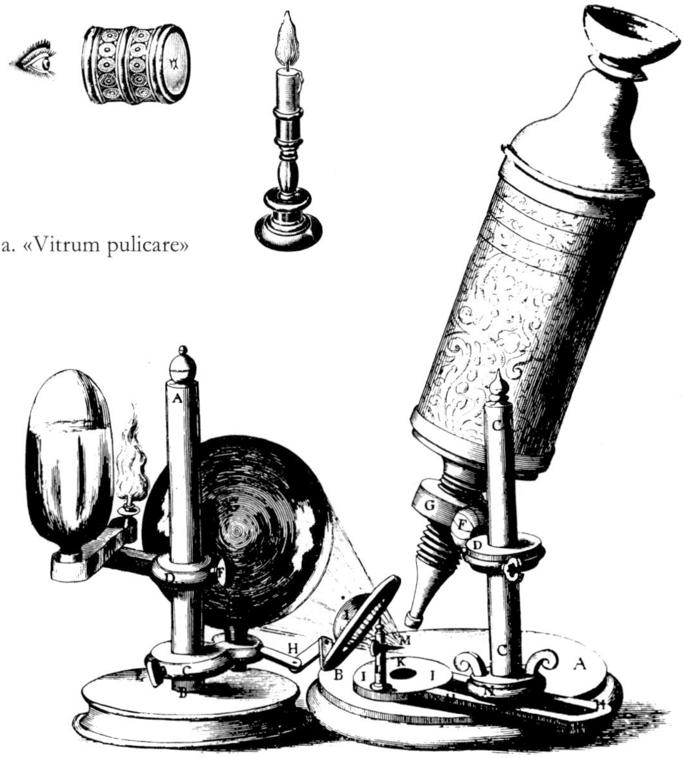

Abb. 37a. «Vitrum pulicare»

Abb. 37b. HOOKE's Mikroskop (1665)

eine Form und Ausstattung (zur Untersuchung der Objekte im auffallenden Licht) gab, die im Prinzip noch dem heutigen Gerät zugrunde liegt (Abb. 37b). In seiner «Micrographia» (1665) zeigt HOOKE die vielseitige Verwendbarkeit dieses Instruments. So untersuchte er den Feinbau botanischer Gegenstände, z.B. des Flaschenkorks, des Marks verschiedener Pflanzenstengel (z.B. von Fenchel, Möhre, Klette), der Epidermis und der Brennhaare der Brennessel, eines versteinerten Holzes, verschiedener Schimmelpilze, eines Laubmooses usw. (Abb. 38). Dabei erkannte er, daß der Pflanzenkörper wie eine Bienenwabe aufgebaut sei. Die Hohlräume nannte er «cells» (= Zellen), «pores», «boxes» oder «caverns», die von «solid interstitia» oder «walls» voneinander getrennt sind. Beim Flaschenkork zählte HOOKE sechzig solcher «cells» auf $\frac{1}{18}$ inch (= 1,4 mm).

Systematisch erforscht hat HOOKE aber den inneren Bau der Pflanze nicht. Dies taten Männer, die schon zur Zeit des Erscheinens von HOOKE's «Micrographia» mit der Mikroskopie des Pflanzenkörpers begonnen hatten: MALPIGHI und GREW. Fast gleichzeitig (1671) legten sie die Ergebnisse ihrer pflanzenanatomischen Studien der «Royal Society» vor, während sie ihre Hauptwerke erst später erscheinen ließen.

MARCELLO MALPIGHI (Abb. 39; *Malpighia*-Malpighiaceae!)[3] wurde 1628 in Crevalcore bei Bologna geboren. Er studierte zunächst Philosophie, dann

Medizin und wurde 1656 Professor in Bologna (kurze Zeit auch in Pisa und Messina), wo er auch seine pflanzenanatomischen Studien durchführte. 1691 berief ihn Papst Innocenz XII. als Leibarzt nach Rom; er starb dort 1694. MALPIGHI wird als ernster, melancholischer, sehr arbeitsamer Mann geschildert.

Abb. 38. HOOKE's erste Bilder von Pflanzenzellen (1665). a Anschliff eines versteinerten Holzes (mit Jahresring). b Quer- und Tangentialschnitt durch Flaschenkork. c Laubmoos-Pflänzchen *(Bryum capillare)*. d Unterseite des Brennessel-Blattes

Abb. 39. MARCELLO MALPIGHI (1628–1694)

Abb. 40. NEHEMIAH GREW (1628–1711)

Zunächst führte MALPIGHI anatomische Studien an Tieren durch: über die Seidenraupe (erste embryologische Untersuchung eines Insekts), über die Entwicklung des Hühnchens, über Drüsen (wobei er die «MALPIGHIschen Gefäße» entdeckte, paarige, in den Enddarm mündende Kanäle von Nierenfunktion bei Krebsen, Spinnen und Insekten), über die Struktur der Lunge (Verbindung der Arterien und Venen durch Kapillaren!) usw. Aufgrund dieser hervorragenden Leistungen wurde MALPIGHI zum Mitglied der Royal Society in London ernannt. An diese Gesellschaft sandte er ab 1671 auch die Ergebnisse seiner pflanzenanatomischen Studien, die er 1675 in seiner «Anatome plantarum» zusammenfaßte.

In der Einleitung zu diesem Werk («Anatomes plantarum idea») gibt er eine gedrängte Stoffübersicht und setzt seine Ansichten über Bau und Funktion der Organe und Gewebe auseinander. Im Hauptteil des Werkes werden dann die verschiedenen Gewebe bzw. Organe in allen Einzelheiten beschrieben und auf sauberen Kupfertafeln abgebildet. Zunächst behandelt MALPIGHI die Rinde, wo er die längsverlaufenden Faserbündel und die querverlaufenden «utriculi» (= Markstrahlen) unterscheidet. Bezüglich der Funktion der Rinde meint er, daß der Saft in den Fasern aufsteigt und in den querverlaufenden Zellreihen zum Nahrungssaft umgebildet wird und daß von der Rinde das sekundäre Dickenwachstum des Stammes ausgeht.

Vom Holz weiß MALPIGHI, daß zwischen den Faserbündeln die meist in konzentrischen Kreisen angeordneten Spiralgefäße («vasa spiralia») liegen, die er wegen ihrer Spiralverdickung mit den Tracheen der Insekten vergleicht. Bei *Ficus* beobachtete er die Milchröhren. Die Markstrahlen verlaufen «wie die Speichen eines Rades von der Peripherie aus nach dem Mark». Das sekundäre Dikkenwachstum studierte er an *Castanea*, wobei er erkannte, daß «in jedem Jahr ein neuer Holzring entsteht».

An zahlreichen Gehölzen untersuchte MALPIGHI die Winterknospen und die Blattfolge beim Austreiben dieser Knospen (Abb. 41). Von den Blättern wird nicht nur ihre äußere Form und ihre Stellung beschrieben, sondern auch ihr Ansatz, die Anatomie des Stiels, der Verlauf der Blattspuren sowie der Leitbündel innerhalb der Blattspreite. Die Blätter dienen nach MALPIGHI der Verarbeitung der Nahrung. «Der verarbeitete Saft fließt von den Blättern in den Stengel zurück..., damit er für die zarte Knospe gebraucht wird.» «Denselben Dienst leisten die Blätter wahrscheinlich den Samen.»

Die Blüten werden mit vorbildlicher Sorgfalt beschrieben und abgebildet, z.B. *Avena, Orchis, Helianthus, Ficus, Passiflora, Arum, Rosa* usw., ferner das Wachstum des Fruchtknotens und die Entwicklung der Frucht. Hier wird erstmals ein Farnsporangium geschlossen und geöffnet abgebildet.

Besondere Aufmerksamkeit widmet MALPIGHI dem Bau des Embryos und der Keimung des Samens. Den Samen der Pflanzen vergleicht er mit dem Ei der Tiere, «das den aus den wesentlichen Teilen bestehenden Fötus einschließt».

Ein umfangreiches Kapitel ist den Gallen gewidmet, deren Verursachung durch Tiere klar erkannt wird. Insgesamt beschreibt MALPIGHI über sechzig verschiedene Gallen, darunter auch die Wurzelknöllchen der Leguminosen. In weiteren Abschnitten behandelt er die krankhaften Geschwülste und Auswüchse der Pflanzen, z.B. Kallusbildungen, Äcidien von Rostpilzen, die Wirrzöpfe von Weiden, eine durchwachsene Rosen-Blüte usw., ferner Haare, Stacheln, Dornen, Ranken und «Pflanzen, die auf anderen wachsen»: Misteln, Flechten, Moose, Schimmelpilze.

Im letzten Abschnitt ist von den Wurzeln der Pflanzen die Rede, wobei auch Rhizome und Zwiebeln besprochen werden.

MALPIGHI schließt sein Werk mit den Worten: «Während Du, lieber Leser, diese kleine Auswahl aus dem reichen Schatze der Natur studierst, werde ich nach dem Rate des Sophokles[3a] wieder Neues lernen und das übrige, was man von den Göttern erflehen kann, durch Gebete zu erhalten suchen.»

Im gleichen Jahre wie der Italiener MALPIGHI, 1628, wurde der Engländer NEHEMIAH GREW (Abb. 40; Tiliaceengattung *Grewia!*)[4] in Coventry geboren. Nach seiner Promotion in Leiden ließ sich GREW in seiner Heimatstadt als Arzt nieder. Wegen seiner hervorragenden pflanzenanatomischen Arbeiten wurde er an die Royal Society nach London berufen, wo er 1711 starb.

Den ersten Teil seines pflanzenanatomischen Werkes («The Anatomy of Plants begun») legte GREW am gleichen Tage der Royal Society gedruckt vor, an dem MALPIGHIS erste Abhandlung einlief, am 7. 12. 1671. Das Hauptwerk «The Anatomy of Plants» erschien erst 1682, ein Folioband von 304 Seiten mit 83 Tafeln.

GREW war nur Pflanzenanatom; deshalb zieht er nirgends Vergleiche mit dem Tierkörper, wie es MALPIGHI tut. Während dessen «Anatome plantarum» eher einer Zusammenstellung von Einzelabhandlungen gleicht, ist GREWS «Anatomy of Plants» ein gründliches Lehrbuch. Es wurde noch fast zweihundert Jahre später, 1864, von JESSEN vor allem wegen seiner «schönen, übersichtlichen Abbildungen für den ersten Unterricht in der Pflanzenanatomie» als «noch jetzt sehr schätzbares Werk» bezeichnet (Abb. 36).

Das persönliche Verhältnis zwischen GREW und MALPIGHI war gekennzeich-

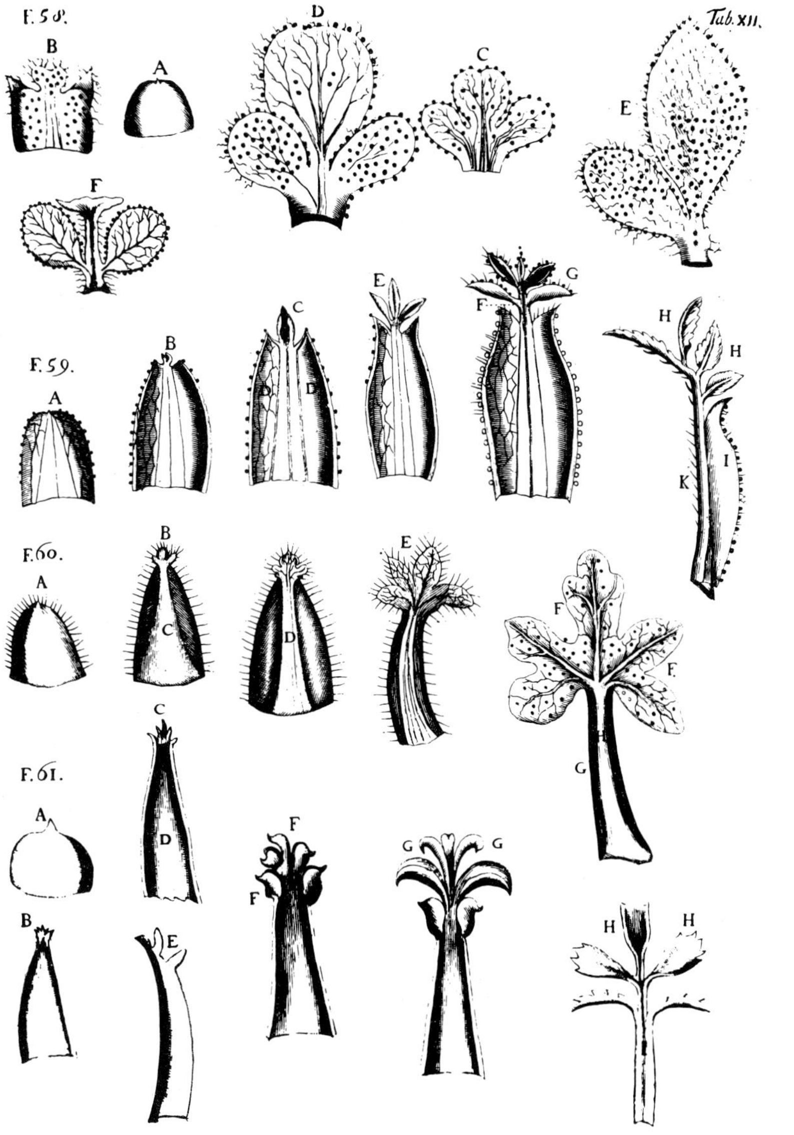

Abb. 41. Blattentwicklung (Blattfolge) von *Cydonia* (Fig. 58–59), *Acer campestre* (Fig. 60) und *Sambucus nigra* (Fig. 61). Aus Malpighi 1675

net durch größte gegenseitige Hochachtung. Grew wollte in seiner Bescheidenheit seine Forschungen einstellen und das Arbeitsfeld der Pflanzenanatomie Malpighi überlassen. Die Royal Society aber drängte ihn, seine Arbeit fortzusetzen, und ernannte ihn zum Curator für Pflanzenanatomie, worin Grew auch

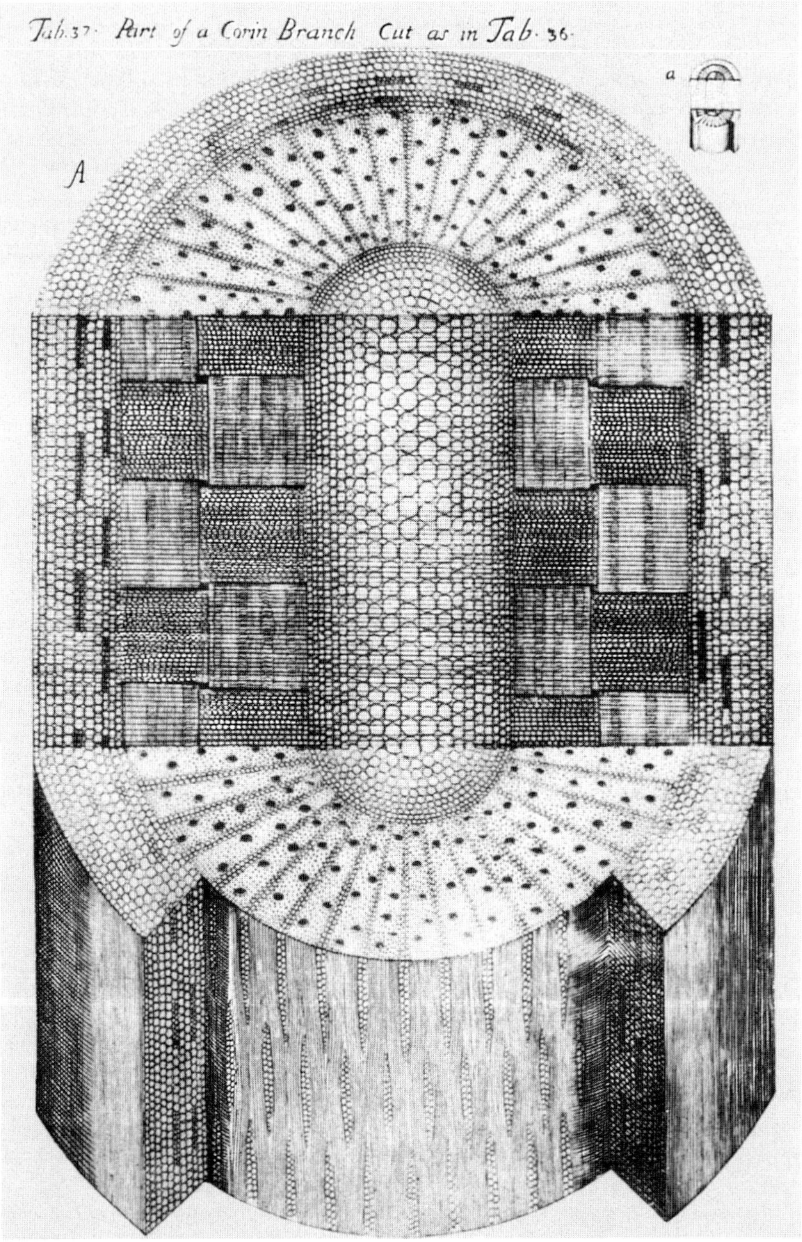

Abb. 42. Histologischer Bau eines Laubholz-Zweiges in räumlicher Darstellung. Aus GREW 1682

eine Ehrung MALPIGHI's sah. Dieser empfand die gleiche Achtung für GREW und übersetzte dessen Werk für seinen eigenen Gebrauch ins Lateinische.

GREW unterscheidet folgende Gewebeformen: Parenchym, längsverlaufende Fasern, «lympheducts» = Siebröhren z.T., «milk vessels» = Milchröhren, «roriferous vessels» = Tracheen (lat. ros = Tau, Wasser). Letztere verzweigen sich nicht (durch die Tracheen des spanischen Rohrs kann man einen halben Fuß weit hindurchsehen), ihre Wände sind von Spiralbändern versteift. Selbstverständlich beschreibt GREW auch die Markstrahlen («rays»). Auf den Blättern bemerkt er als erster die Spaltöffnungen und zeichnet sie auf der Fichten-Nadel in Reihen angeordnet. Beim sekundären Dickenwachstum läßt er wie MALPIGHI das neue Holz aus der innersten Rindenschicht entstehen. In der Deutung der Blütenteile unterläuft GREW insofern ein Mißgeschick, als er den Fruchtknoten für das männliche Organ ansieht; zur richtigen Auffassung gelangte bald darauf (1694) RUDOLPH CAMERARIUS (vgl. Kap. 10). Bei den Samen untersucht GREW vor allem die verschiedene Lage des Embryos im Nährgewebe.

In der Widmung seines Werkes an König Karl II. von England schreibt GREW den ahnungsvollen Satz: «In sum, Your Majesty will find, that we are come ashore into a new World, whereof we see no end.»

Im Anschluß an MALPIGHI und GREW möge noch ANTON VON LEEUWENHOEK (1632–1723)[5] erwähnt werden, ein Holländer, der vorzügliche Linsen schliff und Mikroskope baute. Ihn trieb aber nicht die wissenschaftliche Forschung, sondern die Freude am wunderbar Kleinen zur Untersuchung, deren Ergebnisse er in vielen Einzelabhandlungen niederlegte, die später gesammelt erschienen. Infolge seiner besseren Mikroskope sah er manches, was MALPIGHI und GREW entgangen war, z.B. die Tüpfelung der Gefäße im Sekundärholz, Kristalle im Rhizom von Iris u.a.

Keiner der Anatomen fand einen ebenbürtigen Nachfolger, weder HOOKE und GREW in England noch MALPIGHI in Italien, noch LEEUWENHOEK in Holland. Das ganze 18. Jahrhundert hat keine wesentlichen Fortschritte auf diesem Gebiete aufzuweisen. Die Systematik LINNÉscher Richtung beherrschte das Feld; die Anatomen wurden lediglich als «Botanophili» gewertet. Nur zwei Männer dieser Zeit sind des Erwähnens wert: CASPAR FRIEDRICH WOLFF, der Begründer der Entwicklungsgeschichte, und JOHANNES HEDWIG, der Mikroskopiker der Moose.

CASPAR FRIEDRICH WOLFF (Abb. 43)[6] wurde 1732 als Sohn eines Schneidermeisters in Berlin (damals eine Stadt von 100000 Einwohnern) geboren. Mit 21 Jahren trat er in das «collegium medico-chirurgicum» ein, in welchem Wund- und Militärärzte ausgebildet wurden. Hier lehrten JOHANN FRIEDRICH MECKEL d.Ä. Anatomie, JOHANN GOTTLIEB GLEDITSCH Botanik. Bald siedelte WOLFF nach Halle über, wo er sich neben der Medizin auch mit Botanik, Zoologie und Philosophie befaßte. Die damals herrschende Präformationstheorie, auf die wir noch zu sprechen kommen, erschien ihm sehr unwahrscheinlich. So stellte er selbst Untersuchungen an, deren Ergebnisse er in seiner Dissertation «Theoria generationis» (1759) niederlegte. Während des Siebenjährigen Krieges war WOLFF als Militärarzt tätig, wurde aber von dem obersten Feldarzt, CHR.FR. COTHENIUS, vom gewöhnlichen Lazarettdienst befreit und mit der Abhaltung von Vorlesungen und Demonstrationen zur Fortbildung der Feldschere und Wundärzte beauftragt. Diese Vorlesungen wurden bald so berühmt, daß auch Zivilärzte daran teilnahmen, hörten jedoch nach Kriegsende auf.

Abb. 43. Caspar Friedrich Wolff (1732–1794)

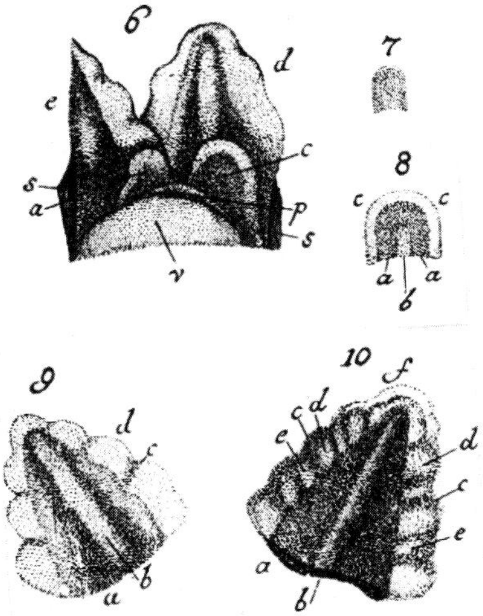

Abb. 44. Blattentwicklung aus Wolff 1759

Wolff's Gesuch, in Berlin Physiologie lesen zu dürfen, wurde trotz Cothenius' Befürwortung abgelehnt, da die Professoren eine Verringerung ihrer Hörerzahl befürchteten. Daraufhin las Wolff in einem Privathaus Physiologie, Pathologie und Logik, und zwar mit größtem Erfolg. Die Gegnerschaft der Professoren wuchs daher noch mehr. Als er infolgedessen bei zwei Neubesetzungen übergangen wurde, nahm er 1766 einen Ruf der Kaiserin Katharina II. an die Akademie in Petersburg an, wo er fast drei Jahrzehnte bis zu seinem Tode (1794) arbeitete. Hier entstanden vor allem seine berühmten Untersuchungen über die Entwicklung des Darmkanals.

Die damals herrschenden biologischen Theorien wurzelten in der Schöpfungslehre. Ihr zufolge hat der Schöpfer nicht nur die erste Generation aller Organismen geschaffen, sondern gleichzeitig auch alle folgenden in der Gestalt winziger Keime. So nahm man an, daß in den Fortpflanzungszellen die neuen Organismen schon voll ausgebildet, nur sehr klein, vorhanden seien, und man zeichnete daher die Spermien des Menschen wie kleine Menschen. Der Genfer Naturforscher Charles Bonnet sah in der Aufeinanderfolge vieler parthenogenetischer Generationen bei Blattläusen einen eindeutigen Beweis für die «Präformationstheorie» und dehnte diese Theorie auf das gesamte Organismenreich aus. Die einzelnen Generationen wären also ineinandergeschachtelt; somit mußte die «Auswickelung» der letzten das Ende bedeuten. Diese Lehre wurde u.a. auch von Haller vertreten. Der einzige, der sich dagegen aussprach, war Buffon.

Der Präformationstheorie setzte nun Wolff in seiner «Theoria generationis» die Lehre der Epigenesis, der Neuentstehung, entgegen. An den Pflanzen –

Abb. 45. JOHANNES HEDWIG (1730–1799)

Weißkraut, Kastanie und Bohne dienten ihm als Untersuchungsobjekte – erkennt er, daß die Blätter an der äußeren Sproßspitze, von ihm als Vegetationspunkt («punctum vegetationis») bezeichnet, gebildet werden. Letzteren beschreibt er als «saftig, schwammig, weich, durchsichtig und glasig» (Abb. 44).

Bei der Bohne zählte WOLFF die einhüllenden und die eingehüllten Blätter bis zur ersten, innersten Blattanlage. Wenn das äußerste Blatt sich vollkommen entfaltet und man von neuem alle Blätter bis zur jüngsten Anlage zählt, findet man die gleiche Anzahl von Blättern. Daraus schließt WOLFF, «daß die unvollkommeneren Blättchen zu vollkommeneren und daß neue, unvollkommene an ihrer Stelle erzeugt werden; daß also das erste Anhängsel zu einem Blättchen geworden ist und daß die Substanz, welche den Vegetationspunkt zusammensetzte, neue Anhängsel ausgeschickt hat, während neue Substanz an ihre Stelle trat».

Eingehend untersucht WOLFF auch die Entwicklungsgeschichte der Blüte, und zwar am Bespiel der Bohne. Am Kelch beobachtet er, daß zuerst die Zipfel angelegt werden und später die glockenförmige Basis heranwächst. Die einzelnen Entwicklungsvorgänge werden durch das Strömen, Zurückweichen, Vorrücken usw. der Säfte erklärt.

Was WOLFF begonnen hatte, wurde erst fast ein Jahrhundert später von SCHLEIDEN wieder aufgegriffen und bezüglich der Blüte von J.B. PAYER in seinem «Traité de l'organogénie de la fleur» (1857) planmäßig auf alle Angiospermenfamilien ausgedehnt (s. S. 165).

Das Mikroskop erstmals auf die Erforschung einer bestimmten Pflanzengruppe, und zwar der Laubmoose, angewandt zu haben, ist das Verdienst von JOHANNES HEDWIG (Abb. 45)[7], an den uns heute noch die Laubmoosgattung *Hedwigia* und die Zeitschriften für Kryptogamenkunde «Hedwigia» und «Nova Hedwigia» erinnern. Er wurde 1730 in Kronstadt (Siebenbürgen) geboren, wo er sich schon als Schüler eifrig mit Pflanzen beschäftigte. In Leipzig studierte er Medizin, konnte aber in Kronstadt nicht als Arzt zugelassen werden, da hier Studium und Promotion in Wien Voraussetzung waren. Er kehrte daher nach Sachsen zurück und ließ sich in Chemnitz als Arzt nieder. Der Tag gehörte den Krankenbesuchen, die frühen Morgen- und die Abendstunden jedoch der Botanik, wobei vor allem den weniger auffallenden Gewächsen seine Zuneigung galt. Besondere Unterstützung fand er hierbei durch JOHANN DANIEL SCHREBER, Professor der Botanik in Erlangen, der ihm sogar ein Mikroskop schenkte. Mit vierzig Jahren lernte HEDWIG noch Zeichnen, und welch hohe Vollendung er in dieser Kunst erreicht hat, bezeugen die herrlichen Tafeln in seiner «Descriptio et adumbratio microscopico-analytica muscorum frondosorum».[8] 1781 siedelte HEDWIG nach Leipzig über und wurde einige Jahre später zum Professor der Botanik ernannt, und zwar durch den botanisch besonders interessierten Kurfürsten August von Sachsen, während die medizinische Fakultät sich gegen die Ernennung gewehrt hatte, weil HEDWIG seinerzeit zum Doktor promoviert worden war, ohne vorher die Magisterprüfung abgelegt zu haben. Bis zuletzt seine ärztliche Praxis ausübend starb HEDWIG 1799.

Die bedeutendste Leistung HEDWIGS in allgemeiner Hinsicht ist die Entdekkung der Antheridien und Archegonien der Laubmoose, die er richtig als Fortpflanzungsorgane deutete, was noch 1818 von K. SPRENGEL[9] bestritten wurde. Bei *Grimmia pulvinata* beobachtete HEDWIG 1774 erstmals das Öffnen und Entleeren eines Antheridiums. DILLENIUS und LINNÉ hatten die Kapsel (Sporogon), KÖLREUTER sogar die Calyptra für die männlichen Organe gehalten. Bereits vor HEDWIG hatte CASIMIR CHRISTOPH SCHMIEDEL[10], Professor der Anatomie in Erlangen, die Antheridien der Lebermoose entdeckt und richtig als männliche Organe gedeutet (1747). Ferner wies HEDWIG nach, daß aus Moossporen neue Moospflanzen hervorgehen. Wenngleich HEDWIG auch an Flechten und Pilzen mancherlei neue Beobachtungen machte, so blieben doch die Laubmoose seine Lieblingsgruppe. Durch die sorgfältigen Beschreibungen und vorzüglichen Abbildungen wurden HEDWIGS Werke grundlegend für die Morphologie und Systematik dieser Pflanzenklasse, die damals unter den Kryptogamen die am besten durchgearbeitete Gruppe war. Für die Systematik legte HED-

WIG den Bau der Gametangienstände und vor allem des Peristoms zugrunde. Sein letztes Werk «Species muscorum frondosorum» erschien erst nach seinem Tode und 1960 nochmals im Neudruck.

HEDWIG befaßte sich auch mit der Anatomie der höheren Pflanzen, war aber in der Deutung des Gesehenen nicht immer glücklich; so hielt er beispielsweise die geschlängelten, doppelt konturierten Epidermis-Antiklinen für Lymphgefäße. Bedeutsam ist jedoch seine Entdeckung der Öffnung der Stomata. «HEDWIG empfahl größte Vorsicht bei der Deutung mikroskopischer Bilder. Trotzdem und obwohl er ein guter Mikroskopiker war, geriet er in Bezug auf die Deutung... auf Abwege, zum Beweis für uns, wie schwierig die Sache eigentlich ist, wenn man es nicht schon weiß» (SCHMUCKER 1951).

Unter den Botanikern des 18. Jahrhunderts war JOHANNES HEDWIG einer der wenigen erfolgreichen Mikroskopiker. Erst mit Beginn des 19. Jahrhunderts nimmt die Erforschung des inneren Baues der Gewächse einen neuen Aufschwung (Kap. 12 und 13).

Anmerkungen

1 MICHEL, K., Vom Flohglas zum Elektronenmikroskop. Deutsches Museum, Abh. u. Ber. **9**, No. 1. Berlin 1937. FREUND, H., & A. BERG, Geschichte der Mikroskopie, Bd. 1 (Biologie). Frankfurt (Main) 1963. SCHMUCKER, TH., G. LINNEMANN, Geschichte der Anatomie des Holzes. Handb. d. Mikroskopie **V, 1**, 1–78. Frankfurt (Main) 1951. BRADBURY, S., The Microscope, Past and Present. Oxford 1968. HINTZE, E., Das Mikroskop. Ciba-Zeitschrift **10** (117), 4319–4340, 1919. CLAY, R.S., & COURT, T.H., The history of microscope. London 1932 (Reprint 1975). NOWAK, H., Geschichte des Mikroskops. Rothenthurm 1984. Bezüglich der Erfinder der ersten Mikroskope sind die Meinungen widersprüchlich (s. JAHN, Gesch. d. Biol. S. 183 und 686).

2 HOOKE, R., Micrographia. London 1665 (unveränderter Abdruck 1667). Reprint New York 1961. Trotz dem lateinischen Titel ist das Werk in englischer Sprache geschrieben.
Biographien: CROWTHER, J.G., Founders of British Science (p. 181–222). London 1960. ESPINASSE, M., Robert Hooke. London 1956. SINGER, CH., Robert Hooke. Endeavour **14**, Nr. 53, 12–18, 1955. GUNTHER, R., The Life and work of Robert Hooke. London 1930 (Repr. 1968). ESPINASSE, M., Robert Hooke. London 1956. DSB **6**, 481–488, 1972. Portrait von HOOKE nicht bekannt.

3 MALPIGHI, M., Anatome plantarum. I–II. London 1675, 1679. Reprint Bruxelles 1968. (Deutscher Auszug, bearb. von M. MOEBIUS, in Ostwalds Klassiker d. exakt. Wissensch. Nr. 120, Leipzig 1901.) Nochmals abgedruckt in: MALPIGHI, M., Opera omnia. London 1686 (Reprint Hildesheim 1975).
Biogr.: FABRONI, A., Vitae Italorum **2**, 233–267 (Marcellus Malpighius). Rom 1769. HANSTEIN, A. VON, Über die Begründung der Pflanzenanatomie durch Nehemiah Grew und Marcello Malpighi. Dissertation Bonn 1886. CARDINI, M., Marcello Malpighi. Roma 1927. DSB **9**, 62–66, 1974. SIGERIST, H., Große Ärzte. 3. Aufl., München 1954, S. 122–128. ARBER, A., Proceed. Linn. Soc. London 1941, 218–238.

3a) MALPIGHI bezieht sich auf folgende Verse in «Antigone» (710–711):
ἀλλ' ἄνδρα, κεἴ τις ᾖ σοφός, τὸ μανθάνειν
πολλ' αἰσχρὸν οὐδὲν καὶ τὸ μὴ τείνειν ἄγαν
Nicht schimpflich ist's, selbst wenn ein Mann sehr weise ist,
zu lernen viel und sich zu überheben nicht.

4 Grew, N., Anatomy of Plants. London 1682. Reprint 1965. Arber, A., Nehemiah Grew. In: Oliver, F.W., Makers of British Botany, Cambridge 1913, p. 44–64. DSB **5**, 534–536, 1972.

5 Leeuwenhoek. A. van, Opera omnia. Leiden 1715–22. Reprint 1966. Palm, L.C. & Snelders, H.A.M., Antoni de Leeuwenhoek. Studies on the life and work. Nieuwe Nederl. Bijdr. tot de Geschiedn. d. Geneesk. en d. Natuurwetensch. Nr. 8, 1982, DSB **8**, 126–130, 1973.

6 Wolff, C.Fr., Theoria generationis. Halle 1759. Deutsch: Ostwalds Klassiker der exakten Wissenschaften Nr. 84. Leipzig 1896, Hildesheim 1966. Raikov, B.E., Caspar Friedrich Wolff. Zool. Jahrb., Syst., **91**, 555–626. 1964. Schuster, J., Caspar Friedrich Wolff. Leben und Gestalt eines deutschen Biologen. Sitzungsber. d. Gesellsch. naturforsch. Freunde zu Berlin, Jg. 1936, 175–195. 1937. Uschmann, G., Caspar Friedrich Wolff. Leipzig und Jena 1955. DSB **15**, 524–526, 1978.

7 Hedwig, Joh., Fundamentum historiae naturalis muscorum frondosorum. Leipzig 1782.

–, Theoria generationis et fructificationis plantarum cryptogamicarum. Petersburg 1784.

–, Descriptio et adumbratio microscopico-analytica muscorum frondosorum. I–IV. Leipzig 1787–97.

–, Sammlung seiner zerstreuten Abhandlungen und Beobachtungen über botanisch-ökonomische Gegenstände 1793–97.

–, Species muscorum, frondosorum. Leipzig 1801 (Neudruck Weinheim 1960).

Biographie: Deleuze, J.P., Über das Leben Gärtners und Hedwigs. Stuttgart 1805. DSB **6**, 218–220, 1972.

8 Goethe schrieb am 8. Januar 1797 in sein Tagebuch: «Bei Professor Hedwig, der mir schöne Präparate und Zeichnungen wies.»

9 Sprengel, K., Geschichte der Botanik, Bd. II, S. 263, Leipzig 1818.

10 S. Kap. 5, Anm. 22.

8. Die ersten Physiologen

Der Physiologe muß sich an alle Lebewesen wenden: jedes wird ihm ein Wort zu sagen wissen.

H. DUTROCHET (1824)

Schon die Tatsache, daß die Pflanze wächst, blüht und fruchtet, zwingt zu der Annahme, daß sie Stoffe aufnimmt und verarbeitet. Welche Stoffe aber die Pflanze aufnimmt, wie sie sie aufnimmt und in ihrem Innern weiterbefördert und wie sie die Stoffe verändert und in ihren Körper einbaut, das sind Fragen, die schon ARISTOTELES und THEOPHRASTOS beschäftigten und über die auch CESALPINO nachgedacht hat. Da diese Vorgänge aber im Innern des Pflanzenkörpers vor sich gehen, ist es verständlich, daß die Erfindung des Mikroskops und die Erforschung der Gewebe neue Anregung zum Nachdenken über diese Fragen gab. In der Tat finden wir bei MARCELLO MALPIGHI (vgl. Kap. 7) zum ersten Male eine in sich geschlossene Theorie der pflanzlichen Ernährung. Zunächst muß erwähnt werden, daß der Auffassung von ARISTOTELES, die Pflanze nähme bereits die fertige Nahrung aus dem Boden auf und scheide daher auch keine Exkremente aus, schon von JUNGIUS widersprochen wurde. Bereits in seiner ersten, der Royal Society in London eingereichten Abhandlung (1671) setzt MALPIGHI auseinander, daß der von den Wurzeln aufgenommene Nahrungssaft von den faserigen Zellen des Holzes nach oben geleitet wird, während er die Gefäße für luftführend ansieht und ihnen in Analogie zu den Tracheen der Insekten denselben Namen gibt. Diese Saftbewegung läßt sich auch umkehren, da ein verkehrt eingesetzter Steckling an seinem ursprünglich oberen Ende Wurzeln treiben kann. Die aufgenommenen und nach oben geleiteten Nahrungssäfte werden in den Blättern verarbeitet zu Stoffen, die das Wachstum ermöglichen. MALPIGHI's Meinung, daß die Baustoffe der Pflanze in den Blättern gebildet werden, trifft zwar das Richtige, wenn auch sein Beweis nach unserer heutigen Kenntnis der Dinge keineswegs zwingend ist. Die Cotyledonen der Keimpflanzen sind nach MALPIGHI echte Blätter, was man etwa beim Kürbis deutlich sieht, wo sie zu grünen Blättern heranwachsen. Entfernt man die Cotyledonen an einem jungen Keimling, dann geht er ein. Da die Cotyledonen Blätter sind, so werden alle Blätter die Funktion haben, den durch die Holzfasern herbeigeführten rohen Nahrungssaft zu Wachstumsstoffen zu verarbeiten (excoquere = auskochen), was durch die Kraft der Sonnenstrahlen bewirkt wird. Da MALPIGHI Stoffbildung und Stoffspeicherung noch nicht auseinanderzuhalten vermag, meint er, daß auch das Parenchym in der Rinde und in den Markstrahlen des Holzes dieselbe Funktion wie das Blattparenchym habe, da auch abgeschlagene Baumstümpfe wieder austreiben, also fertige Nahrung enthalten müssen.

MALPIGHI's Theorie wurde von GREW adoptiert, aber nicht wesentlich weitergeführt. Hingegen hat der französische Physiker EDME MARIOTTE

(1620–1684) wichtige Gedanken zur Ernährungslehre beigesteuert. Er nimmt an, daß die Pflanzen sich aus vielerlei Stoffen aufbauen, die ihrerseits wiederum aus einfacheren Bestandteilen aufgebaut sind. Viele Stoffe sind allen Pflanzen gemeinsam; denn bei allen Gewächsen ergibt die Destillation Wasser, Säuren und Ammoniak, und bei der Verbrennung des Rückstandes bleibt Asche übrig, aus der man verschiedene Erden und Salze gewinnen kann. Alle diese «Prinzipien» finden sich auch in der Erde, aus der die Pflanze ja ihre Nahrung bezieht. Die einzelnen Pflanzenarten unterscheiden sich nur durch die verschiedene Vereinigung der genannten «Prinzipien». Er verweist auf folgende Tatsache: Wenn man» auf eine Wildbirne eine edle Birnensorte aufpfropft, so erzeugt derselbe Saft auf dem Pfropfreis edle Birnen, und wenn man auf dieses wiederum ein Reis der Wildbirne pfropft, erhält man wieder schlechte Früchte. Der mit den Wurzeln aufgenommene Saft ist aber stets derselbe. Auch wachsen Giftpflanzen neben ungiftigen nebeneinander im gleichen Boden. Damit ist aber die aristotelische Lehre von dem bereits aus dem Boden fertig aufgenommenen Bildungssaft widerlegt. Auch mit dem Saftdruck hat sich MARIOTTE befaßt. Sein Vorhandensein schließt er aus dem Austreten von Milchsaft nach Verletzung und vergleicht ihn mit dem Blutdruck in den Adern. Der Saftdruck dehnt die Organe der Pflanzen aus und bewirkt ihr Wachstum. MARIOTTE nimmt also nur rein physikalische Kräfte zur Erklärung der Ernährung und des Wachstums zu Hilfe, metaphysische Begriffe, wie die aristotelischen «Entelechien» oder eine «Pflanzenseele», lehnt er ab, ebenso die damalige «Präformationstheorie», die, wie wir hörten, später CASPAR FRIEDRICH WOLFF endgültig widerlegte. Schließlich wandte sich MARIOTTE auch scharf gegen die damals herrschende Signaturenlehre, welche die Heilkraft einer Pflanze aus der Ähnlichkeit ihrer Organe mit Organen des menschlichen Körpers herleitete, und verlangte eine experimentelle Prüfung der Heilwirkung der Drogen an Kranken.

MALPIGHI war durch seine anatomischen Untersuchungen und MARIOTTE durch physikalische Überlegungen zu Hypothesen über die Ernährung der Pflanzen gekommen, die – wir wir heute wissen – vielfach das Richtige getroffen haben. Aber planmäßige Versuche hat keiner von beiden angestellt.

Abb. 46. STEPHEN HALES (1677–1761)

Einen bedeutenden Fortschritt in der Ernährungsphysiologie der Pflanzen brachten erst die Experimente und Beobachtungen des Engländers STEPHEN HALES (Abb. 46)[1], den REED in seiner «History of plant sciences» «the first great figure in plant physiology» nannte, da er als erster planmäßige Versuche mit Pflanzen anstellte, die zu quantitativen Ergebnissen führten. Er wurde in Bekesbourne (Kent) im Jahre 1677 geboren, also im gleichen Jahrzehnt, in welchem die Werke von MALPIGHI und GREW erschienen. Mit 19 Jahren trat er in ein theologisches College ein, blieb trotz seiner naturwissenschaftlichen Interessen und seiner Aufnahme in die Royal Society der Theologie treu und starb 1761 als Curat in Teddington (Middlesex); welch hohe Achtung er genoß, läßt die Tatsache erkennen, daß ihm in der Westminsterabtei ein Epitaph gesetzt wurde. Neben seiner Arbeit als pflichteifriger Geistlicher, der in vorbildlicher Weise für seine Gemeinde sorgte, fand er noch Zeit zu umfangreichen biologischen Studien, über die er sogar an der Royal Society Vorlesungen hielt. Sein Hauptwerk trägt den Titel «Vegetable staticks, or, an account of some statical experiments on the sap in plants» und erschien 1727; es wurde auch ins Französische, Italienische und Deutsche übersetzt («Statick der Gewächse», 1748). Wenige Jahre später ließ HALES noch ein Werk über die Bewegung des Blutes folgen («Haemostaticks»). Obgleich Theologe, bemühte sich HALES, wohl unter dem Einfluß seines Lehrers NEWTON, die Lebenserscheinungen mechanisch zu erklären, ohne unbeweisbare Spekulationen zu Hilfe zu nehmen.

Am meisten fesselten HALES die Probleme des Wasserhaushalts der Pflanzen. Schon der erste von ihm beschriebene Versuch (Abb. 47) kennzeichnet seine Arbeitsweise und sein experimentelles Geschick. Er pflanzte eine Sonnenblume in einen Blumentopf, bedeckte die Erdoberfläche mit einer dünnen Bleiplatte und verklebte alle Fugen. Die Bleiplatte war von zwei Glasröhren durchsetzt, einer engen, nahe dem Pflanzenstengel, zur Durchlüftung und einer weiten, nahe dem Topfrande, zum Begießen der Pflanze. Letztere wurde mit einem Korkstopfen verschlossen, ebenso das Abzugsloch des Topfes. Fünfzehn Tage lang wurde morgens und abends der Topf mit Pflanze gewogen, dann die Pflanze abgeschnitten, der Stumpf verklebt und nun die Verdunstung des Blumentopfes als solchem festgestellt. Schließlich bestimmte HALES mittels eines Drahtfadennetzes die gesamte Oberfläche der Blätter zu 5616 Quadratzoll (= 39 Quadratfuß). An einer etwa gleich starken Pflanze aus freier Erde maß und wog er eine Hauptwurzel mit sämtlichen Nebenwurzeln, wog dann das ganze Wurzelwerk und bestimmte dadurch die Länge aller Wurzeln auf 1448 Fuß. Schließlich berechnete er die gesamte Wurzeloberfläche auf 2286 Quadratzoll (= 17 Quadratfuß), was drei Achtel der gesamten oberirdischen Fläche der Pflanze ausmachte. HALES ermittelt daraus erstmals die Transpiration (er benutzt auch diesen Terminus!) der Blattfläche und berechnet ferner die Geschwindigkeit des Wasserstroms in der Pflanze zu 45 Kubikzoll in 12 Stunden. Um die Leitungsfläche im Stengel zu bestimmen, wog er einen frischen Stengel und denselben völlig ausgetrocknet, woraus er den festen Anteil des Stengels errechnete. Wir müssen hierbei bedenken, daß zu HALES Zeiten noch nicht bekannt war, in welchem Gewebe die Wasserleitung erfolgt. Schließlich berechnete HALES das Verhältnis der Transpiration eines Menschen zu derjenigen der Sonnenblume wie 141 : 100. – Auf einem Schenkel eines U-förmig gebogenen, wassergefüllten Glasrohrs befestigte HALES einen *Mentha*-Sproß (mittels Darm und Bindfaden). Mit diesem einfachen Potetometer stellte er fest, daß die Pflanze nachts und bei feuchter Luft weniger Wasser verbraucht als bei trockener. – Vom Weinstock und andern Gewächsen steckte HALES beblätterte, noch am Stamm ansitzende Sprosse in eine Retorte, schloß sie luftdicht ab und sammelte das Kondensationswasser der transpirierenden Blätter: es erwies sich als klar, geschmacklos und arm an Luft (vgl. Bild in REED S. 103). Als HALES im Spätsommer einen beblätterten Kirschbaum abschnitt und ein Steigrohr auf dem Stummel befestigte, traten nur Spuren von

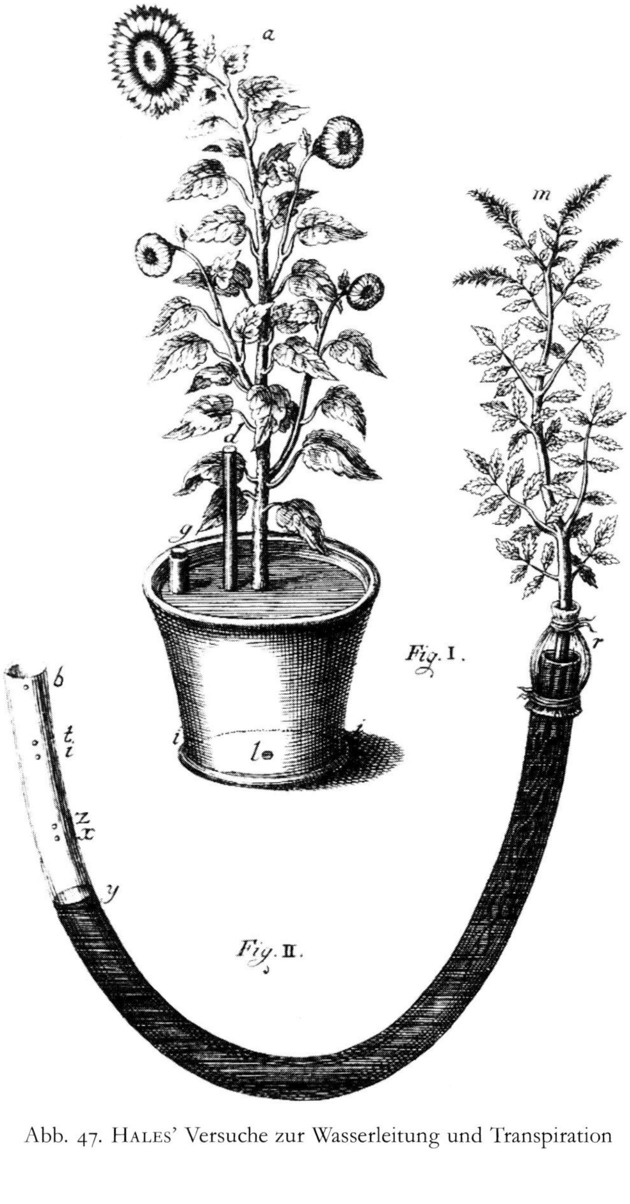

Abb. 47. Hales' Versuche zur Wasserleitung und Transpiration

Wasser aus. Daraus schließt er, daß «die Saft in sich führenden Haargefäße wenig Kraft haben, die Feuchtigkeit weiterzutreiben und also nur durch Hülfe der transpirierenden Blätter des Saftes Fortgang so sehr befördert wird».

Die Saugkraft abgeschnittener Sprosse und Wurzeln bestimmte Hales in derselben Weise, wie wir es heute noch tun, indem er sie luftdicht auf einem wassergefüllten Glasrohr befestigte, das unten in Quecksilber eintaucht. Auch den Wurzeldruck (Blutungsdruck) des Weinstocks im Frühjahr bestimmte er mittels eines doppelt U-förmigen Quecksilbermanometers. – Schließlich stellte HALES Modellversuche an, indem er feinporige Körper (z.B. ein mit festgestopfter Holzasche gefülltes Rohr) Wasser hochsaugen ließ. – Mit allen diesen sorgfältig ausgeführten, auf klarer Fragestellung beruhenden Versuchen hat HALES den Grundstein zur Kohäsionstheorie der Wasserbewegung gelegt, und zwar ein Jahrzehnt vor dem Erscheinen von LINNÉS ersten Werken! Den endgültigen Beweis dieser Theorie lieferten erst DIXON und RENNER zweihundert Jahre später.

Aus dem Dargelegten wird verständlich, daß HALES die Blätter nur als Transpirationsorgane sah, nicht aber als Organe der Stoffbildung (wie MALPIGHI) und daher das Vorhandensein eines absteigenden Saftstroms leugnete. Seine an sich wohlüberlegt durchgeführten Ringelungsversuche deutete er durch die Annahme, daß die Blätter den Nahrungssaft an sich zögen.

Noch mit einem anderen Gebiet beschäftigte sich HALES: mit der Bedeutung der «Luft» für die Pflanze. Er stellte die Wegsamkeit der Blätter und der Rinde für Luft fest. Bei Gärung und trockener Destillation wird Luft frei (ein in diese gebrachter Sperling stirbt sofort). Diese Luft ist offenbar von den Pflanzen zu fester Substanz kondensiert worden, mit anderen Worten: Der Pflanzenkörper ist nicht nur aus Wasser und darin gelösten Nahrungsstoffen, sondern auch aus Bestandteilen der Luft aufgebaut. Daß HALES in diesem Punkte nicht weiter kam, ist im Hinblick auf den damaligen Kenntnisstand der Chemie nicht zu verwundern.

In dem halben Jahrhundert nach dem Erscheinen von HALES' Werk hat die Pflanzenphysiologie keinen Schritt vorwärts getan. Erst der Fortschritt der Chemie bot die Grundlage zur Weiterarbeit auf dem Gebiete der pflanzlichen Ernährungsphysiologie. 1774 entdeckte PRIESTLEY das Sauerstoffgas, und zwei Jahre später wies LAVOISIER nach, daß die «fixe Luft» aus Kohlenstoff und «Lebensluft» besteht, und weiter, daß bei Verbrennung organischer Stoffe fixe Luft und Wasser entstehen. Die «fixe Luft» nannte er Kohlensäure, die «Lebensluft» Sauerstoff (Oxygène). In diese Zeit der sich geradezu überstürzenden chemischen Entdeckungen fällt der Nachweis sowohl der Kohlenstoffassimilation als auch der Atmung der Pflanzen durch den Arzt JAN INGEN-HOUSZ und den Naturforscher THÉODORE DE SAUSSURE.

JAN INGEN-HOUSZ (Abb. 48)[2] wurde 1730 in Breda (Nord-Brabant) geboren, bezog mit 16 Jahren die Universität Lyon, um Medizin und Naturwissenschaften zu studieren, und wurde mit 22 Jahren zum Dr. med. promoviert, worauf er zur weiteren Ausbildung die Universitäten Leiden, Paris und Edinburgh besuchte und sich schließlich in Breda als Arzt niederließ. Physik und Chemie waren seine Nebenbeschäftigungen. Da INGEN-HOUSZ als Katholik ein akademisches Lehramt in seiner Heimat verschlossen war, folgte er einer Einladung nach London, wo er mit den führenden Medizinern PRINGLE, HUNTER und MONRO in Verbindung trat und sich vor allem mit der Kinderpockenimpfung beschäftigte. Da auch das österreichische Kaiserhaus Todesfälle durch Pocken zu beklagen hatte, wandte sich Maria Theresia um Hilfe nach London, und auf PRINGLE's Empfehlung wurde INGEN-HOUSZ 1768 nach Wien berufen, wo die Pockenepidemie immer größere Ausmaße annahm. Durch erfolgreiche Impfung zahlreicher Kinder sowie des ganzen Kaiserhauses errang sich INGEN-HOUSZ eine sehr angesehene Stellung in Wien, und es wurde ihm ein hohes Jahresgehalt gewährt.

Abb. 48. Jan Ingen-Housz (1730–1799)

Abb. 49. Théodore de Saussure (1767–1845)

Während seiner Wiener Zeit führte Ingen-Housz seine bedeutenden pflanzenphysiologischen Untersuchungen aus, deren Ergebnisse er während eines England-Aufenthaltes zu seinem ersten Werk zusammenfaßte (1779). Zwanzig Jahre nach seinem Eintreffen in Wien kehrte er über Paris in seine Heimatstadt zurück und reiste weiter nach London. Hier verschlechterte sich sein Gesundheitszustand derart, daß er nicht wieder nach Wien zurückzukehren wagte. In Zeiten besserer Gesundheit schrieb er sein zweites Hauptwerk über die Ernährung der Pflanzen. Außer mit pflanzenphysiologischen Untersuchungen befaßte sich Ingen-Housz eingehend mit solchen über Reibungselektrizität. Auch ist ihm die Einführung des Deckglases in die mikroskopische Technik zu danken. Er starb in Bowood bei London 1799 im 69. Lebensjahr.

Das 1779 erschienene erste Hauptwerk von Ingen-Housz kündigt das Hauptergebnis schon im Titel an: «Experiments upon vegetables discovering their great power of purifying the common air in the sunshine and of injuring it in the shade and at night».[3] Ein tieferes Verständnis dieser Befunde war erst möglich, als Lavoisier die Phlogistontheorie widerlegte (1785), und deshalb kommt Ingen-Housz in seinem zweiten Werk «An Essay on the Food of Plants and the Renovation of Soils» (1796), zu dessen deutscher Ausgabe Alexander von Humboldt eine Einleitung schrieb, nochmals darauf zurück.

Ingen-Housz wurde zu seinen Untersuchungen angeregt durch die Entdekkung von Priestley, daß die Pflanzen in einer für Tiere untauglichen Luft bestens gedeihen, und daß eine Luft, die durch Abbrennen einer Kerze schädlich gemacht wurde, wieder zum Atmen und zum Brennen einer Flamme geeignet wird, wenn Pflanzen darin leben. Im Gegensatz zu Priestley war nun der Chemiker Scheele zu dem Ergebnis gekommen, daß die Pflanze die Luft, in der sie wächst, nicht verbessert, sondern verschlechtert. Dieser Widerspruch erklärt sich dadurch, daß keiner der beiden Forscher wußte, unter welchen Bedingungen die Pflanze die Luft verbessert oder verschlechtert. Hier setzt nun INGEN-HOUSZ ein. Er stellt folgendes fest:

1. Die Sauerstoffausscheidung wird nicht durch das Wachstum der Pflanze bewirkt, sondern durch die grünen Blätter, und zwar nur unter dem Einfluß des Lichtes.
2. Im Sonnenlicht erfolgt die Sauerstoffausscheidung am stärksten, aber auch noch im diffusen Tageslicht.
3. Im Dunkeln wird kein Sauerstoff abgeschieden, vielmehr wird die Luft verschlechtert, so daß Tiere nicht mehr darin leben können.
4. Alle Blumen vermögen die Luft nicht zu reinigen, ebensowenig Wurzeln und Früchte. Die Sonne vermag nur mit Hilfe der grünen Pflanze die Luft zu verbessern.

Zur Methodik sei erwähnt, daß INGEN-HOUSZ die grünen Pflanzen in Brunnenwasser eintauchte, den ausgeschiedenen Sauerstoff auffing und mittels glimmenden Spans nachwies, und ferner, daß er «anstelle von gebogenen Glasröhren solche aus Kautschuk» anwendete, d.h. Gummischläuche. Selbstverständlich sprach INGEN-HOUSZ in seiner ersten Abhandlung nicht von «Sauerstoff», sondern von «dephlogistisierter Luft».

INGEN-HOUSZ ist es also gelungen, die zwei grundlegenden Lebensvorgänge, Photosynthese und Atmung, zu erkennen und damit den Widerspruch in den Befunden PRIESTLEY's und SCHEELE's aufzuklären. INGEN-HOUSZ's Werk fand günstige Aufnahme und wurde im Jahr darauf ins Deutsche und Holländische übersetzt. PRIESTLEY fühlte sich offenbar etwas gekränkt, und der Genfer Gelehrte JEAN SENEBIER polemisierte in zwei umfangreichen Werken (insgsamt 7 Bände von zusammen 3400 Seiten!) gegen INGEN-HOUSZ, der jedoch alle Angriffe entweder mit Schweigen oder in äußerst maßvoller Weise beantwortete.

Die Bedeutung der Kohlensäure für die Ernährung der Pflanze hat INGEN-HOUSZ bereits 1779 erkannt und in seinem zweiten Werk eindeutig ausgesprochen: «Von der aus der Luft aufgenommenen Kohlensäure absorbiert die Pflanze im Sonnenschein den Kohlenstoff, indem sie den Sauerstoff aushaucht und den Kohlenstoff sich als Nahrungsmittel aneignet.» Und auf der anderen Seite hat INGEN-HOUSZ die Bedeutung der Atmung auch für die Pflanzen erkannt: «Eine Pflanze, welche im luftleeren Raum keimt, stirbt bald und stirbt in allen Gasarten, in welchen Tiere nicht leben können.»

Von Genf aus waren einerseits die Anfeindungen durch SENEBIER gekommen und andererseits wenige Jahre nach INGEN-HOUSZS Tode und noch zu Lebzeiten SENEBIER's eine Bestätigung und quantitative Untermauerung der INGEN-HOUSZschen Befunde durch THÉODORE SAUSSURE.

NICOLAUS THÉODORE DE SAUSSURE (Abb. 49)[4] wurde 1767 in Genf als Sohn des berühmten Alpenforschers HORACE BÉNÉDICTE geboren. Er begleitete seinen Vater oft bei Bergbesteigungen und unterstützte ihn bei seinen meteorologischen und physikalischen Messungen aufs eifrigste, insbesondere in den Jahren nach der berühmten Montblanc-Besteigung (1787), wovon die berühmten «Voyages dans les Alpes» Zeugnis geben. Später wandte er sich chemischen und physiologischen Untersuchungen zu, die schließlich zu seinem bedeutendsten Werk «Recherches chimiques sur la végétation»[5] im Jahre 1804 führten. Seit 1802 war er Professor der Mineralogie und Geologie an der Akademie in Genf. Er lebte ziemlich zurückgezogen in Laboratorium und Studierstube, wo er unablässig arbeitete bis zu seinem Tode im Jahre 1845. A.P. DE CANDOLLE hat die prächtige Alpenpflanze *Saussurea* (Composite) ihm zu Ehren benannt.

Schon von der Teilnahme an seines Vaters Untersuchungen an zahlenmäßige Genauigkeit gewöhnt, faßte er die Fragen des Gasaustausches und der Ernährung der Pflanzen, wie sie INGEN-HOUSZ in ihren Hauptzügen richtig erkannt hatte, von der quantitativen Seite her an. SAUSSURES Darstellung erinnert an HALES: Hier wie dort klare Fragestellungen, eindeutige Versuche, nüchterne Zahlen als Ergebnisse. Treffend schreibt SACHS: «Die Geradheit und kurz angebundene Art, mit durchschlagender Sicherheit quantitative Resultate zu Tage zu fördern, die Konsequenzen und durchsichtige Klarheit des Gedankenganges sind es vorwiegend, die uns bei der Lektüre dieses Werkes ein Gefühl von Vertrauen und Sicherheit einflößen, wie kaum ein anderes Werk seit HALES bis auf die neueste Zeit... Es ist eben kein didaktisches, sondern ein grundlegendes Werk, welches nicht lehren, sondern Tatsachen feststellen wollte.»

Wir können nur die wichtigsten Ergebnisse von SAUSSURES Untersuchungen herausgreifen. Größere Kohlensäuremengen fördern die Pflanzen nur im Licht; in Schatten und Dunkelheit bewirken sie das Gegenteil. Ein höherer Kohlensäuregehalt der Luft als acht Prozent wirkt in jedem Fall schädlich. Die Vermehrung der Trockensubstanz ist höher als dem aufgenommenen Kohlenstoff entspricht, also müssen auch Bestandteile des Wassers bei diesem Vorgang gebunden werden. Die Hauptmasse des Pflanzenkörpers wird aus der Kohlensäure der Luft und aus Bestandteilen des Wassers aufgebaut; nur ein geringer Teil stammt aus dem Erdboden.

Bezüglich der Atmung stellt SAUSSURE fest, daß auch Keimpflanzen trotz ihrer Reservestoffe ohne Sauerstoffatmung nicht wachsen können. Wachsende Pflanzenteile atmen stärker als ruhende. Auch erkannte er den Zusammenhang zwischen Selbsterwärmung der Blüten und dem Sauerstoffverbrauch.

Weiterhin führte SAUSSURE eine große Zahl von Aschenanalysen aus, aus denen sich ergab, daß junge Pflanzenteile reich an Alkalien und Phosphorsäure, ältere reich an Kalk und Kieselsäure sind. Die Pflanzen vermögen sich nur dann normal zu entwickeln, wenn sie genügend Aschenbestandteile aufnehmen können; in destilliertem Wasser gedeihen sie nur kümmerlich. Schließlich stellte SAUSSURE fest, daß die Pflanze den Stickstoff der Luft nicht zu verwerten vermag, sondern ihn aus dem Boden aufnehmen muß.

Eine bedeutsame Vertiefung erfuhr die damalige Pflanzenphysiologie durch den französischen Arzt und Biologen HENRI DUTROCHET (Abb. 52).[6] Er wurde 1776 auf Schloß Néon (Dep. Poitou) als Sohn einer adeligen Familie geboren, die während der französischen Revolution ihr Vermögen verlor. Nach Medizinstudium und Promotion in Paris nahm er (1808–09) als Militärarzt am Spanienfeldzug teil, gab dann aber die Praxis auf und widmete sich, auf Schloß Renault (Dep. Touraine) zurückgezogen lebend, pflanzen- und tierphysiologischen Studien.[7] Nach seiner Ernennung zum Mitglied der Akademie (1831) siedelte er nach Paris über, wo er 1847 starb.

Von den vielen Problemen, die DUTROCHET beschäftigten, können wir nur die wichtigsten herausgreifen. Daß durch die Atmung Wärme erzeugt wird, hatte bereits SAUSSURE in seiner Abhandlung über die Atmung der Blüten gezeigt. DUTROCHET wies nicht nur mit einer thermoelektrischen Apparatur eine schwache Wärmeerzeugung wachsender Sprosse nach und zeigte, daß auch die Reizbewegungen der Pflanze von der Anwesenheit von Sauerstoff, also von der Atmung abhängig sind, sondern erkannte vor allem, daß sich die Atmungswärme nicht unbedingt in einer Temperaturerhöhung der Pflanzenorgane äußern muß, da ja durch verschiedene Faktoren auch eine Abkühlung derselben erfolgt. Mit dem Nachweis, daß die Eigenwärme der Pflanzen auf den Atmungsvorgängen beruht, wurde dem damals in der Physiologie herrschenden «Vitalismus», der eine besondere «Lebenskraft» postulierte, eine wichtige Stütze entzogen. In derselben Richtung wirkten sich Untersuchungen DUTROCHET's aus, die sich mit der von ihm als «Endosmose» bezeichneten Erscheinung beschäftigten. Er baut (1828) ein «Endosmometer», wie wir es heute noch für Demonstrationsversuche verwenden: Die Öffnung eines umgekehrten Glastrichters wird mit einem Stück Harnblase verschlossen, während am oberen Ende ein Steigrohr angebracht wird. Taucht man das mit Zuckerlösung gefüllte Endosmometer ins Wasser, so kann man am Steigrohr den osmotischen Druck ablesen. Erst ein halbes Jahrhundert später hat PFEFFER diese Apparatur so vervollkommnet, daß sie für exakte Messungen verwendbar wurde (s. Kap. 17), die ihrerseits zu einer physikalischen Erklärung der Phänomene führten. Durch die Endosmose ließ sich der Turgor der lebenden Pflanzenzelle erklären; durch Einlegen von Pflanzenteilen in Salzlösungen gelang es DUTROCHET, den Turgor aufzuheben. Auch die Blutung des Weinstocks im Frühjahr erkannte er als eine osmotische Leistung. DUTROCHET hatte bei seinen Versuchen, die er mit der oben geschilderten Apparatur ausführte, außer dem Wasserstrom von außen nach innen («Endosmose») auch einen Austritt des gelösten Stoffes festgestellt («Exosmose»). Diese Entscheidung ist erst in unserem Jahrhundert aufgeklärt worden.

Bedeutsam für das Verständnis aller Gasaustauschvorgänge in der Pflanze ist der von DUTROCHET festgestellte Zusammenhang der Interzellularen unter sich und mit den Spaltöffnungen; bei *Nuphar* wies er die Wegsamkeit des Interzellularsystems von den Spaltöffnungen bis hinab zu den Wurzeln nach. Auch erkannte er erstmals Atmung und Photosynthese als zwei verschiedene Vorgänge. Die endgültige Klärung erbrachte erst JULIUS SACHS drei Jahrzehnte später.

Wesentliche neue Beobachtungen enthalten auch die Untersuchungen DUTROCHETS über die Saftströme in der Pflanze. Er unterscheidet klar zwischen dem Bluten abgeschnittener Sprosse im Frühjahr, das er richtig auf osmotische Vorgänge zurückführt, und dem Aufsteigen des Wassers im Sommer. Die Plasmaströmungen in den Internodialzellen von *Chara* und die Vorgänge des Saftsteigens sind nach DUTROCHET – im Gegensatz zur Meinung einiger Zeitgenossen – zwei völlig verschiedene Phänomene, die keine Beziehung zueinander haben. Er beobachtete ferner, daß der Wassertransport nur in den äußeren Schichten des Holzkörpers vor sich geht. – Auf DUTROCHET's Beiträge zur Kenntnis der pflanzlichen Bewegungen werden wir noch zu sprechen kommen.

Daß manche Erklärungsversuche DUTROCHET's einer späteren Kritik durch MOHL, SCHLEIDEN u.a. nicht standgehalten haben, schmälert die Leistungen dieses hervorragenden Physiologen nicht im geringsten. Mit Recht nennt ihn SACHS «einen geistreichen Mann, einen selbständigen Denker, der... an die Stelle bloßer Anhäufung einzelner Beobachtungen eine kritische Behandlung der Literatur sowohl wie seiner eigenen Untersuchungen treten ließ». Keines der damaligen Lehrbücher der Pflanzenphysiologie «erreicht an Scharfsinn und Tiefe der Behandlung DUTROCHET's ‹Memoires›».

Die Bewegungen der Pflanzen haben als besonders auffällige Lebenserscheinungen schon frühzeitig die Aufmerksamkeit des Botanikers erregt. Daß THEOPHRASTOS bereits die Schlafbewegungen der Leguminosenblätter und die Seismonastie von *Mimosa* bekannt waren, haben wir bereits im 1. Kapitel (s. S. 7) erwähnt. Mit den erstgenannten Bewegungen beschäftigte sich auch ALBERTUS MAGNUS. ROBERT HOOKE widmete der *Mimosa* ein Kapitel in seiner «Micrographia». LINNÉ veranlaßte eine Dissertation über den «Somnus plantarum» (Schlaf der Pflanzen) und stellte eine «Blumenuhr» zusammen (s. S. 19). Er beobachtete nicht nur die verschiedenen Bewegungsvorgänge und ordnete sie, sondern machte sich auch Gedanken über deren Ursachen. Er erkannte, daß hierfür nicht nur, wie bisher angenommen wurde, Temperaturunterschiede, sondern auch Änderungen der Beleuchtung verantwortlich sind.

Gleichzeitig mit LINNÉ beschäftigte sich ein französischer Forscher eingehend mit den Bewegungen der Pflanzen: HENRI LOUIS DUHAMEL DU MONCEAU (1700–1782, Abb. 50).[8] Als Sohn eines reichen Grundbesitzers studierte er zunächst Rechtswissenschaft bis zur Lizentiatenprüfung, widmete sich aber dann auf seinem Landgute in der Gâtinais (südlich Paris) ganz seinen vielseitigen naturwissenschaftlichen Studien und seinen literarischen Arbeiten. Die Pariser Académie des Sciences ernannte ihn zum Mitglied. Schließlich wurde er Generalinspektor der französischen Marine, wobei ihm Bau, Ausrüstung und Verproviantierung der Kriegsschiffe oblag. Sein Interesse war vorwiegend auf die Praxis gerichtet. Er wertete nicht nur die Literatur seiner Zeit kritisch aus, sondern stellte überall eigene Beobachtungen und sorgfältig überlegte Versuche an. Von seinen zahlreichen Werken, die meist auch ins Deutsche übersetzt wurden, ist für die Botanik vor allem «La physique des arbres» (Paris 1758) von Bedeutung, 2 Quartbände mit 57 Tafeln. Dies ist gleichsam eine «Allgemeine Botanik» (Morphologie und Physiologie) mit besonderer Bezugnahme auf die Bäume; aber auch krautige Gewächse werden oft als Beispiele herangezogen. Im Vergleich zu unseren heutigen, so unpersönlichen Lehrbüchern fesselt DUHAMEL den Leser, indem er ihn die Beobachtungen und Versuche miterleben läßt und ihn an den theoretischen Folgerungen mitbeteiligt. Wir können uns hier nicht mit dem Inhalt des ganzen Werkes beschäftigen, sondern nur mit den Bewegungserscheinungen, denen das 6. Kapitel des 4. Buches gewidmet ist, welches die Überschrift trägt: «Von der Richtung der Stämme und Wurzeln und von der Nutation verschiedener Teile an den Pflanzen.» Anhand verschiedenartiger Versuche mit keimenden Eicheln

Abb. 50. HENRI LOUIS DUHAMEL (1700–1782)

Abb. 51. Thomas Knight (1759–1838)

Abb. 52. Henri Dutrochet (1776–1847)

legt Duhamel dar, daß das Wachstum der Wurzel nach unten und des Sprosses nach oben nicht durch Licht-, Feuchtigkeits- oder Temperaturunterschiede bedingt ist. Für solche Krümmungen, die wir heute als phototropisch bezeichnen, wies er erstmals das Licht als auslösenden Faktor nach (frühere Beobachter hatten Temperaturunterschiede verantwortlich gemacht). Weiterhin beschäftigte sich Duhamel mit den Schließbewegungen der Leguminosenblätter, mit den Öffnungs- und Schlafbewegungen der Blüten, mit den Erschütterungsbewegungen der *Mimosa* (je stärker die Reizung, desto weiter erstreckt sich ihre Wirkung). Er beschreibt erstmals die Reizbarkeit der Staubfäden von *Opuntia* und *Helianthemum*. Schließlich widmet Duhamel seine Aufmerksamkeit den Öffnungsbewegungen von Kapselfrüchten und führt sie auf verschieden gerichtete Fasern-Schichten zurück. An einer anderen Stelle seines Werkes behandelt er noch die Windebewegungen der Schlingpflanzen und die Greifbewegungen der Ranken. Duhamel hat somit erstmals die verschiedenen Bewegungserscheinungen der Pflanzen übersichtlich dargestellt und deren Ursachen aufzuklären versucht.

Wichtige Beiträge zur Bewegungsphysiologie leistete der Engländer Thomas Andrew KNIGHT[9] (Abb. 51). Er wurde 1759 in Wormseley bei Hereford geboren. Nach zeitgenössischem Zeugnis widmete er dem Sport sehr viel mehr Zeit als dem Lateinischen und Griechischen, das er trotzdem besser beherrschte als seine Altersgenossen. Die Jagd bot ihm viel Gelegenheit zu Naturbeobachtungen, die ihn wiederum zu eingehenden Untersuchungen anregten. Neben der Bewirtschaftung seines Landgutes befaßte sich Knight mit gärtnerischen und landwirtschaftlichen Fragen. Sir Joseph Banks stellte ihm seine umfangreiche Bibliothek zur Verfügung und veranlaßte ihn, seine Untersuchungen zu veröffentlichen. 1805 wurde er sogar zum Mitglied der Royal Society gewählt und sechs Jahre später zum Präsidenten der Horticultural Society. Dementsprechend traten praktische Fragen des Gartenbaus und der Landwirtschaft in den Vordergrund. Mit Dutrochet stand er im Briefwechsel. Bis zu seinem Tode (1838) war er wissenschaftlich tätig.

Ebenso wie bei Duhamel können wir auch bei Knight hier nur die Ergebnisse seiner bewegungsphysiologischen Untersuchungen[10] würdigen. Er beschäftigte sich vor allem mit den tropistischen Bewegungen. Aus Duhamels Versuchen schloß er, daß das Abwärtswachsen der Keimwurzel und das Aufrechtwachsen des Sprosses von der Schwerkraft bewirkt werden. Um dies zu beweisen, konstruierte er (1806) eine Versuchsanordnung, welche die Schwerkraft in stetigem und schnellem Wechsel aufhebt. An einem Bach mit starkem Gefälle baute er ein Wasserrad und brachte dieses in Verbindung mit einem zweiten Rade, das in einer senkrechten Ebene 150 Umdrehungen in der Minute ausführte. Auf dem Radkranze des letzteren befestigte Knight stark aufgequollene Bohnensamen in verschiedener Richtung. Er erwartete das Ergebnis «mit einiger Spannung, jedoch ohne Besorgnis». Die Keimwürzelchen, gleichgültig in welcher Richtung die Samen befestigt waren, wuchsen sämtlich nach außen, die Sprosse zum Radmittelpunkt. Die Schwerkraft war somit durch die Zentrifugalkraft ersetzt worden. Da in diesem Versuch beide Kräfte in derselben Ebene wirken und daraus vielleicht Einwürfe abgeleitet werden könnten, fügte er seiner Apparatur ein drittes, in horizontaler Ebene laufendes Rad von ebenfalls 11 Zoll Durchmesser bei, das aber 250 Umdrehungen in der Minute machte. Schwerkraft und Fliehkraft wirkten also senkrecht aufeinander. Jetzt neigten sich die Würzelchen in einem Winkel von 10° gegen die Horizontale nach unten und die Sprosse um ebensoviel Grad nach oben. Bei Verminderung der Umlaufgeschwindigkeiten näherten sich Würzelchen und Sprosse mehr und mehr der Vertikalen. Damit hatte Knight den Beweis geführt, daß die Wachstumsrichtung der Wurzel und des Sprosses durch die Schwerkraft bedingt ist. Auch über die Art und Weise, wie die Schwerkraft auf die Pflanze einwirkt, machte sich Knight Gedanken. Er meinte, daß die Schwerkraft auf das zarte, weiche Gewebe der Wurzelspitze unmittelbar einwirkt, mit anderen Worten, daß diese sich durch ihr eigenes Gewicht abwärts biegt; im Stengel wird der Nahrungssaft nach unten gezogen und wirkt so lange als Wachstumsverstärker, bis der Stengel aufgerichtet ist. Daß jedoch die Wurzel nicht einfach hinabsinkt, wurde bereits durch Zeitgenossen Knights bewiesen. Im übrigen bereitet uns die Deutung der geotropischen Vorgänge noch heute beträchtliche Schwierigkeit.

Dieses Beispiel zeigt, wie klar Knight die Fragen stellte, wie er mit einfachen Mitteln sinnvolle Apparate baute und wie er sich um eine ursächliche Erklärung der Vorgänge ohne Zuhilfenahme einer Lebenskraft bemühte. Knight entdeckte ferner den Hydrotropismus der Wurzeln und den negativen Phototropismus der Ranken von *Vitis* und *Ampelopsis*.

An dieser Stelle müssen wir nochmals auf den oben erwähnten französischen Pflanzenphysiologen Dutrochet kurz zurückkommen, da er auch wichtige Beiträge zur Bewegungsphysiologie geliefert hat. Vor allem hat er den Mechanismus der *Mimosa*-Blattbewegung einer Klärung näher gebracht. Während man bisher meinte, daß die Bewegung durch das Leitbündel ausgelöst würde, zeigte Dutrochet, daß sie durch die unterschiedliche Ausdehnung der Unter- und Oberseite des Blattpolsters zustandekommt und das Leitbündel nur passiv gebogen wird. Dutrochet hat als Erster erkannt, daß durch Endosmose und Exosmose verursachte Turgoränderungen Bewegungen veranlassen können. Wenn sich auch manche seiner Annahmen später als irrig herausgestellt haben, so schmälert dies nicht im geringsten sein großes Verdienst, eine konsequent mechanische Erklärung der Bewegungen angebahnt zu haben.

Die Grundlegung der Pflanzenphysiologie am Ende des 18. und Anfang des 19. Jahrhunderts gehört zu den spannendsten Abschnitten der Botanik-Geschichte. Bezeichnenderweise waren die ersten Pflanzenphysiologen keine «Fachbotaniker» – diese betrieben damals fast nur Systematik und Morphologie – sondern Männer, die von ganz anderen Berufen her mit den Problemen der pflanzlichen Lebenserscheinungen in Berührung kamen.

Den Abschluß dieser Pionierperiode bilden drei umfangreiche Lehrbücher, in denen der damalige Stand der Pflanzenphysiologie zusammenfassend behandelt wird: «Physiologie végétale» von A. P. DE CANDOLLE (1832, 3 Bände), «Physiologie der Gewächse» von L. CH. TREVIRANUS (1835–38, 2 Bände) und «Neues System der Pflanzenphysiologie» von F. MEYEN (1835–40, 3 Bände).

AUGUSTIN-PYRAMUS DE CANDOLLE[11] war zwar in erster Linie Morphologe und Systematiker (vgl. S. 64), überschaute aber das Gesamtgebiet der Botanik in einer erstaunlichen Breite und Tiefe zugleich. Während er seiner 1827 erschienenen «Organographie végétale» den Untertitel «description raisonnée des organes des plantes» beifügt, ergänzt er seine «Physiologie végétale» mit den Worten: Exposition des forces et des fonctions vitales des végétaux pour servir de suite à l'organographie végétale et d'introduction à la botanique géographique et agricole.» Damit hat DE CANDOLLE Ziel und Wesen seiner «Pflanzenphysiologie» selbst gekennzeichnet. Die fünf Abschnitte seines Werkes tragen folgende Überschriften (in der deutschen Übersetzung von J. RÖPER): Vom Pflanzenleben im Allgemeinen; von der Ernährung oder vom Leben der Individuen; von der Fortpflanzung oder vom Leben der Art; von denjenigen Erscheinungen des Pflanzenlebens, welche der Ernährung und der Fortpflanzung gemeinsam sind; von dem Einflusse der Außenwelt auf die Pflanzen. Der vorletzte Abschnitt umfaßt etwa unsere heutige Entwicklungs- und Bewegungsphysiologie, während der letzte im wesentlichen der Ökologie gewidmet ist.

LUDOLPH CHRISTIAN TREVIRANUS[12] hatte sich, bevor er seine «Physiologie der Gewächse» schrieb, vor allem mit der Histologie der Pflanzen (vgl. S. 140) und, zusammen mit seinem Bruder GOTTFRIED REINHOLD TREVIRANUS[13], auch der Tiere beschäftigt. Dementsprechend nimmt die Schilderung der Gewebe einen ziemlich breiten Raum in seinem Werk ein. Während die auf den vorhergehenden Seiten behandelten Pioniere der Pflanzenphysiologie sich bemühten, die Lebenserscheinungen der Pflanzen auf physikalische und chemische Vorgänge zurückzuführen, nimmt TREVIRANUS überall die «Lebenskraft» zu Hilfe. Mit Recht bemerkt J. SACHS, daß die «Physiologie der Gewächse» schon bei ihrem Erscheinen als veraltet gelten konnte.

Ein ganz anderes Gepräge wies das dritte der damaligen Lehrbücher auf, das «Neue System der Pflanzenphysiologie» von FRANZ MEYEN.[14] Auch ihn führte der Weg von der Histologie zur Physiologie. Dementsprechend handelt der erste Band seines Werkes von «Bau und Funktion der Elementarorgane der Pflanzen», während im zweiten die Ernährung der Pflanzen sowie die Sekretionsvorgänge und im dritten Fortpflanzung und Bewegungserscheinungen besprochen werden. Wie schon vorher in seinen Veröffentlichungen griff MEYEN auch in seiner «Pflanzenphysiologie» in viele Streitfragen ein, so daß sein Werk den damaligen Stand der Physiologie treffend widerspiegelt. Im Vorwort zum dritten Band schreibt er selbst: «Die ganze Arbeit ist auf Beobachtungen durch eigene Anschauung und Prüfung gegründet, denn überall suchte ich mich, so viel es nur immer möglich war, von der Richtigkeit der Beobachtungen meiner Vorgänger zu überzeugen.» Ein Jahr nach der Vollendung des dritten Bandes starb MEYEN im 36. Lebensjahr; sein Name bleibt nicht nur mit der Physiologie, sondern auch mit der Histologie und Pflanzengeographie untrennbar verbunden.

Anmerkungen

1 HALES, ST., Vegetable staticks. London 1727. (Deutsch: Statick der Gewächse, Halle 1748.)
Biogr.: DARWIN, F., Stephen Hales. In: OLIVER, F.W., Makers of British Botany, Cambridge 1913, p. 65–83. CLARK-KENNEDY, A.E., Stephen Hales, Cambridge 1929. ALLEN, D., & SCHOFIELD, R., Stephen Hales, scientist and philanthropist. London 1980. DSB **6**, 35–48, 1972. LINNÉ benannte die Styracacee *Halesia* («Schneeglöckchenstrauch») nach ST. HALES.

2 WIESNER, J., Jan Ingen-Housz. Sein Leben und Wirken als Naturforscher und Arzt. Wien 1905. REED, H.S., Jan Ingenjousz, Plant Physiologist. Chronica botanica **II**, 285–396. Waltham 1949. DSB **7**, 11–16, 1973.

3 Deutsche Übersetzung: Versuch mit Pflanzen. Wien 1786–1790.

4 MACAIRE, J.-F., Notice sur la vie et les écrits de Théodore de Saussure. Bibl. univers. de Genève. Nouv. Sér., **57**, 102–139, 1845. BRIQUET Ber. d. schweiz. bot. Ges. **50a**, S. 425–428, 1940. DSB **12**, 123–124, 1975.

5 Deutsche Übersetzung: Chemische Untersuchungen über die Vegetation. Ostwalds Klassiker der exakten Wissenschaften No. 16. Leipzig 1890.

6 Biogr.: Nouv. Biogr. gén **15**, 505–507. 1856. DSB **4**, 263–265, 1971.

7 DUTROCHET, H., Mémoires pour servir à l'histoire anatomique et physiologique des végétaux. 2 Bde. mit Atlas. Paris 1837.

8 Biogr.: Biogr. universelle **12**, 185–190, 1814; Nouv. biogr. générale **15**, 103–108, 1856; CONDORCET, A., Éloge de Duhamel. Histoire de l'Acad. roy. des Sciences 1782, 131–155, 1785; abgedruckt in: Œvres de Condorcet **2**, 610–643, Paris 1847. DSB **4**, 223–225, 1971.

9 Biogr.: Dictionary of the nation. Biogr. **31**, 263–264, 1892 (s.a. Anm. 10). GREEN, J.R., A History of Botany in the United Kingdom, London 1914, p. 295–305. DSB **7**, 408–410, 1973. GOEBEL, K., Zur Kenntnis der Correlationsvorgänge. Flora **77**, 38–42, 1893, und **81**, 195–215, 1895.

10 KNIGHT, TH. A., A selection from the physiological and horticultural Papers, London 1841 (S. 1–77: Life of Thomas Andrew Knight). Einige Abhandlungen in deutscher Übersetzung in: Ostwalds Klassiker der exakten Wissenschaften, No. 62, Leipzig 1895.

11 Biogr.: s. Kap. 6, Anm. 6.

12 Biogr.: s. Kap. 12, Anm. 4.

13 Biogr.: s. Kap. 12, Anm. 4.

14 Vgl. Kap. 9, Anm. 13 u. Abb. 59, Kap. 12 und Kap. 20

9. Die Verbreitung der Pflanzen

> Auf allen Gebieten der Naturwissenschaften wird es von Jahr zu Jahr fühlbarer, daß die Lösung vereinzelter Probleme erstrebt und höher geschätzt wird als die Anschauungen des Zusammenhangs der Erscheinungen, die doch weiter führen als die Entdeckung einer neuen Tatsache.
>
> AUG. GRISEBACH 1877 (Ges. Abh. S. 586)

In seinem Werk «Species plantarum» (1762) beschrieb CARL VON LINNÉ 7300 Pflanzenarten. Damit hatte er nicht nur die Flora von Europa, sondern dank den großen Reisen seiner Schüler auch die der übrigen Erdteile in ihren Hauptvertretern erfaßt. Zugleich hatte sich ein beträchtliches Wissen über die Verschiedenheit der Floren der einzelnen Länder, über die Wohngebiete der Sippen und deren Abhängigkeit vom Klima angehäuft.[1]. Der erste Forscher, der alle Fragen, die auf die Verbreitung der Pflanzen Bezug nehmen, unter einheitlichen Gesichtspunkten zu einem neuen Wissenszweig, der Pflanzengeographie, zusammenfaßte, war ALEXANDER VON HUMBOLDT.[2] Ihm gebührt eine eingehende Würdigung, da seine Wirkung weit über die Botanik hinausging und fast die gesamte Naturwissenschaft seiner Zeit erfaßte.

ALEXANDER VON HUMBOLDT (Abb. 53, 54)[3] wurde am 14. September 1769 als Sohn eines preußischen Offiziers in Berlin (damals einem Ort von 150000 Einwohnern) geboren, zwei Jahre nach seinem älteren Bruder WILHELM. Seine Jugend verbrachte er in Tegel bei Berlin. Die Erziehung erfolgte durch Hauslehrer, zuletzt durch JOHANN KUNTH (Onkel des später noch zu nennenden Botanikers CARL SIGISMUND KUNTH), der zugleich anstelle des bereits 1779 verstorbenen Vaters das Vermögen der Familie Humboldt gewissenhaft verwaltete. KUNTH erkannte die Wesensunterschiede der beiden Brüder und bemühte sich, einerseits WILHELM's philosophischen und sprachlichen Interessen und andererseits ALEXANDER's naturwissenschaftlichen Neigungen entgegenzukommen.

Mit 18 Jahren bezog ALEXANDER VON HUMBOLDT die Universität Frankfurt (Oder), um «Cameralia» zu studieren, worunter man damals Volkswirtschaft, Verwaltung, Landwirtschaft, Physik, Chemie und Maschinenkunde zusammenfaßte. Damit sollte sich Alexander für den Eintritt in den staatlichen Verwaltungsdienst vorbereiten, während sich sein Bruder Wilhelm dem juristischen Studium widmete. Völlig unbedeutende Professoren in Frankfurt veranlaßten Alexander, nach Berlin zurückzukehren. Hier beschäftigte er sich eingehend mit Naturwissenschaften, insbesondere mit Botanik. Er schloß Freundschaft mit dem vier Jahre älteren CARL LUDWIG WILLDENOW[9], dem späteren Professor der Botanik an der Universität Berlin, dessen vielseitig ausgerichteter «Grundriß der Kräuterkunde» für HUMBOLDT, wie wir noch hören werden, von besonderer Bedeutung wurde.

Von 1789 bis 1790 studierte HUMBOLDT in Göttingen, wo er vorzügliche Professoren fand. Der berühmte Arzt und Naturforscher JOHANN FRIEDRICH BLUMENBACH vermittelte die Bekanntschaft mit GEORG FORSTER, der mit seinem Vater zusammen JAMES COOK auf seiner zweiten Weltumsegelung begleitet hatte. Mit dem jungen FORSTER unternahm HUMBOLDT eine Reise nach England, und er war es wohl, der in ihm die Begeisterung für Forschungsreisen wachrief.

Nach einem Besuch der Handelsakademie in Hamburg begab sich HUMBOLDT zum Studium der Bergbauwissenschaften nach Freiberg in Sachsen. GOTTL. ABR. WERNER war hier sein Lehrer, LEOPOLD VON BUCH, ERNST VON SCHLOTHEIM (vgl. Kap. 21) und vor allem CARL FREIESLEBEN waren seine Studienfreunde. Alexander arbeitete mit ungewöhnlichem Eifer: vormittags Grubenfahrten, nachmittags Vorlesungen, abends Studium am Schreibtisch. Nebenbei beschäftigte er sich mit Kryptogamen, vor allem mit den in Bergwerken wachsenden Pilzen. Sein «Florae Fribergensis specimen plantas cryptogamas praesertim subterraneas exhibens», ein 190 Seiten starker Quartband mit 4 Tafeln, war das Ergebnis seines Arbeitseifers.

Nach einem Jahr beendete HUMBOLDT – ohne Prüfung – seine Freiberger Studienzeit, wurde zum Assessor bei der preußischen Bergwerks- und Hüttenadministration und ein halbes Jahr später, noch nicht 23jährig, zum Oberbergmeister von Ansbach und Bayreuth ernannt (damals noch zu Preußen gehörig). Diese Stelle bekleidete HUMBOLDT ein Jahr lang, und mit welchem Erfolg! Eingehendes Studium der Bergwerksakten veranlaßte ihn, alte Stollen wieder zu öffnen; er stellte die Ordnung in den Gruben wieder her, verbesserte die Zimmerung, ließ Erzstraßen bauen, erfand eine neue Grubenlampe usw. So erreichte er eine ungewöhnliche Erhöhung der Erzförderung. In Bad Steben errichtete er die erste Bergschule auf eigene Kosten, ohne vorher seine Behörde um Erlaubnis zu fragen. Neben dieser umfangreichen Tätigkeit fand HUMBOLDT noch Zeit, Untersuchungen über die Wirkung der Elektrizität auf Muskeln und Nerven anzustellen (veröffentlicht 1797). Auch führte er mehrere Reisen aus, z.B. nach Jena, wo er mit GOETHE und SCHILLER zusammentraf, und nach Reichenhall, Berchtesgaden, Hallein zum Studium der Salinen. 1795 wurde er zum Oberbergrat ernannt. Aber er schied im Jahre darauf trotz ungewöhnlichem Gehaltsangebot aus der festen Staatsstellung aus, da sie ihm mit seinen Reiseplänen nicht vereinbar erschien.

Inzwischen war HUMBOLDT durch den Tod seiner Mutter in den Besitz eines großen Vermögens gekommen, das ihm die Durchführung einer Forschungsreise ermöglichte. Sein Ziel war Westindien, worunter er das ganze Gebiet zwischen Mexiko, Kolumbien und Guayana verstand. Ein längerer Aufenthalt in Jena diente der Vorbereitung, wo ihm der Botaniker BATSCH, der Anatom LODER und der Astronom ZACH behilflich waren und er sich vor allem im Gebrauch geodätischer und astronomischer Instrumente übte. Den gleichen Zwecken dienten längere Aufenthalte in Dresden, Wien und Salzburg. Während dieser Zeit brachte er auch seine elektrophysiologischen «Versuche über die gereizte Muskel- und Nervenfaser» zum Abschluß und veröffentlichte sie in einem zweibändigen Werk. Der Seekrieg zwischen England und Frankreich vereitelte HUMBOLDTS Westindien-Reise. Eine daraufhin zusammen mit einem Engländer geplante Fahrt zum Oberlauf des Nils wurde durch Napoleons Ägypten-Feldzug zum Scheitern gebracht. Schließlich gelang es HUMBOLDT, allen Widerständen zum Trotz seinen Westindien-Plan in die Tat umzusetzen. Zusammen mit dem 25jäh-

Abb. 53. Alexander von Humboldt (1769–1859) im 36. Lebensjahr

Abb. 54. Alexander von Humboldt (1769–1859) im 88. Lebensjahr

Abb. 55. Karl Ludwig von Willdenow (1765–1812)

Abb. 56. Aimé Bonpland (1773–1858)

rigen französischen Arzt und Botaniker AIMÉ BONPLAND[4] fuhr er zunächst nach Madrid, wo er von Karl IV. die Erlaubnis zum uneingeschränkten Aufenthalt in den sonst für Ausländer streng gesperrten spanischen Kolonien in Südamerika erhielt. In Coruña verließ er am 5. Juni 1799 auf der Fregatte «Pizarro» das Festland.[5] Einen sechstägigen Aufenthalt auf Tenerife nutzte HUMBOLDT mit einer Besteigung des Pico de Teyde und mit der Feststellung der Vegetationsstufen. Am 16. Juli 1799 gingen HUMBOLDT und BONPLAND bei Cumaná (Venezuela) an Land. Vier Monate lang erforschten sie die Umgebung dieses Ortes, begaben sich dann nach Carácas, reisten von hier durch die Llanos zum mittleren Orinoco, wo sie ihre berühmte Flußfahrt begannen: Orinoco (aufwärts) – Rio Atabapo – Rio Negro – Casiquiare – Orinoco. Von Angostura (dem heutigen Ciudad Bolivar) durchquerten sie wieder die Llanos bis Barcelona. Hier endet HUMBOLDTs berühmte Schilderung der «Reise in die Aquinoctial-Gegenden des neuen Continents». Der zweite Teil der Expedition führte die beiden Forscher nach Cuba, von hier nach Cartagena, dann den Anden folgend über Quito bis Lima, wobei sie am Chimborazo die höchste bisher von Menschen erstiegene Höhe (5881 m) erreichten. Von Lima fuhren sie mit dem Schiff nach Mexiko, blieben dort ein Jahr und kehrten über Cuba und Washington nach Europa zurück, wo sie am 3. August 1804 in Bordeaux an Land gingen. In Berlin begann HUMBOLDT mit der Ausarbeitung seines Reisewerks, wobei WILLDENOW die Bearbeitung der Pflanzen übernahm. 1808 aber siedelte HUMBOLDT nach Paris über, da ihm die dortigen Institute viel bessere Möglichkeiten für die Auswertung seiner Reiseergebnisse boten als Berlin. Mit kurzen Unterbrechungen blieb er fast zwanzig Jahre in der Hauptstadt Frankreichs. In dreißig Bänden, teils in Quart-, teils in Folioformat, erschienen 1805–34 die «Voyages aux régions équinoctiales du Nouveau Continent», ein Werk, dem HUMBOLDT sein gesamtes Privatvermögen opferte.[6] Vierzehn Bände davon umfassen die botanische Ausbeute (darunter die Bände VIII–XIV: «Nova genera et species plantarum», 1815–1825, nach dem natürlichen System geordnet). An die Stelle des 1812 verstorbenen WILLDENOW trat der Berliner Botaniker CARL SIGISMUND KUNTH.[7] Daher tragen alle «novae species» die Autorschaft «H. B. K.», d. h. HUMBOLDT, BONPLAND, KUNTH. Die Ausbeute umfaßte 4500 Arten, darunter 3600 neue! – Mit diesem Reisewerk hat HUMBOLDT den Grund gelegt zur Erforschung des tropischen Südamerika. Von Simon Bolivar, dem Befreier Südamerikas von der spanischen Herrschaft, wird der Ausspruch überliefert: «HUMBOLDT hat für Südamerika mehr geleistet als alle Conquistadoren zusammen.» Das Gedenken an HUMBOLDT ist in den von ihm bereisten Ländern dieses Erdteils heute unvergleichlich lebendiger als in Deutschland, wie sich besonders eindrucksvoll im Gedenkjahr 1959 zeigte. Die drei höchsten Berge von Venezuela tragen die Namen Pico Bolivar (5002 m), Pico Humboldt (4942 m) und Pico Bonpland (4883 m).

Im Jahre 1827 kehrte ALEXANDER VON HUMBOLDT als königlicher Kammerherr nach Berlin zurück. Mit 60 Jahren unternahm er noch eine Reise nach Rußland (Moskau – Ural – Altai – Omsk – Kaspisches Meer – Petersburg), wobei er in einem halben Jahr 15000 km im Wagen zurücklegte. 1834, also in seinem 65. Lebensjahr, nahm HUMBOLDT das kühne Unternehmen in Angriff, die Welt in ihrer gesamten physischen Erscheinung unter dem Titel «Kosmos» zu schildern, ein Thema, über welches er bereits eine Anzahl von Vorträgen gehalten hatte.[8] Er schrieb an K. A. VARNHAGEN: «Ich habe den tollen Einfall, die ganze materielle Welt, von den Nebelsternen bis zur Geographie der Moose..., alles in einem Werke darzustellen... Jede große und wichtige Idee, die irgendwo aufglimmt, muß neben den Tatsachen hier verzeichnet sein. Es muß eine Epoche der geistigen Entwicklung der Menschheit (in ihrem Wissen von der Natur) darstellen.» 1845 erschien der erste Band. Am 6. Mai 1859 starb ALEXANDER VON HUMBOLDT im 90. Lebensjahr. Wenige Wochen zuvor hatte er die ersten Kapitel des 5. (letzten) «Kosmos»-Bandes an den Verleger gesandt.

HUMBOLDT's wissenschaftliches Werk erstreckt sich über fast alle Gebiete der Naturwissenschaft. Die Bibliographie seiner Veröffentlichungen umfaßt 636 Nummern. Seine kostbare Arbeitszeit hat er nie mit Polemik vergeudet. Zunächst seien seine außerhalb der Botanik liegenden Leistungen kurz gewürdigt. In der Geophysik stellte HUMBOLDT durch zahlreiche Messungen fest, daß die Intensität des Erdmagnetismus von den Polen zum Äquator hin abnimmt, und erkannte den Zusammenhang von Nordlicht und erdmagnetischen Störungen («magnetischen Gewittern», wie er sie nannte). Die Meeresströmungen stellte er erstmals graphisch dar. Er prägte den Begriff «Isotherme» und schuf damit einen Grundpfeiler der Klimatologie. In der Geologie erkannte HUMBOLDT als erster den Zusammenhang von Vulkanismus und Gebirgsbildung sowie die Ähnlichkeit im Bau der Hochgebirgsketten in Amerika, Europa und Asien. Die Physiologie bereicherte er durch seine grundlegenden Untersuchungen über die Wirkung der Elektrizität auf den menschlichen Körper, womit er den ersten Anstoß zur Elektrotherapie gab. Die physische Geographie sieht in HUMBOLDT ihren eigentlichen Begründer wegen seiner vorbildlichen Kartenaufnahmen, wegen der Einführung graphischer Darstellungen und neuer Begriffe (s.o. unter «Geophysik»). Auch wurde er zum Vorbild aller späteren Forschungsreisenden.

Die Botanik hat HUMBOLDT, zusammen mit BONPLAND, um 3600 neue Pflanzenarten bereichert; um für diese Leistung einen Vergleichsmaßstab zu haben, sei erwähnt, daß LINNÉ in seinen «Species plantarum» (1762) 7300 Arten beschreibt. Rein zahlenmäßig gesehen, dürfte kaum ein anderer Botaniker einen derartigen Beitrag zur Erweiterung der Formenkenntnis geliefert haben. Vor allem aber verehren wir in HUMBOLDT – und dies ist der Grund, warum wir hier seiner so ausführlich gedenken – den Begründer der Pflanzengeographie.

Daß die Verbreitung der Pflanzen von klimatischen Faktoren abhängt, war schon den Botanikern des 18. Jahrhunderts bekannt. So finden wir bereits bei TOURNEFORT (1717) Angaben über die Vegetationsgliederung am Ararat, bei LINNÉ über die Verbreitungsgrenzen der Arten, in H.B. SAUSSURE's «Voyages dans les Alpes» (1779) über Höhengrenzen von Alpenpflanzen. Vor allem aber hat der bereits oben erwähnte C.L. WILLDENOW[9] in seinem «Grundriß der Kräuterkunde» (1792) in einem umfangreichen Kapitel (S. 345–380) «Geschichte der Pflanzen» gleichsam einen Abriß der Pflanzengeographie gegeben. Er bespricht hier «den Einfluß des Klimas auf die Vegetation, die Veränderungen, welche die Gewächse wahrscheinlich bei den Revolutionen unseres Erdballs erlitten haben, ihre Ausbreitung über die Erde, ihre Wanderungen und endlich wie die Natur für die Erhaltung derselben gesorgt hat». Daß HUMBOLDT von WILLDENOW diesbezüglich Anregungen empfangen hat, dürfen wir um so eher annehmen, als beide miteinander befreundet waren. Schon zu der Zeit, als er noch Bergrat in Bad Steben war (1794), schrieb er von einem Plan eines pflanzengeographischen Werkes: «Ich arbeite an einem bisher unbekannten Teil der allgemeinen Weltgeschichte... Das Buch soll in 20 Jahren unter dem Titel: Ideen zu einer künftigen Geschichte und Geographie der Pflanzen... erscheinen.» Den gesetzten Termin hat HUMBOLDT sogar unterboten; denn wenige Jahre nach der Rückkehr von seiner Reise, 1807, erschienen die zum Teil schon in Südamerika niedergeschriebenen «Ideen zu einer Geographie der Pflanzen», denen im Jahre darauf die «Ideen zu einer Physiognomik der Gewächse» folgten. Beide Abhandlungen finden eine bedeutsame Ergänzung in der 44 Seiten langen Vorrede (Prolegomena) zum ersten Band der «Nova genera et species» (1815), die den Titel trägt: «De distributione geographica plantarum secundum coeli temperiem et altitudinem montium.»

HUMBOLDT machte den Versuch, die Fülle der Pflanzengestalten – ohne Rücksicht auf das botanische System – nach physiognomischen Gesichtspunkten auf 18 Vegetationsformen zu verteilen: Palmen, Bananen-Form, Malvaceen-Bombaceen-Form, Mimosen-Form, Heidekräuter, *Cactus*-Form, Orchideen, Casuarinen, Nadelhölzer, *Pothos*-(Aroideen-)Gewächse, Lianen, *Aloë*-Gewächse, Gras, Farne, Lilien-Gewächse, Weiden-Form, Myrten-Gewächse, Melastomen- und Lorbeer-Form. Wenn auch die Einteilung nicht recht befriedigt, selbst wenn man ihre Zahl wie später GRISEBACH wesentlich erhöht, so bleibt ihr doch das unvergängliche Verdienst, daß sie auf eine Grundfrage der Botanik hingewiesen hat: auf die Erscheinung der Konvergenz und ihre Ursachen. Die physiognomische Klassifikation leitet auch hin zur Unterscheidung der Begriffe «Flora» und «Vegetation». Die Flora umfaßt die Gesamtheit der Arten eines Gebietes. Die Vegetation hingegen umschließt die Gesamtheit der Pflanzengesellschaften, welche von den in großer Individuenzahl vorkommenden Arten, den «geselligen Pflanzen», wie sie HUMBOLDT genannt hat, geprägt werden.

Die Abhängigkeit der Vegetation von der Temperatur, in der Horizontalen vom Äquator zu den Polen, in der Vertikalen vom Meeresspiegel zu den Gipfeln der Hochgebirge, hat HUMBOLDT eingehend dargelegt, vor allem in den «Prolegomena» zu den «Nova genera» und in einer Tafel (Abb. 48) durch je ein Vegetationsprofil der Anden, der Alpen und des Sulitelma in Lappland veranschaulicht, wobei er sich bezüglich der beiden letzteren auf die Forschungen von LEOPOLD VON BUCH und des schwedischen Botanikers GEORG WAHLENBERG stützte.[10]

Schließlich befaßte sich HUMBOLDT in den «Prolegomena» noch eingehend mit dem Anteil, den die einzelnen Pflanzenfamilien an der Flora verschiedener Gebiete haben, eine Betrachtungsweise, die kurz vorher (1814) ROBERT BROWN auf die australische Flora angewandt hatte und welche zwar nicht zur Feststellung klimatischer Grenzen, aber zur Aufhellung der Geschichte der Familien dienen kann.

Die heute noch nachwirkende Bedeutung HUMBOLDT's für die Pflanzengeographie[11] können wir nicht besser kennzeichnen als es ADOLF ENGLER getan hat: «Die Kapitel der Prolegomena, welche sich auf die der alten und neuen Welt gemeinsamen Pflanzen, auf die Vergleichung der Temperatur... in verschiedenen geographischen Breiten, auf den Einfluß der Höhenverschiedenheit, auf die Vegetation in verschiedenen Zonen beziehen, namentlich die beiden letzteren sind so reich an damals noch nicht bekannten Tatsachen, so musterhaft methodisch durchgeführt, daß sie allein genügen, um ALEXANDER VON HUMBOLDT als den Schöpfer der physikalischen Pflanzengeographie erscheinen zu lassen.»

In HUMBOLDT's langes Leben fällt das Aufkommen, die Herrschaft und schließlich das Abklingen der «romantischen Naturphilosophie» (vgl. Kap. 14), die

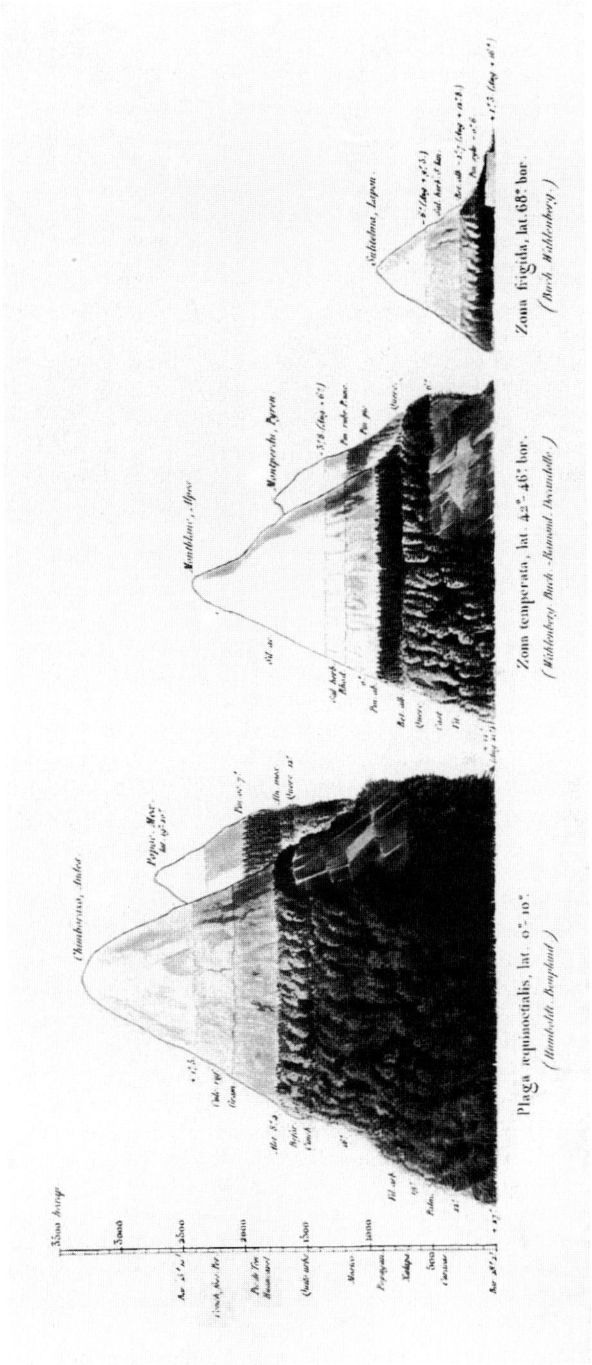

Abb. 57. Vegetationsgürtel am Chimborazo, Montblanc und Sulitelma. Aus HUMBOLDT (1815)

Abb. 58. Joakim Schouw (1789–1852)

Abb. 59. Franz Meyen (1804–1840)

viele Naturforscher in der ersten Hälfte des vorigen Jahrhunderts in verhängnisvoller Weise beeinflußt hat. Auf Humboldt hat dieser damalige Zeitgeist nicht den geringsten Eindruck gemacht. Schreibt er doch selbst, rückblickend auf sein eigenes Werk, im «Kosmos» (I. 68): «Dem Charakter meiner früheren Schriften, wie der Art meiner Beschäftigungen treu, welche Versuchen, Messungen, Ergründung von Tatsachen gewidmet waren, beschränke ich mich auch in diesem Werk auf eine empirische Betrachtung. Sie ist der alleinige Boden, auf dem ich mich ... zu bewegen verstehe. Diese Behandlung einer empirischen Wissenschaft oder vielmehr eines Aggregats von Kenntnissen schließt nicht aus die Anordnung des Aufgefundenen nach leitenden Ideen, die Verallgemeinerung des Besonderen, das stete Forschen nach empirischen Naturgesetzen.»

Selten ist einem Gelehrten eine derart weite Wirkung beschieden gewesen wie Humboldt, als Forscher wie als Lehrer durch seine Werke, als Förderer der Wissenschaft dank seiner Stellung und seines Ansehens. Er war Geophysiker, Geologe und Botaniker, Forschungsreisender, Historiker und Künstler zugleich. Der großen Verehrung, die er als Lebender genoß, folgte – ähnlich wie bei Goethe – eine Zeit geringer Einschätzung. Heute, mehr als ein Jahrhundert nach seinem Tode, haben wir den zu sachlichem Urteil notwendigen Abstand gewonnen und kehren wieder zu dem abgewogenen Urteil zurück, das bereits Carl Friedrich Philipp von Martius 1860 in seiner Gedenkrede aussprach: «Mit Recht hat man bemerkt, daß er in keiner der von ihm bearbeiteten Doktrinen sich durch eine große, weit hinaus wirkende Entdeckung verewigt hat. Wohl aber hat er sich verewigt durch fördernde Gedanken, durch die treffliche Methode, womit er Forschungen organisierte und berichtigte, durch die glückliche Gabe der Anordnung reichster Kenntnisse, der Verallgemeinerung, der Verknüpfung und Beleuchtung des Mannigfaltigen, durch die gewinnende, sich bisweilen bis zur Klassizität erhebende Form seines Stils und durch den standhaften Fleiß eines langen, ausschließlich der Wissenschaft gewidmeten Lebens.»

Welche Anregung HUMBOLDT's Abhandlungen über die Geographie der Pflanzen ausstrahlten, zeigt die Tatsache, daß noch zu seinem Lebzeiten drei umfassende Lehrbücher über diesen neuen Zweig der Botanik erschienen sind, und zwar von dem Dänen SCHOUW, dem Deutschen MEYEN und dem Schweizer DE CANDOLLE. Diese drei Werke haben in Anlage und Durchführung ein recht verschiedenes Gepräge.

JOAKIM FREDERIK SCHOUW (1789–1852, Abb. 58)[12], der auf Reisen durch Norwegen, Deutschland, Frankreich und Italien die Vegetation Europas kennengelernt hatte, ließ 1823 seine «Grundzüge einer allgemeinen Pflanzengeographie» erscheinen, denen im gleichen Jahr ein Atlas mit 22 pflanzengeographischen Karten folgte. Der Inhalt seines Buches ist in drei Abteilungen gegliedert. In der ersten bespricht SCHOUW die «äußeren Momente, welche die örtlichen Verhältnisse der Pflanzen bestimmen», also Temperatur, Feuchtigkeit, Wind, Boden usw. Die zweite Abteilung befaßt sich mit den «örtlichen Verhältnissen», d.h. mit der Verbreitung ausgewählter Pflanzenfamilien bzw. -gattungen. In der dritten Abteilung schließlich werden die verschiedenen Erdteile und Höhen-Regionen in ihrer Vegetation miteinander verglichen. Auf den Karten des Atlas wird erstmals der Versuch gemacht, die Erdoberfläche pflanzengeographisch aufzuteilen, wobei die einzelnen Vegetationsgebiete nach vorherrschenden Pflanzensippen abgegrenzt und benannt werden, z.B. das Eurasiatische Waldgebiet als «Reich der Umbellaten und Cruciaten» (= Umbelliferen und Cruciferen), das Mittelmeergebiet als «Reich der Labiaten und Caryophyllaceen», das Indische Monsungebiet als «Reich der Scitamineen» usw. Die Einteilung geschieht also nach rein floristischen Gesichtspunkten, ohne Rücksicht auf den physiognomischen Charakter der Gebiete. Während HUMBOLDT die Pflanzengeographie gewissermaßen paradigmatisch behandelt und ihre Methoden entwickelt hat, bemüht sich SCHOUW um eine Überschau über das Gesamtgebiet.

Einen ähnlichen Versuch, jedoch in wesentlich umfassenderer Weise, hat FRANZ JULIUS FERDINAND MEYEN (1804–1840, Abb. 59)[13] durchgeführt. Zum Verständnis seines Werkes ist ein kurzes Eingehen auf seinen Lebensgang erforderlich. Er wurde in Tilsit geboren, studierte in Berlin Medizin und war als Arzt an verschiedenen Orten, vor allem in Berlin, tätig. Nebenbei beschäftigte er sich eingehend mit Botanik, vor allem mit der Histologie der Pflanzen. Auf Empfehlung HUMBOLDTS nahm er 1830–32 als Schiffsarzt an einer Erdumsegelung teil, die ihn nach Brasilien, Chile, Peru, Polynesien, China und von hier mit kurzem Aufenthalt auf St. Helena nach Europa zurückführte. Von dieser Reise brachte MEYEN nicht nur umfangreiche Sammlungen mit, deren Ergebnisse erst nach seinem Tode veröffentlicht wurden, sondern sie vermittelte ihm eine vielseitige Kenntnis der Vegetation der Erde aus eigener Anschauung, welche ihm eine wesentliche Grundlage zu seinem «Grundriß der Pflanzengeographie» (1836) bot. Nach der Rückkehr von seiner Reise setzte MEYEN seine histologischen Untersuchungen, auf die wir noch zu sprechen kommen werden (Kap. 12), fort und schrieb ein dreibändiges Werk über Pflanzenphysiologie (s.S. 115). Erst 36 Jahre alt, starb er 1840 in Berlin. Der Umfang von MEYEN's Leistung scheint uns geradezu unfaßbar, wenn wir bedenken, daß sie eine Zeitspanne von insgesamt nur 15 Jahren umschließt. Kehren wir zu seiner «Pflanzengeographie»

Abb. 60. ALPHONSE DE CANDOLLE (1806–1893)

Abb. 61. AUGUST GRISEBACH (1814–1879)

zurück. Im ersten Abschnitt behandelt er die Abhängigkeit der Vegetation vom Klima, im zweiten die Wirkungen des Bodens auf die Vegetation. Im dritten Abschnitt bespricht MEYEN die physiognomischen Typen in Anlehnung an HUMBOLDT und schildert die Vegetation der verschiedenen Zonen und Regionen (einschließlich Vegetationsstatistik). Der letzte Abschnitt schließlich ist den Kulturpflanzen, ihrer Herkunft, Verbreitung, ihrem Anbau und ihrer Verwendung gewidmet. Fast auf jeder Seite von MEYENS Buch spürt man, wie sehr – im Gegensatz zu SCHOUW – sein Verfasser auf eigener Anschauung und unmittelbarem Erleben fußt.

Einen völlig anderen Charakter besitzt schließlich das dritte zu HUMBOLDT's Lebzeiten erschienene pflanzengeographische Werk, die «Géographie botanique raisonnée» (1855) von ALPHONSE DE CANDOLLE (1806–1893, Abb. 60)[15] aus Genf. Bereits sein Vater AUGUSTIN-PYRAMUS DE CANDOLLE[14] hatte sich mit pflanzengeographischen Fragen beschäftigt; er war es, der erstmals auf die Bedeutung des Wassers als Faktor der Pflanzenverbreitung hingewiesen hat, während HUMBOLDT ausschließlich die Temperatur zur Begrenzung der Zonen und Regionen benutzt hatte. Die «Géographie botanique raisonnée» trägt den bezeichnenden Untertitel: «Exposition des faits principaux et des lois concernant la distribution géographique des plantes de l'époque actuelle.» Ihrem Verfasser ist es nicht darum zu tun, die Vegetation der verschiedenen Zonen und Regionen zu schildern; sein Ziel ist vielmehr, die Ursachen der gegenwärtigen Verbreitung der Arten aus einem umfangreichen Tatsachenmaterial, besonders der europäischen Flora, zu erschließen. DE CANDOLLE erkannte, daß nicht die mittlere Jahrestemperatur, sondern die Temperatur der Vegetationsperiode für die Pflanze ausschlaggebend ist. Ferner kommt er zu dem Ergebnis, daß viele Fakten der Pflanzenverbreitung sich nicht durch den Einfluß des gegenwärtigen Klimas, sondern nur historisch erklären lassen, eine Auffassung, die erst durch die Deszendenztheorie einerseits, durch die Ergebnisse des Paläobotanik andererseits gefestigt wurde. Diese Betrachtungsweise führte DE CANDOLLE auch zur eingehenden Beschäftigung mit der Geschichte der Kulturpflanzen.[16] Als ein Vierteljahrhundert nach dem Erscheinen der «Géographie botanique raisonnée» der Pflanzensystematiker ADOLF ENGLER[17] in seiner «Entwicklungsgeschichte der Pflanzenwelt» (1879–82) das historische Moment zum Verständnis der Pflanzenverbreitung weitgehend heranzog, hatten die Paläobotaniker, insbesondere OSWALD HEER, GASTON DE SAPORTA und FRANZ UNGER (vgl. Kap. 20) inzwischen mit großem Erfolg die Flora der Tertiärzeit untersucht, während gleichzeitig die Deszendenztheorie (vgl. Kap. 15) das Verständnis für die Geschichte der Arten, Gattungen und Familien eröffnet hatte. ENGLER legte dar, daß auf der nördlichen Halbkugel zur Tertiärzeit eine weitgehend einheitliche Flora geherrscht hat, die durch die Eiszeit in grundlegender Weise verändert worden ist; hierauf beruhen einerseits die heutigen Unterschiede zwischen Eurasien und Nordamerika, andererseits die Arealzusammenhänge zwischen Nordamerika und Ostasien. – Die Erforschung der Vegetationsgeschichte nahm in den letzten Jahrzehnten einen beträchtlichen Aufschwung durch die von C. A. WEBER begründete und von L. VON POST ausgebaute «Pollen-Analyse»; sie beruht auf der guten Erhaltungsfähigkeit der Pollenkörner in den Torfen und in der sicheren Bestimmungsmöglichkeit der Pollenformen.[18]

In der ersten Hälfte des vorigen Jahrhunderts brachten zahlreiche kleinere und größere Expeditionen ein reiches Material an Pflanzen und an Beobachtungen aus allen Ländern der Erde nach Europa. Nur die bedeutendsten Unternehmungen seien genannt. ROBERT BROWN[19] (vgl. Kap. 6 und 13) nahm an der von Kapitän Flinders geleiteten Australien-Expedition (1802–05) teil und erforschte als erster diesen an endemischen Gattungen und Familien so außerordentlich reichen Erdteil. Der Münchner Botaniker CARL FRIEDRICH PHILIPP VON MARTIUS[20] (1794–1868) lebt fast drei Jahre (1817–20) in Brasilien. Sein Expeditionsbericht gehört zu den wertvollsten Reiseschilderungen in deutscher Sprache. Die von MARTIUS 1840 begonnene, von A. W. EICHLER fortgesetzte und von J. URBAN 1906 beendete «Flora brasiliensis» stellt mit ihren 36 Bänden das umfangreichste Florenwerk dar, das jemals erschienen ist. EDUARD FRIEDRICH POEPPIG[21] (1798–1868) bereiste mit großem botanischem Erfolg Chile, Peru und das Amazonasgebiet (1827–32), deren Vegetation er höchst anschaulich beschrieb. Der englische Botaniker JOSEPH DALTON HOOKER[22] (1817–1911) erforschte als Teilnehmer an der Expedition von James Ross (1839–43) die Vegetation des Südpolargebietes und später auf ausgedehnten Reisen (1848–51) die Flora von Indien und des Himalaja. PHILIPP FRANZ SIEBOLD[23] (1796–1866) lebte von 1823 bis 1830 in Japan, wo er sich neben Geographie und Ethnographie auch eingehend mit der Flora beschäftigte. KARL LUDWIG BLUME[24] (1796–1862), FRANZ WILHELM JUNGHUHN[25] (1809–1864) und JUSTUS HASSKARL[26] (1811–1891) verdanken wir die Erforschung der Flora von Java. JOHANN GEORG GMELIN[27] (1705–1755), PETER SIMON PALLAS[28] (1740–1811) und KARL FRIEDRICH VON LEDEBOUR[29] (1785–1851) erforschten in jeweils mehrjährigen Reisen die Flora Sibiriens.

Neben der geistigen Vielseitigkeit dürfen wir die ungewöhnliche körperliche

Leistung, die Fähigkeit zu planen und rasch zu entscheiden sowie den persönlichen Mut dieser Männer nicht vergessen. Bereitschaft zum Wagnis ist eine unerläßliche Voraussetzung für die erfolgreiche Durchführung eines Unternehmens, das in Räume vorstößt, die fern jeglicher Zivilisation liegen.

Alle diese Expeditionen und die daran sich anschließenden Florenbearbeitungen hatten, zusammen mit den Reiseergebnissen von LINNÉs Schülern, zu einer umfassenden Kenntnis vom Pflanzenkleide der Erde geführt, das nach einheitlichem Plan zu schildern erstmals AUGUST GRISEBACH[30] (1814–1879, Abb. 61) gewagt hat. Schon als Student war er durch HUMBOLDTS Werke und durch seine Lehrer K. S. KUNTH und FR. MEYEN für Systematik und Pflanzengeographie gewonnen worden. Auf seinen Reisen durch Europa und Kleinasien versuchte er, die Vegetation der verschiedenen Standorte vor allem physiognomisch und in ihrer Abhängigkeit von den äußeren Faktoren zu erfassen. Sorgfältige systematische Arbeiten über Gentianaceen und Malpighiaceen hatten zur Folge, daß ihm umfangreiche Sammlungen aus Mittelamerika, Brasilien, Chile, Argentinien sowie aus Asien zur Bearbeitung übergeben wurden. Aus diesen Untersuchungen sowie aus planmäßigen Studien von Herbarien aus allen Ländern und durch die Lektüre von Reisebeschreibungen gewann GRISEBACH eine so umfassende Kenntnis, daß er es sich zutrauen konnte, «Die Vegetation der Erde nach ihrer klimatischen Anordnung» (1872) zu schildern. GRISEBACH teilt die Pflanzendecke der Erde in 24 Florengebiete ein. Von jedem dieser Gebiete werden behandelt: das Klima in seinem Jahresablauf und seinen Besonderheiten, die Vegetationsformen und ihre Anordnung zu Vegetationsformationen, die Höhenregionen und zuletzt die Vegetationszentren (d. h. die Wohngebiete und ihre vermutliche Geschichte). GRISEBACH's Darstellung ist in ihrer Anschaulichkeit und Lebendigkeit (ohne Abbildungen!) von keinem späteren Autor übertroffen worden, so daß man sie heute noch mit hohem Genuß und Gewinn liest, ganz abgesehen davon, daß im internationalen Schrifttum seitdem keine auch nur annähernd vergleichbare Behandlung dieses Themas erschienen ist. Daß er das historische Moment in seinem Werk weniger berücksichtigt, als es nach dem damaligen Wissensstand bereits möglich gewesen wäre, tut seiner Gesamtleistung keinen Abbruch. Wie bereits oben erwähnt, wurde diese Lücke bald darauf durch ADOLF ENGLER's «Entwicklungsgeschichte der Pflanzenwelt» ausgefüllt.

Die Fortschritte der Pflanzengeographie im 19. Jahrhundert treten besonders deutlich vor Augen, wenn man den Atlas zu SCHOUW's Pflanzengeographie mit dem «Atlas der Pflanzenverbreitung» (1887) vergleicht, den OSCAR DRUDE[31] (1852–1933), ein Schüler GRISEBACH's entworfen hat. Demselben Autor verdanken wir außerdem ein «Handbuch der Pflanzengeographie» (1890), welches sich bemüht, den verschiedenen Bestrebungen innerhalb dieser Wissenschaft gerecht zu werden und zugleich den Beginn einer neuen Richtung erkennen läßt: der ökologischen Pflanzengeographie. Da dieses Teilgebiet, das sich besonders seit der Jahrhundertwende entfaltet hat, stark mit der Ökologie verbunden und von deren Entwicklungsstand unmittelbar abhängig ist, soll es erst im Kapitel über die Beziehungen der Pflanzen zur Umwelt» behandelt werden (s. Kap. 18).

Die Begründer der Pflanzengeographie beschäftigten sich in erster Linie mit den großen Vegetationseinheiten, wie sie uns als Wälder, Savannen, Steppen usw. physiognomisch gut abgrenzbar entgegentreten. Um die Mitte des vorigen Jahrhunderts begann man aber auch enger umgrenzte «Pflanzengesellschaften» zu unterscheiden. Daß diese Forschungen vor allem in den Alpen ihren Ausgang genommen haben, ist kein Zufall; denn nur hier stehen wir einer «natürlichen», von Menschen noch wenig beeinflußten Vegetation gegenüber. Wenn wir von OSWALD HEER (vgl. Kap. 21), der bereits 1835 auffällige hochalpine Gesellschaften wie die «Schneetälchen» erfaßte, oder von OTTO SENDTNER[32], der die Vegetation der bayerischen Alpen untersuchte und zu gliedern sich bemühte, und anderen Vorläufern absehen, hat vor allem ANTON KERNER (vgl. Kap. 18) mit seinem «Pflanzenleben der Donauländer» (1863) der Erforschung der Pflanzengesellschaften den weiteren Weg gewiesen. Auf jahrelangem Studium der Vegetation von der ungarischen Steppe bis zu den Hochalpen Tirols fußend, gliedert KERNER die Pflanzendecke in zahlreiche «Formationen» (wir würden heute sagen: «Assoziationen»), hebt deren charakteristische Arten hervor, verfolgt die Veränderungen ihres Aussehens in den verschiedenen Jahreszeiten, legt ihren schichtenartigen Aufbau (Bäume, Sträucher, Stauden, Moose usw.) dar, stellt ihre regionale Verbreitung fest und zeigt ihre Abhängigkeit von Boden und Klima. So wurde KERNER zum Begründer des Teilgebietes der Pflanzengeographie, das jetzt in Deutschland meist mit dem aus drei Sprachen zusammengesetzten Wort «Pflanzensoziologie» bezeichnet wird.

Daß die Pflanzengesellschaften nicht unveränderlich sind, sondern eine Gesellschaft sich in eine andere umwandeln kann, hatte schon KERNER erkannt. Diese Vegetationsentwicklung, die in den Mooren besonders auffällig ist und hier von dem Finnen R. HULT 1885 erstmals genauer verfolgt wurde, haben vor allem die nordamerikanischen Botaniker unter der Führung von CLEMENTS in vorbildlicher Weise untersucht.

FREDERIC EDWARD CLEMENTS[33] (Abb. 62) begann schon im Alter von 19 Jahren mit dem planmäßigen Studium der Vegetation seiner Heimat Nebraska. Seit 1907 war er Professor der Botanik an der Universität von Minnesota und wurde 1917 an das Carnegie-Institut berufen, wo er frei von Lehrverpflichtungen sich voll und ganz seinen Forschungen widmen konnte. Neben seinen ausgedehnten Untersuchungen in den natürlichen Vegetationsgebieten liefen die experimentellen Arbeiten im Laboratorium und Gewächshaus einher sowie die Studie in der Hochgebirgsstation am Pikes Peak (Colorado) und in der Küstenstation bei Santa Barbara (California). Seine Interessen gingen aber weit über die Pflanzengeographie hinaus; vor allem beschäftigte er sich eingehend mit der Systematik der Pilze und war einer der ersten Botaniker, die experimentelle Methoden in der Blütenökologie anwandten. Auch praktischen Problemen gegenüber war er aufgeschlossen; er gehörte zu den ersten, die die Dringlichkeit der «soil conservation» erkannten.

Abb. 62. FREDERIC EDWARD CLEMENTS (1874–1945)

Bei seinen Untersuchungen über die Vegetation Nebraskas stieß CLEMENTS sehr bald auf die Tatsache, daß die Pflanzendecke keinen Dauerzustand darstellt, sondern sich allmählich umbildet, bis eine durch das jeweilige Klima bedingte Schlußgesellschaft, die «Klimax-Gesellschaft»[34] erreicht ist. CLEMENTS stellte nicht nur die Sukzession der Gesellschaften fest, sondern bemühte sich auch, die topographischen, edaphischen, klimatischen und biologischen Ursachen derselben aufzuhellen. Er entwickelte Methoden, die Pflanzengesellschaften aufzunehmen und zu kartieren sowie die Boden- und Klimafaktoren zu messen. Seine Arbeitsweise griff somit stark in das Gebiet der Ökologie über. Vor allem die 1916 erschienene umfangreiche Abhandlung «Plant succession» wurde richtungweisend nicht nur in Nordamerika, sondern auch in Europa.[35] Die Betrachtungsweise, die den Forschungen von F. C. CLEMENTS zugrunde liegt, ist eine ausgesprochen dynamische; ein nach seinem Tod erschienener Sammelband von Aufsätzen aus seiner Feder trägt den treffenden Titel «Dynamics of vegetation».

Die Pflanzengeographie, wie wir sie im Vorstehenden von ihren Anfängen her verfolgt haben, entwickelte sich fast ausschließlich aufgrund von Feststellungen über die Verbreitung der Samenpflanzen. Niedere Pflanzen fanden so gut wie gar keine Berücksichtigung. Man hegte die Meinung, die «Kryptogamen» würden vermittels ihrer Sporen durch den Wind weltweit verbreitet und wären daher für geographische Fragestellungen ohne Belang. Deshalb erregte es großes Erstaunen, als im Jahre 1912 der Schweizer HERMANN CHRIST[36] in seinem Buch «Geographie der Farne» anhand eines reichen Taschenmaterials darlegte, daß die Verbreitung dieser Gewächse den gleichen Prinzipien folgt, die man von den höheren Pflanzen abgeleitet hatte. Denselben Nachweis führte THEODOR HERZOG[37] 1926 mit seiner «Geographie der Moose» sogar für diese um ein Vielfaches kleineren Gewächse, die gegenüber den Blütenpflanzen, um mit GOEBEL zu sprechen, «eine Welt für sich bilden».

Anmerkungen

1 ENGLER, A., Entwicklung der Pflanzengeographie in den letzten hundert Jahren. Wiss. Beitr. z. Gedächtnis der 100jährigen Wiederkehr von Humboldts Reise nach Amerika. Berlin 1899. GOOD, R., Plant Geography. In: A Century of Progress in the natural History, 747–766. San Francisco 1955. TURILL, W. B., Plant Geography. Vistas in Botany **I**, 172–229. London 1959. SCHMITHÜSEN, J., Vor- und Frühgeschichte der Biogeographie. Biogeographica **20**. Saarbrücken 1985.

2 HUMBOLDT, A. VON, Ideen zu einer Geographie der Pflanzen. Tübingen 1807. Neudruck: Ostwalds Klassiker der exakten Wissenschaften Nr. 248. Leipzig 1960.
–, Ideen zu einer Physiognomik der Gewächse. Tübingen 1806; in erweiterter Form abgedruckt in: Ansichten der Natur **2**, 1–248, Stuttgart 1808.
–, Nova genera et species plantarum, vol. I–VII. Paris 1815–25. Reprint New York und Weinheim 1963. (Vol. I, p. III–XLVI: Prolegomena «De distributione geographica plantarum».)

3 BECK, H., Alexander von Humboldt. 2 Bde. Wiesbaden 1959–61 (grundlegende Biographie mit umfassenden Quellenangaben). BITTERLING, R., Alexander von Humboldt. Berlin 1959 (Bildband). NELKEN, H., Alexander von Humboldt (Ikonographie). Berlin 1980.
Unter den kürzeren Humboldt-Biographien seien hervorgehoben: BANSE, E., Alexander von Humboldt. Stuttgart 1953. BORCH, R., Alexander von Humboldt. Sein

Leben in Selbstzeugnissen, Briefen und Berichten. Berlin 1948. MEYER-ABICH, A., Alexander von Humboldt. Hamburg 1967. SCURLA, H., Alexander von Humboldt. Berlin 1955, 8. Aufl. 1972. DE TERRA, H., Alexander von Humboldt. Wiesbaden 1956. KRAMMER, M., Alexander von Humboldt, Mensch–Zeit–Werk. Berlin u. München 1954. I. JAHN, Dem Leben auf der Spur. Leipzig 1969. BIERMANN, K.-R., Alexander von Humboldt. 3. Aufl. Leipzig 1983. HEIN, W.-H., Alexander von Humboldt. Ingelheim 1985. BOTTING, D., Humboldt and the Cosmos. London 1974 (deutsch: München 1974). NDB **10**, 33–43, 1974. DSB **6**, 549–555, 1972.

HUMBOLDT erfuhr unmittelbar nach seinem Tode wie viele bedeutende Männer (vgl. GOETHE!) eine ausgesprochen abfällige Bewertung, wie sie z.B. in der als Materialsammlung wichtigen, dreibändigen Biographie von K. BRUHNS (Berlin 1872) zum Ausdruck kommt. Einer der wenigen, die damals dieser Abwertung widersprachen, war M.J. SCHLEIDEN in seinem Aufsatz «Zur Erinnerung an Alexander von Humboldt» (Unsere Zeit, Revue der Gegenwart, N.F. **5**, II, 481–498, 1869).

Anläßlich des «HUMBOLDT-Gedenkjahres» sind folgende Sammelbände erschienen: Alexander von Humboldt. Gedenkschrift zur 100. Wiederkehr seines Todestages, herausg. v. d. Dtsch. Akad. d. Wiss. Berlin. Berlin 1959. Alexander von Humboldt. Studien zu seiner universalen Geisteshaltung. Herausg. von J.H. SCHULTZE. Berlin 1959. Alexander von Humboldt. Vorträge und Aufsätze anläßlich der 100. Wiederkehr seines Todestages. Herausg. von J.F. GELLERT. Berlin 1960. Alexander von Humboldt. Seine Bedeutung für den Bergbau und für die Naturforschung. Freiberger Forschungshefte D33. Berlin 1960. Alexander von Humboldt. Festschrift zum 200. Geburtstag. Dtsch. Akad. d. Wiss. Berlin 1969.

Unter den zahlreichen Reden, die im Gedenkjahr 1959 gehalten wurden, seien hervorgehoben: SCHNABEL, FR., Alexander von Humboldt. Deutsches Museum München, Abh. u. Ber. **27**, Heft 2, 1959. SCHMUCKER, TH., Alexander von Humboldt zum Gedächtnis. Göttinger Universitätsreden Nr. 25. Göttingen 1959. TROLL, C., Alexander von Humboldts wissenschaftliche Sendung. Alexander von Humboldt, Studien zu seiner universalen Geisteshaltung. Herausg. von J.H. SCHULTZE, S. 258–277. Berlin 1959.

4 AIMÉ BONPLAND wurde 1773 als Sohn eines Arztes in La Rochelle geboren, studierte Medizin, war als Schiffsarzt tätig, studierte dann in Paris bei LAMARCK, JUSSIEU und DESFONTAINES Botanik und Zoologie, wo er die Teilnahme an einer Ägypten-Expedition erwog. HUMBOLDT, der den stets eine Botanisiertrommel tragenden jungen Arzt im Hotel Boston in Paris kennengelernt hatte, erkannte seine fachlichen und menschlichen Qualitäten und lud ihn zur Teilnahme an seiner Südamerikareise ein. BONPLAND besorgte fast allein die Präparation und die in dem feuchten Klima besonders schwierige Erhaltung der gesammelten Pflanzen. Wie sehr sich BONPLAND als Kamerad bewährte, davon gibt HUMBOLDT selbst in mehreren Briefen Zeugnis: «Niemals würde ich einen so treuen, tätigen und mutigen Freund wiedergefunden haben.» Nach seiner Rückkehr von der Reise wurde BONPLAND Privatbotaniker der Königin Josephine, der Gattin Napoleons, in Malmaison. Nach ihrem Tode (1814) zog es BONPLAND wieder nach dem neuen Kontinent. Als Professor der Naturgeschichte, als Forschungsreisender, als Farmer und Pflanzenzüchter hatte er ein äußerst wechselvolles Schicksal in Argentinien und Paraguay. HUMBOLDT und BONPLAND blieben alle die weiteren Jahrzehnte in brieflicher Verbindung. Als BONPLAND der «Kosmos» überbracht wurde, bedauerte er die lange Trennung von seinem alten Gefährten: «Der Mensch bedarf eines wahren Freundes, um die geheimen Gefühle seines Herzens auszuschütten.» Er starb 1858 im 85. Lebensjahr in Restauracion bei Corrientes (Argentinien). Noch aus seinem Altersbild (Abb. 56) sprechen Mut und Unternehmungsgeist. Näheres über seinen Lebensgang findet sich in: BOUVIER, R., & E. MAYNIAL, Der Botaniker von Malmaison. Aimé Bonpland, ein Freund Alexander von Humboldts. Neuwied 1949. HAMY, E.-T., Aimé Bonpland. Paris 1906. SCHULZ, W., Aimé Bonpland. Akad. d. Wiss. u. Lit. Mainz, Abh. d. math.-nat. Kl., Jh. 1960, Nr. 9. 1960.

5 Humboldt, A. von, Relation historique du voyage aux régiones équinoctiales du Nouveau Continent. 3 vol. Paris 1814–25. Neudruck Stuttgart 1969–70. In deutscher Sprache unter dem Titel «Reise in die Aequinoctialgegenden des Neuen Continents» in verschiedenen Ausgaben erschienen, z.B. Übersetzung von Th. Huber verw. Forster, Stuttgart 1815–32 und – stark gekürzt – von H. Hauff, Stuttgart 1859–60. Eine vollständige und sprachlich gute deutsche Ausgabe gibt es nicht. Mägdefrau, K., Vom Orinoco zu den Anden (Humboldt-Gedächtnis-Expedition 1958). Vierteljahresschr. d. naturf. Ges. Zürich **105**, 49–71, 1960. Varechi, V., Geschichtslose Ufer. Auf den Spuren Humboldts am Orinoko. München 1959 (2. Aufl. 1971).

6 Die von Humboldt allein getragenen Kosten der Reise betrugen über 40000 Taler, die Druckkosten des Reisewerks etwa 60000 Taler (Eichhorn, in: Humboldt-Gedenkschrift der Dtsch. Akad. d. Wiss. Berlin, 1959, S. 204ff.; Martius, Denkrede auf A.v.H., München 1869, S. 31).

7 Carl Sigismund Kunth (1788–1850) war Schüler von C.L. Willdenow, bearbeitete 1813–29 in Paris die von Humboldt und Bonpland in Amerika gesammelten Pflanzen und war anschließend ord. Professor der Botanik in Berlin.
Biogr.: ADB **17**, 394–397, 1883; DSB **15**, 267–268, 1978; TL **2**, 692–698, 1979.

8 Humboldt, A. von, Kosmos. 5 Bde. Stuttgart 1845–62. (Der 5. Band enthält u.a. das Register von E. Buschmann.)

9 Carl Ludwig Willdenow (1765–1812) war anfangs Apotheker, wurde 1801 Leiter des Berliner Botanischen Gartens und 1810 als ordentlicher Professor der Botanik an die neu gegründete Universität Berlin berufen.
Willdenow, C.L., Grundriß der Kräuterkunde. Berlin 1791. Hein, W.-H., Alexander von Humboldt und Carl Ludwig Willdenow. Pharmazeut. Ztg. **104**, 467–471. 1959. Jahn, I., Carl Ludwig Willdenow und die Biologie seiner Zeit. Wiss. Zschr. der Humboldt-Univ. Berlin, math.-nat. Reihe, **15**, 803–812. 1966. Eckardt, Th., Zum Gedenken an den 200. Geburtstag von C.L. Willdenow. Willdenowia **4**, 1–21, 1965.

10 Den ersten Hinweis auf die Parallelität der vertikalen Folge der Vegetationsgürtel in Hochgebirgen zur horizontalen von Süd nach Nord gab Tournefort (s. Kap. 4); klar ausgesprochen wurde sie von A. von Haller in seiner «Historia stirpium Helvetiae» (1768).

11 Troll, C., Zur Physiognomik der Tropengewächse. Jahresber. d. Ges. v. Freunden u. Förd. d. Univ. Bonn 1958, 1–75, 1959.
–, Die tropischen Gebirge. Bonner geograph. Abh. Heft 25. 1959.
–, Die dreidimensionale Landschaftsgliederung der Erde. Hermann-von-Wissmann-Festschrift, 54–80, 1962.

12 Schouw, J.Fr., Grundzüge einer allgemeinen Pflanzengeographie. Mit Atlas, Berlin 1823.
Biogr.: Botanisk Tidsskrift **38**, 1–56, 1925 (C. Christensen).

13 Meyen, F.J.F., Reise um die Erde. 2 Bde. Berlin 1834–35. –, Grundriß der Pflanzengeographie. Berlin 1836. Ratzeburg, J.T.C., Meyens Lebenslauf. Nova acta acad. Leop.-Carol. nat. cur. **19**, Supp. 1, XIII–XXXII. 1843. DSB **9**, 344–345, 1974. Ber. d. dtsch. bot. Ges. **100**, 265–282, 1987 (I. Müller). Über Meyen s.a. Kap. 8, 12 und 20.

14 Candolle, Aug.-Pyr. de, Géographie botanique. Dictionnaire des sci. nat. **18**, 359–422. 1820.
Biogr.: s.Kap. 6, Anm. 6.

15 Candolle, Alph. de, Géographie botanique raisonnée. 2 Bde. Paris und Genf 1855.
Biogr.: Ber. d. schweiz. bot. Ges. **50**a, 130–147, 1940 (J. Briquet); Leopoldina **31**, 33–37, 43–46, 1895 (O. Drude); Archives des Sci. phys. et natur., 3. pér., **30**, 514–569, Genève 1893; Revue génér. de Bot. **5**, 193–208, 1893; Ber. d. dtsch. bot. Ges. **11**, (46)–(61), 1893; Mikulinskij, S.R., Alphonse de Candolle. Biogr. bedeut. Biol. **3**. Jena 1980; DSB **3**, 42–43, 1971.

16 Candolle, Alph. de, Origine des plantes cultivées. Paris 1883. Deutsch: Der Ursprung der Culturpflanzen. Leipzig 1884.

17 ENGLER, A., Versuch einer Entwicklungsgeschichte der Pflanzenwelt, insbesondere der Florengebiete seit der Tertiärperiode. 2 Bde. Leipzig 1879–1882 (Neudruck Lehre 1968).
Biogr.: s. Kap. 15, Anm. 30.

18 FIRBAS, F., Spät- und nacheiszeitliche Waldgeschichte Mitteleuropas, Jena 1949–52. STRAKA, H., Pollenanalyse und Vegetationsgeschichte, 2. Aufl., Wittenberg 1970. OVERBECK, F., Botanisch-geologische Moorkunde. Neumünster 1975.

19 BROWN, R., Prodromus Florae Novae Hollandiae. London 1810. Reprint Weinheim 1960 mit «Introduction» von W. T. STEARN. –, General remarks geographical and systematical on the Botany of Terra Australis. London 1814.
Biogr.: s. S. 262, Anm. 3.

20 MARTIUS, C. FR. PH. VON, Reise in Brasilien. 3 Bände mit Atlas. München 1827. Neudruck Stuttgart 1965 (mit biographischer Einleitung von K. MÄGDEFRAU).
–, Flora brasiliensis. 36 Bände. Leipzig 1840–1906. Etwa 10000 Seiten mit 4000 Tafeln. Neudruck Weinheim 1965–66.
Biogr.: Oberbayer. Archiv **93**, 7–15, 1971 (K. MÄGDEFRAU). Mit 4 Portraits und Hinweisen auf ältere Biographien. Sitzungsber. d. bayer. Akad. d. Wiss., math.-nat. Kl., 1968, 79–96 (H. MERXMÜLLER).

21 POEPPIG, E. FR., Reise in Chile, Peru und auf dem Amazonenstrome. 2 Bde. Leipzig 1835–36 (Neudruck Stuttgart 1960).
–, Nova genera et species plantarum. 3 Bde. Leipzig 1835–45.
Biogr.: Mittheil. d. Ver. f. Erdkunde Leipzig, Jg. 1887, 3–17, 1888 (F. RATZEL). Botan. Jahrb. **21**, Beibl. 53, 1–27, 1896 (I. URBAN).

22 HOOKER, J. D., The Botany of the Antarctic Voyage of discover ships Erebus and Terror. 6 Bde. London 1844–60.
–, Himalayan Journals. London 1854.
Biogr.: s. Kap. 15, Anm. 13.

23 SIEBOLD, PH. FR., Flora Japonica. 2 Bde. Leiden 1835–70.
Biogr.: KÖRNER, H., Die Würzburger Siebold. Leipzig 1967.

24 BLUME, K. L., & J. B. FISCHER, Flora Javae. Brüssel 1828. TL **1**, 234–241, 1976.

25 JUNGHUHN, F. W., Java, seine Gestalt, Pflanzendecke und innere Bauart. 3 Bde. Leipzig 1857.
Biogr.: SCHMIDT, C. P., Franz Junghuhn. Leipzig 1909.

26 HASSKARL, J. K., Plantae Javanicae. Berlin 1848.
Biogr.: Gartenflora **43**, 205–211, 1894 (H. ORT).

27 GMELIN, J. G., Flora Sibirica. 4 Bde. Petropoli 1747–69.
–, Reise durch Sibirien 1733–43. Göttingen 1751–52.
Biogr.: Johann Georg Gmelin, ein Gedenkbuch. München 1911. DSB **5**, 427–429.

28 PALLAS, P. S., Flora Rossica. Petropoli 1874–88.
–, Reise durch verschiedene Provinzen des Russischen Reiches. 3 Bde. St. Petersburg 1771–76 (Reprint Graz 1967, mit Biographie).

29 Ledebour, K. F., Flora Rossica. Stuttgart 1842–53.
Biogr.: Pommersche Lebensbilder **3**, 256–265, 1939; Festschrift z. 500 Jahr-Feier d. Univ. Greifswald Bd. 2, 547–552, 1956.

30 GRISEBACH, A., Die Vegetation der Erde in ihre klimatischen Anordnung. 2 Bde. Leipzig 1872 (2. Aufl. 1884). –, Gesammelte Abhandlungen und kleinere Schriften zur Pflanzengeographie. Leipzig 1880 (mit Biographie und Bibliographie).
Biogr.: Leopoldina **16**, 35–38, 52–56 (J. REINKE); Petermanns Mitteil. **25**, 269–271, 1879 (O. DRUDE). Georgia Augusta, Nachr. d. Univ. Göttingen, Mai 1980, 5–20 (G. WAGENITZ, H. ELLENBERG).
Sein etwa 40000 Arten umfassendes Herbarium überließ GRISEBACH der Universität Göttingen, an der er von 1841 bis zu seinem Tode, Berufungen an fünf andere Universitäten ablehnend, als Professor der Botanik lehrte.

31 DRUDE, O., Atlas der Pflanzenverbreitung. In: BERGHAUS, Physikalischer Atlas,

3. Aufl., Abt. V. Gotha 1887.
–, Handbuch der Pflanzengeographie. Stuttgart 1890.
Biogr.: Ber. d. dtsch. bot. Ges. **51**, (96)–(127), 1934 (F. TOBLER).

32 SENDTNER, O., Die Vegetationsverhältnisse Südbayerns. München 1854.
Biogr.: Ber. d. bayer. bot. Gesellsch. **12**, 73–89, 1910 (H. ROSS).

33 F.E. CLEMENTS wurde 1874 in Lincoln (Nebraska) geboren und starb 1945 in Washington.
Von seinen zahlreichen Werken seien genannt: The Phytogeography of Nebraska (mit R. POUND). 1898. The Development and Structure of Vegetation. Univ. of Nebraska, Bot. Survey of Nebraska, vol. 7. Lincoln, Nebr., 1904. Plant Succession, Carnegie Institution, Publ. No. 242. Washington 1916. Plant Indicators. Carnegie Institution, Publ. No. 290. Washington 1920. Eine gekürzte und ergänzte Fassung der beiden letztgenannten Abhandlungen erschien unter dem Titel «Plant succession and indicators» Washington 1928 (Reprint 1974), mit ausführlichen historischen Abschnitten. Eine Reihe späterer Aufsätze sind zusammengestellt in dem Sammelband «Dynamics of vegetation», New York 1949.
Biogr.: Ecology **26**, 317–319, 1945 (SHANTZ); Journ. of Ecology **34**, 194–196, 1947 (TANSLEY); DSB **3**, 317–318, 1971. Eine ausführliche Biographie ist leider nicht erschienen.

34 Der Ausdruck «climax formation» findet sich, soviel ich sehe, erstmals in der für die Sukzessionslehre grundlegenden Arbeit von H.C. COWLES «The ecological relations of the vegetation on the sand dunes of Lake Michigan», Bto. Gaz. **27**, 95–117, 166–202, 281–308, 361–391, 1899. In den internationalen Gebrauch kam dieser Terminus aber erst durch die Veröffentlichungen von CLEMENTS.

35 Die Erforschung der europäischen Pflanzengesellschaften erhielt starke Impulse durch die «Pflanzensoziologie» (1928) des Schweizers JOSIAS BRAUN-BLANQUET (1884–1980), der ein hierarchisches System der Pflanzengesellschaften aufstellte und sich auch der CLEMENTSschen Klimaxlehre anschloß. Durch viele Anhänger BRAUN-BLANQUET's entwickelte sich bei uns die Vegetationsforschung ausgesprochen formalistisch; erst in neuester Zeit traten ökologische Problemstellungen in den Vordergrund.

36 HERMANN CHRIST (1833–1933) war Advokat und Notar sowie Mitglied des Appelationsgerichts in Basel; die Botanik war für ihn nur Nebenbeschäftigung. Hauptarbeitsgebiete: Systematik und Geographie der Farne, Systematik der Gattung Rosa und die Vegetation der Alpen. Sein «Pflanzenleben der Schweiz» (1879) gehört zu den Standardwerken der alpinen Vegetationskunde. In 80 Arbeitsjahren veröffentlichte er 319 Publikationen.
Biogr.: Ber. d. dtsch. bot. Gesellsch. **51**, (72)–(95), 1934 (G. SENN).

37 THEODOR HERZOG (1880–1961) war Professor der Botanik in Jena.
Biogr.: Ber. d. bayer. bot. Ges. **35**, 73–84, 1962 (K. MÄGDEFRAU). MÄGDEFRAU, K., Die Geographie der Moose, ihre Begründung und Entwicklung. Acta histor. Leopoldina **9**, 95–111, 1975.

10. Sexualität, Bestäubung und Befruchtung

Herbis, non verbis.
(Mit Pflanzen, nicht mit Worten.)

R. CAMERARIUS

Bereits im ersten Kapitel über die «Botanik im Altertum» haben wir gesehen, daß THEOPHRASTOS von der Erkenntnis der Sexualität der Pflanzen nicht mehr weit entfernt gewesen ist und daß ihn nur seine große methodische Vorsicht von den letzten Schlußfolgerungen abgehalten hat. Nach der Wiedergeburt der Botanik im 16. Jahrhundert wurde immer wieder über diese so fundamentale Frage theoretisch diskutiert, z. B. von CESALPINO, RAY, MALPIGHI, GREW u. v. a., aber ohne merkbaren Fortschritt. Erst zwei Jahrtausende nach THEOPHRASTOS wurde das alte Problem gelöst auf dem einzig möglichen Wege: mittels des Versuchs, und zwar 1694 durch RUDOLF JACOB CAMERARIUS[1] (Abb. 63) in Tübingen. Über das Leben dieses Forschers wissen wir kaum mehr als die einfachsten Daten. Er wurde 1665 als Sohn des Professors der Medizin ELIAS RUDOLF CAMERARIUS geboren, studierte in seiner Vaterstadt, unternahm Reisen durch Deutschland, Holland, England, Frankreich und Italien, wurde 1687 in Tübingen promoviert, im Jahr darauf zum Professor der Medizin und Direktor des Botanischen Gartens daselbst ernannt, verfaßte neben zahlreichen medizinischen etwa 25 botanische Schriften und starb 1721. Seine bedeutendsten Entdeckungen über die Sexualität der Pflanzen sind enthalten in einem lateinisch geschriebenen 80 Seiten langen Brief an den Gießener Professor der Medizin MICHAEL BERNHARD VALENTINI aus dem Jahre 1694, der mehrfach abgedruckt und auch ins Deutsche übersetzt wurde. Dem Brief ist eine von einem Anonymus verfaßte Ode von 26 Strophen beigegeben, die den Inhalt des Briefes in dichterischer Sprache zusammenfaßt. CAMERARIUS schildert zunächst in vorbildlicher Klarheit den Bau der Blüte in seinen verschiedenen Abwandlungen und erörtert dann, mit kritischer Verwendung der Angaben aus der älteren Literatur von THEOPHRAST bis RAY, eingehend den Vergleich der pflanzlichen und tierischen Fortpflanzung, wobei er auch auf seine eigenen Beobachtungen und Versuche zu sprechen kommt, deren Ergebnisse er z. T. schon früher veröffentlicht hatte. Er hatte beobachtet, daß ein weiblicher Maulbeerbaum *(Morus)* Früchte trug, obwohl kein männlicher Baum in der Nähe stand; die Beeren enthielten aber nur taube Samen, die er mit unbefruchteten «Windeiern» des Huhns verglich. Diese Beobachtung regte ihn zu experimenteller Nachprüfung an. Vom Bingelkraut *(Mercurialis)* sowie vom Spinat *(Spinacia)* kultivierte CAMERARIUS weibliche Pflanzen völlig getrennt von männlichen. Erstere setzten zwar Früchte an, aber sie waren taub. Entsprechende Resultate erhielt er in den Versuchen mit Ricinus und Mais, deren männliche Blüten er vor ihrer Entfaltung entfernt hatte. Ein weiblicher Maulbeerbaum, in dessen Nachbarschaft kein männlicher stand, trug

Abb. 63. Rudolf Jacob Camerarius (1665–1721)

Abb. 64. Joseph Gottlieb Kölreuter (1733–1806)

zwar Beeren, aber aus diesen entwickelten sich keine Keimpflanzen. Gefüllte Blüten, die keine Staubblätter mehr besitzen, vermögen auch keine keimfähigen Samen zu erzeugen. Daraus zieht er folgenden Schluß: «Im Pflanzenreich vollzieht sich keine Fortpflanzung durch den Samen, diese Gabe der vollkommenen Natur und das allgemeine Mittel zur Erhaltung der Art, wenn nicht die vorher erscheinenden Staubbeutel der Blüten (apices florum) die Pflanze selbst dazu vorbereitet haben (ipsam plantam debite praeparaverint). Es erscheint also billig, diesen Staubbeuteln einen edleren Namen zu geben und die Funktion der männlichen Geschlechtsteile beizulegen, so daß also ihre Kapseln die Gefäße und Behälter sind, in denen der Samen selbst, jener Staub, der subtilste Teil der Pflanzen, ausgeschieden, gesammelt und von da aus später abgegeben wird... Wie bei den Pflanzen die Staubbeutel die Bildungsstätte des männlichen Samens sind, so entspricht der Behälter der Samen mit seiner Narbe oder seinem Griffel den weiblichen Geschlechtsteilen... Vergänglich sind diese Teile, welche beiderseitig für die Zeugung dienen, und jedes Jahr ist die Natur gezwungen, neue Samenwerkzeuge für die neu entstehenden Keime zu bilden.» Nach einem Hinweis auf die Zwittrigkeit der Schnecken fährt Camerarius fort: «Im Pflanzenreich ist der größere Teil der Pflanzen von doppeltem Geschlecht; sie sind Hermaphroditen und befruchten sich selbst.»

Die Wahrheitsliebe des kritischen Forschers Camerarius zeigt sich darin, daß er selbst einige Einwände gegen seine Auffassung bringt. Bärlapp *(Lycopodium)* und Schachtelhalm *(Equisetum)* bilden nur Blüten mit zahlreichen Staubbeuteln. «Hier ist also der männliche Samen reichlich vorhanden, aber es entspricht ihm, kein weibliches Geschlecht, es fehlen die Griffel, die Samenbehälter; denn daß der Schachtelhalm oder der Bärlapp mit diesem Staub ausgesäet werden könne, möchte ich wenigstens nicht glauben.» Schwerwiegender erscheint ihm aber der Befund, daß bei seinen Versuchen einmal ein Maiskolben an einer kastrierten

Pflanze, obwohl die intakten Pflanzen weit entfernt standen, dennoch einige fruchtbare Körner angesetzt hatte und daß ein ähnlicher Fall sich bei seinen Versuchen mit Hanf *(Cannabis)* ereignete. «Ich habe mich, ich gestehe es, darüber recht geärgert.»

Gerade diese mißlungenen Versuche, die ja nach unserer heutigen Kenntnis von dem weiten Lufttransport des Pollens leicht zu erklären sind, (schon VALENTINI wies in einem Antwortbrief an CAMERARIUS auf diese Möglichkeit hin) haben später die Gegner der pflanzlichen Sexualität immer wieder hervorgehoben, obwohl JOH. GOTTL. GLEDITSCH eine eklatante Bestätigung des CAMERARIUS dadurch erbrachte, daß er das bisher nie Samen tragende weibliche Exemplar der Palme *Chamaerops humilis* im Berliner Botanischen Garten 1749 zur Samenbildung brachte, indem er es mit Pollen bestäubte, den er sich von einem männlichen Exemplar des Leipziger Gartens schicken ließ; diesen Versuch wiederholte GLEDITSCH noch zweimal (1750, 1751) mit vollem Erfolg.

CAMERARIUS hatte also den Nachweis geführt, daß sich reife Samen nur bilden, wenn die Narbe mit Pollen bestäubt worden ist. Daß aber der Pollen auch am Aufbau der nächsten Generation beteiligt ist, erwiesen erst die sorgfältigen Bastardierungsversuche von J.G. KÖLREUTER, einem Landsmann des CAMERARIUS. Sonderbarerweise hat LINNÉ – trotz seines «Systema sexuale» – keinerlei experimentelle Beweise für die Sexualität der Pflanzen beigebracht.

JOSEPH GOTTLIEB KÖLREUTER[2] (Abb. 64) wurde als Sohn eines Apothekers 1733 in Sulz am Neckar geboren, studierte in Tübingen und Straßburg und wanderte nach Petersburg aus, wo er mit seinen Bastardierungsversuchen begann. 1761 kehrte er nach Sulz zurück, siedelte dann nach Calw über und wurde schließlich (1763) als Professor der Naturgeschichte nach Karlsruhe berufen, wo ihm auch die Direktion der fürstlichen Gärten übertragen wurde. Er starb daselbst im Jahre 1806.

Zunächst beschäftigt sich KÖLREUTER mit der Übertragung des Pollens auf die Narbe, also mit den verschiedenen Bestäubungseinrichtungen, die er bei einer ganzen Reihe von Pflanzen sorgfältig beobachtet hat. Er unterscheidet drei Möglichkeiten:

1. «Ohne fremde oder äußere Beyhülfe, ganz allein»; dies nimmt er z.B. für die Cruciferen, Papilionaceen, den Lein u.a. Pflanzen an.
2. Durch den Wind, wie bei der Birke, der Hasel, den Eichen, Buchen, Tannen usw. Hier beschreibt er sehr genau die Staubblattbewegungen bei der Raute *(Ruta)* sowie das «Aufbersten der Staubkölbchen» bei *Parietaria.*
3. Durch Insekten beim Nektarsaugen an den Blüten, wie er es bei Malven, Schwertlilien und Gurken beobachtet hat, ein «dem ersten Ansehen nach zufälligen, aber in der Tat allersichersten Mittels, dessen sich hier der weise Schöpfer bey der Fortpflanzung bedienet.»

Bei diesen Blütenstudien entdeckte KÖLREUTER u.a. die Narbe der Schwertlilienblüte, die Reizbarkeit der Narbenlappen von *Martynia* und *Campsis radicans* sowie die Protandrie bei *Epilobium* und *Oenothera.*

An einer *Hibiscus*-Blüte zählt KÖLREUTER insgesamt 4863 Pollenkörner («Samenstäubchen»), von denen nach seinen Beobachtungen aber 50–60 genügen, damit sich die etwa 30 Samen in der Kapsel entwickeln. Die Befruchtung sieht er in einer Vermischung des aus den Pollenkörnern austretenden Saftes mit dem Narbensekret; der Pollenschlauch wurde ja erst dreißig Jahre später entdeckt.

Die bedeutendste Leistung KÖLREUTER's aber war die Herstellung zahlreicher Bastarde, wobei er sich der Gattungen *Nicotiana, Dianthus, Verbascum, Hibiscus, Mirabilis, Datura, Aquilegia, Cucurbita* u.a. bediente. Dabei stellte er fest, daß die Nachkommen fertiler Bastarde nicht konstant sind und verschiedene Kombinationen mütterlicher und väterlicher Merkmale auftreten. Durch Rückkreuzung mit dem Vater erhielt er Pflanzen, die diesem wieder gleichsahen. Auch beobachtete er bei *Verbascum* erstmals die Selbststerilität: «Das Seltsamste aber bey allem dem war, daß sich die ♀ durch ihren eigenen Samenstaub nicht befruchten ließen, es war unter einer großen Menge Blumen, die von Zeit zu Zeit damit bestäubt worden, nicht eine einzige, die nur die allergeringste Spur einer darauf erfolgten Befruchtung gezeigt hätte.»

Treffend kennzeichnet WETTSTEIN die Arbeit KÖLREUTER's: «Das Lesen der Schriften dieses großen Mannes ist uns heute noch ein reiner Genuß. Sie atmen eine Klarheit des Denkens, Exaktheit der Ableitung, eine Vielseitigkeit der Beobachtung, die im Gegensatz zu den meisten anderen dieser Zeit in Erstaunen setzt. Im logischen Aufbau der Experimentalbeweise reihen sie sich den besten Arbeiten moderner experimenteller Biologie an. Das Lesen wird oft zum spannenden Ereignis, und man sieht mit neidvollem Staunen eine Zeit, in der einem klaren, großen Geist mit einfachster Methode solche Entdeckungen gelingen konnten. Die Fragen sind heute schwieriger geworden, doch die Methoden diesen Schwierigkeiten angeglichen.»

KÖLREUTER's Bastardierungs-Versuche hatten gezeigt, daß bei der Bestäubung Eigenschaften des Vaters durch den Blütenstaub übertragen werden. Damit war die Sexualität der Pflanzen endgültig erwiesen. Trotzdem wurde diese Grunderkenntnis in der Folgezeit wieder geleugnet, und zwar aus – philosophischen Gründen! Der Heidelberger Botaniker F. J. SCHELVER schrieb 1812–23 in drei Fortsetzungen eine «Kritik der Lehre von den Geschlechtern der Pflanze» und sein Schüler A. W. HENSCHEL ein über 600 Seiten dickes Buch «Von der Sexualität der Pflanzen» (1820), von welchem SACHS sagt, daß es «alles weit hinter sich läßt, was an Urteilsunfähigkeit jemals geleistet worden ist».[3] Trotzdem ließen sich sogar bedeutende Männer wie NEES VON ESENBECK und GOETHE[4] davon beeindrucken. Die Berliner Akademie stellte daher 1819 die Preisaufgabe «Gibt es eine Bastardbefruchtung im Pflanzenreich?», auf die erst nach neun Jahren eine nur mit dem halben Preis bedachte Antwort eingereicht wurde. 1830 stellte die Holländische Akademie eine ähnliche Frage; den Preis erhielt 1837 der schwäbische Arzt CARL FRIEDRICH GÄRTNER[5] (Abb. 66), Sohn des Arztes JOSEPH GÄRTNER, dessen grundlegendes Werk «De fructibus et seminibus plantarum» wir bereits kennengelernt haben. Über seine über drei Jahrzehnte mit größtem Eifer durchgeführten Versuche berichtet CARL FRIEDRICH GÄRTNER in zwei Werken «Versuche und Beobachtungen über die Befruchtungsorgane der vollkommeneren Gewächse» (1844) und «Versuche und Beobachtungen über die Bastarderzeugung» (1849), Werke, die sich in Sorgfalt, Genauigkeit und sachlich-kritischer Einstellung würdig an die seiner Landsleute CAMERARIUS und KÖLREUTER anschließen. Über 9000 Bastardierungsversuche hat GÄRTNER durchgeführt, eingehend alle irgendwie möglichen Fehlerquellen dargelegt, Bau und Entwicklung der Blütenorgane studiert und das ältere Schrifttum über die pflanzliche Sexualität kritisch anhand eigener Spezialversuche gesichtet, wobei er bei aller sachlichen Schärfe stets die würdige Form zu wahren weiß. Mit GÄRTNER's Werken hat die Diskussion über die Sexualität der Pflanzen ihren Abschluß gefunden.

Camerarius, Kölreuter und Gärtner haben sich bei ihren Forschungen fast ausschließlich auf Versuche im Garten und im Zimmer beschränkt, die Vorgänge in der freien Natur hingegen kaum beachtet. Gerade hier bot sich der Beobachtung ein weites Feld, welches ein einziger, höchst origineller Forscher geradezu schlagartig erschloß: Christian Konrad SPRENGEL.[6]

Über das Leben Sprengel's liegen nur spärliche Nachrichten vor. Er wurde 1750 in Brandenburg als Sohn eines Geistlichen geboren. Der Botaniker Kurt Sprengel (1766–1833) in Halle, der Verfasser der «Geschichte der Botanik», war sein Neffe. Nach beendetem Studium der Theologie und Philologie war er zunächst als Lehrer in Berlin tätig und wurde 1780 als Rektor des Gymnasiums nach Spandau berufen. Hier lebte damals der berühmte Arzt Ernst Ludwig Heim, der den Altphilologen Sprengel für die Botanik begeisterte. In Heim's Tagebuch findet sich (11. Oktober 1794) der Eintrag[7] «Ich habe dem Rektor Sprengel in Spandau, um ihm wegen seiner hypochondrischen Launen die Spaziergänge angenehm zu machen, den ersten Unterricht in der Botanik erteilt.» Sprengel hat sich offenbar mit größtem Eifer dem Studium der Pflanzen hingegeben; denn bereits 1793 erschien sein berühmtes Werk: «Das entdeckte Geheimnis der Natur im Bau und in der Befruchtung der Blumen.» In seinem Beruf hatte Sprengel viele Widerwärtigkeiten zu ertragen, vor allem durch die Eltern, die ihre Söhne ungerecht behandelt glaubten, und durch seinen kirchlichen Vorgesetzten, der schließlich seine vorzeitige Pensionierung im Jahre 1794 erreichte. Danach lebte Sprengel ganz zurückgezogen in Berlin, mit Botanik und klassischer Philologie beschäftigt, und starb, in voller Einsamkeit, 1816. Eine Charakteristik, die ein früherer Schüler von ihm entwirft, kennzeichnet auch sein Wesen als Forscher und führt zu einem Verständnis seines Werkes: «Einfach wie in der Lebensweise, war er auch im gesellschaftlichen Betragen. Er wußte nichts von Schmeicheleien und war selbst mit den gewöhnlichen Höflichkeitsausdrücken nicht freigebig. Er sprach, was er dachte, schnell und offen heraus, und da sein Geist leicht in jedes Wesen eindrang, Wahrheit aber ihm über alles ging, so mußte das, was er sprach, oft hart an die durch Täuschungen verwöhnte Welt anstoßen. Er nahm keine Meinung unbedingt und nichts auf bloßen Glauben an, auf seine eigenen Ansichten verließ er sich mehr als auf jede fremde, sie mochte sein, von wem sie wollte».[8]

Sprengel legt in der Einleitung seines Werkes selbst dar, wie er zu seinen Blütenuntersuchungen angeregt wurde. Da diese Schilderung sowohl für seine Beobachtungsgabe wie für seine Art des Denkens überaus kennzeichnend ist, möge sie hier wörtlich folgen:

«Als ich im Sommer 1787 die Blume des Waldstorchschnabels *(Geranium sylvaticum)* aufmerksam betrachtete, so fand ich, daß der unterste Theil ihrer Kronenblätter auf der innern Seite und an den beiden Rändern mit feinen und weichen Haaren versehen war (vgl. Abb. 65, Fig. 1–2). Ueberzeugt, daß der weise Urheber der Natur auch nicht ein einziges Härchen ohne eine gewisse Absicht hervorgebracht hat, dachte ich darüber nach, wozu denn wohl diese Haare dienen möchten. Und hier fiel mir bald ein, daß, wenn man voraussetzte, daß die fünf Safttröpfchen, welche von eben so vielen Drüsen abgesondert werden, gewissen Insekten zur Nahrung bestimmt seyen, man es zugleich nicht unwahrscheinlich finden müßte, daß dafür gesorgt sey, daß dieser Saft nicht vom Regen verdorben werde, und daß zur Erreichung dieser Absicht diese Haare hier angebracht seyen. Die vier ersten Figuren der 18. Kupfertafel können zur Erläu-

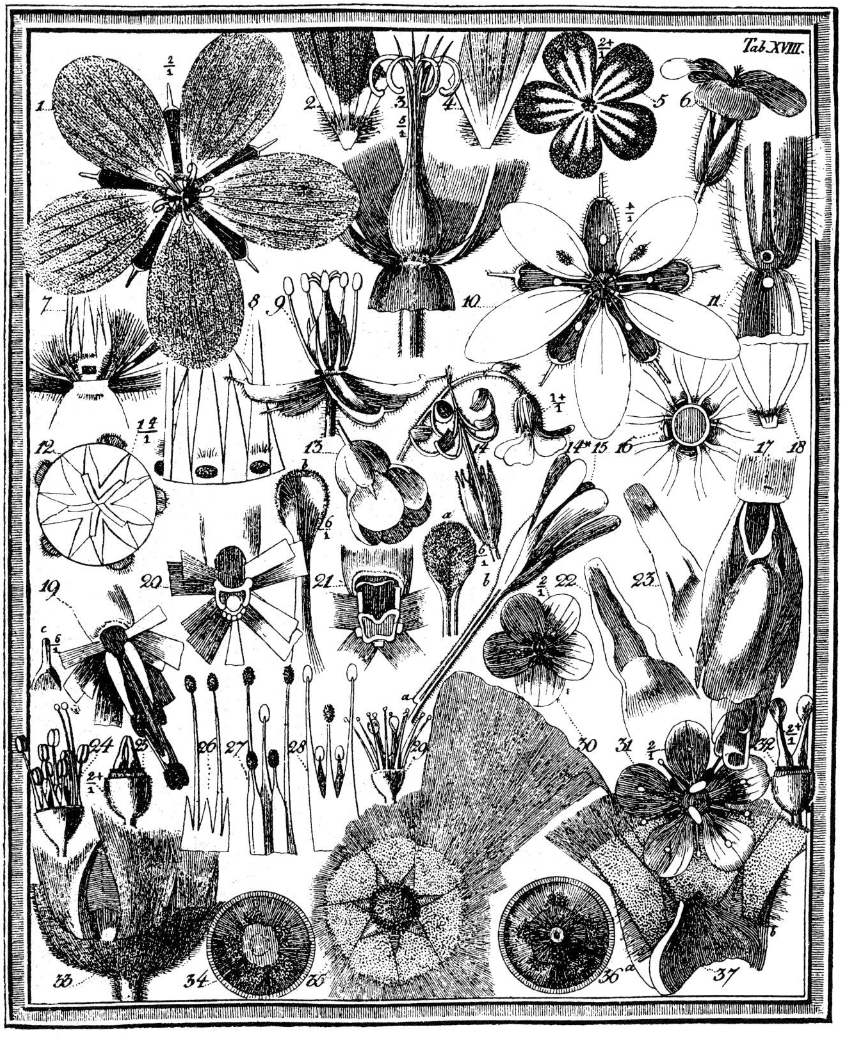

Abb. 65. Tafel aus SPRENGEL 1793. Dargestellt sind Blüteneinrichtungen der Gattungen *Geranium, Erodium, Pelargonium, Althaea*

terung dessen dienen, was ich sage. Sie stellen den Sumpfstorchschnabel *(Geranium palustre)* vor, welcher dem Waldstorchschnabel sehr ähnlich ist. Jedes Safttröpfchen sitzt auf seiner Drüse unmittelbar unter den Haaren, welche sich an dem Rande der zwey nächsten Kronenblätter befinden. Da die Blume aufrecht steht, und ziemlich groß ist, so müssen, wenn es regnet, Regentropfen in dieselbe hineinfallen. Es kann aber keiner von den hineingefallenen Regentropfen zu einem Safttröpfchen gelangen, und sich mit demselben vermischen, indem er von den Haaren, welche sich über dem Safttröpfchen befinden, aufgehalten wird, so wie ein Schweißtropfen, welcher an der Stirn des Menschen herabgeflossen ist, von den Augenbraunen und Augenwimpern aufgehalten, und verhindert wird, in das Auge hinein zu fließen. Ein Insekt hingegen wird durch diese Haare keineswegs verhindert, zu den Safttröpfchen zu gelangen. Ich untersuchte hierauf andere Blumen, und fand, daß verschiedene von denselben etwas in ihrer Structur hatten, welches zu eben diesem Endzweck zu dienen schien. Je länger ich diese Untersuchung fortsetzte, desto mehr sah ich ein, daß diejenigen Blumen, welche Saft enthalten, so eingerichtet sind, daß zwar die Insekten sehr leicht zu demselben gelangen können, der Regen aber ihn nicht verderben kann. Ich schloß also hieraus, daß der Saft dieser Blumen, wenigstens zunächst, um der Insekten willen abgesondert werde, und, damit sie denselben rein und unverdorben genießen können, gegen den Regen gesichert sey.»

Im Jahre darauf fiel ihm an der *Myosotis*-Blüte der gelbe Ring am Eingang der Blütenröhre auf, der zum Blau des Krontellers so stark kontrastiert. «Sollte die Natur wohl diesen Ring zu dem Ende besonders gefärbt haben, damit derselbe den Insekten den Weg zum Safthalter zeige?» Er fand daraufhin bei vielen Blüten «Flecken, Figuren, Linien oder Tüpfel von besonderer Farbe immer da, wo sich der Eingang zum Safthalter findet», und nannte diese Zeichnungen «Saftmale» (vgl. Abb. 65, Fig. 5). »Nun schloß ich vom Theil auf das Ganze. Wenn die Krone der Insekten wegen an einer besonderen Stelle besonders gefärbt ist, so ist sie überhaupt der Insekten wegen gefärbt; und wenn jene besondere Farbe eines Theiles der Krone dazu dient, daß ein Insekt, welches sich auf die Blume gesetzt hat, den rechten Weg zum Saft leicht finden könne, so dienet die Farbe der Krone dazu, daß die mit einer solchen Krone versehenen Blumen den ihrer Nahrung wegen in der Luft umherschwärmenden Insekten, als Saftbehältnisse, schon von weitem in die Augen fallen.»

Der Bau der *Iris*-Blüte, die offensichtlich so eingerichtet ist, daß die Insekten beim Nektarsaugen zwangsläufig die Bestäubung vollziehen müssen, der Nachweis der Dichogamie (Protandrie und Protogynie) bei vielen Blüten, die oben erwähnten Saftdecken und Saftmale führen SPRENGEL zu seiner «Theorie der Blumen»: Alle die genannten Merkmale der «Saftblumen» zielen darauf ab, daß die Blüten durch die saftsaugenden Insekten bestäubt werden und lassen sich durch diesen Endzweck voll erklären. Dagegen sind «alle Blumen, welche keine eigentliche Krone noch an der Stelle derselben einen ansehnlichen Kelch haben, saftleer und werden nicht von Insekten, sondern durch den Wind befruchtet». Auch erkannte SPRENGEL, daß alle genannten Einrichtungen auf die Verhütung der Selbstbestäubung abzielen: «Von dieser Befruchtung der Blumen durch die Insekten ist ein unläugbarer Beweis die von mir zuerst entdeckte Einrichtung sehr vieler Zwitterblumen, vermöge welcher in jedes Individuum nicht durch seinen eigenen, sondern bloß durch eines anderen Staub befruchtet werden kann.»

Im Hauptteil seines Buches behandelt SPRENGEL alle wichtigen Vertreter unserer heimischen Flora sowie zahlreiche Gartenpflanzen (insgesamt 461 Arten) sehr genau hinsichtlich ihrer Bestäubungseinrichtungen und stellt sie auf 25 von ihm selbst mit größter Sorgfalt gezeichneten Tafeln dar. Alle Angaben SPRENGEL's – das ganze Werk bringt fast ausschließlich eigene, neue Beobachtungen – wurden bis auf einige unbedeutende Kleinigkeiten von späteren Autoren voll bestätigt.[9]

Sonderbarerweise blieb SPRENGEL's «Entdecktes Geheimnis» sieben Jahrzehnte so gut wie unbeachtet. Die Gründe hierfür hat wohl SACHS richtig erkannt: «Die Botaniker waren gerade in jener Zeit und später ganz in Anschauungen befangen, die derartige biologische und physiologische Tatsachen des Pflanzenlebens unbeachtet beiseite liegen ließen; und zudem waren SPRENGEL's Ergebnisse dem Dogma von der Konstanz der Arten keineswegs günstig; minder begabten Naturen aber ist es in solchen Fällen eigen, lieber die Tatsachen zu leugnen oder sie unbeachtet zu lassen, als die eigene liebgewordene Meinung zu opfern; so erklärt sich leicht die Nichtbeachtung, auf welche SPRENGEL's Werk überall stieß.[10] Dazu kam, daß trotz der Arbeiten eines CAMERARIUS und KÖLREUTER auch am Anfang des 19. Jahrhunderts die Sexualität der Pflanzen überhaupt sehr vielen noch zweifelhaft schien.» Und weiterhin: «Man war vor 1860 derartigen Naturerscheinungen gegenüber in eine Lage geraten, die sozusagen gar keinen Standpunkt der Berurteilung zuließ; man schämte sich vom teleologischen Standpunkt aus, mit KONRAD SPRENGEL zu glauben, daß jede noch so unscheinbare Einrichtung der Organismen das wohlüberlegte Werk eines Schöpfers sei; etwas Besseres aber hatte man nicht an die Stelle zu setzen, und so blieben SPRENGELS Entdeckungen unverstanden und unbeachtet liegen, bis DARWIN ... dem teleologischen Prinzip das der Deszendenz und Selektion entgegenstellte.»

Nur einer hatte die Bedeutung von SPRENGEL's Buch erkannt: ROBERT BROWN. Konnte er doch dessen Beschreibung der *Asclepias*-Blüte und ihrer Bestäubungseinrichtung voll bestätigen. Er machte 1841 CHARLES DARWIN[11] auf das «Entdeckte Geheimnis» aufmerksam, der gerade im Zuge seiner deszendenz-theoretischen Untersuchungen sich mit der Kreuzbefruchtung der Blüte zu beschäftigen begonnen hatte. In DARWIN's Autobiographie lesen wir: «Während des Sommers 1839 war ich dadurch, daß ich in meinen Spekulationen über den Ursprung der Arten zu der Folgerung gekommen war, die Kreuzung spiele eine bedeutungsvolle Rolle bei dem Constant-erhalten specifischer Formen, darauf geführt worden, die Kreuzbefruchtung von Blüten durch Hülfe der Insecten aufmerksam zu beobachten. Ich hatte dann dem Gegenstand während einem der darauffolgenden Sommer mehr oder weniger Aufmerksamkeit zugewendet, und mein Interesse war noch dadurch bedeutend erhöht worden, daß ich mir im November 1841 auf den Rat ROBERT BROWN's ein Exemplar von C.K. SPRENGEL's wunderbarem Buch ‹Das entdeckte Geheimnis der Natur› verschafft und das Buch gelesen hatte. Einige Jahre hindurch vor 1862 hatte ich besondere Aufmerksamkeit auf die Befruchtung unserer britischen Orchideen gewandt; und es schien mir der beste Plan zu sein, eine so vollständige Darstellung dieser Pflanzengruppe wie ich es nur tun konnte zu geben, besser als die große Menge von Material, welche ich langsam in bezug auf andere Pflanzen gesammelt hatte, auszunutzen. Mein Entschluß erwies sich auch als ein ganz weiser; denn seit dem Erscheinen meines Buches ist eine überraschend große Anzahl von einzelnen Aufsätzen wie von besonderen Werken über die Befruchtung aller Arten von Blüten erschienen; und diese sind weit besser ausgeführt als ich es möglicherweise hätte tun können. Die Verdienste des armen alten SPRENGEL, die so lange übersehen worden sind, sind jetzt so viele Jahre nach seinem Tode vollständig anerkannt worden.»

In seinem 1862 erschienenen Orchideen-Buch beschreibt DARWIN mit vorbildlicher Sorgfalt die Bestäubungseinrichtungen der einheimischen sowie von einigen ausländischen Orchideen mit dem Ergebnis, «daß die Natur in ausdrücklicher Weise beständige Selbstbefruchtung verabscheut», eine Ansicht, die ja auch

SPRENGEL vertreten hatte, ebenso wenige Jahre nach ihm (1799) der Engländer THOMAS ANDREW KNIGHT, der aufgrund von Kreuzungsversuchen an Kulturpflanzen zu der Auffassung kam, daß keine Pflanze viele Jahre hindurch sich selbst befruchte. Im Orchideenbuch gedenkt DARWIN auch seines Vorgängers SPRENGEL: «Das merkwürdige Buch mit dem sonderbaren Titel wurde bis vor kurzem häufig mit Geringschätzung erwähnt... Nach meinen eigenen Beobachtungen bin ich aber sicher, daß sein Werk eine ungeheure Menge Wahrheiten enthält. Vor vielen Jahren sprach ROBERT BROWN, dessen Urteil alle Botaniker in Ehren halten, gegen mich mit großer Anerkennung von ihm und bemerkte, daß ihn nur diejenigen verlachen würden, welche wenig von dem Gegenstande kennen.» – Im gleichen Jahr, in dem das Orchideenbuch erschien (1862), veröffentlichte DARWIN seine erste Abhandlung über heterostyle Pflanzen, denen er 1877 ein selbständiges Buch widmete. Das Ergebnis dieser mit großer Geduld durchgeführten Untersuchungen läßt sich kurz so zusammenfassen: Werden Blüten bestäubt mit Pollen aus Antheren, die in gleicher Höhe stehen wie die Narbe («legitime Befruchtung»), so ergibt sich ein viel höherer Samenansatz als bei Bestäubung zwischen Organen verschiedener Höhe («illegitime Befruchtung»). Da erstere einer Fremdbestäubung entspricht, so liegt also hier dasselbe Resultat vor wie bei den Orchideen. «Ich glaube nicht, daß mir irgend etwas anders in meinem wissenschaftlichen Leben so viel Befriedigung gewährt hat wie der Nachweis der Bedeutung, welche die Struktur dieser Pflanzen hat», gesteht DARWIN selbst in einem Rückblick auf sein arbeitsreiches Schaffen. «Die Wirkungen der Kreuz- und Selbstbefruchtung» ist schließlich der Titel des dritten blütenökologischen Werkes von CHARLES DARWIN, in welchem das soeben genannte Ergebnis noch durch umfangreiche, in elf Sommern durchgeführte Bestäubungsversuche an zahlreichen anderen Gewächsen erhärtet und vor allem der Nachweis geführt wird, daß die aus Fremdbestäubung entstandenen Individuen durchweg kräftiger sind als die aus Selbstbestäubung hervorgegangenen.

SPRENGEL hatte gezeigt, wie weit verbreitet die Einrichtungen im Bereich der Blüte sind, die auf die Durchführung der Fremdbestäubung abzielen. DARWIN's Versuche erbrachten den Nachweis, daß die Fremdbestäubung der Selbstbestäubung an Erfolg weit überlegen ist. DARWIN's Selektionstheoreie wies außerdem den Weg, wie die höchst sonderbaren Blüteneinrichtungen zustande gekommen sein mögen, ohne, wie es SPRENGEL notwendigerweise noch tun mußte, einen persönlichen Schöpfer annehmen zu müssen. Eine geschlossene Theorie in diesem Sinne entwickelt zu haben, ist das große Verdienst von HERMANN MÜLLER[12] (Abb. 67), der an Sorgfalt der Beobachtung seinem Vorgänger SPRENGEL kaum nachstand.

HERMANN MÜLLER wurde 1829 in Mühlberg am Fuß der Wanderslebener Gleiche bei Erfurt als Sohn eines Pfarrers geboren. Sein um sieben Jahre älterer Bruder FRITZ MÜLLER[13], der Begründer des «Biogenetischen Grundgesetzes» und erfolgreiche Tropen-Biologe, führte ihn in die Pflanzenwelt ein. Während FRITZ nach Abschluß des naturwissenschaftlichen Studiums Mediziner wurde und nach Brasilien auswanderte, studierte HERMANN Naturwissenschaften und nahm die Stelle eines Lehrers an der Realschule in Lippstadt (Westfalen) an. Anfangs interessierten ihn hauptsächlich die Insekten und die Laubmoose. 1866 wurde er mit DARWIN's «Entstehung der Arten» und mit dessen Orchideenbuch bekannt. Sofort wandte er sich mit Feuereifer der Blütenbiologie zu, und bereits 1873 erschien sein erstes größeres Werk «Die Befruchtung der Blumen durch

Abb. 66. Carl Friedrich Gärtner (1772–1850)

Abb. 67. Hermann Müller (1829–1883)

Insekten und die gegenseitigen Anpassungen beider», dem neun Jahre später «Die Alpenblumen» folgten. Schon im Titel des erstgenannten Buches kommt zum Ausdruck, daß Müller sein Augenmerk nicht nur, wie Sprengel, auf die Blüten, sondern auch auf die Insekten richtete. Deshalb finden wir bei jeder Pflanzenart umfangreiche Listen der auf den Blüten beobachteten Bestäuber, deren Artbestimmungen er, um möglichst hohe Gründlichkeit zu erreichen, vielfach von Spezialisten nachprüfen ließ. In einem einleitenden Kapitel wird der Bau der blumenbesuchenden Insekten eingehend beschrieben, vor allem hinsichtlich derjenigen Baueigentümlichkeiten, die zum Nektar- und Pollensammeln und somit zur Pollenübertragung in Beziehung stehen. «Der Wert von H. Müller's Buch kann kaum überschätzt werden», schreibt Darwin und nennt seinen Verfasser einen «äußerst fähigen Beurteiler». Auf einer blütenökologischen Alpenreise ereilte ihn unerwartet der Tod (1883); er hatte kurz zuvor noch die Übersetzung seines Hauptwerkes ins Englische, mit einer Einleitung aus Darwin's Hand erlebt.

Hermann Müller, der sich ganz auf den Boden von Darwin's Selektionstheorie stellte, studierte mit großer Sorgfalt die Variabilität des Baues, der Farben und der Geschlechterverteilung der Blüten, die Schwankungen in der Dichogamie usw. Diese so vielfältigen Abänderungen stellen das Material dar für die in der Natur erfolgreiche Selektion von seiten der blütenbesuchenden Insekten, die Müller geradezu als «unbewußte Blumenzüchter» bezeichnet. Umgekehrt haben unter den blumenbesuchenden Insekten diejenigen Varianten, die eine erfolgreichere Gewinnung des Nektars bzw. Pollens durchzuführen imstande waren, im «Kampf ums Dasein» den Sieg über die weniger begünstigten Varianten davongetragen. Müller erfaßte hiermit erstmals einen Tatbestand, der neuerdings mit dem Begriff «Co-Evolution»[14] bezeichnet wird.

Darwin und Müller wirkten durch ihre Werke ungemein anregend, so daß

Abb. 68. Giovanni Battista Amici (1786–1863)

Abb. 69. Sergius Nawaschin (1857–1930)

sich viele Forscher der Blütenökologie verschrieben. Das fünfbändige «Handbuch der Blütenbiologie» von P. Knuth, das um die Jahrhundertwende erschienen ist, zählt bereits 3547 diesbezügliche Veröffentlichungen auf.

In ein völlig neues Stadium trat die Blütenökologie in den letzten Jahrzehnten durch die Einführung des Experiments und durch die Anwendung der Erkenntnisse, welche die Sinnesphysiologie der Insekten erarbeitet hat. Es seien hier nur die Namen der beiden bedeutendsten Pioniere genannt: Fritz Knoll[15] auf botanischer und Karl von Frisch[16] auf zoologischer Seite.

In der Blütenökologie, deren Entwicklung wir verfolgt haben, lautet die zentrale Frage: Wie gelangt der Pollen auf die Narbe? Das weitere Schicksal des Pollens, also der eigentliche Vorgang der Befruchtung, hat ebenfalls schon frühzeitig die Botaniker beschäftigt. Die Beobachtung, daß Pollenkörner in Wasser zerplatzen und ihren körnigen Inhalt austreten lassen, hatte zu der Annahme verleitet, daß derselbe Vorgang sich auch auf der Narbe abspielt und der Polleninhalt seinen Weg durch den Griffel zu den Samenanlagen (früher Ovula, kleine Eier, genannt) nimmt. Im Jahre 1823 machte aber der italienische Mathematiker, Astronom und Erbauer optischer Instrumente, Giovanni Battista Amici[17] (Abb. 68), als er die Plasmaströmung in Narbenhaaren von *Portulacca* untersuchte, die Beobachtung, daß ein an einem Haar haftendes Pollenkorn aufbrach und ein Schlauch hervortrat, der ebenfalls Plasmaströmung zeigte. Der französische Botaniker Adolph Brongniart[18] prüfte diese Angabe anhand zahlreicher pollenbedeckter Narben nach und fand, daß die Pollenkörner stets mit einem Schlauch auskeimen und daß diese Schläuche im Griffelgewebe hinunterwachsen. Amici gelang es bald darauf (1830), die Pollenschläuche bis in die Mikropyle der Samenanlage zu verfolgen. Auch bei den Coniferen sah Corda[19] die Pollenschläuche bis zu den Archegonien vordringen. Über die weiteren Vorgänge entbrannte nun ein jahrzehntelanger Streit. Matthias Jacob Schleiden[20] untersuchte das Eindringen des Pollenschlauchs in die Samenanlage bei über 40 verschiedenen Pflanzenarten und beobachtete die ersten Stadien der Embryoentwicklung, die, wie er meinte, in der Spitze des Pollenschlauchs vor sich ginge. AMICI verfolgte diese Vorgänge bei *Cucurbita* und kam zu der Auffassung, daß der Embryo nicht im Pollenschlauchende entsteht, sondern in einem Teil der Samenanlage, der durch die Flüssigkeit des Pollenschlauchs befruchtet wird. SCHLEIDEN entgegnete, wie auch in seinen anderen Polemiken, mit schärfsten Ausdrücken. AMICI aber baute ein besonders gutes Mikroskop und schickte es SCHLEIDEN, damit er besser beobachten könne. Außerdem brachte AMICI an Orchideen weitere Beweise gegen SCHLEIDEN's Hypothese. Nach zehn Jahren endlich (1856) gelang es LUDWIG RADLKOFER[21], SCHLEIDEN wenigstens zu einem – wenn auch nicht vorbehaltlosen – Widerruf seiner Ansicht zu veranlassen. Er faßt, AMICI voll bestätigend, seine Befunde in dem Satz zusammen: «Der Keim der Phanerogamen entsteht in Folge von Veränderungen, welche eine im Embryosack vorhandene Zelle – das Keimbläschen – durch den Einfluß des in sie übergetretenen Inhaltes eines in ihre Nähe gelangten Pollenschlauches befähigt wird einzugehen.»

Worin der «Einfluß» des Pollenschlauches auf das «Keimbläschen» (= Eizelle) besteht, vermochte erst EDUARD STRASBURGER[22] im Jahre 1884 aufzuklären. Er sah, daß die Pollenschlauchspitze und die Embryosackwand an ihrer Berührungsstelle verquellen, die beiden Kerne des Pollenschlauchs übertreten und schließlich einer derselben mit dem Eikern verschmilzt. Damit war für das Pflanzenreich der gleiche Befruchtungsvorgang nachgewiesen, den OSCAR HERTWIG 1875[23] im Tierreich festgestellt hatte. STRASBURGER zog aus seinem Befund noch wichtige theoretische Folgerungen:

1. Der Befruchtungsvorgang beruht auf der Kopulation des Spermakerns mit dem Eikern.
2. Das Cytoplasma ist am Befruchtungsvorgang nicht beteiligt.
3. Spermakern und Eikern sind echte Zellkerne (was früher bestritten worden war).
4. Die Eigenschaften des Vaters werden durch den Spermakern übertragen.
5. Die Zellkerne sind die wichtigsten Träger der Erbanlagen.

Zu dem letztgenannten, für die Biologie höchst bedeutsamen Satz kam im gleichen Jahre (1884) auch der oben genannte Zoologe OSCAR HERTWIG.

Das Schicksal des zweiten im Pollenschlauch enthaltenen generativen Kerns blieb noch jahrelang ungeklärt; man neigte zu der Annahme, daß er zugrunde ginge. Es bedeutete eine große Überraschung, als 1898 der russische Botaniker SERGIUS NAWASCHIN[24] (Abb. 69) bei *Lilium* und *Fritillaria* beobachtete, daß dieser zweite Kern mit dem im Embryosack liegenden Doppelkern verschmilzt, dessen Weiterentwicklung zum Endosperm schon früher bekannt war. Diese aufsehenerregende «doppelte Befruchtung» wurde im folgenden Jahr – unabhängig von NAWASCHIN – von dem französischen Botaniker LÉON GUIGNARD[25] beschrieben und 1902 von dem Japaner K. SHIBATA bestätigt.

Abschließend sei darauf hingewiesen, daß die Aufklärung der Befruchtungsvorgänge von AMICI bis zu NAWASCHIN nur mit einer außergewöhnlichen Beobachtungsgabe zu bewältigen war.

Anmerkungen

1 CAMERARIUS, R. J., Epistola ad M.B. VALENTINI de sexu plantarum. Tübingen 1694.
–, Über das Geschlecht der Pflanzen. OSTWALDS Klassiker der exakten Wissenschaften No. 105. Leipzig 1899.
–, Opuscula botanici argumenti. Edidit JOH. CHR. MIKAN, Prag 1797.
Biogr.: Memoria Camerariana. Acta phys.-med. acad. caes. Leop.-Carol. 1, app. 165–183, 1722 (A. CAMERARIUS). DSB **15**, 67–68, 1978 (K. MÄGDEFRAU).

2 KÖLREUTER, J. G., Vorläufige Nachricht von einigen das Geschlecht der Pflanzen betreffenden Versuchen und Beobachtungen. Leipzig 1761. OSTWALDS Klassiker der exakten Wissenschaften Nr. 41. Leipzig 1893. BEHRENS, J., J. G. KÖLREUTER, ein Karlsruher Botaniker des 18. Jahrhunderts. Verhandlungen d. naturwiss. Vereins Karlsruhe **11**, 1–53 (1894). WETTSTEIN, F. VON, JOSEPH GOTTLIEB KÖLREUTER. Naturwissenschaften **21**, 309–310. 1933. KNOLL, F., J. G. KÖLREUTERS und CHR. K. SPRENGELS Blütenforschungen. Der Biologe **2**, 156–161. 1933. Schwäbische Lebensbilder **3**, 355–368, 1942 (F. REINÖHL). SCHMITZ, R., & GRAEPEL, P., Geschichte der Sexual-Theorie 1. Sudhoffs Archiv **64**, 1–24, 1980.

3 Zum Beleg einige Sätze an SCHELVER: «Eine sexuelle, in dieser einzelnen Funktion wahrhaft tierähnliche Pflanze würde philosophisch betrachtet keine harmonische Erscheinung darstellen.» «Keine Pflanze war für die physiologische Botanik unheilsschwangerer als die Dattelpalme» (von der man schon im Altertum männliche und weibliche Exemplare kannte). «All die Kräfte, die das Tier als Eigentum besitzt, sind in der Pflanze gleichsam geopfert. Sie hat die eigene Seele und Zeugungslust der Weltseele unterworfen.» Nach SCHELVER soll sogar Kohlenstaub die Befruchtung bewirken.

4 Im Gegensatz zu der Auffassung, daß die Pollenkörner die männlichen Zellen darstellen, «wäre die neue Verstäubungslehre (SCHELVER's) beim Vortrag gegen junge Personen und Frauen höchst willkommen und schicklich» (GOETHE in seinem Aufsatz «Verstäubung, Verdunstung, Vertropfung», Neue Cotta-Ausgabe **19**, 256; Leopoldina-Ausgabe 1, **9**, 214; Weimarer Ausg. II, **6**, 196).

5 GÄRTNER, CARL FRIEDRICH, Versuche und Beobachtungen über die Befruchtungsorgane der vollkommeneren Gewächse. Stuttgart 1844.
–, Versuche und Beobachtungen über die Bastarderzeugung im Pflanzenreich. Stuttgart 1849.
Biogr.: Jahresh. der Ver. f. vaterländ. Naturkunde **8**, 16–33, 1852 (G.F. JAEGER); Schwäbische Lebensbilder **3**, 190–198, 1942 (F. REINÖHL). GRAEPEL, G. H., C. FR. VON GÄRTNER, Familie, Leben, Werk (Dissertation Marburg 1978).

6 SPRENGEL, CHR. K., Das entdeckte Geheimnis der Natur im Bau und in der Befruchtung der Blumen. Berlin 1793. Neudruck Berlin 1894. Reprint New York 1972. Auch in OSTWALDS Klassikern der exakten Wissenschaften, Nr. **48–51**, Leipzig 1894. KIRCHNER, O., & H. POTONIÉ, Die Geheimnisse der Blumen. Eine Jubiläumsschrift zum Andenken an CHR. K. SPRENGEL. Berlin 1893. KNUTH, P., Chr. K. Sprengel, Das entdeckte Geheimnis der Natur. Bot. Jahrb. kruidk. Genootsch. Dodonaea **5**, 42–107, 1893. STRASBURGER, E., in: Deutsche Rundschau **20** (1), 113–130, 1893. WICHLER, G., Kölreuter, Sprengel, Darwin und die Blütenbiologie. Sitzungsber. d. Ges. naturf. Freunde Berlin, Jg. 1935, 305–341, 1936. FRISCH, K. VON, Christian Konrad Sprengels Blumentheorie vor 150 Jahren und heute. Die Naturwissenschaften **31**, 223–229. 1943. MEYER, D. E., Goethes botanische Arbeit in Beziehung zu Chr. Sprengel. Ber. d. dtsch. bot. Gesellsch. **80**, 209–217, 1967. DSB **12**, 587–591, 1975.
Biogr.: Flora **2**, I, 541–552, 1819 (H. BILTZ); Naturwissensch. Wochenschr. **35**, 692–695, 1920 (R. HOFFMANN); Willdenowia 1, 118–125, 1953 (D. E. MEYER). BASTINE, W., in: Jb. f. Brandenb. Landesgesch. **12**, 121–131, 1961.

7 KESSLER, G. W., Der alte Heim, 2. Aufl., Leipzig 1846, S. 307.

8 Flora **2**, I, 544, 1819.

9 SPRENGEL zeigte als Erster die Bedeutung der Bienen, die man bisher nur wegen des Gewinnes von Honig und Wachs schätzte, für die Bestäubung der Kulturpflanzen am Beispiel des Buchweizens auf (SPRENGEL, CHR. K., Die Nützlichkeit der Bienen und die Nothwendigkeit der Bienenzucht, von einer neuen Seite dargestellt. Berlin 1811, Neudruck Berlin 1918.)

10 Daß SPRENGEL unter den Botanikern nicht so unbekannt war, wie SACHS meint, zeigt die Tatsache, daß er 1800 zum Mitglied der Regensburgischen Botanischen Gesellschaft ernannt wurde (was einer Auszeichnung gleichkam), und daß J. E. SMITH 1794 die Epacridaceengattung Sprengelia nach ihm benannte.
– GOETHE hat SPRENGEL's Buch gekannt, aber die funktionelle Betrachtung der Blütengestalt abgelehnt (Brief an A. BATSCH vom 26. 2. 1794, Weimarer Ausgabe IV, 10, 144).

11 DARWIN, CH., Die verschiedenen Einrichtungen, durch welche Orchideen von Insecten befruchtet werden. 2. Aufl. Stuttgart 1877 (erste englische Ausgabe London 1862).
–, Die Wirkung der Kreuz- und Selbstbefruchtung im Pflanzenreich. Stuttgart 1877 (erste englische Ausgabe London 1876).
–, Die verschiedenen Blütenformen an Pflanzen der nämlichen Art. 2. Aufl. Stuttgart 1880 (erste englische Ausgabe London 1877). DARWIN, F., Leben und Briefe von Charles Darwin. Bd. I–III. Stuttgart 1887.
Biogr.: s. Kap. 15, Anm. 8.

12 MÜLLER, H., Die Befruchtung der Blumen durch Insekten und die gegenseitigen Anpassungen beider. Leipzig 1873. –, Die Wechselbeziehungen zwischen den Blumen und den ihre Kreuzung vermittelnden Insekten. SCHENK's Handbuch der Botanik **5**, 1–112, 1879. –, Die Alpenblumen, ihre Befruchtung durch Insekten und ihre Anpassungen an dieselben. Leipzig 1881.
Biogr.: KRAUSE, E., Hermann Müller von Lippstadt. Lippstadt 1884. Botan. Centralbl. **17**, 393–414, 1884 (F. LUDWIG); Kosmos, Zeitschr. Entwicklungsl., 7. Jg., Bd. **13**, 393–401, 1883 (E. KRAUSE); Sudhoffs Archiv f. Gesch. d. Med. u. Naturw. **34**, 261–334, 1941 (PH. DEPDOLLA). NDB **16**, 1988.

13 MÜLLER, F., Werke, Briefe und Leben. Jena 1915–20.

14 LEPPIK, E., Evolutionary relationships between entomophilous plants and anthophilous insects. Evolution **11**, 466–481, 1957. PAULUS, H., Co-Evolution zwischen Blüten und ihren Bestäubern. Sonderband 2 d. naturwiss. Ver. Hamburg (1978), 51–81. OSCHE, G., Zur Evolution optischer Signale bei Blütenpflanzen. Biol. in uns. Zeit **9**, 161–169, 1979, OSCHE, G., Optische Signale in der Coevolution von Pflanze und Tier. Ber. d. dtsch. bot. Ges. **92**, 1–27, 1983.

15 KNOLL, F., Insekten und Blumen. Abh. d. Zool.-bot. Gesellsch. Wien, Bd. 12. 1926.
Biogr.: Ber. d. dtsch. bot. Ges. **97**, 497–503, 1984.

16 FRISCH, K. VON, Farbensinn und Formensinn der Biene. Zoolog. Jahrb. (Physiol.) **35**, 1–188, 1915.
–, Erinnerungen eines Biologen. 3. Aufl. Berlin 1973.

17 AMICI hat seine botanischen Arbeiten meist in den «Atti della Società italiana» veröffentlicht. AMICI erfand 1847 das Immersionsobjektiv (zunächst mit Wasser, dann mit verschiedenen Ölen als Immersionsmittel). Die von AMICI gebauten Mikroskope waren die besten seiner Zeit.
Biogr.: Bot. Zeitung **21**, 1863, Beilage zu Nr. 34 (H. MOHL); Geschichte der Mikroskopie (herausg. von H. FREUND und A. BERG), Frankfurt a. M. 1966, Bd. 3, S. 1–14 (P. BUFFA).

18 vgl. Kap. 21, Anm. 8.

19 vgl. Kap. 21, Anm. 14.

20 Über SCHLEIDEN s. Kap. 14.

21 RADLKOFER, L., Die Befruchtung der Phanerogamen. Leipzig 1856.
Biogr.: Ber. d. dtsch. bot. Ges. **45** (79)–(88), 1928 (TH. HERZOG).

22 STRASBURGER, E., Neue Untersuchungen über den Befruchtungsvorgang bei den Phanerogamen als Grundlage für eine Theorie der Zeugung. Jena 1884. Weiteres über STRASBURGER s. Kap. 13.

23 Morphol. Jahrb. **1**, 347–434, 1876 (separat Leipzig 1875).
Biogr.: WEISSENBERG, B., Oscar Hertwig. Lebensdarstellungen deutscher Naturforscher, No. 7, Leipzig 1959.

24 SERGIUS NAWASCHIN (1857–1930) war als akademischer Lehrer in St. Petersburg und Kiew, seit 1923 an einem Forschungsinstitut in Moskau tätig. Außer durch die Entdekkung der doppelten Befruchtung wurde N. bekannt durch den Nachweis der Chalazogamie (entdeckt von M. TREUB bei *Casuarina*) bei zahlreichen Monochlamydeen und durch die erste Beobachtung von Chromosomen-Satelliten.
Biogr.: Ber. d. dtsch. bot. Gesellsch. **49** (149)–(163), 1931 (G.A. LEWITSKI).

25 LÉON GUIGNARD (1852–1928) war Professor der Botanik und Pharmazie in Paris. Seine vorzüglichen Zeichnungen der Befruchtungsvorgänge der Angiospermen sind noch heute in den Lehrbüchern der Botanik zu finden (z.B. STRASBURGER's Lehrbuch, 32. Aufl., 1983, Fig. 894).
Biogr.: Bull. des Sci. pharmacolog. **35**, 354–380, 1928.

11. Die Gestalt der Pflanzen

Alle Gestalten sind ähnlich und keine gleichet der andern.
Also deutet das Chor auf ein geheimes Gesetz.

GOETHE (1799)

Um eine Pflanze eindeutig zu beschreiben, bedarf es einer klaren Begriffsbestimmung der verwendeten Ausdrücke. Eine solche hatte schon THEOPHRAST versucht. Vor allem aber war es der scharfsinnige JOACHIM JUNGIUS, der in seiner «Isagoge phytoscopica» die Grundlage einer Terminologie schuf, die später von LINNÉ ausgebaut und erweitert wurde. Die Erfassung der Gestalt diente überwiegend der Unterscheidung der Gattungen und Arten, also der Systematik. Die mannigfaltigen Abwandlungen der Pflanzengestalt in ihrem Zusammenhange zu erfassen, hat sich erstmals JOHANN WOLFGANG VON GOETHE bemüht. Er prägte hierfür (1796) das heute noch im gleichen Sinne benutzte Wort «Morphologie».[1]

GOETHE[2] (Abb. 70) kam in nähere Berührung mit der Pflanzenwelt zunächst von der praktischen Seite her, als er 1776 die Wildnis um sein Gartenhaus am Weimarer Park rodete, Hecken anlegte, Bäume, Sträucher und Stauden pflanzte. Dazu kam seine «amtliche» Beschäftigung mit der Forstkultur, die Neugestaltung des Weimarer Parks, sein Interesse für die wurzelgrabenden «Laboranten» im Thüringer Wald. «Unter solchen Umständen», so schreibt er in seiner «Geschichte meines botanischen Studiums», «war ich auch genötigt, über botanische Dinge mehr und mehr Aufklärung zu suchen. LINNÉS Terminologie, JOHANN GESSNER's Dissertationen Linnéischer Elemente, alles in einem schmächtigen Hefte vereinigt, begleiteten mich auf Wegen und Stegen; und noch heute erinnert mich ebendasselbe Heft an die frischen, glücklichen Tage, in welchen jene gehaltreichen Blätter mir zuerst eine neue Welt aufschlossen. LINNÉ's ‹Philosophie der Botanik› war mein tägliches Studium ... Ich bekenne, daß nach Shakespeare und Spinoza auf mich die größte Wirkung von LINNÉ ausgegangen, und zwar gerade durch den Widerstreit, zu welchem er mich aufforderte. Denn indem ich sein scharfes, geistreiches Absondern, seine treffenden, zweckmäßigen, oft aber willkürlichen Gesetze in mich aufzunehmen versuchte, ging in meinem Innern ein Zwiespalt vor: das was er mit Gewalt auseinander zu halten suchte, mußte, nach dem innersten Bedürfnis meines Wesens, zu Vereinigung anstreben».[3]

Ein volles Jahrzehnt hatte sich GOETHE bereits um ein tieferes Verständnis der Pflanzengestalt bemüht, als ihm auf seiner Reise durch Italien die entscheidende Erkenntnis kam. Vor allem im Botanischen Garten zu Padua fesselte ihn die Fülle neuer Pflanzenformen, darunter ganz besonders eine Fächerpalme mit ihrer Blattfolge. «Es ist erfreuend und belehrend, unter einer Vegetation umherzugehen, die uns fremd ist. Bei gewohnten Pflanzen denken wir zuletzt gar nichts, und was ist Beschauen ohne Denken? Hier in dieser neu mir entgegentretenden

Abb. 70. JOHANN WOLFGANG VON GOETHE (1749–1832) im 42. Lebensjahr

Mannigfaltigkeit wird jener Gedanke immer lebendiger: daß man sich alle Pflanzengestalten vielleicht aus Einer entwickeln könne.» (Italienische Reise 27. September 1786 und 17. April 1787.) Hier findet sich erstmals die «Urpflanze» angedeutet. «Nicht also durch eine außerordentliche Gabe des Geistes, durch eine momentane Inspiration, noch unvermutet und auf einmal, sondern durch ein folgerechtes Bemühen bin ich endlich zu einem so erfreulichen Resultate gelangt», schreibt GOETHE selbst im Jahre 1831, um sich gegen die mehrfach geäußerte Meinung zu verwahren, er habe seine Entdeckungen nur «in flüchtigem Vorübergehen» gemacht.[4]

Die 1789 veröffentlichte Vorankündigung eines Buches von CHRISTIAN KONRAD SPRENGEL, «Versuch die Konstruktion der Blumen zu erklären» (das aber erst 1793 unter dem Titel «Das entdeckte Geheimnis der Natur im Bau und in der Befruchtung der Blumen» herauskam, vgl. Kap. 10), veranlaßte GOETHE,

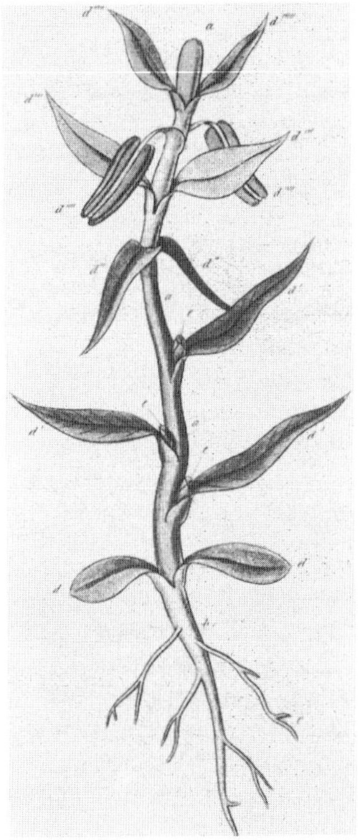

Abb. 72. August Batsch (1761–1802)

Abb. 71. Urpflanze nach Schleiden (1855)

seine Gedanken in einer Abhandlung «Versuch die Metamorphose der Pflanzen zu erklären» niederzulegen, die Ostern 1790 als Büchlein von 86 Seiten erschien. Metamorphose definiert Goethe als «die Wirkung, wodurch ein und dasselbe Organ sich uns mannigfaltig verändert sehen läßt». Er unterscheidet regelmäßige oder fortschreitende, unregelmäßige oder rückschreitende und zufällige Metamorphose. Unter ersterer wird die Blattfolge von den Kotyledonen bis zur Blüte verstanden, unter der zweiten die Organfolge z.B. in einer gefüllten Blüte, bei der die Staubblätter in Kronblätter umgebildet sind. Zur «zufälligen Metamorphose» zählt Goethe die Monstrositäten und die durch Insekten verursachten Abänderungen, die er in seiner Betrachtung nicht berücksichtigt, «weil sie uns von dem einfachen Wege, welchem wir zu folgen haben, ableiten». Es handelt sich somit bei Goethe's Metamorphose um die Erfassung der Blatt-Homologien, die schon Linné in seiner «Philosophia botanica» im Abschnitt «Metamorphosis vegetabilis» in dem Satz andeutet: «Principium florum et foliorum idem est».[5] «Es mag nun die Pflanze sprossen, blühen oder Früchte bringen, es sind doch immer nur dieselben Organe, welche, in vielfältigen Bestimmungen und unter oft veränderten Gestalten, die Vorschrift der Natur erfüllen. Dasselbe Organ, welches am Stengel als Blatt sich ausdehnt und eine höchst mannigfaltige Gestalt angenommen hat, zieht sich nun im Kelche zusammen, um sich als Frucht zum letztenmal auszudehnen.» August-Pyramus de Candolle hat später (1819) im Kapitel «Comparaison des organes» seiner «Théorie élémentaire de la botanique» dem von GOETHE dargelegten Problem eine eingehende Erörterung gewidmet. Das Wort «Homologie» hat aber erst im Jahre 1848 der englische Zoologe OWEN geprägt.[6]

GOETHE's Abhandlung enthält noch einen weiteren Gedanken, der erst sehr viel später in seiner Bedeutung erkannt wurde: «Diese Wirkung der Natur, d.h. die Metamorphose, ist zugleich mit einer anderen verbunden, mit der Versammlung verschiedener Organe um ein Zentrum.» Erst in unserem Jahrhundert, als man das Problem der Vervollkommnung[7] biologisch zu fassen begann, kam man auf GOETHES Gedanken zurück. Vervollkommnung (Anagenese) besteht nicht nur, wie DARWIN annahm, in zunehmender Differenzierung (Arbeitsteilung), sondern in Differenzierung und Zentralisation.

Die «Urpflanze», erstmals in der «Italienischen Reise» am 17. April 1787 genannt, wird in der «Metamorphose»-Abhandlung nirgends erwähnt. Vier Jahre nach deren Erscheinen, im Mai 1794, entspann sich über diesen Begriff jenes berühmte Gespräch zwischen GOETHE und SCHILLER, das den Beginn der Freundschaft zwischen den beiden Dichtern bezeichnet.[8] Nach einer Sitzung der von BATSCH begründeten Naturforschenden Gesellschaft in Jena gingen zufällig beide zugleich hinaus, ein Gespräch über den Vortrag anknüpfend. SCHILLER «bemerkte sehr verständig und einsichtig und mir sehr willkommen, wie eine so zerstückelte Art die Natur zu behandeln, den Laien keineswegs anmuten könne». GOETHE erwidert, «daß es doch wohl noch eine andere Weise geben könne, die Natur nicht gesondert und vereinzelt vorzunehmen, sondern sie wirkend und lebendig, aus dem Ganzen in die Teile strebend, darzustellen». Beide gelangen im Gespräch zu SCHILLER's Haus, GOETHE tritt mit ein, «trug die Metamorphose der Pflanzen lebhaft vor, und ließ, mit manchen charakteristischen Federstrichen, eine symbolische Pflanze vor seinen Augen entstehen». SCHILLER schüttelt den Kopf und sagt: «das ist keine Erfahrung, das ist eine Idee». GOETHE, zunächst etwas verdrießlich, antwortet: «Das kann mir sehr lieb sein, daß ich Ideen habe, ohne es zu wissen, und sie sogar mit Augen sehe.» Es entspann sich eine lange Diskussion, «es ward viel gekämpft und schließlich Stillstand gemacht». GOETHE selbst fügt seinem Bericht noch hinzu: «Wenn SCHILLER das für eine Idee hielt, was ich aus Erfahrung aussprach, so mußte doch zwischen beiden irgend etwas Vermittelndes, Bezügliches obwalten.» Dieses von GOETHE postulierte «Vermittelnde» ist der Deszendenzgedanke, wie später weiter auszuführen sein wird. Die «Urpflanze» – stets nur auf eine Blütenpflanze bezogen – haben mehrere spätere Autoren[9] zu entwerfen versucht, meist in Gestalt einer höchst einfach gebauten Angiosperme (Abb. 71), aber andererseits auch im strikten Gegensatz zu GOETHE's Gedanken der französische Botaniker TURPIN, der alle wichtigeren Formen der Blatt- und Sproßgestaltung in einer einzigen Pflanze vereinigte (Abb. 73).

GOETHE hatte, als er seine Abhandlung über die Metamorphose der Pflanzen schrieb, in seinem großen Freundes- und Bekanntenkreis nur einen einzigen Mann, mit dem er über diese Fragen sprechen konnte und dem er auch das Manuskript der «Metamorphose» zur kritischen Durchsicht übergab: AUGUST BATSCH (Abb. 72), Professor der Naturgeschichte in Jena[10], «ein edler, reiner, aus sich selbst arbeitender Mann», dessen «zarte Bestimmtheit und ruhigen Eifer» GOETHE «gar bald zu schätzen wußte». BATSCH war, wie wir aus seinen Schriften sehen, ein klarer und kritischer Kopf, allem Hypothetischen gegenüber zurückhaltend, so daß sich GOETHE schwerlich einen besseren Berater in botanischen

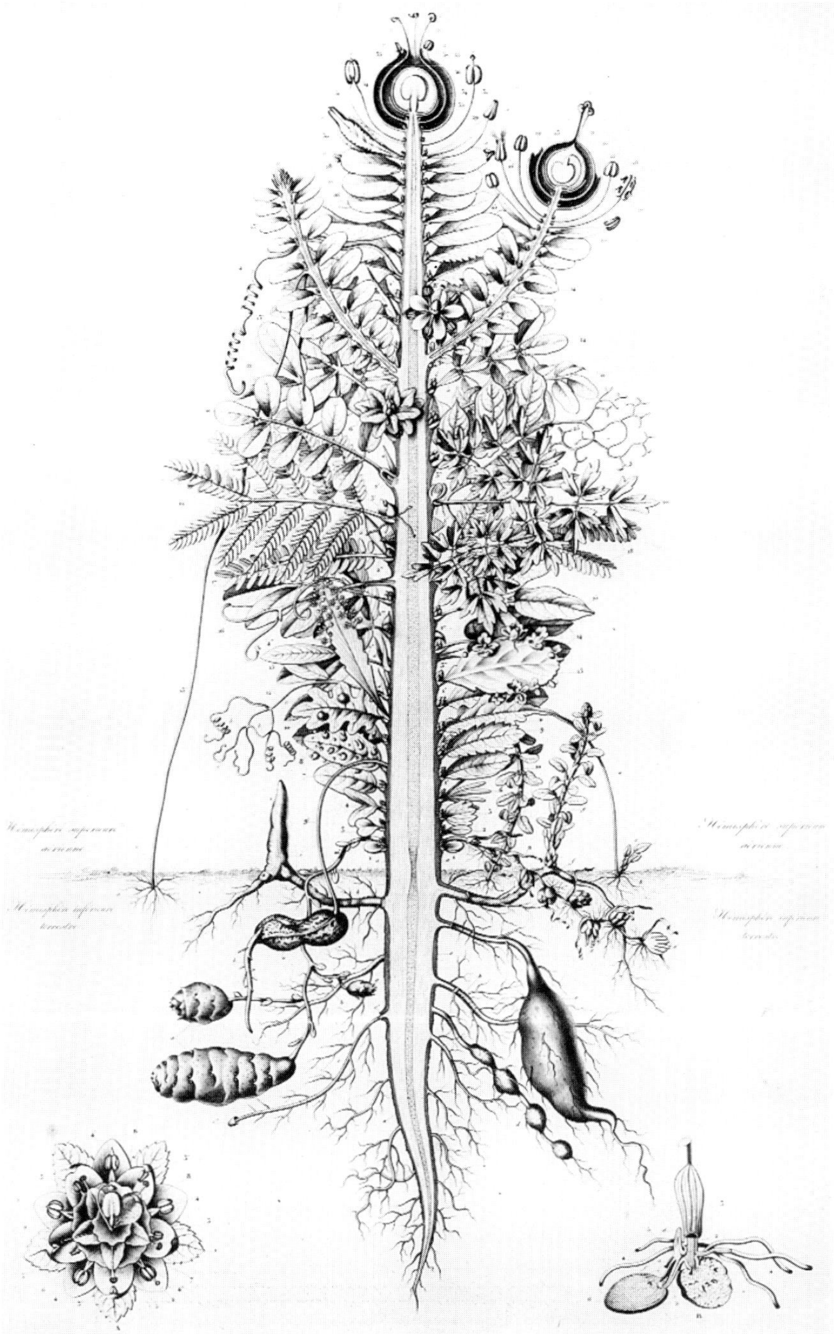

Abb. 73. Urpflanze nach P. J. F. Turpin (1837)

Fragen wünschen konnte. Daß BATSCH erstmals in Deutschland 1795 den Botanischen Garten in Jena nach dem Natürlichen System anlegte, wurde bereits in Kap. 6 erwähnt; GOETHE folgte ihm hierin sogar mit einem Teil seines Hausgartens. Leider starb BATSCH bereits im 41. Lebensjahr (1802). Seine Nachfolger auf der Jenaer Professur, F. J. SCHELVER und bald danach F. S. VOIGT, waren verworrene, kritiklose Geister. SCHELVER ist uns bereits als letzter Leugner der pflanzlichen Sexualität bekannt (Kap. 10). VOIGT stand völlig unter dem Einfluß der romantischen Naturphilosophie; es kennzeichnet seine Einstellung zu biologischen Fragen, daß er «Farne an hohen Türmen, wo sie auf keine mechanische Weise hingebracht sein können» ebenso wie Unkräuter auf Äckern durch Urzeugung entstehen läßt! GOETHES Metamorphosenlehre wurde von den zeitgenössischen Botanikern, die voll und ganz mit der Ordnung der Formenfülle beschäftigt waren, kaum beachtet. Um so empfänglicher war GOETHE für das Lob aus dem Munde eines SCHELVER oder VOIGT. Aber eine Klärung seiner Gedanken wie einst durch BATSCH konnte GOETHE durch solche Männer nicht zuteil werden.

Wenn sich GOETHE bei seinen botanischen Studien als Erkenntnismittel in erster Linie des Vergleichs bediente, so hat er doch auch gelegentlich, wie es der Physiologe tut, das Experiment verwendet, worüber er aber nicht in seinen botanischen Abhandlungen, sondern in seiner «Farbenlehre» berichtet. GOETHE versuchte, die «fortschreitende Metamorphose» experimentell zu beeinflussen. Er kultivierte Pflanzen im Dunkeln und studierte die Erscheinungen des Etiolements, was vor ihm nur BONNET getan hatte. «Die Pflanzen, die im Finstern wachsen, setzen sich von Knoten zu Knoten zwar lange fort; aber die Stengel zwischen zwei Knoten sind länger als billig; keine Seitenzweige werden erzeugt, und die Metamorphose der Pflanzen findet nicht statt. Das Licht versetzt sie dagegen sogleich in einen tätigen Zustand, die Pflanze erscheint grün und der Gang der Metamorphose bis zur Begattung geht unaufhaltsam fort» (Farbenlehre, Didakt. Teil, Kap. LI). Ferner kultivierte GOETHE Pflanzen hinter verschiedenfarbigen Gläsern, wovon uns aber nur einige Versuchsprotokolle Kunde geben. Die «fortschreitende Metamorphose» führt er auf «zunehmende Verfeinerung der Säfte» zurück, also auf stoffliche Ursachen. Hier stellt sich uns GOETHE nicht nur als vergleichender Morphologe, sondern als Entwicklungsphysiologe entgegen, gleichsam eine erst ein Jahrhundert später einsetzende Forschungsrichtung vorausahnend.

Das Beobachten und Denken GOETHES richtete sich vor allem auf die Gestalt der Pflanzenteile und ihre Abwandlungen, während ihm die Funktion der Teile als Organe gleichgültig blieb. War ihm doch beispielsweise die längst erwiesene Tatsache, daß die Staubgefäße die männlichen Teile der Blüte sind, ausgesprochen unsympathisch, wie eine Äußerung in seiner Abhandlung «Verstäubung, Verdunstung, Vertropfung»[11] zeigt: «Diese neue Verstäubungslehre (SCHELVER's) wäre nun beim Vortrag gegen junge Personen und Frauen höchst willkommen und schicklich: denn der persönlich Lehrende war bisher durchaus in großer Verlegenheit. Wenn sodann auch solche unschuldige Seelen ... botanische Lehrbücher in die Hand nahmen, konnten sie nicht verbergen, daß ihr sittliches Gefühl beleidigt sei; die ewigen Hochzeiten, die man nicht los wird, wobei die Monogamie ... ganz in vage Lüsternheit sich auflöst, bleiben dem reinen Menschensinne völlig unerträglich.» In derselben Richtung liegt auch GOETHES ablehnende Haltung gegenüber SPRENGEL's im vorigen Kapitel besprochnem

Buche, über das er sich in einem Briefe an BATSCH[12] äußert: «Daß Sie der Sprengelischen Vorstellungsart ihren Beifall versagt, war mir sehr angenehm. Nach meiner Meinung erklärt sie eigentlich nichts; sie legt nur der Natur einen menschlichen Verstand unter!»

GOETHE's Name ist später vielfach mit der Deszendenztheorie in Verbindung gebracht worden, besonders von ERNST HAECKEL. Gewiß könnten manche seiner Äußerungen in dieser Richtung gedeutet werden, z.B. wenn er schreibt: «Wer konnte uns verargen, wenn wir die Orchideen monströse Liliaceen nennen wollten», oder wenn er in bezug auf KANT's bekannte Äußerung[13] sagt, «so konnte mich nunmehr nichts weiter verhindern, das ‹Abenteuer der Vernunft› mutig zu bestehen». GOETHE deswegen aber als «Vorläufer» der Deszendenztheorie zu bezeichnen, läßt sich kaum vertreten; wohl aber dürfen wir ihn als Begründer der vergleichenden Morphologie zu den Wegbereitern des Entwicklungsgedankens zählen. Über die Beziehungen zwischen Morphologie und Deszendenztheorie wird später noch zu sprechen sein.

Die Botanik hat GOETHE ein halbes Jahrhundert lang beschäftigt, von seinem Einzug in Weimar bis in sein letztes Lebensjahr. 1786 (9. 7.) schreibt er an Frau von Stein: «Das Pflanzenreich rast in meinem Gemüte, ich kann es nicht einen Augenblick los werden, mache aber auch schöne Fortschritte.» 1831 (15. 7.) berichtet Eckermann, daß sich GOETHE mit der Spiraltendenz der Pflanzen befaßt. Daneben gilt sein lebhaftes Interesse, teilweise sogar ein umfassendes, tiefgründiges Studium der Mineralogie und Geologie, der vergleichenden Anatomie und der physiologischen Farbenlehre. «Ich habe mich», sagt er zu ECKERMANN (1. 2. 1827), «in den Naturwissenschaften ziemlich nach allen Seiten hin versucht; jedoch gingen meine Richtungen immer nur auf solche Gegenstände, die mich irdisch umgaben und die unmittelbar durch die Sinne wahrgenommen werden konnten.» Treffend sagt daher CARL GUSTAV CARUS: «GOETHE ist mehr ein die Natur Schauender als ein die Natur Erforschender; und wirklich ist hiermit sowohl die Stärke als die Schwäche seiner naturwissenschaftlichen Schriften angedeutet.» Dieses Urteil kennzeichnet auch GOETHE's Bemühungen, das Wesen der Pflanzengestalten zu ergründen.

GOETHE's «Versuch die Metamorphose der Pflanzen zu erklären» hatte, wie oben bereits gesagt, zunächst keine Wirkung auf die botanische Forschung, sondern ging geradezu in der romantischen Naturphilosophie unter. Ja, auch GOETHE selbst geriet bis zu einem gewissen Grade in diesen Strudel, wie seine etwas mystisch anmutende Abhandlung «Über die Spiral-Tendenz der Vegetation» (1831) erkennen läßt. Doch setzt noch zu seinen Lebzeiten, ihm selbst nicht bekannt, eine Renaissance der Pflanzenmorphologie ein, und zwar mit einer 1829 erschienenen, einen Sonderfall der «Spiraltendenz» darlegenden Abhandlung, hinter deren Teil wir beim besten Willen nichts Bedeutsames vermuten können: «Beschreibung des *Symphytum Zeyheri*» von KARL SCHIMPER. Die Leistung dieses ausgesprochen eigenständigen Forschers läßt sich nur im Zusammenhang mit seinen Lebensumständen und seinem persönlichen Wesen verstehen, die daher zunächst einer Schilderung bedürfen.

KARL SCHIMPER[14] (geboren 1803 in Mannheim, gestorben 1867 in Schwetzingen; Abb. 74) gehörte einer aus der Rheinpfalz stammenden Familie an, die nicht weniger als vier bedeutende Botaniker hervorgebracht hat.[15] Er studierte zunächst Theologie, dann Medizin in Heidelberg, später in München. 1829 wurde er von der Philosophischen Fakultät Tübingen «in absentia» promoviert.

Abb. 74. Karl Schimper (1803–1867)

Abb. 75. Alexander Braun (1805–1877)

In Heidelberg schloß er Freundschaft mit dem Zoologen Louis Agassiz und dem Botaniker Alexander Braun, auf den wir unten näher zurückkommen werden. In München hielt Schimper über seine neuen Beobachtungen und Gedanken Vorträge in privatem Kreise, zu dem auch manche älteren Professoren sich regelmäßig einfanden, wie der Embryologe Ignaz Döllinger, der Arzt Johann Ringseis und die Botaniker Martius, Zuccarini und Sendtner. Hier in München führte Schimper umfassende Untersuchungen über die Blattstellung durch, worüber er selbst nur in seiner oben genannten Abhandlung über *Symphytum Zeyheri*[16] einiges veröffentlicht hat, deren angekündigter zweiter Teil über die Infloreszenzen aber nie erschienen ist. Drei Vorträge Schimpers über die Blattstellung, gehalten 1834 auf der Naturforscherversammlung in Stuttgart, hat Alexander Braun eingehend in der Zeitschrift «Flora» referiert, da der Redner selbst sich nicht zur Niederschrift entschließen konnte. Ähnlich ging es mit Schimper's Forschungen über die frühere Vergletscherung der Alpen. Er schuf Wort und Begriff «Eiszeit» (1837), ließ aber nur eine von ihm selbst gedichtete Ode hierüber drucken. Im Frühjahr 1840 wurde Schimper von Kronprinz Maximilian von Bayern mit der geologischen Untersuchung der Alpen beauftragt. Seine Forschungen führten ihn zu der Erkenntnis, daß die Alpen nicht, wie Leopold von Buch meinte, durch Druck von unten her emporgehoben, sondern durch Horizontaldruck aufgefaltet wurden, den er auf die Schrumpfung der Erdrinde zurückführe. Ein Schreiben hierüber, verlesen auf der Naturforschertagung in Erlangen im September 1840, wurde von Leopold von Buch vernichtend kritisiert. Acht Jahre nach Schimper's Tod erntete Eduard Suess mit derselben Theorie Weltruhm! – Schimper lebte dann als Privatgelehrter in Mannheim, später in Schwetzingen, unermüdlich weiter forschend[17], in tiefster Armut, bis ihm Großherzog Leopold von Baden durch eine kleine Pension einen ruhigen Lebensabend ermöglichte. Ideenreichtum und

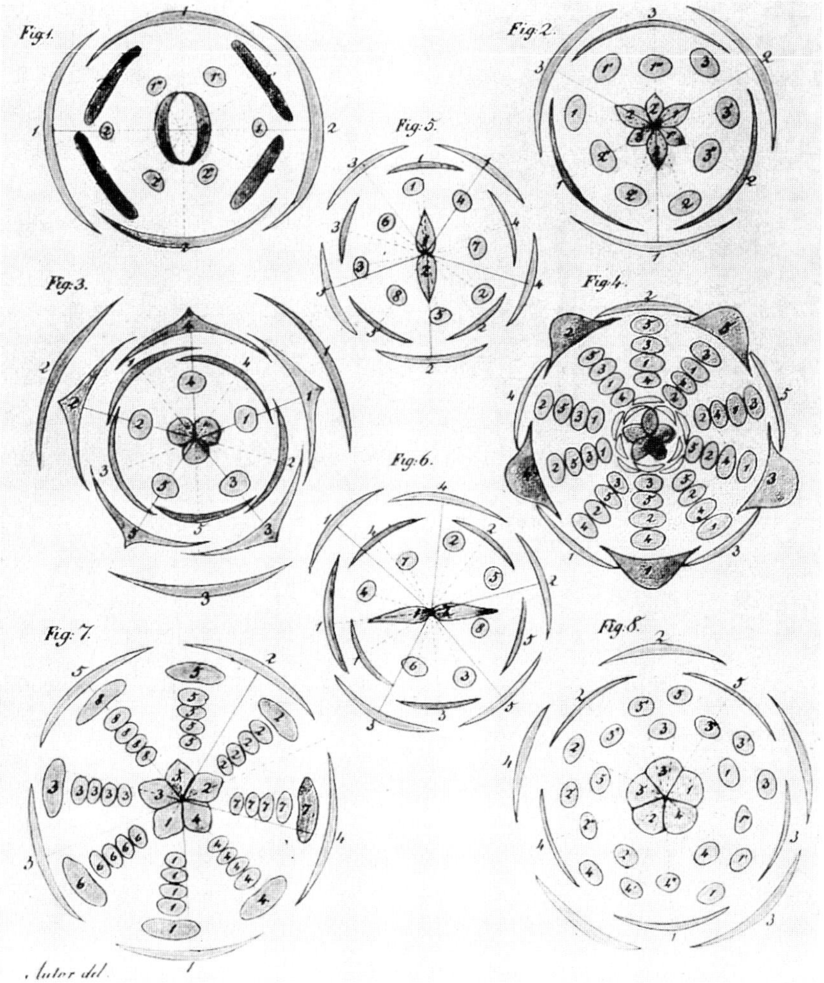

Abb. 76. Blütendiagramme nach A. BRAUN (1831). 1 Crucifere, 2 *Butomus*, 3 *Passiflora*, 4 *Aquilegia*, 5, 6 *Acer*, 7 *Nigella*, 8 *Pyrus*. Im Original sind die Vorblätter grün (Fig. 3!), die Kelchblätter grau, die Kronblätter rot, die Staubblätter gelb und die Fruchtblätter grün dargestellt

scharfes Denkvermögen waren KARL SCHIMPER in hohem Maße zu eigen, doch fehlte es ihm an der Fähigkeit, eine Arbeit beharrlich zu Ende zu führen. Aber wenigstens eine seiner großen Leistungen, die Blattstellungslehre, wurde von seinem Freunde ALEXANDER BRAUN zu einem gewissen Abschluß gebracht. Mit Recht nennt HOFMEISTER in einem Nachruf KARL SCHIMPER einen «hochbedeutenden Mann, der mächtigen Einfluß auf die Entwickelung unserer Wissenschaft geübt hat».

Kehren wir zu SCHIMPER's eingangs erwähnter *Symphytum*-Abhandlung zurück. Zunächst werden die Unterschiede der drei besprochenen Arten *(S. Zeyheri, bulbosum, tuberosum)* auseinandergesetzt. Darauf folgt – als Einführung in das nicht erschienene Kapitel über die Blütenstände der «Asperifolien» gedacht – eine außerordentlich gründliche Darstellung der Blattstellung bei den Angiospermen, wie sie in grundsätzlich gleicher Weise heute noch – nach 140 Jahren – in unseren Lehrbüchern vorgetragen wird. Es darf als großer Glücksstand angesehen werden, daß die Erneuerung der Morphologie von einer exakt zu fassenden Erscheinung ihren Ausgang genommen und daß ein so scharfsinniger Forscher wie SCHIMPER diese Entwicklung eingeleitet hat.

Der zu SCHIMPER's Münchener Freundeskreis gehörige ALEXANDER BRAUN[18] (Abb. 66) wurde zu dieser neuen Forschungsrichtung angeregt und führte die Gedankengänge SCHIMPER's an zwei besonders lehrreichen Beispielen weiter, nämlich am weiblichen Zapfen der Coniferen und am Bau der Angiospermen-Blüte[21] (Abb. 76). BRAUN's Darlegungen hierüber erschienen 1831 im gleichen Bande der «Nova Acta» der Leopoldinisch-Carolinischen Akademie der Naturforscher, der auch GOETHE's berühmte Zwischenkiefer-Abhandlung enthält. In der Einleitung hebt BRAUN ausdrücklich hervor, daß er SCHIMPER's «freundschaftlicher Führung die Richtung seiner Bestrebungen verdankt». Das am Schluß angekündigte Buch SCHIMPER's über «Die Blatterzeugung im Gewächsreich» ist jedoch nie erschienen. Eine gewisse Entschädigung hierfür liefert das oben erwähnte ausführliche Referat, welches BRAUN über SCHIMPER's Stuttgarter Vortrag in der «Flora» veröffentlicht hat.[15] Somit hat BRAUN einen wesentlichen Anteil an der Bekanntmachung und am Ausbau von SCHIMPER's Ideen. «BRAUN hat mich stets verstanden, hat mir überallhin stets folgen können», schrieb der Begründer der Blattstellungslehre noch einen Monat vor seinem Tode.

An GOETHE's Metamorphose-Gedanken knüpft BRAUN an in einem Buch, das den sonderbaren Titel trägt: «Betrachtungen über die Erscheinung der Verjüngung in der Natur.» Unter Verjüngung versteht er das Vergehen und die Neubildung von Sprossen, Blättern und Zellen, womit er zugleich den Metamorphose-Begriff auch auf die niederen Pflanzen ausdehnt. «Fragen wir nun nach den Ursachen der Verjüngungserscheinungen, so werden wir zwar anerkennen, daß die äußere Natur rufend und weckend wirkt durch die Einflüsse, welche die Jahreszeiten, ja selbst die Tageszeiten bringen, aber die eigentliche innere Ursache wird doch nur gefunden werden können in dem Triebe nach Vollendung, der jedem Wesen in seiner Art zukommt.» Damit setzte sich BRAUN in einen gewissen Gegensatz zu der damals zur Herrschaft gelangten «induktiven Forschungsrichtung» (SCHLEIDEN 1842, vgl. Kap. 14!) und war daher Angriffen ausgesetzt, ein Umstand, der sich auch in der Beurteilung BRAUN's durch JULIUS SACHS (Gesch. d. Bot. S. 183ff.) deutlich widerspiegelt. Nach langem zeitlichen Abstand erkennen wir, daß den «inneren Ursachen» bis zu einem gewissen Grade der Gen-Bestand entspricht, und daß damit Fragen angedeutet sind, um deren Lösung sich die heutige Entwicklungsphysiologie bemüht. Im Gegensatz zu anderen morphologischen Werken seiner Zeit stellt BRAUN eine Fülle von (vielfach neuen) Einzelangaben unter höhere Gesichtspunkte, so daß das Buch ungemein belebend wirkte und auch in andere Sprachen übersetzt wurde. Kein Geringerer als WILHELM HOFMEISTER bekundete seinem Verfasser, daß auf ihn «noch kein Buch so mächtig anregend gewirkt habe».

Im gleichen Geist wie die «Verjüngung in der Natur» ist eine bald danach erschienene Abhandlung BRAUN's verfaßt, die ebenfalls einen sonderbaren Titel trägt: «Das Individuum der Pflanze in seinem Verhältnis zur Species» (1853), worin in erster Linie die Mannigfaltigkeit der Sproßfolge bei den krautigen Gewächsen dargestellt wird. Der ganze Pflanzenstock wird nicht dem tierischen Individuum gleichgesetzt, sondern aufgefaßt als «eine Welt vereinter Individuen, die in einer Folge von Generationen auseinander hervorsprossen». Somit stellt der einfache Sproß das Individuum der Pflanze dar. – In beiden Werken tritt BRAUN dem Leser nicht als ein auf Abstand bedachter, rein objektiver Gelehrter gegenüber, sondern als Gesamtpersönlichkeit, indem er auch seine tieferen, subjektiven Auffassungen nicht verschweigt. Darin liegt wohl die außergewöhnliche Wirkung BRAUNS als akademischer Lehrer begründet, wovon viele seiner Hörer und Schüler Zeugnis geben, wie z.B. A.W. EICHLER in seiner Ansprache bei der Einweihung des Denkmals im Botanischen Garten zu Berlin[18]: «Wo BRAUN hinblickte, war es heller, jedem Gegenstand wußte er neue Seiten abzugewinnen, alles behandelte er mit Gründlichkeit und umfassender Übersichtlichkeit; kurz, es war alles bei ihm aus tiefster Quelle geschöpft... BRAUN war eine philosophisch veranlagte Natur, hatte mit Begeisterung zu Füßen SCHELLINGS gesessen und die Grundlagen seiner geistigen Entwicklung zu einer Zeit empfangen, wo in der Naturwissenschaft eine spekulative Tendenz herrschte. Erklärlich daher, daß man diesem Zuge auch in BRAUN's Schriften begegnet, ja, daß er manchen derselben ein charakteristisches Gepräge verleiht. Doch BRAUN deshalb zu tadeln, wäre Unrecht; beginnt doch einerseits die eigentliche Wissenschaft erst da, wo es gilt, die Tatsachen der Beobachtung und Erfahrung durch ein geistiges Band zu vereinen, und andererseits hat BRAUN, abweichend von den gewöhnlichen Naturphilosophen älterer wie auch der jüngsten Zeit, stets die Theorie nach den Tatsachen und nicht umgekehrt zu bilden sich bestrebt... Man kann sagen, daß es ALEXANDER BRAUN und KARL SCHIMPER, zusammen mit der fast gleichzeitig von anderer Seite in die Botanik eingeführten entwicklungsgeschichtlichen Methode, ganz hauptsächlich zu verdanken ist, wenn in der botanischen Morphologie eine neue Ära eingeführt wurde und an Stelle der älteren, rein deskriptiven Behandlungsweise eine lebendigere Auffassung vom Aufbau der Pflanzen, ihrem Wachsen und Werden Platz griff.»

Zwar weniger umfassend, aber nicht minder gründlich als BRAUN's morphologische Untersuchungen waren diejenigen seines Zeitgenossen THILO IRMISCH[19] (1816–1879, Abb. 77). Er beschäftigte sich vor allem mit Monokotylen, bei denen er Sproß- und Blattfolge, Knollen- und Zwiebelbildung, Keimung und Bewurzelung aufs sorgfältigste darstellte, wobei er Bau und Lebensverhältnisse miteinander in Beziehung zu setzen versuchte. Wie hoch IRMISCH's Arbeiten von den Botanikern seiner Zeit geachtet wurden, ersieht man aus der Tatsache, daß fünf deutsche Universitäten sich um ihn bemühten; er lehnte aber alle Rufe ab und blieb zeitlebens in seiner Stellung als Gymnasiallehrer in seiner Heimatstadt Sondershausen. Im Gegensatz zu BRAUN hielt sich IRMISCH frei vom Einfluß der Naturphilosophie und leitete somit einen Abschnitt der Morphologie ein, dessen bedeutendstem Vertreter, A.W. EICHLER, eine eingehendere Würdigung gebührt.

AUGUST WILHELM EICHLER[20] (Abb. 78) 1839 in Neukirchen am Knüll geboren, wurde von seinem Vater, einem naturwissenschaftlich interessierten Lehrer, in die mannigfaltige Flora und Fauna seiner Heimat eingeführt und studierte in Marburg Naturwissenschaften, gerade zu einer Zeit, als DARWIN's

Abb. 77. Thilo Irmisch (1816–1879)

Abb. 78. August Wilhelm Eichler (1839–1887)

«Entstehung der Arten» die Biologie in Aufregung versetzte. Bald nach seiner Promotion holte ihn Carl von Martius nach München als Privatassistent für die «Flora Brasiliensis». Für dieses 1840 begonnene Werk, die größte Flora, die je erschienen ist, bearbeitete Eichler nicht weniger als 22 Familien und führte es nach dem Tode von Martius als Herausgeber fort. Auch er erlebte den Abschluß nicht. Als es der Berliner Botaniker J. Urban 1906 zu Ende führte, umfaßte es 15 Bände in 40 Teilbänden, zusammen über 10000 Folioseiten und 3800 Tafeln. Eichler's Familienbearbeitungen gingen weit über das rein Floristische und Regionale hinaus; sie kommen fast Monographien der betreffenden Gruppen gleich. Diese hervorragende Leistung brachte dem 31jährigen Forscher einen Ruf nach Graz, im Jahre darauf nach Kiel und schließlich nach Berlin, wo er 1887, erst im 48. Lebensjahr stehend, verstarb. Seine Hauptleistung aber, die ihn unter die bedeutendsten Morphologen überhaupt einreiht, hatter er schon in Kiel vollbracht. Das Buch trägt den einfachen Titel «Blütendiagramme». Dieses auf fünfzehnjährigen Vorarbeiten aufgebaute, zweibändige Werk behandelt den Bau der Blüten und Blütenstände fast aller Spermatophytenfamilien, beruhend auf umfassenden morphologischen, entwicklungsgeschichtlichen und histologischen Studien, erläutert durch über 400 vom Verfasser selbst auf Holz gezeichnete Blütendiagramme[17], denen wir heute noch in unseren führenden Lehr- und Handbüchern begegnen. Daß auch Fragen der Systematik berührt werden und daß die gesamte Darstellung für das natürliche System der Angiospermen von grundlegender Bedeutung ist, liegt auf der Hand. «Neue Bahnen sind damit nicht gebrochen», schreibt Eichler im Vorwort des zweiten Bandes, «aber doch die alten ebener gemacht, und auch das scheint mir ein Gewinn. In dieser Meinung kann mich die Geringschätzung nicht beirren, mit welcher von gewissen Seiten auf die ältere Morphologie geblickt wird; die Zeit wird lehren, daß sie noch lebensfähig ist.» Heute, nach hundert Jahren, sehen wir, daß Eichler mit seiner Prognose recht behalten hat.

Im neueren Schrifttum wird die Morphologie von GOETHE bis EICHLER (und bis zu gleichgerichteten Forschern der Gegenwart) als «idealistische Morphologie» (mit einem Unterton der Abwertung) einer phylogenetischen Morphologie gegenübergestellt. Demgegenüber muß betont werden, daß die Phylogenie mit derselben Methodik (Feststellung der Homologien mittels Vergleichs) arbeitet wie die ältere Morphologie.[22] EICHLER selbst hat gewissermaßen die Antwort schon vorweggenommen («Blütendiagramme», I, S. III): «Die Methode, von der ich mich leiten ließ, ist die der allgemein vergleichenden Untersuchung, die ebensoviel Wert auf die fertigen Formen als auf die Entwickelungsgeschichte legt. Oberstes Kriterium war und ist mir die letztere nur da, wo es sich darum handelt, wie ein Gebilde entsteht; was dasselbe jedoch ist, wie man es aufzufassen hat, darüber befrage ich auch andere Faktoren. Denn auch die Entwickelungsgeschichte versteht sich erst dann, wenn man weiß, was zustande gebracht werden soll, welcher Bauplan zu Grunde liegt. ‹Bauplan, Typus, Schema›, das sind allerdings viel perhorreszierte Ausdrücke, aber nach DARWIN's Lehre und seinen eigenen Worten bezeichnen sie dennoch Tatsachen.» Hören wir noch DARWIN selbst zu dieser Frage («Entstehung der Arten», Schluß des 6. Kapitels, und «Orchideen», 8. Kapitel): «Es wird allgemein anerkannt, daß alle organischen Wesen nach zwei großen Gesetzen gebildet worden sind: Einheit des Typus und Bedingungen der Existenz. Unter Einheit des Typus begreift man die Übereinstimmung im Grundplan des Baues, wie wir ihn bei den Gliedern einer und derselben Klassen finden und welcher ganz unabhängig von ihrer Lebensweise ist. Nach meiner Theorie erklärt sich die Einheit des Typus aus der Einheit der Abstammung.» «Die Bedeutung der Wissenschaft der Homologien liegt darin, daß sie uns den Schlüssel zur Erkenntnis des möglichen Umfangs von Verschiedenheit im Plane innerhalb irgendeiner Gruppe gibt... Sie führt uns zur Entdeckung dunkler oder verborgener Teile... und zeigt uns die Bedeutung von Rudimenten. Außer diesem praktischen Nutzen räumt die Homologie den Nebel weg von Ausdrücken wie Schema der Natur, ideale Typen, Grund-Pläne oder Grund-Ideen usw.; denn diese Ausdrücke bezeichnen wirkliche Tatsachen (express real facts).»

Um die Baupläne phylogenetisch zu verstehen, genügt es nicht, lediglich die heute lebenden Organismen zu befragen. Sichere Antworten können uns nur die fossilen Formen geben. Dem Werden der Pflanzengestalt mit Hilfe der Morphologie und Entwicklungsgeschichte sowohl der lebenden wie der ausgestorbenen Formen nachzugehen, war das Ziel des englischen Botanikers F.O. BOWER.

Abb. 79. FREDRICK ORPEN BOWER (1855–1948)

Frederick Orpen BOWER[23] (Abb. 79) wurde 1855 in Ripon (York) geboren und starb ebenda 1948. Da er sich schon während seiner Schulzeit eingehend mit den Pflanzen beschäftigte, kann man mit seinem Biographen W.H. Lang sagen, daß Bower 80 Jahre lang «a serious botanist» gewesen ist. Der Universitätsunterricht, den er erhielt, war zwar ungenügend, aber das «Lehrbuch der Botanik» von Julius Sachs wies dem ursprünglich rein systematisch orientierten Studenten die Richtung auf allgemeine Fragestellungen. Bower ging dann auch zu Sachs nach Würzburg, studierte danach bei H.S. Vines (ebenfalls Sachs-Schüler) am Christs College und schloß seine Ausbildung ab bei de Bary in Straßburg, dessen «Vergleichende Anatomie der Vegetationsorgane» (vgl. S. 145) er zusammen mit D.H. Scott ins Englische übersetzte. Nach seiner Rückkehr wurde er Assistent am University College und bald darauf «Lecturer of Botany» an der durch Th. Huxley berühmt gewordenen «Normal School of Science». Seine Forschungsarbeit aber führte Bower am Jodrell Laboratory in Kew aus, wohin auch D.H. Scott nach seiner Lehrzeit bei Sachs zurückkehrte. 1885 wurde er, erst 29 Jahre alt, als «Regius Professor» nach Glasgow gerufen, wo er bis zu seiner Emeritierung (1925) wirkte und das erste neuzeitliche botanische Institut in England schuf. Mehrere Forschungsreisen erschlossen ihm die tropische Vegetation. Ein intensives Studium der paläobotanischen Schliffsammlung von Williamson (s. Kap. 20) bewog Bower, sich ganz den Pteridophyten zu widmen, da gerade diese Gruppe ein reiches vorzeitliches Material für phylogenetische Problemstellungen bietet. Bei Bower's größeren Publikationen bildete meist eine bestimmte Hypothese den Ausgangspunkt und die Leitlinie. In einer Folge von sechs Abhandlungen legt er die Morphologie und die Entwicklungsgeschichte der «spore-producing members» der verschiedenen Pteridophyten-Gruppen dar und versucht, den Sporophyllstand aus dem Moos-Sporogon durch Bildung von Anhangsorganen sowie von isolierten Sporangien durch Sterilwerden bestimmter Archespor-Abschnitten abzuleiten («Strobilus-Theorie»). In einem umfangreichen Band «The Origin of a Land Flora» (1908) entwickelt Bower die Auffassung, daß nur Gewächse mit einem ausgeprägten Sporophyten imstande sind, das Festland zu besiedeln, und daß der Sporophyt durch sterile Weiterentwicklung der Zygote gleichsam eingeschoben worden sei (Interkalationstheorie). Während der erste Punkt wohl allgemein anerkannt wurde, fand der zweite heftigen Widerspruch, vor allem durch Scott. Von den theoretischen Erörterungen abgesehen, war Bowers «Land Flora» wegen seiner eingehenden Behandlung der Morphologie, Anatomie und Entwicklungsgeschichte der drei großen Pteridophytengruppen, seiner klaren, lebendigen Darstellung und seiner reichen Bebilderung von einer weitreichenden Wirkung. Die gleichen Vorzüge gelten auch für Bower's dreibändiges Werk «The Ferns», welches rezente und fossile Formen in gleicher Weise berücksichtigt und damit eine bewundernswerte Geschlossenheit erreicht. Bei keinem Morphologen der neueren Zeit tritt die phylogenetische Ausrichtung so klar hervor wie bei F.O. Bower.

In unserer bisherigen Darlegung ging es nur um die Frage, in welchen räumlichen und zeitlichen Beziehungen die Teile der Pflanze stehen und wie diese sich entwickeln, und zwar ohne Rücksicht auf die Leistungen der Teile. In Wirklichkeit üben sie aber allesamt die verschiedensten Funktionen aus. Man kann die Teile einer Pflanze also einerseits als Glieder des Ganzen betrachten, andererseits aber auch als Werkzeuge oder Organe, deren Bau in engster Beziehung zu ihrer Funktion steht. Die erste Fragestellung ist eine morphologische, die zweite eine ökologische. Wenn wir die Blüte als Beispiel nehmen, so haben sie GOETHE und EICHLER in ersterem, SPRENGEL in letzterem Sinne untersucht. Mit Recht sagt JULIUS SACHS (Lehrbuch der Botanik, 4. Aufl., S. 152): «Es leuchtet ein, daß die eine Betrachtungsweise ebenso einseitig ist wie die andere; allein die Forschung und der Vortrag haben derartige Abstraktionen hier wie überall in der Wissenschaft nötig, und sie sind nicht nur nicht schädlich, sondern sogar das wichtigste Hilfsmittel der Forschung, wenn man sich des Verfahrens nur immer klar bewußt ist.» – Die ökologische Betrachtungsweise der Pflanze und ihrer Organe ist in ihrer historischen Entwicklung an anderer Stelle (Kap. 9 und 18) dargelegt.

Schließlich kann der Forscher noch von einer dritten Seite her der Pflanzengestalt gegenübertreten, indem er nach den Ursachen der Gestaltung fragt. Die ersten Ansätze einer solchen «kausalen Morphologie» finden wir 1868 in der «Allgemeinen Morphologie der Gewächse» von WILHELM HOFMEISTER.[24] Schon im Wort «Gewächse» statt «Pflanzen» bringt der Verfasser zum Ausdruck, daß er die Form als etwas Werdendes ansieht, also den Schwerpunkt auf die Entwicklungsgeschichte legt, und bezeichnenderweise handelt das erste Kapitel über Wachstum und Wachstumsrichtungen. Besonders eingehend bespricht HOFMEISTER die Blattstellung, wobei er «die Vorstellung vom schraubenlinigen oder spiraligen Gang der Entwicklung seitlicher Aussprossungen» widerlegt und die Stellung der neuen Organanlagen auf mechanische Faktoren zurückzuführen versucht, eine Vorstellung, die später von SCHWENDENER weiterentwickelt worden ist. HOFMEISTER stellt als allgemeingültige Regel auf, daß «neue seitliche Sprossungen über der weitesten der Lücken zwischen den nächstbenachbarten älteren gleichartigen Sprossungen» auftreten, und versucht, diese Erscheinung durch unterschiedliche Dehnung der äußeren Zellwände zu erklären. Diese Annahme hat sich zwar nicht bestätigen lassen, aber sie ist doch ein Versuch, das Problem der Blattstellung kausal anzugehen, was sich DARWIN so dringend ersehnt hatte, als er (1861) an den Botaniker ASA GRAY schrieb: «Wenn Sie wünschen, mich von einem elenden Tode zu erretten, sagen Sie mir, warum die Winkelreihen von $\frac{1}{2}$, $\frac{1}{3}$, $\frac{2}{5}$, $\frac{3}{8}$ usw. vorkommen und keine anderen Winkel. Es genügt dies, den ruhigsten Menschen verrückt zu machen.» – Der Forschung hat HOFMEISTER damit eine neue Bahn eröffnet, die zur Entwicklungsphysiologie führte, ein Gebiet, auf welchem zwei Forscher wahre Pionierarbeit geleistet haben: VÖCHTING und KLEBS.

HERMANN VÖCHTING (geboren 1847 in Blomberg bei Detmold, gestorben 1917 in Tübingen; Abb. 80)[25] war ursprünglich Gärtner. ALEXANDER BRAUN in Berlin begeisterte ihn zum Studium der Naturwissenschaften, besonders der Botanik, und N. PRINGSHEIM ließ ihm weitgehende Förderung zuteil werden. Nach seiner Habilitation in Bonn wurde er nach Basel und dann nach Tübingen berufen (beidemal als Nachfolger PFEFFER's), wo er, weitere Rufe ablehnend, drei Jahrzehnte bis zu seinem Tode wirkte. An Sprossen von Rhipsalideen, mit deren Morphologie und Anatomie sich die Dissertation befaßte, beobachtete VÖCHTING, daß die Luftwurzeln nur auf der vom Licht abgewandten Seite entstehen und daß auch zwischen der morphologischen Spitze und Basis des Sprosses ein Unterschied besteht. Diese Beobachtungen waren der Anlaß zu VÖCHTINGS umfassenden Untersuchungen über die Polarität der Gewächse, ein

Problem, das ihn sein ganzes Leben hindurch beschäftigt hat. In seinem ersten Werk «Über Organbildung im Pflanzenreich», das noch den Untertitel trägt «Physiologische Untersuchungen über Wachstumsursachen und Lebenseinheiten», werden die Grundprobleme der Entwicklungsphysiologie klar aufgezeigt. Wenn man Zweigstücke der Weide in feuchter Luft aufhängt, und zwar in normaler und in umgekehrter Lage, so entwickeln sich am morphologisch unteren Ende des Zweiges Adventivwurzeln, während am morphologisch oberen Ende Seitensprosse austreiben. Dieser in allen Lehrbüchern abgebildete VÖCHTINGsche Versuch zeigt, daß es außer den äußeren, auf die Pflanze einwirkenden Kräften (wie Licht, Schwerkraft) auch innere Kräfte gibt, welche die Ausbildung der Organe bedingen. Ferner lehrt der Versuch, daß – je nachdem, wie man das Teilstück aus dem Sproß herausschneidet – aus jedem noch teilungsfähigen Gewebe entweder eine Wurzel oder ein Sproß entsteht. Ferner kann man durch Zurückschneiden eines Sprosses, durch Umbiegen und andere Eingriffe eine Knospe entweder zu einem Langtrieb oder zu einem Kurztrieb oder einem Blütentrieb auswachsen lassen. Demnach wird – so lautet VÖCHTING's Schluß – «unter der Schar gleichwertiger Knospen am Zweige eines Baumes die Art Entwicklung der einzelnen, ob zu einem stärkeren oder schwächeren Laubtrieb oder einem Blütensproß, in erster Linie bestimmt durch den Ort, welchen dieselbe an dem zugehörigen Teile der Lebenseinheit einnimmt». Somit hat jede Zelle die Fähigkeit, sich zum Ganzen zu entwickeln, aber wie sie sich am normalen Organismus entwickelt, wird durch den Ort bestimmt, den sie im Pflanzenkörper einnimmt.

Die erwähnten Untersuchungen regten VÖCHTING zu umfassenden Transplantationsversuchen an, wobei ihm auch die Pfropfung krautiger Sprosse, die kein Kambium besitzen, gelang. In normaler Orientierung lassen sich Sprosse derselben Art beliebig aufeinanderpfropfen. In abnormer Lage dagegen wachsen die Transplantate nur ungenügend zusammen. Aus der Fülle weiterer Versuche sei noch folgender erwähnt, weil er zu einem wichtigen Problem der neueren Physiologie hinführt, nämlich den Ursachen der Blütenbildung: Sproßstücke aus einem Blütenstand der Runkelrübe wachsen, auf eine Jungpflanze gepfropft, rein vegetativ aus, auf einjährige Pflanzen gesetzt dagegen zu Blütentrieben.

Neben der Polarität, der noch sein letztes Werk gewidmet war, hat sich VÖCHTING auch mit verschiedenen anderen entwicklungsphysiologischen Problemen beschäftigt, wie mit den Ursachen der Zygomorphie der Blüten, mit dem Zustandekommen von Blütenanomalien, vor allem aber mit den Bildungsbedingungen der Knollen. Es gelang ihm sogar, Organe, die normalerweise keine Knollen bilden, zur Erzeugung solcher anzuregen, z.B. bei *Helianthus tuberosus* an Stelle von Sproßknollen Wurzelknollen, bei *Oxalis crassicaulis* an Stelle von Sproßknollen Blattknollen zu erzwingen.

Während sich VÖCHTING bei seinen Experimenten fast ausschließlich der Blütenpflanzen bediente, ging GEORG KLEBS[26] (Abb. 81) von niederen Pflanzen aus. Selbständige Untersuchungen an Desmidiaceen führten ihn zu DE BARY nach Straßburg. Anschließend arbeitete er bei SACHS in Würzburg und bei PFEFFER in Tübingen. Neben Arbeiten zur Zellphysiologie (es gelang ihm erstmals, durch Plasmolyse den Protoplasten in einen kernführenden und einen kernfreien Teil zu zerlegen), und zur Morphologie und Ökologie der Keimung beschäftigte ihn die Frage, inwieweit Algen und Pilze in ihrer Entwicklung und Gestaltung, besonders hinsichtlich ihrer Fortpflanzung, von äußeren Faktoren

Abb. 80. HERMANN VÖCHTING (1847–1917)

Abb. 81. GEORG KLEBS (1857–1918)

abhängig sind. Durch sorgfältige Analyse der letzteren gelang es KLEBS, die genannten Vorgänge mit völliger Sicherheit zu steuern. Später bezog er in seine Experimente auch höhere Pflanzen ein, bei denen infolge der größeren morphologischen und histologischen Mannigfaltigkeit die Verhältnisse wesentlich komplizierter liegen als bei Thallophyten. Einen ersten umfassenden Bericht hierüber gab KLEBS in seinem Buch «Willkürliche Entwicklungsänderungen bei Pflanzen». Es gelang ihm, unter bestimmten Bedingungen *Glechoma hederacea* jahrelang vegetativ wachsen zu lassen und die Blütenbildung zu verhindern, oder bei *Ajuga reptans* fast alle theoretischen Möglichkeiten der gegenseitigen Umbildung von Rosetten, Blütensprossen und Ausläufern zu verwirklichen. Somit hängt auch bei höheren Pflanzen die Formbildung weitgehend von äußeren Bedingungen ab. Seine Untersuchungen führten KLEBS zu der bekannten Hypothese, daß eine Pflanze nur dann zur «Blühreife» gelangt, wenn ein Überschuß an Assimilaten im Vergleich zu Mineralstoffen (besonders N-Verbindungen) vorliegt.

Nicht besondere Merkmale kennzeichnen eine Spezies, sondern die Art und Weise, in der sie auf äußere Bedingungen reagieren. Was wir in der Systematik den Diagnosen zugrunde legen, sind die «normalen» Merkmale, die «unter den gewöhnlichen Bedingungen der freien Natur oder Kultur auftreten». Die von KLEBS gewonnenen Erkenntnisse sind von größter Bedeutung auch für die Systematik der Pflanzen (Artbegriff!), aber erst in neuester Zeit beginnen sie bei der Abgrenzung der Taxa der Thallophyten sich auszuwirken, während man in der Blütenpflanzen-Systematik Artdiagnosen und -benennungen heute noch auf ein einziges Herbar-Exemplar festlegt.

In theoretischer Hinsicht dringt KLEBS weiter vor als VÖCHTING, indem er drei Begriffe scharf auseinanderhält: die konstante «spezifische Struktur» (wir würden heute sagen «Gen-Bestand») und die variablen inneren und äußeren Bedingungen. Unter «inneren Bedingungen» versteht KLEBS «die Qualität und Quantität der in den Zellen vorhandenen Stoffe, die mannigfachen Formen der auslösend wirkenden Fermente, die physikalischen Eigenschaften des Protoplasmas, Zellsaftes, der Zellwand etc.». «Diese inneren Bedingungen sind stets variabel, weil sie selbst von der Außenwelt in geringerem oder stärkerem Grade abhängen.»

Alle drei Forschungsrichtungen, die sich auf die Erfassung der Pflanzengestalt beziehen – die vergleichende, die ökologische und die kausale Morphologie – versuchte GOEBEL in seiner «Organographie» zu einem geschlossenen Ganzen zu vereinen.

KARL VON GOEBEL[27] (Abb. 82) wurde 1855 – also im gleichen Jahre wie F.O. BOWER – einer alten schwäbischen Familie entstammend in Billigheim bei Mosbach (Neckar) geboren. Zum Geistlichen bestimmt, besuchte er die Evangelische Stiftsschule in Blaubeuren und studierte in Tübingen Theologie, hörte jedoch nebenher bei WILHELM HOFMEISTER auch botanische Vorlesungen; hatte doch SCHLEIDEN's «Die Pflanze und ihr Leben» den Fünfzehnjährigen so gefesselt, daß er in sein Tagebuch schrieb: «Dieser SCHLEIDEN ist mein Ideal des Naturforschers, gründlich und ernst, dabei aber tief poetisch ... Ich möchte doch auch solcher Botaniker werden wie er.» So wundert es nicht, daß er bald die Theologie mit den Naturwissenschaften vertauschte. Als HOFMEISTER erkrankte, siedelte GOEBEL zu DE BARY nach Straßburg über, wo er 1877 promoviert wurde. Anschließend ging er als Assistent zu SACHS nach Würzburg. So wurde GOEBEL das Glück zuteil, die drei bedeutendsten deutschen Botaniker dieser Zeit seine Lehrer nennen zu dürfen. Nach seiner Habilitation holte ihn DE BARY als Extraordinarius nach Straßburg zurück, aber bald darauf (1881), im Alter von 27 Jahren, wurde er nach Rostock, 1887 nach Marburg und 1891 nach München berufen, wo er, ein neues Institut und den Nymphenburger Botanischen Garten begründend, vier Jahrzehnte wirkte. Im Alter von 77 Jahren verstarb er 1932, als er gerade das Manuskript zum dritten Bande seiner «Organographie» (3. Auflage) beendet hatte. Auf weiten Reisen lernte GOEBEL die Formenfülle der Pflanzen an ihrem natürlichen Lebensort kennen: im Mittelmeergebiet, auf Ceylon und Java, in Venezuela, in Australien und Neuseeland, in Nordamerika, in Brasilien und als Siebzigjähriger nochmals auf Java und Sumatra. Dabei fesselten ihn alle Pflanzengruppen von den Algen bis zu den Compositen; Moosen und Farnen jedoch galt zeitlebens seine besondere Zuneigung.

Abb. 82. KARL VON GOEBEL (1855–1932)

Die wissenschaftliche Leistung GOEBEL's und seine Stellung in der Geschichte der Botanik läßt sich am besten anhand seiner Hauptwerke darlegen, in welche er die wichtigsten Ergebnisse seiner zahlreichen Spezialstudien hineingearbeitet hat. Die Reihe eröffnet 1883 die «Vergleichende Entwicklungsgeschichte der Pflanzenorgane», ein Buch, das zugleich das erste Forscherjahrzehnt seines Verfassers charakterisiert. Trotz Polemik gegen GOETHE und BRAUN ganz auf dem Boden der vergleichenden Morphologie stehend, behandelt er die Ontogenie des Laubsprosses, der Blüte, der Wurzel, der Sporangien und der Gametangien. GOEBEL's Buch war die erste umfassende Darstellung der Entwicklungsgeschichte und ist bis heute die einzige geblieben.

Seine Reisen in die Tropen der Alten und der Neuen Welt führten GOEBEL die engen Beziehungen zwischen Bau und Funktion der Organe des Pflanzenkörpers eindringlich vor Augen und regten ihn zu seinem zweiten Werk an, das er «Pflanzenbiologische Schilderungen» betitelt hat, wobei «Biologie» nach damaliger Gepflogenheit im Sinne von «Ökologie» gebraucht wird. Während gerade in den achtziger Jahren, vor allem durch SCHWENDENER und seine Schüler, die mannigfachen Beziehungen zwischen histologischem Bau der Pflanzen und ihren Lebensbedingungen dargelegt worden waren, wollte GOEBEL zeigen, daß dasselbe auch für die äußeren Gestaltungsverhältnisse zutrifft. Sukkulenten, Mangrove, Epiphyten, Páramo-Vegetation, Insektivoren und Wasserpflanzen werden unter diesem Gesichtspunkt geschildert. Vor allem im letzten Kapitel legt GOEBEL dar, welch mächtigen Einfluß das Wasser auf die Form der Pflanze, insbesondere der Blätter ausübt. Hier klingt die dritte, zur Entwicklungsphysiologie führende Richtung der Morphologie an, die GOEBEL besonders in den Jahren um die Jahrhundertwende beschäftigte und in seiner «Einleitung in die experimentelle Morphologie der Pflanzen» (1908) ihren klarsten Ausdruck gefunden hat. Während VÖCHTING und KLEBS, in ihren Veröffentlichungen sich beschränken auf die Darstellung ihrer eigenen Experimente und deren gedankliche Analyse, gibt GOEBEL eine Überschau über das Gesamtgebiet, wobei er zugleich den Leser zu Versuchen anregen möchte, zu deren Ausführung «meist nicht viel anderes gehört als eine Pflanze, ein Topf mit Erde und eine Fragestellung».

Alle drei Richtungen in der Erfassung der pflanzlichen Gestalt, die vergleichend-morphologische einschließlich Entwicklungsgeschichte, die ökologische und die experimentell-physiologische finden ihre Synthese in GOEBEL's Hauptwerk «Organographie der Pflanzen», welches in seiner letzten Auflage drei Bände nebst zwei Ergänzungsbänden von insgesamt 2885 Seiten mit 2608 (überwiegend Original-)Abbildungen umfaßt. Der erste Band behandelt die «allgemeine Organographie»[28] (Organbildung auf verschiedenen Stufen, Symmetrieverhältnisse, Verkümmerung und Verwachsung, Jugend- und Folgeformen, Abhängigkeit der Organbildung von inneren und äußeren Faktoren), der zweite Band die Moose und Farne, der dritte die Samenpflanzen. Die «Organographie» berichtet über die Ergebnisse sowohl der eigenen Spezialarbeiten ihres Verfassers (fast 200!) als auch der zahlreichen unter seiner Leitung entstandenen Dissertationen. Es dürfte im botanischen Schrifttum wenige Werke dieses Umfangs geben, die so weitgehend auf eigener Anschauung und eigenem Nachdenken beruhen wie GOEBEL's Organographie; dies gilt ganz besonders für den zweiten, den Bryo- und Pteridophyten gewidmeten Band sowie für den Ergänzungsband über «Entfaltungsbewegungen und deren teleologische Deutung». Hier kommt GOEBEL auf allgemeine Fragen über Anpassung und Entstehung der Mannigfaltigkeit zu sprechen. Er legt dar, daß viele Gestaltungen und Bewegungen «nutzlos» sind, daß zufällig entstandene Eigenschaften «ausgenützt» werden können, und daß «die Mannigfaltigkeit der Formen größer ist als die Mannigfaltigkeit der Lebensbedingungen», daß also «die Natur wie ein Künstler schafft, nicht wie ein Handwerker» (Brief vom 29. 2. 1920). Diesen Grundgedanken hat GOEBEL in dem Motto zur 1. Auflage der «Entfaltungsbewegungen» zum Ausdruck gebracht: «Das Paradies hat tausend Tore» (Mohammed).

Kaum ein anderer Botaniker hat die Gestaltenfülle der Pflanzen in solcher Weite überschaut wie GOEBEL und, ohne sich ängstlich an Grenzen der einzelnen «Fachgebiete» zu halten, sich aller Methoden bedient, die zum Verstehen der Gestalt führen: des morphologischen Vergleichs und der Entwicklungsgeschichte, der ökologischen Beobachtung und des physiologischen Versuchs. Vergleich und Experiment stehen uns als ebenbürtige Erkenntnismittel zur Verfügung, um das Lebendige und seine Geschichte zu verstehen.

Anmerkungen

1 SCHMID, G., Über die Herkunft der Ausdrücke Morphologie und Biologie. Nova acta Leopoldina N.F. **2**, 597–620 (1935). GOETHE gebraucht das Wort erstmals in seinem Tagebuch am 25. 9. 1796, veröffentlicht es aber erst 1817, ohne zu ahnen, daß es der Anatom K.F. BURDACH im gleichen Sinne im Jahre 1800 verwendet hat.

2 Die meisten GOETHE-Biographien erwähnen die botanischen Studien nur beiläufig; es sei auf folgende Werke verwiesen: BIELSCHOWSKY, A., Goethe, sein Leben und seine Werke, 27. Aufl. München 1914 (besonders Kap. 15 des 2. Bandes, verfaßt von K. KALISCHER). CARUS, C.G., Goethe. Zu dessen näherem Verständnis. Leipzig 1843 (Neudruck in Kröners Taschenausgaben Bd. 97). FRIEDENTHAL, R., Goethe. Sein Leben und seine Zeit. München 1963. KÜHN, A. Goethe und die Naturforschung. Nachr. d. Gesellsch. d. Wiss. Göttingen, Geschäftl. Mitteil. 1932/33. 47–69, 1933. LEWES, G.H., Goethes Leben und Werke. 18. Aufl. Stuttgart 1903 (besonders Kap. V/10 des 2. Bandes). SCHMID, G., Goethe und die Naturwissenschaften. Eine Bibliographie. Halle 1940. STAIGER, E., Goethe. 3 Bde. Zürich 1953–1959. VIRCHOW, R., Goethe als Naturforscher und in besonderer Beziehung auf Schiller. Berlin 1861 (Neudruck 1971).

In den meisten, auch größeren GOETHE-Ausgaben sind von den naturwissenschaftlichen Schriften nur die umfangreicheren abgedruckt. Die botanischen Schriften finden sich vollständig in den drei folgenden Ausgaben: 1. Weimarer Ausgabe («Sophien-Ausgabe»), II. Abt., Bd. 6–8. 2. GOETHE, Die Schriften zur Naturwissenschaft, herausgegeben von der Deutschen Akademie der Naturforscher (Leodina) I. Abt. (Texte), Bd. 9 u. 10, 1954, 1964); Abt. II (Ergänzungen u. Erläuterungen), Bd. 9A u. 9B (von D. KUHN), 1977, 1986. 3. Bd. 8 u. 19 der neuen «Gesamtausgabe» des Cotta-Verlags, Stuttgart (o.J.) Hier sind die botanischen Schriften zwar vollständig, aber ohne sachliche Anordnung abgedruckt, so daß ein Zurechtfinden nur mit Hilfe des ausführlichen Registers möglich ist (im Gegensatz zu dem von H. HÖLDER herausgegebenen, vorzüglich gegliederten Band der «Schriften zur Geologie und Mineralogie»). Die von W. TROLL herausgegebene und eingeleitete Ausgabe «Goethes Morphologische Schriften» (Jena 1926) bringt zwar nur eine Auswahl, ist aber durch ihre reichhaltige Bebilderung zur Einführung sehr zu empfehlen.

Die botanische Hauptabhandlung GOETHES ist als Reprint erschienen: J.W. VON GOETHE, Die Metamorphose der Pflanzen, mit Erläuterungen und einem Nachwort von D. KUHN, Weinheim 1984 (mit 18 Tafeln u. 10 Abb.).

Aus dem umfangreichen Schrifttum über GOETHE als Botaniker seien nur folgende

Veröffentlichungen hervorgehoben: COHN, F., Goethe und die Metamorphose der Pflanzen. Deutsches Museum (herausgeg. von R. PRUTZ) **12**, 128–141, 1862. –, Goethe als Botaniker. Deutsche Rundschau **28**, 26–56, 1881. EYDE, R.H., The foliar theory of the flower, Goethes metamorphosis. American Scientist **63**, 430–437, 1975. FRANZ, V., Goethes Zwischenkieferpublication nach Anlaß, Inhalt und Wirkung. Mit Ausblicken auf G.s Morphologie überhaupt. Ergebn. d. Anat. u. Entwicklungsgesch. (III. Abt. d. Zeitschr. f.d. ges. Anatomie) **30**, 469–543, 1933. HABERLANDT, G., Goethe und die Pflanzenphysiologie. Leipzig 1923. HAECKER, V., Goethes morphologische Arbeiten. Jena 1927. HANSEN, A., Goethes Metamorphose der Pflanzen. Gießen 1807. HASSENSTEIN, B., Goethes Morphologie als selbstkritische Wissenschaft. Goethe-Jahrb. **67**, 333–357, 1950. KUHN, D., Grundzüge der Goetheschen Morphologie. Goethe-Jahrb. **97**, 199–211, 1978. LAKON, G., Goethes physiologische Erklärung der Pflanzenmetamorphose. Beih. z. bot. Centralbl. **30**, I, 158–181, 1921. PORSCH, O., Goethe und die Pflanze. Biologia generalis **9**, 107–150, 1933. RENNER, O., Goethes Verhältnis zur Pflanzenwelt, von Jena gesehen. Dem Tüchtigen ist diese Welt nicht stumm, Beiträge zum Goethe-Bild, S. 100–120. Jena 1949. SCHMID, G., Goethes Metamorphose der Pflanzen. Goethe als Seher und Erforscher der Natur, S. 205–226, 313–319. Halle 1930. SCHONEWILLE, O., Die Bedeutung von Goethes Versuch über die Metamorphose der Pflanze für den Fortgang der botanischen Morphologie. Botan. Archiv **42**, 421–460. 1941. KAHLER, M., & MAUL, G., Goethe's, Die Metamorphose der Pflanzen. Weimar 1991 (mit 93 Originalbildern). Über GOETHE's Verhältnis zu seinem Garten und zur Landwirtschaft: BALTZER, G., Goethe als Gartenfreund. München 1966. SCHULZ, G., Goethe und die bäuerliche Welt. Goslar 1940. BALZER, G., Die Geschichte deiner Goethe-Pflanze: Chlorophytum comosum. Goethe, N.F. des Jahrb. d. Goethe-Ges. **12**, 310–332, 1951.

3 «Geschichte meines botanischen Studiums» (Neue Cottasche Gesamtausgabe, 1968, **19**, 24–32 und 561–584; GOETHE, Schriften zur Naturwissenschaft, Leopoldina-Ausgabe **9**, 15–19, und **10**, 319–338; Weimarer Ausg. II, **6**, 95–127 u. 389–393).

4 Ebenda, Cotta-Ausg. **19**, 583; Leopoldina-Ausg. **10**, 338; Weimarer Ausg. II, **6**, 127.

5 ČELAKOWSKY, L., Linnés Anteil an der Lehre von der Metamorphose der Pflanze. ENGLER's botan. Jahrb. **6**, 146–186, 1885.

6 DE CANDOLLE, A.-P., Théorie élémentaire de la botanique. 2. Ed. Paris 1819. OWEN, R., On the archetype and homologies of the vertebrate skeleton. London 1848.

7 FRANZ, V., Die Vervollkommnung in der lebenden Natur. Jena 1920. USCHMANN, G., Der morphologische Vervollkommnungsbegriff bei Goethe und seine problemgeschichtlichen Zusammenhänge. Jena 1939. RENSCH, B., Neuere Probleme der Abstammungslehre. 3. Aufl. Stuttgart 1972. MÄGDEFRAU, K., Paläobiologie d. Pflanzen, 4. Aufl. (1968), S. 506–512.

8 Weimarer Ausg. I, **36**, 250–252; Leopoldina-Ausg. I, **9**, 81–83; neue Cotta-Ausg. **19**, 101–103.

9 SCHLEIDEN, M.J., Die Pflanze und ihr Leben. Leipzig 1848. Tafel IV (4. Aufl., Leipzig 1855, Tafel V). UNGER, F., Botanische Briefe. Wien 1852. Fig. 22. KERNER VON MARILAUN, A., Pflanzenleben. Bd. I. Leipzig 1883. S. 13. TURPIN, P.J.F., Atlas contenant deux planches d'anatomie comparée, trois de botanique et deux de géologie (= Anhang zu: C.F. MARTINS, Œuvres d'histoire naturelle de Goethe, Paris 1837).

10 Über AUGUST JOHANN GEORG KARL BATSCH (1761–1802): Allg. Dtsch. Biogr. **2**, 132–133 (1875) und Zschr. f. Pilzkunde **10** (N.F. **5**), 285–289 (1926). Ferner: GOETHE, Tages- und Jahreshefte 1796 (Werke, Cotta-Ausg. 1840, **27**, 60) und «Geschichte meines botanischen Studiums» (ebenda **36**, 76f.). BATSCH bemühte sich vor allem um die Vertiefung des natürlichen Systems und erwarb sich mit seinem «Elenchus fungorum» (1783–89) besondere Verdienste um die Systematik der höheren Pilze. Er war ein Wegbereiter des Aktualismus zu einer Zeit, als die Katastrophentheorie vorherrschte (vgl. S. 283, Anm. 6). Das Urteil von HANSEN (s.o. Anm. 2) über BATSCH ist unbe-

gründet; vgl. RENNER (Jenaische Zschr. f. Naturw. **78**, 1947, 136ff.) und I. JAHN, Geschichte der Botanik in Jena (Dissertation Jena 1963).

11 Weimarer Ausg. II, **6**, 194; neue Cotta-Ausg. **19**, 256; Leopoldina-Ausg. **9**, 214f.

12 Weimarer Ausg. IV, **10**, 143–145.

13 Andeutung des Deszendenzgedankens bei KANT, Kritik der Urteilskraft, § 80.

14 MÄGDEFRAU, K., Karl Friedrich Schimper. Beitr. z. naturk. Forschung in Südwestdeutschl. **27**, 3–20, 1968. (Hier Hinweise auf das ältere Schrifttum über K.F. Schimper.) SANDERS, A.P.M., Karl Friedrich Schimpers letzte Monate. Beitr. z. naturkundl. Forsch. in Südwestdeutschland **32**, 205–218, 1973 (mit Verzeichnis aller biograph. Schriften über K. Schimper). GOTZ, H., & SANDERS, A.P.M., Karl Friedrich Schimper, eine Lebensskizze nach seinen Schriften und Reden. Janus **59**, 71–93, 1973.

15 Stammbaum der Familie SCHIMPER (Botaniker doppelt unterstrichen): siehe nächste Seite.
WILHELM PHILIPP SCHIMPER, Professor in Straßburg, war Bryologe und Paläobotaniker. Seine «Bryologia Europaea» (1836–1866), sechs Quartbände mit 680 Tafeln, gehört zu den Standardwerken der Mooskunde. Die Paläobotanik verdankt ihm außer Spezialwerken über Buntsandstein- und Kulmflora ein heute noch oft zu Rate gezogenes «Traité de paléontologie végétale» (1869–74), welches drei Bände mit 100 Foliotafeln umfaßt. (Biogr.: Bull. de la Soc. d'hist. nat. de Colmar **20/21**, 1880, 351–392. Bild in MÄGDEFRAU, Paläobiol. d. Pfl., 4. Aufl. 1968, S. 255.) Sein Sohn A.F.W. SCHIMPER ist eingehend gewürdigt im Kapitel «Die Beziehungen der Pflanzen zur Umwelt».
GEORG WILHELM SCHIMPER erforschte vor allem die Flora von Nordostafrika; er starb zu Adua in Abessinien. (Biogr.: Allg. Deutsche Biogr. **31**, 279–281, 1890; ferner GEHEEB, A., Meine Erinnerungen an große Naturforscher, Eisenach 1904.)

16 SCHIMPER, K.FR., Beschreibung des Symphytum Zeyheri und seiner zwei deutschen Verwandten, des Symphytum bulbosum Schimp. und S. tuberosum JACQ. PH.L. GEIGER's Magazin für Pharmazie **28**, 3–49 (1829), und **29**, 1–71 (1830), mit 6 Tafeln. Ein Separatdruck erschien 1835. Die angekündigte Fortsetzung über «Infloreszenz der Asperifolien» ist nie erschienen. BRAUN, A., Dr. Carl Schimpers Vorträge über die Möglichkeit eines wissenschaftlichen Verständnisses der Blattstellung. Flora **18**, I, 145–191, 1835.

17 KARL SCHIMPER entdeckte die äußere (kapillare) Wasserleitung der Laubmoose, studierte die Wachstumsrichtungen der Moose, erkannte die Gesetzmäßigkeiten in Gestalt und Anordnung der Flußgerölle, bemühte sich um die Erforschung des Vorzeitklimas u.v.a.

18 ALEXANDER BRAUN, geboren 1805 in Regensburg, war Professor der Botanik in Karlsruhe, Freiburg, Gießen und seit 1851 in Berlin, wo er 1877 starb. W. SCHIMPER benannte nach ihm die Laubmoosgattung *Braunia*.
Biogr.: Flora **60**, 433–519, 1877 (R. CASPARY); Leopoldina **13**, 50–60, 66–72, 1877 (C. METTENIUS); METTENIUS, C., Alexander Brauns Leben, nach seinem handschriftlichen Nachlaß dargestellt, Berlin 1882); EICHLER, A.W., Rede bei der Enthüllung des Denkmals von A.B. im Bot. Garten zu Berlin (Verhandl. d. bot. Ver. d. Mark Brandenburg **21**, XI–XIV, 1880, ebenso in: Leopoldina **15**, 163–165, 1879).
Über die Stellung Brauns zu den Grundfragen der Morphologie und Deszendenztheorie: POTONIÉ, H., Alexander Brauns Stellung zur Descendenz-Theorie. Kosmos III, Jg., Bd. **5**, 366–370, 1879. BARON, W., Die idealistische Morphologie A. Brauns und A.P. de Candolles und ihr Verhältnis zur Deszendenzlehre. Beih. z. bot. Centralbl. **48**, I, 314–334, 1931. HOPPE, B., Deutscher Idealismus und Naturforschung. Technikgeschichte **36**, 111–132, 1969. –, Die Geschichtlichkeit der Natur und des Menschen. Die Entwicklungstheorie Alexander Brauns. Medizingeschichte in unsrer Zeit (Festgabe f. E. Heischkel und W. Artelt), 393–421, 1971.
Wichtigste Veröffentlichungen von A. BRAUN zur Morphologie: Vergleichende Untersuchung über die Ordnung der Schuppen an den Tannenzapfen. Nova acta acad.

- **David Wilhelm Schimper**, 1736–1776, Amtsschreiber in Bergzabern
  - **Friedrich Ludwig Heinrich Schimper**, 1771–1823, Lehrer der Mathematik in Buchsweiler
    - **Georg Wilhelm Schimper**, 1804–1878, Botaniker in Abessinien
      - **Wilhelm Schimper**
    - **Karl Friedrich Schimper**, 1803–1867, Naturforscher in Schwetzingen
  - **Jakob Philipp Franz Schimper**, 1770–1859, Pfarrer in Kusel
    - **Wilhelm Philipp Schimper**, 1808–1880, Professor der Naturgeschichte in Straßburg
      - **Andreas Franz Wilhelm Schimper**, 1856–1901, Professor der Botanik in Basel
    - **Karl Friedrich Schimper**, 1802–1859, Dekan in Kaiserslautern
      - **Ernst Theodor Schimper**, 1838–1918, Ingenieur
        - **Ernst Jakob Schimper**, 1872–1941, Prokurist
          - **Karl Friedrich Schimper**, geb. 1905, Versicherungsdirektor

Leop.-Carol. **15**, I, 195–402, 1831. Betrachtungen über die Erscheinung der Verjüngung in der Natur, insbesondere in der Lebens- und Bildungsgeschichte der Pflanze. Freiburg i.Br. 1850, nochmals abgedruckt Leipzig 1851 (engl. Übersetzung London 1853). Das Individuum der Pflanze in seinem Verhältnis zur Species. Berlin 1853 (auch in Abh. d. Kgl. Akad. d. Wiss. Berlin 1853) (engl. Übersetzung New Haven 1853). Über die Bedeutung der Morphologie. Berlin 1862.

19 IRMISCH, TH., Zur Morphologie der monokotylischen Knollen- und Zwiebelgewächse. Berlin 1850.
–, Beiträge zur vergleichenden Morphologie der Pflanzen. I–V. Halle 1854–1874.
Biogr.: Allg. dtsch. Biogr. **14**, 585–590, 1881 (WUNSCHMANN); Leopoldina **15**, 99–100; Progr. d. Gymnasiums Sondershausen 1880, 4–13 (W. KIESER); Mitt. d. Thüring. bot. Vereins **46**, 13–24, 1940 (K. ENGEL); Hoppea **39**, 51–76, 1980 (M. MÜLLEROTT); NDR **10**, 183, 1974; DSB **2**, 425–427, 1970.

20 EICHLER, A.W., Blütendiagramme. Leipzig 1875–78 (Neudruck Eppenhain 1954).
Biogr.: Botan. Centralbl. **31–32**, 1887 (C. MÜLLER); Lebensbilder aus Kurhessen u. Waldeck 1830–1930, III, 58–65, 1942 (P. CLAUSEN); Recueil des Trav. bot. néerland. **36**, 356–366, 1939 (J.C. SCHOUTE).

21 Die ersten Grundrißzeichnungen von Blüten in der gleichen Art wie diejenigen EICHLERS finden sich bei A. BRAUN (Nova Acta Acad. Carol. **15**, I, 1831, Taf. XXXII; Abb. 67), und zwar sind hier in den Diagrammen von Cruciferen, Butomus, Passiflora, Aquilegia, Acer, Nigella und Pirus die einzelnen Kreise durch verschiedene Farben gekennzeichnet (Kelch blau, Krone rot, Staubblätter gelb, Karpelle und Pedunkulärblätter grün). Alle sonst in der Literatur genannten «ältesten Blütendiagramme» sind jüngeren Datums: UNGER 1832 (unveröffentlicht, vgl. Briefwechsel zwischen Unger und Endlicher, Berlin 1899, S. 34), SCHOTT & ENDLICHER 1832, ROEPER 1835, SCHNIZLEIN 1843, WIDLER 1844, WICHURA 1846, SCHLEIDEN 1851. Ein einzelnes Blütendiagramm (Helleborus) findet sich schon in SCHIMPER's «Symphytum Zeyheri» 1830, Taf. 6 (s.o. Anm. 16); BRAUN's Abhandlung wurde bereits am 16. 7. 1830 bei der Leopold-Carol. Akademie eingereicht. BRAUN gebraucht den Ausdruck «Blütenrisse», während SCHOTT & ENDLICHER von «Diagramma floris» sprechen. UNGER sagt, die von ihm entworfenen «idealen Blumendarstellungen... sollen alle wesentlichen Charaktere der Familien enthalten».

22 Über dieses methodologische Problem vgl. TH. ECKARDT, Vergleichende Studie über die morphologischen Beziehungen zwischen Fruchtblatt, Samenanlage und Blütenachse. Zugleich als kritische Beleuchtung der «New Morphology». Morpholog. Hefte **3**, Weimar 1957. Vgl. auch FROEBE, Ber. d. dtsch. bot. Ges. **84**, 119–130, 1971.

23 BOWER, F.O., Studies in the morphology of spore-producing members. Philos. Transact. of the roy. Soc. London, B, **185, 189, 192, 196**. 1894–1903.
–, The Origin of a Land Flora. London 1908 (Reprint New York 1969).
–, The Ferns. 3 vol. Cambridge 1923–28 (Reprint New York 1964).
–, Primitive Land Plants. London 1935 (Reprint New York 1959).
–, Sixty years of Botany in Britain. London 1938.
Biogr.: Obituary Notices of Fellows of the Roy. Soc. London **6**, 347–374, 1949 (W.H. LANG); Ber. d. dtsch. bot. Ges. **68**[a], 217–220, 1955; DSB **2**, 370–372, 1970.

24 Näheres über HOFMEISTER s. Kap. 14. Die «Allgemeine Morphologie der Gewächse» bildet Band I/2 des von HOFMEISTER zusammen mit DE BARY und SACHS herausgegebenen «Handbuchs der physiologischen Botanik». In diesem Werk war auch ein Band «Die Lehre von der Sproßfolge» (also vergleichende Morphologie!) vorgesehen, den THILO IRMISCH übernommen, aber leider nicht vollendet hat. Vgl. auch MEYER-ABICH, A., Vom zweifachen historischen Ursprung aller Morphologie. Arch. néerland. de Zool. **13**, 1. Suppl., 10–27, 1958.

25 VÖCHTING, H., Über Organbildung im Pflanzenreich. Bonn 1878–84.
–, Über die Bildung der Knollen. Bibl. botan. Heft 4. 1887 (vgl. auch Jahrb. f. wiss. Bot. **34**, 1–148, 1899, und Bot. Ztg. **53**, 79–106, 1895).

–, Über Transplantation am Pflanzenkörper. Tübingen 1892.
–, Untersuchungen zur experimentellen Anatomie und Pathologie des Pflanzenkörpers. I.–II. Tübingen 1908, 1918. PFEFFER, W., Pflanzenphysiologie. 2. Aufl. Bd. 2. Leipzig 1904. FITTING, H., Die Pflanze als lebender Organismus. Jena 1917.
Biogr.: Ber. d. dtsch. bot. Ges. **37**, (41)–(77), 1919 (H. FITTING); NEUMEYER, L., Die unwägbaren Dinge. Tübingen 1936.

26 GEORG KLEBS wurde 1857 in Neidenburg (Ostpreußen) geboren, habilitierte sich in Tübingen, war Professor der Botanik in Basel, dann in Halle, zuletzt in Heidelberg, wo er 1918 starb.
KLEBS, G., Die Bedingungen der Fortpflanzung bei einigen Algen und Pilzen. Jena 1896.
–, Willkürliche Entwicklungsänderungen bei Pflanzen. Jena 1903.
–, Probleme der Entwicklung. Biolog. Centralbl. **24**, 257–267, 289–305, 449–465, 481–501, 545–559, 601–614. 1904. UNGERER, E., Die Beherrschung der pflanzlichen Form. Eine Einführung in die Forschungen von Georg Klebs. Naturwissenschaften **6**, 683–690, 1918. BOPP, M., Georg Klebs und die heutige Entwicklungsphysiologie. Naturwiss. Rundschau **22**, 97–101. 1969. BOPP, M., in: Semper apertus, 600 Jahre Univ. Heidelberg **3**, 73–96, 1985
Biogr.: Ber. d. dtsch. bot. Ges. **36** (90)–(116), 1919 (E. KÜSTER). KLEBS, G., Erinnerungen an Jakob Burkhardt, Heidelberg 1919. DSB **7**, 395–396, 1973.

27 GOEBEL, K., Vergleichende Entwicklungsgeschichte der Pflanzenorgane. SCHENK, Handbuch der Botanik, **2**, 99–432. Berlin 1883.
–, Pflanzenbiologische Schilderungen. Marburg 1889–93.
–, Die Grundlagen der heutigen Pflanzenmorphologie. Biolog. Centralbl. **25**, 65–83. 1905.
–, Einleitung in die experimentelle Morphologie der Pflanzen. Leipzig und Berlin 1908.
–, Organographie der Pflanzen. 3. Aufl. 3 Bände. Jena 1928–33 (1. Aufl. Jena 1898–1901). Dazu zwei «Ergänzungsbände»: «Entfaltungsbewegungen der Pflanzen» (2. Aufl. Jena 1924) und «Blütenbildung und Sproßgestaltung» (Jena 1931).
Biogr.: Ber. d. dtsch. bot. Ges. **50**, (131)–(162), 1933 (G. KARSTEN); Obituary Notices of Fellows of the roy. Soc. London 1933, Nr. 2, 103–108 (F.O. BOWER); Flora **131**, V–XI, 1936 (O. RENNER); Ber. d. dtsch. bot. Ges. **68**, 147–162 (O. RENNER); BERGDOLT, E., Karl von Goebel, ein deutsches Forscherleben in Briefen, Berlin 1941; WETTSTEIN, F. v., Karl von Goebel, Gedächtnisrede d. bayer. Akad. d. Wiss. München 1933. Ber. d. dtsch. bot. Ges. **100**, 327–340, 1987 (K. NAPP-ZINN). NDB **6**, 504–505, 1964. DSB **5**, 437–439, 1972. F. STAFLEU & R. COWAN, Taxonomic Literature **1**, 963–964, 1976.
Zur Problematik der Morphologie vgl. ferner: ERNST, P., Das morphologische Bedürfnis. Naturwiss. **14**, 1075–1080, 1926. STARCK, D., Vergleichende Anatomie der Wirbeltiere von Gegenbaur bis heute. Verhandl. d. zool. Ges. Jena 1965, 51–67. TROLL, W., Organisation und Gestalt im Bereich der Blüte. Berlin 1928. TSCHULOK, S., Die Stellung der Morphologie im System der Wissenschaften. In: A. LANG, Handb. d. Morphologie d. wirbellosen Tiere, **2**, 1–50, Jena 1912.

28 Das Wort «Organographie» hat erstmals AUG.-PYR. DE CANDOLLE im Jahre 1819 benutzt (Théorie élémentaire de la botanique, Paris 1819, p. 21), als «l'étude de la structure des organes des plantes» definiert und der «Physiologie végétale» (l'étude du jeu ou des fonctions de ces mêmes organes considérés dans leur état de santé) gegenübergestellt. Derselbe Autor verwendet das Wort 1827 als Titel seines Werkes: «Organographie végétale, ou description raisonée des organes des plantes», worin er sowohl die äußere Morphologie als auch die Histologie der Vegetations- und Reproduktions-Organe behandelt. Im gleichen Sinne wird die Bezeichnung von J. SACHS in seinen «Vorlesungen über Pflanzenphysiologie» (1882) gebraucht. GOEBEL begrenzt den Begriff jedoch auf die äußere Gestalt der Pflanzenteile.

12. Bau und Funktion der Gewebe

Anatomischer Bau und physiologische Leistung stehen in innigem Zusammenhange.
G. HABERLANDT (1884)

Im Jahre 1804 stellte die ‹Königliche Gesellschaft der Wissenschaften zu Göttingen› folgende Preisfrage: «Da der eigentliche Gefäßbau der Gewächse von einigen neuen Physiologen geleugnet, von anderen, zumal älteren, angenommen wird: so wären neue mikroskopische Untersuchungen anzustellen, welche entweder die Beobachtungen MALPIGHI's, DUHAMEL's, MUSTEL's, HEDWIG's oder die besondere, von dem Thierreich abweichende, einfachere Organisation der Gewächse... bestätigen müßte».[1] Drei umfangreiche Schriften wurden eingereicht: «Anatomie der Pflanzen» von KARL ASMUND RUDOLPHI[2], «Grundlehren der Anatomie und Physiologie der Pflanzen» von HEINRICH FRIEDRICH LINK[3] (Abb. 83) und «Vom inwendigen Bau der Gewächse und von der Saftbewegung in denselben» von LUDOLPH CHRISTIAN TREVIRANUS[4] (Abb. 84). Die beiden erstgenannten wurden mit dem Preis ausgezeichnet, während die dritte Abhandlung – nach unserem heutigen Urteil die wertvollste – nur das «accessit» erhielt. Die beiden preisgekrönten Arbeiten widersprechen sich in vielen Punkten, wobei LINK stets das Richtige trifft. So erkennt er, daß die Pilzhyphen aus Zellen bestehen, daß die Zellen rings geschlossen sind, daß die Spaltöffnungen von einer Zellgruppe umschlossen werden, daß Milchröhren und Harzgänge nicht zu den Gefäßen gehören usw. Bedeutungsvoller aber sind die Ergebnisse von TREVIRANUS. Er entdeckte die Interzellularräume im Parenchym (mit Abbildung des Sternparenchyms im *Juncus*-Sproß und des lakunösen Gewebes im *Nymphaea*-Blattstiel), meinte jedoch, sie seien mit Saft angefüllt, der aus den anschließenden Zellen ausgeschwitzt wird und «der eine Bewegung haben muß, damit er nicht umsonst in den Behältern verweile». Ferner beobachtete er, daß die Gefäße aus Zellreihen entstehen, deren Querwände aufgelöst werden. Er stellte einen *Cycas*-Wedel und andere Blätter ins Wasser, dem Späne von Pernambukholz beigegeben waren, und schließt aus der Färbung der Gefäße, daß das Wasser in ihnen aufsteigt. Ein Zeitgenosse der drei genannten Pflanzenanatomen, der französische Botaniker CHARLES FRANCOIS MIRBEL[5], war ein guter Beobachter, wie seine mustergültige Abhandlung über das Lebermoos *Marchantia polymorpha* zeigt, aber mit seinen theoretischen Schlußfolgerungen über die Entstehung der Zellen geriet er in fruchtlosen Streit mit TREVIRANUS.

Wesentlich bedeutsamer als die oben genannten Schriften erscheinen die «Beiträge zur Anatomie der Pflanzen» (1812) des Kieler Professors PAUL MOLDENHAWER[6] (Abb. 85); geboren 1766 in Hamburg, gestorben 1827 in Kiel), der hiermit die Ergebnisse eines 18jährigen Studiums vorlegte. Er benutzte fünf verschiedene Mikroskope. Es mutet uns heute sonderbar an, daß MOLDENHAWER als «Bürgschaft der Unparteilichkeit» die Zeichnungen von Personen verfer-

Abb. 83. Heinrich Friedrich Link (1767–1851)

Abb. 84. Ludolph Christian Treviranus (1779–1864)

tigen ließ, «die sich nie mit Pflanzenanatomie beschäftigten und also durchaus kein Interesse hatten, etwas anderes zu sehen, als es sich der unbefangenen Ansicht darstellt». Als Untersuchungsobjekt diente ihm in erster Linie der Maisstengel, wegen seiner großen Zellen und isolierten Leitbündel ein viel günstigeres Objekt als die sonst verwendeten Dikotylensprosse und -hölzer. Einen bedeutsamen methodischen Fortschritt bedeutet die Einführung des Mazerationsverfahrens (durch Fäulnis in Wasser) in die Pflanzenanatomie, das eine Isolierung der Parenchym-, Gefäß- und Faserzellen ermöglicht und Moldenhawer zu der Annahme führte, daß die Wände selbst zarter Parenchymzellen aus einer Doppel-Lamelle bestehen. Erst viel später haben entwicklungsgeschichtliche Untersuchungen zur Erkenntnis der Primärlamelle und somit der Dreischichtigkeit der Zellwand geführt. Die Untersuchungen am Mais-Stengel führten Moldenhawer zum Begriff «Gefäßbündel», im Gegensatz zum umgebenden «Parenchym», und solche Leitbündel erkannte er auch bei den Dikotylen. Während bisher allgemein mit Malpighi angenommen wurde, daß das Holz der Bäume von der innersten Rindenschicht gebildet wird, erkennt Moldenhawer als erster den wahren Sachverhalt: «Wir finden hier (im Gefäßbündel der Dikotylen) also dieselben Theile, welche wir bey den Bäumen unterschieden: Bastbündel, eine zartzellige, dem innern Parenchym der Rinde analoge Substanz und hinter derselben eine Masse, welche in ihrer Zusammensetzung genau dem Holze der Bäume übereinkommt. Wenn wir nun diese Bündel im Laufe des Sommers unausgesetzt beobachten, so entdecken wir noch einen, bey dieser ganzen Untersuchung äußerst wichtigen Umstand. In jener mittleren, zwischen den Bastbündeln und der Holzmasse gelegenen, zarten, kleinzelligen, weißen Substanz sehen wir nämlich fortdauernd, theils neue homogene Theile, theils an ihrer äußern Gränze neue Baströhren, an ihrer innern neue Theile des Holzes, fibröse Röhren und Spiralgefäße, entstehen. Wenn man ein einzelnes Bündel von allem Parenchym ablöst, so trennt sich das Bündel an der Stelle jener zarten Masse in seine zwey Haupttheile, eben so leicht wie die Rinde der Bäume vom Holzring zur Schälzeit. Wenn nun diese Bündel genau aneinander stießen, wenn also jene kleinzellige zarte Substanz einen zusammenhängenden ununterbrochenen Kreis um den ganzen Stengel bildete; so würde dasselbe in Rücksicht auf den ganzen Stengel erfolgen, was jetzt nur in Rücksicht eines einzelnen Bündels der Fall ist: es würde sich der Bast samt dem äußeren Parenchym von dem Holzringe mit einer großen Leichtigkeit trennen lassen, wir würden eine eben solche, aus denselben Grundtheilen zusammengesetzte und sich eben so bestimmt ablösende Rinde haben, als wir sie bei den Bäumen antreffen.» Damit ist das Kambium als Bildungsschicht sowohl des Holzes wie der Rinde erkannt und das sekundäre Dickenwachstum in seinen Grundzügen aufgeklärt. Schließlich ist MOLDENHAWER noch die wichtige Entdeckung gelungen, daß die Spaltöffnungen, wie er anhand einer wohlgelungenen Zeichnung der Epidermis von *Rhoeo discolor* darlegt, von zwei gekrümmten Zellen umgeben ist.

MOLDENHOWER hatte, wie wir sahen, erkannt, daß die Zellen ringsum von einer Wand umgeben sind. Wie haften aber die Zellen im Gewebeverband aneinander? Diese Frage führte ihn auf eine höchst eigentümliche Idee: Die Zellen, ebenso die Gefäße, werden von einem äußerst feinen faserigen Netzwerk («Zellgewebe») umsponnen und dadurch zusammengehalten. Dieser Irrtum hindert aber nicht, MOLDENHAWER einen Ehrenplatz in der Geschichte der Botanik zuzuerkennen.

«Pflanzenanatomie» war in der ersten Hälfte des 19. Jahrhunderts die «moderne» Richtung in der Botanik, was in der großen Fülle der Publikationen zum Ausdruck kommt. Aber nur zwei Männer verdienen es, aus der großen Schar der «Anatomen» hervorgehoben zu werden: MEYEN und MOHL.

FRANZ J.F. MEYEN[7] (Abb. 59) sind wir bereits unter den Pflanzengeographen begegnet. Seine ersten Arbeiten waren aber der Histologie der Pflanzen gewidmet, vor allem seine ALEXANDER VON HUMBOLDT gewidmete «Phytotomie» (1830). Aber auch in seinem dreibändigen «System der Pflanzenphysiologie», welches kurz vor seinem frühen Tod erschien, beschäftigt ihn der innere Bau der Gewächse. Bei seiner unfaßbaren Produktivität (fast 6000 Druckseiten in 15 Jahren) ist wohl manches flüchtig unausgereift, aber dank seiner vorzüglichen Beobachtungsgabe und seinem scharfen Verstande hat er unsere Kenntnis von der Histologie der

Abb. 85. PAUL MOLDENHAWER (1766–1827)

Pflanzen bedeutend gefördert. Die «Phytotomie», die MEYEN als 25jähriger schrieb, stellt gewissermaßen ein Lehrbuch dar und wird ergänzt durch einen Atlas von 14 Tafeln mit sauberen, von ihm selbst gezeichneten Abbildungen, die Gesamtbilder des zellulären Aufbaus der Organe geben und das Ineinandergreifen der verschiedenen Gewebearten gut zum Ausdruck bringen. Zur Technik sei erwähnt, daß MEYEN ein englisches Mikroskop von 200facher Vergrößerung benutzte, die Objekte im Wasser, aber ohne Deckglas untersuchte und die Schnitte mit einem chirurgischen Skalpell herstellte.

Das «Zellgewebe» teilt MEYEN ein in «regelmäßiges» und «unregelmäßiges». Letzteres entspricht etwa dem heute üblichen Terminus «Plektenchym» (bei Tangen, Flechten, Pilzen). Ersteres wird unterteilt in Merenchym aus kugeligen, sich nur teilweise berührenden Zellen, Parenchym aus Zellen mit abgeflachten Wänden, Prosenchym aus langgestreckten Zellen und Pleurenchym aus faserförmigen Zellen bestehend. Pleurenchym ist etwa gleichbedeutend mit unserem «Sklerenchym», während MOLDENHAWERS Merenchym und Parenchym heute unter dem letzteren Namen vereinigt wird. Eingehend befaßt sich MEYEN – dies ist ein besonderer Fortschritt gegenüber früheren Anatomen – mit dem Inhalt der Zellen: mit den verschiedenen Kristallen, den Stärkekörnern, den «grünen Bläschen» und mit den Bewegungen im Zellensaft. Die letzteren beobachtete er nicht nur bei *Chara*, wo sie der Italiener CORTI 1774 erstmals gesehen hat, sondern auch bei vielen Blütenpflanzen.[8] Einen besonderen Fortschritt bedeutet die Feststellung, daß die Interzellulargänge lufterfüllt sind, im Gegensatz zu den Harz- und Schleimgängen. Eingehend beschreibt MEYEN die ausgedehnten «Luftgänge» in vielen Wasser- und Sumpfpflanzen. Auch seine Entdeckung der mit Drüsen besetzten Höhlen in den unterirdischen Blättern von *Lathraea* sei erwähnt. Eingehend behandelt er die Milchröhren und ihren Inhalt und hält sie für ein «Zirkulationssystem» in der Pflanze, entsprechend dem Blutgefäßsystem der Tiere. Allerdings fehlen Beobachtungs-Irrtümer nicht, z.B. die Auffassung der einfachen wie der gehöften Tüpfel als Warzen der Zellwand oder das Leugnen einer Spalte bei den Stomata.

Gleichzeitig mit MEYEN begann HUGO VON MOHL[9] (Abb. 86) mit seinen anatomischen Untersuchungen. Da ihm ein langes Leben vergönnt war, erstreckte sich seine wissenschaftliche Arbeit über drei Jahrzehnte hinweg. Beide Männer waren sehr verschiedene Naturen. MOHL schrieb verhältnismäßig wenig, arbeitete äußerst sorgfältig und kritisch, ein Feind jeglicher voreiliger Theorie; seine Veröffentlichungen sind, wie SACHS sagt, «wahre Muster klarer Darstellung». MOHL's Lebensgang war denkbar einfach. 1805 wurde er in Stuttgart geboren, studierte in Tübingen Medizin und wurde 1828 promoviert. Dann widmete er sich in München mehrere Jahre den Naturwissenschaften, die ihn schon seit seiner Gymnasialzeit gefesselt hatten, vor allem der Botanik. Hier in München entstand seine musterhafte, bis heute noch unübertroffene Abhandlung über die Anatomie der Palmen, insbesondere der Palmenstämme, zu der C.F.PH. VON MARTIUS die Anregung gegeben und das auf seiner großen Brasilien-Reise gesammelte Material zur Verfügung gestellt hatte. Bereits 1832 folgte er einem Rufe als Professor der Physiologie an die Universität Bern. 1835 wurde er als Professor der Botanik nach Tübingen berufen, wo er 1872 starb. Hier war er 1863–65 der erste Dekan der ältesten naturwissenschaftlichen Fakultät Deutschlands. Die Rede, die er bei der Eröffnung derselben gehalten hat, verdient heute noch gelesen zu werden, da sie zu vielen gegenwärtig wieder lebhaft

Abb. 86. HUGO VON MOHL (1805–1872)

Abb. 87. HERMANN SCHACHT (1814–1864)

diskutierten Hochschulfragen Stellung nimmt. MOHL lebte ganz seinen Studien, und hat keine eigentlichen Schüler gehabt. Von der SCHELLINGschen «Naturphilosophie», die soviel Verwirrung in den Kopien der Botaniker jener Zeit angerichtet hatte, blieb MOHL – ebenso wie MEYEN – völlig unberührt.[10]

MOHL's Leistung besteht nicht in weitumfassenden Theorien, sondern in der genauen Beschreibung und der exakten zeichnerischen Darstellung der tatsächlichen Befunde, so daß seine Abhandlungen auf Jahrzehnte, z. T. sogar bis heute grundlegend geblieben sind. Im Gegensatz zu MOLDENHAWER zeichnete MOHL, ebenso wie MEYEN, alle Bildvorlagen selbst. Das «Selbstzeichnen» erzieht zu sorgfältiger Beobachtung und führt oft zur Erkenntnis von Einzelheiten und Zusammenhängen, zu der man bei Betrachtung des Präparates allein kaum gekommen wäre. Auch soll ja eine Zeichnung nicht das Objekt ersetzen, sondern sie soll das zum Ausdruck bringen, was der Beobachter für wesentlich ansieht. Dieses eigenhändige Zeichnen in die botanische Mikroskopie eingeführt zu haben, dürfen wir als großes methodisches Verdienst von MEYEN und MOHL betrachten. Bei seinen mikroskopischen Arbeiten dürfte MOHL auch seine ausgeprägte technische Geschicklichkeit – er konnte selbst Linsen schleifen und fassen – zugute gekommen sein. Eine Anleitung zur Benutzung des Mikroskops ist das einzige Buch, das MOHL geschrieben hat.

Wie oben erwähnt wurde, hat TREVIRANUS als erster beobachtet, daß Gefäße aus aneinandergereihten Zellen hervorgehen. MOHL war bei seinen Untersuchungen über die Histologie des Palmenstammes auf dieselbe Erscheinung gestoßen und hat dann auch bei Dikotylen festgestellt, daß die Querwände der Tracheen ganz oder teilweise aufgelöst werden. Damit war eindeutig erwiesen, daß auch die Gefäße aus Zellen entstehen und zugleich ein wichtiger Grundstein zur «Zellentheorie» von SCHLEIDEN und SCHWANN gelegt.

Eingehend und wiederholt beschäftigte sich MOHL mit dem Aufbau und Dickenwachstum der Zellwand. Er erkannte, daß sich auf die dünne Primärwand (die er anfangs noch für doppelt hielt) neue Schichten schalenartig auflagern, wobei die Tüpfel ausgespart bleiben. Nur mit den Holztüpfeln kam MOHL noch nicht ganz ins reine; ihre Entwicklung hat erst 1860 SCHLEIDEN's Schüler HERMANN SCHACHT[11] (Abb. 87) aufgeklärt.

Nicht nur der Zellwand, auch dem Zellinhalt wandte MOHL seine Aufmerksamkeit zu. So erkannte er, daß der sog. Primordialschlauch, über dessen Natur recht verschiedene Meinungen bestanden, nicht zur Zellwand gehört und daß er bei der Zellteilung eine Rolle spielt. Vor allem aber erkannte er das Protoplasma als wesentlichen Teil des Zellinhalts und prägte diesen Begriff im Jahre 1846 für die «trübe, zähe, mit Körnchen gemengte Flüssigkeit von weißer Farbe, die außer Primordialschlauch und Zellkern die Zelle mehr oder weniger ausfüllt». Den von ihm 1836 aufgestellten Begriff einer «Interzellularsubstanz» hat MOHL später selbst zurückgezogen. Die Struktur der Cuticula, die bereits BRONGNIART (1834) als dünnes, von der Epidermis ablösbares Häutchen erkannt hatte, hat MOHL an vielen Objekten eingehend untersucht und kommt zu dem Schluß, daß sie von der Epidermis nach außen abgeschieden wird.

Einen bedeutenden Fortschritt brachten schließlich MOHLS Untersuchungen über den Verlauf und den Bau der Leitbündel bei den Baumfarnen, den Palmen und den Dikotylen.

MOHL's Lebensarbeit, aus der im Vorstehenden nur einige grundsätzlich wichtige Fragen herausgegriffen wurden, hat alle damals aktuellen Teilgebiete der Pflanzenanatomie berührt. Es wäre verlockend, noch mancherlei Einzelheiten in ihrer historischen Entwicklung zu verfolgen, z. B. die Histologie des Bastes, des Korks und der Borke. Doch würden sich daraus keine wesentlich neuen Gesichtspunkte ergeben, und nur auf diese kommt es in unserer Darstellung an.

Fünf Jahre nach MOHLS Tod erschien eine Zusammenfassung des gesamten Wissens vom inneren Bau der Pflanzen, und zwar aus der Feder eines Mannes, der vordem kaum mit eigentlichen «anatomischen» Arbeiten hervorgetreten war: die «Vergleichende Anatomie der Vegetationsorgane der Phanerogamen und Farne» von ANTON DE BARY (1877)[12] (Abb. 98). Zwölf Jahre intensivster literarischer und mikroskopischer Arbeit hatte der Verfasser seinem Werk gewidmet, das eine geradezu unfaßbare Menge sorgfältig nachgeprüfter sowie neuer Einzelheiten enthält und heute noch eine unerschöpfliche Fundgrube anatomischer Details darstellt. DE BARY hatte sich jedoch zwei wichtige Beschränkungen auferlegt: er beschreibt lediglich den fertigen Zustand der Gewebe, ohne Berücksichtigung ihrer Entwicklungsgeschichte[13] und ohne Erörterung ihrer physiologischen Leistungen. DE BARY's Buch bildet gewissermaßen den Abschluß der rein beschreibenden und vergleichenden Histologie der höheren Pflanzen. Der innere Bau der Pflanzen war damals in allen wesentlichen Punkten geklärt, und das Tatsachenmaterial war derart umfangreich, daß es auch für die Systematik ausgewertet werden konnte, wie dies erstmals in umfassender Weise HANS SOLEREDER, ein Schüler von LUDWIG RADLKOFER, in seiner «Systematischen Anatomie»[14] um die Jahrhundertwende ausgeführt hat.

Selbstverständlich gab es auch nach DE BARY's Buch noch Neues, mitunter sogar recht Wichtiges, in der «topographischen» Pflanzenanatomie zu entdecken.

Es sei nur an das sekundäre Dickenwachstum der Bäume erinnert, für das jahrzehntelang *Aristolochia* mit seinem faszikulären und interfaszikulären Kambium in allen Lehrbüchern als Beispiel zu finden war. Doch zeigte 1922 zum Erstaunen aller Botaniker der russische Pflanzenphysiologe Sergius Kostytschew, daß der *Aristolochia*-Typ nur einen seltenen Fall repräsentiert, in der überwiegenden Zahl der Fälle jedoch ein geschlossener Kambiumring sich bereits im Vegetationspunkt ausbildet, womit eine schon von Mohl und Sanio[15] vertretene, aber völlig in Vergessenheit geratene Ansicht ihre Bestätigung fand.

Als de Bary's «Vergleichende Anatomie» im Jahre 1877 erschien, sagte ein Botaniker zu einem jungen Kollegen: «Dieses inhaltsreiche, verdienstliche Werk kann keine Anregungen mehr bieten und ist deshalb von vornherein veraltet.» Der Mann, der diesen Satz aussprach, war Simon SCHWENDENER[16] (Abb. 88), Hofmeister's Nachfolger in Tübingen. In der Tat hatte er bereits einige Jahre vorher der Pflanzenanatomie neue Ziele gewiesen. Schwendener war ein Botaniker eigener Prägung und hatte einen ungewöhnlichen Lebensgang. Er wurde 1829 in Buchs (Kanton St. Gallen) als Sohn eines angesehenen Bauern geboren, wuchs in der Landwirtschaft auf und sollte den väterlichen Hof übernehmen. Nach Absolvierung der Volksschule besuchte er eine Sekundarschule, dann eine auf den Lehrerberuf ausgerichtete Anstalt und übernahm als 18jähriger die Stelle eines Lehrers an einer Winterschule und später an der Heerschen Erziehungsanstalt in Wädenswil. Ein kleines Erbteil gestattete ihm das Studium der Naturwissenschaften an der Universität Zürich, wo er 1856 «summa cum laude» promoviert wurde. Darauf begann er unter Leitung von Carl Nägeli mit Untersuchungen über den Bau des Flechtenthallus und folgte schließlich seinem Lehrer als Assistent nach München, wo er sich bald habilitierte. 1867 wurde er als Ordinarius nach Basel, 1877 nach Tübingen und im Jahre darauf nach Berlin berufen, wo er über 30 Jahre, bis zur Vollendung seines 80. Lebensjahres, wirkte und 1919 im Alter von 90 Jahren starb. «Im Kampfe um wissenschaftliche Dinge bin ich alt geworden, aber in diesem Kampfe habe ich auch Erfolge gehabt», bekannte er in berechtigtem Stolz in einer Rückschau auf sein Leben.

Schon Schwendener's erste Arbeiten führten zu einem damals geradezu aufregenden Ergebnis: Seine Studien über den Aufbau des Flechtenthallus, die er in Nägeli's Institut zunächst mit rein morphologisch-entwicklungsgeschichtlicher Zielsetzung begann, erbrachten den Nachweis, daß die Flechten Doppelorganismen sind, bestehend aus Pilz und Alge. Diese geradezu revolutionierende Auffassung wurde anfangs vor allem von den «Lichenologen», die um die systematische Selbständigkeit ihrer Lieblingspflanzen bangten, schärfstens bekämpft; Nylander sprach sogar von einer «stultitia Schwendeneriana». Aber bald danach wies Baranetzki (1869) nach, daß die grünen Gonidien von *Physcia, Evernia* und *Cladonia* auch außerhalb der Flechte leben können, führten Reess (1871) und Stahl (1877) die ersten Flechten-«Synthesen» durch, und Bornet (1873) entdeckte die Haustorien, welche die Pilze in die Algenzellen treiben. Damit war Schwendener's «Flechten-Theorie» bewiesen. Als Kuriosum sei erwähnt, daß noch im Jahre 1931 von dem Pflanzenphysiologen Elfving[17] die Flechten-Algen als vom Pilz erzeugte Zellen angesehen wurden und Schwendeners «Theorie» in ihrer historischen Stellung mit der Phlogistontheorie verglichen wurde. Das heute gebräuchliche Wort «Symbiose» für die Lebensgemeinschaft von Pilz und Alge im Flechtenthallus prägte de Bary 1879[18], aber in

Abb. 88. SIMON SCHWENDENER (1829–1919)

Abb. 89. GOTTLIEB HABERLANDT (1854–1945)

umfassenderem und neutralem Sinn für das Zusammenleben verschiedenartiger Organismen und unterschied Parasitismus, bei dem ein Partner auf Kosten des anderen lebt, und Mutualismus, bei dem beide Partner sich gegenseitig fördern.

Neben diesen Flechtenstudien lief die Arbeit an dem, zusammen mit seinem Lehrer C. NÄGELI verfaßten, zweibändigen Werk «Das Mikroskop», dessen erster Band die Theorie des Mikroskops behandelt und von keinem Geringeren als ERNST ABBE hochgeachtet wurde, während im zweiten Band der innere Bau der Gewächse dargestellt wird. Die streng mathematisch-physikalische Behandlung des Stoffes ist ja für beide Verfasser kennzeichnend.

Mit der Berufung nach Basel konnte sich SCHWENDENER völlig frei seinen selbst gewählten Problemen widmen. Hier entstand nun sein zweites Meisterwerk: «Das mechanische System im anatomischen Bau der Monokotylen» (1874). Er erkannte, daß dasjenige Gewebe, welches die Festigkeit des Pflanzenkörpers bedingt, eine nach den Prinzipien der Mechanik ausgeführte Konstruktion darstellt und daß somit Bau und Funktion dieses Gewebes in engster Beziehung zueinander stehen. Diese Auffassung wurde später durch W. RASDORSKY[19] insofern modifiziert, als auch den zwischen den sklerenchymatischen Bändern und Strängen liegenden parenchymatischen Bereichen eine gewisse mechanische Bedeutung zukommt (Prinzip der Verbundsysteme). SCHWENDENER sagt selbst über seine weitere Zielsetzung: «Es ist dies allerdings nur ein kleiner Schritt nach einem entfernten Ziel; was mir vorschwebt, ist eine in analoger Weise durchgeführte anatomisch-physiologische Betrachtung der sämtlichen Gewebesysteme, im gewissen Sinne also eine Physiologie der Gewebe, welche das zwar stattliche, aber an sich doch tote Lehrgebäude der Anatomie durch die Klarlegung der

Beziehungen zwischen Bau und Funktion zu ergänzen und neu zu beleben hätte.» Eine solche Betrachtungsweise war in der Zoologie bereits 1852 durch C. Bergmann und R. Leuckardt[20] eingeführt worden, stieß aber auf den Widerstand der Morphologen, welche die Analogien (funktionell bedingten Ähnlichkeiten) verachteten und nur die Homologien für wissenschaftlich bedeutungsvoll hielten.

Daß diese völlig ungewohnte mathematisch-physikalische Betrachtungsweise auf Ablehnung bei den zeitgenössischen Botanikern stieß, nimmt nicht Wunder. Schwendener schritt aber auf dem eingeschlagenen Wege unbeirrt erfolgreich weiter. In alle Lehrbücher eingegangen ist das Ergebnis seiner Untersuchungen über den Bewegungsmechanismus der Spaltöffnungen («Amaryllideen-, Gramineen-Typ»), wo er nachweist, daß die eigentümlichen Wandverdickungen der Schließzellen in engster Beziehung zum Bewegungsmechanismus der Spalte stehen. Neuerdings hat man in der Micellarstruktur der Zellwände ein weiteres Funktionselement der Schließzellbewegung erkannt.

Es waren vor allem mechanische Fragen, die Schwendener beschäftigten, wie etwa die Windebewegungen, der Bau der Blattgelenke, das Saftsteigen und ganz besonders die Probleme der Blattstellung, die ihn nach dem Erscheinen seines Buches «Mechanische Theorie der Blattstellungen» immer wieder fesselten und die bis heute noch keine befriedigende Lösung gefunden haben.

Als Schwendener seine Professur in Tübingen angetreten hatte, kam zu ihm ein junger Botaniker aus Wien, der durch «Das mechanische System im Bau der Monokotylen» für die neue anatomische Richtung begeistert worden war: Gottlieb HABERLANDT[21] (Abb. 89). Er wurde 1854 in Ungarisch-Altenburg geboren und schon frühzeitig von seinem Vater, Professor für Pflanzenbau an der Hochschule für Bodenkultur, zur Botanik hingeführt. Auch das hervorragende «Lehrbuch der Botanik» von Sachs trug wesentlich zu seinem Entschluß bei, Botaniker zu werden. Nach erfolgter Promotion bei Julius Wiesner ging der junge Haberlandt zur weiteren Ausbildung nach Deutschland, aber nicht, wie damals üblich, zu de Bary oder zu Sachs, sondern zu Schwendener nach Tübingen. Hier begann er zunächst auf dessen Anregung mit Untersuchungen über die Entwicklung des mechanischen Systems und erkannte, daß die Bastbündel ebenso aus prokambialen Strängen hervorgehen wie die Leitbündel, daß die jungen Bastzellen Spitzenwachstum zeigen, daß Bastbündelchen sogar aus Dermatorgenzellen entstehen können usw. Als Schwendener von Tübingen nach Berlin übersiedelte, kehrte Haberlandt nach Wien zurück, um sich dort zu habilitieren, und wurde bald danach, erst 26jährig, nach Graz berufen. Seine Untersuchungen über das Assimilationsgewebe ergaben, daß der Bau und die Anordnung der Zellen in engster Beziehung zu ihrer Funktion stehen. Eine solche «neuartige» Betrachtungsweise fand keineswegs den ungeteilten Beifall der damaligen Botaniker. Als vollends sein Hauptwerk, die «Physiologische Pflanzenanatomie» (1884), erschien, zu dessen Abfassung ihn Schwendener bereits in Tübingen angeregt hatte, brach geradezu ein Sturm der Entrüstung aus. De Bary legte Haberlandt's Buch seinen Praktikanten vor mit den Worten: «Hier haben Sie den neuesten botanischen Roman», und Ferdinand Cohn hielt es unter Verschluß, um seine Schüler vor ketzerischen Gedanken zu bewahren. Die Pflanzenanatomen alter Richtung waren vor allem darüber erbost, daß Haberlandt die bisherige beschreibend-topographische Einteilung der Gewebe durch eine funktionelle ersetzt hatte und von «mechanischem» Gewebe, Assimilationsgewebe, Speichergewebe, Leitungsgewebe usw. sprach. Auch schien die funktionelle Deutung bestimmter Strukturen noch nicht voll erwiesen und manches zu «zweckmäßig» gedeutet. Schrieb doch GOEBEL einmal, wohl auch mit Hinblick auf HABERLANDT, spöttisch 1886 an SACHS: «Schade, daß SCHWENDENER nicht seinerzeit in der Schöpfungskommission war, der hätte es gewiß ‹zweckmäßiger› gemacht.» Trotz alledem ging die «Physiologische Anatomie» ihren Weg als erfolgreichstes Lehrbuch der Pflanzenanatomie und erschien in sechs jeweils beträchtlich erweiterten Auflagen (zuletzt 1924) und in einer englischen Übersetzung. Von Originalarbeiten HABERLANDT's, der 1910 als SCHWENDENER's Nachfolger nach Berlin berufen wurde, verdienen vor allem noch seine Untersuchungen zur Anatomie der Laubmoose, über das tropische Laubblatt und über «die Sinnesorgane der Pflanzen» genannt zu werden. Zuletzt wandte er sich noch der Physiologie der Zellbildung zu und entdeckte die «Wundhormone». Besonders verdient auch seine so lebendig geschriebene «Botanische» Tropenreise» erwähnt zu werden. In den letzten Kriegstagen, im Januar 1945, fand HABERLANDT im 91. Lebensjahr ein tragisches Ende.

HABERLANDT war es vergönnt, geradlinig seinen Lebenspfad zu gehen, seiner Wissenschaft neue Ziele zu stecken und den Weg zu diesen Zielen aufzuzeigen. Seine Beobachtungsgabe, sein kritischer Verstand, seine Darstellungskunst in Wort und Bild haben ihm zu seinem großen Erfolg verholfen. Auch heute noch schreitet die pflanzenanatomische Forschung auf der von HABERLANDT aufgezeigten Bahn fort, jedoch vertieft durch neue Methoden, die das Phasenkontrastmikroskop und das Elektronenmikroskop einerseits, die moderne Physiologie und Biochemie andererseits zur Verfügung gestellt haben.

Anmerkungen

1 Zur Geschichte der Histologie: SACHS; TH. SCHMUCKER & G. LINNEMANN, Geschichte der Anatomie des Holzes (FREUND, Handb. d. Mikroskopie i. d. Technik 5/I, 1–78); KAUSSMANN B., Pflanzenanatomie (Jena 1962), S. 563–576.

2 RUDOLPHI, K. A., Anatomie der Pflanzen. Göttingen 1807.
KARL ASMUND RUDOLPHI: Geboren 1771 in Stockholm, gestorben 1842 in Berlin als Professor der Anatomie und Physiologie.
Biogr.: Allg. Dtsch. Biogr. **29**, 577–579, 1899; Abh. Akad. d. Wiss. Berlin, Jg. 1835, XVII–XXXVIII, 1837 (JOH. MÜLLER). WALDEYER, A., Carl Asmund Rudolphi und Johannes Müller. Forschen u. Wirken, Festschr. z. 150-Jahrfeier d. Humboldt-Univ. Berlin, Bd. 2, 1960. DSB **11**, 592–593, 1974.

3 LINK, H. FR., Grundlehren der Anatomie und Physiologie der Pflanzen. Göttingen 1807.
HEINRICH FRIEDRICH LINK: Geboren 1767 in Hildesheim, Professor der Botanik in Rostock, Breslau, Berlin; gestorben 1851 in Berlin. War einer der wenigen Botaniker seiner Zeit, die sich neben der Systematik auch mit Anatomie und Physiologie der Pflanzen befaßten. «Eine solche Kraft, Lebendigkeit, Vielseitigkeit und Beweglichkeit des Geistes erscheint uns nicht wieder», schrieb der Geologe LEOPOLD VON BUCH über LINK.
Biogr.: MARTIUS, C. FR. PH. VON, Akademische Reden, S. 271–316, Leipzig 1866; Arch. d. Pharmazie 119, I, 81–104, 1851; ADB **18**, 714–720, 1883; DSB **8**, 273–274, 1973.

4 TREVIRANUS, L. CHR., Vom inwendigen Bau der Gewächse. Göttingen 1806.
LUDOLF CHRISTIAN TREVIRANUS: Geboren 1779 in Bremen, gestorben 1864 in Bonn; Arzt, dann Professor der Botanik in Rostock, Breslau, Bonn.
Biogr.: Bot. Ztg. **22**, 176, 1864 (SCHLECHTENDAL); Bot. Ztg. **24**, Beilage zu Nr. 30, 1866 (Autobiographie); Allg. dtsch. Biogr. **38**, 588–591, 1894. Abhandl. naturwiss. Ver. Bremen **11**, 344–360, 1890; Sitz ber. bayer. Akad. d. Wiss. München 1865, I, 284–287, 1865 (C. VON MARTIUS).
Sein Bruder GOTTFRIED REINHOLD TREVIRANUS (1776–1837), Arzt in Bremen, befaßte sich vor allem mit der Anatomie der Wirbellosen. Sein sechsbändiges Werk «Biologie oder Philosophie der lebenden Natur» (1802–22) gab erstmals eine Gesamtdarstellung der allgemeinen Biologie. Vgl. RADL, E., Geschichte d. biolog. Theorien, Bd. 1 (1. Aufl.), Leipzig 1905, S. 283–291.
Biogr.: MARTIUS, C. FR. PH. VON, Akad. Denkreden, Leipzig 1866, S. 55–69; Abhandl. herausgeg. v. naturwiss. Ver. Bremen **6**, 13–48, 1880 (W. O. FOCKE).

5 CHARLES FRANÇOIS MIRBEL (1776–1854) war Mitglied des Institute de France und Prof. d. Botanik a. d. Univ. Paris. Recherches anatomiques et physiologiques sur le *Marchantia polymorpha*. Mém. de l'Acad. des Sci. de l'Inst. de France **13**, 337–436, 1835.
Biogr.: DSB **9**, 418–419, 1974. Portrait: WITTROCK, Catalogus I, Taf. 43.

6 MOLDENHAWER, J. J. P., Beyträge zur Anatomie der Pflanzen. Kiel 1812.
Biogr.: Neuer Nekrolog d. Deutschen **5**, II, 776–777, 1829. DSB **9**, 455–456, 1974.

7 MEYEN, F. J. F., Phytotomie. Berlin 1830.
–, Neues System der Pflanzenphysiologie. 3 Bände. Berlin 1837–39.
Biogr.: Nova Acta Acad. caes. Leop.-Carol. **19**, supp. I, XIII–XXXII, 1843 (J. T. C. RATZEBURG). Vgl. auch Kap. 9 und 20. DSB **9**, 344–345, 1974.

8 POP, E., Zur Vorgeschichte der Forschungen über die Protoplasmaströmung. Leopoldina Reihe 3, **18**, 147–166, 1975.

9 MOHL, H., Über Bau und Winden der Ranken und Schlingpflanzen. Tübingen 1827.
–, De palmarum structura. In: MARTIUS, C. F. PH., Historia naturalis Palmarum, Vol. I, I–LII. München 1831.
–, Über den Bau und die Formen der Pollenkörner. Berlin 1834.
–, Vermischte Schriften botanischen Inhalts. Tübingen 1845.
–, Mikrographie oder Anleitung zur Kenntnis und zum Gebrauch des Mikroskops. Tübingen 1846.
–, Rede gehalten bei der Eröffnung der naturwissenschaftlichen Fakultät der Universität Tübingen. Tübingen 1863.
Biogr.: Geschichte der Mikroskopie (herausgeg. von H. FREUND & A. BERG). **1**, 273–280, 1963 (E. BÜNNING); Botan. Zeitung **30**, 561–580, 1872 (A. DE BARY); Lebensbilder aus Schwaben und Franken **10**, 375–387, 1966 (K. ULSHÖFER). Leopoldina **10**, 34–39, 1874; DSB **9**, 441–442, 1974.

10 «Den Aufsatz von AGARDH (K. A. AGARDH, 1785–1859) habe ich nicht gelesen, eben weil er von AGARDH ist, und ich der Meinung bin es sei gescheiter, ich wende meine Zeit an solche Schriften, aus denen ich erfahre, wie unser Herr Gott die Welt eingerichtet hat, statt daß man von den Naturphilosophen nur hört, wie sie die Welt eingerichtet hätten, wenn sie dabei etwas zu sagen gehabt hätten» (Brief von MOHL an JOH. ROEPER 1834, Univ.-Archiv Tübingen).

11 HERMANN SCHACHT (geb. 1814 in Ochsenwerder bei Hamburg, gest. 1864 in Bonn) war zunächst Apotheker. Er erhielt wesentliche Anregungen durch den Lebermoosforscher K. M. GOTTSCHE in Altona und durch M. J. SCHLEIDEN in Jena, bei dem er 1841–42 studierte und als dessen Assistent er 1850 eine Abhandlung über die «Entwicklungsgeschichte des Pflanzenembryon» verfaßte. Er lieferte wichtige Beiträge zur Histologie der Pflanzen und schrieb mehrere mit guten Abbildungen versehene zusammenfassende Werke («Die Pflanzenzelle» 1852, «Der Baum» 1853, «Lehrbuch der Anatomie und Physiologie der Gewächse» 1856–59).

Biogr.: Bull. de la Soc. bot. de France **11**, Rev. bibliogr. 235–240, 1864 (J. Groenland); Allg. dtsch. Biogr. **30**, 482–486, 1890 (E. Wunschmann).

12 De Bary, A., Vergleichende Anatomie der Vegetationsorgane der Phanerogamen und Farne (Hofmeister, Handbuch der physiologischen Botanik, Bd. 3). Leipzig 1877. Weiteres über de Bary s. Kap. 14.

13 Die Entwicklungsgeschichte der Gewebe findet besondere Berücksichtigung in zwei neueren Lehrbüchern: Esau, K., Plant Anatomy, 2. Ed., New York 1965 (Deutsch: Pflanzenanatomie, Stuttgart 1969). Huber, B., Grundzüge der Pflanzenanatomie, Berlin 1961.

14 Solereder, H., Systematische Anatomie der Dicotyledonen. Stuttgart 1899 (Nachtrag 1908).
Biogr.: Ber. d. dtsch. bot. Ges. **38**, (92)–(102), 1921 (L. Radlkofer).

15 Sanio, K.G., Anatomie der gemeinen Kiefer (Jahrb.f. wiss. Bot. **9**, 50–120, 1873).
Biogr.: DSB **12**, 99–100, 1975.

16 Schwendener, S., Untersuchungen über den Flechtenhallus. Nägeli's Beiträge zur wissensch. Bot. **2**, 109–186; **3**, 127–198; **4**, 161–202. 1860–68.
–, Das Mikroskop (mit C. Nägeli), Leipzig 1865–67, 2. Aufl. 1877.
–, Das mechanische Prinzip im anatomischen Bau der Monokotylen. Leipzig 1874.
–, Mechanische Theorie der Blattstellungen. Leipzig 1878.
–, Gesammelte botanische Abhandlungen. Berlin 1898.
–, Vorlesungen über mechanische Probleme der Botanik, Leipzig 1909.
Biogr.: Ber. d. dtsch. bot. Gesellsch. **40**, (53)–(76), 1922 (A. Zimmermann); Ber. d. dtsch. bot. Gesellsch. **47**, 3–19, 1929 (G. Haberlandt); Tschirch, A., Erlebtes und Erstrebtes, Bonn 1021, S. 168–173. Gleditschia **9**, 329–351, 1982 (E. Richter). Ber. d. dtsch. bot. Ges. **100**, 305–326, 1987 (B. Hoppe).

17 Biogr.: Ber. d. dtsch. bot. Ges. **61**, 299–310, 1943 (R. Collander).

18 De Bary, A., Die Erscheinung der Symbiose. Tagbl. d. 51. Versamml. dtsch. Naturforscher u. Ärzte Cassel 1878, S. 211–218 (auch Separat Strassburg 1879). Klebs, G., in: Biolog. Centralbl. **2**, 289–299, 321–348, 385–399, 1882.

19 Rasdorsky, W., Das baumechanische Modell der Pflanzen. Ber. d. dtsch. bot. Ges. **46**, 48–104, 1928.

20 Bergmann, C., & Leuckart, R., Anatomisch-physiologische Übersicht des Tierreichs. Vergleichende Anatomie und Physiologie. Stuttgart 1852.
Biogr.: E. Backes, C. Bergmann. Zschr. f. d. ges. Anatomie, III, Abt. (Ergebn. d. Anat. u. Entwicklungsgesch.) **24**, 686–743, 1923; Wunderlich, K., R. Leuckart. Biogr. bedeut. Biol. Bd. 2. Jena 1978.

21 Haberlandt, G., Physiologische Pflanzenanatomie. Leipzig 1884 (6. Aufl. 1924). Englisch: Physiological plant anatomy. London 1914. Eine botanische Tropenreise. Leipzig 1893 (3. Aufl. 1926).
Biogr.: Haberlandt, G., Erinnerungen. Berlin 1933. Phyton **6**, 1–14, 1955 (H. von Guttenberg). Almanach d. Akad. d. Wiss. Wien **95**, 372–380 (F. Weber). Gleditschia **6**, 61–84, 1978 (E. Höxtermann).

13. Bau und Entwicklung der Pflanzenzelle

Jede Zelle ist innerhalb gewisser Grenzen ein Individuum, ein selbständiges Ganzes.
TH. SCHWANN (1839)

Die Pflanzenzelle[1] war zwar seit ihrer Entdeckung durch ROBERT HOOKE im Jahre 1665 Gegenstand der Forschung geblieben, aber nur als Bauelement des Pflanzenkörpers. Dementsprechend konzentrierte sich die Aufmerksamkeit auf die Zellwand, während die Einzelzelle, ihr Inhalt und ihre Entwicklung erst in den dreißiger Jahren des vorigen Jahrhunderts in den Bereich des Interesses traten. Als «Geburtsjahr» einer eigentlichen Zellenlehre oder Cytologie darf man das Jahr 1831 einsetzen, als ROBERT BROWN, den wir bereits als Systematiker kennengelernt haben, den Zellkern beobachtete.[2] Er berichtete über diese Entdeckung in einer Abhandlung «Observations on the organs and mode of fecundation in Orchideae and Asclepiadeae»[3] mit folgenden Worten:

«Ich will meine Betrachtungen über die Orchideen mit einigen Bemerkungen über ihren anatomischen Bau, vorzüglich in bezug auf das Zellgewebe, schließen. Bei vielen Pflanzen dieser Familie, besonders bei denen mit dünnen Blättern, findet man in jeder Zelle der Oberhaut einen einzelnen kreisförmigen Hof (oder Areola), gewöhnlich etwas undurchsichtiger als die Membran der Epidermis selbst. Diese Areola, welche aus mehr oder weniger deutlichen Körnchen besteht, ist ein wenig gewölbt und von der äußeren Wand der Zelle bedeckt. Sie nimmt nicht regelmäßig dieselbe Stelle in der Zelle ein, doch liegt sie nicht selten in der Mitte derselben oder beinahe in der Mitte. – Da jede Zelle nur eine solche Areola enthält, und da diese in manchen Fällen, wo sie in den gewöhnlichen Zellen der Epidermis erscheint, auch in den Hautdrüsen oder Stomata zum Vorschein kommt, hier aber immer doppelt ist, auf jeder Seite des Saums, so ist es wahrscheinlich, daß die Hautdrüse immer aus zwei Zellen von eigentümlicher Form besteht. – Diese Areola, oder, wie man sie vielleicht nennen möchte, dieser Kern der Zelle (‹nucleus of the cell›), findet sich nicht nur in der Oberhaut, sondern kommt auch in den Haaren der Oberfläche, ja zuweilen auch in dem Parenchym oder den inneren Zellen des Gewebes vor.»

BROWN weist bei Besprechung des Zellkerns auf ein Objekt hin, welches seitdem in der Zellforschung immer wieder Verwendung gefunden hat: die gegliederten Staubfadenhaare von *Tradescantia*: «Sie gehören zu den merkwürdigsten mikroskopischen Gegenständen, die ich kenne, und zwar in drei verschiedenen Rücksichten: 1. Ihre Oberfläche ist mit äußerst feinen, parallelen Streifen bezeichnet. 2. Der Nucleus eines Gliedes ist ebenso deutlich als regelmäßig gebildet und erscheint völlig rund, fast linsenförmig... 3. Wenn ein solches Glied unter Wasser gebracht, sieht man... eine sehr feinkörnige Materie in kreisender Bewegung. Diese Bewegung bildet häufig mehrere, unabhängige Ströme...»

Daß die Pflanze aus Zellen aufgebaut ist, war schon seit HOOKE, MALPIGHI und GREW geläufig. Die Zelle aber als selbständiges Lebewesen erkannt und eine allgemeine Lehre von der Pflanzenzelle aufgebaut zu haben, ist ein Verdienst von MATTHIAS JACOB SCHLEIDEN.[4] «Jede höher ausgebildete Pflanze ist ein Aggregat von völlig individualisierten, in sich abgeschlossenen Einzelwesen, den Zellen. Jede Zelle führt nun ein zweifaches Leben: ein ganz selbständiges, nur ihrer eigenen Entwicklung angehöriges und ein anderes mittelbares, insofern sie ein integrierender Teil einer Pflanze geworden. Sowohl für die Pflanzenphysiologie wie für die vergleichende Physiologie im allgemeinen muß der Lebensprozeß der einzelnen Zellen die allererste, ganz unerläßliche Grundlage bilden.» Mit diesen Worten hat SCHLEIDEN bereits in einer seiner ersten Arbeiten, seinen «Beiträgen zur Phytogenesis» (1838), das Forschungsprogramm der Zellenlehre aufgezeichnet und bald darauf in seinen «Grundzügen der wissenschaftlichen Botanik» (1842) Bau und Leben der Pflanzenzelle umfassend dargestellt.

Die ihn besonders interessierende Frage nach der Entstehung der Zellen versuchte SCHLEIDEN dort anzugehen, wo die höhere Pflanze sich aus dem Einzell-Stadium entwickelt, also beim Vorgang der Befruchtung und Embryobildung. Hier sah er, wie bei der Bildung des Endosperms (damals «Albumen» genannt) Zellen innerhalb des Embryosacks entstehen und heranwachsen. Er schildert die Entstehung der Zellen folgendermaßen: «Nur in einer Flüssigkeit, die Zucker, Gummi und Schleim enthält (Cytoblastema), können sich Zellen bilden. Es geschieht auf die Weise, daß sich die Schleimteile zu einem mehr oder weniger rundlichen Körper (Cytoblastus) zusammenziehen und an ihrer Oberfläche einen Teil der Flüssigkeit in Gallerte verwandeln; so entsteht eine geschlossene Gallertblase, in diese dringt die äußere Flüssigkeit ein, dehnt sie aus. Während der allmählichen Ausdehnung der Blase wird dann die Gallerte der Wandung in Membranenstoff verwandelt und die Bildung der Zelle ist vollendet». Hiermit hat SCHLEIDEN einen Ausnahmefall der Zellbildung beschrieben, den wir heute als «freie Zellbildung» bezeichnen, und diesen Ausnahmefall hat er verallgemeinert. Wenn auch seine Meinung, daß die Zellkerne durch Verdichtung des Plasmas (das er Cytoblastema nennt) entstehen, sich als falsch herausgestellt hat, so bleibt ihm doch das Verdienst, die aktive Rolle des Zellkerns (Cytoblastus = Zellbildner) bei der Bildung der Zelle erkannt zu haben.

SCHLEIDEN hatte, als er in Berlin seine Studien über die Zellentstehung durchführte, dem Zoologen THEODOR SCHWANN darüber berichtet, der mit dem Studium der tierischen Zelle beschäftigt war und Zellstrukturen im Jugendstadium auch solcher Gewebe feststellte, die im erwachsenen Zustande keine Zellen mehr erkennen lassen. SCHWANN[5] erkannte die prinzipielle Übereinstimmung der Pflanzen- und Tierzellen und legte diese Auffassung eingehend dar in seinem Buch «Mikroskopische Untersuchungen über die Übereinstimmung in der Struktur und dem Wachstum der Tiere und Pflanzen» (1839). Daher gelten SCHLEIDEN und SCHWANN als die Begründer der «Zellentheorie der Organismen». SCHLEIDEN wie SCHWANN zogen sich jedoch ganz von der Zellforschung zurück und überließen dieses erfolgversprechende Arbeitsfeld anderen Biologen. Indirekt hat jedoch SCHLEIDEN einen weiteren bedeutsamen Beitrag zur Zellforschung geleistet, indem er den Jenaer Mechaniker CARL ZEISS zur Verbesserung der Mikroskope anregte und ihm empfahl, sich mit einem Physiker zusammenzutun, um die Linsen berechnen zu können. Die Vervollkommnung des Mikroskops bis zur Grenze des theoretisch Möglichen durch ERNST ABBE[6] ist allgemein bekannt; es sei nur an Kondensor und Ölimmersion, Apochromate und Polarisationseinrichtung erinnert.

Wenn auch SCHLEIDEN den seltenen Sonderfall der «freien Zellbildung» voreilig verallgemeinert hatte, so wurde durch die rasch weiterschreitende Forschung (MOHL, SCHACHT, HOFMEISTER, NÄGELI u.a.) die Zweiteilung der Zelle als der Normalfall erkannt, was RUDOLF VIRCHOW 1858 in dem Satz zusammenfaßte: «Omnis cellula e cellula».

Ein weiterer wichtiger Schritt in der Grundlegung der Zellenlehre war die Erfassung des lebenden Zellinhalts, den HUGO MOHL[7] (1846) mit den Namen Protoplasma belegte und ihn kennzeichnete als «trübe, zähe, mit Körnchen gemengte Flüssigkeit von weißer Farbe, die außer Primordialschlauch und Zellkern die Zelle mehr oder weniger ausfüllt.» Das Wort «Protoplasma» hat übrigens schon vorher J. E. PURKINJE[8] gebraucht, jedoch in völlig anderem Sinne, für die Substanz tiereischer Embryonen und zugleich für den saftigen Inhalt des Kambiums der Pflanzen. Den lebenden Inhalt der Einzeller («une gelée vivante, cette substance gélatineuse diaphane») bezeichnete F. DUJARDIN[9] als «sarcode», ein Ausdruck, der sich jedoch nicht eingebürgert hat. Erwähnt sei noch, daß es MOHL erstmals gelang, den Vorgang einer Zellteilung zu verfolgen (1835), und zwar an der Grünalge *Cladophora glomerata*, sich aber – im Gegensatz zu SCHLEIDEN ein Feind voreiliger Theorie – davor scheute, diesen Fall zu verallgemeinern.

Das Wissen von der Zelle faßte MOHL 1851 in einem umfangreichen Handbuchartikel zusammen, in welchem auch der Inhalt und vor allem die Physiologie der Zelle eingehend behandelt wird. Wie aktuell die Zellenlehre damals war, sehen wir daraus, daß bereits im nächsten Jahr eine zusammenfassende Darstellung dieses Gebietes erschien, und zwar – auf Anregung HUMBOLDT's – von HERMANN SCHACHT[10], mit dem Zusatz auf dem Titelblatt: «Nach eigenen vergleichenden, mikroskopisch-chemischen Untersuchungen bearbeitet.» Dieses Buch reicht an die Klarheit und geistige Durchdringung des Stoffes, wie wir sie bei MOHL finden, nicht heran, ist aber durch zahlreiche gute, vom Verfasser selbst gezeichnete Abbildungen illustriert.

Als einen Markstein in der Geschichte der Cytologie dürfen wir «Die Lehre von der Pflanzenzelle» von WILHELM HOFMEISTER bezeichnen, ein Werk, das die neuzeitliche Entwicklung dieses Gebietes einleitet. Dies prägt sich schon in der Anordnung der vier Abschnitte aus: «Das Protoplasma», «Zellbildung», «Die Zellhaut» und «Geformte Inhaltskörper der Zelle». Treffend urteilt GOEBEL über HOFMEISTER's «Pflanzenzelle»: «Es ist nicht etwa nur eine Kompilation des bisher bekannt Gewordenen (wie sie, wenn die Spreu vom Weizen geschieden wird, ja immer nützlich ist), sondern eine fast überall aufgrund eigener Beobachtungen begründete, ungemein viel Neues (und zwar nicht nur an Beobachtungen, sondern namentlich an allgemeinen Anschauungen) bietende Darstellung, und zwar überall geleitet von physiologischen Gesichtspunkten.» Auf HOFMEISTER's Auffassung der vielzelligen Pflanzen als einheitlich wachsende Gebilde haben wir schon früher hingewiesen: «Wachstum und Vermehrung der Einzelzellen sind dem Wachstum des ganzen Vegetationspunktes untergeordnet. Die Bildung neuer Zellen im Vegetationspunkt ist eine Funktion des allgemeinen Wachstums, nicht seine Ursache.»

Die Richtung der Zellteilungen und die Anordnung der Zellen an den wachsenden Spitzen des Pflanzenkörpers zu studieren, war ein besonderes Anliegen von CARL NÄGELI[12] (Abb. 90). einem außergewöhnlich scharfsinnigen Forscher, der an der Grundlegung der Botanik als induktive Wissenschaftt im Sinne SCHLEIDEN's einen wesentlichen Anteil hat. Sein Lebensgang war, wie sein Schüler SCHWENDENER sagt, «eine an Erfolgen reiche, aber geräuschlose Gelehrtenlaufbahn». In Kilchberg bei Zürich wurde er als Sohn eines Arztes 1817 geboren. Das Studium der Medizin vertauschte er bald mit dem der Botanik. Eine umfangreiche Abhandlung über «Die Cirsien der Schweiz», unter AUGUSTIN-PYRAMUS DE CANDOLLE in Genf durchgeführt, bildete seine Dissertation. Nach kurzem Aufenthalt in Berlin und bei SCHLEIDEN in Jena habilitierte sich NÄGELI in Zürich 1842, war Professor in Zürich, Freiburg (Breisgau) und wiederum in Zürich, bis er 1857 nach München berufen wurde, wo er bis kurz vor seinem Tode (1891) als hochangesehener Forscher und Lehrer wirkte. Aus der großen Zahl seiner Schüler seien hervorgehoben: CRAMER, Algenforscher und NÄGELI's Nachfolger in Zürich; LORENTZ, der Begründer der Anatomie der Moose; LEITGEB, der die Entwicklung der Lebermoose in vorbildlicher Weise darlegte; SCHWENDENER, der Begründer der «physiologischen Anatomie»; PRANTL, der Farnforscher; BREFELD, der den Entwicklungsgang vieler Pilze aufklärte; CORRENS, einer der Mitbegründer der Vererbungslehre.

An den wachsenden Thallusspitzen von Rotalgen sowie den Sproßspitzen und Blattanlagen von Leber- und Laubmoosen studierte NÄGELI mit größter Sorgfalt, wie die «Spitzenzelle oder primäre Zelle» (wir sagen heute: Scheitelzelle) sich in «eine neue primäre und eine sekundäre Zelle» teilt und wie diese sekundären Zellen sich weiter teilen. Dabei stellte er strenge Regelmäßigkeiten fest, die er mathematisch zu erfassen versuchte. Man kann somit «von jeder Zelle zeigen, in welcher Mutterzelle sie entstanden ist». «Das wichtigste Resultat ist das, daß für Physiologie und Systematik Begriffe von absoluter (mathematischer) Form gefunden werden können.» Ein solches Scheitelzellwachstum mit präziser Teilung der Deszendenten findet sich auch bei den Pteridophyten (Schachtelhalmen, Farnen). Aber von den Gymnospermen ab wächst der Sproß nicht nur mit einer einzigen Zelle, sondern mittels einer Gruppe von Zellen am «Vegetationspunkt», wie erstmals J. HANSTEIN[13] (1869) erkannte. Somit erscheint uns die Pflanze nicht mehr als eine Summe von Einzelzellen, die nach einem mathematischen Plane aufeinandergefügt sind («gleichsam Zelle auf Zelle gesetzt», wie NÄGELI sagt), sondern im Sinne HOFMEISTER's als einheitlicher Körper, der gewissermaßen sekundär durch Zellwände aufgeteilt ist. Trotz allem gebührt NÄGELI das große Verdienst, auf ein exaktes Studium der Teilungsvorgänge an den Orten des Wachstums hingewiesen und ihre Regelmäßigkeit erkannt zu haben.

Abb. 90. CARL NÄGELI (1817–1891)

Eingehende Untersuchungen widmete NÄGELI dem Aufbau der pflanz-

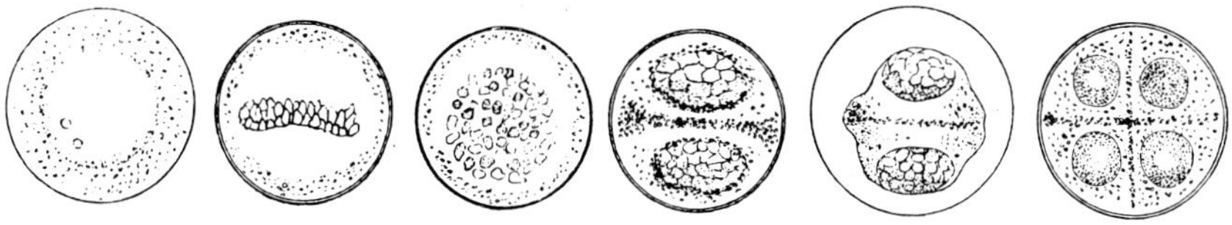

Abb. 91. Kernteilung bei *Psilotum* (aus HOFMEISTER 1867)

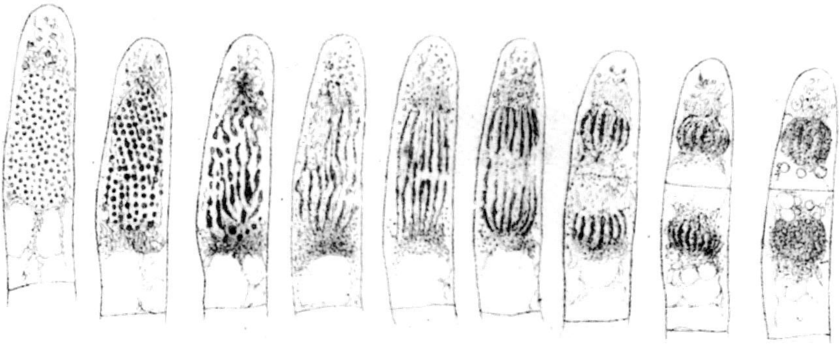

Abb. 92. Kernteilung bei *Tradescantia* (aus STRASBURGER 1880)

lichen Zellwand und der Stärkekörner, wobei er sich neben dem gewöhnlichen Mikroskop in ausgedehntem Maße des Polarisationsmikroskops bediente, welches – nach einem unzulänglichem Versuch von SCHACHT – gleichzeitig durch HUGO MOHL in die Botanik eingeführt wurde. Diese Studien führten NÄGELI zu zwei Theorien: zur Intussuszeptionstheorie und zur Micellartheorie. Bezüglich des Wachstums der Stärkekörner und der Zellwand nahm MOHL an, daß die in beiden Fällen deutlich erkennbaren Schichten durch Auflagerung (Apposition) gebildet werden. NÄGELI hingegen meinte, daß die neuen Teilchen zwischen die älteren und diese auseinanderdrängend eingelagert werden (Intussuszeption). Zwei volle Jahrzehnte hielt sich die NÄGELIsche Theorie infolge der Autorität ihres Begründers und wohl auch dank des achtungsgebietenden Umfangs der «Stärke-Bibel», wie die Zeitgenossen die über 600 Seiten starke Monographie der Stärkekörner nannten. Doch haben DIPPEL, SCHMITZ, NOLL und STRASBURGER in den achtziger Jahren der Appositionstheorie wieder zum Siege verholfen. Intussuszeption findet nach unserer heutigen Kenntnis nur bei der Primärwand statt. – Mit der Micellartheorie jedoch hat NÄGELI einen überaus glücklichen Griff getan. Er sagt, daß die «organisierten Substanzen» (d.h. Zellwände, Stärkekörner) «aus kristallinischen, doppelbrechenden Molekülverbänden bestehen, die lose, aber in bestimmter regelmäßiger Anordnung nebeneinander liegen. Im befeuchteten Zustande ist jedes mit einer Hülle von Wasser umgeben; im trockenen Zustande berühren sie sich gegenseitig». Die Molekülverbände nannte NÄGELI später «Micelle».[14]

Lange Zeit blieb die «Micellartheorie» umstritten; so lesen wir in GOEBEL's

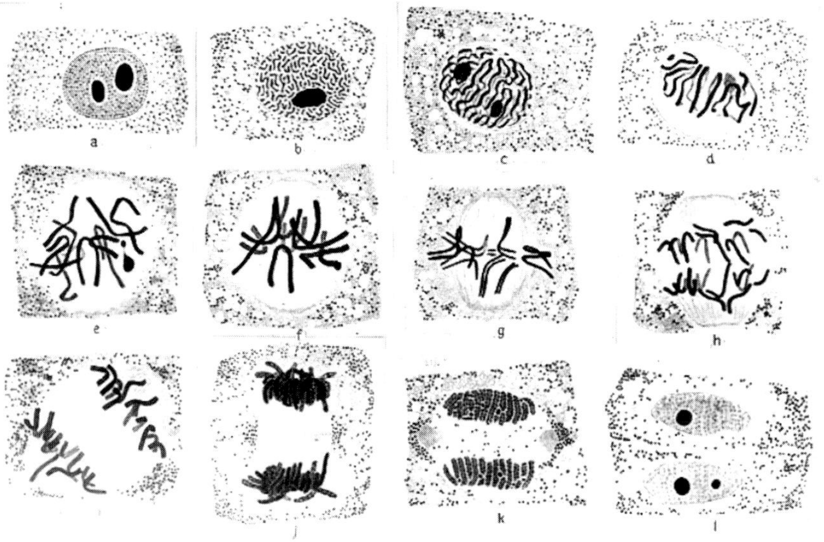

Abb. 93. Kernteilung bei *Allium* (aus BELAR 1927)

Gedenkrede auf NÄGELI: «Die Tatsachen, auf denen sich die Theorie aufbaut, beruhen auf unzureichenden Beobachtungen.» Als der Botaniker HERMANN AMBRONN im Leipziger Botanischen Institut dieses Gebiet wieder in Angriff nahm, warnte ihn PFEFFER vor solchen «Allotria, die keinen Nutzen bringen.» Dieser pessimistischen Auffassung zum Trotz entdeckte AMBRONN die Stäbchenanisotropie und die Eigendoppelbrechung in Gelen von Zelloidin, Zellulose und Gelatine. Es müssen also individualisierte doppelbrechende Teilchen im Sinne von Nägelis Micellen vorliegen. Als auf Anregung AMBRONNS Pflanzenfasern sowie Stärke röntgenographisch nach der DEBYE-SCHERRER-Methode untersucht wurden, ergaben sich Kristall-Interferenzen. Damit war der endgültige Beweis für NÄGELIS Micellartheorie erbracht. Mittels der DEBYE-SCHERRER-Ringe hat man sogar den Durchmesser der Zellulose-Micelle in unverholzten Pflanzenfasern zu 50–60 Å und ihre Länge zu mindestens 600 Å bestimmt.

MOHL befaßte sich fast ausschließlich mit den Verhältnissen, wie sie in der fertigen, ausgewachsenen Zelle vorliegen. Die regelmäßige, fast mathematisch genaue Anordnung der jungen Zellen hatte, wie wir eben erfahren haben, NÄGELI beim Studium verschiedener Typen von Scheitelzellen und ihren Abkömmlingen festgestellt, sich dabei aber auf Richtung und Lage der Zellwände beschränkt, ohne den Vorgängen im Innern der Zelle nähere Beobachtung zu schenken. Der erste, der sich Gedanken darüber machte, was bei der Teilung der Zelle mit dem Kern geschieht, war HOFMEISTER (1848); er meint, daß bei der Teilung der Kern sich völlig auflöst und dann zwei neue Tochterkerne entstehen, jedoch bildet er bereits eine «Äquatorialplatte» ab und spricht von einer «Gerinnung der eiweißartigen Flüssigkeiten im Mittelraum» der Zelle. Die Kernteilungsvorgänge endgültig zu klären, blieb STRASBURGER vorbehalten, den wir als Begründer der neueren botanischen Cytologie bezeichnen dürfen.

Eduard STRASBURGER[15] (Abb. 94) wurde 1844 in Warschau geboren, wo er das Gymnasium besuchte. Zunächst studierte er zwei Jahre in Paris an der Sorbonne, dann in Bonn bei Sachs und Schacht, nach dessen Tode er nach Jena übersiedelte, wo Pringsheim und Haeckel seine bedeutendsten Lehrer waren. Hier wurde er promoviert und kehrte darauf nach Warschau zurück, um sich dort zu habilitieren. Aber schon nach einem Jahr, 1869, also mit 25 Jahren, wurde er als Nachfolger Pringsheim's nach Jena berufen. Hier lehrte er im gleichen Institutsgebäude zusammen mit Ernst Haeckel, mit dem ihn eine lebenslange Freundschaft verband; ihm schrieb er ein Vierteljahrhundert später: «Ich gedenke in treuer Dankbarkeit der Anregung, die ich bei Dir als meinem Lehrer einst fand, des maßgebenden Einflusses, den Du auf meine geistige Entwicklung übtest, des Wohlwollens, das Du mir zeigtest, als ich noch als Dein Schüler zu Deinen Füßen saß und der freundschaftlichen Gesinnung, deren so viele Beweise Du mir später als Kollege gabst.» Hier in Jena führte Strasburger seine berühmten Untersuchungen über die Befruchtung der Lebermoose, Farne und Coniferen durch und schrieb seine Monographien über «Coniferen und Gnetaceen», «Azolla», «Angiospermen und Gymnospermen» sowie sein Buch «Zellbildung und Zellteilung», das in sechs Jahren drei Auflagen erlebte. «Multa et multum», scherzte einmal Eichler über die außergewöhnliche Produktivität seines Freundes Strasburger während seiner Jenaer Zeit. Im Jahre 1881 siedelte er als Nachfolger Hanstein's nach Bonn über, wo er, Rufe nach Tübingen und München ablehnend, über drei Jahrzehnte bis zu seinem Tode (1912) wirkte. Das Botanische Institut im Poppelsdorfer Schloß wurde durch Strasburger der Mittelpunkt der Cytologie; er zog junge Forscher aus allen Ländern an sich, in ähnlicher Weise, wie dies zur gleichen Zeit bezüglich der Physiologie mit Pfeffers Institut in Leipzig der Fall war.

Zur Cytologie kam Strasburger durch seine entwicklungsgeschichtlichen Arbeiten über die Befruchtungsvorgänge bei Farnen, *Marchantia* und Coniferen. Eingehend studierte er bei letzteren die Blütenentwicklung, wobei er u.a. zu dem Ergebnis kam, daß der weibliche Zapfen nicht einer Blüte, sondern einem Blütenstand entspricht. Diese von Sachs, Eichler u.a. bestrittene Auffassung wurde sechzig Jahre später (1938) durch Fossilfunde bestätigt. Hofmeister's Untersuchungen fortführend, fand Strasburger eine weitgehende Übereinstimmung in der Entwicklung des Embryosackes bei Gymnospermen und Angiospermen. Daß Strasburger 1884 erstmals die Kernverschmelzung bei der Befruchtung der Blütenpflanzen beobachtete, haben wir bereits erfahren (s. Kap. 10).

Im Gegensatz zu Hofmeister's Annahme, daß bei der Zellteilung der Kern sich auflöst und im Protoplasma die Tochterkerne neu entstehen, beobachtete Strasburger 1874 bei der Ei-Entwicklung der Coniferen mannigfache Teilungsbilder der Zellkerne. Er ließ daraufhin die Coniferen-Untersuchungen ruhen, studierte die Kernteilung bei zahlreichen höheren und niederen Pflanzen mit dem Ergebnis, daß die Kerne nicht aufgelöst werden, sondern sich strecken, daß im Äquator eine dichtere Platte aus Stäbchen oder Körnern entsteht, daß diese «Kernplatte» sich spaltet, ihre beiden Hälften wie unter gegenseitiger Abstoßung auseinanderweichen, und daß im Äquatorbereich die neue Trennungswand sich bildet. Dies alles legt Strasburger 1875 in seinem Buch «Über Zellbildung und Zellteilung» dar, das bereits im nächsten Jahr in zweiter Auflage und in französischer Übersetzung erschien. Hinsichtlich der Methodik sei er-

Abb. 94. EDUARD STRASBURGER (1844–1912)

Abb. 95. ERNST KÜSTER (1874–1953)

wähnt, daß STRASBURGER seine Objekte mittels Alkohol «härtete», während sie HOFMEISTER lebend untersucht hatte.

Bald danach griffen die Zoologen OTTO BÜTSCHLI und WALTER FLEMMING mit großem Erfolg in diese aktuellen Fragen ein. Wie STRASBURGER selbst eingesteht, «lieferten ihm Chromsäure- und Pikrinsäure-Fixierungen mit Anilin- und Hämatoxylin-Färbungen verknüpft Bilder von einer Schärfe und Klarheit, wie sie bis dahin nicht gesehen worden waren». Wegen ihrer guten Färbbarkeit nannte W. WALDEYER die Kernkörperchen «Chromosomen» (*χρῶμα* = Farbe, *σῶμα* = Körper). Das wichtigste Ergebnis von FLEMMINGS Untersuchungen war zweifellos die Tatsache, daß sich die Chromosomen (diesen Ausdruck prägte WALDEYER 1888) bei der Kernteilung der Länge nach spalten. Diese Spaltung bestätigte bald darauf STRASBURGER für die pflanzlichen Zellkerne; außerdem beobachtete er erstmals für eine Reihe von Arten die Konstanz der Chromosomenzahl. FLEMMING arbeitete erfolgreich weiter, unterschied im Kern Chromatin, Nukleolus und Kernsaft, prägte die Ausdrücke Karyokinese (*κάρυον* = Kern, *κινεῖν* = bewegen) oder Mitose (*μίτος* = Faden) für die normale Kernteilung und beobachtete bei der Spermogenese von *Salamandra* einen «Dimorphismus der Mitose», wobei er eine homotypische und eine heterotypische Form unterscheidet (1887). WEISMANN sprach von «Äquationsteilung» und «Reduktionsteilung», während später FARMER und MOORE für letztere den Ausdruck «Meiose» (*μείων* = kleiner, weniger) einführten. Die endgültige Klärung der Reduktionsteilung pflanzlicher Zellkerne bei der Bildung der Pollenkörner gelang STRASBURGER erst in den Jahren 1900–1904. – Bei der Durchsicht der Originalarbeiten dieser Jahrzehnte und vor allem in STRASBURGER's historischem Rückblick «Die Ontogenie der Zelle seit 1875» (1907) fällt die vornehme Sachlichkeit bei der Erörterung der zahlreichen Kontroversen auf, die bei der

Schwierigkeit der Beobachtung und der Deutung nicht ausbleiben konnten. STRASBURGER zitiert selbst (1904) einen Ausspruch KANT's: «Wo ich etwas antreffe, das mich belehrt, da eigne ich es mir zu. Das Urteil desjenigen, der meine Gründe widerlegt, ist mein Urteil, nachdem ich es vorerst gegen die Schale der Selbstliebe und nachher in derselben gegen meine vermeintlichen Gründe abgewogen und in ihm einen größeren Gehalt gefunden habe.»

Wenn auch die Cytologie das zentrale Arbeitsgebiet STRASBURGER's war, so geht seine Bedeutung für die Botanik doch weit darüber hinaus. Daß er NÄGELI's Intussuszeptionstheorie widerlegt hatte, wurde bereits erwähnt. Durch ein genau 1000 Seiten umfassendes Werk über «Bau und Verrichtung der Leitungsbahnen» erwies er sich auch als Meister der Histologie; er gab hier eine detaillierte Schilderung der wasser- und stoffleitenden Gewebestränge von den Laubmoosen bis zu den Dikotyledonen, ergänzt durch zahlreiche physiologische Versuche. Der erstaunliche Umfang von STRASBURGER's Forschungsleistung – seine wissenschaftlichen Originalabhandlungen umfassen über 6600 Seiten mit 190 selbstgezeichneten Tafeln – wird nur verständlich durch ungewöhnlichen Fleiß, rasche Arbeitsfähigkeit und schnelle Niederschrift seiner Manuskripte. Unter dem letztgenannten Umstand leidet auch die Darstellung seiner Abhandlungen: sie ist durch Mitteilung unzähliger Einzelheiten ziemlich breit und infolge geringer Gliederung recht unübersichtlich.

Eine bedeutende Wirkung war STRASBURGER vergönnt durch sein «Botanisches Praktikum» (1884), in dessen sieben Auflagen Jahrzehnte hindurch die Botaniker Rat und Hilfe gesucht haben und heute noch suchen. Eine kurze Ausgabe davon erlebte elf Auflagen. Eine Tat von größter Bedeutung war sein «Lehrbuch der Botanik für Hochschulen», das er 1896 zusammen mit drei Privatdozenten seines Bonner Instituts (F. NOLL, H. SCHENCK, A.F.W. SCHIMPER) verfaßte; es ist, von neueren Autoren bearbeitet, bis heute das führende Lehrbuch der Botanik geblieben und wurde in acht Sprachen übersetzt. Die Aufteilung des Stoffes auf vier Verfasser, von denen jeder auch für den Gesamtinhalt mitverantwortlich ist, hat sich aufs beste bewährt. Die Betrachtung über EDUARD STRASBURGER möge abgeschlossen werden mit einem Hinweis auf sein Buch «Streifzüge an der Riviera», das er als sein Lieblingswerk bezeichnete und dessen dritte Auflage er am letzten Tage seines Lebens im Manuskript beendete. Trotz aller Ehrungen – fünf Universitäten promovierten ihn ehrenhalber und 44 Akademien und wissenschaftliche Gesellschaften ernannten ihn zum Mitglied – blieb STRASBURGER, wie sein Schüler und Freund G. KARSTEN berichtet, «schlicht, einfach und ohne jede Überhebung».

In der zweiten Hälfte des vorigen Jahrhunderts, als Schritt für Schritt die soeben geschilderten Vorgänge der Kernteilung klargelegt wurden, gewann man auch eine sichere Anschauung vom Bau der Plastiden, insbesondere der Chloroplasten. Im Gegensatz zu der früher herrschenden Meinung, daß das Chlorophyll diffus im Plasma verteilt sei, spricht FRANZ MEYEN von «grüngefärbten Zellsaftkügelchen». Einen bedeutenden Fortschritt brachten die gründlichen «Untersuchungen über die anatomischen Verhältnisse des Chlorophylls» von HUGO MOHL (1837). Er beobachtete, daß das Blattgrün nicht nur in Form von Körnern vorliegt, sondern besonders bei Algen von recht mannigfaltiger Gestalt sein kann: ein grünes Querband bei *Ulothrix* und *Draparnaldia*, ein schraubiges Band bei *Spirogyra*, eine Platte bei *Mougeotia*. Vor allem aber stellte MOHL fest, daß die Chlorophyllkörner «aus drei Substanzen bestehen, einer grüngefärbten, die in

Alkohol und Äther löslich, eine mit Jod sich gelb färbende (Proteinverbindung?), die die Form bestimmt, und Amylum, in wechselnden Verhältnissen vorhanden oder auch ganz fehlend». MOHL hat somit als erster die Assimilationsstärke beobachtet, aber den Zusammenhang mit dem Assimilationsvorgang noch nicht erkannt, was bei dem damaligen Stand der physiologischen Kenntnis verständlich erscheint. In den achtziger Jahren des vorigen Jahrhunderts wurde der Bau der Plastiden soweit geklärt, wie dies mit Hilfe des Lichtmikroskops möglich war, und zwar durch den Algenforscher FRIEDRICH SCHMITZ und durch A. F. W. SCHIMPER, den Begründer der ökologischen Pflanzengeographie (vgl. Kap. 18). SCHMITZ[16] prägte den Ausdruck Chromatophoren und beobachtete, daß sie bei Algen niemals, wie vorher angenommen, im Protoplasma gebildet werden, sondern daß sie sich nur durch Teilung vermehren. Sämtliche Chlorophyllkörner eines ausgewachsenen Algenthallus gehen also zurück auf diejenigen, welche in der Spore vorhanden sind und die letztere ihrerseits von der Mutterpflanze erhalten hat. Diesen Befund bestätigte SCHIMPER[17] für die höheren Pflanzen, indem er nachwies, daß bereits im Meristem des Vegetationspunktes, ja auch in den Embryonen, stets Plastiden vorhanden sind. Mit diesem Ausdruck bezeichnet SCHIMPER alle Farbstoffträger nebst deren «farblosen Grundlagen» und unterscheidet die grünen Chloroplastiden, die andersfarbigen Chromoplastiden und die farblosen Leukoplastiden, Ausdrücke, welche bald darauf STRASBURGER zu der heute gebräuchlichen Form «Chloroplasten, Chromoplasten, Leukoplasten» kürzte. SCHIMPER studierte auch die Ausbildung von Eiweiß- bzw. Farbstoffkristallen in den Plastiden. Schließlich stellten SCHMITZ und SCHIMPER fest, daß die Chloro- bzw. Chromoplasten nicht homogen gebaut sind, sondern daß bei Moosen und höheren Pflanzen der Farbstoff als Tröpfchen – von A. MEYER «Grana» genannt – in ein farbloses Stroma eingebettet erscheint. Hiermit war im Grunde genommen alles beobachtet, was mittels des Lichtmikroskops überhaupt zu erkennen ist. Einen tieferen Einblick in den Feinbau der Chloroplasten hat erst (seit 1940) das Elektronenmikroskop ermöglicht, das den lamellaren Aufbau der Plastiden erschlossen und die Grana im Lamellenbündel aufgelöst hat. Diejenigen Plasma-Einlagerungen, deren Größe unter derjenigen der Plastiden liegt, also die Chondriosomen, Golgikörper usw., sind überhaupt erst durch das Elektronenmikroskop in den Untersuchungsbereich gerückt worden.

In den letzten Lebensjahren STRASBURGERS wirkte im Botanischen Institut zu Bonn als Extraordinarius ein Mann, der einen völlig neuen Aspekt in die Cytologie gebracht hat: ERNST KÜSTER[18] (Abb. 95). Im Jahre 1874 wurde er in Breslau geboren, besuchte das dortige humanistische Gymnasium, studierte in München bei GOEBEL und RADLKOFER, in Leipzig bei PFEFFER, in Breslau bei COHN und PAX und wurde in München aufgrund einer systematisch-anatomischen Dissertation promoviert. Nach der Habilitation bei KLEBS in Halle wurde er 1911 nach Bonn und 1920 nach Gießen berufen, wo er bis zu seinem Tode (1953) wirkte, nachdem er zwei Jahre vorher im Alter von 77 Jahren emeritiert worden war.

Während in der Pathologie des Menschen die Krankheitserscheinungen schon sehr frühzeitig durch RUDOLF VIRCHOW («Cellularpathologie» 1858)[19] auf das Geschehen in der Zelle zurückgeführt wurden, knüpfte die botanische Pathologie die Beziehung zum Zellgeschehen erst ein halbes Jahrhundert später. Diesen bedeutsamen Schritt tat ERNST KÜSTER im Jahre 1903 mit seiner «Pathologischen

Pflanzenanatomie». Ausgangspunkt waren für ihn histologische Untersuchungen an Gallen, die eine so erstaunliche Mannigfaltigkeit von Zellveränderungen zeigen, die vom Gallen-Erzeuger induziert werden. KÜSTER bedient sich der bereits von VIRCHOW verwendeten Begriffe: Hypoplasie (Hemmungsbildung), Metaplasie (Zellveränderung ohne Wachstum und Teilung der Zelle), Hypertrophie (abnorme Volumenzunahme der Zelle) und Hyperplasie (Massenzunahme durch Zellteilung, wobei die Zellen von den normalen meist mehr oder weniger verschieden sind).

Gallen oder Cecidien, d.h. durch fremde Organismen hervorgerufene Bildungsabweichungen der Pflanzen, wurden schon von THEOPHRASTOS behandelt und in den alten Kräuterbüchern abgebildet.[20] MALPIGHI (1675) hat als erster die Frage nach den Ursachen der Gallenbildung gestellt, ihre Entstehung bereits richtig auf die Besiedlung durch Insekten zurückgeführt und ihre Entwicklung in Wort und Bild geschildert; ihm folgte RUDOLF JACOB CAMERARIUS (1695), der die *Neuroterus*-Gallen der Eiche als männliche Blüten erkannte, die durch den Einfluß von Insekten umgebildet sind. In der Folgezeit wurde zwar die Formenfülle der Gallen und der Gallentiere sorgfältig registriert (HOUARD gibt 1909 für Europa und das Mittelmeergebiet fast 6300 Gallen an), während allgemeine Fragen erst in der zweiten Hälfte des vorigen Jahrhunderts wieder in Angriff genommen wurden. Hier setzt die Arbeit KÜSTERS ein. Aufgrund langjähriger Studien schrieb er das erste Lehrbuch der allgemeinen Gallenkunde (1911). Vor allem aber führte ihn, wie oben erwähnt, die Beschäftigung mit den Cecidien zur pathologischen Anatomie und schließlich zur Pathologie der Pflanzenzelle überhaupt. Er studierte eingehend die mannigfaltigen Veränderungen der Protoplasten bei der Plasmolyse, deren physiko-chemische Vorgänge bereits durch DE VRIES (1886) geklärt worden waren, er beschäftigte sich mit den abnormen Veränderungen der Plastiden und mit Plasmapfropfungen, er untersuchte die Möglichkeiten der Vitalfärbung, die Vorgänge der Panaschierung und die Wirkung des Ultraschalls. Alle diese vielseitigen Arbeiten fanden ihre Krönung durch sein Werk «Die Pflanzenzelle», welches den kennzeichnenden Untertitel trägt: «Vorlesungen über normale und pathologische Zytomorphologie und Zytogenese.» Das Wort «Vorlesungen» sagt, daß es sich nicht um ein referierendes Handbuch handelt, sondern um eine durchaus persönlich konzipierte Darstellung. Im gesamten internationalen Schrifttum gibt es kein Werk, welches Morphologie, Entwicklungsgeschichte und Pathologie in so überlegener Synthese vereint wie KÜSTER's «Pflanzenzelle».

ERNST KÜSTER, mit dessen Namen und Werk das Kapitel über «Bau und Entwicklung der Zelle» abschließen möge, war eine Persönlichkeit von ganz besonderer Prägung und von einer ungewöhnlichen Weite des Geistes. Schon in seiner Studentenzeit galt seine Zuneigung nicht nur den Naturwissenschaften, sondern auch den Sprachen und der Kunst in allen ihren Prägungen. Welche Rolle sein ganzes Leben hindurch das Interesse für Malerei und Graphik, für Theater und Musik, für Dichtkunst und Numismatik gespielt hat, erfahren wir aus seinen «Erinnerungen». In enger Beziehung zur Botanik stand seine Beschäftigung mit der Gartenkunst, deren Geschichte er in mehreren Abhandlungen aufgezeichnet hat. Der ERNST-KÜSTER-Gedenkstein im «Burggärtlein» des Botanischen Gartens in Gießen erinnert in feinsinniger Weise an den Botaniker und Künstler zugleich.

Anmerkungen

1 Zur allgemeinen Orientierung über die Pflanzenzelle und ihre Erforschungsgeschichte: CREMER, T., Von der Zellenlehre zur Chromosomentheorie. Berlin 1986. KLEINIG, H., & SITTE, P., Zellbiologie. 2. Aufl. Stuttgart 1986. KÜSTER, E., Die Entwicklung der Lehre von der Pflanzenzelle. In: ASCHOFF, L., E. KÜSTER, W. J. SCHMIDT, Hundert Jahre Zellforschung (Protoplasma-Monographien **17**), Berlin 1938 (S. 1–64). KÜSTER, E., Die Pflanzenzelle. 3. Aufl. Jena 1956. METZNER, H., Die Zelle. Struktur und Funktion. 3. Aufl. Stuttgart 1981. SITTE, P., Bau und Feinbau der Pflanzenzelle. Stuttgart 1965. STRASBURGER, E., Die Ontogenie der Zelle seit 1875. Progressus rei botanicae **1**, 1–138. Jena 1907.

2 Der Zellkern ist wohl schon vor BROWN von anderen Forschern gesehen worden (B. CORTI 1774, F. FONTANA 1781, L. TREVIRANUS 1807), aber BROWN hat ihn als erster als wesentlichen Bestandteil der Zelle erkannt.

3 BROWN, R., Observations on the organs and mode of fecundation in Orchideae and Asclepiadeae. Transact. of the Linn. Soc. London **16**, 685–745. 1831 (Deutsch in BROWN, Vermischte botan. Schriften, übers. von C. G. NEES VON ESENBECK, Bd. 5, Nürnberg 1834, S. 117–189). KÜSTER, E., Hundert Jahre Tradescantia. Jena 1933. Weiteres über R. BROWN s. Kap. 6.

4 SCHLEIDEN, M. J., Beiträge zur Phytogenesis. MÜLLER's Arch. f. Anat. u. Physiol. Jg. 1838, 137–176 (abgedruckt in SCHLEIDEN, Beiträge zur Botanik, Bd. 1, S. 121–159, Leipzig 1844).
–, Grundzüge der wissenschaftlichen Botanik, 1. Theil. Leipzig 1842. MÖBIUS, M., Hundert Jahre Zellenlehre. Jenaische Ztschr. f. Naturwiss. **71**, 313–326. 1938. JAHN, I., Klassische Schriften zur Zellenlehre. OSTWALDS Klassiker d. exakt. Wissensch. Bd. 275, 1987. Über das Leben und die weiteren Leistungen SCHLEIDEN's s. Kap. 14.

5 SCHWANN, TH., Mikroskopische Untersuchungen über die Übereinstimmung in der Struktur und dem Wachstum der Tiere und Pflanzen (1839). Ostwalds Klassiker d. exakt. Wissensch. Nr. 176, Leipzig 1910 und Nr. 275, 1987.
Biogr.: Arch. f. mikrosk. Anatomie **21**, I–XLIX, 1882. WATERMANN, R., Theodor Schwann. Leben und Werk. Düsseldorf 1960. DSB **12**, 240–244, 1975.

6 AUERBACH, F., Ernst Abbe. Leipzig 1918. GUNTHER, N., Ernst Abbe. 2. Aufl. Stuttgart 1951. ROHR, M. VON, Ernst Abbe. Jena 1940.

7 MOHL, H. VON, Vermischte Schriften. Tübingen 1845.
–, Über die Saftbewegung im Innern der Zellen. Botan. Ztg. **4**, 73–78, 89–94, 1846. –, Grundzüge der Anatomie und Physiologie der vegetabilischen Zelle. RUD. WAGNER, Handwörterbuch der Physiologie **4**, 167–310. Braunschweig 1851 (auch als Buch erschienen). ULSHÖFER, K., Hugo v. Mohl und die Entstehung der genetischen Zelltheorie. Medizin. Welt 1964, 981–985. MÜLLER, KL.-P., Der Beitrag Hugo von Mohls zur Entwicklung der Zellenlehre. Med. Dissertation München 1984. Weiteres über H. VON MOHL s. Kap. 12.

8 PURKINJE, J. E., Über die Analogie in den Strukturelementen des pflanzlichen und tierischen Organismus. Breslau 1839. S. a. Kap. 17, Anm. 2.

9 Annales des Sciences naturelles, Zoologie, II. Série, Tome **4**, 364ff., 1835.

10 SCHACHT, H., Die Pflanzenzelle. Berlin 1852 (2. Aufl. 1856). Siehe ferner S. 145 und S. 276, Anm. 8.

11 HOFMEISTER, W., Die Lehre von der Pflanzenzelle. Leipzig 1867. Über Leben und weitere Leistungen HOFMEISTER's s. S. 165 ff. und S. 280, Anm. 11.

12 NÄGELI, C., Wachstumsgeschichte von Delesseria und der Laub- und Lebermoose. Zeitschr. f. wiss. Bot., herausgeg. von M. J. SCHLEIDEN u. C. NÄGELI, **2**, 121–210. 1845.
–, Die Stärkekörner. Pflanzenphysiolog. Untersuchungen von C. NÄGELI u. C. CRAMER, Heft 2. Zürich 1858.
–, Beiträge zur wissenschaftlichen Botanik. Heft 1–4. 1858–68.

– (mit S. SCHWENDENER), Das Mikroskop, 2. Aufl. Leipzig 1877.
–, Über die Schranken der naturwissenschaftlichen Erkenntnis. Amtl. Ber. d. 50. Versamml. dtsch. Naturf. u. Ärzte in München 1877, 25–41, München 1877.
–, Die Micellartheorie. OSTWALD's Klassiker der exakten Wissensch. Nr. 227. Leipzig 1928.
Biogr.: Ber. d. dtsch. bot. Ges. **9**, (26)–(42), 1891 (S. SCHWENDENER); GOEBEL, K., Gedächtnisrede auf Karl von NÄGELI (Bayer. Akad. d. Wissensch., München 1893); CRAMER, C., Leben und Wirken von Carl Wilhelm von Nägeli (Zürich 1896); Vierteljahrsschr. d. naturf. Ges. Zürich **62**, XXI–XXV, 1917 (H.C. SCHELLENBERG); Internation. Monatsschr. f. Wissensch., Kunst u. Technik **12**, 63–84, Berlin 1917 (A. ENGLER).

13 JOHANNES HANSTEIN (1822–1880) war Professor der Botanik in Bonn. Seine 1868 dargelegte «Histogen-Theorie», nach welcher am Vegetationspunkt der Angiospermen drei selbständige Meristemschichten (Dermatogen, Periblem und Plerom) vorliegen, wurde erst 1924 durch die von JOH. BUDER und seine Schüler (bes. A. SCHMIDT) begründete «Tunica-Corpus-Theorie» ersetzt. Näheres hierüber in: KAUSSMANN, B., Pflanzenanatomie, Jena 1963 (S. 120ff.).
Biogr.: Bot. Zeitung **39**, 233–242, 1881 (H. VÖCHTING); Leopoldina **17**, 75–80, 1881 (F. SCHMITZ); HANSTEIN, J., Über die Entwicklung des botan. Unterrichts an den Universitäten, Bonn 1880 (mit Nekrolog von J.B. MEYER).

14 Das Wort «Micell» hat nichts mit «Zelle» zu tun, sondern ist eine Verkleinerungsform des lateinischen Wortes mica = Krümchen, Körnchen (Einzahl: das Micell, Mehrzahl: die Micelle).

15 STRASBURGER, E., Die Coniferen und Gnetaceen. Jena 1872.
–, Über die Bedeutung phylogenetischer Methoden für die Erforschung lebender Wesen. Jena 1874.
–, Über Zellbildung und Zellteilung. Jena 1875. 2. Aufl. 1876. 3. Aufl. 1880.
–, Die Angiospermen und die Gymnospermen. Jena 1879.
–, Die Ontogenie der Zelle seit 1875. Progressus rei botanicae **1**, 1–138. Jena 1907.
–, Über Bau und Verrichtung der Leitungsbahnen in den Pflanzen. Jena 1891.
–, Streifzüge an der Riviera. 3. Aufl. Jena 1913.
Biogr.: Ber. d. dtsch. bot. Ges. **30**, (61)–(86), 1913 (G. KARSTEN); Münch. mediz. Wochenschrift, Jg. 1912, No. 26 (E. KÜSTER); Archiv f. Zellforschung **9**, 1–40, 1912 (G. TISCHLER); HRYNIEWIECKI, B., Eduard Strasburger, Bibliotheka Botaniczna (Wydawniotwo Polskiego Towarzystwa Botanicznego) Tom 5, Warszawa 1938.

16 SCHMITZ, FR., Die Chromatophoren der Algen. Verh. d. naturw. Ver. d. Rheinl. u. Westf. **40**, 1–247. 1885.
–, Beiträge zur Kenntnis der Chromatophoren. Jb.f. wiss. Bot. **15**, 1–177, 1884.
FRIEDRICH SCHMITZ (1850–1859) war Professor der Botanik in Greifswald.
Biogr.: Ber. d. dtsch. bot. Ges. **13**, (47)–(53), 1895 (P. FALKENBERG).

17 SCHIMPER, A.F.W., Über die Entwicklung der Chlorophyllkörner. Bot. Ztg. **41**, 105–112, 121–131, 137–146, 153–162. 1883.
–, Untersuchungen über die Chlorophyllkörner. Jb. f. wiss. Bot. **16**, 1–247. 1885. Über SCHIMPER s.Kap. 18.

18 KÜSTER, E., Pathologische Pflanzenanatomie. Jena 1903 (3. Aufl. 1925).
–, Die Gallen der Pflanzen. Leipzig 1911.
–, Pathologie der Pflanzenzelle. Protoplasma-Monographien **3** und **13**. Berlin 1929, 1937.
–, Anatomie der Gallen. Handbuch der Pflanzenanatomie **5**/1. Berlin 1930.
–, Die Pflanzenzelle. Jena 1935. 3. Aufl. 1956.
Biogr.: KÜSTER, E., Erinnerungen eines Botanikers. Gießen 1956; Nachr. d. Gießener Hochschulgesellschaft **23**, 10–59, 1954 (W.J. SCHMIDT, K. HÖFLER, H.J. MARESQUELLE); DENFFER, D. VON, Über die stillen Bezirke des Gelehrten (Gießener Hochschulblätter **2**, Nr. 4, 1954).

19 VIRCHOW, R., Die Cellularpathologie. Berlin 1858 (4. Aufl. 1871). Neudruck 1971. Biogr.: ASCHOFF, L., Rudolf Virchow, Hamburg 1940 (2. Aufl. 1948); ACKERKNECHT, E., Rudolf Virchow. Stuttgart 1957.

20 Siehe Kap. 20, Anm. 20.

14. Die Entwicklungsgeschichte der Pflanzen

Die reinste Anschauung der Dinge hat, wer sie vom Anbeginn her wachsen sieht.
ARISTOTELES

Die vorwiegend auf Beschreibung und Klassifikation ausgerichtete Botanik des 18. Jahrhunderts beschäftigte sich fast ausschließlich mit dem erwachsenen, «fertigen» Zustand der Pflanzen. Der so verheißungsvolle Versuch von CASPAR FRIEDRICH WOLFF, die Gestalt der Organe bis zu ihrer Anlage am Vegetationspunkt zurückzuverfolgen, also ihre Entwicklung (Ontogenie im Sinne HAECKEL's) darzulegen, blieb so gut wie unbeachtet. Erst mehr als achtzig Jahre später wurde die Bedeutung der Entwicklungsgeschichte für das Verständnis der Pflanze, ihrer Organe und ihrer Gewebe wieder erkannt und geradezu in den Mittelpunkt der Forschung gestellt, und zwar durch einen Mann, der wie ein Wirbelwind in die Botanik einbrach: MATTHIAS JACOB SCHLEIDEN[1] (Abb. 96).

SCHLEIDEN's Leben war alles andere als das eines stillen Gelehrten. Er wurde 1804 in Hamburg als Sohn eines Arztes geboren. Nach dem Besuch des dortigen Gymnasiums studierte er in Heidelberg Rechtswissenschaft und wurde dort mit 22 Jahren zum Dr. juris promoviert. In Hamburg ließ er sich als Rechtsanwalt nieder. Der geringe Erfolg seiner Praxis und die innere Unzufriedenheit mit seinem Beruf veranlaßten ihn, die Jurisprudenz aufzugeben und in Göttingen Medizin zu studieren.[2] Hier begeisterte ihn FRIEDRICH GOTTLIEB BARTLING (einer der wenigen deutschen Botaniker, die sich damals um die Weiterbildung des natürlichen Systems bemühten) für die Botanik. Dieses Studium setzte er in Berlin bei seinem Onkel JOHANN HORKEL fort. Viele Anregungen verdankte SCHLEIDEN einerseits ALEXANDER VON HUMBOLDT[3], andererseits ROBERT BROWN, der damals in Berlin weilte und den SCHLEIDEN neben MALPIGHI als den bedeutendsten Botaniker ansah. 1839 siedelte SCHLEIDEN nach Jena über, wurde zum Dr. phil. (bald darauf von der Universität Tübingen auch zum Dr. med. h. c.) promoviert und schließlich zum außerordentlichen Professor an der Universität Jena ernannt. Hier beeindruckte ihn aufs stärkste der Philosoph J. FR. FRIES, der damals fast allein inmitten des Strudels der romantischen Naturphilosophie stand. Die auf KANT aufbauende Erkenntnistheorie von FRIES bildete die Grundlage für SCHLEIDEN's Methodologie der Botanik. Nach Ablehnung eines Rufes nach Gießen wurde SCHLEIDEN zum ordentlichen Professor ernannt. Er las nicht nur botanische Kollegia, sondern auch eine Vorlesung über Anthropologie, die von einer großen Hörerschaft aus allen Fakultäten besucht war. Auch hielt er formvollendete allgemeinverständliche Vorträge, die er unter dem Titel «Die Pflanze und ihr Leben» herausgab, ein Buch, das 6 Auflagen erlebte und ins Englische, Französische und Holländische übersetzt wurde. SCHLEIDEN hat wohl als erster zusammen mit dem Mineralogen E. E. SCHMID[5]

Abb. 96. Matthias Jacob Schleiden (1804–1881)

1843 ein «Physiologisches Praktikum» in den botanischen Hochschulunterricht eingeführt. Hier wurden mikroskopische Untersuchungen durchgeführt und die für das Verständnis der Lebensvorgänge wichtigen physikalischen und chemischen Methoden geübt. Dieses Praktikum wurde bald darauf zu einem «Physiologischen Institut» erweitert, das durch einen ununterbrochenen persönlichen Verkehr zwischen Professoren und Studenten ausgezeichnet war. Auf seinen Exkursionen führte Schleiden seine Studenten nicht nur in die Formenkenntnis, sondern auch in das natürliche System ein und zeigte ihnen die Abhängigkeit der Pflanzen von Klima und Boden.[6] – Während der Revolutionsjahre 1848/49 wandte sich Schleiden weitgehend der Politik zu (als Angehöriger des gemäßigten «Volksvereins») und zog sich mehr und mehr von der Botanik zurück.

Seine Theorien wurden widerlegt, viele Fachgenossen hatte er mit seiner Polemik verletzt. So legte er 1862 seine Professur nieder und ging nach Dresden, wo er der russischen Großfürstin Helene Paulowna naturwissenschaftliche Vorträge hielt. Im Jahre darauf wurde er als Professor der Anthropologie und russischer Staatsrat nach Dorpat berufen, geriet aber bald mit der dortigen orthodoxen Geistlichkeit in Konflikt. So siedelte er wieder nach Dresden über, wo er acht Jahre blieb und seine Werke über «Das Meer», «Die Rose, Geschichte und Symbolik» und «Das Salz» schrieb. Seine letzten Lebensjahre verbrachte SCHLEIDEN in Darmstadt, Wiesbaden und Frankfurt, wo er 1881 im Alter von 77 Jahren nach einem bewegten und an Kämpfen reichen Leben entschlief.

Um SCHLEIDEN's Bedeutung zu würdigen, müssen wir uns den Zustand der Botanik im ersten Drittel des vorigen Jahrhunderts vergegenwärtigen. Systematiker LINNÉscher Prägung beherrschten in Deutschland das Feld – das natürliche System wurde außerhalb Deutschlands weiterentwickelt. Für viele Botaniker galt noch der Ausspruch von LINNÉ's Lehrer BOERHAAVE (1727): «Botanica est scientiae naturalis pars, cuius ope felicissime et minimo negotio plantae cognoscuntur et in memoria retinentur.» Man war, wie SCHLEIDEN schreibt, «daran gewöhnt, den Botaniker für einen Krämer in barbarisch-lateinischen Namen anzusehen, für einen Mann, der Blumen pflückt, sie benennt, trocknet und in Papier wickelt, und dessen ganze Weisheit in Bestimmung und Classification dieses künstlich gesammelten Heus aufgeht.»

Auf der anderen Seite stand die sog. «Naturphilosophie» von SCHELLING und HEGEL in voller Blüte. Selbst begabte Botaniker, wie NEES VON ESENBECK und UNGER, vermochten sich ihrem Einfluß nicht zu entziehen. Nur wenige Männer, z.B. HUGO VON MOHL, blieben von dieser Naturphilosophie unberührt. Bei SCHELLING («Darstellung meines Systems» 1801) lesen wir: «Die Materie im ganzen ist als ein unendlicher Magnet anzusehen.» Also «sind alle Körper Metamorphosen des Eisens». «Der potenzierte Pol der Erde ist das Gehirn der Tiere, und unter diesen des Menschen.» «Das Bestreben der Metamorphose im Tierreich geht durchgängig auf die reinste und potenzierteste Darstellung des Stickstoffs.» «Das Geschlecht ist die Wurzel des Tieres. Die Blüte ist das Gehirn der Pflanzen.» Oder bei D.G. KIESER («Aphorismen aus der Physiologie der Pflanzen» 1808): «Magnetismus, Elektrismus, Chemismus bilden die heilige Trias der Qualitäten der organischen Natur. Diese Trias findet ihr Entsprechendes in aller Organisation ... Unter den auf dem Erdkörper vorhandenen Welten der Organismen bildet die Pflanzenwelt den Magnetismus, das Tier den Elektrismus, der Mensch den Chemismus.» Ein letztes Beispiel sei dem «Handbuch der Botanik» von CH.G. NEES VON ESENBECK (1820/21) entnommen: «Die Pflanze repräsentiert die ganze Längenachse der Erde, sie zerfällt also als Ganzes in zwei Pole. Der eine Pol ist der Pilzpol, Nordpol, der der Erde zugerichtet ist. Der zweite geht nach oben und ist der eigentliche Südpol der Erde in organischer Besonderheit.»

Die Gesundung von dieser auf Deutschland beschränkten Art der Naturphilosophie, die LIEBIG den «schwarzen Tod des Jahrhunderts» nannte, «konnte nur von einem planmäßig geführten Kampfe erreicht werden, in welchem schonungslos die ganze Nichtigkeit der beliebten Phantastereien, des Spielens mit inhaltsleeren Begriffen aufgedeckt wurde» (STAHL). Diesen Kampf führte SCHLEIDEN mit seinem Werke «Grundzüge der wissenschaftlichen Botanik» (1842)[7], und zwar mit solcher Schärfe, daß in kurzer Zeit der ganze naturphilosophische Spuk aus der Botanik verschwand. Die Zielsetzung des Buches wird noch durch den seit der 2. Auflage beigefügten Obertitel gekennzeichnet: «Die Botanik als induktive Wissenschaft.»

Zwei Richtungen wollte SCHLEIDEN, wie er selbst sagt, entgegentreten: den «SCHELLINGschen Phantastereien, die sich spekulative Naturphilosophie nannten» und «dem in der Botanik noch in voller Macht stehenden trivialen Empirismus». Er wollte die «kindlichen und kindischen Tändeleien einer scientia amabilis in den männlichen Ernst einer induktiven Wissenschaft hinüberführen.»

Das Buch beginnt mit einer heute noch lesenswerten methodologischen Einleitung, welche die philosphischen Grundlagen, besonders JACOB FRIEDRICH FRIES folgend, darlegt, die Aufgaben der Botanik und die Methoden zu ihrer Lösung aufzeigt und die Induktion in ihrer Anwendung auf die Botanik behandelt.

Die «Grundzüge» weichen in vielen Punkten von den üblichen Lehrbüchern der Botanik (auch den heutigen!) ab. Schon das Faust-Zitat auf dem Titelblatt ist für ein Lehrbuch ungewöhnlich: «Ich bild' mir nicht ein, was Rechtes zu wissen.» Nicht reiner Wissensstoff wird vorgetragen, sondern überall wird auf ungeklärte Fragen hingewiesen, werden eigene Gedanken entwickelt. Die meisten Botaniker werden mit Schärfe, oft mit beißendem Sport kritisiert; von den Zeitgenossen bleiben nur ROBERT BROWN und HUGO VON MOHL verschont. So wird der Leser auf jeder Seite gefesselt und zur eigenen Stellungnahme angeregt.

Daß die «Grundzüge» von den älteren Botanikern, die sich ja fast sämtlich mehr oder weniger scharfe Kritik gefallen lassen mußten, nicht gerade wohlwollend empfangen wurden, ist verständlich. Nicht alle waren so ehrlich wie FRANZ UNGER, der an seinen Freund STEPHAN ENDLICHER schrieb, mit dem zusammen er ein von SCHLEIDEN stark kritisiertes Lehrbuch verfaßt hatte: «Was ich zu SCHLEIDEN sage? Er ist ein ganz vortrefflicher Kerl, obwohl ich nicht überall mit ihm einverstanden bin. An einem solchen Mann hat es uns schon lange gefehlt. Er ist es, nicht wir, der in der Wissenschaft eine neue Epoche beginnt. Unser Werk verhält sich zu SCHLEIDEN's «Grundzügen» wie die Vermittlung von alter und neuer Zeit zum gewaltsamen Einbruch der letzteren».[8] Einen mächtigen Eindruck machten die «Grundzüge» auf die Jugend. Dies bezeugten HOFMEISTER, DE BARY, NÄGELI, PRINGSHEIM u.a., die damals zur jungen Generation gehörten.

Zwei Sätze aus der methodologischen Einleitung kennzeichnen die Zielsetzung und zugleich die Schwerpunkte von SCHLEIDENS wissenschaftlicher Leistung:

1. «Jede Hypothese, jede Induktion in der Botanik ist unbedingt zu verwerfen, welche nicht durch die Entwicklungsgeschichte orientiert ist.»
2. «Jede Hypothese, jede Induktion ist unbedingt zu verwerfen, welche nicht darauf abzielt, die an der Pflanze vorgehenden Prozesse als Resultat der an den einzelnen Zellen vor sich gehenden Veränderungen zu erklären.»

SCHLEIDEN's Bedeutung als Zellforscher und Begründer der Zellenlehre haben wir bereits früher gewürdigt. Hier müssen wir noch näher auf seine Leistungen auf dem Gebiete der Entwicklungsgeschichte eingehen. Bereits im Kapitel «Die ersten Mikroskopiker» haben wir erfahren, daß CASPAR FRIEDRICH WOLFF durch seine Dissertation «Theoria generationis» (1759) die botanische Entwicklungsgeschichte begründet und sowohl Blätter als auch Blüten bis zu

Abb. 97. WILHELM HOFMEISTER (1824–1877)

Abb. 98. ANTON DE BARY (1831–1888)

ihrer Anlage am Vegetationspunkt zurückverfolgt hat. WOLFF aber fand keinerlei Nachfolger. Erst SCHLEIDEN hat mehr als 80 Jahre später die botanische Entwicklungsgeschichte nicht nur durch Spezialuntersuchungen gefördert, sondern geradezu in den Mittelpunkt der wissenschaftlichen Botanik gestellt. Der Leguminosenblüte widmet SCHLEIDEN[9] eine umfangreiche Untersuchung; er stellt fest, daß die Blüte von *Lupinus* vollkommen regulär angelegt wird, die Zygomorphie also durch ungleiches Wachstum der Kelch- und Kronblätter zustandekommt, ferner, daß alle Blütenteile als grüne Blättchen angelegt werden, daß nur ein adaxial offenes Karpellblatt vorhanden ist, daß von den zwei Integrumenten nur eines sich zur Samenschale differenziert usw. Was SCHLEIDEN mit dieser Abhandlung begonnen, hat JEAN BAPTISTE PAYER[10] für alle Pflanzenfamilien durchgeführt und in einem bis heute unübertroffenen «Traité d'organogénie végétale comparée de la fleur» (1857) dargestellt.

Die meisten Abhandlungen SCHLEIDEN's haben ihren Schwerpunkt in der Entwicklungsgeschichte, so seine Untersuchungen über die Bildung der Zellen (siehe Kap. «Bau und Entwicklung der Pflanzenzelle»), über Befruchtung und Embryobildung (siehe Kap. «Sexualität, Bestäubung und Befruchtung»), über das «Albumen»[11] u.a. Vor allem aber in den «Grundzügen» ist die Entwicklungsgeschichte in den Vordergrund gestellt und ist bis heute ein wichtiges Forschungsprinzip geblieben; sie in die botanische Wissenschaft eingeführt zu haben, bleibt das große Verdienst SCHLEIDEN's.

Unter den Botanikern, die durch SCHLEIDEN's «Grundzüge» besonders für die Entwicklungsgeschichte gewonnen wurden, steht an vorderster Stelle WILHELM HOFMEISTER[12] (Abb. 97), der als erster den Generationswechsel der Pflanzen erkannt hat. Er wurde 1824 als Sohn eines Musikalienhändlers in Leipzig geboren und besuchte die dortige Oberrealschule, deren Prinzip es war, die Schüler vor allem zum Selbstdenken anzuregen. Der Vater sammelte eifrig Pflanzen, hatte ein umfangreiches Hebarium zusammengebracht und seinen Garten am Rande der Stadt geradezu zu einem kleinen botanischen Garten gestaltet. Aber der Sohn war, trotz Mithilfe von LUDWIG REICHENBACH, nicht für die Botanik zu gewinnen, sondern sammelte Käfer und Schmetterlinge. Daneben musizierte er eifrig; das Geigenspiel lernte er ohne Lehrer. Mit 15 Jahren trat er als Volontär in eine Hamburger Musikalienhandlung ein. In seiner Freizeit trieb er eifrig Mathematik und Naturwissenschaften und sammelte weiterhin Schmetterlinge. Nach 2 Jahren kehrte er in das väterliche Geschäft nach Leipzig zurück. Schließlich fand er doch Interesse an der Botanik und begann als 19jähriger, angeregt durch SCHLEIDEN's soeben erschienene «Grundzüge», mit entwicklungsgeschichtlichen Studien, die er mit solchem Eifer durchführte, daß er 1847 seine erste wissenschaftliche Arbeit über die Befruchtung der Oenotheren[13] veröffentlichen konnte.

Zwei Jahre später folgt eine umfangreiche Abhandlung über «Die Entstehung des Embryo der Phanerogamen», worin die Befruchtungstheorie SCHLEIDENS widerlegt wird (siehe Kap. «Sexualität, Bestäubung und Befruchtung»). Daraufhin verleiht die Universität Rostock auf Antrag von J. ROEPER und aufgrund eines Gutachtens von H. VON MOHL dem 26jährigen Musikalienhändler die Würde eines Dr. h. c. und die Sächsische Akademie der Wissenschaften ernennt ihn zum Mitgliede. 1851 erscheint HOFMEISTER's Hauptwerk, das uns noch näher beschäftigen wird: «Vergleichende Untersuchungen der Keimung, Entfaltung und Fruchtbildung höherer Kryptogamen und der Samenbildung der Coniferen», und zwar im Verlag seines Vaters Friedrich Hofmeister. Diese bewundernswerte Arbeit, der noch weitere entwicklungsgeschichtliche Veröffentlichungen[13] folgen, leistet er neben seinem kaufmännischen Beruf. Meist stand er um 5 Uhr auf, um vor der Geschäftszeit einige Stunden mikroskopieren und zeichnen zu können. 1863 wurde der 39jährige Buchhändler – ohne Abitur und ohne Studium – vom Großherzoglich-Badischen Ministerium über die Köpfe der Fakultät hinweg auf das 9 Jahre vakante Ordinariat für Botanik der Universität Heidelberg berufen, wo damals KIRCHHOFF, HELMHOLTZ, ERLENMEYER, TREITSCHKE und andere bedeutende Gelehrte wirkten. Hier entfaltete HOFMEISTER eine erfolgreiche Tätigkeit, vor allem im Laboratorium für Fortgeschrittene, wo nicht nur mikroskopiert, sondern auch experimentell-physiologisch gearbeitet wurde. Hier entstanden auch die bedeutenden Werke «Die Lehre von der Pflanzenzelle» (1867) und «Allgemeine Morphologie der Gewächse» (1868), welche früher (Kap. 11 und 13) bereits gewürdigt worden sind. 1872 wurde HOFMEISTER als Nachfolger von HUGO VON MOHL nach Tübingen berufen. Nur noch kurze Wirksamkeit war ihm beschieden. Er starb 1877 im Alter von 52 Jahren, nachdem seine erste Frau und sechs seiner neun Kinder ihm im Tode vorausgegangen waren.

Wenngleich die Arbeiten HOFMEISTER's über die Befruchtung und Embryobildung, wie wir früher gesehen haben (Kap. 10), für die Kenntnis dieser Entwicklungsvorgänge entscheidend waren, so stellt doch sein Werk «Vergleichende Untersuchungen der Keimung, Entfaltung und Fruchtbildung höherer Kryptogamen und der Samenbildung der Coniferen» (1851) den Höhepunkt seiner Forscherleistung dar. Um den Fortschritt, den dieses Werk brachte, voll zu verstehen, müssen wir uns zunächst den Kenntnisstand vor HOFMEISTER vor Augen halten.

Beginnen wir mit den Moosen. Die Mooskapseln, in der die Sporen entstehen, hielten J.J. DILLENIUS («Historia muscorum» 1741) und ihm folgend LINNÉ für Antheren. Doch bald darauf (1747) entdeckte der Erlanger Mediziner CASIMIR CHRISTOPH SCHMIEDEL[14] die Antheridien der Lebermoose, beobachtete ihre Entleerung und hielt sie für männliche Organe; die sporenführende Mooskapsel vergleicht er mit der samenführenden Frucht der Phanerogamen. JOHANNES HEDWIG (vgl. Kap. 7) fand bei vielen Laubmoosen die Antheridien und «Pistillidien», welche letztere G.W. BISCHOFF Archegonien nannte; man stellte sich jedoch vor, daß das ganze Archegonium zur Mooskapsel heranwächst. HOFMEISTER entdeckte die Eizelle im Archegonium und verfolgte bei zahlreichen Leber- und Laubmoosen ihre Entwicklung nach der Befruchtung bis zur fertigen Mooskapsel.

Auch bei den Farnen war vor HOFMEISTER die Situation unklar. Schon MALPIGHI (s. Kap. 7) beschrieb 1671 den Bau der Farnsporangien und die Ausschleuderung der Sporen, die er mit den Samen der Phanerogamen verglich. Das aus den Sporen hervorgehende Prothallium hielt noch G.F. KAULFUSS (1824), der die Sporenkeimung von *Pteris serrulata* genauer verfolgte, für das Keimblatt der Farne. Dieselbe Spezies benutzte Graf J. LESZCZYC-SUMINSKI[15] für seine Untersuchungen «Zur Entwicklungsgeschichte der Farnkräuter» (1848). Er beobachtete, wie die «Spiralfäden» (Spermatozoiden) aus dem Antheridium austreten, umherschwärmen und in das (von ihm entdeckte) Archegonium eindringen; er faßte jedoch das letztere als nackte «Samenknospe» auf und meinte, daß der Embryo unmittelbar aus dem «Spiralfaden» hervorginge. Die Verhältnisse blieben unklar, bis HOFMEISTER den Sachverhalt eindeutig darlegte.

Als ein wichtiges Bindeglied zwischen Kryptogamen und Phanerogamen erwiesen sich die heterosporen Pteridophyten: Hydropterides (= «Rhizocarpeen») und *Selaginella*. Daß die Megasporen nur Keimpflanzen entwickeln, wenn sie mit Mikrosporen zusammen ausgesät werden, war schon zu Anfang des vorigen Jahrhunderts bekannt. SCHLEIDEN behauptete, die Mikrosporen würden (wie ein Pollenkorn) einen Keimschlauch austreiben, der in das Megaprothallium (von SCHLEIDEN «Kernwarze» genannt) eindringt und sich dort zum Embryo weiterentwickelt. HOFMEISTER erkannte, daß die vermeintlichen Keimschläuche die obersten Zellen des Archegoniumhalses sind und daß die junge Pflanze aus der im Archegonium liegenden Zelle (der Eizelle) hervorgeht und zwar kurze Zeit, nachdem aus den Mikrosporen die «Spiralfäden» (Spermatozoiden) ausgeschlüpft sind. Damit war auch die Entwicklung der heterosporen Pteridophyten geklärt.

Bei den Coniferen war die Sachlage, trotz guter und richtiger Beobachtungen BROWN's, noch völlig unklar. HOFMEISTER stellte fest, daß die Megaspore das Megasporangium nicht verläßt, daß das sog. «Albumen» das Megaprothallium darstellt, welches mehrere Archegonien trägt, und daß die Pollenkörner den Mikrosporen entsprechen, und verfolgte den Pollenschlauch bis zu den Archegonien. HOFMEISTER vermutete, daß sich im Inneren des Pollenschlauchs Spermatozoiden bilden, was sich ja später durch die Entdeckung der letzteren bei *Ginkgo* (durch den Japaner S. HIRASÉ 1895) und bei den Cycadeen (durch den Japaner S. IKENO 1896) für die primitiven Gymnospermen bestätigt hat.

HOFMEISTER faßt das Ergebnis seiner Untersuchungen folgendermaßen zusammen: «Der Vergleich des Entwicklungsganges der Laub- und Lebermoose einerseits, der Farne, Equisetaceen, Rhizocarpeen und Lycopodiaceen andererseits zeigt die vollste Übereinstimmung der Fruchtbildung der einen mit der Embryobildung der anderen. Das Archegonium der Moose, innerhalb dessen die Fruchtanlage entsteht, ist vollkommen gleich gebaut dem Archegonium der Farne (im weitesten Sinne), dem Teile des Prothalliums, in dessen Innerem der Embryo der wedeltragenden Pflanze entsteht... Bei beiden unterbleiben die Teilungen der Centralzelle des Archegoniums, wenn nicht zu der Zeit, da der Scheitel desselben aufbrach, Samenfäden zu demselben gelangen. Moose und Farne bieten somit eines der auffälligsten Beispiele eines regelmäßigen Wechsels zweier in ihrer Organisation weit verschiedener Generationen. Die erste derselben, aus der keimenden Spore hervorgegangen, entwickelt Antheridien und Archegonien. In der Zentralzelle des Archegoniums entsteht in Folge der Befruchtung durch die aus dem Antheridien entleerten Spermatozoiden die zweite Generation, bestimmt, Sporen zu erzeugen... In mehr als einer Beziehung hält die Bildungsgeschichte des Embryo der Coniferen die Mitte zwischen den höheren Kryptogamen und den Phanerogamen...»

Damit war eine der wichtigsten Erscheinungen der Entwicklungsgeschichte der Pflanzen, der Generationswechsel[16], aufgedeckt, sein Ablauf bei den Bryophyten, Pteridophyten, Gymnospermen und Angiospermen dargelegt und die Homologisierung der Generationen bei diesen Gruppen eindeutig aufgezeigt worden.

HOFFMEISTER's Werk fand allgemeine Anerkennung und Bewunderung. Jedoch erst durch das «Lehrbuch der Botanik» von JULIUS SACHS (1868) wurden die Ergebnisse allgemein bekannt. Wie hoch HOFMEISTER's «Vergleichende Untersuchungen» gewertet wurden, erfahren wir am eindruckvollsten aus der «Geschichte der Botanik» von J. SACHS (1874): «Das Ergebnis dieser ‹Vergleichenden Untersuchungen› war ein so großartiges, wie es auf dem Gebiete der deskriptiven Botanik nicht zum zweiten Male vorgekommen ist. Das Verdienstliche zahlreicher wertvoller Einzelheiten... verschwand gegen den Glanz des großen Gesamtergebnisses, welches bei der Klarheit der Einzeldarstellung dem Leser schon einleuchtete, noch bevor er die wenigen Worte am Schluß des Werkes las, die in schlichter Weise das Resultat zusammenfaßten... Die Vorstellung von dem, was die Entwicklung einer Pflanze bedeute, war plötzlich eine andere, ganz neue geworden; die innere Verwandtschaft so außerordentlich verschiedener Organismen, wie der Lebermoose, Laubmoose, Farne, Equiseten, Rhizocarpeen, Selaginellen, Coniferen, Monocotylen und Dicotylen ließ sich mit einer Durchsichtigkeit der Verhältnisse überblicken, von der die bisherige Systematik nicht die entfernteste Vorstellung geben konnte. Der... Generationswechsel erwies sich als das oberste Entwicklungsgesetz, welches nach einem einfachen Schema die ganze lange Reihe dieser äußerst verschiedenen Pflanzen beherrscht... Als acht Jahre nach HOFMEISTER's vergleichenden Untersuchungen DARWIN's Deszendenzlehre erschien, lagen die verwandtschaftlichen Beziehungen der großen Abteilungen des Pflanzenreiches so offen, so tief begründet und so durchsichtig klar vor Augen, daß die Deszendenztheorie eben nur anzuerkennen brauchte, was hier die genetische Morphologie tatsächlich zur Anschauung gebracht hatte.»

Für die Spermatophyten, Pteridophyten und Bryophyten hatte WILHELM HOFMEISTER die Hauptzüge ihrer Entwicklungsgeschichte in vorbildlicher Weise aufgeklärt und dargestellt. Wie nicht anders zu erwarten, wurde in den folgenden

Jahrzehnten für die genannten Pflanzengruppen noch bedeutsame Einzelarbeit geleistet. Nur einige wichtige Fortschritte seien hervorgehoben. Die bereits erwähnte Entdeckung der Spermatozoiden bei *Ginkgo* (1895) und *Cycas* (1896) einerseits und die Auffindung und Rekonstruktion der fossilen Pteridospermen andererseits (vgl. Kap. 20) verknüpfte die Pteridophyten und Gymnospermen noch fester miteinander als dies schon durch HOFMEISTER's Homologisierung des Generationswechsels geschehen war. DOUGLAS CAMPBELL, FREDERICK BOWER und KARL GOEBEL verdanken wir nicht nur wertvolle Untersuchungen zur Entwicklungsgeschichte der Pteridophyten und Bryophyten, sondern auch vorzügliche, zusammenfassende Darstellungen dieser Pflanzengruppen.[17] Vor allem aber führte die Entdeckung der Chromosomen sowie der Äquations- und Reduktionsteilung (s. Kap. 13) zu einem vertieften Verständnis des Generationswechsels überhaupt.

In der ersten Hälfte des vorigen Jahrhunderts wurde die Arbeit, welche hundert Jahre früher CARL VON LINNÉ für die Blütenpflanzen geleistet hatte, nun auch für die Thallophyten (Algen, Pilze, Flechten) durchgeführt: die Erfassung und Beschreibung der Formen. Die umfangreichen, meist mit hervorragend schönen Tafeln geschmückten Werke von AGARDH[18], HARVEY[19] und KÜTZING[20] über die Algen, von NEES VON ESENBECK[21], FRIES[22] und CORDA[23] über die Pilze, von ACHARIUS[24] und NYLANDER[25] über die Flechten, ermöglichten es, die Gattungen und Arten eindeutig zu benennen. Die Erforschung ihrer Entwicklungsgeschichte setzte jedoch erst um die Mitte des vorigen Jahrhunderts ein, wobei sich die Entdeckungen in den zwei Jahrzehnten von 1855 bis 1875 geradezu überstürzten.

Planmäßige Studien zur Entwicklungsgeschichte der Algen wurden erstmals von dem Genfer Botaniker JEAN-PIERRE VAUCHER[26] durchgeführt. In seiner «Histoire des Conferves d'eau douce» (1803) schildert er bei *Spirogyra* und *Zygnema* die Vorgänge der Konjugation, die er bereits richtig als «fécondation» (Befruchtung) deutet, und beschreibt die Bildung neuer Netze in den Zellen von *Hydrodictyon*; die Antheridien und Oogonien der nach ihm benannten *Vaucheria* hat er zwar abgebildet, aber ihre Bedeutung noch nicht erkannt. In den folgenden Jahrzehnten wurden manche Einzelheiten entdeckt, aber eine intensivere Beschäftigung mit der Entwicklung der Algen wurde erst durch die vorbildlichen Arbeiten des französischen Botanikers THURET eingeleitet.

GUSTAVE ADOLPHE THURET[27] (Abb. 100[a]), 1817 in Paris geboren, anfangs Jurist, wurde durch einen Musiklehrer für die Botanik interessiert und nahm daraufhin Privatunterricht bei JOSEPH DECAISNE, der damals gerade an einem «Essai sur une classification des Algues» arbeitete und THURET zur Beschäftigung mit den Algen anregte. Einen Aufenthalt im Orient, zeitweise als französischer Gesandtschaftsattaché in Konstantinopel, wurde zum Studium der Algen benutzt, denen zuliebe er seinen Beruf aufgab und sich bei Cherbourg, später in Antibes bei Nizza ein Privatlaboratorium einrichtete. Hier entstanden seine äußerst sorgfältigen Arbeiten über die Entwicklung und Fortpflanzung der Braun- und Rotalgen, deren hervorragende Abbildungen heute noch einen Schmuck unserer Lehrbücher bilden. THURET starb 1875 in Nizza, als er mit der Zusammenstellung eines Tafelwerkes zur Histologie und Entwicklungsgeschichte der Meeresalgen beschäftigt war, welches posthum von seinem langjährigen Mitarbeiter EDOUARD BORNET herausgegeben wurde.

Schon die erste Abhandlung THURET's über die Zoosporen zahlreicher Grün-

Abb. 99. Nathanael Pringsheim (1824–1894)

Abb. 100. Ferdinand Cohn (1828–1898)

und Braunalgen brachte eine Fülle neuer Beobachtungen. Einen Markstein in der Geschichte der Botanik stellt seine Untersuchung über die Befruchtung von *Fucus* (1854) dar, die er erstmals schon zehn Jahre vorher beobachtet hatte. Männliche und weibliche Konzeptakeln von *Fucus vesiculosus*, die Antheridien und Spermatozoiden, die Oogonien und ihre Öffnungsweise, die Befruchtung der Eier sowie das Auskeimen der Zygoten werden auf wenigen Seiten geschildert und auf vier Tafeln dargestellt (vgl. Strasburger, Lehrbuch der Botanik, 30. Aufl., Fig. 441–442).

Diese musterhafte Arbeit Gustave Thuret's wirkte wie ein Katalysator, so daß die Veröffentlichungen über die Fortpflanzungsvorgänge von Algen und Pilzen in dichter Folge erschienen. Vor allem war es Pringsheim, der dem französischen Vorbild gleichsam auf dem Fuße folgte und ihm an Sorgfalt und Beobachtungsgabe nicht nachstand.

Nathanael PRINGSHEIM (1824–1894)[28] (Abb. 99) studierte Medizin und Naturwissenschaften in Breslau und Leipzig, wo ihm der Botaniker G. Kunze riet, sich ein Mikroskop zu kaufen und Schleiden's «Grundzüge» zu studieren. Pringsheim folgte dem Rat und konnte bereits zwei Jahre später (1847) der philosophischen Fakultät der Universität Berlin eine Dissertation über die Entwicklungsgeschichte der Zellen der Samenschale vorlegen. Die von ihm bei seiner Promotion aufgestellten und verteidigten Thesen zeigen den Schüler Schleidens: Cellula est individuum; Microscopium observatorem non fallit; Doctrinae metaphysicae non existunt. 1850 habilitierte sich Pringsheim in Berlin und richtete sich dort ein Privatlaboratorium ein. 1864 wurde er nach Jena als Nachfolger Schleiden's berufen, kehrte aber vier Jahre später wieder nach Berlin zurück. Viele junge Botaniker arbeiteten in seinem Laboratorium, z.B. Vöchting, Pfeffer, Tschirch, Reinke u.a. Auf seine Initiative schlossen

Abb. 100a. Gustave Thuret (1817–1875)

Abb. 100b. Louis Thulasne (1816–1884)

sich die deutschen Botaniker 1882 zur «Deutschen Botanischen Gesellschaft» zusammen. Zwischen 1852 und 1871 verbrachte PRINGSHEIM oft einige Sommermonate auf Helgoland, in Cherbourg, in Cannes oder an der Riviera, um Forschungen an Meeresalgen durchzuführen, also zu einer Zeit, als es noch keine Meeresstationen gab; die Zoologische Station in Neapel wurde 1873, die Biologische Anstalt auf Helgoland erst 1892 gegründet (Näheres s. Kap. 19).

Unmittelbar nach dem Erscheinen von THURET's Abhandlung über die Befruchtung von *Fucus* ging PRINGSHEIM nach Helgoland, prüfte THURET's Angaben nach und konnte sie vollauf bestätigen. Bald darauf nahm er die einfach gebaute, schon von VAUCHER untersuchte Süßwasseralge *Vaucheria* vor. Die Ergebnisse legte er 1855 in einer Abhandlung dar, die der *Fucus*-Arbeit THURET's an Bedeutung gleichkommt: «Die Befruchtung und Keimung der Algen und das Wesen des Zeugungsaktes.» PRINGSHEIM beobachtete, daß das Oogonium beim Öffnen einen Schleimtropfen abscheidet, daß an der Eizelle sich ein besonderer Empfängnisfleck bildet, daß die Spermatozoiden nach ihrem Austritt aus dem Antheridium in großer Zahl in die schnabelförmige Öffnung des Oogoniums sich hineindrängen und sie ganz erfüllen, daß schließlich ein Spermatozoid in die Eizelle eindringt, worauf diese sich sofort mit einer Hautschicht abgrenzt, während die übrigen Spermatozoiden im Oogoniumschnabel zugrunde gehen. Die Zygoten (damals Sporenfrüchte genannt) sah PRINGSHEIM nach einer Ruhezeit von drei Monaten zu einem neuen *Vaucheria*-Faden auskeimen, wie er es früher schon bei den *Spirogyra*-Zygoten gesehen hatte. Aus diesen Fragestellungen zieht er den Schluß, daß «der Zeugungsakt jetzt innerhalb einer der niedrigsten Abteilungen des Gewächsreiches genauer bekannt ist als bei irgendeiner anderen höheren Pflanze oder einem Tiere, und ferner, daß das Geschlecht eine durchgreifende Eigentümlichkeit aller Organismen ist, welche bei den am höchsten organisierten

Tieren wie bei den einfachsten Zellpflanzen in wunderbarer Analogie sich offenbart». Die *Vaucheria*-Abhandlung PRINGSHEIM's läßt zugleich die Arbeitsweise ihres Autors erkennen: sorgfältigste, oftmals wiederholte und gesicherte Beobachtung der Gestalten und Vorgänge, kritische Betrachtung der Angaben früherer Autoren und Ableitung allgemeiner Gesetzmäßigkeiten.

In den darauffolgenden Jahren klärte PRINGSHEIM in gleicher Weise die Fortpflanzung von *Oedogonium* mit ihren sonderbaren «Zwergmännchen» und von *Coleochaete* mit ihrem deutlichen Generationswechsel, beobachtete er die Kopulation zweigeißeliger Schwärmer von *Pandorina*, beschrieb die Fortpflanzungsverhältnisse der Saprolegnien (die er wegen der bei höheren Pilzen nicht vorkommenden Zoosporen zu den Algen rechnete), die Keimungsgeschichte von *Chara* usw.

Zur gleichen Zeit wie PRINGSHEIM beschäftigte sich FERDINAND COHN[29] (1828–1898; Abb. 100) mit der Entwicklungsgeschichte niederer Pflanzen. Im selben Jahr, in dem PRINGSHEIM's *Vaucheria*-Abhandlung erschien (1855), klärte COHN die Fortpflanzungsverhältnisse der Süßwasser-Alge *Sphaeroplea*. Im Sommer zuvor war ein Kartoffelacker bei Breslau von der Oder überschwemmt worden; es blieb ein anfangs grüner, dann roter Filz von *Sphaeroplea* zurück. Die Sporen brachte COHN im nächsten Frühjahr zur Keimung, beobachtete die vegetative Entwicklung der Algenfäden, die Bildung von Oogonien und Antheridien, der Eier und Spermatozoiden, die Befruchtung und die Umhüllung der Zygote (Dauerspore). Bald darauf klärte Cohn auch die Fortpflanzung von *Volvox* und *Stephanosphaera* sowie die Entwicklung der Pilze *Pilobolus* und *Empusa muscae*, deren Konidienabschleuderung schon GOETHE beschrieben hatte. Besonderen Einfluß nahm COHN (1853 und 1871–76) auf den Fortschritt der Bakteriologie. Er ordnete als erster die damals noch zu dem Tierreich gerechneten Bakterien dem Pflanzenreich zu und stellte sie neben die Cyanophyceen. Er wies nach, daß die taxonomischen Begriffe «Gattung» und «Art» auch auf die Bakterien anwendbar; schon EHRENBERG hatte 1838 die Gattungen *Bacterium, Vibrio, Spirillum* und *Spirochaete* unterschieden, während der Mediziner BILLROTH noch 1874 meinte, alle Bakterienformen seien Entwicklungsstadien einer einzigen, zu starker Umbildung neigenden Art. Vor allem aber führte COHN die Verwendung sterilisierter Nährböden und und schuf damit die wichtigste Grundlage der bakteriologischen Methodik. Schließlich war es COHN, der als erster ROBERT KOCHS Bedeutung erkannte, ihn zu dem denkwürdigen Vortrag und zur Vorweisung seiner Versuche nach Breslau einlud (30. 4. 1875) und seine erste Arbeit «Über die Ätiologie der Milzbrandkrankheit, begründet auf die Entwicklungsgeschichte des Bacillus anthracis» 1876 in den 2. Band der von ihm begründeten Zeitschrift «Beiträge zur Biologie der Pflanzen» aufnahm.

Wie bei den Algen so ging auch bei den Pilzen[30] der Anstoß zur sorgfältigen Untersuchung der Entwicklungsgeschichte von Frankreich aus, und zwar durch LOUIS RENÉ TULASNE (1815–1885)[31] (Abb. 100[b]). Er war wie THURET ursprünglich Jurist, beschäftigte sich aber nebenher so intensiv mit Botanik, daß er 1842 als «aide-naturaliste» am Muséum d'histoire naturelle in Paris angestellt und 1854 zum Mitglied der Pariser Akademie ernannt wurde. Zunächst widmete er sich vorwiegend den Phanerogamen, verfaßte umfangreiche Monographien der Podostemonaceen und Monimiaceen und trat SCHLEIDEN's Befruchtungstheorie entgegen. Bald fesselten ihn auch die Pilze und deren mikroskopische Untersuchung, über die er in zahlreichen Abhandlungen, vielfach zusammen mit seinem jüngeren Bruder CHARLES TULASNE (1816–1884), berichtete. Manchen der hervorragenden Zeichnungen, die diesen Arbeiten beigegeben sind, begegnen wir heute noch in den Lehr- und Handbüchern der Botanik.

TULASNE untersuchte verschiedene hypogäische Pilze und Gastromyceten hinsichtlich ihrer Lebensweise, der Morphologie und Entwicklung der Fruchtkörper sowie der Bildung der Sporen, verfolgte die Lebensgeschichte des Mutterkorns und der Rost- und Brandpilze. So erhoben sich die von TULASNE erforschten Pilzgruppen wie Inseln aus dem unendlichen Ozean der von den Systematikern beschriebenen Gattungen und Arten.

Eine bedeutende Vertiefung erfuhr unsere Kenntnis vom Entwicklungsablauf der Pilze durch A. DE BARY, der nicht nur eine erfolgreiche Forschungsarbeit leistete, sondern auch eine hervorragende Zusammenfassung dieses Wissenschaftsbereiches gab.

ANTON DE BARY[32] (Abb. 98) wurde 1831 in Frankfurt (Main) als Sohn eines Arztes geboren; er gehörte einer aus der Nähe von Tournai stammenden wallonischen Familie an, die aus konfessionellen Gründen die Heimat verlassen hatte und seit Ende des 17. Jahrhunderts in Frankfurt ansässig war. Der pflanzenreiche Garten seines Vaters und Exkursionen mit mehreren Mitgliedern der Senckenbergischen Naturforschenden Gesellschaft erweckten frühzeitig die Liebe zur Botanik. Die ersten Anregungen, sich mit Algen und Pilzen zu beschäftigen, erhielt DE BARY durch den Arzt GEORG FRESENIUS, dessen gründliche Vorträge im Senckenbergianum einen tiefen Eindruck hinterließen. Daher wundert es nicht, daß DE BARY nach Abschluß des Medizinstudiums sich ganz zur Botanik wandte und sich 1854 bei MOHL in Tübingen habilitierte. Schon im Jahre darauf wurde er im Alter von 24 Jahren als Professor der Botanik nach Freiburg (Breisgau) berufen, wo er zwölf Jahre wirkte und mit bewundernswertem Fleiß arbeitete. Ein Ruf führte ihn nach Halle und schließlich 1872 nach Straßburg, wo er bereits 1888 starb. Obwohl ihm nur ein Alter von 57 Jahren beschieden war, ist er weit über 50 Doktoranden ein vorbildlicher Lehrer gewesen; von diesen seien diejenigen genannt, deren Namen wir in unserer «Geschichte der Botanik» begegnen: BOWER, BREFELD, FRANCIS DARWIN, GOEBEL, SCHIMPER, SOLMS-LAUBACH und STAHL. Sein großer Erfolg als akademischer Lehrer beruht wohl vor allem darauf, daß er seine Schüler in erster Linie zu selbständiger, exakter Beobachtung und zu kritischer Einstellung erzog und daß er die persönliche Eigenart eines jeden förderte.

Schon die erste kleine Abhandlung des 21jährigen Studenten über den Phycomyceten *Achlya* zeigt die hervorragende Beobachtungsgabe ihres Verfassers. Er stellte fest, daß die *Saprolegnia*-Schwärmer 2 terminale Geißeln besitzen (PRINGSHEIM hatte nur 1 angegeben), während die Schwärmer von *Achlya* 2 seitliche Geißeln tragen. Während PRINGSHEIM die Geißeln für Zellwandanhänge hielt, erkennt sie DE BARY als Plasmafortsätze. In einer im Jahr darauf (1853) erschienenen umfangreichen Publikation über Brand- und Rostpilze – die Untersuchungen hatte er noch während seines Medizinstudiums durchgeführt – zeigt DE BARY, daß die Teleutosporen und die Brandsporen von einem Myzel gebildet werden (nach TULASNE sollten sie in einem Schleim entstehen) und daß die Spermogonien dem gleichen Myzel entspringen wie die Äcidien, jedoch früher.

Diesen beiden Arbeiten folgen noch über 30 z.T. umfangreiche Veröffentlichungen über die Entwicklungsgeschichte der Pilze, deren Ergebnisse an der Grundlegung unserer heutigen Kenntnis wesentlich beteiligt sind. Nur einige

Abb. 101. Oskar Brefeld (1839–1925)

Abb. 102. Hans Kniep (1881–1930)

wichtige Punkte seien hervorgehoben: Der Nachweis der Haustorien, die vom interzellulären Myzel von *Cystopus* in die Wirtszellen eindringen; der gesamte Fortpflanzungszyklus von *Peronospora*; der experimentelle Nachweis, daß die verschiedenen Sporenformen der Uredineen (z. B. *Puccinia graminis*) zur gleichen Art zusammengehören; die Entstehung «biologischer» Arten, die sich lediglich in der Wahl ihrer Wirtspflanzen unterscheiden; die Aufklärung des Entwicklungsgangs der Myxomyceten; der Nachweis des Geschlechtsvorgangs vor der Bildung der Erysiphe-Kleistothecien; die Zugehörigkeit von *Aspergillus* als Konidienform zum *Eurotium*-Fruchtkörper und schließlich die Erkenntnis der parasitischen Pilze als Ursache der Pflanzenkrankheiten (s. Kap. 20). Mehrere bedeutsame Untersuchungen (z. B. über Chytridiales, *Ascobolus, Mucor*) führte de Bary zusammen mit dem jungen russischen Botaniker Michael Woronin[33] durch, der später als Privatgelehrter in Petersburg noch wichtige Arbeit auf demselben Gebiete leistete.

Zweimal hat de Bary die Kenntnis von der Entwicklungsgeschichte der Pilze zusammengefaßt: 1866 («Morphologie und Physiologie der Pilze, Flechten und Myxomyceten») und 1884 («Vergleichende Morphologie und Biologie der Pilze, Myzetozoen und Bacterien»). Das letztgenannte Werk, das bald auch ins Englische übersetzt wurde, nach Knieps Urteil «ein Muster vorsichtig kritischer Bewertung der Tatsachen», ist geradezu als das Grundbuch für die gesamte neuere Pilzforschung anzusprechen.

Die Fortpflanzung und Lebensgeschichte zahlreicher Pilzgruppen wurde von einem Schüler de Bary's, Oskar BREFELD (1839–1925; Abb. 101)[34], in vorbildlicher Weise aufgeklärt. Brefeld hat die Kulturmethoden so vervollkommnet, daß es ihm gelang, den Entwicklungsgang der Pilze von der keimenden Spore ab zu verfolgen. Im Gegensatz zu de Bary vertrat Brefeld die Meinung, daß allen höheren Pilzen jegliche Sexualität fehle, was ihn sogar zu üblen Ausfällen gegen seinen Lehrer veranlaßte. Der englische Botaniker R. A. HARPER[35] beobachtet jedoch einwandfrei bei *Sphaerotheca* (1895) das Übertreten der Kerne aus dem Antheridium in das Ascogon, und P. CLAUSSEN wies bei *Pyronema* nach (1907), daß sich im Ascogon die Kerne zu Paaren zusammenlegen, sich durch konjugierte Teilung vermehrten und schließlich im jungen Ascus verschmelzen. Daß die Bildung der Ascosporen mit Meiosis verbunden ist, hat erstmals R. MAIRE (1905) gezeigt. Die Mikrotom- und Färbetechnik, die BREFELD «paraffingehobelten Unsinn» nannte, hat also die Kontroverse zugunsten DE BARY's entschieden.

Am längsten widersetzten sich die höheren Basidiomyceten, die Holobasidiomycetidae, der Aufklärung ihrer Entwicklungsgeschichte. In vieljähriger Arbeit brachte HANS KNIEP (1881–1930; Abb. 102)[36] Licht in das Dunkel, das so lange über dieser Pilzgruppe lag. Zu seinen ersten Untersuchungen, welche das Zustandekommen des Paarkernstadiums der Holobasidiomyceten klären sollten, hatte KNIEP ausgesprochen ungeeignete Objekte gewählt, d.h. solche, die ein Ausnahmeverhalten darstellen: *Armillariella mellea*, die ihre ganze Entwicklung im Einkernstadium durchmacht, und *Hypochnus terrestris*, bei der sich schon der Kern in der Basidiospore teilt und somit das Paarkernstadium ohne Sexualakt zustandekommt. KNIEP sah daher in den Schnallen lediglich «Organe zur Erleichterung des Stofftransports» «und hielt den Kern in der jungen Schnalle für ein Körperchen», das «mit der Entstehung der typischen Kernpaare sicher nichts zu tun hat». Wenige Jahre später wies KNIEP nach, daß die Schnallen der Basidiomyceten den Haken der Ascomyceten entsprechen und daß die Basidien den Asci homolog sind. Bezüglich der Entstehung der Kernpaare beobachtete KNIEP bei *Collybia* und *Corticium*, daß das Paarkernstudium und gleichzeitig das Schnallenmyzel inmitten von Einkernmyzel ohne einen Sexualvorgang entstehen; nur gelegentlich waren Anastomosen zu sehen. Demnach müßte das Kernpaar einfach durch Teilung des Kerns einer einkernigen Zelle zustandekommen, und zwar nach KNIEP's Vermutung durch Außenbedingungen verursacht. Hätte sich KNIEP mit diesen Befunden zufriedengegeben, so wäre ein völlig falsches Bild von der Sexualität der Basidiomyceten geblieben. Eine neue Methodik, nämlich die Einsporaussaat und die Aufzucht von Einspormyzelien, und zwar mit *Schizophyllum commune*, brachte die endgültige Lösung des Problems. Solche Einspormyzelien bleiben stets einkernig und schnallenlos, während in Kombinationen durch Somatogamie Paarkerne und Schnallen auftreten. Damit war nicht nur endlich der Entwicklungsgang der Basidiomyceten aufgeklärt, sondern auch der Weg zum Studium der Sexualprobleme der Pilze überhaupt eröffnet. Übrigens wies KNIEP auch nach, daß Mutanten von *Schizophyllum commune* sich schon innerhalb weniger Generationen durchzusetzen vermögen. – Die allmähliche Enthüllung der Basidiomyceten-Entwicklung ist ein treffendes Beispiel dafür, wie ein schwieriges Problem mit Sorgfalt, wohlüberlegter Methodik und zähem Fleiß allen Irrwegen zum Trotz schließlich doch zur Lösung geführt werden kann.

Unsere gesamte Kenntnis der Fortpflanzung und des Generationswechsels der Algen und Pilze hat KNIEP in seinem Buch «Die Sexualität der niederen Pflanzen» (1928) kritisch zusammengefaßt. Die große Zurückhaltung gegenüber der theoretischen Auswertung der tatsächlichen Befunde kennzeichnet HANS KNIEP in gleicher Weise wie ANTON DE BARY, im Gegensatz zu MAX HARTMANN[37], der sich um eine das gesamte Organismenreich umfassende Theorie der Sexualität bemühte. Seine Untersuchungen an der Braunalge *Ectocarpus* und an Protisten führten ihn zur Erkenntnis der relativen Sexualität.

Anmerkungen

1 De Bary, A., M. J. Schleiden. Bot. Zeitung **39**, 519–520. 1881. Behrens, W., Matthias Jacob Schleiden. Bot. Centralbl. **7**, 150–156, 183–190. 1881. Hallier, E., Matthias Jakob Schleiden. Westermanns Illustr. deutsche Monatshefte **51**, 348–358. 1882 (Hallier war ein Neffe Schleidens). Jahn, I., Matthias Jacob Schleiden an der Universität Jena. Naturwissenschaft, Tradition, Fortschritt – Beih. z. Schriftenreihe f. Gesch. d. Naturw., Techn. u. Med. S. 63–72, 1963. Jost, L., Matthias Jacob Schleidens «Grundzüge der Wissenschaftl. Botanik» (1842). Sudhoffs Arch. f. Gesch. d. Med. u. Naturw. **35**, 206–237. 1942. Möbius, M., Matthias Jacob Schleiden. Leipzig 1904 (ausführlichste Biographie Schleidens).
–, Hundert Jahre Zellenlehre. Jenaische Zschr. f. Naturwiss. **71**, 313–326. 1938. Ottow, B., M. J. Schleiden und seine Lehrtätigkeit a. d. Univ. Dorpat. Nova Acta Acad. Leop.-Carol. **106**, 121–145, 1922. Schober, A., Matthias Jacob Schleiden. Hamburg 1904. Stahl, E., Bericht über die Schleiden-Gedächtnisfeier an der Universität Jena am 18. Juni 1904. Jena 1905. Wartenberg, H., Matthias Jacob Schleiden. Beitr. z. Gesch. d. Mat.-nat. Fakultät d. Univ. Jena, 57–77. Jena 1959. Glasmacher, Th., Fries-Apelt-Schleiden. Dinter, Köln 1988. Charpa, U., Matthias Jacob Schleiden's wissenschaftsphilosophische Schriften. Dinter, Köln 1989.

2 In einem Zustand seelischer Depression hat Schleiden versucht, seinem Leben ein Ende zu setzen. Eine tiefe Schußnarbe auf der Stirn ist ihm zeitlebens geblieben. Für diesen Selbstmordversuch wird von Möbius das Jahr 1831 angegeben (also die Zeit, als er die Jurisprudenz aufgab). Andererseits ist durch Briefe ein gleicher Versuch für Dezember 1838 belegt. Offenbar handelt es sich bei der Angabe «1831» um eine Verwechslung der Jahreszahl. Vgl. Schober 1904 (zit. in Anm. 1), Jahn 1963 (zit. in Anm. 1).

3 Vgl. die ausführliche Widmung der «Grundzüge der wissenschaft. Botanik» (1. und 2. Aufl.) an A. von Humboldt sowie seinen Aufsatz «Zur Erinnerung an Alexander von Humboldt» (Unsere Zeit, Revue der Gegenwart, N. F. **5**, II, 481–498. 1869).

4 Jacob Friedrich Fries (1773–1843) war Prof. d. Philosophie in Jena. Schleiden, M. J., J. F. Fries, der Philosoph der Naturforscher. Westermanns ill. dtsch. Monatshefte **2**, 264–278, 1857; Hasselblatt, N., J. F. Fries, seine Philosophie und seine Persönlichkeit, München 1922.
– A. von Humboldt schrieb 1834 an K. von Wolzogen: «Fries ist in seiner mathematisch-philosophischen Richtung eine Wohltat für Deutschland» (K. Biermann, Goethe-Jahrb. **102**, 1985, S. 18).

5 Ernst Eberhard Schmid (1815–1885) war ein vielseitiger Mineraloge, Petrograph und Geologe. Ebenso wie Schleiden war er ein Anhänger des Philosophen J. F. Fries. Schmid und Schleiden publizierten zusammen eine wertvolle Abhandlung «Über die Natur der Kieselhölzer» (1855). Als Schmid zum Ordinarius für Mineralogie und Direktor der Mineralogischen Anstalt in Jena ernannt wurde (1856), löste Schleiden das Physiologische Institut auf (vgl. Jahn, zit. in Anm. 1). Über Schmid s. Mägdefrau, Die Erforscher der Jenaer Trias (Beitr. z. Geol. v. Thüringen **6**, 85–96, 1941, mit Bildnis).

6 Vgl. die von seinem Schüler C. Bogenhard verfaßte «Flora von Jena» (1850), zu

welcher SCHLEIDEN eine Einführung schrieb. Diese Flora war durch die Erfassung der Pflanzengemeinschaften, ihrer jahreszeitlichen Aspekte, ihrer Abhängigkeit von Klima und Boden vorbildlich. BOGENHARD begann sein Studium der Jenaer Flora 1844; das ähnliche Ziele verfolgende Buch «Die Vegetationsverhältnisse der Jura- und Keuperformation in den Flußgebieten der Wörnitz und Altmühl» von A. SCHNIZLEIN & A. FRICKHINGER erschien 1848 und konnte daher BOGENHARD nicht als Vorbild dienen (s.a. «Flora von Jena» S. XIII).

7 SCHLEIDEN, M. J., Grundzüge der Wissenschaftlichen Botanik nebst einer Methodologischen Einleitung als Anleitung zum Studium der Pflanze. Leipzig 1842–43.
– Zweite gänzlich umgearbeitete Aufl. (Obertitel: Die Botanik als induktive Wissenschaft behandelt von M. J. SCH.). Leipzig 1845–46. Englische Übersetzung London 1849, Reprint 1969.
– Dritte verbesserte Aufl. Leipzig 1849–50.
– Vierte Aufl. Leipzig 1861 (fast unveränderter Abdruck der 3. Aufl.).
SCHLEIDEN, M. J., Schellings und Hegels Verhältnis zur Naturwissenschaft. Leipzig 1844 (Repr. Weinheim 1989).

8 Briefwechsel zwischen Franz Unger und Stephan Endlicher. Herausgeg. von G. HABERLANDT. Berlin 1899 (S. 130).

9 SCHLEIDEN, M. J., und TH. VOGEL, Beiträge zur Entwicklungsgeschichte der Blütenteile bei den Leguminosen. Nova Acta Acad. caes. Leop.-Carol. nat. cur. **19**, I, 59–84. 1838.

10 JEAN-BAPTISTE PAYER (1818–1860) war Membre de l'Institut in Paris. Seine «Organogénie de la fleur», welche 748 Seiten Text und 154 hervorragend schöne und exakt gezeichnete Tafeln umfaßt, ist 1966 im Nachdruck erschienen (Verlag J. Cramer, Lehre). Ein Bild von PAYER ist veröffentlicht bei DAVY DE VIRVILLE, Histoire de Botanique en France. Paris 1954, S. 131. Vgl. auch SATTLER, R., Organogenesis of flowers, Toronto 1973.

11 SCHLEIDEN, M. J., und J. R. TH. VOGEL, Über das Albumen, insbesondere der Leguminosen. Nova Acta Acad. caes. Leop.-Carol. nat. cur. **19**, II, 51–96, 1838. Die Ausdrücke «Perisperm» und «Endosperm» werden hier erstmals im heute noch gültigen Sinn präzisiert.

12 GOEBEL, K., Wilhelm Hofmeister. Arbeit und Leben eines Botanikers des 19. Jahrhunderts. Große Männer, herausg. von W. OSTWALD, Bd. 8. Leipzig 1924. –, Wilhelm Hofmeister. Tübinger naturwiss. Abhandl. Heft 8. Tübingen 1924. PAECH, K., Der Generationswechsel der Pflanzen. Zum hundertjähr. Jubiläum von Wilhelm Hofmeisters Entdeckung. Naturwissenschaften **36**, 140–145. 1949. PFITZER, E., Wilhelm Hofmeister. Heidelberger Professoren aus dem 19. Jahrh., 2. Band, 265–358. Heidelberg 1903.

13 Die wichtigsten Abhandlungen HOFMEISTER's zur Entwicklungsgeschichte sind folgende: Untersuchungen des Vorgangs bei der Befruchtung der Oenotheren. Bot. Ztg. **5**, 875–792. 1847. Über die Fruchtbildung und Keimung der höheren Kryptogamen. Bot. Ztg. **7**, 793–800. 1849. Die Entstehung des Embryos der Phanerogamen. Leipzig 1849 (89 S., 14 Taf.). Vergleichende Untersuchungen der Keimung, Entfaltung und Fruchtbildung höherer Kryptogamen (Moose, Farn, Equisetaceen, Rhizocarpeen und Lycopodiaceen) und der Samenbildung der Coniferen. Leipzig 1851 (179 S., 33 Taf.). Beiträge zur Kenntnis der Gefäßkryptogamen. Abh. d. Sächs. Akad. d. Wiss., math.-phys. Kl., **4**, 121–179; **5**, 601–682. 1852, 1857 (mit 22 Taf.). Neue Beiträge zur Kenntnis der Embryobildung der Phanerogamen. Ebenda **6**, 533–672; **7**, 629–760. 1859, 1861 (mit 52 Taf.).

14 Über SCHMIEDEL s. Kap. 3, Anm. 22.

15 HRYNIEWIECKI, B., Michal Hieronim Graf Leszczyc-Suminski (1820–98) und seine Arbeit über die Entwicklungsgeschichte der Farnkräuter. Comptes rendus des Séances de la soc. des sciences de Varsobie, classe IV, **30**, 52–81, Warschau 1937.

16 Entdeckt wurde der Generationswechsel durch den Botaniker ADELBERT VON CHA-

MISSO im Oktober 1815 zu Beginn seiner Weltreise während einer mehrtägigen Windstille im Atlantik in 39° 27′ n. Br. Er schildert diese Entdeckung in seiner «Reise um die Welt 1815–1818» (Weimar 1821) folgendermaßen: «Hier beschäftigten mich und ESCHSCHOLTZ (JOH. HEINR. ESCHSCHOLTZ, Prof. in Dorpat, geb. 1793, gest. 1831) besonders die Salpen, und hier war es, wo wir an diesen durchsichtigen Weichtieren des hohen Meeres die uns wichtig dünkende Entdeckung machten, daß bei denselben eine und dieselbe Art sich in abwechselnden Generationen unter zwei sehr wesentlich verschiedenen Formen darstellt, daß nämlich eine einzeln freischwimmende Salpa andersgestaltete, fast polypenartig aneinandergekettete Junge lebendig gebiert, deren jedes in der zusammen aufgewachsenen Republik wiederum einzeln freischwimmende Tiere zur Welt setzt, in denen die Form der vorigen Generation wiederkehrt.» – Die «Reise um die Welt» ist auch in verschiedenen Ausgaben von «CHAMISSO's Werken» abgedruckt. Eine hervorragend mit Originalabbildungen illustrierte Ausgabe («Entdeckungsreise um die Welt 1815–1818 von Adelbert von Chamisso») hat M. ROHRER herausgegeben (München 1925). Weitere Lit.: GEUS, A., & SMIT, P., The alternation of generations. A selection of the chief relevant texts. Acta et capita selecta biohistorica **4**, 1979. SCHMID, G., Chamisso als Naturforscher (Bibliographie). Leipzig 1942. SCHNEEBELI-GRAF, R., A. v. Chamisso, naturwiss. Schriften. Berlin 1983.

17 CAMPBELL, D. H., The structure and development of mosses and ferns. 3. Ed. New York 1918. BOWER, F. O., s. Kap. 11, Anm. 23. GOEBEL, K., s. Kap. 11, Anm. 27.

18 AGARDH, KARL ADOLF (1785–1859, Professor in Lund, dann Bischof von Karlstadt): Species Algarum. 2 vol. Greifswald 1823–28. Systema Algarum. Lund 1824. AGARDH, JAKOB GEORG (1813–1901, Sohn des vorigen, Professor in Lund): Species, Genera et Ordines Algarum. 3 vol. Lund 1848–1901.
Biogr. (K. & J. AGARDH): DSB **1**, 69–71, 1970.

19 HARVEY, WILLIAM HENRY (1811–1866, Professor in Dublin); Phycologia britannica (1846–51); Nereis australis (London 1847–49); Nereis boreali-americana (New York 1858); Phycologia australica (London 1858–63).
Biogr.: OLIVER, F. W., Makers of british botany (Cambridge 1913), 204–224; DSB **6**, 162–163, 1972.

20 KÜTZING, TRAUGOTT (1807–1893, Realschulprofessor in Nordhausen): Tabulae phycologicae (20 Bände, Nordhausen 1845–70); Species Algarum (Leipzig 1849).
Biogr.: MÜLLER, R. H. W., & R. ZAUNICK, Friedrich Traugott Kützing. Leipzig 1960.

21 NEES VON ESENBECK, CHRISTIAN GOTTFRIED (1776–1858, Professor in Breslau). Das System der Pilze und Schwämme. Würzburg 1816.
Biogr.: vgl. Kap. 20, Anm. 4.

22 FRIES, ELIAS MAGNUS (1794–1878, Professor in Uppsala): Systema mycologicum (3 Bände, Greifswald 1821–29): Synopsis hymenomycetum (Uppsala und Lund 1836–1838).

23 CORDA, AUGUST, Jcones fungorum (6 Bände, Prag 1837–54). Über CORDA s. Kap. 21.

24 ACHARIUS, ERIK (1757–1819, Professor und Provinzialarzt in Vadstena, Schweden): Lichenographia universalis (Göttingen 1810) und Synopsis methodica lichenum (Lund 1814).
Biogr.: Flora **51**, 101–107, 1868.

25 NYLANDER, WILHELM (1823–1889, Professor in Helsingfors, später in Paris): Synopsis methodica lichenum (Paris 1858–59).
Fast alle in Anm. 15–22 genannten Werke sind wegen ihrer Bedeutung für Taxonomie und Nomenklatur in den letzten Jahren im Nachdruck erschienen. – Manche dieser Kryptogamen-Systematiker (z. B. AGARDH, KÜTZING, NEES VON ESENBECK) waren ausgesprochene Anhänger der romantischen Naturphilosophie.

26 JEAN-PIERRE VAUCHER (1763–1841) war Theologe und Professor für Kirchengeschichte an der Universität Genf, daneben aber Honorarprofessor für Botanik und Pflanzenphysiologie. Außer der «Histoire des Conferves» und einer Monographie der

Gattung Orobanche verfaßte er eine vierbändige «Histoire physiologique des plantes de l'Europe».
Biogr.: Briquet, J., Biographie des botanistes à Genève (Ber. d. Schweiz. bot. Ges. **50a**, 1940), p. 467–471; DSB **13**, 595–596, 1976.

27 Thuret, G., Recherches sur les zoospores des Algues. Ann. des Sci. nat. Bot., Sér. III, **14**, 214–260, 1850.
–, Recherches sur la Fécondation des Fucacées. Ebenda Sér. IV, **2**, 197–214, 1854, und **3**, 5–28, 1855.
– & E. Bornet, Recherches sur la fécondation des Floridées. Ebenda Sér. V, **7**, 137–166. 1867.
–, Études phycologiques. Publié par E. Bornet. Paris 1878.
Biogr.: Ann. Sci. nat., Bot., sér. 6, **2**, 308–360, 1875 (E. Bornet); Bot. Ztg. **33**, 313–318, 1875 (F. Rostafinski); Flora **58**, 353–358, 1875 (L. Kny); DSB **13**, 394–395, 1976.

28 Pringsheim, N., Gesammelte Abhandlungen. 4 Bände. Jena 1895–96.
Biogr.: Ber. d. dtsch. bot. Ges. **13**, (16)–(33), 1895 (F. Cohn); DSB **11**, 151–155, 1975.

29 Ferdinand Cohn, 1828 in Breslau geboren und ebenda 1898 gestorben, wurde mit 19 Jahren in Berlin promoviert, habilitierte sich 1850 in Breslau, wurde hier 1857 zum Professor (neben Goeppert) ernannt und errichtete 1866 ein «Pflanzenphysiologisches Institut».
Biogr.: Cohn, P., Ferdinand Cohn, 2. Aufl., Breslau 1901; Ber. d. dtsch. bot. Ges. **17**, (172)–(201), 1899 (F. Rosen); Hoppe, B., Die Biologie der Mikroorganismen von F. Cohn. Sudhoffs Arch. f. Gesch. d. Med. u. Naturwiss. **67**, 158–189, 1983; DSB **3**, 337–341, 1971.

30 Ainsworth, G. C., Introduction to the history of Mycology. Cambridge 1986.

31 Tulasne hat seine Studien über die Entwicklungsgeschichte der Pilze fast durchweg in den «Annales des Sciences naturelles, Botanique» 1842–1854 (1865 und 1872) sowie zusammen mit seinem Bruder Charles in den mit prachtvollen Tafeln geschmückten Werken «Selecta fungorum carpologia» (Paris 1861–65, 3 Foliobände) und «Fungi hypogaei» (Paris 1862) veröffentlicht.
Biogr.: Ber. d. dtsch. bot. Ges. **4**, IX–XII, 1886 (P. Magnus); DSB **13**, 489–490, 1976.

32 De Bary, A., Vergleichende Morphologie und Biologie der Pilze, Mycetozoen und Bacterien. Leipzig 1884.
Biogr.: Ber. d. dtsch. bot. Ges. **6**, VIII–XXVI, 1888 (M. Rees); Bot. Centralbl. **34**, 93–94, 156–158, 191–192, 221–224, 252–256, 1888 (W. Wilhelm); Botan. Ztg. **47**, 33–49, 1889 (H. Graf Solms-Laubach); Zschr. f. Bot. **24**, 1–74, 1930 (L. Jost); Naturwiss. Rundschau **34**, 413–415, 1981 (K. Mägdefrau); DSB **3**, 611–614, 1971. Mycologia **70**, 222–252, 1978 (F. Sparrow). Der Nachruf von Rees enthält ein vollständiges Verzeichnis von de Barys Schriften.

33 Biogr.: Ber. d. dtsch. bot. Ges. **21**, (35)–(47), 1903 (S. Nawaschin).

34 Brefeld, O., Untersuchungen aus dem Gesamtgebiete der Mykologie. Heft I–XIV. Leipzig und Münster 1872–1912.
Oskar Brefeld studierte bei Hofmeister und de Bary, habilitierte sich in Berlin und war Professor an der Forstakademie Eberswalde, später an der Universität Münster. In seiner Forschungsarbeit konzentrierte er sich völlig auf die Pilze, legte aber auf diesem Gebiete in der oben genannten Publikation ein Werk von vorbildlicher Geschlossenheit nieder, das um so mehr Bewunderung verdient, als er trotz Erblindung auf einem Auge (1878) seine Forschungen fortsetzte.
Biogr.: Botan. Archiv **11**, 1–25, 1925 (R. Falck); DSB **2**, 436–438, 1970.

35 Robert Almer Harper wurde 1862 in Le Claire (Iowa) geboren, arbeitete nach Beendigung seines Studiums zwei Jahre bei Strasburger in Bonn, wo er 1896 promoviert wurde. 1898–1911 war H. Professor der Botanik an der Wisconsin Univer-

sity in Madison, 1911–30 an der Columbia University in New York. Er starb 1949 bei Bedford (Virginia). Seine Forschungen betrafen vor allem die Cytologie und Entwicklungsgeschichte der Ascomyceten, Myxomyceten und Grünalgen sowie genetische Probleme bei Zea mays. Viele führende Botaniker der USA waren seine Schüler.
Biogr.: Ber. d. dtsch. bot. Ges. **68a**, 17–19, 1955 (E. A. Bessey). Biograph. Mem. of the nation. Acad. of Sci. **25**, 224–240, 1949 (Ch. Thom); DSB **6**, 121–122, 1972.

36 Kniep, H., Die Sexualität der niederen Pflanzen. Jena 1928.
Hans Kniep war Schüler von Ernst Stahl in Jena und arbeitete bei R. Chodat in Genf, W. Pfeffer in Leipzig und F. Oltmanns in Freiburg, wo er sich 1907 habilitierte. 1911 wurde er Extraordinarius in Straßburg, 1914 Ordinarius in Würzburg, 1924 in Berlin, wo er, erst 49 Jahre alt, 1930 verstarb. Seine Forschungen betreffen Probleme der Reizphysiologie und der Photosynthese, vor allem aber der Entwicklungsgeschichte und Sexualität der Pilze und Algen.
Biogr.: Ber. d. dtsch. bot. Ges. **48**, (164)–(196), 1931 (R. Harder).

37 Hartmann, M., Die Sexualität. Jena 1943 (2. Aufl. Stuttgart 1956). –, Allgemeine Biologie. Jena 1927 (4. Aufl. 1953). Gesammelte Vorträge und Aufsätze, Stuttgart 1956.
Max Hartmann (1876–1962) war Direktor des Max-Planck-Instituts für Biologie in Berlin, nach 1945 in Tübingen.
Biogr.: Naturwissensch. **29**, 393–395, 1941 (H. Hesse); Zschr. f. Naturforschung **1**, 351–357, 1946 (H. Bauer u.a.); Sitz ber. d. Gesellsch. naturforsch. Freunde Berlin. N.F. **3**, 14–20, 1962 (H. Nachtsheim); Schwerte, H., & W. Spengler, Forscher u. Wissenschaftler im heutigen Europa, Bd. 4, Erforscher des Lebens, Oldenburg 1955, S. 237–245 (H. Bauer).

15. Die Stammesgeschichte der Pflanzen

Es ist anziehend, eine dicht bewachsene Uferstrecke zu betrachten, bedeckt mit blühenden Pflanzen, mit singenden Vögeln in den Büschen, mit schwärmenden Insekten in der Luft, mit kriechenden Würmern im Boden und sich dabei zu überlegen, daß alle diese Lebensformen durch Gesetze hervorgebracht sind, die noch fort und fort um uns wirken.

CHARLES DARWIN (1859)

Keine Theorie hat die Biologie des 19. Jahrhunderts in so hohem Maße beeinflußt, ja geradezu umgestaltet, wie die Abstammungslehre oder Deszendenztheorie.[1] Sie hat sich entwickelt im Anschluß an die Frage, ob die Arten konstant oder veränderlich sind. LINNÉ schreibt in seiner «Philosophia botanica» (1751): «Species tot sunt, quot diversas formas in initio produxit infinitum ens.» Damit hat LINNÉ zum Ausdruck gebracht, daß er die Arten für unveränderlich hält. Aber im gleichen Abschnitt des Werkes finden wir Sätze, die man als Hinweis auf eine gegenteilige Ansicht zitieren könnte: «*Tragopogon* quasi ex patre *Lapsana, Hyoscyamus* quasi ex patre *Physalide*.» Unmittelbar danach weist LINNÉ in lapidarer Form darauf hin, daß manche artenreichen Gattungen auf ein enges Wohngebiet beschränkt sind: «*Gerania* africana, conformia flore, *Cacti* omnes sola America, *Aloë* numerosissimae in Africa.» Einen Kommentar dieser Sätze gibt LINNÉ nicht, aber die einzige Erklärung bietet doch die Annahme, daß die zahlreichen, nahe beieinander vorkommenden Arten einer Gattung durch Umbildung aus einer Ausgangsform entstanden sind. In einer späteren Veröffentlichung[2] spricht er selbst diesen Gedanken aus: «Venerit forte dies, quae ostendet, plurima *Gerania* africana et *Mesembryanthemata*, plurimasque species generum dictorum ex eo forte provenisse, quod Pater peregrinus plantam foecundaverit matrem ...» «Suspicio est quam diu fovi, neque iam pro veritate venditare audeo; sed per modum pypotheseos propono: quod scilicet omnes species eiusdem generis ab initio unam constituerint speciem, sed postea per generationes hybridas propagatae sint, adeo ut omnes congeneres ex una matre progenitae sint, harum vero ex diverso patre diversae species factae.» [«Es wird vielleicht der Tag kommen, der zeigt, daß die meisten afrikanischen Geranien und Mesembryanthemen und die meisten Arten der genannten Gattungen dadurch hervorgegangen sind, daß ein fremder Vater die Mutterpflanze befruchtet hat... Eine Vermutung, die ich schon lange hege und noch nicht als unzweifelhafte Wahrheit anzubieten wage, lege ich aber in Form einer Hypothese vor: Alle Arten der Gattung dürften am Anfang eine einzige dargestellt haben, sich aber später durch Kreuzung fortgepflanzt haben, und zwar so, daß alle Gattungsangehörigen aus einer Mutter hervorgegangen sind, aber die verschiedenen Arten von einem jeweils verschiedenen Vater gezeugt.»]

Während LINNÉ auf induktivem Wege aus systematisch-geographischen Tatsachen auf die Veränderungen von Arten schließt, kommt zur gleichen Zeit

BENOIT DE MAILLET[2a] durch Deduktion zum Deszendenzgedanken in seinem 1748 erschienenen Buch «Telliamed (= Anagramm zu DE MAILLET), ou entretiens d'un philosophe indien avec un missionaire françois sur la diminution de la mer, la formation de la terre, l'origine de l'homme.» Nach der Erkaltung aus dem ursprünglich glühenden Zustand war die Erde mit Schlamm und Wasser bedeckt, in dem die Lebewesen entstanden. Diese gerieten durch Absinken des Meeresspiegels aufs Land und entwickelten sich zu Landpflanzen und -tieren, was jetzt noch aus der Ähnlichkeit von Landpflanzen bzw. -tieren mit Meeresgewächsen und -tieren zu erkennen ist.

LINNÉ's Zeitgenosse GEORGES-LOUIS LECLERC COMTE DE BUFFON (1707–1788)[3] hatte im vierten Band (1753) seiner «Histoire naturelle des animaux» ähnliche Gedankengänge entwickelt. «Die Naturforscher, welche so emsig Familien unter Tieren und Pflanzen aufgestellt haben, scheinen nicht genügend die Konsequenz beachtet zu haben, welche aus ihren Prämissen folgen. Diese würden nämlich das unmittelbare Schöpfungswerk auf eine so kleine Zahl von Individuen begrenzen, als man nur irgend verlangen würde. Denn wenn einmal gezeigt würde, daß wir wichtige Gründe haben, diese Familien aufzustellen; wenn einst der Standpunkt gewonnen würde, daß unter den Pflanzen und Tieren auch nur eine einzige Species gewesen wäre, die in direkter Abstammung von einer anderen Species hervorgebracht worden wäre, – dann ließen sich der Macht der Natur keine Schranken mehr setzen, und wir würden nicht im Unrecht sein, anzunehmen, daß sie mit ausreichender Zeit von einem einzigen Wesen hätte alle anderen ziehen können.» BUFFON aber bekam ein Schreiben von der theologischen Fakultät der Sorbonne, worin vierzehn Sätze seines Werkes als tadelnswert und den Grundsätzen der Kirche entgegenstehend bezeichnet werden und ihr Verfasser aufgefordert wird, seine ketzerischen Meinungen öffentlich zu widerrufen. BUFFON fügte sich und schrieb im nächsten Bande seines Werkes: «Ich erkläre, daß ich nicht die Absicht hatte, den Worten der Heiligen Schrift zu widersprechen, daß ich das fest glaube, was darin über Schöpfung gesagt ist; und ich sage mich von alledem los, was in meinem Buche über die Bildung der Erde gesagt ist und im allgemeinen von dem, was der Erzählung des Moses entgegen ist.»

In voller Klarheit wurde der Deszendenzgedanke ein halbes Jahrhundert später ausgesprochen, und zwar 1809 in der «Philosophie zoologique» von J. DE LAMARCK[4], nachdem er schon im Jahre 1800 in einem Vortrag einen Abriß seiner Auffassung gegeben hatte. Wohl über keinen Biologen hat die Nachwelt derart widerspruchsvoll geurteilt wie über LAMARCK. Einige Sätze, von zwei überragenden Biologen vor etwa 130 Jahren geschrieben, mögen als Beispiel für viele dienen:

DARWIN
(Brief an LYELL am 11. 10. 1859:)
«Sie erwähnen häufig LAMARCK's Werk; ich weiß nicht, was Sie davon denken, mir ist es aber äußerst schwach erschienen; ich habe nicht eine Tatsache und nicht eine Idee von ihm entnommen.»

HAECKEL
(Gen. Morphologie II, 153, 1866:)
«Das Verdienst, die Grundgedanken der Species-Transmutation ... zuerst klar und bestimmt ausgesprochen zu haben, gebührt ... LAMARCK, dessen «Philosophie zoologique» (1809) als die erste, systematisch abgerundete und offen bis zu allen Konsequenzen

(Brief an LYELL am 12. 3. 1863:) «... ein Buch [Philosophie zoologique]..., welches ich nach zweimaligem überlegtem Lesen für ein erbärmliches Buch halte und aus welchem ich (ich erinnere mich sehr gut meiner Überraschung) Nichts gewonnen habe.»

verfolgte Darstellung der Abstammungslehre den Beginn einer neuen Periode in der geistigen Entwicklungsgeschichte der Menschheit bezeichnet... Wie weit der große LAMARCK seiner Zeit voraus eilte, geht am schlagendsten daraus hervor, daß sein Werk an den allermeisten Zeitgenossen spurlos vorüber ging.»

JEAN BAPTISTE PIERRE ANTOINE DE MONET CHEVALIER DE LAMARCK (Abb. 103) wurde 1744 in Bazantin-le-Petit zwischen Albert und Bapaume (Picardie) geboren und wurde zum Geistlichen bestimmt, verließ aber die Jesuitenschule und trat mit 17 Jahren in die Armee ein. Bald darauf, in einem Gefecht bei Vellinghausen zwischen Hamm und Lippstadt (1761) eingesetzt, zeichnete er sich durch so hohe Tapferkeit aus, daß er zum Leutnant befördert wurde. Wegen einer Halsverletzung mußte er 1768 aus dem Militärdienst ausscheiden, arbeitete kurze Zeit in einem Bankgeschäft, studierte Medizin, wandte sich aber schließlich als Privatgelehrter den Naturwissenschaften zu, wobei er sich u.a. als Schüler von B. DE JUSSIEU besonders mit Botanik beschäftigte und schließlich eine dreibändige, auch die Kryptogamen behandelnde «Flore française» verfaßte. Dieses Werk erschien im Todesjahr von LINNÉ, legte aber nicht, wie damals üblich, dessen «Sexualsystem» zugrunde, sondern – wohl unter JUSSIEU's Einfluß – das natürliche System. LAMARCK erfand den leider heute noch in vielen «Floren» benützten dichotomen Zahlenschlüssel, der zwar dem Anfänger das Bestimmen erleichtert, aber den Benutzer nie zu einer Übersicht über die betreffende Familie oder Gattung kommen läßt. Die «Flore française» geht jedoch in mancher Hinsicht über die üblichen Floren hinaus. LAMARCK versucht die Ähnlichkeit der Taxa durch Wertzahlen auszudrücken, was ihn als Vorläufer der heutigen «numerischen Taxonomie» erscheinen läßt. Nebenbei schrieb LAMARCK rein spekulative Bücher über Physik und Chemie, die von der Fachwelt wohl mit Recht ebensowenig beachtet wurden wie seine Wetterprognosen, die für jeden Tag des folgenden Jahres die Witterung voraussagten. Seinen Lebensunterhalt verdiente sich LAMARCK lange Zeit durch Mitarbeit an der von DIDEROT & D'ALEMBERT begründeten «Encyclopédie», bis er schließlich 1793 eine bescheidene Professur für Naturgeschichte der wirbellosen Tiere erhielt, für welche sich kein anderer

Abb. 103. JEAN BAPTISTE DE LAMARCK (1744–1829)

Anwärter gefunden hatte.[5] Mit welcher Energie sich LAMARCK in das neue Gebiet einarbeitete, bezeugt seine siebenbändige «Histoire naturelle des animaux sans vertèbres», ein Werk, welches in systematischer Hinsicht grundlegend geworden ist, insbesondere für die Klasse der Mollusken. Als er seine berühmte «Philosophie zoologique» schrieb, besaß er demnach eine umfassende systematische Kenntnis des Pflanzen- wie des Tierreiches. LAMARCK starb, erblindet und vereinsamt, 1829 im Alter von 85 Jahren. Das Bronzerelief an der Rückseite des LAMARCK-Denkmals im Jardin des Plantes in Paris zeigt den alten LAMARCK zu Füßen seiner Tochter Cornélie sitzend und trägt die Unterschrift: «La posterité vous admira, elle vous vengera, mon père.»

Bevor wir auf den Inhalt der «Philosophie zoologique» eingehen, muß eines vorher erschienenen, kleineren Buches gedacht werden, welches in einer gewissen inneren Beziehung zur Deszendenztheorie steht: der «Hydrogéologie» (1802). Die «Sintflut-Theorie» (s. Kap. 21), die mit einer einmaligen Überflutung gewaltigen Ausmaßes die geologisch-paläontologischen Befunde zu erklären versuchte, wurde abgelöst durch die Kataklysmen- oder Katastrophentheorie, die eine größere Zahl solcher Umwälzungen annahm. LAMARCK dagegen – ähnlich übrigens kurz vorher auch BATSCH[6] – zog zur Erklärung der geologischen Tatsachen lediglich die sich auch in der Gegenwart abspielenden Vorgänge heran und wurde damit ein Wegbereiter des «Aktualismus», wie ihn KARL VON HOFF (1822) und vor allem CHARLES LYELL in seinen «Principles of Geology» (1830) begründeten. Die Katastrophentheorie war damit aber noch längst nicht überwunden. GEORGE CUVIER (1815) vertrat die Meinung, daß am Anfang jeder erdgeschichtlichen Periode die gesamte Pflanzen- und Tierwelt neu geschaffen und am Ende derselben durch eine Katastrophe (Sintflut, Vulkanausbruch) vernichtet worden sei. ALCIDE D'ORBIGNY (1849) nahm 27 solcher Katastrophen (die erste im Silur) an, und HEINRICH GEORG BRONN erklärte noch 1858 auf der Naturforscherversammlung in Karlsruhe: «Ein gänzlicher Wechsel der Erdbevölkerung hat 25- bis 30mal stattgefunden».[6a] – Daß LAMARCK's «Hydrogéologie» unter diesen Umständen unbeachtet blieb, nimmt nicht wunder.

Die «Philosophie zoologique» gliedert sich in drei Abschnitte: 1. Betrachtungen über die Naturgeschichte der Tiere, ihre Anordnung, ihre Klassifikation und ihre Arten; 2. Betrachtungen über die Ursachen des Lebens, die Existenzbedingungen, das Bewegungsvermögen usw.; 3. Betrachtungen über die Ursachen des Empfindungsvermögens, den Willen, den Verstand usw. Die uns hier interessierenden Darlegungen finden sich im ersten Abschnitt.

Seine umfassenden Studien zur Systematik der Pflanzen und Tiere hatten LAMARCK zu der Überzeugung geführt, daß zwischen Varietäten und Arten kein grundsätzlicher Unterschied besteht. Daraus schließt er, daß aus Varietäten allmählich gute Arten entstehen können. Die Anordnung der Pflanzen und Tiere muß, so führt LAMARCK aus, nach der «natürlichen Methode» erfolgen, «welche so gut wie möglich die Ordnung der Natur darstellt, d.h. jene Ordnung, welche die Natur beim Hervorbringen der Tiere befolgt hat, und die sie besonders in den Beziehungen der Tiere zueinander ausgeprägt hat». Die natürliche Anordnung der Pflanzen bereite jedoch Schwierigkeiten, da «wir bei den Pflanzen zur Feststellung der Beziehungen zwischen den großen Gruppen noch keinen so sicheren Führer haben wie für die Erkenntnis der Beziehungen zwischen den Gattungen und Familien». Bei den Tieren gelangt LAMARCK zu einer Reihenfolge von den Infusorien bis zu den Säugetieren. In einem Sonderabschnitt über den Menschen diskutiert er, wie man sich, «wenn der Mensch von den Tieren nur hinsichtlich seiner Organisation verschieden wäre», seine Entwicklung aus höchststehenden Affen vorstellen könne. Um aber Angriffe von seiten der Kirche von vornherein auszuschalten, fügt er im letzten Satz sogleich den Widerruf (vgl. oben BUFFON) an: «Dies würden die Reflexionen sein, die man anstellen könnte, wenn der hier als das vorherrschende Geschlecht (race) betrachtete Mensch sich von den Tieren nur durch seine Organisationscharaktere unterscheiden würde, und wenn sein Ursprung von dem ihrigen nicht verschieden wäre.» Am Schluß des Werkes entwirft LAMARCK den ersten Stammbaum des Tierreichs («Tabelau servant à montrer l'origine des différents animaux»). Auch über die Vervollkommnung im Laufe der Entwicklung hat sich LAMARCK Gedanken gemacht, die sich mit der heutigen Auffassung decken: Ein Tier ist gegenüber einem anderen vollkommener, wenn nicht nur seine Organisation komplizierter, sondern auch die Zentralisation in den Organsystemen am größten ist.

Die Ursachen für die Umbildung der Organismen sieht LAMARCK im Wechsel der Existenzbedingungen. Diese wirken nach seiner Auffassung über hypothetische «fluides subtiles» umgestaltend. Ein Organ wird durch Gebrauch gekräftigt, durch Nichtgebrauch reduziert. Außerdem würden neue Lebensbedingungen auch neue Bedürfnisse hervorrufen. Diese Gedankengänge führen LAMARCK zur Ablehnung aller Zweckvorstellungen: «Ein Zweck ist bloß Schein, nicht Wirklichkeit. Die Wirklichkeit hat bei jeder besonderen Organisation durch natürliche Ursachen, durch eine fortschreitende, von den Umständen bedingte Entwicklung von Teilen das herbeigeführt, was Zweck erscheint und was in Wahrheit reine Notwendigkeit ist.»

LAMARCK's «Philosophie zoologique» hat auf seine Zeit keinen Einfluß ausgeübt. Selbst LYELL, der erfolgreiche Begründer des Aktualismus in der Geologie, setzt sich zwar in seinen «Principles of Geology» eingehend mit LAMARCK auseinander, lehnt aber den Abstammungsgedanken ab und läßt sich erst mehrere Jahrzehnte später durch DARWIN überzeugen. Der Grund für die Unwirksamkeit von LAMARCK's Buch liegt wohl darin, daß es einen rein spekulativen Charakter trägt und fast kein Belegmaterial bringt. Man hat sogar LAMARCK's Bücher in zwei völlig verschieden geartete Gruppen geteilt: gute (systematisch-beschreibenden Inhalts) und schlechte (nur haltlose Gedankengespinste enthaltend), zu denen auch die «Philosophie zoologique» gerechnet wird. Gewiß waren die chemischen und meteorologischen Darlegungen reine Luftschlösser ohne jede Erfahrungsgrundlage. Aber in der Biologie verfügte LAMARCK über Kenntnisse, wie sie nur wenige Biologen seiner Zeit besaßen. Man hat LAMARCK sogar vorgeworfen (RÁDL 1909), er habe sich zu wenig für seine Theorie eingesetzt, ja er habe sie selber nicht geglaubt. Tatsache aber ist, daß LAMARCK den Abstammungsgedanken bereits 1796 angedeutet, 1800 in großen Zügen vorgetragen, 1809 in seiner «Philosophie zoologique» eingehend entwickelt und im Einführungskapitel der «Histoire naturelle des animaux sans vertèbres» (1815) nochmals mit verschiedenen Ergänzungen dargelegt hat.

Die Ausführungen über LAMARCK mögen beendet werden mit dem Schlußsatz von BURLINGAME's LAMARCK-Biographie im «Dictionary of scientific Biography»: «Aside from the legacies and the battles fought in his name, LAMARCK deserves an important place in the history of science. He made significant contributions in botany, invertebrate zoology and paleontology, and developed one of the first thoroughgoing theories of evolution.»

Mehrere deutsche Autoren[7], z.B. B.F.S. VOIGT (1817), J.C.M. REINECKE (1818), A.M. TAUSCHER (1818), J.G.J. BALLENSTEDT (1819) und SPRING (1838) äußerten ähnliche Gedanken wie LAMARCK und blieben ebenfalls völlig unbeachtet, wohl deswegen, weil auch sie ihre Gedanken mehr oder weniger spekulativ ohne genügende Untermauerung geäußert hatten. Bei TAUSCHER hat wohl schon der endlose Titel den Leser abgeschreckt: «Versuch, die Idee einer fortgesetzten Schöpfung oder einer fortwährenden Entstehung neuer Organismen aus regelmäßig wirkenden Naturkräften, als vereinbar mit den Thatsachen der wirklichen Erfahrung, den Grundsätzen einer gereinigten Vernunft und den Wahrheiten der religiösen Offenbarung darzustellen.» Wie wirkungslos dieses Buch war, wird durch ein Kuriosum beleuchtet: Das Exemplar der Universitätsbibliothek Erlangen (Erscheinungsjahr 1818!) war im Jahre 1942 noch unaufgeschnitten.

Im gleichen Jahre, als LAMARCK's «Philosophie zoologique» erschien, 1809, wurde der Mann geboren, der 50 Jahre später dem Deszendenzgedanken geradezu schlagartig zum Durchbruch verhelfen sollte: CHARLES DARWIN. Beide Forscher haben in ihrem Lebensgang den Umstand gemeinsam, daß sie keine «Fachleute» im engen Sinne des Wortes waren.

CHARLES DARWIN[8] (Abb. 104) wurde am 12. Februar 1809 als Sohn eines vielseitig interessierten Arztes in Shrewsbury (60 km nordwestlich von Birmingham) geboren. Sein Großvater, ERASMUS DARWIN[9], ebenfalls Arzt, war bereits 1794 in seinem Werk «Zoonomia, or the laws of organic life» dem Deszendenzgedanken nahegekommen. Mit 16 Jahren bezog Charles die Universität Edinburgh, um Medizin zu studieren (nebenbei oblag er eifrig der Jagd), sattelte aber nach zwei Jahren in Cambridge zur Theologie um. Mehr als die Pflichtkollegien fesselten ihn die botanischen Vorlesungen und Exkursionen von JOHN STEVENS HENSLOW, später auch die geologischen von ADAM SEDGWICK; mit großem Eifer sammelte er Käfer. Nach dem Baccalaureatsexamen plante DARWIN, angeregt durch HUMBOLDT's «Reise in die Äquinoktialgegenden», eine Fahrt nach den Kanarischen Inseln. Dieses Vorhaben wurde jedoch durchkreuzt durch das von HENSLOW vermittelte Angebot, als Naturforscher an einer Weltumsegelung auf dem Zweimaster «Beagle» teilzunehmen, deren Aufgabe es war, die Küsten des südlichen Südamerika und einige Inseln im Pazifik kartographisch aufzunehmen. Die «Beagle» (Abb. 105) fuhr über die Capverden nach Bahia, Rio de Janeiro, Buenos Aires, über die Falklandinseln und Feuerland nach Chile und Peru, von hier über die Galápagos-Inseln und Tahiti nach Neuseeland und Australien und schließlich über Mauritius, St. Helena und Bahia zurück nach England. Das Schiff verließ Devonport am 27. Dezember 1831 und lief am 2. Oktober 1836 wieder in Falmouth ein, war also fast fünf Jahr unterwegs.[10]

Der 22jährige CHARLES DARWIN hatte zwar kein akademisches Abschlußexamen in den Naturwissenschaften aufzuweisen, aber er besaß eine umfassende Formenkenntnis der Pflanzen und Tiere sowie ein gründliches Wissen in Geologie und Petrographie. Seine sportliche Betätigung (Reiten, Jagd) kam ihm auf seinen wochenlangen Landexkursionen in Südamerika sehr zu statten. Daß DARWIN's Fahrt eine der erfolgreichsten Forschungsreisen überhaupt wurde, hat seinen Grund in mehreren Umständen. DARWIN besaß eine hervorragende Beobachtungsgabe, also die Fähigkeit, Gesehenes miteinander in Beziehung zu setzen, und ein tiefes Interesse für weite Bereiche der Naturwissenschaft. Vor allem aber lebte DARWIN auf seiner Reise in wissenschaftlicher Hinsicht völlig

Abb. 104. Charles Darwin (1809–1882)

einsam und ganz auf sich selbst gestellt. Er war einzig und allein angewiesen auf eigene Naturbeobachtung und auf eigenes Nachdenken. Er konnte nur die mitgeführten Bücher um Rat fragen; unter diesen war wohl der kurz vor der Abreise erschienene 1. Band von LYELL's «Principles of Geology» von besonderer Bedeutung.

DARWIN's Forschungseifer richtete sich vor allem auf zwei Gebiete: auf die Wirbeltiere einerseits, auf Geologie und Paläontologie andererseits. Die Verknüpfung dieser beiden Bereiche führte ihn zu Schlüssen von höchster Bedeutung. Anfangs war er von der Konstanz der Arten noch völlig überzeugt. Durch die Eindrücke, die er auf der Reise gewann, wurde seine Auffassung aufs stärkste erschüttert. So stellte er bei seinen Landaufenthalten an der Ostküste Südamerikas fest, daß von Nord nach Süd immer neue, aber doch den vorhergehenden noch ähnliche Formen folgen. In der tertiären «Pampa-Formation» fand DARWIN eine Fülle von Skelettresten fossiler Edentaten, die zwar von den heutigen verschieden, ihnen aber doch ähnlich sind. Schließlich kam als stärkster Eindruck die Tierwelt der Galápagos-Inseln mit der Fülle endemischer Arten, die aber doch deutliche Beziehungen zur Fauna des amerikanischen Kontinents erkennen lassen. «Hier scheinen wir», schreibt DARWIN in seinem Reisebericht, «räumlich und zeitlich dem Geheimnis aller Geheimnisse nahegekommen zu sein: dem ersten Auftauchen neuer Wesen auf der Erde.» Ergänzend sei hinzugefügt, daß sich DARWIN während seines letzten Reisejahres, nach Verlassen des Galápagos-Archipels, fast ausschließlich mit geologischen Fragen beschäftigte; es sei nur an seine Theorie der Atoll-Entstehung erinnert, die trotz einiger Einwände in neuerer Zeit voll bestätigt wurde.

Nach der Rückkehr nach England – DARWIN wohnte anfangs in Cambridge, dann in London, seit 1842 auf seinem Landsitz in Down südlich von London – sammelte er neben der Ausarbeitung seiner Reisebeschreibung und seiner geologischen Werke jahrelang ein riesiges Material von Tatsachen, die mit der Frage nach dem Werden der Arten irgendwie in Beziehung stehen, insbesondere bei Haustieren und bei Gartenpflanzen. Im Jahre 1842 (nicht 1839) schrieb er erstmals für sich einen kurzen Abriß seiner Theorie der Artenentstehung nieder (35 Seiten), den er zwei Jahre später[10a] auf 230 Seiten erweiterte; doch konnte er sich zu einer Veröffentlichung nicht entschließen. Was den Deszendenzgedanken betrifft, so wurde DARWIN, wie er selbst sagt, durch LYELL's «Principles of Geology» und den hier entwickelten «Aktualismus» stark beeindruckt. In seiner Theorie der natürlichen Auslese wurde er bestärkt durch die Anschauungen, die der Volkswirtschaftler THOMAS ROBERT MALTHUS in seinem Werk «Essay on principle of population» (1798) entwickelt hatte. Die Menschen, sagt MALTHUS, vermehren sich ebenso wie die Pflanzen und Tiere weit über ihre Lebensmöglichkeit hinaus. Dadurch kommt es zu einem scharfen Wettbewerb von Menschengruppen und Individuen um die Existenz.

DARWIN hielt es aber für «Vermessenheit, Tatsachen anzuhäufen und Spekulationen anzustellen über das Thema des Variierens, ohne seinen gehörigen Teil an Species gearbeitet zu haben» und beschloß, angeregt durch den Fund einer eigentümlichen Cirripedie an der chilenischen Küste, eine Monographie dieser Tierklasse aufgrund eigener Untersuchungen zu verfassen, ein Unternehmen, das ihn acht Jahre Arbeit kostete. Das Ergebnis war ein zweibändiges Werk von 1084 Seiten mit 42 Tafeln, das 1851–54 unter dem Titel «A monograph of the sub-class Cirripedia with figures of all the species» erschien und durch zwei

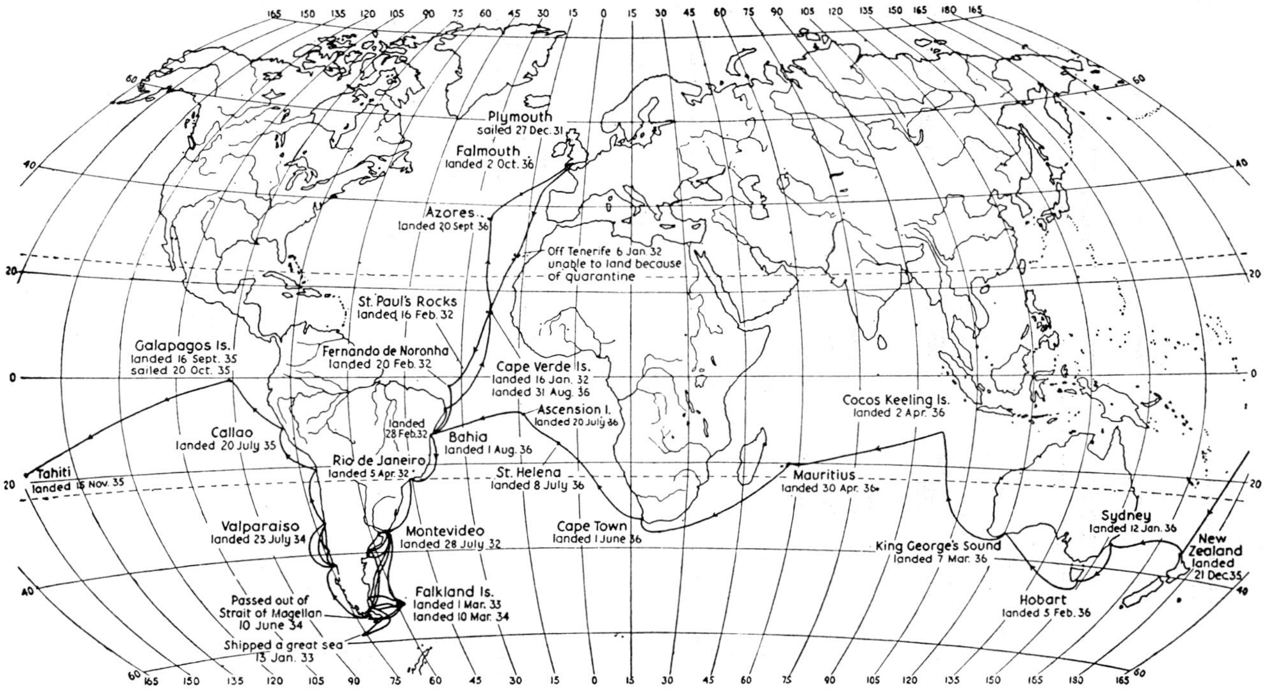

Abb. 105. Reiseweg der Beagle 1831–1836.

Abb. 106. JOSEPH HOOKER (1817–1911)

Abb. 107. THOMAS HUXLEY (1825–1895)

Abhandlungen über fossile Cirripedien ergänzt wurde. «Meiner Meinung nach hat DARWIN niemals etwas Weiseres getan», urteilt später THOMAS HUXLEY, «als wenn er sich den Jahren geduldiger Mühe hingab, welche ihm das Cirripedien-Buch kostete. Wie wir anderen hatte er keine geeignete Lehre in biologischer Wissenschaft durchgemacht, und es hat mich immer als ein merkwürdiges Beispiel seiner wissenschaftlichen Einsicht berührt, daß er die Notwendigkeit einsah, sich selbst eine solche Lehrzeit zu verschaffen... Das, was ihm nach seiner Rückkehr nach England noch notwendig war, war eine entsprechende Bekanntschaft mit Anatomie und Entwicklungsgeschichte und deren Beziehung zur Taxonomie, – und er erlangte dieselbe durch sein Werk über die Cirripedien».[11]

Nach Abschluß der Cirripedien-Monographie setzte DARWIN seine Arbeit am «Species»-Buch fort. Er züchtete Tauben, um die Abänderungen sowie die Vererbung von Baueigentümlichkeiten und Instinkten zu studieren. Er führte Versuche aus über den Einfluß des Salzwassers auf Pflanzensamen und tierische Eier, da ihm diese Verhältnisse für bestimmte Fragen der geographischen Verbreitung wichtig erschienen. Von dem Botaniker ASA GRAY[12] (Abb. 97), Professor an der Harvard-Universität, dem damals besten Kenner der nordamerikanischen Flora, holte er sich vielfach Auskunft und erhielt von ihm wertvolle Hilfe; ihm teilte DARWIN in einem Brief (1857) die Grundgedanken seiner Theorie mit. Von ganz besonderer Bedeutung war es für DARWIN daß er sich jederzeit in schwierigen Fragen Rat holen konnte von drei überragenden Naturforschern, die sich in gleicher Weise durch umfassendes Wissen, unbestechliches Urteil und aufrichtige Gesinnung auszeichneten: von dem Botaniker JOSEPH DALTON HOOKER[13] (Abb. 106), von dem Geologen CHARLES LYELL[14] (Abb. 108 und von dem Zoologen THOMAS HUXLEY[15] (Abb. 107). Alle drei waren – ebenso wie GRAY – mit DARWINS Theorie anfangs nicht einverstanden und wurden erst durch das «Species»-Buch überzeugt. Deshalb war ihre Kritik von höchster Bedeutung für

DARWIN, der seinerseits seine Dankbarkeit hierfür immer wieder zum Ausdruck gebracht hat.

Als DARWIN einige Kapitel seines genannten Werkes niedergeschrieben hatte – mit dem Abschluß rechnete er aber erst in einigen Jahren –, erhielt er am 18. Juni 1858 unvermutet ein 17 Seiten langes Manuskript des auf der Molukkeninsel Ternate forschenden Zoologen ALFRED RUSSEL WALLACE[16] (Abb. 110) zugeschickt, das unter dem Titel «On the tendency of varieties to depart indefinetely from the original typus» das Selektionsprinzip in voller Klarheit entwickelt. DARWIN kommt in einen argen inneren Zwiespalt. Wenn der Aufsatz von WALLACE veröffentlicht wird, verliert er den Prioritätsanspruch auf eine Theorie, an der er jahrzehntelang zielbewußt gearbeitet hat; veröffentlicht er seine Anschauung aber jetzt, so könnte ihm WALLACE vorwerfen, er habe sich fremdes geistiges Eigentum angeeignet. «Ich würde viel lieber mein ganzes Buch verbrennen, als daß er (WALLACE) oder irgend Jemand anderes denken sollte, ich hätte mich in einer elenden Weise benommen», schreibt er an LYELL. DARWIN bittet ihn und seinen Freund HOOKER um Rat und stimmt schließlich deren Vorschlag zu, die Abhandlung von WALLACE zusammen mit seinem Manuskript vom Jahre 1842 und dem oben erwähnten Brief an ASA GRAY (1857) zu veröffentlichen. Am 1. Juli 1858 werden alle drei Manuskripte in der Sitzung der «Linnean Society» in London vorgelesen und am 20. August 1858 im «Journal of the Proceedings of the Linnean Society» (vol. III, No. 9) mit einer kurzen Einführung von LYELL und HOOKER[16] veröffentlicht. Die Publikation hatte sonderbarerweise nicht die geringste Wirkung. «Dies beweist, wie notwendig es ist, daß jede neue Ansicht in ziemlicher Ausführlichkeit mitgeteilt werden muß, um öffentliche Aufmerksamkeit zu erregen», schreibt DARWIN in seiner «Selbstbiographie». Er begann, dem dringenden Rate von LYELL und HOOKER folgend, seine Theorie wesentlich ausführlicher als in dem genannten Aufsatz, aber kürzer als in dem geplanten großen Werk, niederzuschreiben. Nach mehr als einjähriger Arbeit war das Buch beendet, das am 14. November 1859 unter dem Titel «The origin of species by means of natural selection, or the preservation of favoured races in the struggle for life» erschien.[17] Die erste Auflage in Höhe von 1250 Exemplaren war bald nach dem Erscheinen verkauft!

DARWIN's «Origin of species» hat einen völlig anderen Charakter als LAMARCKS «Philosophie zoologique», welche viele damals neue Gedanken entwikkelte, ohne sich mit einer eingehenden Beweisführung lange aufzuhalten. DARWIN dagegen erbringt für seine Theorie eine geradezu erdrückende Fülle von Beweisen, erörtert alle denkbaren Einwände und versucht sie zu widerlegen. Die lange Reifezeit der Gedanken (mehr als zwei Jahrzehnte!) und die so vielfachen kritischen Diskussionen mit HOOKER, HUXLEY und LYELL sind dem Werke sehr zugute gekommen. Während die «Philosophie zoologique» so gut wie unbeachtet blieb, hatte DARWIN's Werk einen ganz ungewöhnlichen Erfolg. Seine Wirkung war jedoch in den einzelnen Ländern eine recht verschiedene.[17a] In England entspann sich naturgemäß der Kampf zuerst. Einen mutigen Mitstreiter fand DARWIN vor allem in THOMAS HUXLEY, einem erfolgreichen Zoologen und ungewöhnlich scharfsinnigen Denker, der als erster 1863 den Deszendenzgedanken auf den Menschen anwandte, nach seinem eigenen Ausspruch «die Frage aller Fragen für die Menschheit». Auch HOOKER setzte sich öffentlich für DARWIN ein. Daß WALLACE in derselben Linie kämpfte, ist selbstverständlich. Auch LYELL bekannte sich nach anfänglichem Widerstand zum Deszendenzgedanken,

Abb. 108. Charles Lyell (1797–1875)

Abb. 109. Asa Gray (1810–1888)

stand aber dem Selektionsprinzip kritisch gegenüber. Unter den englischen Biologen trat vor allem Richard Owen (1804–1892) gegen Darwin auf, brachte sich jedoch selbst um die Wirkung, da er seine Artikel anonym veröffentlichte und «Prof. Owen» darin als Kronzeugen zitierte. – In Nordamerika setzte sich der Deszendenzgedanke trotz der Gegnerschaft von Louis Agassiz vor allem durch das Eintreten von Asa Gray bald durch; da Gray als treuer Anhänger der christlichen Konfession allgemein bekannt war, war Einwänden von dieser Seite der Boden von vornherein weitgehend entzogen. – In Deutschland trat der Zoologe Ernst HAECKEL[18] (Abb. 111) als temperamentvoller Mitstreiter Darwin's auf. Sein Vortrag «Über die Entwickelungstheorie Darwins» auf der Versammlung deutscher Naturforscher und Ärzte in Stettin (1863) löste eine heftige Diskussion aus. Drei Jahre später erschien die «Generelle Morphologie der Organismen», in der Haeckel die Bedeutung der «von Charles Darwin reformierten Deszendenztheorie» für die gesamte Biologie darlegt, die Grundzüge der Stammesgeschichte der Pflanzen und Tiere aufzeigt und die ersten Stammbäume (Abb. 112) entwirft.[18a] Den Einfluß dieses Werkes hat der Zoologe Karl Heider in den Satz zusammengefaßt: «Die Generelle Morphologie hat für unsere Wissenschaft für mehr als dreißig Jahre die Grundlagen aufgezeichnet.» Der Zoologe A.N. Sewertzoff urteilt 1931 über Haeckel: «Wir sehen mit Erstaunen, daß die unzähligen nachfolgenden Untersuchungen der Systematiker, Paläontologen, Anatomen und Embryologen verhältnismäßig wenig an Haekkel's Stammbäumen geändert haben. Die Phylogenese der Tiere wurde in den Hauptzügen in den ersten Werken von Haeckel (soweit wir jetzt urteilen können) richtig erkannt.» Die Deszendenztheorie hat sich in Deutschland relativ rasch durchgesetzt, nicht zuletzt durch Haeckel's temperamentvolle Schriften. Lange und heftig wogte aber der Streit um das Selektionsprinzip.[19] Die Exponenten um die Jahrhundertwende bildeten auf der einen Seite August Weis-

Abb. 110. ALFRED WALLACE (1823–1913)

Abb. 111. ERNST HAECKEL (1834–1919)

MANN (1834–1914), der das Wort von der «Allmacht der Naturzüchtung» prägte, und auf der anderen OSCAR HERTWIG (1849–1922), bekannt durch seine Untersuchungen der Befruchtungsvorgänge im Tierreich, dessen Buch über «Das Werden der Organismen» (1916) den Untertitel trägt: «Eine Widerlegung von Darwins Zufallstheorie». Die neuere Genetik hat jedoch die Selektionstheorie im Prinzip bestätigt.[20]

Kaum beeindruckt von dem Streit um die Deszendenztheorie im allgemeinen und um das Selektionsprinzip («Darwinismus») im besonderen arbeitete CHARLES DARWIN in alle Stille weiter. Als wichtige Ergänzung seines Species-Buches veröffentlichte er 1868 ein zweibändiges Werk «The variation of animals and plants under domestication», das nicht nur das erste Kapitel der «Origin of species» weiter ausführte und zahllose kritisch geprüfte Belege einfügte, sondern mit dem DARWIN darüber hinaus – zusammen mit ALPHONSE DE CANDOLLE und OSWALD HEER – die Haustier- und Kulturpflanzenforschung begründete.

Über den Menschen hatte DARWIN, um nicht von vornherein den Widerspruch gegen den Deszendenzgedanken zu vergrößern, in der «Entstehung der Arten» nur den wetterleuchtenden Satz geschrieben: «Light will be thrown on the origin of man and his history.» H. G. BRONN ließ in seiner ersten deutschen Übersetzung des Buches diesen Satz vorsichtshalber weg! Als aber HUXLEY und HAECKEL in konsequenter Weise die Deszendenztheorie auch auf den Menschen übertrugen, setzte ein Sturm der Entrüstung ein. Hierbei wurde, wie DARWIN (Vorwort zur «Abstammung des Menschen») sagt, «oft und mit Nachdruck behauptet, daß der Ursprung des Menschen nie zu enträtseln sei ... Es sind immer diejenigen welche wenig wissen, und nicht die welche viel wissen, welche positiv behaupten, daß dieses oder jenes Problem nie von der Wissenschaft werde gelöst werden.» Sonderbarerweise hat sich hundert Jahre früher, als LINNÉ, ohne viele Worte zu machen, den Menschen als «Homo sapiens» kurzerhand in das

Tierreich einordnete, kaum jemand darüber aufgeregt.[21] Da der Deszendenzgedanke von vielen Forschern (vor allem von den «jüngeren und aufstrebenden», wie DARWIN sagt) akzeptiert und der Mensch in die Diskussion einbezogen wurde, entschloß sich DARWIN, sein gesamtes auf den Menschen bezügliches Material zu publizieren, und zwar 1871 in dem zweibändigen Werke «The descent of man, and selection in relation to sex», dem im Jahre darauf noch ein weiterer Band folgte: «The expression of the emotions in man and animals». Hiermit schloß DARWIN seine Arbeit an den Deszendenzproblemen ab. Die letzten zehn Jahr seines Lebens waren fast ausschließlich botanischen Forschungen gewidmet.

Am 22. August 1872 schrieb DARWIN in sein Tagebuch: «Beendete die letzten Korrekturen des ‹Ausdruck der Gemütsbewegungen›»; am Tage darauf: «Begann mich mit Drosera zu befassen.» Diese Eintragung ist jedoch insofern nicht ganz wörtlich zu nehmen, als ihm nämlich schon 1860 der Insektenfang von *Drosera* aufgefallen war, was ihn sofort zu Versuchen anregte. Aber vom Herbst 1872 ab standen die insektenfressenden Pflanzen ganz im Vordergrund seiner Arbeit. *Drosera* blieb nach wie vor das Hauptobjekt, doch wurden auch *Dionaea, Aldrovanda, Drosophyllum, Pinguicula* und *Utricularia* untersucht. Alle diese Beobachtungen veröffentlichte DARWIN in einem Werk «Insectivorous plants» im Jahre 1875, also fünfzehn Jahre nach Beginn seiner Experimente. «Die Verzögerung», schreibt er in seiner Autobiographie, «ist in diesem Falle, wie bei meinen sämtlichen anderen Büchern, ein großer Vorteil für mich gewesen; denn nach einem langen Zeitverlauf kann ein Mensch seine eigene Arbeit beinahe ebenso kritisieren wie die einer anderen Person.» Beobachtungen über Insektivorie waren zwar schon früher angestellt worden. DARWIN hat jedoch das Verdienst, erstmals umfassende Untersuchungen über Fang, Sekretion und Verdauung ausgeführt und die erste Gesamtdarstellung der Insektivoren gegeben zu haben. – Im gleichen Jahr wie die «Insektenfressenden Pflanzen» erschien ein weiteres botanisches Werk DARWIN's: «The movements and habits of climbing plants», das eine erweiterte Neubearbeitung einer 1865 im «Journal of the Linnean Society» veröffentlichten Abhandlung darstellt. DARWIN war zu diesen Studien angeregt worden durch einen Aufsatz über Cucurbitaceenranken von ASA GRAY, der ältere Angaben von MOHL nachgeprüft und bestätigt hatte. DARWIN interessierte einmal der Bewegungsvorgang als solcher bei den verschiedenen Schling- und Rankenpflanzen, zum anderen das stammesgeschichtliche Werden der Kletterorgane. 1876–77 gab DARWIN seine drei blütenökologischen Werke heraus. «The effect of cross- and self-fertilisation», die zweite Bearbeitung des Orchideen-Buches und «The different forms of flowers». Hierüber wurde bereits in Kapitel 10 eingehend berichtet. 1880 überraschte DARWIN die Botaniker noch mit dem umfangreichsten seiner botanischen Werke, das in seiner Fragestellung an die «Kletterpflanzen» anschließt: «The power of movement in plants.» Hier teilt DARWIN eine Fülle neuer Beobachtungen über Reizleitung, Geo-, Photo- und Traumatotropismus, Circumnutationen, Schlafbewegungen usw. mit, die vielfach den Ausgangspunkt für die Weiterentwicklung der Reizphysiologie bildeten. Über DARWIN als Botaniker dürfen wir zusammenfassend sagen: Er hat die Blütenökologie neu begründet, er hat die Kenntnis der Insektivoren auf eine sichere Grundlage gestellt, er hat auf dem Gebiete der Reizphysiologie wichtige Vorgänge entdeckt und höchst anregend gewirkt und hat schließlich (durch sein Species-Buch) die Pflanzengeographie in bedeutsamer Weise gefördert. – Schließlich darf DARWIN's letztes, 1881 erschienenes Werk nicht übergangen werden: «The formation of the vegetable mould through the action of worms», ein Forschungsgegenstand, dem er schon 1838 einen kleineren Aufsatz gewidmet hatte. Erst in neuester Zeit, seit man sich mit der Bodenfauna eingehender befaßt, ist diesem Buch eine erhöhte Aufmerksamkeit und Anerkennung zuteil geworden.

Dem Bericht über DARWIN's wissenschaftliche Leistungen seien noch einige Worte über sein Leben, seine Arbeitsweise und seine Persönlichkeit angefügt. Wie bereits oben erwähnt, lebte DARWIN seit 1842 als Privatgelehrter in einem Landhaus in dem Dorfe Down südlich von London. «Mein Leben geht wie ein Uhrwerk, und ich bin an den Ort gefesselt, wo ich es enden werde», schrieb er an den Beagle-Kapitän Fitz-Roy. Er verließ Down nur zu Fahrten nach London, zu Erholungsreisen und Kuraufenthalten. Seit Rückkehr von seiner Reise fühlte sich DARWIN krank; Unwohlsein, Herzbeschwerden, Magenleiden setzten ihm so zu, daß er mit seiner Arbeitskraft sehr haushälterisch umgehen mußte. Die damaligen Ärzte wußten keinen Rat. Erst in neuester Zeit hat man aufgrund der Symptome erkannt, daß die Ursache eine Infektion mit *Trypanosoma cruzi* (Chagassche Krankheit) war, die er sich offenbar 1835 in den Pampas zugezogen hatte.[22] Die Zeit intensiver Arbeit war auf drei Vormittags- und anderthalb Nachmittagsstunden beschränkt. Um so mehr setzt die Leistung DARWINS uns in Erstaunen: In der deutschen Übersetzung umfassen allein seine in Buchform veröffentlichten Werke 6915 Seiten; hierbei gilt noch zu bedenken, daß er sich nie wiederholt hat und jedes seiner Bücher einem bestimmt umgrenzten, bis in alle Einzelheiten genau durchdachten Thema gewidmet ist. Was DARWIN zu seiner ungewöhnlichen Leistung befähigte, sind in erster Linie seine persönlichen Eigenschaften: Beobachtungsgabe, Klarheit, Urteilskraft, Berücksichtigung jedes sachlichen Einwandes. Dazu kamen seine wirtschaftliche Unabhängigkeit, das harmonische Familienleben (DARWIN hatte zehn Kinder, von denen jedoch drei bereits in jungen Jahren starben) und schließlich die bereits erwähnte lebenslange Freundschaft mit HOOKER, GRAY, HUXLEY und LYELL. Wir können das Urteil über CHARLES DARWIN nicht besser abschließen als mit den Worten des Zoologen RICHARD HESSE[23]: «Die gesamte Tätigkeit dieses großen Gelehrten, der nirgends seinen eigenen Ruhm, sondern immer nur die Wahrheit suchte, ist durch die geschickte Stellung der Fragen und die ungewöhnliche Ausdauer in ihrer Verfolgung, durch ruhiges Abwägen der Gründe und Gegengründe, durch Vorsicht im Urteil, gewissenhafte Selbstkritik und Anerkennung fremder Leistungen, vor allem auch der Leistungen seiner Gegner, geradezu vorbildlich.» DARWIN starb am 19. April 1882 in Dwon und wurde in der Westminster-Abbey neben NEWTON bestattet.

In seiner «Kritik der Urteilskraft» (§ 75) meint KANT, «es sei für den Menschen ungereimt,... zu hoffen, daß dereinst ein NEWTON aufstehen könne, der auch nur die Erzeugung eines Grashalms nach Naturgesetzen, die keine Absicht geordnet hat, begreiflich machen werde». Neun Jahre nach dem Erscheinen der «Entstehung der Arten», sagt HAECKEL, «daß sich DARWIN's Theorie unmittelbar neben die Gravitationstheorie NEWTONS stellen kann», und fünf Jahre nach DARWINS Tod beginnt HUXLEY[24] einen Rückblick «Über die Aufnahme der Entstehung der Arten» mit den Worten «Für die jetzige Generation steht der Name DARWIN in einer Reihe mit denen von ISAAC NEWTON und MICHAEL FARADAY». Spätere Kritiker haben versucht, die große Leistung DARWINS herab-

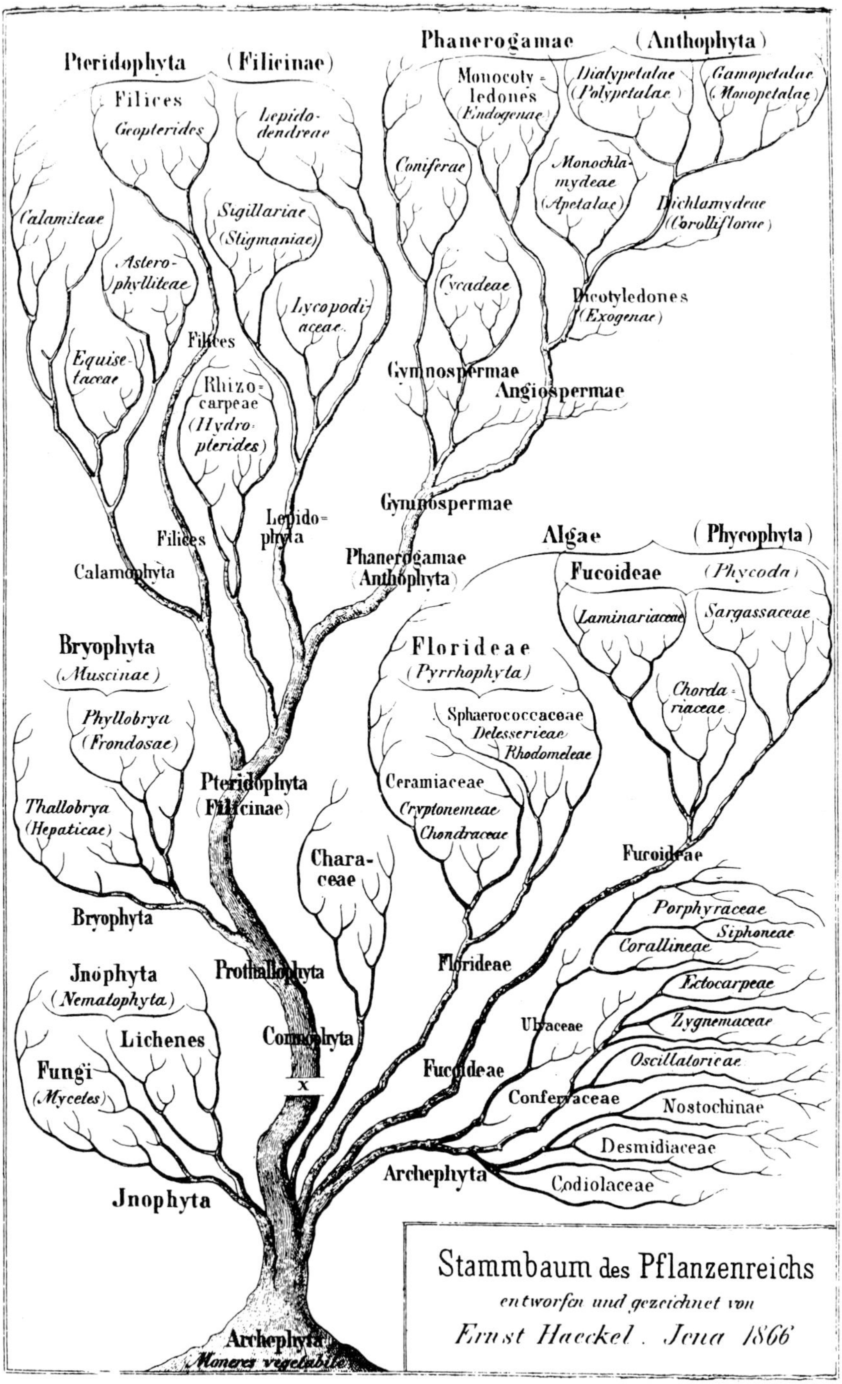

Abb. 112. Stammbaum des Pflanzenreichs nach HAECKEL (1866)

zusetzen.[25] Dies geht auf zwei Gründe zurück. Einmal hat man auf die große Zahl von Autoren hingewiesen, die vor DARWIN den Entwicklungsgedanken geäußert haben. Hierzu muß bemerkt werden, daß alle diese «Vorgänger» (außer LAMARCK) sich nur beiläufig in diesem Sinne geäußert haben, ohne ihre Meinung eingehender zu begründen; unter den Botanikern gehören hierzu z. B. SCHLEIDEN, UNGER, BRAUN und NÄGELI, unter den Zoologen PANDER und RÜTIMEYER, unter den Geologen z. B. COTTA.[26] Doch wie WICHLER[27] darlegt, «hat DARWIN in einer Zeit, in der so gut wie alle Biologen die Konstanz der Arten für die einzig mögliche Lösung des Speziesproblems hielten, seine Fachgenossen vom Gegenteil überzeugt. Dazu genügte nicht etwa nur eine geschickte Kompilation von Tatsachen. Seine Überlegenheit erreichte er vielmehr durch eine Fülle ganz neuer Einfälle, durch seine einzigartige Klarheit und ferner mit Hilfe eines reichen Tatsachenmaterials, das von ihm erst in diesem Umfang zusammengestellt, richtig genutzt und durch eigene Beobachtung wesentlich erweitert worden war. Was den Selektionsgedanken betrifft, so war vor DARWIN eine Selektion nur in Züchterkreisen bekannt, dagegen war ihre Wirksamkeit in der freien Natur bis dahin niemals erkannt worden.» Dieser letzte Punkt führt uns zum zweiten Grund für eine zeitweilige Geringschätzung DARWIN's. Wie oben erwähnt, wurde von einer Reihe von Biologen zwar der Deszendenzgedanke akzeptiert, der Selektionstheorie jedoch widersprochen. Erst die neue experimentelle Forschung hat DARWIN's Gedanken voll und ganz bestätigt.[20] Somit dürfen wir heute nach genügend langem historischem Abstand, sagen: Die Ehrung DARWINS, die in seiner Bestattung an NEWTONS Seite zum Ausdruck kam, war vollauf berechtigt.

In seiner oben erwähnten Rede «Über die Entwicklungstheorie Darwins» (1863) kennzeichnete HAECKEL die damalige Situation in der Biologie mit folgenden Worten: «Bereits ist das ganze große Heerlager der Zoologen und Botaniker, der Paläontologen und Geologen, der Physiologen und Philosophen in zwei schroff gegenüberstehende Parteien gespalten. Auf der Fahne der progressiven Darwinisten stehen die Worte ‹Entwicklung und Fortschritt›. Aus dem Lager der konservativen Gegner DARWIN's tönt der Ruf ‹Schöpfung und Species›.» Eigentümlicherweise nahmen die Dinge in Zoologie und Botanik einen verschiedenen Verlauf. In der Zoologie wurden die Diskussionen schärfer geführt als in der Botanik, und die Deszendenztheorie nahm dort, vor allem unter HAECKEL's Führung, einen viel stärkeren Einfluß auf die Forschung als hier. Daß es in der Botanik «ruhiger zuging» als in der Zoologie, hat mehrere Gründe: einmal, weil der Mensch nicht zum Pflanzenreich gehört und entsprechende Folgerungen somit ferner liegen, und zum anderen deshalb, weil die Botanik auf die Deszendenztheorie gleichsam vorbereitet war, vor allem durch HOFMEISTER's 1851 erschienene «Vergleichende Untersuchungen ... höherer Kryptogamen» (vgl. Kap. 14). Lebermoose, Laubmoose, Farne, Equiseten, Rhizocarpeen, Selaginellen, Coniferen und Phanerogamen erwiesen sich durch den Generationswechsel miteinander verbunden, während sie vorher in der Systematik als völlig getrennte Gruppen ziemlich beziehungslos nebeneinander standen. Mit Recht schreibt daher SACHS in seiner «Geschichte der Botanik»: «Als acht Jahre nach HOFMEISTER's vergleichenden Untersuchungen DARWIN's Deszendenzlehre erschien, lagen die verwandtschaftlichen Beziehungen der großen Abteilungen des Pflanzenreiches so offen, so tief begründet und so durchsichtig klar vor Augen, daß die Deszendenztheorie eben nur anzuerkennen brauchte, was

Abb. 113. Richard von Wettstein (1863–1931)

Abb. 114. Adolf Engler (1844–1930)

hier die genetische Morphologie tatsächlich zur Anschauung gebracht hatte.» Bereits im Oktober 1860, wenige Monate nach dem Erscheinen der ersten deutschen Übersetzung, erwähnt Schleiden im Vorwort zur 4. Auflage seiner «Grundzüge» Darwins «Entstehung der Arten» als «bedeutendes Werk» und «glänzende Arbeit». Während Schmarda noch 1872 in seiner «Zoologie» die Abstammungslehre kurzerhand ablehnt, finden wir 1870 im «Lehrbuch der Botanik» von Sachs ein Schlußkapitel über die Deszendenztheorie, das sich in seiner Klarheit und Sachlichkeit von dem entsprechenden Abschnitt eines modernen Lehrbuches nicht unterscheidet.

Die Deszendenztheorie erklärt das Zustandekommen der Formenfülle und ist daher mit der Systematik (Taxonomie) und der speziellen Pflanzenmorphologie aufs engste verbunden. Das «natürliche System», von Linné als Endziel der Botanik betrachtet, von Jussieu, Endlicher, Braun u.a. in der ersten Hälfte des vorigen Jahrhunderts fest gegründet (vgl. Kap. 6), bildet den Grundbeweis für die Abstammungslehre[28] und findet durch sie eine Erklärung. So wird es verständlich, daß man Systematik und Stammesgeschichte geradezu gleichsetzte. Gleicht doch der erste, von Haeckel (1866) entworfene Stammbaum des Pflanzenreiches (Abb. 112) einem Baum, dessen Äste einzelne Ordnungen bzw. Familien darstellen. Haeckel's letztes großes Werk trägt den bezeichnenden Titel: «Systematische Phylogenie, Entwurf eines natürlichen Systems der Organismen aufgrund ihrer Stammesgeschichte». Im Gegensatz zur Zoologie war man in der Botanik mit Stammbaumkonstruktionen und mit phylogenetischen Ableitungen recht zurückhaltend.

Der hervorragendste Vertreter der «phylogenetischen Systematik» in der Botanik war der Österreicher RICHARD VON WETTSTEIN[29] (Abb. 113), der durch sein in vier Auflagen erschienenes «Handbuch der systematischen Botanik» in hohem Maße anregend gewirkt hat und der durch seine langjährige, erfolgreiche Tätigkeit an den Universitäten Prag und Wien zu einem der bedeutendsten akademischen Lehrer in seinem Fach geworden ist. Das «Handbuch», das wegen seiner Gründlichkeit, vorzüglichen Bildausstattung und umfangreichen Literaturangaben noch heute viel benutzt wird, wirkte auf die Systematik zwar anregend, doch haben sich die Besonderheiten des Wettstein'schen Systems nicht durchzusetzen vermocht, während die von ADOLF ENGLER[30] (Abb. 114) gewählte Anordnung und Gruppierung heute noch im internationalen Schrifttum (z. B. «Flora Europaea» 1964–1980) weitgehend als Grundlage dient. ENGLER war der Auffassung, man müsse Systematik und Phylogenie auseinanderhalten und das System nach wie vor ohne Rücksicht auf phylogenetische Aufassungen auf die Übereinstimmung in den Merkmalen aufbauen. Anders ausgedrückt: Die Systematik oder Taxonomie ordnet die Formenmannigfaltikeit, die Phylogenie erklärt die Formenmannigfaltigkeit; Darstellungsmittel der Systematik ist das eindimensionale System, Darstellungsmittel der Phylogenie der zweidimensionale Stammbaum. Mit Recht schreibt bereits GOEBEL (1883)[31]: «Seit dem Auftreten der Deszendenztheorie haben die Worte ‹Typus› und gemeinsame Organisation eine reale Bedeutung gewonnen. Es wäre aber ein Irrtum zu glauben, daß durch die Deszendenztheorie eine neue Forschungsmethode aufgekommen sei, die ‹phylogenetische›. Die ‹phylogenetische Methode› ist keine andere als die der vergleichenden Morphologie, nur daß sie über die Begriffe, mit denen sie operiert, sich in anderer Weise Rechenschaft gibt.» – Die Zahl der Merkmale, die zur Gliederung des natürlichen Systems, zur Feststellung der gradweis abgestuften Zusmmengehörigkeit verwendet werden, hat sich in den letzten Jahrzehnten beträchtlich vermehrt, und zwar einerseits durch Erfassung der Inhaltsstoffe (Chemotaxonomie[32]), andererseits durch Feststellung des Chromosomenbestandes (Cytotaxonomie[33]).

Anmerkungen

1 Die Geschichte der Deszendenztheorie ist eingehend dargestellt in folgenden Werken: NORDENSKIÖLD, E., Geschichte der Biologie. Jena 1926. RADL, E., Geschichte der biologischen Theorien. 2. Teil. Leipzig 1909. SCHMIDT, H., Geschichte der Entwicklungslehre. Leipzig 1918. ZIMMERMANN, W., Evolution. Die Geschichte ihrer Probleme und Erkenntnisse. Freiburg und München 1953. MAYR, E., Die Entwicklung der biolog. Gedankenwelt. Berlin 1984.
Zur sachlichen Orientierung über die Deszendenztheorie sei verwiesen auf: FRANZ, V., Geschichte der Organismen. Jena 1924. HEBERER, G., Die Evolution der Organismen. 3 Bände. 3. Aufl. Stuttgart 1966–72. ZIMMERMANN, W., Die Phylogenie der Pflanzen. 2. Aufl. Stuttgart 1959.

2 LINNAEUS, C., Amoenitates academicae **6**, S. 12 und S. 296, Holmiae 1763.

2a BENOIT DE MAILLET (1659–1738) war Generalkonsul in Ägypten, wo er 1715 den «Telliamed» verfaßte. Beobachtungen negativer Strandverschiebungen führten ihn zur

Annahme eines allgemeinen Meeresrückganges. Er lebte später in Livorno und zuletzt in Marseille. Sein Buch, das erst nach seinem Tode in mehreren Auflagen erschien, hatte starken Einfluß auf die französische Aufklärung. – TSCHULOK, S., Der Telliamed und die Anfänge der Deszendenztheorie. Vierteljahrsschr. d. naturforsch. Ges. Zürich **83**, 289–340, 1938. DSB **9**, 26–27, 1974.

3 Über BUFFON vgl. die in Anm. 1 zitierten Werke von H. SCHMIDT und W. ZIMMERMANN (1953).

4 LAMARCK, J.B.P.A. DE, Flore française. 3 vol. Paris 1778–93 (3. Ed. par J.B.P.A. DE LAMARCK et A.P. DE CANDOLLE, 6 vol. Paris 1815).
–, Hydrogéologie. Paris 1802 (deutsche Übersetzung von E.F. WREDE, Berlin 1805); engl. Übersetzung von A. CAROZZI, Urbana 1964).
–, Philosopie zoologique. 2 vol. Paris 1809. Nouvelle Edition, avec une biographie de CH. MARTINS, Paris 1873, Reprint Lehre 1960 (deutsche Übersetzung von A. LANG, Jena 1876; Auszug daraus, herausgeg. von H. SCHMIDT, Leipzig 1909).
–, Histoire naturelle des animaux sans vertèbres. 7 vol. Paris 1815–1822. DSB **7**, 584–594, 1973.
Über Leben und Werk LAMARCK's: CAROZZI, A.V., Lamarcks Theory of the Earth: Hydrogéologie. Isis **55**, 293–307, 1964. CUVIER, G., Éloge de M. de Lamarck. Mém. de l'Acad. roy. des Sciences de l'Inst. de France **13**, I–XXXI, 1835. KÜHNER, F., Lamarck. Jena 1913 (Neudruck 1966). LANDRIEU, M., Lamarck, le fondateur du transformisme, sa vie, son œuvre. Paris 1909. LANG, A., Lamarck und Darwin. Kosmos **1**, 132–142, 243–250, 408–417, 510–533, 1877. MAYR, E., Lamarck revisited. Journ. of the Hist. of Biol. **5**, 55–94, 1972, nochmals abgedruckt in: MAYR, E., Evolution and the diversity of life (Cambridge/M., London 1976), p. 222–250. PAKKARD, A.S., Lamarck, the founder of evolution. New York 1901. COSTANTIN, J., et al., in: Archives du Muséum nation. d'hist. nat., Série 6, tome **6**, 1–44, 1930. STAFLEU, F.A., Lamarck: The Birth of Biology. Taxon **20**, 397–442, 1971. TSCHULOK, S., Lamarck. Zürich u. Leipzig 1937. WICHLER, G., Lamarck. Der Biologe **9**, 349–359, 1940.

5 NORDENSKIÖLD (l.c. Anm. 1, p. 320) faßt LAMARCK's eigenartigen Lebenslauf kurz zusammen: «Ein verabschiedeter Leutnant, ohne wissenschaftliche Vorbildung, der sich vom schriftstellernden Bohémien zum berühmten Gelehrten hinaufarbeitet und im Alter von 50 Jahren in einem Fache Professor wird, das er nie vorher studiert hat.»

6 BATSCH, A.J.G.C., Übersicht der Kennzeichen zur Bestimmung der Mineralien u. kurze Darstellung der Geologie. Jena 1796. (Über BATSCH s.Kap. 11)

6a BRONN hat jedoch bereits erkannt, daß die aufeinanderfolgenden «Schöpfungen» einen «Fortschritt vom Unvollkommenen zum Vollkommenen» erkennen lassen («Gesetz der progressiven Entwickelung»). Näheres hierüber in seinen beiden Büchern «Morphologische Studien über die Gestaltungsgesetze» (1858) und «Untersuchungen über die Entwickelungsgesetze der organischen Welt» (1858). Vgl. auch BARON (Sudhoffs Arch. f. Gesch. d. Med. u. Naturw. **45**, 97–109, 1961) und QUERNER (Verhandl. d. dtsch. zool. Ges. 1967, 251–255, 1968). SCHUMACHER, I., Die Entwicklungstheorie des Heidelberger Paläontologen und Zoologen H.G. Bronn. Naturwiss. Dissertation Heidelberg 1975.
Biogr.: Allg. dtsch. Biogr. **3**, 355–360, 1876 (GÜMBEL); DSB **2**, 497–498, 1970.

7 SCHINDEWOLF, O.H., Einige vergessene deutsche Vertreter des Abstammungsgedankens. Paläontol. Zeitschr. **22**, 139–168. GLASS, B., Forerunners of Darwin 1745–1859. Baltimore 1959. Vgl. auch ZIMMERMANN, zit. Anm. 1.

8 Aus dem umfangreichen biographischen Schrifttum über CHARLES DARWIN sei genannt: DARWIN, F., Life and Letters of Charles Darwin. 3 Bände. London 1887 (deutsche Übersetzung von J.V. CARUS, Stuttgart 1887). The Autobiography of Charles Darwin. Edited by NORA BARLOW. London 1958 (deutsche Übersetzung von S.L. SOBOL, Leipzig und Jena 1959). More Letters of Charles Darwin. Edited by F. DARWIN und A.C. SEWARD, 2 vol. Cambridge 1903, Reprint 1971. Darwin und

Henslow. Letters 1831–1860, ed. by N. BARLOW. London 1967. SMITH, S., The correspondence of Ch. Darwin, vol. 1–2, 1985, 1986.
ALLAN, M., Darwin und his flowers. London 1977 (Deutsch: Darwins Leben für die Pflanzen, Wien u. Düsseldorf 1980). DE BEER, G., Charles Darwin. London 1963. CLARK, R., The survival of Ch. Darwin, a biography of a man and an idea. New York 1984 (deutsch: 1985). FREEMAN, R. B., Charles Darwin, a companion. Folkstone 1978. FREEMAN, R. B., The works of Ch. Darwin. An annotated bibliographical handlist. Folkstone 1977. GRUBER, H. E., Darwin on man. London 1974. HUXLEY, TH., et al., Memorial notices of Charles Darwin. Nature **26**, Nr. 655–660, 1882. Deutsch in: Leopoldina **20**, 24–27, 42–45, 62–67, 138–142, 151–155, 176–179 (1884). JAHN, I., Charles Darwin. Köln 1982. KEITH, A., Darwin revalued. London 1955. KRAUSE, E., Ch. Darwin. Leipzig 1885. WICHLER, G., Charles Darwin. Oxford 1961 (deutsche Ausgabe München und Basel 1963). WYSS, W. VON, Charles Darwin. Zürich und Stuttgart 1958. DSB **3**, 563–577, 1971 (G. DE BEER).

9 KRAUSE, E., Erasmus Darwin. Kosmos **4**, 397–424, 1879 (engl. Übersetzung nebst Beitrag von CH. DARWIN, London 1879; deutsche Ausgabe Leipzig 1880). KING-HELE, D., Erasmus Darwin. London 1963; DSB **3**, 577–581, 1971.

10 DARWIN, CH., A Naturalists Voyage. London 1860. Deutsch: Reise eines Naturforschers um die Welt, übersetzt von J. V. CARUS. Stuttgart 1875 (Neudruck Stuttgart 1962).
–, Geological Observations on South America. London 1846. Deutsch: Geologische Beobachtungen über Südamerika, übersetzt von J. V. CARUS. Stuttgart 1878.
–, The Structure and Distribution of Coral Reefs. 2. Ed. London 1874. Deutsch: Über den Bau und die Verbreitung der Corallen-Riffe, übersetzt von J. V. CARUS. Stuttgart 1878. KEYNES, R. D., The Beagle Record. Cambridge 1979. MOOREHEAD, A., Darwin and the Beagle. London 1969 (deutsch: Darwins große Reise. Köln 1982).

10a Möglicherweise wurde DARWIN hierzu veranlaßt durch das 1844 von ROBERT CHAMBERS verfaßte Buch «Vestiges of the natural history of creation». Anfangs anonym publiziert, erschien die 12. Auflage 1884 unter dem Namen des Verfassers. Deutsche Übersetzung von C. VOGT: «Natürliche Geschichte der Schöpfung» (Braunschweig 1851). In der historischen Einleitung zur «Entstehung der Arten» schreibt DARWIN: «Nach meiner Meinung hat das Buch hierzulande vortreffliche Dienste dadurch geleistet, daß es die Aufmerksamkeit auf den Gegenstand lenkte, Vorurteile beseitigte und so den Boden zur Aufnahme analoger Ansichten vorbereitete.»

11 HUXLEY, TH., in: «Leben und Briefe Charles Darwins» (zit. Anm. 8), I, 323 bis 324. Auch eine Äußerung von JOSEPH HOOKER (ebenda I, 323) ist bemerkenswert: «DARWIN unterschied drei Perioden in seiner Laufbahn als Biologe: den bloßen Sammler in Cambridge; den Sammler und Beobachter auf der «Beagle» und mehrere Jahre nachher; und den geschulten Naturforscher nach und nur nach dem Cirripedien-Werke... Er erwähnte es oft als eine wertvolle Disziplinierung und fügte hinzu, daß selbst die verhaßte Arbeit, Synonyme aufzusuchen und Formen zu beschreiben, nicht bloß seine Methoden verbesserte, sondern auch ihm die Augen öffnete für die Schwierigkeiten und Verdienste der Arbeiten der langweiligsten Katalogverfertiger. Eines der Resultate war, daß er niemals eine absprechende Bemerkung selbst über die armseligste Klasse wissenschaftlicher Arbeiten ungeahndet durchgehen ließ. Ich habe es immer als einen der schönsten Züge in seinem Charakter betrachtet – diese edelmütige Anerkennung der Handlanger der Wissenschaft und ihrer Arbeiten.»

12 ASA GRAY (1810–1888) absolvierte das Studium der Medizin, wandte sich dann aber ganz der Botanik zu, wurde 1838 als Professor der Botanik an die Universität Michigan, 1842 an die Harvard-Universität in Cambridge berufen. Durch fünf Europa-Reisen war er mit den Botanikern unseres Erdteils besonders verbunden, vor allem mit WILLIAM HOOKER, JOSEPH HOOKER und ALPHONSE DE CANDOLLE. Hauptwerke: «Manual of Botany of the Northern United States» (1848, 5. Aufl. 1867) und «Synoptical Flora of North America» (1878). Das GRAY-Herbarium in Cambridge gehört zu den

größten Herbarien der USA und ist noch heute ein Zentrum systematisch-botanischer Forschung.

Biogr.: Ber. d. dtsch. bot. Ges. **6**, XXXI–XXXVIII, 1888 (G.W. FARLOW); Pharmazeut. Rundschau **6** (3), 49–56, 1888 (F. HOFFMANN); GRAY, J.L., Letters of Asa Gray, 2 vol., 1893; DUPREE, A.H., Asa Gray, Cambridge (Mass.) 1959, 2. Ed. 1968. DSB **5**, 511–514, 1972.

13 JOSEPH DALTON HOOKER (1817–1911), Sohn des Botanikers (bes. Farn-Systematikers) Sir WILLIAM JACKSON HOOKER (1785–1865), studierte Medizin und nahm als Schiffsarzt an der Südpolar-Expedition von JAMES CLARK ROSS (1839–43) teil, deren längere Landaufenthalte (Tasmanien, Neuseeland, Falkland-Inseln) Gelegenheit zu eingehenden botanischen Studien und Sammlungen bot. Eine weitere botanisch höchst erfolgreiche Reise (1847–51) führte ihn nach Indien und in den Himalaya. 1865 wurde er als Nachfolger seines Vaters Direktor des Botanischen Gartens und Herbariums in Kew. HOOKER's Bedeutung liegt sowohl auf dem Gebiet der Systematik, besonders der Angiospermen, als auch im Bereich der Pflanzengeographie. Aus der großen Zahl seiner Werke – 1837 schrieb er seine erste, 1911 seine letzte botanische Abhandlung – seien genannt: The Botany of the Antartic Voyage of the discovery ships «Erebus» and «Terror» (6 vol., 1844–60); Himalayan Journals (2 vol., 1854); Genera plantarum (with G. BENTHAM, 3 vol., 1862–1883); Handbook of New Zealand Flora (1864–67); Flora of British India (7 vol., 1875–93); Index Kewensis (4 vol., 1892–95). Das letztgenannte Nachschlagewerk wurde von einer Stiftung DARWIN's finanziert. HOOKER's Beiträge zur Pflanzengeographie sind zusammengestellt in TURILL, W.B., Pioneer plant geography, the phytogeographical researches of Sir J.D. Hooker. Lotsya vol. 4, The Hague 1953.

Wie hoch DARWIN das Urteil seiner Freunde achtete, geht aus zwei Briefstellen hervor. «Mir liegt an Ihrer und HOOKER's Meinung mehr als an der ganzen übrige Welt, und an LYELL's über geologische Punkte», schrieb er an A. GRAY (Leben und Briefe **3**, 290). «Sie haben viele Jahr lang das große Publikum für mich dargestellt», heißt es in einem Brief an HOOKER (More Letters **2**, 339). – «Niemand wird den Briefwechsel DARWIN – HOOKER lesen, ohne immer wieder Antrieb und Erhebung zu spüren. Denn die Fülle produktiver Gedanken, die stets vornehme Gesinnung, die Bescheidenheit und Anerkennung der Leistungen anderer Forscher, die wechselseitige Hochschätzung und Dankbarkeit, die echte Freundschaft, dazu das niemals nachlassende Ringen um die Erkenntnis geben dem Briefwechsel der beiden Männer einen Unterton menschlicher Größe» (WICHLER 1963, 203).

Biogr.: TURILL, W.B., Joseph Dalton Hooker, London 1963; HUXLEY, L., Life and Letters of Sir Joseph Dalton Hooker (2 vol., London 1918); OLIVER, F.W., Joseph Dalton Hooker (Proceed. of the Linn. Soc. London **124**, 47–61, 1912). DSB **5**, 511–514, 1972.

14 CHARLES LYELL (1797–1875), anfangs Advokat, dann Geologe (Privatgelehrter), hat mit seinen «Principles of Geology» (1830–33), einem der bedeutendsten und erfolgreichsten geologischen Werke überhaupt, die Katastrophentheorie beseitigt und an ihre Stelle das aktualistische Prinzip gesetzt.

Biogr.: BAILEY, E., Charles Lyell. London 1962. LYELL, F., life, letters and journals of Charles Lyell, 2 vol., London 1881. ZIRNSTEIN, G., Charles Lyell. Leipzig 1980. DSB **8**, 563–576, 1973.

15 THOMAS HUXLEY (1825–1895) war anfangs Arzt, nahm 1846–50 an einer Weltreise teil (wo er vorwiegend zoologisch-mikroskopische Studien trieb) und erhielt 18544 die Professur für Biologie und Paläontologie an der School of Mines in London. DARWIN schrieb in seiner Autobiographie über THOMAS HUXLEY: «Sein Verstand ist hell wie ein Blitz und messerscharf.» Sein Enkel JULIAN ist als Zoologe, sein Enkel ALDOUS als Schriftsteller hervorgetreten.

Biogr.: HUXLEY, L., Life and letters of Thomas Henry Huxley, 2 vol., London 1900–03 (Reprint 1969); BIBBY, C., T.H. Huxley, Scientist, Humanist and Educator.

London 1959. QUERNER, H., in: Die Großen der Weltgeschichte **8**, 450–463, 1978. Vgl. auch HUXLEY, TH. H., Zeugnisse für die Stellung des Menschen in der Natur, eingeleitet u. übersetzt von G. HEBERER, Stuttgart 1963. DSB **6**, 589–597, 1972.

16 Wieder abgedruckt in der Gedenkschrift «The Darwin-Wallace Celebration held on 1. July 1908 by the Linnean Society of London (London 1908); in deutscher Sprache unter dem Titel «Dokumente zur Begründung der Abstammungslehre vor hundert Jahren» von G. HEBERER, Stuttgart 1959. – ALFRED RUSSEL WALLACE (1823–1913) übte verschiedene Berufe aus, bis er schließlich durch ein Pflanzenbestimmungsbuch zur Biologie geführt wurde. Mit dem Zoologen HENRY WALTER BATES unternahm er 1848–52 eine Forschungs- und Sammelreise nach Brasilien (BATES, The naturalist on the river Amazonas, London 1864; WALLACE, A narrative of travels on the Amazone and the Rio Negro, London 1853). 1854–62 reiste WALLACE im Malayischen Archipel, wo er 1858 seinen oben zitierten Aufsatz schrieb. Die Lebenswelt der malayischen Inseln führte WALLACE zu denselben Folgerungen wie einst DARWIN die Fauna der Galapagos-Inseln. Es ist bemerkenswert, daß beide Forscher durch die Werke von LYELL und MALTHUS stark beeindruckt wurden. Mit seinen Büchern «The geographical distribution of animals» (1876) und «Island life» (1880) begründete WALLACE die Tiergeographie.

WALLACE hat stets in größter Achtung von DARWIN gesprochen; 1864 schrieb er an ihn: «As to the theory of Natural Selection itself, I shall always maintain it to be actually yours and yours only. You had worked it out in details I had never thought of... All the merit I claim is the having been the means of inducing you to write and publish at once.» (DARWIN, More Letters, II, 36.) WALLACE's berühmtes Reisewerk «Der Malayische Archipel» (1869) trägt folgende Zueignung: «Charles Darwin, dem Verfasser der Entstehung der Arten, widme ich dieses Buch nicht nur als ein Zeichen persönlicher Achtung und Freundschaft, sondern auch als Ausdruck meiner tiefen Bewunderung für seinen Genius und seine Werke.» Wie hoch steht diese Gesinnung über den in der Wissenschaft sonst so häufigen Prioritätsstreitigkeiten!

Biogr.: WALLACE, A. R., My life, 2 vol., London 1905; WICHLER, G., Alfred Russel Wallace, sein Leben, seine Arbeiten, sein Wesen (Sudhoffs Archiv f. Gesch. d. Med. u. Naturwiss. **30**, 364–400, 1938). WILLIAMS-ELLIS, A., Darwins Moon. A biographie of Russel Wallace. London–Glasgow 1966. DSB **14**, 133–140, 1976.

17 Die erste deutsche Ausgabe, nach der 2. englischen Ausgabe, übersetzt von dem Heidelberger Zoologen und Paläontologen H. G. BRONN (der 1858 noch die Katastrophentheorie vertreten hatte) erschien 1860. Die heute durchweg benutzte deutsche Übersetzung von VICTOR CARUS, der auch alle übrigen Werke DARWIN's übersetzte, kam erstmals 1867 heraus. Eine englische Faksimile-Ausgabe mit einer Einleitung von ERNST MAYR erschien 1964.

17a HULL, D. H., Darwin und his critics. Cambridge (Mass.) 1976.

18 ERNST HAECKEL (1834–1919) war ursprünglich Arzt (Schüler von R. VIRCHOW und JOHANNES MÜLLER), wandte sich aber bald der Zoologie zu, habilitierte sich 1861 für Zoologie und vergleichende Anatomie in Jena, wo er aufgrund seiner großen Radiolarien-Monographie 1862 zum Professor der Zoologie ernannt wurde. Rufe an andere Universitäten lehnte H. ab. Seit 1899 («Welträtsel») befaßte sich H. nur noch mit naturphilosophischen Fragen («Monismus»).

Hauptwerke: Generelle Morphologie der Organismen, 2 Bände, Berlin 1866. Natürliche Schöpfungsgeschichte, Berlin 1868 (in 12 Auflagen erschienen und in 13 Sprachen übersetzt); Anthropogenie (1874); Systematische Phylogenie, 3 Bände, Berlin 1894–96.

Biogr.: DSB **5**, 6–11, 1972; Was wir Ernst Haeckel verdanken, herausg. von HEINR. SCHMIDT, 2 Bände, Leipzig 1914; SCHMIDT, HEINR., Ernst Haeckel, Leben und Werke, Berlin 1926;

–, Ernst Haeckel, Denkmal eines großen Lebens, Jena 1934; WALTHER, J., Im Banne Ernst Haeckels, Göttingen 1953; USCHMANN, G., Ernst Haeckel, Biographie in Briefen, Leipzig–Jena–Berlin 1983; ferner das Sonderheft «Dem Andenken Ernst Haekkels» mit Beiträgen von K. HEIDER, J. WALTHER, R. HERTWIG, TH. ZIEHEN, TH. KRUMBACH (Naturwissenschaften **6**, Heft 50, 1919) sowie USCHMANN, G., Geschichte der Zoologie u. d. zool. Anstalten in Jena 1779 bis 1919, Jena 1959. Der Briefwechsel HAECKEL's ist in elf Einzelbänden sowie in mehreren Zeitschriftenbeiträgen veröffentlicht worden.

18a Bereits 1766 vergleicht P.S. PALLAS das System mit einem Baum. Stammbaumähnliche Darstellungen finden sich bei LAMARCK (1809) und bei H.G. BRONN (Untersuchungen über die Entwickelungs-Gesetze, 1858, S. 481). Vgl. auch USCHMANN, G., Zur Geschichte der Stammbaumdarstellungen. Ges. Vortr. zu modernen Probl. d. Abst.-lehre, herausg. von M. GERSCH, S. 8–30, Jena 1968. Diese Übersicht wäre noch zu ergänzen durch den ökologischen Stammbaum der Vögel in V. FRANZ, Geschichte d. Organismen (Jena 1924), S. 773.

19 DARWIN hat in seiner «Entstehung der Arten» zunächst (Kap. 1–9) die «natürliche Zuchtwahl» eingehend begründet und behandelt erst in den Kapiteln 11–14 das allgemeine Deszendenzproblem mit den Beweisen aus der Systematik, Paläontologie, Verbreitung, Embryologie. Er kehrt also in der Darstellung das logische Verhältnis von Grundfrage und (untergeordnete) Faktorenfrage um. In einem Brief an ASA GRAY (11. 5. 1863) schreibt er aber: «Persönlich liegt mir natürlich sehr viel an der natürlichen Zuchtwahl, das ist aber, wie es mir scheint, ganz und gar bedeutungslos, verglichen mit der Frage: Erschaffung oder Modifikation». Vgl. TSCHULOK, S., Über Darwins Selektionslehre. Vierteljahresschr. d. Naturforsch. Ges. Zürich **81**, Beibl. 26, 1936.

20 BELITZ, H.-J., Die Selektionstheorie. In: HEBERER, G., Die Evolution der Organismen, 3. Aufl., Bd. II/1, 364–394, 1974. ALTNER, G., Der Darwinismus. Darmstadt 1981. MAYR, E. (s. Anm. 1).

21 Am 14. Februar 1747 schrieb LINNÉ an J.G. GMELIN: «Es erregt Anstoß, daß ich den Menschen unter die Anthropomorphen gestellt habe; aber der Mensch erkennt sich selbst. Ich frage Sie und die ganze Welt nach einem Gattungsunterschied zwischen dem Menschen und dem Affen, d.h. wie ihn die Grundsätze der Naturwissenschaft fordern. Ich kenne wahrlich keinen und wünschte nur, daß jemand mir auch nur einen einzigen nennen möchte. Hätte ich den Menschen einen Affen genannt oder umgekehrt, so hätte ich sämtliche Theologen hinter mir her.» (Johann Georg Gmelin, der Erforscher Sibiriens. Ein Gedenkbuch. München 1911, S. 139.)
In diesem Zusammenhang sei erwähnt, daß es in den US-Staaten Tennessee und Mississippi bis zum Jahre 1967 (!) verboten war, die Abstammungslehre im Schulunterricht zu behandeln («Affengesetz»); Näheres hierüber in der DARWIN-Biographie von R. CLARK (s. Anm. 8).

22 S. ALDER, in Nature **184**, 1102–1103 (1959); KEYNES, Beagle Record (s. Anm. 10), S. 9–10; ALLAN (s. Anm. 8), S. 221; COLP, R., To be an invalid, Chicago 1977.

23 HESSE, R., Abstammungslehre und Darwinismus. 7. Aufl. Leipzig u. Berlin 1936 (S. 3).

24 HAECKEL, Natürliche Schöpfungsgeschichte, Berlin 1868, S. 21. HUXLEY in: «Leben und Briefe von Ch. Darwin», Bd. II, S. 174–199.

25 Vgl. z.B. Biolog. Zentralbl. **35**, 93–111 (1915); BURCKHARDT, R., Geschichte der Zoologie, 2. Aufl., Berlin u. Leipzig 1921, II, S. 55ff.

26 SCHLEIDEN, M., Die Pflanze, 2. Aufl., Leipzig 1850, S. 329. UNGER, F., Versuch einer Geschichte der Pflanzenwelt, Wien 1852, S. 339ff. (Näheres in Kap. 21). NÄGELI, C., Die Individualität in der Natur, Zürich 1856, S. 37. BRAUN, A., Betrachtungen über die Erscheinung der Verjüngung in der Natur, Freiburg 1850 (Leipzig 1851), S. 8ff. und 324ff. RÜTIMEYER, L., Über die Form und Geschichte des Wirbelthierskeletts, Basel 1856 (abgedr. in: Kleine Schriften **1**, 41–67, 1898). PANDER, CHR., & D'ALTON, E., Vergleichende Osteologie, 6. Lief., 1824 (B. RAIKOV, Chr.H. Pander, Frankfurt/Main, 1984, S. 35–49). WAGENBRETH, O., Bernhard von Cotta (Ber. d. Geol. Ges. i. d. DDR, Sonderheft 3, Berlin 1965, S. 122ff.).

27 A.a.O. (Anm. 8), S. 11. TSCHULOK, S., Über Darwins Selektionslehre. Vierteljahresschr. d. naturf. Ges. Zürichj **81**, Beibl. 26, 1936, S. 64. BEER, GAVIN DE, Darwin und Wallace, eine Rückschau über hundert Jahre. Endeavour **17**, No. 66, 61–67, 1958.

28 TSCHULOK, S., Deszendenzlehre. Ein Lehrbuch auf historisch-kritischer Grundlage. Jena 1922.

29 RICHARD VON WETTSTEIN, geb. 1863 in Wien, gest. 1931 in Trins am Brenner, war Schüler und später Amtsnachfolger von ANTON KERNER VON MARILAUN (vgl. Kap. 18, Anm. 8).
Hauptwerke: Monographie der Gattung *Euphrasia*, Leipzig 1896; Handbuch der systematischen Botanik, Leipzig und Wien 1901–08, 4. Aufl. 1933, Neudruck 1963.
Biogr.: Ber. d. dtsch. bot. Ges. **49**, (180)–(199), (O. PORSCH); Österr. bot. Zschr. **82**, 1–195, 1933 (E. JANCHEN).

30 ADOLF ENGLER, geb. 1844 in Sagan (Niederschlesien), gest. 1930 in Berlin, studierte in Breslau bei GOEPPERT und COHN, 1871–78 Kustos an den Botanischen Staatsanstalten in München (Saxifraga-Monographie und Mitarbeit an MARTIUS' «Flora Brasiliensis»). 1878–84 ordentl. Professor in Kiel (wo er sein in Kap. 9 besprochenes Werk «Versuch einer Entwicklungsgeschichte der Pflanzenwelt» schrieb), 1884–89 in Breslau und 1889–1921 in Berlin. «Die natürlichen Pflanzenfamilien» (1887–1899, eine Bandreihe von 1 m Länge) und «Das Pflanzenreich» (ab 1900, 107 Bände, unvollendet) sind internationale Standardwerke, die zur Anerkennung von ENGLER's System wesentlich beigetragen haben, ebenso der «Syllabus der Pflanzenfamilien» (1. Aufl. 1892, 12. Aufl. 1954–64). Er begründete die «Botanischen Jahrbücher für Systematik, Pflanzengeschichte und Pflanzengeographie» und mit O. DRUDE das Werk «Die Vegetation der Erde», in welchen er «Die Pflanzenwelt Afrikas» (5 Bände, 1908–25, 3577 Seiten) selbst verfaßte. Seine wissenschaftlichen Veröffentlichungen halten ENGLERS Namen ebenso lebendig wie der von ihm geschaffene Botanische Garten in Berlin-Dahlem.
Biogr.: Botan. Jahrb. **64**, I–LXI, 1931 (L. DIELS; Botan. Jahrb. **102**, 21–38, 1981 (F. STAUFLEU).

31 GOEBEL, K., Vergleichende Entwicklungsgeschichte der Pflanzenorgane (SCHENK, Hand. d. Botanik, Bd. 3, Berlin 1883) S. 133. Vgl. THOMAS, H.H., The old morphology and the new (Proceed. of the Linnean Soc. London **145**, 17–46, 1932, mit Diskussionsbemerkungen von D.H. SCOTT u.a.); SCHINDEWOLF, O.H., Grundfragen der Paläontologie (Stuttgart 1950); –, «Neue Systematik» (Paläontol. Zschr. **36**, 59–78, 1962).

32 HEGNAUER, R., Chemotaxonomie der Pflanzen. 6 Bde. Basel u. Stuttgart 1962 bis 1972.

33 EHRENDORFER, F., Cytologie, Taxonomie und Evolution. In: TURILL, W.B., Vistas in Botany, vol. 4 (Recent researches in plant taxonomy), 99–186. Oxford, London, New York, Paris 1964.

16. Vererbung, Artbildung und Pflanzenzüchtung

La science ne consiste pas en faits, mais dans les conséquences, que l'on tire.

CLAUDE BERNARD

In seiner «Generellen Morphologie der Organismen» (1866), in welcher die Grundfragen der Biologie vom Standpunkt der Deszendenztheorie erörtert und beleuchtet werden, nimmt ERNST HAECKEL auch Stellung zum Problem der Vererbung.[1] Als «Grundgesetz der Vererbung» gilt ihm der Satz: «Jedes organische Individuum erzeugt bei der Fortpflanzung direkt oder indirekt ein ihm ähnliches Individuum.» Die Ursachen der Erblichkeit «bestehen wesentlich in einer unmittelbaren Übertragung von materiellen Teilen des elterlichen Organismus auf den kindlichen Organismus». Das, was man damals vom Erbgeschehen wußte oder zu wissen glaubte, formulierte HAECKEL in neun «Gesetzen», die er zu zwei Gruppen zusammenfaßte: «Gesetze der konservativen Vererbung» und «Gesetze der progressiven Vererbung». In den ersteren kommen die damaligen biologisch-züchterischen Erfahrungen zum Ausdruck, während die letzteren die LAMARCKsche Auffassung enthalten, nach der sich «Charaktere, welche der Organismus während seiner individuellen Existenz durch Anpassung erwirbt», auf die Nachkommen vererben. In derselben Zeit, als HAECKEL in seiner Studierstube in Jena diese «Vererbungsgesetze» formulierte, legte der Augustinerpater GREGOR MENDEL im Klostergarten zu Brünn durch planmäßige Kreuzungsversuche den Grund zu einer exakten Vererbungswissenschaft.

JOHANN MENDEL[2] (Abb. 115) wurde 1822 in Heinzendorf (zwischen Odrau und Neutitschein in Mähren) als Sohn eines Kleinbauern geboren. In der Dorfschule wurde, was an den damaligen Gymnasien kaum üblich war, auch in Naturgeschichte unterrichtet. Auch wurden die Kinder in Obstkultur und Bienenzucht unterwiesen. In einer Anzeige eines geistlichen Schulinspektors an das erzbischöfliche Konsistorium wird darüber Klage geführt, daß der Ortspfarrer «das meiste zum Wachstum dieses Unfugs beigetragen» habe. Dieser «Unfug» aber hat bei MENDEL offenbar bedeutsame Nachwirkungen hinterlassen. Auf Rat eines Lehrers schickten die Eltern den begabten Jungen auf das Gymnasium in Troppau. Seine jüngere Schwester ermöglichte ihm durch Verzicht auf einen Teil ihres Erbes das Studium auf der Hochschule in Olmütz, das er mit einem hervorragenden Zeugnis beendete. 1843 wurde er in das Augustinerkloster in Brünn aufgenommen und erhielt den Klosternamen GREGOR, den er später auch in seinen Veröffentlichungen führte. Das Kloster war unter seinem Prälaten CYRILL NAPP das geistige Zentrum der Stadt. MENDEL dürfte vor allem von Pater FRANZ BRATRANEK[3], dem GOETHE-Forscher und Botaniker, viele Anregungen empfangen haben. 1847 wurde er zum Priester geweiht und zwei Jahre später (ohne Universitätsstudium und ohne Lehramtsprüfung!) zum «Supplierenden Lehrer» an das Gymnasium in Znaim «bestimmt». Nach einem vergeb-

Abb. 115. Gregor Mendel (1822–1884) Abb. 116. Hugo de Vries (1848–1935)

lichen Versuch, die Lehramtsprüfung nachzuholen, studierte Mendel 1851–53 in Wien Naturwissenschaften. Bei der Wiederholung der Lehramtsprüfung erkrankte er und konnte sie daher nicht beenden. Da er sich aber am Znaimer Gymnasium als Lehrer hervorragend bewährt hatte, wurde er 1854 in gleicher Eigenschaft an die neue Realschule in Brünn berufen, wo er 14 Jahre wirkte, gleichzeitig aber dem Kloster angehörte. Diese anderthalb Jahrzehnte waren zugleich eine Zeit intensiver Forschungsarbeit. Hier im Garten des Brünner Klosters begann Mendel seine Kreuzungsversuche mit Erbsen; sie ermöglichten ihm, die Gesetzmäßigkeiten abzuleiten, die als «Mendelsche Gesetze» die Grundlage der experimentellen Vererbungsforschung bilden. Als Mendel 1868 zum Prälaten seines Klosters gewählt wurde, traten neue, umfangreiche Verpflichtungen an ihn heran, die für wissenschaftliche Arbeit nur noch wenig Zeit übrig ließen, insbesondere, seit er einen schweren Kampf gegen ein 1874 erlassenes Gesetz zur Besteuerung der Klöster zu führen hatte. Als Mendel 1884 unter der Teilnahme zahlreicher geistlicher und weltlicher Würdenträger und der gesamten Bevölkerung von Brünn zu Grabe getragen wurde, ahnte wohl niemand, daß er auch ein großer Naturforscher war; denn die Bedeutung seiner wissenschaftlichen Arbeit erkannte man erst im Jahre 1900, ein Menschenalter nach ihrer Publikation.

Was Mendel dazu führte, sorgfältige Vererbungsversuche zu planen und durchzuführen, erfahren wir aus der Einleitung zu seiner Abhandlung «Versuche über Pflanzen-Hybriden»[4]: «Künstliche Befruchtungen, welche an Zierpflanzen deshalb vorgenommen wurden, um neue Farbvarianten zu erzielen, waren die Veranlassung zu den Versuchen, die hier besprochen werden sollen. Die auffallende Regelmäßigkeit, mit welcher dieselben Hybridformen immer wiederkehrten, so oft die Befruchtung zwischen gleichen Arten geschah, gab die Anregung zu weiteren Experimenten, deren Aufgabe es war, die Entwicklung der Hybriden in ihren Nachkommen zu verfolgen.» Bei diesen Versuchen ging MENDEL außerordentlich planmäßig vor. Für die Auswahl der Versuchspflanzen stellte er die Forderung auf, daß sie konstant differierende Merkmale besitzen, daß sie zur Blütezeit leicht vor fremdem Pollen geschützt werden können und daß ihre Hybriden voll fruchtbar sind. Seine Wahl fiel nach mancherlei Vorversuchen auf die Erbse, von der er sich 34 verschiedene Sorten beschaffte und sie zwei Jahre lang auf die Konstanz ihrer Merkmale prüfte. MENDEL benutzte als Material für seine Kreuzungen nicht wie KÖLREUTER und GÄRTNER verschiedene Arten, die sich durch eine Vielzahl von Merkmalen unterscheiden, sondern nur Rassen (Sorten) einer Art, die nur durch ein oder wenige eindeutig faßbare Merkmalspaare differieren. Ferner nahm er stets reziproke Kreuzungen vor, d.h. er benutzte jede Sorte sowohl als Mutter- wie als Vaterpflanze. Schließlich führte er jeweils eine große Zahl gleichartiger Versuche durch; denn «die wahren Verhältnisse können nur durch das Mittel gegeben werden, welches aus der Summe möglichst vieler Einzelwerte gezogen wird; je größer die Anzahl, desto genauer wird das bloß Zufällige eliminiert.» Innerhalb von 8 Jahren (1856–1863) führte MENDEL 355 künstliche Befruchtungen durch und zog daraus rund 13000 Bastardpflanzen auf. Folgende Merkmale der Erbsenrassen wurden hinsichtlich ihres Erbverhaltens verfolgt: Samengestalt kugelig oder unregelmäßig-kantig. Endosperm gelb oder grün, Samenschale weiß oder bräunlich, Hülsen gewölbt oder zwischen den Samen eingeschnürt, unreife Hülsen grün oder gelb, Blüten längs der Achse verteilt oder am Ende der Achse gehäuft, Achsen lang oder kurz. Aus dem umfangreichen Versuchsmaterial leitet MENDEL die folgenden Gesetzmäßigkeiten ab: In der ersten Bastardgeneration tritt nur das eine der beiden Merkmale (das «dominierende») auf, während das andere (das «rezessive») überdeckt ist; nur bei wenigen Merkmalspaaren stellt der Bastard eine Mittelform zwischen den Eltern dar. Wenn die Pflanzen dieser ersten, stets einheitlichen Bastardgeneration unter sich bestäubt werden (dies geschieht ohne Zutun, da die Erbse ein Selbstbestäuber ist), treten in der nächsten Generation «neben den dominierenden Merkmalen auch die rezessiven in ihrer vollen Eigentümlichkeit wieder auf, und zwar im Verhältnis 3:1», z.B. hinsichtlich der Samenform 5474 runde und 1850 kantige (also 2,96:1), oder hinsichtlich der Endospermfarbe 6022 gelbe und 2001 grüne (also 3,01:1). «Unter vier Pflanzen dieser Generation erhalten drei den dominierenden und eine den rezessiven Charakter. Übergangsformen wurden bei keinem Versuche beobachtet.» Wurden nun die Pflanzen dieser Generation wiederum der Selbstbestäubung überlassen, dann blieben die Nachkommen der Formen mit dem rezessiven Merkmal konstant, während diejenigen mit dem dominierenden Merkmal wieder im Verhältnis 3:1 das dominierende und das rezessive Merkmal zeigen. Die dominierenden Merkmale bezeichnet MENDEL, wie wir es heute noch tun, mit großen, die rezessiven mit kleinen Buchstaben. Aus seinen Versuchsergebnissen schloß MENDEL, daß in der Bastardpflanze bei der Bildung der «Befruchtungszellen» sich die Anlagen des Merkmalspaares trennen, daß also jede Keimzelle entweder A oder a erhält. Für die Individuen der zweiten Bastardgeneration sind also bei Selbstbestäubung die Kombinationen 1 AA + 2 Aa + 1 aa zu erwarten, was dem gefundenen Verhältnis 3:1 entspricht.[4a]

MENDEL führte außerdem zahlreiche Versuche mit Sorten aus, die sich in mehreren Merkmalspaaren unterscheiden, mit dem Ergebnis, «daß konstante Merkmale, welche an verschiedenen Formen einer Pflanzensippe vorkommen, auf dem Wege der wiederholten künstlichen Befruchtung in alle Verbindungen treten können, welche nach den Regeln der Kombination möglich sind».

Die hier nur kurz skizzierten Ergebnisse seiner umfangreichen Versuche veröffentlichte MENDEL in seiner oben genannten, nur 45 Druckseiten umfassenden Publikation[4], von der ALFRED KÜHN[5] treffend sagte: «Ihre Kürze ist nicht Vorläufigkeit, sondern Präzision knapp darstellbarer endgültiger Erkenntnis.» Die «Verhandlungen des naturforschenden Vereins in Brünn», in denen MENDELS Abhandlung 1866 erschien, dürften nur wenigen Botanikern in die Hand gekommen sein. Von den 40 Sonderdrucken, die MENDEL herstellen ließ, hat er einen an CARL NÄGELI in München und einen an ANTON KERNER in Wien gesandt. Diese beiden hervorragenden Botaniker haben die Bedeutung von MENDEL's Arbeit nicht erkannt; sie fügte sich nicht in NÄGELIS entwicklungsgeschichtliche Auffassungen, und KERNER, welcher der Bastardierung eine große Rolle bei der Entstehung der Arten zusprach, paßte sie ebensowenig in sein Konzept. Nur W.O. FOCKE zitierte MENDELS Abhandlung in seinem Werk über die «Pflanzenmischlinge» (1881), und der Gießener Botaniker H. HOFFMANN erwähnte sie kurz.[6] Daß MENDEL selbst nach seiner Wahl zum Abt des Brünner Klosters (1868) kaum noch Zeit fand, sich mit wissenschaftlichen Versuchen zu beschäftigen, haben wir bereits erwähnt. Er hat zwar noch mit anderen Pflanzenarten sowie mit Mäusen und Bienen experimentiert, aber fast nichts darüber publiziert.[7] «Ich fühle mich wahrhaft unglücklich, daß ich meine Pflanzen und Bienen so gänzlich vernachlässigen muß», schrieb er 1873 an NÄGELI. Daß er aber von der Richtigkeit seiner oben dargelegten Ergebnisse überzeugt war, bezeugt ein Satz, den er 1883 aussprach[8]: «Mir haben meine wissenschaftlichen Arbeiten viel Befriedigung gebracht, und ich bin überzeugt, daß es nicht lange dauern wird, da die ganze Welt die Ergebnisse dieser Arbeiten anerkennen wird.»

In den beiden letzten Jahrzehnten des vorigen Jahrhunderts haben mehrere Biologen Bastardierungsversuche durchgeführt, z.B. W. RIMPAU an Getreide, P. BOHLIN an verschiedenen Kulturpflanzen, W. HAACKE an Mäusen, aber sie vermochten nicht bis zur Erkenntnis klarer Gesetzmäßigkeiten vorzustoßen wie seinerzeit GREGOR MENDEL. Dies gelang erst im Jahre 1900 drei Botanikern, die unabhängig voneinander und ohne anfangs von MENDELS Arbeit zu wissen, jahrelang planmäßig Vererbungsversuche durchgeführt hatten: HUGO DE VRIES in Amsterdam, CARL CORRENS in Tübingen und ERICH TSCHERMAK in Wien. Alle drei Forscher veröffentlichten ihre Ergebnisse im 18. Band (1900) der «Berichte der Deutschen Botanischen Gesellschaft». HUGO DE VRIES sandte am 14. März 1900 eine kurze Abhandlung «Das Spaltungsgesetz der Bastarde» an die Redaktion der «Berichte» ein; sie erschien im 3. Heft am 25. April (S. 83–90). Einen Monat vorher war eine Mitteilung gleichen Inhalts in den «Comptes rendus» der Pariser Akademie vom gleichen Verfasser erschienen. Dieser sandte einen Sonderdruck u.a. an CARL CORRENS in Tübingen, der am Tage nach dem Empfang des Sonderdrucks, am 22. April, die Ergebnisse seiner mehrjährigen Versuche zusammenfaßte («G. Mendels Regel über das Verhalten der Nachkommenschaft der Rassenbastarde», erschienen am 23. Mai im 4. Heft der «Berichte», S. 158–168). DE VRIES wie CORRENS sandten Separata ihrer Abhandlungen u.a. an ERICH TSCHERMAK in Wien, der daraufhin – als Auszug aus seiner kurz vorher eingereichten und bereits 1898 begonnenen Habilitationsschrift – «Über künstliche Kreuzung bei Pisum sativum» berichtete (erschienen in derselben

Zeitschrift, Heft 6, S. 232–239, 24. Juli 1900). DE VRIES, CORRENS und TSCHERMAK hatten, wie gesagt, mehrere Jahre hindurch ihre umfangreichen Bastardierungsversuche, ohne von MENDEL's Arbeit zu wissen, z.T. sogar am gleichen Objekt durchgeführt und erhielten Kenntnis von ihrem Vorgänger erst, als sie selbständig die Gesetzmäßigkeiten der Aufspaltung entdeckt hatten. DE VRIES fand das Zitat der MENDELschen Veröffentlichung in einer Literaturliste von L. BAILEY und bekam die Abhandlung selbst von seinem Kollegen W. BEIJERINCK zugesandt; CORRENS wurde, ebenso wie TSCHERMAK, durch das Zitat in FOCKE's «Pflanzenmischlinge» aufmerksam und prägte die Bezeichnung «MENDELsche Regel». Noch im gleichen Jahr regte TSCHERMAK einen Neudruck von MENDEL's Abhandlung in OSTWALD's «Klassikern der exakten Wissenschaften» an (erschienen 1901).

Die Ursache dafür, daß MENDEL's Abhandlung so lange unbeachtet geblieben ist, wurde oft diskutiert. Es wurden die verschiedensten Gründe angeführt: der versteckte Publikationsort, die Mißgunst der «Fachgelehrten» gegenüber dem «Dilettanten» MENDEL, eine gewisse Kirchenfeindlichkeit der damaligen Zeit, die damals ungewohnte rechnerische Auswertung von Versuchsergebnissen[9] und manches andere mehr. Doch dürfen wir heute, wenn wir die historische Entwicklung der Biologie rückblickend überschauen, die genannten Motive wohl außer acht lassen. Treffend hat F. VON WETTSTEIN[10] die Situation gekennzeichnet: «Der Boden war damals noch nicht vorbereitet für den durchschlagenden Erfolg. Noch tobte der Kampf um den Entwicklungs- und Abstammungsgedanken überhaupt, noch waren die Grundlagen der Cytologie, der Zellteilung und Chromosomenentwicklung, der Befruchtung und Reduktionsteilung, der Amphimixis und Parthenogenese nicht geklärt. Der Kampf um den Deszendenzgedanken schob das Interesse an der Abstammung und Umbildung der Wildarten in den Vordergrund.» Oder um es kurz mit den Worten von BARTHELMESS zu sagen: MENDEL stand «außerhalb der organischen Entwicklung der Biologie».

Es spricht für die sachliche Einstellung der drei «Wiederentdecker» der MENDELschen Gesetze, daß keinerlei Prioritätsstreit entstand. Jeder von ihnen hat für die «Genetik», wie der Engländer WILLIAM BATESON den neuen Wissenschaftszweig nannte, Bedeutendes, ja sogar Richtungsweisendes geleistet. Deshalb soll anhand der Leistungen von DE VRIES, CORRENS und TSCHERMAK die Entwicklung der Genetik in den ersten Jahrzehnten dieses Jahrhunderts aufgezeigt werden.

In HUGO DE VRIES[11] (Abb. 116), geboren 1848 in Haarlem als Sohn eines Staatssekretärs, war die Liebe zur Botanik außergewöhnlich früh entwickelt. Als anläßlich einer Landwirtschaftsausstellung ein Preis für die beste Sammlung von 100 gepreßten Pflanzen aus der Umgebung von Haarlem ausgesetzt wurde, gewann er ihn als 13jähriger Schüler. Zwei Jahre später begann er zu mikroskopieren. Im Alter von 21 Jahren wurde ihm eine goldene Medaille verliehen für ein Preisausschreiben der Universität Groningen «Über die Wirkung der Wärme auf die Wurzeln der Pflanzen». Nach seiner Promotion arbeitete DE VRIES bei HOFMEISTER in Heidelberg. Vier Jahre lang, als er als Oberlehrer in Amsterdam wirkte, verbrachte er seine sämtlichen Ferien bei JULIUS SACHS in Würzburg und siedelte 1875 ganz dorthin über, als er vom preußischen Landwirtschaftsministerium ein Stipendium zur physiologischen Erforschung wichtiger Kulturpflanzen erhielt. 1877 wurde DE VRIES in Halle promoviert und habilitierte sich dort bei GREGOR KRAUS. Bereits im nächsten Jahr folgte er einem Rufe nach Amsterdam, wo er bis 1918, also 40 Jahre lang, wirkte. Dann zog er nach Lunteren bei Utrecht, um in seinem Privatlaboratorium und Versuchsgarten bis zu seinem Tode (1935) seine Vererbungsstudien an *Oenothera* fortzusetzen, die er 1886 begonnen hatte.

In seiner Würzburger Zeit und in den darauffolgenden Jahren beschäftigte sich DE VRIES vorwiegend mit pflanzenphysiologischen Fragen, vor allem mit Keimungsvorgängen, Rankenbewegungen, mit der Wurzelkontraktion und mit der Wirkung des Turgors auf die Zellstreckung. Die zuletzt genannten Themen führten ihn zu den Problemen der Plasmolyse und Permeabilität. Er erkannte, daß eine eben bemerkbare Plasmolyse («Grenzplasmolyse») es gestattet, den osmotischen Wert von Zellsaft und Außenlösung zu vergleichen und somit den osmotischen Druck nicht nur des Zellsaftes zu bestimmen, sondern auch von Lösungen zu vergleichen und somit den «isotonischen Koeffizienten» von Zukkern und Salzen zu ermitteln. DE VRIES' Studien bildeten zusammen mit PFEFFER's Bestimmungen des osmotischen Druckes von Zuckerlösungen eine wesentliche Grundlage von VAN'T HOFF's Theorie der verdünnten Lösungen (vgl. S. 212).

Zu der Zeit, als DE VRIES seine physiologischen Arbeiten abschloß (um 1886), wandte er sich einem neuen Forschungsgebiet zu, das ihn bis in die letzten Tage seines langen Lebens beschäftigte: der Frage nach Entstehung neuer Arten. Sonderbarerweise steht am Beginn eine rein theoretische Abhandlung, die den Titel trägt: «Intracellulare Pangenesis» (1889). Er vertritt ebenso wie DARWIN, von dem auch das Wort Pangenesis stammt, die Auffassung, daß der Charakter einer Art nicht ein unteilbares Ganzes darstellt, sondern «aus zahlreichen erblichen Eigenschaften zusammengesetzt ist, von denen weitaus die meisten bei fast unzähligen anderen Arten wiederkehren». Die erste Zelle, aus der ein Organismus hervorgeht, sowie alle weiteren Zellen, die ihn aufbauen, enthalten eine Anzahl selbständiger Teilchen («Pangene»), die entweder allein oder zusammen mit anderen ein bestimmtes Merkmal erzeugen. Nahe verwandte Arten führen also überwiegend dieselben Pangene. Diese liegen im Zellkern, vermehren sich bei der Zellteilung ebenfalls durch Teilung und können auch in das Plasma übertreten. Wenn also jeder Art eine bestimmte Kombination von Pangenen zukommt, so muß die Art als solche konstant sein. Die Evolution kann also nur auf einer stoßweisen Änderung von Pangenen beruhen.

Ein wichtiges Mittel zur Prüfung seiner Theorie war für DE VRIES der Bastardierungsversuch, der eine Trennung und Kombination von Erbeinheiten erlaubt. Das bedeutendste Ergebnis seiner an 17 verschiedenen Pflanzenarten durchgeführten Kreuzungsversuche legte er 1900 in der bereits erwähnten kurzen Abhandlung nieder, mit der er die MENDELschen Gesetze wieder entdeckte. Bereits im darauffolgenden Jahr überraschte DE VRIES die Biologen mit einem umfangreichen Werk «Die Mutationstheorie, Versuche und Beobachtungen über die Entstehung von Arten im Pflanzenreich»; der erste Band trägt den Titel «Die Entstehung der Arten durch Mutation», während der zweite Band (1903) die «Elementare Bastardlehre» umfaßt. Anderthalb Jahrzehnte intensiver Arbeit liegen diesem Werk zugrunde. Die von DARWIN angenommene Variabilität der Organismen, die das Material für die natürliche Auslese (Selektion) bildet, erschien DE VRIES als eine nicht genügend geklärte Erscheinung. Er suchte nach Arten, deren Nachkommen sich als eindeutig inkonstant erweisen. Aber «fast alle untersuchten Arten erwiesen sich als immutabel. Nur eine einzige Art entsprach meinen Erwartungen. Es war dieses die *Oenothera Lamarckiana*.» Die aus Nordamerika stammende, in Europa vielfach verwilderte Pflanze ist nun, wie RENNER treffend sagt, für DE VRIES «Glück und Verhängnis, beides in einem» geworden. In umfangreichen Kulturen fand er in 7 Jahren unter rund 50000 Individuen eine beträchtliche Zahl abweichender neuer Formen, die er – nach dem Prinzip des französischen Pflanzenzüchters L. DE VILMORIN – einer individuellen Nachkommenprüfung unterzog, um nichterbliche, nur durch Außeneinflüsse bedingte «Modifikationen» von den erblichen «Mutationen» trennen zu können. Mehrere dieser abweichenden Formen erwiesen sich nun in aufeinanderfolgenden Generationen als erblich, also «ohne Zwischenform, vollzählig in allen ihren Charakteren und ohne jede Rückkehr zum Ursprungstyp». Aber – Ironie des Schicksals – gerade die *Oenothera*-Formen, die DE VRIES als das Standardbeispiel für die Erscheinung der Mutation ansah, erwiesen sich durch die sorgfältige Erb-Analyse, die OTTO RENNER[12] später durchführte, als Spaltungsprodukte von Heterozygoten. Das Beispiel, auf das DE VRIES den größten Wert gelegt hatte, war somit hinfällig geworden. Dieser Umstand hat jedoch die Mutationstheorie als solche in keiner Weise berührt, da inzwischen echte Mutanten bei vielen Pflanzen und Tieren nachgewiesen wurden, wodurch der DE VRIESsche Grundgedanke seine volle Bestätigung erfahren hat.

Hiermit war eine der drei Voraussetzungen von DARWIN's Selektionstheorie als in der Natur tatsächlich vorhanden erwiesen worden. Die zweite Voraussetzung, die Überproduktion von Nachkommen, ergibt sich bereits aus der überraschend großen Zahl von Samen, die jede Pflanze produziert. Die dritte Voraussetzung jedoch, die natürliche Selektion, war um die Jahrhundertwende in ihrer Gültigkeit ernstlich in Frage gestellt worden. Der dänische Botaniker WILHELM JOHANNSEN[13] zeigte durch variationsstatistische Analyse individueller Nachkommenschaften, daß sich innerhalb des Bestandes einer Art, einer «Population», durch Selektion eine gewisse Verschiebung einer Merkmalsausprägung erreichen läßt, aber nur innerhalb gewisser Grenzen. Wenn man aber die Nachkommenschaft eines Selbstbefruchters, z.B. der Bohne, und zwar eines einzelnen Individuums, von JOHANNSEN «reine Linie» genannt, verfolgt, so erhält man unter gleichen Bedingungen stets die gleiche Variationskurve, gleichgültig, in welcher Richtung eine Selektion vorgenommen wurde. Innerhalb einer «reinen Linie» ist Selektion wirkungslos. Dieses Ergebnis veranlaßte JOHANNSEN – und mit ihm manche Biologen um die Jahrhundertwende –, die Wirkung der Selektion als Entwicklungsfaktor überhaupt zu leugnen. Mit welcher Härte die Gegensätze damals aufeinanderprallten, zeigt ein Vergleich der Meinungen, wie wir sie etwa einerseits in A. WEISMANN's Schrift «Die Allmacht der Naturzüchtung» (1893) oder in seinen «Vorträgen über Deszendenztheorie» (1902), andererseits in O. HERTWIG's «Werden der Organismen» (1916) dargelegt finden. JOHANNSEN's Einwand gegen die Wirksamkeit der Selektion gilt natürlich nur so lange, als der «Genotypus» unverändert bleibt; er fällt dagegen, sobald Mutanten auftreten. Und gerade dies ist der springende Punkt bei der Evolution[14], wie DE VRIES gezeigt hat.

Während bei HUGO DE VRIES das Problem der Entstehung der Arten im Vordergrund seines Interesses stand, wandte sich der zweite Wiederentdecker der MENDELschen Gesetze, CARL CORRENS, den eigentlichen Vererbungserscheinungen zu. Ähnlich wie DE VRIES hatte auch er sich im ersten Jahrzehnt seiner Forschungsarbeit mit ganz anderen Fragen beschäftigt.

Abb. 117. CARL CORRENS (1864–1933)

Abb. 118. ERICH TSCHERMAK (1871–1962)

CARL CORRENS[15] (Abb. 117) wurde 1864 als Sohn eines Kunstmalers in München geboren. Seine letzten Gymnasialjahre verbrachte er, nachdem er beide Eltern verloren hatte, bei Verwandten in St. Gallen (Schweiz), wo seine naturwissenschaftlichen, vor allem botanischen Neigungen, durch verständnisvolle Lehrer gefördert, stark zum Durchbruch kamen. Sein Studium begann er 1885 in München bei CARL VON NÄGELI, unter dessen Leitung er 1889 seine Dissertation über das Dickenwachstum von Algen-Zellwänden ausführte, ein Thema, das ihn auch später noch mehrfach beschäftigte und wobei er NÄGELI's Micellartheorie verteidigte, die später ihre volle Bestätigung fand (vgl. Kap. 13). Mehr als die Vorlesungen fesselten ihn die Lehrbücher von SACHS, HOFMEISTER und HABERLANDT. Der letztgenannte Forscher, bei dem er ein Sommersemester in Graz studierte, hat wohl CORRENS die ersten Anregungen zu seinen späteren vorbildlichen blütenökologischen Arbeiten gegeben. 1891 siedelte CORRENS nach Tübingen über, wo er sich habilitierte. Zu den beiden erwähnten Themenkreisen kam hier noch ein dritter hinzu: «Die Untersuchungen über die Vermehrung der Laubmoose durch Brutorgane und Stecklinge». Das 1899 unter diesem Titel erschienene Buch gehört zu den grundlegenden Werken der Bryologie und wurde daher 1976 neu aufgelegt. Inmitten dieser Moosstudien, 1894, begann CORRENS mit Bastardierungsversuchen an Mais, Erbsen, Mirabilis, Levkojen, die zur Wiederentdeckung der MENDELschen Gesetze führten. Seit dem Jahre 1900 hatte sich CORRENS voll und ganz auf die Vererbungsforschung konzentriert.[16] 1902 wurde er als Extraordinarius für systematische Botanik nach Leipzig und 1909 als Ordinarius nach Münster berufen. 1914 übernahm er das neu gegründete «Kaiser-Wilhelm-Institut für Biologie» in Berlin-Dahlem, wo er sich nun völlig ungestört der Forschung widmen konnte bis zu seinem Tode im Jahre 1933.

Schon in seinem ersten Aufsatz zur Wiederentdeckung der MENDELschen Gesetze zieht CORRENS aus den Zahlenverhältnissen den Schluß, daß die Trennung der Erbanlagen bei der Reduktionsteilung erfolgen müsse. Zwei Jahre später äußert er sich eingehender über «Modus und Zeitpunkt der Spaltung der Anlagen» und kommt – fast gleichzeitig mit dem Zoologen KARL HEIDER[17] und den Cytologen E. WILSON und W. SUTTON – zu einem ersten Ansatz der Chromosentheorie der Vererbung, die schließlich THEODOR BOVERI 1903 so fest begründet hat, daß sie seitdem einen Hauptpfeiler der Genetik bildet.[18]

Wie oben erwähnt, gehörte die Levkoje zu CORRENS' ersten Bastardierungsobjekten. Hier fand er, daß es nicht nur frei spaltende, sondern auch gekoppelte Anlagen gibt. Dieser Befund bildete zusammen mit Versuchsergebnissen BATESONS[19] den Beginn der Lokalisations-Genetik, eines Gebietes, auf dem der amerikanische Genetiker TH. MORGAN so große Erfolge erzielen konnte (erste Gen-Karten der 5 Chromosomen von *Drosophila* 1921).

Während DE VRIES die Meinung von der unbedingten Dominanz eines Anlagenpartners vertrat, zeigt CORRENS (erstmals schon im Jahre 1900), daß eine ganze Stufenfolge von extremer Dominanz bis zu intermediärem Verhalten vorliegen kann, daß also Anlagenverteilung und Anlagenwirkung zwei ganz verschiedene Dinge sind, wie er überhaupt stets die physiologische Wirkung der Anlagen im Auge behielt. Auch legte CORRENS dar, daß Eigenschaften mitunter nicht nur von einem Anlagenpaar bestimmt werden, sondern vom Zusammenwirken verschiedener Anlagenpaare abhängig sind.

CORRENS' Name ist aber vor allem mit der Lösung eines alten Problems verbunden, nämlich der Geschlechtsbestimmung bei eingeschlechtigen Organismen. Bei diesen treten normalerweise männliche und weibliche Individuen in gleicher Anzahl auf. Ein solches Zahlenverhältnis erhalten wir aber nur dann, wenn wir einen Bastard mit seinem rezessiven Elter zurückkreuzen. Es entstehen dann 50% Homozygoten mit dem rezessiven Merkmal und 50% Heterozygoten mit dem dominierenden Merkmal. Wenn wir annehmen, daß die männliche Anlage dominant und die weibliche rezessiv ist, dann wäre ein männliches Individuum ein Bastard mit einer dominanten männlichen und einer rezessiven weiblichen Anlage, das weibliche Individuum dagegen homozygot mit zwei rezessiven weiblichen Anlagen. Daß diese Erklärung zutrifft, erwiesen die Versuche von CORRENS, in denen er (1907) die diözische *Bryonia dioeca* mit der zwittrigen (genauer: monözischen) *Bryonia alba* kreuzte: DIOECA ♀ × *alba* ♂ ergab eine rein weibliche Nachkommenschaft, dagegen *dioeca* ♂ × *alba* ♀ männliche und weibliche Pflanzen in gleicher Zahl. Die Entdeckung der Geschlechtschromosomen (E. B. WILSON 1910) hat die Auffassung von CORRENS voll bestätigt.

Schließlich hat CORRENS als erster auf Fälle hingewiesen, die erkennen lassen, daß sowohl Plastiden[20] als auch das Plasma[21] Träger von Erbanlagen sein können.

CORRENS war, wie aus diesem kurzen Abriß seiner Leistungen hervorgeht, an der Grundlegung der Genetik wesentlich beteiligt. Er ist, wie F. VON WETTSTEIN schreibt, «immer vorn gewesen. Kein Schritt zurück, kein unbedachter Seitensprung kennzeichnen seinen Weg.»

Wenn wir das Lebenswerk von CARL CORRENS voll würdigen wollen, darf ein wichtiger – übrigens auch auf DE VRIES zutreffender – Umstand nicht vergessen werden, auf den G. HABERLANDT, CORRENS' einstiger Lehrer in Graz und langjähriger Institutsnachbar in Berlin-Dahlem, besonders hinweist: «Überblickt man die Leistungen CORRENS' als bahnbrechenden Genetikers, so bewundert man nicht nur die Fülle intensiver Geistesarbeit, sondern auch seine unermüdliche körperliche Tätigkeit. Bei seinen Kreuzungsversuchen hat er die unendlich zahlreichen künstlichen Bestäubungen immer selbst vorgenommen, vom frühen Morgen bis zum späten Abend. Er wollte und konnte diese anstrengende, zeitraubende Arbeit nicht fremden Hilfskräften überlassen, denn von der Verläßlichkeit und Sorgfalt, mit der diese Bestäubungen vorgenommen wurden, hing ja ganz und gar die Sicherheit der Schlußfolgerungen ab, die aus den Versuchsergebnissen gezogen wurden.»

Der dritte Wiederentdecker der MENDELschen Gesetze, ERICH TSCHERMAK VON SEYSENEGG[22] (Abb. 118), kam von der Pflanzenzüchtung zur Vererbungsforschung und hat später mit großem Erfolg die Ergebnisse der Genetik in den Dienst der Pflanzenzüchtung gestellt. Er wurde 1871 als Sohn des Mineralogie-Professors GUSTAV TSCHERMAK geboren, studierte Landwirtschaft in Wien und Halle, wo er 1896 als Schüler des Botanikers GREGOR KRAUS promoviert wurde. Danach arbeitete er in großen Saatzüchtereien in Stendal, Quedlinburg und Gent. Angeregt durch DARWINS Werk «Die Kreuz- und Selbstbefruchtung im Pflanzenreich», untersuchte TSCHERMAK in Gent (1898) die unterschiedliche Wirkung von Autogamie, Geitonogamie (Nachbarbestäubung) und Allogamie zwischen verschiedenen Individuen. In Versuchsreihen mit Goldlack *(Cheiranthus)* wurden bei Allogamie die Früchte fast doppelt so lang wie bei Autogamie und enthielten mehr Samen. Als Beispiel eines typischen Selbstbestäubers wählte TSCHERMAK die Erbse *(Pisum)*. Anläßlich einer Reise nach Amsterdam besuchte er DE VRIES, der ihm seine *Oenothera*-Mutanten zeigte. In Paris knüpfte er Verbindung mit dem Saatzüchter H. DE VILMORIN. In Wien setzte TSCHERMAK im folgenden Jahre seine Erbsen-Versuche fort. Hier ergab sich das überraschende Resultat, daß bei Selbstbestäubung in der 2. Tochtergeneration bei den Samen gelb zu grün und rund zu kantig wie 3:1 sich verhielten, bei der Rückkreuzung mit reinen Elternformen jedoch 1:1. Die Ergebnisse dieser Untersuchungen bildeten die Grundlage zu seiner im Januar 1900 eingereichten Habilitationsschrift. Als kurz hintereinander die Mitteilungen von DE VRIES und CORRENS in den «Berichten der Deutschen Botanischen Gesellschaft» erschienen, verfaßte auch TSCHERMAK einen kurzen Aufsatz für dieselbe Zeitschrift, doch fast gleichzeitig mit diesem kam auch die Hauptarbeit in der «Zeitschrift für das landwirtschaftliche Versuchswesen» heraus.

Nach mehrjähriger Tätigkeit als Assistent und Dozent an der Hochschule für Bodenkultur in Wien wurde TSCHERMAK 1903 zum außerordentlichen Professor ernannt. Damit war die erste Lehrkanzel für Pflanzenzüchtung in Europa begründet worden; 1909 erfolgte nach Ablehnung mehrerer Rufe nach Deutschland seine Ernennung zum Ordinarius. In diesem Amt hat TSCHERMAK eine umfassende Tätigkeit im Dienste der praktischen Pflanzenzüchtung entfaltet bis zu seiner Emeritierung im Jahre 1939. Er starb in Wien 1962 im 91. Lebensjahr.

TSCHERMAK hat als erster die MENDELschen Gesetze planmäßig auf die Züchtung von Kulturpflanzen angewendet, insbesondere bei Getreidearten, Leguminosen und Zuckerrüben, sowie bei Zierpflanzen, vor allem Levkojen, Primeln und Umsabaraveilchen. Von besonderem Interesse sind die von ihm hergestellten Artbastarde an Getreide (z.B. Aegilops × Weizen, Weizen × Quecke, sogar Roggen × Quecke), bei denen jedoch, wie er selbst erkannte, nicht einfache Polyploidie vorliegt, sondern gleichsam eine Kernchimäre, indem die Chromosomensätze beider Eltern sich reaktionslos zusammenfügen («Chromosomen-Addition»).

In gleicher Weise wie durch TSCHERMAK wurde die Pflanzenzüchtung durch konsequente Anwendung der MENDEL-Gesetze durch HERMAN NILSSON-EHLE (1873–1949) in Schweden gefördert. Ihm verdankt das Züchtungsinstitut in Svalöf, in das er im Jahre 1900 als Assistent eintrat, seinen Weltruf.[23] Seine Kombination der winterharten schwedischen Weizensorten mit dem ertragreichen englischen Squarehead-Weizen erbrachte eine Erntesteigerung von 29 Doppelzentnern je Hektar auf 43. Dieser große Erfolg wurde richtungweisend für die Pflanzenzüchtung.

Anmerkungen

1 Die Geschichte der Vererbungsforschung ist eingehend dargestellt in: BARTHELMESS, A., Vererbungswissenschaft. Alber, Freiburg u. München 1952. STUBBE, H., Kurze Geschichte der Genetik bis zur Wiederentdeckung der Vererbungsregeln Gregor Mendels. 2. Aufl. Fischer, Jean 1965. KAPPERT, H., Vier Jahrzehnte miterlebte Genetik. Berlin–Hamburg 1978. JOHANSSON, I., & MÜNTZING, A., Meilensteine der Genetik. Berlin–Hamburg 1980. MAYR, E., die Entwicklung der biologischen Gedankenwelt (Berlin 1984) S. 507–661.

2 Aus dem umfangreichen Schrifttum über MENDEL sei hingewiesen auf: Dem Andenken an Gregor Mendel. Die Naturwissenschaften 10, Heft 29, 1922. ILTIS, H., Gregor Johann Mendel, Leben, Werk und Wirkung. Springer, Berlin 1924. RICHTER, O., Johann Gregor Mendel, wie er wirklich war. Verhandl. d. naturforsch. Ver. Brünn, **74**, 2. Teil, 1943. 262 S., 31 Abb. KŘIŽENECKÝ, Gregor Johann Mendel. Texte und Quellen zu seinem Wirken und Leben. Barth, Leipzig 1965. KRUMBIEGEL, L., Gregor Mendel und das Schicksal seiner Vererbungsgesetze. 2. Aufl., Wissenschaftl. Verlagsgesellschaft Stuttgart 1967. Proceedings of the Gregor Mendel Colloquium. Moravian Museuem Brno 1971. F. WEILING, Gregor Mendel. Americ. Journ. of med. Genetics **40**, 1–25, 1991.

3 FRANZ THOMAS BRATRANEK (1815–1884) gab «GOETHE's Naturwissenschaftliche Correspondenz» in zwei Bänden (1874). «GOETHE's Briefwechsel mit den Gebrüdern HUMBOLDT» (1876) und den «Briefwechsel zwischen GOETHE und STERNBERG» (1866) heraus. Seine «Beiträge zu einer Ästhetik der Pflanzenwelt» (Leipzig 1853) verraten umfassende botanische Kenntnisse.
Biogr.: Germanoslavica **2**, 785–404, 1932/33 (J. KREJCI).

4 MENDEL, G., Versuche über Pflanzenhybriden. Verhandl. d. naturf. Ver. Brünn **4**, 3–47. 1866. Wieder abgedruckt in: Flora **89**, 364–403 (1901); Ostwalds Klassiker, Neue Folge Bd. 6 (Braunschweig 1969), mit Einführung u. Kommentar von F. WEILING; KŘIŽENECKÝ (s. Anm. 2) S. 23–62.

4a Die Behauptungen des Statistikers R.A. FISHER (1936), die Zahlen MENDELS seien überzufällig genau und somit gefälscht, wurden von dem Genetiker F. WELLING und von dem Mathematiker B. VAN DER WAERDEN eindeutig widerlegt. WEILING, F., Zur Frage der angeblich «überzufällig großen Genauigkeit» der Versuche J.G. Mendels. Mitteil. d. österreich. Ges. f. Gesch. d. Naturwiss. **5**, 1–25, 1985. WEILING, F., War J.G. Mendel ein wissenschaftlicher Betrüger? Angewandte Botanik **59**, 319–344, 1985. VAN DER WAERDEN, B., Mendels experiments. Centaurus **12**, 275–288, 1968. WEILING, F., Biolog. Zentralbl. **105**, 465–474, 1980.

5 KÜHN, A., Gregor Johann Mendel. Die Großen Deutschen **3**, 406–414. Berlin 1956.

6 JAHN, I., Zur Geschichte der Wiederentdeckung der Mendelschen Gesetze. Wiss. Zeitschr. d. Univ. Jena, math.-nat. Reihe 7, 215–227, 1958. MÄGDEFRAU, K., Die Mendelschen Vererbungsregeln, ihre Vorgeschichte und ihre Wiederentdeckung. Tübinger Blätter 50, 58–60, 1963.

Abb. 119. JULIUS SACHS (1832–1897)

Abb. 120. WILHELM PFEFFER (1845–1920)

Die das Gesamtgebiet der Pflanzenphysiologie umfassenden Forschungen von JULIUS SACHS wären nicht so rasch Gemeingut der Botanik geworden, wenn sie nicht durch seine meisterhaften Lehrbücher[5] so weite Verbreitung gefunden hätten.

Den Anfang machte das «Handbuch der Experimentalphysiologie der Pflanzen» (1865), das er in Bonn ausarbeitete. Es «soll zeigen, inwieweit es den physiologischen Forschungen bisher gelungen ist, die allgemeineren Lebenserscheinungen der Pflanzen in ihre Einzelvorgänge zu zerlegen und sie auf ihre Ursachen zurückzuführen». Das Buch erforderte ein jahrelanges Literaturstudium, ist aber keineswegs rein kompilatorisch, da SACHS überall seine eigenen Untersuchungen eingebaut hat. In vorbildlicher Klarheit und in vorzüglichem Stil geschrieben, stellt es seinen Verfasser schlagartig in die erste Linie der Botaniker seiner Zeit.

Kaum war die «Experimentalphysiologie» erschienen, begann SACHS mit der Abfassung seines «Lehrbuchs der Botanik», das von 1868 bis 1874 vier jeweils beträchtlich erweiterte Auflagen erlebte. Während SCHLEIDEN's «Grundzüge» (s.S. 163) zwar sehr anregend, aber stark subjektiv waren, zeichnet sich das Lehrbuch von SACHS durch größere Sachlichkeit aus. Es legt nicht nur den Tatsachenbestand vor, sondern auch die Theorien und weist auf die offenen Fragen hin. Die Ergebnisse von HOFMEISTER's Untersuchungen fanden hier – 17 Jahre nach ihrer Veröffentlichung – erstmals Eingang in ein Lehrbuch und wurden dadurch erst allgemein bekannt. Hinzu kommt die weder vorher noch später erreichte bildliche Ausstattung, fast durchweg nach eigenen Zeichnungen, denen oft mühsame Untersuchungen zugrunde lagen. «Was man nicht gezeichnet hat, hat man nicht gesehen», war ein oft zitierter Ausspruch von SACHS. Der Bau der Angiospermenblüte wird, um nur ein Beispiel zu nennen, in seinen Abwandlungen anhand von 53 selbst entworfenen Blütendiagrammen erläutert (fünf

Jahre vor EICHLER's Werk, s. Kap. 11). Ohne Übertreibung dürfen wir es als das beste Botanik-Lehrbuch der Neuzeit ansprechen. Eine starke Wirkung ging auch von der englischen Übersetzung aus, vor allem in Nordamerika.

Eine fünfte Auflage seines Lehrbuchs zu bearbeiten, konnte sich SACHS nicht entschließen. Nur die Physiologie stellte er noch einmal dar, und zwar in völlig neuer Fassung in den «Vorlesungen über Pflanzenphysiologie» (1882). «Wer Vorlesungen hält, hat nicht nur das Recht, sondern auch die Pflicht, seine eigenste Auffassung des Gegenstandes in den Vordergrund zu stellen; die Hörer wollen und sollen wissen, wie sich das Gesamtbild der Wissenschaft im Kopfe des Vortragenden gestaltet», schreibt SACHS im Vorwort. Keines seiner Bücher läßt die Künstlernatur seines Verfassers so deutlich erkennen wie die «Vorlesungen». Auch sie wurden ins Englische übersetzt.

Zeitlich zwischen «Lehrbuch» und «Vorlesungen» erschien aus SACHS' Feder ein Buch, das niemand von einem so ausgeprägten Experimentalphysiologen erwartet hätte: «Geschichte der Botanik vom 16. Jhdt. bis 1860» (1875). Die intensiven Literaturstudien hierzu fielen in die Jahre der drei letzten, stark erweiterten «Lehrbuch»-Auflagen. SACHS vermeidet eine Aufzählung historischer Tatbestände, sondern bemüht sich, die großen Linien der geistigen Entwicklung herauszuarbeiten; er hat deshalb, wie er selbst im Vorwort sagt, diejenigen Forscher «in den Vordergrund gestellt, die nicht nur neue Tatsachen feststellten, sondern fruchtbare Gedanken schufen und das empirische Material theoretisch verarbeiteten».

SACHS' Schüler F. NOLL schließt den Nachruf auf seinen Lehrer mit dem GOETHE-Wort: «Ist er ein Einzelner, der über andere hervorragt, so ist es gut, denn der Welt kann nur mit dem Außerordentlichen gedient sein.»

Durch JULIUS SACHS war die Pflanzenphysiologie zu einem mächtig aufstrebenden Teilgebiet der Botanik geworden. Diese Entwicklung wurde in konsequenter Weise fortgeführt durch WILHELM PFEFFER, der, ähnlich wie SACHS, durch seine Forschungen, durch sein zweibändiges Handbuch und durch seinen großen Schülerkreis eine internationale Wirkung ausübte.

Als Sohn eines Apothekers wurde WILHELM PFEFFER[6] (Abb. 120) 1845 in Grebenstein bei Kassel geboren. Mit 15 Jahren verließ er mit der «mittleren Reife» das Gymnasium, um in die väterliche Apotheke als Lehrling einzutreten. Außer Botanik interessierten ihn Geologie, Paläontologie und Mineralogie; in allen diesen Bereichen legte er umfangreiche Sammlungen an. Unter Benutzung von SCHACHT's «Mikroskop» und MOHL's «Morphologie und Physiologie der vegetabilischen Zelle» trieb er zusammen mit seinem Vater eingehend mikroskopische Studien. Nach dreijähriger Lehrzeit bestand er die Gehilfenprüfung und bezog die Universität Göttingen, vor allem um Chemie bei WÖHLER und FITTIG sowie Physik bei WILHELM WEBER zu studieren. Aufgrund einer Dissertation über die Derivate des Glyzerins wurde er, erst 20 Jahre alt, nach einem Studium von 4 Semestern, promoviert. Die anschließenden Jahre als Apothekengehilfe in Chur (Schweiz) hat PFEFFER zu intensiver botanischer Arbeit, vor allem zum Studium der Laubmoose, genutzt, wovon eine umfangreiche Abhandlung über die «Bryogeographie der rhätischen Alpen» Zeugnis ablegt.[7] In Marburg bestand er die pharmazeutische Staatsprüfung und untersuchte nebenher die Blütenentwicklung der Primulaceen. In Berlin, wohin er 1869 übersiedelte, trat er in PRINGHEIMS Privatlaboratorium ein und begann die Entwicklung der Prothallien und des Embryos von *Selaginella* zu studieren, eine Arbeit, die er bei SACHS in

Würzburg zu Ende führte. Hier schließlich wurde PFEFFER zum Physiologen, indem er die Wirkungen des farbigen Lichts auf die Photosynthese untersuchte und Studien über den Einfluß von Licht und Schwerkraft auf die Entwicklung von *Marchantia*-Brutkörpern ausführte. Von Marburg, wo er sich 1871 habilitierte und das Öffnen und Schließen der Blüten experimentell verfolgte, wurde er bereits nach zwei Jahren auf ein Extraordinariat für Pharmakognosie und Botanik nach Bonn berufen, 1877 als Ordinarius nach Basel und im darauffolgenden Jahr nach Tübingen. Von dem regen wissenschaftlichen Leben im Kreise zahlreicher Schüler geben die vielzitierten zwei Bände der «Untersuchungen aus dem Botanischen Institut Tübingen» ein eindrucksvolles Zeugnis. 1887 folgte er einem Ruf nach Leipzig, wo er bis zu seinem Tode (1920) wirkte. Das Leipziger Institut wurde durch PFEFFER zu einem Mekka der Pflanzenphysiologie. Viele junge Botaniker kamen erst nach ihrer Promotion hierher, um unter PFEFFER's persönlicher Anleitung eine Forschungsarbeit durchzuführen. Die 1915 zu seinem 70. Geburtstag erschienene Festschrift nennt 260 Schüler aus allen Kulturländern der Erde, von denen etwa 100 später als Hochschullehrer im In- und Ausland wirkten.[8]

Aus der erstaunlich vielseitigen Forschungsarbeit WILHELM PFEFFER's können wir nur die bedeutendsten Leistungen hervorheben. Bei seinen Experimenten über die Reizbarkeit der *Mimosa*-Blätter und der *Centaurea*-Staubfäden war er auf das Vorhandensein einer «auffallend hohen hydrostatischen Druckkraft» gestoßen. Diese Befunde veranlaßten ihn, den physikalischen Ursachen nachzugehen, die er in seinen berühmten «Osmotischen Untersuchungen» (1877) aufgeklärt hat. Daß die an Modellversuchen gewonnenen Ergebnisse PFEFFER's die Grundlage für VAN'T HOFF's Theorie der Lösungen bildeten, ist allbekannt. In alle Lehrbücher übergegangen sind ferner die Resultate seiner Untersuchungen über die Chemotaxis der Bakterien, Spermatozoiden und Flagellaten; hier wurde zugleich die Gültigkeit der für die Sinnesphysiologie des Menschen aufgestellten WEBER-FECHNERschen Gesetze für die Pflanzen bewiesen. Er verfolgte die Aufnahme von Anilinfarben durch die lebende Zelle und erläuterte daran die Mechanik der Aufnahme, Wanderung und Speicherung der Stoffe. Die physikalischen Verhältnisse des Protoplasmas und seine Grenzflächen analysierte er in einer vorbildlichen Weise. Von 1872 bis in seine letzten Lebensjahre beschäftigten ihn immer wieder die thermo- und photonastischen Bewegungen der Blüten sowie die Schlafbewegungen der Blätter, zu deren Demonstration er erstmals (1898) kinematographische Aufnahmen verwendete, um die sehr langsam verlaufenden Bewegungen durch Zeitraffung sichtbar zu machen.

Neben den zahlreichen Experimentaluntersuchungen PFEFFER's dürfen wir seine theoretischen Abhandlungen nicht übersehen. Mehrmals hat er sich bemüht, das Wesen der Reizvorgänge herauszuarbeiten und darzulegen, daß das Wesen des Lebens in einem schwer entwirrbaren Geflecht von «Reizketten» besteht. Von mindestens derselben Bedeutung sind die «Studien zur Energetik der Pflanze», in denen er den Energieumsatz in der lebenden Zelle in so umfassender Weise darlegt, wie dies seither niemand wieder versucht hat.

PFEFFER's Erfolge liegen aber nicht nur in der Anwendung neuer, sorgfältig durchdachter und oft äußerst subtiler Technik begründet, sondern ebenso in seiner kritischen Methodik. Die letztere ist es auch, die seinem zweibändigen Handbuch der Pflanzenphysiologie[9] den Stempel aufdrückt, einem auch ins Englische und Französische übersetzen Werk, durch das PFEFFER zum Lehrmeister der Pflanzenphysiologie in der Welt wurde. W. RUHLAND, PFEFFER's Nachfolger auf dem Leipziger Lehrstuhl[10], kennzeichnet es in treffender Weise: «In seinem Handbuch hat er ein umfassendes Bild des physiologischen Getriebes der Pflanze entworfen, das gleicherweise von der Weite seines Blickes wie von der analytischen Schärfe seines Geistes ein wahrhaft glänzendes Zeugnis ablegt. Wenn er auf Schritt und Tritt Beziehungen zwischen den Vorgängen aufdeckt, sich nicht genug tun kann in der Erörterung kausaler und korrelativer Möglichkeiten, von denen keine noch so fern liegende unbeachtet bleibt, so geht in einer solchen Darstellung freilich nur zu leicht die einprägsame, didaktisch wirkende Linienführung verloren. So befremdet den Anfänger das Vorherrschen der Diskussion, des beständigen theoretisch-kritischen Hin- und Herwendens der Probleme. Dazu kommt der durch lange Perioden schwerflüssige Stil, der vor allem auch dadurch bedingt ist, daß PFEFFER sich unablässig bemüht, den Geltungsbereich seiner Aussagen streng und vorsichtig abzugrenzen. Es ist nicht zu leugnen, daß kühnere, einseitigere, weniger kritisch beschwerte Darstellungen oft anregender für den Einzelnen wie für die weitere Entwicklung der Wissenschaft geworden sind. Der reifere Leser aber weiß, wie er PFEFFERS Handbuch zu bewerten hat. Er weiß, daß ihm hier zum ersten Male eine gleicherweise ins Einzelne kritisch zergliedernde wie ins Ganze und Große zusammenfassende Darstellung der Pflanzenphysiologie gegeben wurde. Er bewundert eben gerade jene Fülle der Möglichkeiten, auf welche PFEFFER bei den Schlußfolgerungen und Erklärungen Bedacht nimmt, und stellt immer wieder aufs neue fest, daß so viele Zusammenhänge, die sich anscheinend erst aus den neueren und neuesten Fortschritten der Wissenschaft ergeben, bereits von ihm klar ins Auge gefaßt worden sind.» So hat PFEFFER, um nur einige Beispiele zu nennen, das Prinzip der Selbstregulation klar hervorgehoben, das sich neuerdings zu einem eigenen Forschungsbereich (Kybernetik!) entwickelt hat; er hat auf die Verwendung niederer, sich schnell fortpflanzender Organismen zur Klärung entwicklungsphysiologischer Fragen hingewiesen; er versuchte, die im molekularen Bereich liegenden Strukturen der lichtmikroskopisch nicht faßbaren Plasmagrenzschichten zu erschließen (Molekularbiologie!).

Ein Vergleich der beiden großen Begründer der neueren Pflanzenphysiologie, SACHS und PFEFFER, drängt sich geradezu auf. HANS FITTING hat ihre Gemeinsamkeiten und ihre Gegensätze treffend herausgestellt: «Beide waren in gleicher Weise von leidenschaftlichem Drang nach rastloser wissenschaftlicher Arbeit, die ihnen alles war, und von dem Ehrgeiz erfüllt, in ihrem Fache die unbestritten Führenden zu sein. Beiden war Scheingelehrtentum, Oberflächlichkeit, wissenschaftliches Geschwätz tief verhaßt. Beide waren in wissenschaftlichen Dingen oft rauh, ja rücksichtslos. SACHS war zweifellos der leidenschaftlichere, der sich in Arbeit ganz ausgab und verzehrte, während PFEFFER kühl und vorsichtig, methodisch vorausdenkend und vorsorgend in seiner Lebensführung, mit den Kräften seines Körpers hauszuhalten verstand. Dieser Wesensunterschied kennzeichnet auch Beider Leistungen. SACHS war zweifellos der Kühnere, der sich nicht scheute, mit lebhafter Phantasie erfaßte, anregende neue Gedanken auszusprechen und sie zur Geltung zu bringen, selbst wenn kritischen Augen ihre Einseitigkit und Bedingtheit nicht entgehen konnte, eine Kämpfernatur. PFEFFER, schwerblütig und bedächtig, war dagegen immer ängstlich zurückhaltend und bemüht, nach allen Seiten seine Position zu sichern, und stets besorgt, in den Vorlesungen wie in seinen wissenschaftlichen Arbeiten sich keine Blöße zu geben oder, wie er es selbst nannte, ‹sich zu blamieren›. SACHS war zugleich der vielseitigere, der mit seinem Feuerkopfe noch die gesamte allgemeine Botanik so umfaßte, daß er auch ihre Geschichte gedankenreich darzustellen und ein viele Jahre maßgebendes Lehrbuch der Gesamtbotanik zu schreiben vermochte; er war zugleich der glänzendere, bestechendere Geist mit künstlerischer intuitiver Begabung und tiefer philosophischer Bildung, ein fesselnder Meister des mündlichen Vortrags und der schriftlichen Darstellung, dem es gegeben war, selbst Fernstehende für die Botanik zu begeistern. PFEFFER's Meisterschaft zeigte sich dagegen schon in der weisen Beschränkung, die er sich bewußt auferlegte, übrigens bei einer gewissen Geringschätzung gegen andere Richtungen der Botanik, und in der schon durch solche Einseitigkeit ermöglichten Tiefe. Indem er rastlos und unablässig bloß über pflanzenphysiologische Probleme nachdachte, und zwar nur soweit sie Stoff- und Kraftwechsel der Pflanze bieten, war er, da er zugleich die Physik und Chemie weitgehend beherrschte, dazu imstande, sie in ihrer ganzen Breite zu erfassen und in ihrer Tiefe zu ergründen. Beide erfüllte in gleicher Weise das Bedürfnis, an Stelle mystischer Ideen klare mechanische Erkenntnis der Lebenserscheinungen zu setzen. SACHS schien eine solche Lösung vieler Lebensrätsel noch mit einfachen physikalischen Vorstellungen leicht; PFEFFER wurde sich zum ersten Male klar bewußt, wie außerordentlich verwickelt die physiologischen Systeme sind.»

Die Pflanzenphysiologie in den Universitätsunterricht eingeführt zu haben ist ein Verdienst von WILHELM DETMER.[11] Sein «Pflanzenphysiologisches Praktikum» und das ihm folgende, etwas veränderte «Kleine pflanzenphysiologische Praktikum» erschienen – als Seitenstück zu STRASBURGERS «Botanischem Praktikum» (s. Kap. 13) – von 1888 bis 1912 in 6 Auflagen sowie in französischer und englischer Übersetzung. Generationen von Studenten in aller Welt führte es nicht nur in die Technik physiologischer Versuche ein, sondern diente mit seinem ausführlichem Text und der Berücksichtigung der Histologie zugleich als Lehrbuch der Pflanzenphysiologie.

Die geradezu explosive Entwicklung, die die Pflanzenphysiologie in den zurückliegenden hundert Jahren genommen hat, wird durch einige Zahlen veranschaulicht: Das «Handbuch der Experimental-Physiologie der Pflanzen» von JULIUS SACHS (1866) umfaßte 514 Seiten, PFEFFERS Handbuch in der 1. Auflage (1881) 857 Seiten, in der 2. Auflage (1897–1904) 1606 Seiten, und das von W. RUHLAND mit einem Stab von Mitarbeitern herausgegebene «Handbuch der Pflanzenphysiologie» (1955–67) besteht aus 18 Bänden mit insgesamt über 18000 Seiten.

Die Geschichte der Pflanzenphysiologie unseres Jahrhunderts auch nur in großen Zügen darzustellen, würde den Rahmen des vorliegenden Buches sprengen. Einen guten Überblick über die Entfaltung des Pflanzenphysiologie in der ersten Hälfte des 20. Jahrhunderts hat der holländische Botaniker TH. WEEVERS in seinem Buch «Fifty jears of Plant Physiology»[12] gegeben, auf welches hiermit hingewiesen sei. Auch bieten die Einleitungskapitel der einzelnen Bände des soeben genannten «Handbuchs der Pflanzenphysiologie» jeweils einen historischen Abriß.

Anmerkungen

1 Über Leben und Werk von JULIUS SACHS: GOEBEL, K., Julius Sachs, Flora **84**, 101–130. 1897. HAUPTFLEISCH, P., Julius v. Sachs. Verhandl. d. phys.-med. Ges. Würzburg, N.F. **31**, 425–465, 1897. NOLL, F., Julius Sachs. Naturwiss. Rundschau **12**, No. 36–37. 1898. PRINGSHEIM, E., Julius Sachs. Jena 1932 (302 S., 13 Taf.). Bonner Geschichtsblätter **35**, 137–177, 1984 (F. WEILING). GIMMLER, H. (Herausg.), Sachs und die Pflanzenphysiologie heute. Würzburg 1984. DSB **12**, 58–60, 1975. Proceed. of the Linnean Soc. London 1932/33, I, 1–7, 1933 (S.H. VINES, D.H. SCOTT, F.O. BOWER). New Phytologist **24**, 1–6, 1925 (S.H. VINES, D.H. SCOTT).

2 JAN EVANGELISTA PURKINJE (1787–1869) war 1823–1850 Professor der Physiologie und Pathologie in Breslau, dann in Prag. Er entdeckte das «Keimbläschen» (Zellkern) im Hühnerei, die beiden Sehelemente der Netzhaut, die nach ihm benannten Zellen der Kleinhirnrinde u.v.a., führte Mikrotom und Kanadabalsam in die Mikrotechnik ein, projizierte erstmals mikroskopische Präparate, wies auf die Bedeutung der Fingerlinien für die Identifizierung der Menschen hin usw. (Bild in ROTHSCHUH, Geschichte der Physiologie, Berlin 1953, S. 105).
Biogr.: Nova Acta Leopoldina N.F. **24**, Nr. 151, 1961.

3 STRASBURGER's Lehrb. d. Bot. f. Hochschulen, 33. Aufl. (1991), S. 327. Etwas abgeändert auch bei NULTSCH, Allg. Bot., 4. Aufl. (1971), S. 181.

4 SACHS, J., Mechanomorphosen und Phylogenie. Flora **78**, 215–243, 1894.
–, Phylogenetische Aphorismen und über innere Gestaltungsursachen oder Automorphosen. Flora **82**, 173–223, 1896. (Beide Aufsätze wieder abgedruckt in «Physiologische Notizen», Marburg 1898.) Das nachgelassene Manuskript «Prinzipien vegetabilischer Gestaltung» ist auszugsweise veröffentlicht in PRINGSHEIM (s. Anm. 1) S. 147–179.

5 Von SACHS verfaßte selbständige Werke: Handbuch der Experimental-Physiologie der Pflanzen. Leipzig 1865. Lehrbuch der Botanik. 1. Aufl. Leipzig 1868 (632 S., 358 Abb.). 4. Aufl. Leipzig 1874 (928 S., 492 Abb.). Geschichte der Botanik. München 1875. Vorlesungen über Pflanzenphysiologie. 1. Aufl. Leipzig 1882. 2. Aufl. 1887.

6 FITTING, H., Wilhelm Pfeffer. Ber. d. dtsch. bot. Ges. **38**, (30)–(63), 1921. RUHLAND, W., Wilhelm Pfeffer. Ber. d. Sächs. Akad. d. Wiss. Leipzig, math.-phys. Kl., **75**, 107–124. 1923. BÜNNING, E., Wilhelm Pfeffer. In: GERLACH, W., Der Natur die Zunge lösen, München 1967, S. 331–339. Festheft zu PFEFFER's 70. Geburtstag in «Naturwissenschaften» **3**, 115–140, 1915. OSTWALD, W., Lebenslinien. Berlin 1926–27. BÜNNING, E., Wilhelm Pfeffer. Stuttgart 1975.

7 Es verdient bemerkt zu werden, daß auch andere bedeutende Physiologen mit systematisch-botanischen Arbeiten begonnen haben, z.B. CARL NÄGELI mit einer Revision der Cirsien der Schweiz, WILHELM RUHLAND mit einer Monographie der Eriocaulonaceae, OTTO RENNER mit einer Abhandlung über die systematische Anatomie der Moraceae.

8 Die Tatsache, bei PFEFFER gearbeitet zu haben, galt vielfach schon als ausreichende Qualifikation für eine Berufung. Die Zahl von heute unbekannten Namen in der Liste der PFEFFER-Schüler (Jahrb.f. wiss. Bot. **56**, 805–832, 1915) ist beträchtlich. GOEBEL schrieb 1920 in einem Brief: «Die Fakultäten wollen von den einseitig orientierten Piperaceen (= Pfeffergewächsen) neuerdings nicht mehr viel wissen.»

9 Pflanzenphysiologie. Ein Handbuch der Lehre vom Stoffwechsel und Kraftwechsel in der Pflanze. 1. Aufl., 2 Bände, 383 und 474 S., Leipzig 1881. 2. Aufl., 2 Bände, 620 und 986 S., Leipzig 1897, 1904.

10 PFEFFERS unmittelbarer Amtsnachfolger war FR. CZAPEK, der jedoch bereits am Ende seines ersten Leipziger Semesters verstarb. – Eine Biographie W. RUTHLAND's befindet sich in dem von ihm begründeten «Handbuch der Pflanzenphysiologie», Bd. XII/1, S. V–XXXII (1960).

11 Wilhelm Detmer (1850–1930) war neben Ernst Stahl (s. Kap. 18) Professor der Botanik in Jena.
Biogr.: Ber. d. dtsch. bot. Ges. **49**, (126)–(138), 1932 (A. Heilbronn); Jenaische Zschr. f. Med. u. Naturwiss. **78**, 156–158, 1947 (O. Renner).

12 Weevers, Th., Fifty Years of Plant Physiology. Amsterdam 1949. 308 S.

18. Die Beziehungen der Pflanzen zur Umwelt

Mein Laboratorium ist die Natur.

Ernst Stahl

Im physiologischen Experiment kultivieren wir die Pflanzen unter möglichst konstanten Außenbedingungen und variieren nur jeweils einen einzigen Faktor, dessen Wirkungsweise wir näher untersuchen wollen. In der freien Natur dagegen wachsen die Pflanzen unter sehr verschiedenen, oft extremen und obendrein vielfach in hohem Maße schwankenden Außenbedingungen: von den Tropen bis zur Tundra, von der Meeresküste bis zum Hochgebirge, vom Sumpf bis zur Wüste, vom Sonnenhang bis ins Dunkel der Höhlen. Daß die «Physiognomie der Gewächse» weitgehend von den Lebensbedingungen geprägt wird, hatte schon Humboldt erkannt und wurde durch die Schilderungen der späteren botanischen Forschungsreisenden, wie Brown, Martius, Hooker u.v.a., bestätigt. So entwickelte sich, z.T. in enger Verbindung mit der Pflanzengeographie, in der zweiten Hälfte des vorigen Jahrhunderts ein Sondergebiet der Botanik, welches damals meist als «Biologie der Pflanzen» bezeichnet wurde, neuerdings aber im internationalen Sprachgebrauch mit einem schon 1866 von Ernst Haeckel geprägten Wort «Ökologie»[1] genannt wird. Die eigentliche Grundlegung der botanischen Ökologie erfolgte in den achtziger Jahren des vorigen Jahrhunderts, und zwar auf zwei Pfeilern: auf der Histologie und auf der Physiologie. Simon Schwendener hatte (vgl. Kap. 12) die funktionelle Histologie begründet, und so lag es für ihn nahe, Doktoranden zur Bearbeitung bestimmter Sonderfragen bezüglich des Zusammenhangs von histologischer Struktur und Lebensbedingungen anzuregen. Die Reihe eröffnete Alexander Tschirch.[2] Er sollte untersuchen, «ob die Grisebachschen Vegetationsgebiete sich auf anatomische Verhältnisse der Gewächse zurückführen lassen», doch wurde dieses weitläufige Thema auf die Stomata beschränkt. Tschirch fand, daß sie bei Pflanzen feuchter Standorte in der Ebene der Epidermis liegen oder sogar emporgehoben, bei Xerophyten dagegen fast durchweg auf verschiedene Weise eingesenkt sind; die Vegetationsformen Grisebach's histologisch zu kennzeichnen, gelang jedoch nicht, da sie ökologisch nicht einheitlich genug erscheinen. Bald nach Tschirchs Promotion trat Emil Heinricher[3] in Schwendener's Institut ein; hier empfing er wohl die entscheidende Anregung zu seinen Studien über den äquifazialen Blattbau, dessen Abhängigkeit von der Vertikalstellung der Blätter er erkannte. Später hat sich Heinricher eingehend mit einem anderen Gebiet der Ökologie beschäftigt: mit der Lebensgeschichte der parasitischen Gewächse. – Gleichzeitig mit Tschirch arbeitete Georg Volkens[4] als Doktorand bei Schwendener über Guttation. Eine Bemerkung seines Lehrers, man müsse die Beziehungen zwischen Standort und Bau der Pflanzen in einem Lande mit möglichst extremen klimatischen Bedingungen studieren, regte Volkens zu einer zehnmonatigen

Reise nach Ägypten an, als deren Ergebnis 1887 sein Werk über «Die Flora der Ägyptisch-arabischen Wüste» erschien, das eines der Grundbücher der Ökologie darstellt. Wasseraufnahme, Wasserspeicherung und Transpiration werden in ihren Beziehungen zum histologischen Bau geschildert; einige von VOLKENS' vorbildlichen Zeichnungen finden wir heute noch in den Lehrbüchern.

Während TSCHIRCH, HEINRICHER und VOLKENS sich vorwiegend mit Xerophyten beschäftigten, wählte HEINRICH SCHENCK[5] als Forschungsgegenstand den entgegengesetzten ökologischen Typus, die Wasserpflanzen. Er war Schüler von STRASBURGER in Bonn, studierte aber 1881/82 auch bei SCHWENDENER in Berlin. Er verfaßte die erste ökologische Monographie der Wasserpflanzen und untersuchte vor allem deren histologischen Bau in seiner Abhängigkeit von den Lebensbedingungen. Wir verdanken SCHENCK außerdem eine bis heute unübertroffene Darstellung der Morphologie, Histologie und Ökologie der Lianen, welche DARWIN's Buch über «Die Bewegungen und Lebensweise der kletternden Pflanzen» (1876) vor allem nach der histologischen Seite ergänzt. – An dieser Stelle sei auch an die «Pflanzenbiologischen Schilderungen» von KARL GOEBEL erinnert, deren wir bereits in dem Kapitel «Gestalt der Pflanzen» gedacht haben.

Durch diese innerhalb weniger Jahre erschienenen Abhandlungen und durch HABERLANDT's «Physiologische Pflanzenanatomie» (1884, s. Kap. 12) war der Nachweis erbracht worden, daß der innere Bau der Gewächse in engster Beziehung zu ihren Lebensbedingungen steht, so daß man schon aus der Histologie eines Blattes schließen kann, unter welchen Bedingungen die betreffende Pflanze lebt. Damit war ein tragfähiger Pfeiler der Ökologie errichtet worden. Seit den sechziger Jahren des vorigen Jahrhunderts hatte auch die Physiologie, insbesondere durch JULIUS SACHS, einen bedeutenden Aufschwung genommen. Die physiologische Methode, das Experiment, in die Ökologie eingeführt zu haben, ist das besondere Verdienst von ERNST STAHL, der damit den zweiten Pfeiler der Ökologie erbaut hat. Die Leistungen dieses gedankenreichen Forschers verdienen eine eingehende Würdigung.

Ernst STAHL[6] (Abb. 121) wurde 1848 in Schiltigheim bei Straßburg geboren. Mit A.F.W. SCHIMPER befreundet, empfing er wohl schon frühzeitig von dessen Vater, WILHELM PHILIPP SCHIMPER, dem hervorragenden Moosforscher (s.Kap. 11, Anm. 15), bedeutsame Anregungen. Die «Bryologia Europaea» SCHIMPER's enthält eine für die damalige Zeit geradezu erstaunliche Fülle von Angaben über die Lebensverhältnisse der Moose; auch hat ihr Verfasser schon frühzeitig die Bedeutung von DARWIN's Lehre erkannt. STAHL studierte zunächst bei dem Pilzforscher MILLARDET in Straßburg, dann in Halle bei A. DE BARY, dem er 1872 nach Straßburg folgte. Nach seiner Promotion aufgrund einer Arbeit über die Entwicklungsgeschichte der Lenticellen beschäftigte er sich mit der Fortpflanzung der Flechtenpilze und setzte die Flechte *Endocarpon pusillum* aus Spore und Hymenialalge zusammen, sie bis zur Apothecienbildung kultivierend, womit er einen erneuten Beweis für die Richtigkeit der SCHWENDENERschen Flechtentheorie lieferte. 1877 habilitierte er sich bei SACHS in Würzburg, wurde aber schon nach drei Jahren als Extraordinarius nach Straßburg und ein Jahr später als Nachfolger von EDUARD STRASBURGER nach Jena berufen. Die verhältnismäßig unberührte Vegetation des Saaletals bot ihm ein günstiges Arbeitsfeld für seine ökologischen Forschungen. Dieser Umstand sowie der anregende Kollegenkreis – damals wirkten ERNST HAECKEL, ERNST ABBE, OSCAR und RICHARD HERTWIG, JOHANNES WALTHER in Jena – veranlaßte ihn, Rufe an größere Universitäten (z.B. nach München) abzulehnen. Nach fast vierzigjähriger Lehrtätigkeit verstarb er im Jahre 1919.

Während die oben genannten entwicklungsgeschichtlichen Arbeiten (Lenticellen, Flechten) auf Veranlassung von DE BARY entstanden, empfing STAHL in seiner Würzburger Zeit von SACHS mannigfache Anregungen zu experimentalphysiologischen Untersuchungen, die zu bedeutsamen Ergebnissen führten. So erkannte er, daß bei der keimenden *Equisetum*-Spore die erste Zellwand senkrecht zum Lichteinfall eingezogen wird; die dem Licht zugewandte Zelle wächst zum Prothallium heran, die andere zum Rhizoid. An Myxomycetenplasmodien entdeckte er deren Hydrotaxis, die im Laufe der Entwicklung von positiver zu negativer umschlägt. An zahlreichen niederen (z.B. *Mougeotia*) und höheren Pflanzen untersuchte er die Stellungsänderungen der Chloroplasten in ihrer Abhängigkeit von Richtung und Intensität des Lichtes; dem STAHLschen Bild der verschiedenen Chloroplastenstellung bei *Lemna trisulca* begegnen wir heute noch in den meisten Botanik-Lehrbüchern. Ferner wies STAHL die Bedeutung der Stomata für Transpiration und Photosynthese nach und erfand die Kobaltpapiermethode zum Transpirationsnachweis.

Besonders die zuletzt erwähnten Arbeiten führten STAHL zu ökologischen Fragen hin, denen er sich nach seiner Übersiedlung nach Jena ausschließlich zuwandte. Während die vorhin genannten SCHWENDENER-Schüler von der Histologie zur Ökologie gelangten, kam STAHL von der Experimental-Physiologie her. Bedeutsame Anregungen empfing er von seinen großen Reisen ins Mittelmeergebiet, nach Java (z.T. mit A.F.W. SCHIMPER) und nach Mexiko (mit G. KARSTEN). Seine vorzügliche Beobachtungsgabe und sein feinsinniges Einfühlungsvermögen in die Lebensbedingungen und Lebensvorgänge ließen STAHL auch in der uns altgewohnten heimischen Flora immer wieder neue Probleme und Beziehungen finden.

Die ersten ökologischen Abhandlungen STAHL's befassen sich mit der Einwirkung des Lichts auf die Pflanze. An *Lactuca scariola* und *Silphium laciniatum* zeigt er, daß die – vielfach angezweifelte – Nordsüdstellung der Blätter nur bei starker Insolation stattfindet und auf einen transversalen Phototropismus der Blattspreiten zurückzuführen ist; die ökologische Bedeutung der Meridianstellung sieht er in einer Herabsetzung der Transpiration. Die zweite Publikation über Sonnen- und Schattenblätter – ein Thema, das man eher einem SCHWENDENER- als einem DE-BARY-Schüler zutrauen würde – geht zurück auf die Beobachtungen der Chloroplastenstellung in Abhängigkeit von der Lichtstärke; vermögen sich doch die Chloroplasten im Schwammparenchym sowohl in Flächen- wie in Profilstellung zu orientieren, in den schmalen Zellen des Palisadenparenchyms aber nur in Profilstellung. STAHL beschreibt alle Eigentümlichkeiten der beiden Bautypen und ihre Verbreitung sowie entsprechende Strukturen im Thallus von Marchantiaceen und Flechten, andererseits jedoch ihr Fehlen bei zahlreichen Monokotyledonen, die lediglich ihre Chloroplasten bei Lichtänderung verlagern.

Eine völlig neue Fragestellung warf STAHL in seiner Arbeit über «Pflanzen und Schnecken» auf. Aufgrund zahlreicher, mannigfach variierter Fütterungsversuche erweisen sich vielerlei Eigenschaften der Pflanzen (Borstenhaare, Zellwandverkallkung, Rhaphiden, Gerbstoffe, ätherische Öle, Bitterstoffe usw.) als wirksames Schutzmittel gegen Schneckenfraß, die sich übrigens bei einzelnen Arten gegenseitig vertreten (z.B. enthält *Sedum boloniense* adstringierende Gerbstoffe, *Sedum acre* dagegen ein brennend scharfes Alkaloid). Die Schutzmittel

Abb. 121. ERNST STAHL (1848–1919)

Abb. 122. ANTON KERNER VON MARILAUN (1831–1898)

wirken nur auf omnivore Tierarten, nicht aber auf «Spezialisten». Diese Abhandlung STAHL's ist vielfach heftig kritisiert worden, mitunter jedoch ohne genaues Studium derselben.[7] Das Problem der Schutzmittel gegen Tierfraß hat bis heute noch keine befriedigende Lösung gefunden. Die durch STAHL's Experimente bewiesene Wirksamkeit bestimmter Stoffe und Einrichtungen läßt sich nicht bestreiten. Es fragt sich aber, ob die Schutzmittel als solche entstanden sind oder ob nicht «Ausnützung» im Sinne GOEBEL's vorliegt. Vor allem an der Schnecken-Arbeit, aber auch an anderen, noch zu besprechenden Studien STAHLS hat man die «teleologische Einstellung» kritisiert. Ganz auf dem Boden von DARWINS Selektionstheorie stehend, war für ihn die Zweckfrage nur eine heuristische. Mit Recht sagt hierzu GOEBEL, der gerade hierin zu großer Skepsis neigte: «Nicht überall reichen die bisherigen Kenntnisse aus, um die STAHLschen Auffassungen als durchaus gesichert zu betrachten. Überall sind sie originell und anregend, selbst wenn sie zu Widerspruch auffordern. Mir scheint deshalb die Art, in der STAHL seine Anschauungen äußerte, fruchtbarer als eine hyperkritisch vorsichtige, alle Möglichkeiten abwägende, die oft lähmend wirkt.»

Reiche Anregungen zu ökologischen Beobachtungen und Versuchen empfing STAHL auf seinen beiden Reisen nach Java und nach Mexiko, z.B. über die in Regen- und Nebelwäldern weit verbreiteten Träufelspitzen und die ebenfalls dort anzutreffenden, in ihrer Bedeutung heute noch rätselhaften Rot- und Weißflekkungen von Blättern. Die Studien im mexikanischen Trockengebiet führten STAHL dazu, die sonderbaren Gestalten der Kakteen nicht nur, wie üblich, von der Wasserökonomie, sondern auch von der Gefahr übermäßiger Erwärmung her zu betrachten. Eine der bedeutendsten Veröffentlichungen STAHL's knüpft jedoch an die heimische Vegetation an. 1885 hatte BERNHARD FRANK erstmals die Mykorrhiza unserer Waldbäume beschrieben und die auch experimentell begründete Meinung geäußert, daß der Pilz die Wasser- und Nährstoffzufuhr für den Baum übernimmt; doch wurden auch mancherlei andere Auffassungen laut. STAHL stellte fest, daß die Mykorrhiza viel weiter verbreitet ist, als man bisher angenommen hatte. Dabei erkannte er, daß die Mykorrhiza-Pflanzen durchweg nährstoffarme, humose Böden bewohnen, ein relativ schwach entwickeltes Wurzelsystem besitzen, wenig transpirieren und in ihren Blättern vorwiegend Zucker als Assimilationsprodukt und wenig Aschenbestandteile führen. Die höheren Pflanzen befinden sich an den genannten Standorten in Konkurrenz mit den dort häufig vorkommenden Pilzen, woraus sich dann die Symbiose entwickelt hat. Die Pilze erhalten von den höheren Pflanzen Assimilate, die sie mit den aus dem Boden stammenden Nährsalzen zu Eiweißen verarbeiten, welches wiederum der höheren Pflanze zugute kommt.

In seiner letzten Veröffentlichung «Zur Physiologie und Biologie der Exkrete» legt STAHL dar, daß die Guttation nicht nur zu einer guten Nährsalzversorgung dient, sondern zugleich die Pflanze von schädlichen Stoffen befreit. Verhindert man im Experiment die Guttation, so wird die Pflanze geschädigt, mitunter bis zum Absterben. Auch werden, auf einem reichen Beobachtungsmaterial fußend, Zusammenhänge zwischen Guttation und verschiedenen anderen Lebensvorgängen aufgedeckt. – Schließlich beschäftigte sich STAHL mit der Anlockung der bestäubenden Insekten durch die verschiedenen Blütenfarben. «Ich bin unter die Blütenbiologen gegangen ... Das Studium der Bienen ist für mich sehr reizvoll geworden», schrieb er in seinem letzten Brief an GOEBEL. Ein Abschluß dieser Untersuchungen war ihm aber nicht vergönnt. Er hat kein größeres Werk geschrieben, sondern – von einigen Vortragsberichten abgesehen – nur 26 in Aufbau und Darstellung musterhafte Originalabhandlungen veröffentlicht. Aber selten ist von der Lebensleistung eines Forschers so viel in das «Lehrbuchwissen» eingegangen wie bei ERNST STAHL.

Somit war durch die Arbeiten mehrerer SCHWENDENER-Schüler einerseits, von STAHL andererseits in den achtziger Jahren des vorigen Jahrhunderts die Ökologie der Pflanzen (damals, wie schon erwähnt, «Biologie» genannt) als neues Teilgebiet der Botanik begründet worden. Eine erste Gesamtschau dieser Disziplin gab ANTON KERNER VON MARILAUN (Abb. 122) 1890 in seinem zweibändigen «Pflanzenleben»[8], das zugleich eine Fülle neuer Beobachtungen enthält, und zwar nicht nur über Vegetationsorgane, sondern auch über Blütenökologie sowie über Frucht- und Samenverbreitung, Gebiete, auf denen gerade KERNER maßgeblich als Forscher beteiligt war (über die Geschichte der Blütenökologie wurde bereits in Kap. 10 berichtet). KERNER's Werk wandte sich an einen weiteren Leserkreis. Dank der anschaulichen, stilistisch meisterhaften Darstellung und der vorzüglichen Bebilderung war dem «Pflanzenleben» ein ungewöhnlicher Erfolg beschieden, und zwar weit über das deutsche Sprachgebiet hinaus, da es in fünf weiteren europäischen Sprachen erschien. Es gab den Anstoß zu der Umgestaltung des vorher rein systematisch-beschreibenden botanischen Schulunterrichts in Deutschland durch FRIEDRICH JUNGE, BERNHARD LANDSBERG und OTTO SCHMEIL.[9] Man hat KERNER vielfach den Vorwurf gemacht, daß er einer übertriebenen teleologischen Auffassung huldige und mit Zweckmäßigkeitsdeutungen allzu rasch bei der Hand sei. Dieser Einwand entbehrt nicht einer gewissen Berechtigung. Doch muß hervorgehoben werden, daß sich KERNER stets um Untermauerung seiner Ansichten durch Beobachtung und Experiment bemühte. Dem etwa anderthalb Seiten umfassenden Abschnitt über

Abb. 123. Eugenius Warming (1841–1924)

Abb. 124. Andreas Franz Wilhelm Schimper (1856–1901)

endozoische Verbreitung der Früchte und Samen lagen 520 Einzelversuche zugrunde! – An den engeren Kreis der Fachbotaniker wandte sich Friedrich Ludwig[10], ein um die Blütenökologie und Variationsstatistik verdienter Botaniker, mit seinem 1895 erschienenen «Lehrbuch der Biologie der Pflanzen», einem mehr referierenden Werk, dem im Gegensatz zu Kerner's «Pflanzenleben» kein Einfluß auf die weitere Forschung beschieden war.

Einen starken Impuls bekam die Ökologie im letzten Jahrzehnt des vorigen Jahrhunderts von der Pflanzengeographie, und zwar durch E. Warming und A.F.W. Schimper, die von verschiedenen Seiten her zur ökologischen Pflanzengeographie gelangten und in hohem Maße die weitere Forschung anregten.

Eugenius WARMING[11] (Abb. 123), geboren 1841 auf Manö (Dänemark), führte 1863–66 eine Forschungsreise nach Brasilien durch, habilitierte sich in Kopenhagen, bekleidete einige Jahre eine Professur in Stockholm (von wo aus er eine Reise nach Grönland unternahm) und wurde schließlich (1886) Professor der Botanik in Kopenhagen, wo er 1924 starb. 1891–92 hatten ihn nochmals die Tropen der Neuen Welt (Westindien, Venezuela) gelockt. Auch das Mittelmeergebiet bereiste er zweimal. Anfangs arbeitete Warming auf morphologischem Gebiet. Die Brasilienreise führte ihn zur Systematik; er brachte rund 3000 Arten von Blütenpflanzen als Ausbeute nach Hause, beteiligte sich an Martius' «Flora Brasiliensis» und klärte in mustergültiger Weise die Morphologie der *Podostemonaceae*, einer höchst eigentümlichen, nur in tropischen Wasserfällen und Stromschnellen lebenden Familie. Geradezu richtungsweisend aber war sein 1895 erschienenes Buch «Plantesamfund», dessen deutsche Ausgabe «Lehrbuch der ökologischen Pflanzengeographie» (1896 mit drei weiteren Auflagen) noch stärker wirkte als das Originalwerk. Warming umreißt seine Aufgabe in folgender

Weise: «Die ökologische Pflanzengeographie belehrt uns darüber, wie die Pflanzen und die Pflanzenvereine ihre Gestalt und ihre Haltung nach den auf sie einwirkenden Faktoren, z.B. nach der ihnen zur Verfügung stehenden Menge von Wärme, Licht, Nahrung, Wasser u.a. einrichten. Ein flüchtiger Blick zeigt, daß die Arten keineswegs gleichmäßig verteilt sind, sondern sich in Gesellschaften mit sehr verschiedener Physiognomie gruppieren. Die erste und leichteste Aufgabe ist, zu ermitteln, welche Arten an den gleichartigen Standorten vereinigt sind. Dieses ist die einfache Feststellung oder Beschreibung von Tatsachen. Eine andere, auch nicht schwierige Aufgabe ist, die Physiognomie der Vegetation und der Landschaft zu schildern. Die nächste und sehr schwierige Aufgabe ist die Beantwortung der Fragen: Weshalb schließen sich die Arten zu bestimmten Gesellschaften zusammen, und weshalb haben sie diese Physiognomie, die sie besitzen? Dadurch kommen wir zu den Fragen nach der Haushaltung der Pflanzen, nach ihren Anforderungen an die Lebensbedingungen, zu den Fragen, wie sie die äußeren Bedingungen ausnutzen, und wie sie in ihrem äußeren und ihrem inneren Bau und ihrer Physiognomie an sie angepaßt sind.»

In seinem genannten Buch spricht WARMING zunächst über die ökologischen Faktoren und ihre Wirkungen auf die Pflanze und behandelt dann die verschiedenen Pflanzengesellschaften in vier Abschnitten: die Hydrophytenvereine, die Xerophytenvereine, die Halophytenvereine und die Mesophytenvereine. Zum Schluß lenkt er noch die Aufmerksamkeit auf den Kampf zwischen den Pflanzenvereinen und auf deren Sukzessionen. In seiner Darstellung verwertet WARMING auch die Ergebnisse der oben besprochenen histologisch-ökologischen Publikationen, jedoch unter dem Gesichtspunkt der Pflanzengeographie.

Wenden wir uns nun zu dem zweiten Begründer der ökologischen Pflanzengeographie, ANDREAS FRANZ SCHIMPER[12] (Abb. 124). Er wurde 1856 als Sohn des Bryologen und Paläobotanikers WILHELM PHILIPP SCHIMPER (s. Kap. 11, Anm. 15) in Straßburg geboren. Von seinem Vater wie von elsässischen Floristen erhielt er frühzeitig botanische Anregung; mit sieben Jahren legte er sein erstes Herbarium an. Nach seiner Promotion (aufgrund einer Arbeit über Proteinkristalle der Pflanzen) blieb er noch einige Jahre bei DE BARY im Straßburger Institut, in dem er mit seinen Untersuchungen über Chloroplasten und Stärkekörner begann (s. Kap. 13), ging 1880 als Fellow an die Johns Hopkins University nach Baltimore, reiste nach Florida, Westindien und Massachusetts. Nach seiner Rückkehr trat er in STRASBURGER's Institut in Bonn ein, wo er sich bald habilitierte und bis zu seinem Ruf nach Basel (1898) wirkte. 1882 reiste SCHIMPER nach Westindien und Venezuela, 1886 mit H. SCHENCK nach Brasilien. Beide Forscher arbeiteten längere Zeit in Blumenau zusammen mit FRITZ MÜLLER, dem Entdecker des «Biogenetischen Grundgesetzes» und hervorragenden Ökologen (s. Kap. 10, Anm. 13). 1889 trat SCHIMPER eine neue Tropenreise an, diesmal in die Paläotropis nach Ceylon und Java, wo er im Laboratorium des Botanischen Gartens zu Buitenzorg arbeitete. Schließlich beteiligte er sich 1898/99 an der Tiefsee-Expedition mit dem Dampfer «Valdivia», über deren Verlauf ihr Leiter, der Zoologe CARL CHUN, in dem prachtvoll illustrierten Werk «Aus den Tiefen des Weltmeeres» (1903) berichtet hat (s. Kap. 19). Auf dieser Fahrt zog sich SCHIMPER bei mehreren Landaufenthalten Infektionen zu, an deren Folgen er 1901 im Alter von 45 Jahren starb.

Kurz vor Antritt der Valdivia-Fahrt hat SCHIMPER sein Hauptwerk «Pflanzengeographie auf physiologischer Grundlage» beendet, das mindestens im gleichen

Abb. 125. Julius Wiesner (1838–1916)

Abb. 126. Hans Fitting (1877–1970)

Maße auf die pflanzengeographische und ökologische Forschung anregend wirkte wie Warming's «Lehrbuch der ökologischen Pflanzengeographie». Im ersten Teil seines Buches behandelt Schimper die Faktoren, im zweiten Teil kurz die Formationen und Genossenschaften (unter letzterem werden Lianen, Epiphyten, Saprophyten und Parasiten zusammengefaßt) und im dritten Teil eingehend die Zonen und Regionen (tropische, temperierte, arktische Zonen, Höhen und Gewässer). Der ganze Band ist mit zahlreichen Photos und Zeichnungen vorzüglich illustriert, während alle bisherigen pflanzengeographischen Werke von Schouw bis Warming unbebildert waren. Während sich Warming um eine Abgrenzung und Kennzeichnung der Pflanzenvereine bemüht, liegt bei Schimper das Schwergewicht auf der Darlegung und Diskussion der Lebensbedingungen und Anpassungen, der größeren Einheiten und deren regionalen Abwandlungen. Die einzelnen Klimate konnten jetzt dank längerer Beobachtungsreihen schärfer gefaßt werden als dies zu Grisebach's Zeit möglich war. Im Vorwort schreibt Schimper: «Nur wenn sie in engster Fühlung mit der experimentellen Physiologie verbleibt, wird die Ökologie der Pflanzungsgeographie neue Bahnen eröffnen können; denn sie setzt eine genaue Kenntnis der Lebensbedingungen der Pflanze voraus, welche nur das Experiment verschaffen kann.» Wir sollten noch ergänzen: der Lebensbedingungen und der Lebenserscheinungen. Die Pflanzenphysiologie hatte damals einen großen Aufschwung genommen, wie vor allem in Pfeffer's zweibändigem Handbuch (s. Kap. 17) zum Ausdruck kommt. Doch die Übertragung der Physiologie auf den natürlichen Standort war über Anfänge noch nicht hinausgekommen, so daß Schimper oftmals mit Hypothesen die Kenntnislücken überbrücken mußte, ein Umstand, der jedoch auf die weitere Forschung höchst anregend gewirkt hat.

Das zoologische Gegenstück zu Schimper's Werk bildet die «Tiergeographie auf ökologischer Grundlage» von Richard Hesse[13], dessen «Tierbau und Tierleben» eine wichtige Ergänzung bietet. Die hohe Wertschätzung von HESSE's Werk kommt darin zum Ausdruck, daß es fast drei Jahrzehnte nach seinem Erscheinen ins Englische übersetzt wurde.

Wenn SCHIMPER in seiner «Pflanzengeographie» die verschiedenen Klimate schildert und durch Tabellen des Jahresgangs der Temperatur und des Niederschlags zu belegen versucht, so stellen diese Zahlen doch nur die Durchschnittswerte des betreffenden Großklimas dar. Innerhalb eines jeden auch noch so einheitlich erscheinenden Klimabereiches lassen sich auf engen Raum oft sehr beträchtliche Unterschiede in bezug auf Temperatur, Luftbewegung und relative Feuchtigkeit feststellen, was einen ebenso raschen Wechsel der Vegetation zur Folge hat. Es ist das Verdienst von GREGOR KRAUS[14], diese Verhältnisse erstmals an einem Beispiel, nämlich des Muschelkalkgebiets des mittleren Maintals, exakt erfaßt zu haben. Sein Hauptwerk, das den Abschluß seiner vieljährigen Untersuchungen bildet, trägt den kennzeichnenden Titel: «Boden und Klima auf kleinstem Raum» (1911). KRAUS führte zahlreiche chemische Bodenanalysen aus, untersuchte das Bodenprofil und die Körnung (Anteil von Skelett und Feinerde), den Wassergehalt und die Temperatur des Bodens sowie Temperatur und Wind in verschiedener Höhe über dem Boden. Es zeigte sich, daß die Kalkflora» durchaus nicht auf einen bestimmten Karbonatgehalt des Bodens angewiesen ist, sondern daß ihr Gepräge in erster Linie von den physikalischen Bodenverhältnissen bestimmt wird. Ein Boden ist um so trockener und erwärmt sich um so schneller und höher, je größer sein Skelettgehalt ist. In den untersten Luftschichten unmittelbar über dem Boden liegt die Tagestemperatur oft mehr als 10° C höher als die üblicherweise in 2–3 m über dem Boden gemessene Lufttemperatur. Mit diesen Untersuchungen, von denen hier nur einige Hauptergebnisse erwähnt werden konnten, hat KRAUS ein Vorbild für eine sorgfältige Standortanalyse gegeben und damit einen neuen Schritt in der Entwicklung der Ökologie eingeleitet.

Einen weiteren bedeutsamen Standorts-Faktor, den KRAUS nicht berücksichtigt hat, auf dessen Bedeutung aber bereits SCHIMPER und vorher vor allem STAHL aufmerksam gemacht hatten, nämlich das Licht, hat erstmals JULIUS WIESNER[15] (Abb. 125) quantitativ zu erfassen versucht. Er vereinfachte das von BUNSEN und ROSCOE entwickelte Lichtmessungsverfahren, um es auch in der freien Natur anwenden zu können. In allen Zonen von Java bis Spitzbergen sowie in verschiedenen Gebieten Nordamerikas und an den unterschiedlichsten Standorten von der offenen Wüste bis zum tiefsten Urwaldschatten führte WIESNER zahllose Lichtmessungen durch. In dem Werk «Der Lichtgenuß der Pflanzen» hat er die Ergebnisse seiner in vielen Akademieberichten veröffentlichten Untersuchungen zusammengefaßt.

KRAUS und WIESNER haben den Weg aufgezeigt, wie man die Lebensbedingungen der Pflanzen am natürlichen Standort exakt zu erfassen mag. Nun lag es nahe, auch die Lebensleistungen der Pflanzen am Standort selbst mittels physiologischer Methoden aufzuklären. Dies geschah erstmals in vorbildlicher Weise durch HANS FITTING[16] (Abb. 126), und zwar an Wüstenpflanzen der algerischen Sahara. Da diese Gewächse ihren Wasserbedarf weder aus dem Tau (der nur in wassernahen Randgebieten der Wüste fällt) noch mit ihrem flachstreichenden Wurzelwerk aus tieferen Bodenschichten decken können, bleibt – so folgerte FITTING – nur die Möglichkeit, daß die Pflanze die spärliche Feuchtigkeit des Bodens mittels hoher osmotischer Saugkräfte gewinnt. Er bestimmte daher mit

Hilfe der Plasmolyse den osmotischen Druck in den Zellen von Pflanzen verschiedener Standorte und stellte Werte bis zu 100 Atmosphären fest. Die Ergebnisse FITTING's erregten damals berechtigtes Aufsehen und gaben zusammen mit den Untersuchungen von D.T. MACDOUGAL[17] in nordamerikanischen Trockengebieten[18] den Auftakt zur Erforschung der Lebenserscheinungen, insbesondere des Wasserhaushalts, am Standort mittels einfacher physiologischer Methoden. Nach dem Ersten Weltkrieg ging vor allem von den experimentell-ökologischen Untersuchungen von FITTING's Schüler C. MONTFORT[19] über die Wasserbilanz der Hochmoorpflanzen eine starke Anregung auf die Forschung und auf die Entwicklung neuer Feldmethoden aus.

Einen weiten Raum in der pflanzenökologischen Literatur nehmen die Beziehungen der Pflanzen untereinander ein, wie die Symbiosen, die Parasiten, die Epiphyten, die Lianen, sowie die Beziehungen zwischen Pflanzen und Tieren, z.B. die Ameisenpflanzen, die Insektivoren, die Pilze und Bakterien im Darmtrakt bestimmter Insektengruppen, die Gallen usw. Alle diese in unübersehbarer Mannigfaltigkeit ausgeprägten «sozialen Anpassungen» wurden vor allem in dem Halbjahrhundert zwischen 1880 und 1930 eifrig erforscht, aber es gibt fast keine neueren zusammenfassenden Darstellungen, obgleich Einzelfragen wieder recht aktuell geworden sind. Auch in den neueren Lehrbüchern der Pflanzenökologie werden diese Themen übergangen.[20]

Bereits in der Mitte des vorigen Jahrhunderts hat man erkannt, daß die Pflanzen in der freien Natur nicht in buntem Durcheinander wachsen, sondern zu charakteristischen «Pflanzengesellschaften» vereint sind (vgl. Kap. 9). Hierbei handelt es sich aber nicht nur um ein regelmäßiges «Miteinanderwachsen» bestimmter Arten, sondern auch um enge physiologische Beziehungen der Pflanzenarten zueinander sowie zu den kennzeichnenden Tierarten, die alle miteinander eine «Lebensgemeinschaft» oder «Biocönose»[21] bilden, welche in enger Wechselwirkung zur nichtlebenden Umgebung, dem Standort (Biotop), steht. Biocönose und Biotop, also die gesamte «Natur» eines mehr oder weniger in sich abgeschlossenen Raumes, faßt man als «Ökosystem»[22] zusammen. Süßwasserseen, Meere, Wälder bilden solche Ökosysteme, deren Stoffwechselkreisläufe man schon um die Jahrhundertwende zu ergründen begonnen hat[23] und die gegenwärtig im Brennpunkt ökologischer Forschung stehen.

Im Vorstehenden war ausschließlich von der Ökologie der Vegetationsorgane die Rede. Das umfangreiche Sondergebiet der Blütenökologie wurde in seiner Entwicklung bereits in anderem Zusammenhang besprochen (Kap. 10). Die Ökologie der Frucht- und Samenverbreitung wurde erstmals von F. HILDEBRAND[24] zusammenfassend behandelt und durch ANTON KERNER[8] entscheidend gefördert. Die durch eine erstaunliche Mannigfaltigkeit auffallenden Flugfrüchte und -samen hat DINGLER[25] physikalisch so eingehend untersucht, daß sein diesbezügliches Werk noch gegenwärtig für die Flugtechnik Bedeutung besitzt. Der vielseitige schwedische Botaniker RUTGER SERNANDER[26] hat die vorher fast unbeachtete Verbreitung der Früchte und Samen durch Ameisen in einer umfangreichen Abhandlung dargelegt, die in ihrer kritischen Sorgfalt als Muster einer verbreitungsökologischen Arbeit hervorgehoben zu werden verdient.

In den Botanischen Gärten, die früher fast ausschließlich nach dem LINNÉschen und später nach dem Natürlichen System angelegt waren (s. Kap. 6), wurden in neuerer Zeit auch besondere «Ökologische («biologische») Abteilungen» geschaffen. Erstmals geschah dies 1890 durch E. HEINRICHER im Botanischen Garten zu Innsbruck[27], wo einst ANTON KERNER 1869 die erste Alpenpflanzen-Anlage eingerichtet hatte. Später folgten mit Ökologischen Abteilungen die Botanischen Gärten in München (K. GOEBEL 1913) und Jena (O. RENNER 1927). Beim Aufbau neuer Botanischer Gärten (z.B. Würzburg, Tübingen) wurden ökologische Leitlinien in den Vordergrund gestellt.

Anmerkungen

1 ERNST HAECKEL (Generelle Morphologie der Organismen **2**, 1866, p. 286) definiert Ökologie als «die gesamte Wissenschaft von den Beziehungen des Organismus zur umgebenden Außenwelt, wohin wir im weiteren Sinne alle Existenz-Bedingungen rechnen können» (abgeleitet von *οἶκος* = Haus, Wohnung, Haushalt). Vgl. ferner KLAAUW, C.H. VAN DER, Zur Geschichte der Definition der Ökologie (Sudhoffs Arch. f. Gesch. d. Med. u. Naturw. **29**, 136–177, 1937.
Zusammenfassende Darstellung der Ökologie: NEGER, F.W., Biologie der Pflanzen auf experimenteller Grundlage. Stuttgart 1913. (Seit NEGER ist kein Lehrbuch erschienen, welches das Gesamtgebiet der Ökologie der Pflanzen umfaßt). Das Wort «Ökologie» führte drei Jahrzehnte ein Schlummerdasein und wurde nur im Sinne von HUMBOLDTS «Lebensformen» gebraucht (H. REITER 1885, auch O. DRUDE 1913). Erst durch das «Lehrbuch der ökologischen Pflnazengeographie» von E. WARMING (1895) kam es in Gebrauch, aber nur für den ökologischen Aspekt dieses Faches. Lange Zeit verwendete man anstelle des HAECKELschen Terminus den Ausdruck «Biologie» (STAHL 1887ff.; WIESNER 1889; F. LUDWIG 1895; M. NUSSBAUM, G. KARSTEN & M. WEBER 1911; O. MAAS & O. RENNER 1912; F.W. NEGER 1913). O. RENNER war einer der ersten, der das HAECKELsche Wort benutzte (Flora **99**, 1909, S. 127). Über die Entwicklung zum politischen Schlagwort siehe L. TREPL, Geschichte der Ökologie, Frankfurt/Main 1987.
Über Teilgebiete der Ökologie in ihrer neueren Entwicklung unterrichten: LUNDEGARDH, H., Klima und Boden in ihrer Wirkung auf das Pflanzenleben. 5. Aufl. Jena 1957. WALTER, H., Grundlagen der Pflanzenverbreitung I: Standortslehre. 2. Aufl. Stuttgart 1960. –, Die Vegetation der Erde in öko-physiologischer Betrachtung. 2 Bde. Jena 1964–68. WINKLER, S.., Ökologie der Pflanzen. 2. Aufl. Stuttgart 1980. LARCHER, W., Ökologie der Pflanzen. 4. Aufl. Stuttgart 1984. KUGLER, H., Blütenökologie. 2. Aufl. Stuttgart 1970. Geschichte der Pflanzenökologie: CITTADINO, E., Nature as the Laboratory. Cambridge 1990.
Bezüglich des vielschichtigen, mit der Ökologie aufs engste verbundenen Problems der Finalität (Teleologie) sei auf folgende Veröffentlichungen verwiesen: BÜNNING, E., Mechanismus, Vitalismus, Teleologie. Abh. d. Friesschen Schule, Heft 3. Göttingen 1932. –, Theoretische Grundfragen der Physiologie. 2. Aufl. Jena 1948. STOCKER, O., Grundlagen, Methoden und Probleme der Ökologie. Ber. d. dtsch. bot. Ges. **70**, 411–423, 1957 (ferner in: Studium generale **3**, 61–70, 1950, und Philosophia naturalis **5**, 96–112, 1958).

2 TSCHIRCH, A., Über einige Beziehungen des anatomischen Baues der Assimilationsorgane zu Klima und Standort mit spezieller Berücksichtigung des Spaltöffnungsapparates. Linnaea, N.F., **9**, 139–252, 1881.
ALEXANDER TSCHIRCH wurde 1856 in Guben (Niederlausitz) geboren und starb 1939 als Professor der Pharmakognosie in Bern.
Biogr.: TSCHIRCH, A., Erlebtes und Erstrebtes. Bonn 1921. (Enthält Schilderung seiner Doktorandenzeit bei SCHWENDERER.) Ber. d. dtsch. bot. Ges. **59**, (67)–(108), 1942 (TH. SABALITSCHKA).

3 HEINRICHER, E., Über den isolateralen Blattbau. Jahrb. f. wiss. Bot. **15**, 502–567, 1884.
EMIL HEINRICHER wurde 1856 in Laibach geboren, war Schüler von H. LEITGEB in Graz, arbeitete nach seiner Promotion bei SCHWENDERER in Berlin und bei SACHS in Würzburg. Starb 1934 als Professor der Botanik in Innsbruck.
Biogr.: Ber. d. dtsch. bot. Ges. **52**, (188)–(205), 1935 (A. SPERLICH).

4 VOLKENS, G., Die Flora der ägyptisch-arabischen Wüste aufgrund anatomisch-physiologischer Forschungen dargestellt. Berlin 1887.
GEORG VOLKENS (1855–1917) war Kustos am Botanischen Museum in Berlin-Dahlem.
Biogr.: Ber. d. dtsch. bot. Ges. **35**, (65)–(82), 1917 (O. REINHARDT); Verh. d. bot. Ver. Brandenburg **59**, 1–23, 1918 (Autobiogr.).

5 SCHENCK, H., Biologie der Wassergewächse. Bonn 1886.
–, Vergleichende Anatomie der submersen Gewächse. Bibl. botan. Heft 1. Cassel 1886.
–, Beiträge zur Biologie und Anatomie der Lianen. Botan. Mitt. a.d. Tropen, herausgeg. von A.F.W. SCHIMPER, Heft 4 und 5. Jena 1892–93.
HEINRICH SCHENCK geboren 1860 in Siegen, gestorben 1927 als Professor der Botanik in Darmstadt. Er war Mitbegründer von STRASBURGER's «Lehrbuch der Botanik für Hochschulen».
Biogr.: Ber. d. dtsch. bot. Ges. **45**, (89)–(101), 1927 (M. MÖBIUS).

6 Von den ökologischen Arbeiten ERNST STAHL's seien folgende hervorgehoben: Über die sogenannten Kompaßpflanzen. Jenaische Zschr. f. Naturw. **15**, 381–389, 1881. Über den Einfluß des sonnigen und schattigen Standortes auf die Ausbildung der Laubblätter. Ebenda **16**, 162–200, 1882. Pflanzen und Schnecken. Ebenda **22**, 557–684, 1888. Regenfall und Blattgestalt. Ann. du Jardin botan. de Buitenzorg **11**, 98–182, 1893. Über bunte Laubblätter. Ebenda **13**, 137–216, 1896. Der Sinn der Mykorhizenbildung. Jahrb. f. wiss. Bot. **34**, 539–668, 1900. Die Schutzmittel der Flechten gegen Tierfraß. Festschr. zum 70. Geburtstage von Ernst Haeckel, S. 355–376. Jena 1904. Zur Physiologie und Biologie der Exkrete. Flora **113**, 1–192, 1919.
Biogr.: Ber. d. dtsch. bot. Ges. **37**, (85)–(104), 1919 (H. KNIEP); Naturwissenschaften **8**, 141–146, 1920 (K. GOEBEL); Flora **111/112**, 1–47, 1918 (W. DETMER); Jenaische Ztschr. f. Med. u. Naturw. **78**, 153–156, 1947 (O. RENNER); ANHEISSER, R., Natur und Kunst (Leipzig 1937), S. 63–73.

7 Neuerdings führt man den großen phylogenetischen Erfolg der Angiospermen am Ende des Mesozoikums auf deren chemische Abwehrmittel zurück. Der Biochemiker M. ZENK bestätigt 1983 den Satz, den STAHL am Schluß seiner Abhandlung «Pflanzen und Schnecken» 1888 schrieb: «So werden auch die großen Verschiedenheiten in der Beschaffenheit der Exkrete unserm Verständnis näher gerückt sein, wenn wir die Exkrete als Schutzmittel betrachten, welche im Kampf mit der Tierwelt erworben worden sind.» (Verhandl. d. Ges. dtsch. Naturforscher u. Ärzte, 112. Versamml. Mannheim 1982, Stuttgart 1983, S. 145–162).

8 ANTON KERNER (1877 geadelt als Ritter VON MARILAUN) wurde 1831 in Mautern (Niederösterreich) geboren, war 1855–60 Lehrer der Naturgeschichte an der Oberschule und später Professor am Polytechnikum in Ofen, 1860–78 Professor der Botanik in Innsbruck und seit 1878 in Wien, wo er 1898 starb. «Es wird wenige Botaniker geben, bei denen die gesamte Entwicklung der Anschauungen und Ideen in so klarem Zusammenhang steht mit der äußerlichen Gestaltung des Lebens wie bei KERNER» (WETTSTEIN).
Wichtigste Werke: Das Pflanzenleben der Donauländer. Innsbruck 1863 (Neudruck Innsbruck 1929, engl. Übersetzung von H.S. CONARD Ames 1951). Pflanzenleben. 2 Bände. Leipzig und Wien 1890–91. 2. Aufl. 1896–98. Beide waren in 18000 Exemplaren verbreitet. Engl. Übersetzung von F.W. OLIVER u.d.T. «The natural history of plants, London 1894.

Biogr.: Ber. d. dtsch. bot. Ges. **16**, (43)–(58), 1898 (R. WETTSTEIN); Verh. d. zool.-bot. Ges. Wien **48**, 694–700, 1898 (C. FRITSCH); KRONFELD, E. M., Kerner von Marilaun. Leipzig 1908.

9 JUNGE, F., Der Dorfteich als Lebensgemeinschaft. Kiel u. Leipzig 1885, 3. Aufl. 1907 (Reprint 1985). LANDSBERG, B., Hilfsbuch f. d. botan. u. zool. Unterricht. I. Botanik. Leipzig 1896 (das Buch ist KERNER VON MARILAUN gewidmet), SCHMEIL, O., Lehrbuch der Botanik. Leipzig 1903.

10 FRIEDRICH LUDWIG wurde 1851 in Schleusingen geboren und starb 1918 als Gymnasiallehrer in Greiz. Er veröffentlichte etwa 50 Arbeiten zur Blütenbiologie sowie mehrere über Variationsstatistik. Hauptwerk: Lehrbuch der Biologie der Pflanzen, Stuttgart 1895.
Biogr.: Abh. d. Ver. d. Naturfr. zu Greiz **7**, VIII–XIII, 1926 (E. HAMANN); Forschungen u. Fortschritte **40**, 358–361, 1966 (F. WEILING).

11 WARMING, E., Plantesamfund. Grundtraek af den Ökologiske Plantegeografi, Kjöbenhavn 1895. Deutsch: Lehrbuch der ökologischen Pflanzengeographie, Berlin 1896 (2. Aufl. mit P. GRAEBNER 1902, 3. Aufl. 1917, 4. Aufl. 1933). Englisch: Oecology of plants (mit M. VAHL), Oxford 1909. Auch ins Russische und Polnische übersetzt.
Biogr.: Botanisk Tidskrift **39**, 1–56, 1927 (K. ROSENVINGE, C. CHRISTENSEN, C.H. OSTENFELD, A. MENTZ, C. SCHROETER u.a.). CHRISTENSEN, C.F.A., Den Danske botanisk historie **3**, Pt. 1 (2), 617–665, 776–806, 1924; pt. 2, 367–399, 1926.

12 SCHIMPER, A.F.W., Botanische Mitteilungen aus den Tropen (1. Wechselbeziehungen zwischen Pflanzen und Ameisen. 2. Die epiphytische Vegetation Amerikas. 3. Die indomalayische Strandflora). Jena 1888–91.
–, Pflanzengeographie auf physiologischer Grundlage. Jena 1898 (neu bearbeitet von C. VON FABER, Jena 1935). Engl. Übersetzung 1903 (Reprint New York 1960).
Biogr.: Ber. d. dtsch. bot. Ges. **19**, (54)–(70), 1901 (H. SCHENCK); ANHEISSER, R., Natur und Kunst. Erinnerungen eines deutschen Malers. Leipzig 1937; CHUN, C., Aus den Tiefen des Weltmeeres, 2. Aufl., Jena 1903, S. 504–507.

13 HESSE, R., Tiergeographie auf ökologischer Grundlage. Jena 1924. Englische Übersetzung: Ecological animal Geography, New York 1951. HESSE, R., & DOFLEIN, F., Tierbau und Tierleben. 2. Aufl. von R. HESSE, Jena 1935, 1943.
Biogr.: Jahrb. d. dtsch. Akad. d. Wiss. Berlin 1946/49, 160–170 (M. HARTMANN).

14 GREGOR KRAUS, geboren 1841 in Bad Orb am Spessart, studierte in Würzburg, arbeitete nach seiner Promotion (bei A. SCHENK) einige Zeit bei SACHS in Bonn, habilitierte sich in Würzburg, wohin er nach längerer Wirksamkeit in Erlangen und Halle im Jahre 1898 als Nachfolger von SACHS zurückkehrte; hier starb er im Jahre 1915. Er arbeitete auf verschiedenen Gebieten der Pflanzenphysiologie sowie über verkieselte Hölzer. Historisch bedeutsam sind seine sorgfältigen Studien über die Geschichte der Pflanzeneinführungen in Europa (Der Botanische Garten der Universität Halle, Heft 2, Leipzig 1894).
Ökologisches Hauptwerk: Boden und Klima auf kleinstem Raum. Versuch einer exakten Behandlung des Standorts auf dem Wellenkalk. Jena 1911.
Biogr.: Ber. d. dtsch. bot. Ges. **33**, (69)–(95), 1916 (H. KNIEP).

15 JULIUS WIESNER, geboren 1838 in Teschen (Mähren), war Schüler von FRANZ UNGER. Er hatte 1873–1909 den Lehrstuhl für Pflanzenphysiologie an der Universität Wien inne; er starb in Wien im Jahre 1916. Er war ein vielseitiger Forscher und hervorragender Lehrer. Seine Hauptarbeitsgebiete waren Mikroskopie der Rohstoffe sowie Wachstums- und Reizphysiologie; auch beschäftigte er sich vielfach mit naturphilosophischen Fragen. Seine sachlich geführten Polemiken gegen DARWIN's Buch über «das Bewegungsvermögen der Pflanzen» und gegen NÄGELI's Micellartheorie wurden zwar von der späteren Forschung zurückgewiesen, haben aber anregend gewirkt. Seine 1893 begonnenen Lichtmessungen faßte er zusammen in dem Buch: Der Lichtgenuß der Pflanzen, Leipzig 1907.

Biogr.: Ber. d. dtsch. bot. Ges. **34**, (71)-(99), 1916 (H. Molisch); Österreichische Naturforscher und Techniker, S. 105–107 (F. Knoll), Wien 1950.

16 Hans Fitting (geb. 1877 in Halle, gest. 1970 in Bonn) habilitierte sich 1903 in Tübingen, war Professor in Straßburg, Halle, Hamburg und seit 1912 als Nachfolger von E. Strasburger in Bonn bis zu seiner Emeritierung im Jahre 1946. Seine Forschungen galten vor allem dem Haptotropismus der Ranken, dem Geo- und Phototropismus sowie der Entwicklungsphysiologie der Orchideenblüte und der Moose. Sein bedeutendster Beitrag zur Ökologie ist die Abhandlung: Die Wasserversorgung und die osmotischen Druckverhältnisse der Wüstenpflanzen (Zeitschr. f. Bot. **3**, 209–275, 1911).
Die Entwicklung der Ökologie in den ersten Jahrzehnten unseres Jahrhunderts hat Fitting skizziert in zwei Vorträgen: Aufgaben und Ziele einer vergleichenden Physiologie auf geographischer Grundlage, Jena 1922. Die ökologische Morphologie der Pflanzen im Lichte neuerer physiologischer und pflanzengeographischer Forschungen, Jena 1926.
Biogr.: Forsch. u. Fortschr. **36**, 122–124, 1962 (W. Halbsguth); Ber. d. dtsch. bot. Ges. **86**, 577–586, 1974 (W. Halbsguth).

17 Daniel Trembly Macdougal (1865–1958) war 1905–33 Leiter des Pflanzenphysiologischen Laboratoriums der Carnegie Institution in Washington. Seine Forschungen betrafen vor allem den Wasserhaushalt der Xerophyten (besonders der Sukkulenten) und die Physiologie des Wachstums. Außerdem ist er der Begründer der Dendrochronologie (1935). Biographische Angaben in: World Who's Who in Science, 1968, S. 1087.

18 Das 1903 begründete «Desert Laboratory» in Tucson (Arizona) bildete jahrzehntelang eine der bedeutendsten ökologischen Forschungsstationen.

19 Camill Montfort, geb. 1890, Professor in Halle und Frankfurt (Main), gest. 1956. Beschäftigte sich später vor allem mit der Ökologie der Meeresalgen, besonders mit deren Photosynthese. Von seinen Veröffentlichungen seien genannt: Die Xeromorphie der Hochmoorpflanzen als Voraussetzung der «physiologischen Trockenheit» der Hochmoore. Zeitschr. f. Bot. **10**, 257–352, 1918 (vgl. auch ebenda **14**, 97–172, 1922). Methodologie kausaler Fragestellungen und des physiologischen Experimentes in der vergleichenden Ökologie und experimentellen Pflanzengeographie. Abderhalden's Handb. d. biol. Arbeitsmethoden XI, **6**, 267–334, 1932.

20 Letzte zusammenfassende Darstellung dieses Teils der Pflanzenökologie bei Neger (zit. Anm. 1); Einzelkapitel im «Handwörterbuch der Naturwissenschaften», 2. Aufl., Jena 1931–35.

21 Der Begriff «Biocönose» wurde von dem Zoologen K. Möbius 1877 in einer Abhandlung über die Austernbänke (Ostwalds Klassiker d. exakt. Wiss. Bd. 268, 1986), der Ausdruck «Biotop» von dem Zoologen F. Dahl 1908 in einer Publikation über Lycosiden (Wolfspinnen) eingeführt. Vgl. hierzu Thienemann, A., Lebensgemeinschaft und Lebensraum. Naturwiss. Wochenschr. **33**, 281–290, 297–303, 1918.
Der Terminus «ökologische Nische» (Grinnell 1917), der in der zoologischen Literatur teils in räumlichem, teils in funktionellem Sinn benutzt wird (s. F. Schwerdtfeger, Ökologie der Tiere, Bd. 3, 1975, S. 212–214), hat in die Pflanzenökologie kaum Eingang gefunden.

22 R. Woltereck benutzte 1928 (Biolog. Zentralbl. **48**, 521–551) den Ausdruck «Ökologisches System», der 1935 von A.G. Tansley (Ecology **16**, 284–307) zu «Ökosystem» verkürzt wurde.

23 Es sei hier nur erwähnt, daß der Physiologe V. Hensen 1882 die Stoffwechselvorgänge im Meer zu erforschen begann, daß der Genfer F.A. Forel die erste umfassende Monographie eines Sees («Le Leman» 1892–1904) schrieb und daß der Russe G.F. Morosow (1902) den Wald als biologische Gesamtheit zu erfassen lehrte. Näheres über Hensen und Forel s. Kap. 19, über Morosow in dessen Buch «Die Lehre vom Walde» Neudamm 1928 (mit Biographie) und in DSB **9**, 534–536, 1974.

24 Hildebrand, F., Die Verbreitungsmittel der Pflanzen. Leipzig 1873.
Friedrich Hildebrand (1835–1915) war Professor der Botanik in Freiburg.
Biogr.: Ber. d. dtsch. bot. Ges. **34**, (28)–(49), 1917 (C. Correns). – Vgl. auch Abschnitt III in Ludwig 1895 (s. o. Anm. 10). Letzte Zusammenfassungen der Verbreitungsökologie: Ulbricht, E., Biologie der Früchte und Samen, Berlin 1928; Van der Pijl, L., Principles of Dispersal of Plants, 3. Ed., Heidelberg 1982.

25 Dingler, H., Die Bewegung der pflanzlichen Flugorgane. München 1889.
Hermann Dingler (1846–1935), ursprünglich Arzt, war Schüler von Nägeli, wurde Kustos am Staatsherbarium in München, dann Professor an der Forsthochschule Aschaffenburg.
Biogr.: Ber. d. dtsch. bot. Ges. **54**, (122)–(139), 1937 (M. Möbius).

26 Sernander, R., Den skandinaviska vegetationens Spridningsbiologie. Berlin u. Uppsala 1901.
–, Monographie der europäischen Myrmekochoren. Uppsala 1906. (Zur Ergänzung vgl. Bresinsky, A., in: Bibl. bot., Heft 126, 1963.)
Rutger Sernander (1866–1944) war Professor der Botanik in Uppsala.
Biogr.: Ber. d. dtsch. bot. Ges. **72**, (33)–(42), 1960 (H. Osvald).

27 Heinricher, E., Über pflanzenbiologische Gruppen. Botan. Centralbl. **66**, 273–284, 1896. Heinricher, E., Geschichte des Botan. Gartens Innsbruck. Jena 1934.

19. Benthos und Plankton

Erdumfassende Größe erlangt das Leben im Meer.

Ernst Hentschel

Vom klassischen Altertum bis zum Anfang des vorigen Jahrhunderts beschäftigte sich die Botanik fast ausschließlich mit Landpflanzen. Zwar erwähnt schon Theophrastos mehrere Arten von Meeresalgen (Tangen) unter dem Namen *φῦκος*(phȳkos), aber in den «Kräuterbüchern» suchen wir vergeblich danach. Erst in Morison's «Historia plantarum universalis» (1680) finden wir die ersten Abbildungen von Tangen, und Linné führt in seinen «Species plantarum» (1756) 27 Arten auf, die er zu der Gattung Fucus vereinigt. Einen ungeahnten Aufschwung nahm die Kenntnis der Meeresvegetation durch zahlreiche Forschungsreisen zur See im Laufe des 19. Jahrhunderts. Hieraus ergibt sich ein

Abb. 127. Erstes Bild der marinen Benthos-Vegetation (Golf von Alaska). Aus Postels & Ruprecht 1840.

wichtiger Unterschied gegenüber der Erforschung der Landpflanzen: Der «Landbotaniker» kann seine Untersuchungen allein und ohne fremde Hilfe durchführen, während der «Meeresbotaniker» auf die Besatzung eines Schiffes angewiesen ist. Expeditionsleiter, Kapitän, Mannschaft und Naturforscher bilden eine Gemeinschaft. Nach der Heimkehr des Schiffes kommen noch zahlreiche biologische «Spezialisten» hinzu, denen die morphologische und taxonomische Bearbeitung des auf der Reise gesammelten Materials obliegt. Die Ergebnisse der Reisen werden dann in vielbändigen Veröffentlichungen niedergelegt.

Die oben erwähnten großen Meeresalgen oder Tange gehören zur Lebensgemeinschaft des Benthos (*βένος*, bénthos = Tiefe), wozu man mit HAECKEL (1890) alle am Meeresboden lebenden (festsitzenden oder beweglichen) Organismen zusammenfaßt.[1] Im Küstenbereich lebende Benthospflanzen und -tiere fallen bei Niedrigwasser vielfach frei oder sind doch ohne größere Mühe erreichbar und daher schon frühzeitig Gegenstand der Forschung geworden. Die Kenntnis der marinen Algen wurde in der ersten Hälfte des 19. Jahrhunderts beträchtlich erweitert durch mehrere Unternehmungen, die in erster Linie geographische Ziele hatten, insbesondere die Erkundung und Kartierung der Küsten. Auf der Fahrt des russischen Segelschiffs Rurik, das unter Otto von Kotzebue (Sohn des Schriftstellers August von Kotzebue) vor allem den nördlichen Pazifik und die Möglichkeit einer nordwestlichen Durchfahrt der Behringstraße erkunden sollte (1815–18), nahm der Botaniker und Dichter ADELBERT VON CHAMISSO[2] teil und fand am Kap Hoorn die zu den Laminariales gehörige Braunalge *Durvillaea antarctica*[3], deren in zahlreiche Segmente geteilter, bis 10 m langer Thallus mit einer Haftscheibe von einem halben Meter Durchmesser den Felsen aufsitzt. Daß CHAMISSO auf dieser Reise den Generationswechsel entdeckte, wurde bereits erwähnt (Kap. 14, Anm. 16). An der vierten russischen Weltumsegelung (1826–29) mit der Korvette Senjawin unter Leitung von F. P. Lütke nahm ALEXANDER PHILIPP POSTELS (1801–71) als Maler teil. Er zeichnete viele Algen nach

Abb. 128. Antarktische Riesenalgen (*Lessonia ovata, L. fuscescens, Macrocystis pyrifera.* Aus HOOKER 1847.

Abb. 129. William Henry Harvey (1811–1866)

Abb. 130. Frans Reinhold Kjellman (1846–1907)

lebenden Exemplaren, entwarf das erste Vegetationsbild der üppigen «Tangwälder» des nördlichen Pazifik (Abb. 127) und veröffentlichte diese Bilder zusammen mit dem österreichischen Botaniker F. R. Ruprecht.[4]

Der englische Botaniker Joseph Dalton Hooker (Abb. 106) nahm 1839–43 an der Reise durch das Südpolarmeer mit dem Schiff Erebus unter der Leitung von James Clarke Ross teil[5] und beschäftigte sich dabei auch eingehend mit der Algenvegetation der Küsten dieses Gebietes: «Nirgends sahen wir solche ungeheure Massen submariner Vegetation, wie an der Ostküste der Falklandinseln. Sie bestehen hauptsächlich aus *Macrocystis pyrifera, Lessoniae* und *Durvillaea*» (Abb. 128). Den von Chamisso, Postels und Hooker gezeichneten Abbildungen von marinen Benthos-Algen begegnen wir noch heute, nach anderthalb Jahrhunderten, in den Lehrbüchern der Botanik.

Durch diese Seereisen sowie durch weitere Unternehmungen, vor allem durch die Sammeltätigkeit an Meeresküsten, war ein umfangreiches Material zusammengekommen, das in der Mitte des 19. Jahrhunderts Anlaß zu umfassenden, vielfach auch reich illustrierten Werken über die Algen insgesamt oder über die Meeresalgen gab, z. B. von W. Harvey, J. G. Agardh und F. T. Kützing.[6] Vor allem William Harvey (Abb. 129)hatte selbst ausgedehnte Sammelreisen an die Küsten von Nordamerika, Südafrika, Australien und Neuseeland durchgeführt. Diese Werke schufen eine solide Grundlage für die Taxonomie der Meeresalgen, aber wir erfahren aus ihnen kaum etwas über Standort, Lebensbedingungen und Entwicklung der Arten. Hier setzte die Lebensarbeit des schwedischen Botanikers Frans Reinhard Kjellman[7] (Abb. 130) ein. Er wurde durch J. E. Areschoug, der ein Buch über die Meeresalgen Skandinaviens verfaßt hatte, in die Algenkunde eingeführt. Nach Beendigung des Studiums forderte ihn der Polarforscher Adolf Erik Nordenskiöld (1832–1901) auf, an seiner Spitzbergen-Expedition (1872–73) teilzunehmen. Sturm und Eis verhinderten im Herbst die Rückkehr und zwangen zur Überwinterung in der Mosselbay an der NW-Küste. So konnte KJELLMAN die Algenvegetation während der langen Polarnacht untersuchen. Es zeigte sich, daß die Algen in dieser Zeit nicht absterben, wie man bisher vermutet hatte, sondern auch unter der Eisdecke bei − 1° bis − 2° bei äußerst geringer Lichtmenge ungehindert leben und wachsen. 1874 setzte KJELLMAN seine Algenstudien an der schwedischen Westküste fort, auch im Winter, und schloß sich 1875 wiederum NORDENSKIÖLD an zu einer Fahrt durch das Eismeer, um die noch wenig bekannte Algenvegetation im Karischen Meer und an beiden Küsten von Nowaja Semlja zu untersuchen. Hier beschäftigte er sich vor allem mit der vertikalen Zonierung der Algenvegetation und unterschied eine litorale (Gezeitenbereich), sublitorale (unter der Niedrigwasserlinie bis 20–30 m Tiefe) und elitorale Zone bis 100–150 m Tiefe, wo die Algenvegetation ihr Ende erreicht. Diese Terminologie wird noch heute benutzt; man fügt aber nach oben noch die supralitorale Zone (oberhalb der Hochwasserlinie) hinzu. Studien im östlichen Skagerak (1876–77) galten der vertikalen Zonierung und den Algengemeinschaften. 1878 trat KJELLMAN seine letzte Polarfahrt an als Teilnehmer an NORDENSKIÖLDS Expedition auf dem Dampfer Vega. Diese von Tromsö ausgehende Fahrt führte an der gesamten Nordküste des eurasiatischen Kontinents entlang, erzwang mit Überwinterung am Beginn der Beringstraße erstmals die oft versuchte «nordöstliche Durchfahrt», und weiter durch das Japanische Meer über Borneo, Ceylon, Neapel zurück nach Stockholm. Damit war erstmals in der Geschichte der Seefahrt der gesamte eurasiatische Kontinent umfahren worden. Überall, vor allem im Arktischen Meer, Beringmeer, Japanischen Meer, bei Borneo und Ceylon ergab sich für KJELLMAN Gelegenheit zum Studium und zum Sammeln von Algen von der Arktis bis in die Tropen. Von zahlreichen kleineren Veröffentlichungen abgesehen führte die Vega-Reise zum Abschluß einer umfassenden Abhandlung KJELLMAN's über «The Algae of the Arctic Sea» (1883), die neben den Beschreibungen von 250 Arten eine Fülle von ökologischen und pflanzengeographischen Angaben enthält.

Daß in vertikaler Folge (von oben nach unten) im allgemeinen Chlorophyceen, Phaeophyceen und Rhodophyceen vorherrschen, hatte erstmals der dänische Botaniker A. S. OERSTED in seiner Abhandlung «De regionibus marinis» (1844) beschrieben. Der Physiologe TH. W. ENGELMANN[8] versuchte 1883 eine kausale Erklärung hierfür zu geben, und zwar durch Versuche, in denen er die betr. Algen mit einem Lichtspektrum bestrahlte und durch Ansammlung aerobischer Bakterien die Intensität der Photosynthese feststellte. Danach verwenden die Grünalgen die roten und die Rotalgen die grünen, tiefer in das Wasser eindringenden Strahlen. Schon KJELLMAN hatte festgestellt, daß von der Tiefenfolge Grün-, Braun-, Rotalgen auffällige Ausnahmen vorkommen. Andere Autoren wiesen darauf hin, daß nicht (oder nicht nur) die Lichtqualität, sondern auch die Lichtquantität ausschlaggebend sein kann. Heute, nach hundert Jahren, ist die Diskussion über die ENGELMANNsche Hypothese noch nicht beendet.

Im letzten Drittel des vorigen Jahrhunderts war die Erforschung der Benthosalgen in taxonomischer und morphologischer Hinsicht zwar nicht beendet, aber doch zu einem gewissen Abschluß gekommen. Die Untersuchung des Generationswechsels (s. Kap. 14) trat in den Vordergrund des Interesses, eine Arbeit, die nur in Instituten oder in Meeresstationen vorgenommen werden. – Neue

Abb. 131. H.M.S. Challenger

Möglichkeiten in der Erforschung der Benthoslagen brachte in den letzten Jahrzehnten die Tauchertechnik, die nicht nur eindrucksvolle Unterwasser-Photographien der «Tangwälder» brachte, sondern auch gestattete, die vertikale Verbreitung der Benthosalgen und ihre Assoziationen zu erfassen.

Einen besonderen Biotop im Benthos-Bereich bilden die Korallenriffe. Da die Korallen eine Wassertemperatur von mehr als 20° C benötigen, sind die Riffe auf den Tropengürtel zwischen 30° n. Br. und 30° s. Br. beschränkt. Die ersten umfassenden Studien über die Bildung der Riffe hat CHARLES DARWIN[9] auf seiner Weltreise (s. Kap. 15) durchgeführt und den genetischen Zusammenhang der verschiedenen Riff-Typen (Saumriffe, Barriereriff, Atoll) aufgezeigt. Am Aufbau der Riffe sind aber nach neueren Untersuchungen nicht nur, wie man früher annahm, nur Steinkorallen (Madreporaria) beteiligt, sondern auch kalkabscheidende Rhodophyceen *(Lithothamnium, Lithophyllum)* und Chlorophyceen *(Halimeda)* haben einen wesentlichen Anteil an der Sedimentbildung.

Da die Algen für die Photosynthese Licht benötigen, können sie im Wasser nur soweit in die Tiefe vordringen, als die Lichtintensität noch oberhalb des Kompensationspunktes liegt. Die größte «Algentiefe» wird bei etwa 20 m erreicht, in Ausnahmefällen bei etwa 200 m. Die Benthosalgen sind daher an das Litoral oder, geologisch ausgedrückt, an den Kontinentalsockel (Schelf) gebunden. Im freien Meer, im Pelagial, können Pflanzen nur leben, wenn sie in der obersten, durchleuchteten Wasserschicht als «Plankton» zu schweben vermögen. Mit diesem Ausdruck, den V. HENSEN 1887 auf Vorschlag des Altphilologen R. FÖRSTER prägte, bezeichnen wir die im Wasser schwebenden Pflanzen

Abb. 132. Biologisches Laboratorium auf Challenger

und Tiere, die von den Strömungen umhergetrieben werden (πλαγκτός, planktós = umherirrend, umhergetrieben) und keine oder nur geringe Eigenbewegung besitzen. Die pflanzlichen Planktonten sind durchweg einzellig (oder bilden kurze Zellreihen), ebenso die Protozoen, während die Echinodermenlarven, Medusen, Crustaceen, Pteropoden usw. Größen bis zu 10 cm und darüber erreichen. Zur Untersuchung der meisten Planktonten benötigt man das Mikroskop sowie besondere Einrichtungen zum «Fangen» oder «Fischen». Daher setzte die Erforschung des Planktons erst ein, als die Benutzung des Mikroskops sich allgemein durchgesetzt hatte, also etwa in den 30er Jahren des vorigen Jahrhunderts. Der Physiologe JOHANNES MÜLLER[10], der von 1845 bis 1855 regelmäßig meeresbiologische Studien, besonders über die Entwicklung der Echinodermen, auf Helgoland und am Mittelmeer ausführte und für die im Wasser schwebende Lebewelt auf Vorschlag des Sprachforschers JAKOB GRIMM die Bezeichnung «Auftrieb» oder präziser «pelagischer Auftrieb» einführte, schrieb 1845 in einem Brief von Helgoland: «Für die erste Zeit haben wir genug zu tun mit den Dingen, die wir zur Zeit der Ebbe am Strand auflasen. Für weiteres muß noch Rat geschaffen werden», und im Jahre darauf berichtete ERNST HAECKEL[11] von Helgoland: «Seit JOHANNES MÜLLER hier ist, beginnt unser eigentliches Tagwerk damit, daß wir in Gesellschaft dieses Leitsterns der vergleichenden Anatomie um 8 Uhr auf 1–2 Stunden in die See hinaus fahren und die Oberfläche mit einem Schmetterlingsnetz abfischen, wo wir immer eine reiche Auswahl der allerreizendsten Geschöpfchen zum Mikroskopieren erhalten, ... die uns dann den ganzen Tag am Mikroskop beschäftigen.» Von Messina, wo er das Material für seine große Radiolarien-Monographie sammelte, schrieb HAECKEL 1860: «Man fischt von der Oberfläche ... mittels des feinen Mullnetzes weg, eine

Abb. 133. CHARLES WYVILLE THOMSON (1830–1882)

Abb. 134. CHRISTIAN GOTTFRIED EHRENBERG (1795–1876)

Methode, die zuerst von JOHANNES MÜLLER mit größtem Glück zum Fang aller pelagischen Tiere in weitestem Umfang angewandt wurde und welche die überraschendsten Blicke in eine ganz neue Welt reichsten Lebens eröffnet hat ... Von Zeit zu Zeit wird das Netz herausgenommen, umgekehrt und der nach außen gewendete Innenteil ausgespült.» Vom MÜLLER-Netz ist es nur ein kleiner Schritt zum Plankton-Netz mit abnehmbarem Sammelbehälter, wie es in mannigfaltiger Ausführung noch heute benutzt wird.[12]

Eine bedeutsame Anregung bekam die Planktonforschung von unerwarteter Seite: von der Geologie. Der Berliner Arzt CHRISTIAN GOTTFRIED EHRENBERG[13] (Abb. 134) hatte als Student vielseitige Anregungen zu botanischen und zoologischen Studien durch H. LINK und K. RUDOLPHI erfahren, wurde aufgrund einer Pilzflora von Berlin promoviert und beschrieb erstmals den Kopulationsvorgang des Zygomyceten *Syzygites*. Auf HUMBOLDT's Empfehlung wurde er zur Teilnahme an einer archäologischen Expedition nach Ägypten (1820–25) aufgefordert, die sich von Libyen bis zum Roten Meer erstreckte. Neben der umfangreichen Sammeltätigkeit (etwa 4000 Tier- und 3000 Pflanzenarten) führte EHRENBERG die ersten genauen Untersuchungen über Anatomie, Wachstum und Ernährung der Korallen aus und klärte die Ursache für die Rotfärbung des Roten Meeres durch die Cyanophycee *Trichodesmium erythraeum*. Sein besonderes Anliegen war die mikroskopische Untersuchung von Sedimentgesteinen und von rezenten limnischen und marinen Ablagerungen, worüber er zusammenfassend in seinem Werk «Mikrogeologie» (1854) berichtete, das den Untertitel trägt: «Das Erde und Felsen schaffende Wirken des unsichtbar kleinen selbständigen Lebens auf der Erde». EHRENBERG wurde damit nicht nur zum Begründer der Mikropaläontologie, sondern gab auch der Biologie wesentliche Anregungen, da er die

Kalk- bzw. Kieselskelette vieler Einzeller beschrieb, die damals lebend noch nicht bekannt waren. So beschrieb er 1838 die Kieselskelette von Silicoflagellaten aus den Kreidemergeln von Sizilien und fand im Jahre darauf Distephanus lebend in der Kieler Bucht. In der Schreibkreide entdeckte EHRENBERG 1836 winzige Kalkscheibchen, die er «Morpholite» nannte und auch in seiner «Mikrogeologie» abbildete. TH. HUXLEY fand diese Gebilde im Tiefseeschlamm des Atlantik und nannte sie «Coccolithen». Der Zoologe GEORGE WALLICH entdeckte 1860 kugelige Körper, deren Oberfläche von solchen Coccolithen besetzt war, und entdeckte diese «Coccosphären» im tropischen Meer. 1898 stellte J. MURRAY darin einen gelbgrünen Chromatophor fest. Hiermit waren, 62 Jahre nach EHRENBERGS Entdeckung, die «Coccolithophorales» als einzellige Algen erkannt.

Die eingangs erwähnten Fahrten der Schiffe Rurik, Senjawin, Beagle und Erebus in der ersten Hälfte des vorigen Jahrhunderts hatten die Erkundung außereuropäischer Erdteile, besonders der Küsten, sowie der pazifischen und subantarktischen Inseln zum Ziele. Meeresbiologische Beobachtungen waren lediglich ein Nebenergebnis dieser Reisen. Erst nach 1860 wurden eigentliche Meeresexpeditionen[14] veranstaltet. In der Zeit von 1870 bis 1880 kreuzten ingesamt zehn Forschungsschiffe in den Weltmeeren. Die unerwarteten Erfolge kleinerer Expeditionen, z.B. der «Lightning» (1868) und der «Porcupine» unter Leitung der Zoologen CH.W. THOMSON und W.B. CARPENTER im östlichen Atlantik und im Mittelmeer veranlaßte die Royal Society, eine Expedition großen Stils zur Erforschung aller Ozeane zu planen. Im Dezember 1872 startete die zu einem vorbildlichen Forschungsschiff mit Laboratorien umgebaute Korvette «Challenger» (Abb. 131 und 132) unter Leitung von CHARLES WYVILLE THOMSON[15] (Abb. 133) zu einer dreieinhalbjährigen Expedition (Abb. 135) durch den Atlantischen, Indischen, Pazifischen und nochmals Atlantischen Ozean, von der sie nach einer Fahrt von 68890 Seemeilen im Juni 1876 nach England zurückkehrte.[16] Als Naturforscher waren an Bord: der Arzt und Zoologe HENRY NOTTIDGE MOSELEY (1844–91), der deutsche Zoologe RUDOLPH VON WILLEMOES-SUHM (1847–75), der während der Fahrt im Pazifik starb, der Ozeanograph JOHN MURRAY (1841–1914) und der Chemiker JOHN BUCHANAN (1844–1925). Außer Küstenvermessungen, meteorologischen, erdmagnetischen und hydrographischen Forschungen (Meerestiefen, Strömungen, Salzgehalt, Temperaturen, Sedimente) bestand die Hauptaufgabe der Challenger-Expedition in der Erfassung der Lebewesen in allen Bereichen des Meeres bis zur Tiefsee. Das ungewöhnlich reichhaltige Sammlungsmaterial wurde von zahlreichen Spezialisten bearbeitet. Die Ergebnisse wurden niedergelegt in dem «Report on the scientific results of the voyage of H.M.S. Challenger 1873–76», der 1880–85 in 50 Foliobänden von 29492 Seiten mit 3046 Tafeln erschien. Die Organisation dieses von 74 Autoren verfaßten Werkes lag in den Händen des Expeditionsleiters CH.W. THOMSON und nach dessen Tode (1882) J. MURRAY's.[17] Die Challenger-Expedition hatte eine weltweite Bestandsaufnahme der marinen Tier- und Pflanzenarten durchgeführt und den Hinweis erbracht, daß alle Wasserschichten bis zur Tiefsee von Tieren bevölkert sind. Der letztere Befund wurde durch die Anwendung von «Schließnetzen», die in beliebigen Tiefen geöffnet und geschlossen werden können, während der Erdumsegelung des italienischen Schiffes «Vettor Pisani» (1882–85) durch G. PALUMBO und G. CHIERCHIA voll bestätigt.

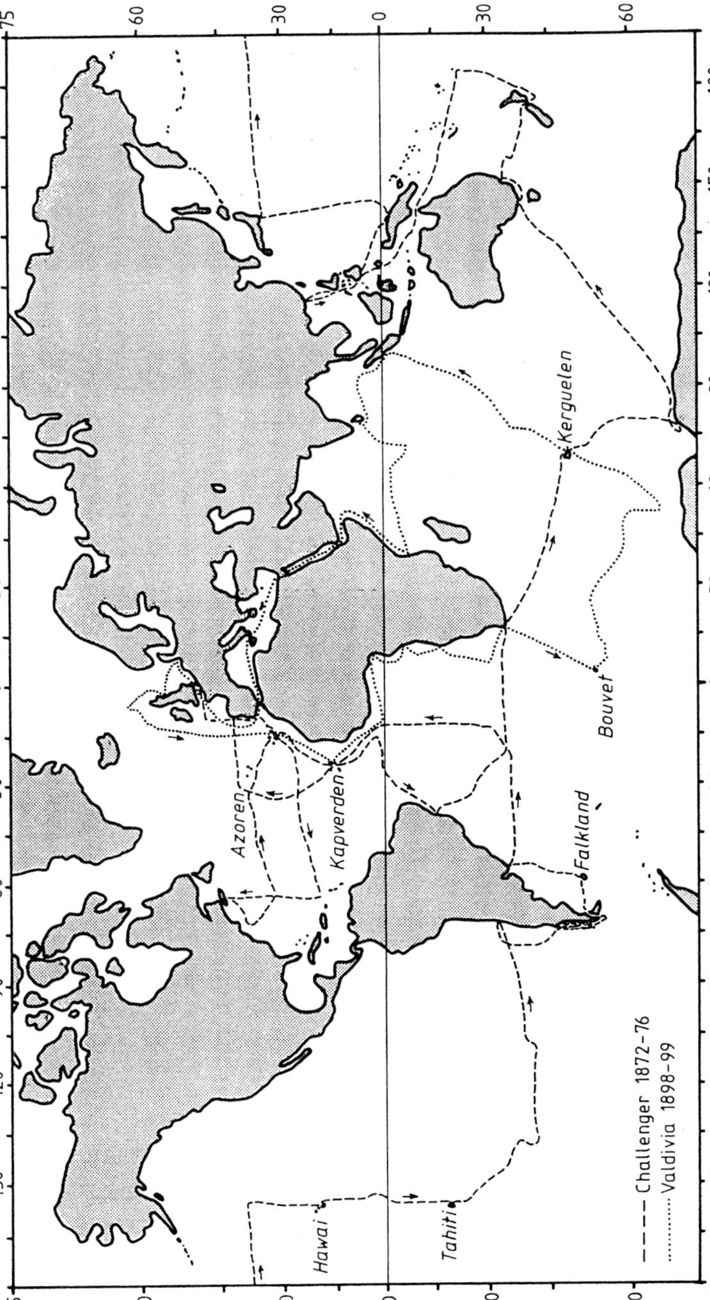

Abb. 135. Fahrtroute der «Challenger» (1872–76) und der «Valdivia» (1898–99)

Abb. 136. Victor Hensen (1835–1924)

Abb. 137. Hans Lohmann (1863–1934)

Noch vor dem Abschluß des «Challenger-Report» setzte in der Planktonforschung eine neue Richtung ein: die quantitative Erfassung des Planktons und des Stoffwechsels im Meer. Der Initiator dieses Bestrebens war Victor Hensen[18] (Abb. 136), Professor der Physiologie in Kiel. Er beschäftigte sich neben seinen Untersuchungen zur Physiologie des Auges, der Gehör- und Gleichgewichtsorgane bereits in seiner Studentenzeit, angeregt durch die oben erwähnten Abhandlungen von Johannes Müller, mit der Entwicklung der Echinodermenlarven und gründete 1870 in Kiel die «Preußische Kommission zur Untersuchung der deutschen Meere», die vor allem die Förderung der Fischerei zum Ziel hatte. Bei seinen Bemühungen um eine zahlenmäßige Erfassung der Fischbestände konstruierte Hensen Netze mit konischem Aufsatz und einem Sammelbehälter am unteren Ende, die es ermöglichten, eine bestimmte Wassermenge vertikal zu filtrieren und damit die Zahl der Fischeier je Kubikmeter Wasser zu bestimmen. Da diese Vertikalfänge außer den Eiern auch eine beträchtliche und relativ konstante Menge an mikroskopischen Pflanzen und Tieren enthielten, erkannte Hensen, daß auch dieses «Plankton» für die Erforschung des Stoffwechsels und für die Erfassung der organischen Gesamtproduktion im Meer bedeutungsvoll ist. Von 1883 bis 1886 führte Hensen 34 eintägige Fahrten durch die Ostsee zur Erfassung des Planktonbestandes in allen Jahreszeiten durch und im Juli 1885 eine größere Fahrt westlich bis zu den Hebriden. Die Auszählung der mit dem gleichen Netz ausgeführten Fänge ergab das völlig unerwartete Resultat, daß «das Plankton in weiter Erstreckung in einiger Annäherung so gleichmäßig verteilt ist wie das Salz in dem von ihm belebten Meerwasser», während man bisher der Ansicht war, daß das Plankton ungleichmäßig verteilt

Abb. 138. Schwebefortsätze von *Ceratium* in Abhängigkeit von der Dichte des Wassers. Links: *Ceratium ranipes*. Rechts: *C. contortum*. Oben: östlicher Atlantischer Ozean, unten: Indischer Ozean. (Valdivia-Expedition)

sei, so daß man je nach Wind, Strömung und Jahreszeit teils dichte Massen, teils planktonfreie Flächen antreffen würde. Aus dem im Laufe des Jahres wechselnden Verhältnis von Eiern, Jugendformen und erwachsenen Tieren von Copepoden konnte HENSEN deren durchschnittliche Lebensdauer berechnen und somit einen Ansatz zur Bestimmung des Stoffumsatzes im Meer gewinnen. Durch diese Ergebnisse ermutigt plante HENSEN, eine größere Expedition zur quantitativen Bestimmung des Planktons auf dem Atlantik von Grönland bis zu den Tropen durchzuführen. Diese von der Humboldt-Stiftung der Preußischen Akademie der Wissenschaften finanzierte «Plankton-Expedition» mit dem Dampfer «National»[19] startete am 15. Juli 1889, durchkreuzte den Atlantik bis Grönland, fuhr von hier über die Bermudas bis Ascension, weiter zur Amazonasmündung und traf am 7. November wieder in Kiel ein (Abb. 140). Teilnehmer an dieser von V. HENSEN geleiteten Expedition waren die Zoologen K. BRANDT und K. DAHL, der Botaniker F. SCHÜTT, der Ozeanograph O. KRÜMMEL und der Bakteriologe B. FISCHER. Die statistischen Untersuchungen der «Plankton-Expedition» bestätigten die Erfahrungen von HENSENS früheren Fahrten in der Ost- und Nordsee, daß das Plankton auf dem freien Meer eine sehr gleichmäßige

Abb. 139. Größenverhältnisse der Planktonten zu den Maschen des Planktonnetzes. Aus LOHMANN 1911

Verteilung aufweist. Unerwartet hingegen war der Befund, daß Plankton in den Tropen zwar artenreicher, aber die Menge desselben wesentlich geringer ist als im nördlichen Atlantik. HENSENS quantitative Methoden wirkten vorbildlich auf die späteren Meeresexpeditionen; wir werden ihnen vor allem bei der «Meteor-Expedition» wieder begegnen.

Im letzten Jahrzehnt des vorigen Jahrhunderts trat in der Meeresbiologie neben Systematik, Morphologie und Entwicklungsgeschichte ein weiterer Gesichtspunkt in den Vordergrund: die Anpassungen der Lebewesen an die äußeren Bedingungen und die Beziehungen zwischen Form und Funktion. Dies tritt uns besonders in den Zielen der «Deutschen Tiefsee-Expedition auf dem Dampfer Valdivia»[20] entgegen, die 1898–99 unter Leitung des Zoologen CARL CHUN[21] den Atlantik von den Shetland-Inseln bis zu den Kerguelen und den Indischen Ozean durchfuhr (Abb. 135). Als Botaniker nahm A.F.W. SCHIMPER (s. Kap. 18) an dieser Expedition teil; da er bald nach der Rückkehr starb, wurden die von ihm gesammelten Materialien unter Verwendung seiner Notizen von GEORGE KARSTEN und HEINRICH SCHENCK bearbeitet. Beim Betrachten der Tafeln der Phytoplanktonten treten vor allem die beträchtlichen Unterschiede in der Länge der Schwebefortsätze hervor. Bereits auf der «Plankton-Expedition» war SCHÜTT aufgefallen, daß die Angehörigen der Gattung *Ceratium* (Peridiniales) in warmem Wasser längere «Hörner» aufweisen als in kaltem. Dies wurde auf der Valdivia-Fahrt, die auch im Südpolarmeer und im Indischen Ozean kreuzte, vollauf bestätigt (Abb. 138). Eine ähnliche Erscheinung beobachtete der Zoologe C. WESENBERG-LUND[22] bei Sommer- und Wintergenerationen tierischer Süßwasserplanktonten. Der Kolloidchemiker WOLFGANG OSTWALD[23] hat diesen Befund physikalisch analysiert und in einer Wortformel zusammengefaßt:

$$\text{Sinkgeschwindigkeit} = \frac{\text{Übergewicht}}{\text{Formwiderstand} \times \text{Viskosität des Mediums}}$$

Die Planktonnetze, die bei den genannten Expeditionen Verwendung fanden, wurden aus der feinsten verfügbaren Seidenganze (Müllergaze, die zum Sieben des Mehls benutzt wird) hergestellt. Die Maschenweite derselben beträgt etwa 50 μm (Abb. 139). Kleine Einzeller passieren also diese Maschen und werden vom Netz nicht zurückgehalten, sie gelangen nur zufällig und in geringer Individuenzahl zur Beobachtung, wenn sich Maschen verstopfen oder die Einzeller an größeren Planktonten haften bleiben. Der Hydrobiologe HANS LOHMANN (Abb. 137)[24], ein Schüler HENSENS, benutzte zum Fang dieser Einzeller außer dichtem Seidentaffet vor allem die Gehäuse von Appendicularien (Tunicaten), die einen feinen Reusenapparat zum Erbeuten ihrer Planktonnahrung besitzen, oder als sicherste, auch für quantitative Untersuchungen geeignete Methode die Zentrifugierung der Wasserprobe. LOHMANN prägte für dieses vorwiegend aus Algen bestehende Einzeller-Plankton das Wort «Nannoplankton» (*νάννος*, nánnos = Zwerg), zeigte dessen zahlenmäßig hohen Anteil am Gesamtplankton (mit einem ausgeprägten Maximum in etwa 50 m Tiefe) und somit dessen Bedeutung für die Primärproduktion im Meer. Deshalb bildete die quantitative Erfassung des Nannoplanktons den biologischen Schwerpunkt der «Deutschen Atlantischen Expedition» des Forschungsschiffes «Meteor» 1925–27 (Abb. 140).[25] Es legte 14 Profile von insgesamt 67500 Seemeilen (= 3½fachem Erdumfang) mit 310 Beobachtungsstationen und 10 mehrtägigen Ankerstationen durch den Südatlantik. Hauptaufgabe war die Erforschung der waagerechten und senkrechten Meeresströmungen. E. HENTSCHEL[26], der als Biologe an der Meteor-Fahrt teilnahm, bestimmte auf sämtlichen Stationen die Zahl der Zellen (Nannoplanktonten) pro Liter Wasser und zeichnete danach eine Karte der Planktondichte des Südatlantiks (Abb. 141). Die physikalischen und chemischen Untersuchungen der Meteor-Fahrt ergaben die Erklärung für das sonderbare Bild der Planktonkarte: Aufsteigen kalten, nährstoffreichen Tiefenwassers an der Westküste Süd- und Nordafrikas und die hier ausgeprägten westlichen Meeresströmungen bewirken die von der afrikanischen Westküste ausgehenden Zungen hoher Planktonzahlen.

Der Bericht über die Meeresexpeditionen soll nicht abgeschlossen werden

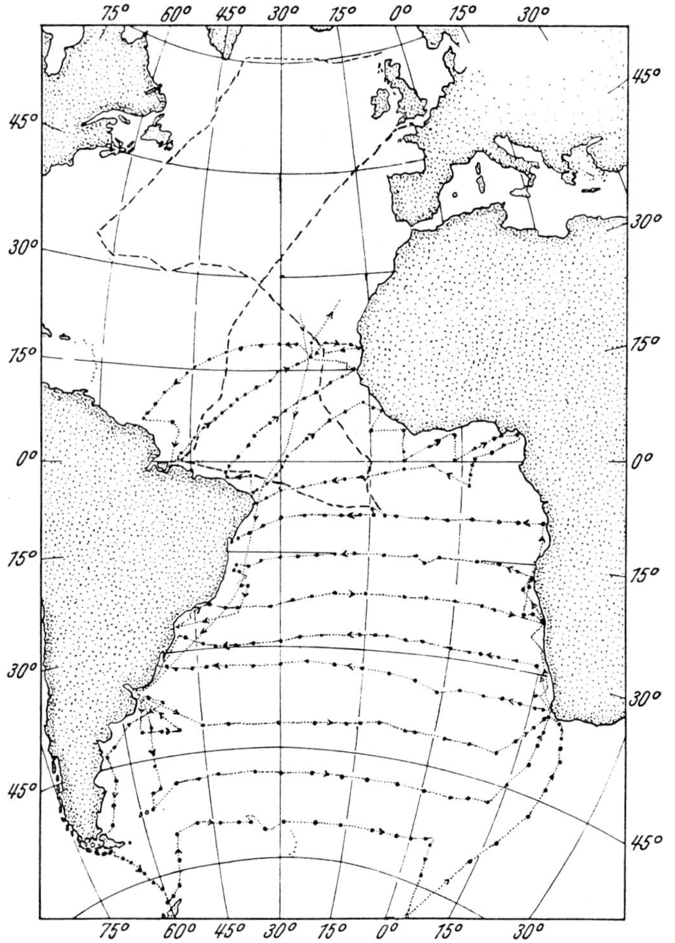

Abb. 140. Fahrtroute der «Plankton-Expedition» (1889) – – – und der «Meteor» (1925–27) · · · ·

ohne einen Hinweis auf die außergewöhnlichen Leistungen der Teilnehmer. Während wissenschaftliche Arbeit in Laboratorien auf dem Land fast durchweg ohne Störung abläuft, findet sie auf dem Schiff unter harten, oft härtesten Außenbedingungen statt, ohne regelmäßige Ruhetage, monatelang, sogar jahrelang, nur ab und zu durch kurze Landaufenthalte unterbrochen. Die Reisebeschreibungen der Challenger-, Valdivia- oder Meteor-Expedition sind zwar spannend zu lesen, lassen aber die rauhe Tagesarbeit kaum erahnen.

Wie oben erwähnt hatten um die Mitte des vorigen Jahrhunderts Zoologen, aber auch Botaniker begonnen, längeren Aufenthalt am Meer zu nehmen, um Morphologie und Entwicklungsgeschichte mariner Tiere und Pflanzen zu untersuchen. Dies war aber mit beträchtlichen Schwierigkeiten verbunden, da man alle notwendigen Geräte wie Mikroskope, Glaswaren, Netze usw. mitführen mußte,

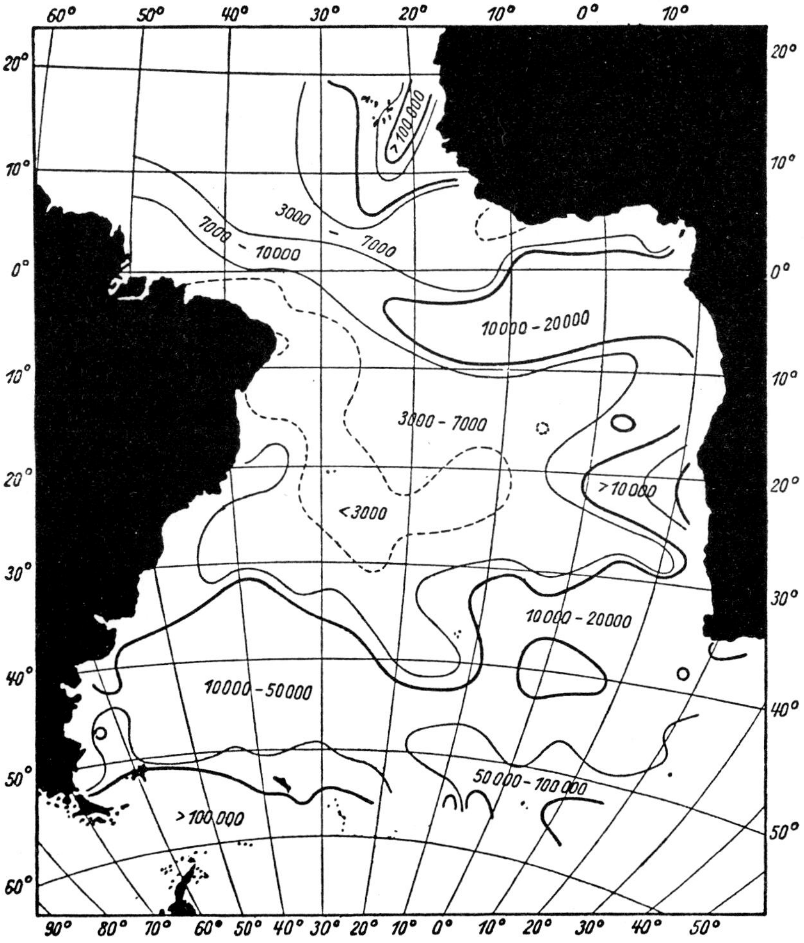

Abb. 141. Planktongehalt des Südatlantik (Oberfläche) nach den Zählungen der Meteor-Expedition (Zahl der Planktonten pro Liter). Aus HENTSCHEL 1929

und es auch oft nicht leicht war, geeignete Räume für die biologische Arbeit zu finden. Der Zoologe ANTON DOHRN (1840–1909)[27], der an der Küste Schottlands und am Mittelmeer gearbeitet und sich 1868 in Jena bei HAECKEL habilitiert hatte, faßte 1870 den kühnen Plan, in Neapel eine biologische Forschungsstation in Verbindung mit einem Schauaquarium zu gründen und mit den Eintrittsgeldern sowie durch Vermietung von Arbeitsplätzen an Länder und wissenschaftliche Korporationen die Station zu finanzieren. 1872 begann der Bau, 1874 wurde die «Stazione zoologica» eröffnet. THEODOR HEUSS (Bundespräsident der BRD 1949–59) hat in seinem Buch «Anton Dohrn in Neapel» (1940) die geradezu dramatische Gründungszeit der Station, ihre weitere Entwicklung und ihre kulturelle Bedeutung lebendig geschildert. Das auch mit einer hervorragenden Bibliothek ausgestattete Institut wurde nicht nur von Zoologen, sondern auch von Botanikern (z.B. Reinke, Goebel, Solms-Laubach, Klebs) als Arbeitsstätte besucht und wurde zu einem internationalen Treffpunkt der Biologen; 18 Nobelpreisträger haben als Gastforscher hier gearbeitet. Die Station hat beide Weltkriege überstanden und ist jetzt dem italienischen Unterrichtsministerium unmittelbar unterstellt. Das Wohnhaus der Familie Dohrn jedoch, so schreibt J. Oppenheimer in ihrer Dohrn-Biographie 1978 im «Dictionary of Scientific Biography», «had been destroyed by Allied bombs. Its destruction marked the end of an era in European science and culture».

Von den zahlreichen weiteren Meeresstationen[28], die im vorigen Jahrhundert begründet wurden, seien nur die wichtigsten genannt: in England Plymouth an der Kanalküste (1883), in Norwegen Bergen (1890 auf Initiative von Fritjof Nansen), in Frankreich Concerneau/Finistère (1859, erstes Meereslaboratorium in Europa), Roscoff/Finistère (1872, an die Sorbonne angeschlossen), Villefranche bei Nizza (von H. Fol 1880 als Privatlabor gegründet, dann von der Universität Kiew übernommen), Banyuls am Ostende der Pyrenäen (1881), in Italien Triest (1875 als österreichische Station von Franz Eilhard Schulze begründet), in Rußland Sewastopol/Krim (1871 auf Anregung von A. Kowalewsky begründet) und Alexandrows/Archangelsk (1881), in den USA Woods Hole am Kap Cod/Massachusetts (1884). Auf Helgoland hatten schon Ehrenberg 1835, Johannes Müller seit 1845, Pringsheim 1852, Haeckel 1854 gearbeitet, aber erst 1892 wurde die Biologische Anstalt erbaut, die in beiden Weltkriegen zerstört, aber wieder aufgebaut wurde.

Die Erforschung des Lebens im Süßwasser verlief in einer anderen Bahn als die Meeresbiologie. Dies hängt einmal damit zusammen, daß die Süßwasserseen von sehr viel geringerer Größe sind als die Meere. Die Limnologie kann daher ohne Schwierigkeiten vom Land her und mit kleinen Booten betrieben werden. Der zweite Unterschied zwischen Meer und Süßwasser ist ein biologischer: die Benthosvegetation des Meeres besteht fast ausschließlich aus großen Algen (Chloro-, Phaeo- und Rhodophyceen), während die Benthospflanzen im Süßwasser, von kleinen Algen abgesehen, Angiospermen sind und von Landpflanzen abstammen («sekundäre Wasserpflanzen»), vielfach sogar als «amphibische Pflanzen sowohl auf dem Lande als auch im Wasser leben können und dementsprechend eine hohe morphologische und histologische Plastizität aufweisen. Daher wurden die Benthospflanzen des Süßwassers in erster Linie von «Landbotanikern» erforscht. Es seien vor allem Schenck[29], Goebel[30], Glück[31] und Arber[32] genannt.

Süßwasserseen sind infolge ihrer scharfen räumlichen Umgrenzung Musterbeispiele für einen in sich geschlossenen Lebensraum. Lange bevor die Begriffe «Biotop» und «Ökosystem»[32a] geprägt wurden, stellte der Zoologe Stephen Alfred Forbes[33] 1887 den «See als Mikrokosmos» dar. F.A. Forel[34] schrieb die erste umfassende Monographie eines Sees («Le Leman» 1892–1901) und prägte das Wort «Limnologie» (λiμνη = See, Teich). Die biologische Erforschung der Seen erfuhr einen starken Aufschwung durch die Gründung limnologischer Stationen, deren älteste 1892 in Plön bei Kiel, am Nordufer des Plöner Sees von dem Zoologen Otto Zacharias[35] zunächst als Privatinstitut mit staatlicher Unterstützung aufgebaut und zu internationalem Ansehen geführt wurde. Nach seinem Tode wurde sie 1917 von der Kaiser-Wilhelm-Gesellschaft (später Max-Planck-Gesellschaft) als «Hydrobiologische Anstalt Plön» übernommen und von dem Zoologen August Thienemann[36] geleitet. Eine tropenökologische Abteilung der Plöner Anstalt hat ihren Schwerpunkt in der Erforschung des Amazonasgebietes. 1906 wurde die erste limnologische Station im Bereich der Alpen eröffnet, in Lunz/Oberösterreich (drei Seen in 600–1120 m Höhe) unter Leitung von FRANZ RUTTNER.[37] Von nordeuropäischen Stationen seien hervorgehoben Aneboda im südlichen Schweden unter EINAR NAUMANN[38] und Hilleröd bei Kopenhagen unter CARL WESENBERG-LUND.[39] Allen diesen Stationen stehen nicht nur ein See, sondern mehrere verschiedenartige Seen als Untersuchungsobjekte zur Verfügung.

In der Forschungsarbeit der limnologischen Stationen stehen im Mittelpunkt das Plankton und die mit ihm zusammenhängenden ökologischen Probleme wie jahreszeitliche Veränderungen, Schichtung, Abhängigkeit von pH-Wert und Nährstoffangebot usw. THIENEMANN und NAUMANN schufen eine Einteilung der Gewässer nach ihrem Nährstoffgehalt: NAUMANN führte die heute noch verwendeten Begriffe «oligotroph» (nährstoffarm) und «eutroph» (nährstoffreich) ein. In neuerer Zeit sind in der Limnologie wie in der Meeresbiologie Stoffproduktion und Kreislauf der Stoffe in den Vordergrund des Interesses getreten.

Anmerkungen

1 Eine ausgezeichnete Übersicht über die Algenvegetation der Weltmeere gibt KL. LÜNING, Meeresbotanik. Stuttgart u. New York 1985 (mit umfangreichem Literaturverzeichnis und historischen Notizen. – Zur Geschichte der Meeresforschung: M. DEACON, Scientists and the Sea. London 1971. G. DEACON & G. DIETRICH, Die Meere der Welt. 2. Aufl. Stuttgart 1974. M. SEARS & D. MERRIMAN, Oceanography: The past. New York, Heidelberg, Berlin 1980.

2 Vgl. Kap. 14, Anm. 16.

3 Benannt nach J.S.C. DUMONT D'URVILLE (1790–1842), der drei Weltumsegelungen durchführte und mehrere Inselgruppen im Südpazifik und in der Antarktis entdeckte.

4 A.PH. POSTELS & F. RUPRECHT, Illustrationes Algarum. Petropoli 1840 (Reprint: Hist. nat. classica **29**. 1963). Bericht über diese Reise: F.H. VON KITTLITZ, Denkwürdigkeiten einer Reise nach dem russischen Amerika (Gotha 1858).

5 HOOKER, J.D., The botany of the antarctic voyage of H.M. ships Erebus and Terror 1839–43, vol. I (Flora Antarctica). London 1844–47, J.C. ROSS, A voyage of discovery and research in the southern and antarctic regions 1839–43. London 1847 (Deutsch: Leipzig 1847).

6 Vgl. Kap. 14, Anm. 18–20.

7 FRANZ REINHOLD KJELLMAN (1846–1907) war Professor der Botanik in Uppsala. Biogr.: BDBG **26a**, (55)–(75), 1908 (N. SVEDELIUS).

8 THEODOR WILHELM ENGELMANN (1843–1909) war Professor der Physiologie in Utrecht, dann in Berlin. Biogr.: DSB **4**, 371–373, 1971; NDB **4**, 517–518, 1959.

9 CH. DARWIN, The structure and distribution of coral reefs. London 1842, 2. Ed. 1874 (Deutsch 1876). – T. SCOFFIN & J. DIXON, The distribution and structure of coral reefs: one hundred years since Darwin. Biol. Journ. Linn. Soc. **20**, 11–38, 1983.

10 JOHANNES MÜLLER (1801–58) war Professor der Physiologie und Anatomie in Bonn und Berlin. Er gehörte zu den bedeutendsten Naturforschern des vorigen Jahrhunderts. Biogr.: DSB **9**, 567–574, 1974; W. HABERLING, Johannes Müller, Leipzig 1924.

11 E. HAECKEL, Entwicklungsgeschichte einer Jugend, Leipzig 1921 (S. 161).

12 Der englische Arzt und Zoologe JOHN VAUGHAN THOMPSON (1779–1848) soll bei seinen Untersuchungen über die Entwicklung mariner Krebse bereits 1828 ein konisches Netz mit Sammelbehälter benutzt haben (DEACON & DIETRICH, zit. Anm. 1).

13 Christian Gottfried Ehrenberg (1795–1876). Biogr.: ADB **5**, 701–711; DSB **4**, 288–292, 1971; J. Hanstein, Chr. G. E., Bonn 1877; M. Laue, Chr. G. E., Berlin 1895. Über die Geschichte der Meeresgeologie s. M. Pfannenstiel, Das Meer i. d. Geschichte d. Geologie (Geolog. Rundschau **60**, 3–72, 1971).

14 H. Friedrich, Meeresbiologie (Berlin 1965), S. 17–21. A. Bückmann, Forschungsreisen zur See. Handwörterb. d. Naturwiss., 2. Aufl., **4**, 289–306, 1934. G. Böhncke & A. Meyl, Denkschrift zur Lage der Meeresforschung, Wiesbaden 1962.

15 Charles Wyville Thomson (1830–82) war zunächst Lecturer f. Botanik an der Univ. Aberdeen, dann Prof. f. Zoologie und Botanik in Belfast und Dublin, zuletzt Regius Prof. f. Naturgeschichte an der Univ. Edinburgh. Biogr.: DSB **13**, 360–361, 1976; Challenger Report, Zool. **4**, I–IX, 1882; W. Herdman, Founders of Oceanography (London 1923) p. 37–67.

16 Report on the scientific results of the voyage of H. M. S. Challenger 1873–76. London 1882–95 (Reprint Johnson, New York). – M. Deacon 1971 (zit. Anm. 1), p. 333–406; H. Swire, The voyage of the Challenger, London 1938; E. Linklater, The voyage of the Challenger (London 1972); G. Müller, Zum tiefsten Punkt der Erde – R. v. Willemoes-Suhms Briefe von der Challenger-Expedition (Stuttgart 1984).

17 John Murray (1841–1914) befaßte sich auf der Challenger-Fahrt vor allem mit den Meeres-Sedimenten und entdeckte die ausgedehnten submarinen Phosphatlagerstätten. Sein mit A. Renard verfaßter Band «Deep Sea deposits» im Challenger-Report (1891) war grundlegend für die Entwicklung der Meeresgeologie. Infolge wirtschaftlicher Unabhängigkeit bekleidete M. kein öffentliches Amt. Biogr.: DSB **9**, 588–590, 1974; Herdman (zit. Anm. 15) p. 69–98 («the pioneer of modern oceanography»); Deacon 1971 (zit. Anm. 1) p. 336–393.

18 Victor Hensen (1835–1924) studierte Medizin in Würzburg und Berlin, habilitierte sich 1859 in Kiel und wurde dort 1864 außerordentlicher, 1868 ordentlicher Professor f. Physiologie. Biogr.: DSB **6**, 287–288, 1972; R. Porep, Victor Hensen, sein Leben und sein Werk (Kieler Beitr. z. Gesch. d. Med. u. Pharm. **9**, 1970; R. Porep, Methodenstreit in der Planktologie – Haeckel contra Hensen (Medinzinhist. Journ. **7**, 72–83, 1972).

19 Ergebnisse der in dem Atlantischen Ozean 1889 ausgeführten Plankton-Expedition, herausgeg. von V. Hensen. 5 Bände. Kiel u. Leipzig 1892–1911. Von allgemeiner Bedeutung Bd. I A (Reisebeschreibung und Vorberichte) und Bd. V (Leben im Ozean, Übersicht der Resultate der quantitativen Untersuchungen von V. Hensen).

20 Wissenschaftliche Ergebnisse der Deutschen Tiefsee-Expedition auf dem Dampfer Valdivia 1898–99. Jena 1902–27. 23 Bände. Phytoplankton, bearb. von G. Karsten, in Bd. II, Heft 1–3, 1905–7. – C. Chun, Aus den Tiefen des Weltmeeres. 2. Aufl. Jena 1903.

21 Carl Chun (1852–1914) war Professor der Zoologie in Königsberg, Breslau und Leipzig. Biogr.: NDB **3**, 252–253, 1957; Ber. d. kgl. sächs. Akad. d. Wiss. Leipzig, math.-phys. Kl., **66**, 181–193, 1914 (W. Pfeffer); Internat. Rev. d. ges. Hydrobiol. **7**, 92–101, 1914 (F. Braem).

22 C. Wesenberg-Lund, Biol. Centralbl. **20**, 606–619, 644–656, 1900; Internat. Rev. d. ges. Hydrobiol. **3**, Biol. Suppl. I, 1–44, 1910. Siehe auch Anm. 39.

23 Wolfgang Ostwald, Biolog. Centalbl. **22**, 596–638, 1902; Über eine theoretische Betrachtungsweise in der Planktologie, Stuttgart 1903. Biogr.: DSB **10**, 251–252, 1974.

24 Hans Lohmann (1863–1934) war Direktor des Zoolog. Staatsinstituts u. Museums in Hamburg. Die Coccolithophoriden (Arch. f. Protistenkunde **1**, 89–165, 1902; Die Gehäuse der Appendicularien, Verh. d. dtsch. zool. Ges., 1909, 201–239; Über das Nannoplankton, Internat. Rev. d. ges. Hydrobiol. **4**, 1–38, 1911.
Biogr.: Mitt. d. zool. Staatsinst. u. Mus. Hamburg **45**, I–X, 1935 (B. Klatt).

25 Wissenschaftl. Ergebnisse der Deutschen Atlantischen Expedition mit dem Vermessungs- und Forschungsschiff Meteor 1925–27. 13 Bände. Berlin 1932–41 (Biolog.

Ergebnisse: Bd. 10–13). F. SPIESS, Die Meteor-Fahrt 1925–27, Berlin 1928. W. Emery, The Meteor Expedition, in: SEARS & MERRIMAN, (zit. Anm. 1), 690–702.

26 ERNST HENTSCHEL (1876–1945) war Leiter der Hydrobiolog. Abteilung des Museums f. Naturkunde in Hamburg. Das Leben im Weltmeer, Berlin 1929. Biogr.: Arch. f. Hydrobiol. **42**, 490–499, 1949 (H. CASPERS).

27 ANTON DOHRN (1840–1909). Biogr.: DSB **15**, 122–125, 1978 (J. OPPENHEIMER); HERDMAN (zit. Anm. 15) p. 138–185; TH. HEUSS, Anton Dohrn in Neapel, Berlin u. Zürich 1940 (3. Aufl. Tübingen 1962); A. KÜHN, Anton Dohrn und die Zoologie seiner Zeit, Pubblic. Staz. zool. Napoli, Suppl. 2, 1950; J.R. SIMON, Anton Dohrn u. die 1. Station Neapel, Frankfurt/Main 1980 (enthält DOHRNS Aufsatz a.d.J. 1872 «Der gegenwärtige Stand der Zoologie u. die Gründung zoologischer Stationen» und den Nekrolog von TH. BOVERI) G. MÜLLER & CHR. GROEBEN, Die Zool. Station Neapel von ihren Anfängen bis heute (Naturwiss. Rundschau **37**, 429–437, 1984).

28 F. OLTMANNS, Forschungsstätten für Biologie. Handwörterb. d. Naturwiss., 2. Aufl., **4**, 306–315, 1934; CH. KOFOID, The biological stations of Europe. Un. States Bureau of Education, Bull. 1910, Nr. 4 (Nr. 440).

29 S. Kap. 18, Anm. 5.

30 S. Kap. 11.

31 HUGO GLÜCK (1868–1940), Professor der Botanik in Heidelberg, Schüler von K. GOEBEL. Hauptwerk: Biologische und morphologische Untersuchungen über Wasser- und Sumpfpflanzen, 4 Bände, Jena 1905–24.
Biogr.: Unbekannt.

32 AGNES ARBER (1879–1960) lebte in London, später in Cambridge, bekleidete kein öffentliches Amt. Wurde 1946 als dritte Frau in die Royal Society aufgenommen und 1948 mit der Goldmedaille der Linnean Society ausgezeichnet. Water plants, a study of aquatic Angiosperms, Cambridge 1920 (Reprint Lehre 1972; The Monocotyledons, Cambridge 1925; The mind and the eye, Cambridge 1954 (deutsch: Sehen und Denken in der biolog. Forschung, Hamburg 1960).
Biogr.: DSB **1**, 205–206, 1970; Biogr. Mem. of Fellows of the roy. Soc. **6**, 1–11, 1960 (H.H. THOMAS); Taxon **9**, 261–262, 1960 (W. STEARN).

32a Siehe Kap. 18, Anm. 21.

33 STEPHEN ALFRED FORBES (1844–1930) war Leiter des «Illinois State Laboratory of Natural History» in Urbana. Lake as a microcosm. Peoria scientific Assoc. **1**, 77–87, 1887 (Reprint: State of Illinois, nat. Hist. Survey **15**, 537–550, 1925). Biogr.: DSB **5**, 69–71, 1972.

34 FRANÇOIS ALFONSE FOREL (1841–1912) war Professor der Physiologie u. Anatomie in Lausanne, beschäftigte sich aber vorwiegend mit Limnologie und Glaziologie. Le Leman, 3 Bände, Lausanne 1892–1904 (Reprint 1969); Handbuch der Seenkunde, Stuttgart 1901.

35 OTTO ZACHARIAS (1846–1916). Die Tier- und Pflanzenwelt des Süßwassers, 2 Bände, 1891. Herausgeber des Archivs f. Hydrobiologie und Planktonkunde. Biogr.: Biologenkalender **1**, 354–356, 1914; Mitteil. d. Max-Planck-Gesellsch. **5**, 328–330, 1961.

36 AUGUST THIENEMANN (1882–1960). Leben und Umwelt, Hamburg 1956. Herausgeber der Schriftenreihe «Die Binnengewässer». Biogr.: THIENEMANN, A., Erinnerungen und Tagebuchblätter eines Biologen. Ein Leben im Dienste der Limnologie. Stuttgart 1959.

37 FRANZ RUTTNER (1882–1961). Grundriss der Limnologie, 3. Aufl., Berlin 1962. Biogr.: Almanach d. österreich. Akad. d. Wiss. **111**, 420–426, 1961 (F. KNOLL).

38 EINAR NAUMANN (1891–1934). Biogr.: BDBG **53**, (39)–(51), 1935 (R. KOLKWITZ).

39 CARL WESENBERG LUND (1867–1955), Direktor der süßwasserbiologischen Laboratorien der Univ. Kopenhagen. Hauptwerke: Biologie der Süßwassertiere, Wien 1939 (Reprint 1967); Biologie der Süßwasserinsekten, Wien 1943 (Reprint 1980). Siehe auch Anm. 22. Biogr.: Biologenkalender **1**, 344, 1914. Arch. f. Hydrobiol. **32**, 517–522, 1938. Aufschlußreich sind auch die Vorworte zu seinen genannten Büchern.

20. Die Krankheiten der Pflanzen

Auch der (Human-)Patholog gewinnt durch die Kenntnis der botanischen Vorgänge die wertvollsten Anknüpfungspunkte für das Verständnis der Krankheiten.

RUDOLF VIRCHOW (Cellularpathologie, 1858)

Pflanzen haben, ebenso wie Tiere und Menschen, unter Krankheiten zu leiden, d.h. unter Störungen im Ablauf der normalen Lebensvorgänge. Die Ursachen der Krankheiten liegen einerseits in anorganischen Einflüssen (Licht, Temperatur, Wasser, Boden), andererseits in Beeinträchtigungen durch Pflanzen (besonders Parasiten) oder durch Tiere.[1] Krankheiten finden sich an allen Gewächsen, fallen aber vor allem an Kulturpflanzen auf, deren Ertrag sie herabsetzen.

Bereits der älteste botanische Schriftsteller, THEOPHRASTOS (s.S. 6ff.), widmet mehrere Kapitel den Krankheiten der Bäume sowie des Getreides und geht den Ursachen der Krankheiten nach, wobei er den Brand (*σφακελισμός*, sphakelismós), den Rost (*μίλτος*, míltos), den Mehltau (*ἐρυσίβη*, erysíbe) und den Krebs (*κράδος*, krádos) auf übermäßige Feuchtigkeit, auf Nebel oder auf Trockenheit zurückführt; die wahren Ursachen dieser Krankheiten hat man ja erst in der Mitte des vorigen Jahrhunderts erkannt. In der umfangreichen landwirtschaftlichen Literatur der Römer finden sich viele Angaben über Krankheiten und Schädlinge sowie deren Bekämpfung.

Das Mittelalter sowie das 16. und 17. Jahrhundert dürfen wir in unserer Betrachtung übergehen, da über das Wesen der Pflanzenkrankheiten kaum neue Erkenntnisse zutage getreten sind. Als Geburtsjahr der wissenschaftlichen Pflanzenpathologie müssen wir das Jahr 1755 bezeichnen, das Erscheinungsjahr der «Dissertation sur la cause qui corrompt et noircit les grains de bled dans les épis et sur les moyens de prévenir ces accidens» von MATHIEU TILLET.[2] Über das Leben dieses Forschers wissen wir nur wenig: Er wurde 1714 in Bordeaux geboren, war 1739–55 Direktor der Münze in Troyes und befaßte sich dann vorwiegend in staatlichem Auftrag ausschließlich mit dem Studium der Pflanzenkrankheiten und der Bodenkunde, teilweise in Zusammenarbeit mit DUHAMEL DU MONCEAU (s. Kap. 8). 1758 wurde er in die Akademie zu Paris gewählt und starb dort 1791.

Als TILLET mit seinen Versuchen begann, gab es mehrere Theorien überdie Entstehung des Getreidebrands. Er war zunächst Anhänger der «Insektentheorie», nach der die Brandsporen Eier eines sehr kleinen Insekts seien, das den Halm auszehrt und schließlich im Fruchtstand seine Eier zurückläßt. TILLET stellte nun sehr gründlich überlegte Versuche an, indem er eine Fläche in zahlreiche Parzellen einteilte und hier Saatgut mit oder ohne Brand, ungebeizt oder gebeizt, feucht oder trocken aussäte. Die Ergebnisse waren folgende: Steinbrand (TILLET zu Ehren von TULASNE *Tilletia* benannt) und Flugbrand sind wesentlich verschieden; die Symptome des Weizensteinbrands werden von den ersten Anzeichen an beobachtet, und zwar von der Wurzel bis zur Ähre; die Brandstaubteilchen des Steinbrands sind größer als die des Flugbrands und stinken pestartig; der Brandstaub ist dem Staub des Bovists ähnlich; der Steinbrand entsteht nie spontan, nur durch Infektion; Überträger ist unmittelbar und einzig der schwarze Brandstaub; künstliche Einpuderung gesunder Körner wirkt sich ebenso aus wie natürliche Einpuderung beim Dreschen. Infektion findet nur an der keimenden Weizenpflanze statt; mit 17 Jahren ist die Infektionskraft des Brandstaubs erloschen; Steinbrand läßt sich durch Beizen der Körner mit Laugen, Kalkablöschwasser und verfaultem Harn verhindern. Diese Ergebnisse hatte TILLET so weit abgesichert, daß er bei Beginn einer Versuchsreihe in einem Plan das zu erwartende Ergebnis eintragen konnte. So schrieb ein kritischer Besucher der TILLETschen Versuchsflächen 1756 an DIDEROT: «... Hier sieht man ein Beet, dessen Saatgut auserlesener Weizen war. Ich habe es gesehen als er gesät wurde. Er war von häßlichem Staub eingeschwärzt worden. Das hatte zur Folge, daß das ganze Beet steinbrandkranken Weizen trägt. Und unmittelbar neben diesem Beet sieht man ein anderes, mit dem schönsten Weizen der Welt, von einem Saatgut, das ebenso eingeschwärzt, aber hernach mit den Laugen des Herrn TILLET gebeizt worden war... Ich hatte ein Schriftstück zur Hand, das zur Zeit der Aussaat geschrieben war und all das kühn voraussagte, was sich in jedem der Beete begeben würde und nun tatsächlich begeben hat.» Mit TILLET beginnt, wie WEHNELT betont, die Geschichte der experimentellen Phytopathologie.

In der ersten Hälfte des 19. Jahrhunderts, als die romantische Naturphilosophie in Deutschland die Naturwissenschaften zu beherrschen versuchte, geriet auch die Phytopathologie unter deren Einfluß.[3] Dies zeigt sich besonders auffällig in dem «System der Pilze und Schwämme» (1816) von CHRISTIAN GOTTFRIED NEES VON ESENBECK.[4] In diesen Gewächsen sieht er durch Urzeugung entstandene «Traumpflanzen», die neben Pflanzen- und Tierreich ein eigenes Naturreich bilden.[5] «Die Pilze und Schwämme sind Nachgeburten der Blüten, Pollen und Samen in elementarischer Form... Was auf der höchsten Stufe der Vegetation sich löst, fällt, wie ein belebender Tau, auf den Boden zurück und bildet hier in vergänglichen Gestalten die Blüte seines Daseins trennend nach.» Brandpilze sind für NEES lediglich die Folge einer Harmoniestörung innerhalb der Polaritäten der Blüte. Der Runzelschorf der herbstlichen Ahornblätter *(Rhytisma acerinum)* wird für NEES «zum Bilde einer Sehnsucht, die schon im Diesseits durch ein organisches Reich von Ahnungen und Erinnerungen die wesenhafte Einheit des Diesseits und Jenseits, des Herbstes und des Frühlings, bezeugt.»

Ein anderer Vertreter der romantischen Naturphilosophie, der jedoch seine Phantasie durch sorgfältige Beobachtungen im Zaume hielt, FRANZ UNGER[6], hat sich dagegen einen bedeutsamen Platz in der Geschichte der Phytopathologie errungen, vor allem durch sein Werk «Die Exantheme der Pflanzen» (1833). In der Einleitung sagt UNGER: «Die meisten Krankheiten spielen in den Säften. Die fehlerhafte Ausbildung und die zahlreichen Abnormitäten des Pflanzensaftes sind die Ursache von unzähligen Krankheiten.» Diese Worte geben zugleich die Anschauung der damals in der Humanmedizin herrschenden «Humoralpathologie» wieder (UNGER war, als er die «Exantheme» schrieb, Stadt- und Gerichtsarzt in Kitzbühel). Rost, Brand und Mehltau bezeichnet UNGER als Exantheme (= Ausblühungen), einer Eiterbildung oder einem Hautausschlag vergleichbar; die Pilze hält er also für eine Folge, nicht für die Ursache der Krankheiten. Die meisten zeitgenössischen Botaniker teilten diese Meinung. In seinen später erschienenen «Beiträgen zur vergleichenden Pathologie» (1840) rückt UNGER von dieser Auffassung etwas ab, indem er in den «Krankheitsorganismen» «physiologische Individuen sieht, die durch ein selbständiges Bildungsprinzip ausgezeichnet» sind.

Aber schon zur selben Zeit kündigt sich ein deutlicher Umschwung in den Ansichten über das Wesen der Pflanzenkrankheiten an. So lesen wir in der posthum erschienenen «Pflanzenpathologie» (1841) des früh verstorbenen Pflanzenanatomen FRANZ MEYEN[7] über den Getreidebrand: «Einige Brandarten zeigen sich als eigene parasitische Gewächse im Innern der Zellen der von ihnen befallenen Pflanzen»; man kann «die Brandmasse nicht mit dem tierischen Eiter vergleichen». «Wir haben hier vielmehr Entophyten vor uns, und wenn diese auch noch so klein sind, so müssen sie ebenfalls systematisch bestimmt werden.» Sonderbarerweise schließt sich MEYEN beim Rost UNGER's Meinung an, «daß diese Uredo-Bildung durch eine abnorme Bildung und Umwandlung der Zellen hervorgeht». Den falschen Mehltau auf dem Hirtentäschelkraut erkennt er dagegen als einen parasitischen Pilz, dessen Hyphen er in den Interzellulargängen ebenso beobachtet hat wie das Hervorbrechen der Konidienträger aus den Spaltöffnungen.

Einen Markstein in der Geschichte der Phytopathologie stellt die Habilitationsschrift des Botanikers ANTON DE BARY[8] dar, die 1853 unter dem Titel erschien: «Untersuchungen über die Brandpilze und die durch sie verursachten Krankheiten der Pflanze». In diesem schmalen Bändchen von 144 Seiten Umfang wird der Beweis erbracht, daß die krankheitserregenden Pilze selbständige Organismen sind, die nicht aus der kranken Pflanze entstehen, sondern diese befallen und deren Krankheit hervorrufen. Die Brand- und Rostpilze sind demnach «parasitische Gewächse, welche aus Sporen entstehen, deren Keime in das Gewebe anderer Pflanzen eindringen, alsdann im Innern der Nährpflanze sich weiter entwickeln, ihre Reproduktionszellen (Sporen) bilden, und mit Vollendung dieser schließlich in der Regel die Epidermis durchbrechen». Zwölf Jahre später gelingt DE BARY der experimentelle Nachweis des Generations- und Wirtswechsels der Rostpilze.

Die neuen Erkenntnisse wurden sofort für die Praxis ausgewertet durch den Landwirt JULIUS KÜHN[9] (Abb. 142), dessen 1858 erschienenes Buch «Die Krankheiten der Kulturgewächse, ihre Ursachen und Verhütung» sich sogar die Anerkennung eines HUMBOLDT, LIEBIG, ALEXANDER BRAUN und TULASNE errang. Der große Schritt, den die Erforschung der Pflanzenkrankheiten und ihrer Ursachen um die Mitte des vorigen Jahrhunderts getan hat, tritt eindrucksvoll vor Augen, wenn man KÜHN's Buch mit den oben erwähnten Werken MEYEN's oder gar UNGER's vergleicht und dabei bedenkt, daß nur 17 bzw. 25 Jahre dazwischen liegen.

Ein ähnlicher Umschwung wie in der Pflanzenpathologie hat sich, wenn auch erst zwanzig Jahre später, in der Humanpathologie vollzogen. Man unterschied früher miasmatische und kontagiöse Erkrankungen des Menschen. Unter Miasma verstand man die aus dem Boden aufsteigenden Dünste, die Krankheiten hervorrufen (die Malaria führte man damals auf Miasmen zurück), während man als Kontagium einen von Individuum zu Individuum übertragbaren Ansteckungsstoff bezeichnete (Beispiel: Syphilis). Die meisten Infektionskrankheiten betrachtete man als miasmatisch-kontagiös. Wenn aber Miasma und Kontagium die gleiche Wirkung haben, so schloß der Anatom und Pathologe JAKOB HENLE

Abb. 142. Julius Kühn (1825–1910)

Abb. 143. Ernst Gäumann (1893–1963)

(1809–1885), müssen sie identisch sein, und es muß sich um einen Stoff handeln, der sich im kranken Körper vermehrt. Da man damals gerade die Hefepilze als Gärungserreger kennengelernt hatte, folgerte Henle weiter, muß das Kontagium ein Lebewesen sein. Die Bestätigung dafür erbrachte Jahrzehnte später (1876) Robert Koch[10] mit dem Beweis, daß der Milzbrand durch ein Bakterium, *Bacillus anthracis*, hervorgerufen wird. Die geradezu explosive Entwicklung der Human-Bakteriologie ist in vielen wissenschaftlichen und populären Büchern geschildert worden. Es wurden aber schon frühzeitig Stimmen laut, die darauf hinwiesen, daß zum Ausbruch einer Infektionskrankheit nicht nur eine Infektion durch das Bakterium, sondern auch eine gewisse Disposition («Krankheitsbereitschaft») des Patienten notwendig ist. Um dies zu beweisen, schluckte der 74jährige Münchener Hygieniker Max von Pettenkofer 1892 eine Reinkultur von Kochs Choleravibrionen, ohne ernstlich zu erkranken.[11]

Die «ätiologische» Richtung in der Pflanzenpathologie, die allein im parasitischen Pilz die Krankheitsursache sieht, blieb – de Bary und Kühn folgend – lange Zeit ausschließlich vorherrschend. Doch auch unter den «Pflanzenärzten» wurde wieder darauf hingewiesen, daß eine gewisse «Prädisposition» oder die «Konstitution» der Pflanze für den Ausbruch der Krankheit erforderlich sei. Paul SORAUER[12] war wohl der erste, der (z.B. in der 1886 erschienenen 2. Auflage seines «Handbuch der Pflanzenkrankheiten») die Bedeutung der Prädisposition erkannt und betont hat. Sogar de Bary selbst schrieb im gleichen Jahre in einer Abhandlung über die Sclerotinia-Krankheit[13], daß es zur Erklärung der lokalen und individuellen Verschiedenheiten der Erkrankung noch einen «nicht in dem Pilz, sondern zunächst in den befallenen Pflanzen gelegenen Grund geben muß». Sorauer gebührt das Verdienst, die «Pflanze als Patient» gesehen und immer wieder auf die Bedeutung der Konstitution hingewiesen zu haben. Der Schweizer Botaniker Ernst Gäumann[14] (Abb. 143) hat den ganzen hierauf bezüglichen Fragenkomplex vorbildlich analysiert in seiner «Pflanzlichen Infektionslehre» (1946), die in der «Biologie der pflanzenbewohnenden parasitischen Pilze» (1929) von E. Fischer & E. Gäumann ihren Vorgänger hatte.

Einen Schritt weiter als Paul Sorauer ging Friedrich Merkenschlager.[15] Er bemühte sich um eine ökophysiologische Charakteristik einzelner Kulturpflanzen, m.a.W. diese nicht statisch, sondern dynamisch zu sehen. Er legte dar, «woher die Arten kamen, welchen Weg ihre Wanderungen nahmen, wo sich ihr Anbau verdichtete, wo sie rasch an Lebenskraft einbüßen, wo sie die Lebensenergien bewahren, wo sie dieselben steigern können». Damit erweiterte Merkenschlager den ursprünglich auf das Individuum bezogenen Konstitutions-Begriff auf die Art, womit zugleich das pathologische Geschehen in ein umfassenderes physiologisches Blickfeld gestellt wird.

Ein langer Streit entspann sich um die Frage, ob Bakterien auch bei den Pflanzen Erkrankungen hervorrufen können. Sorauer beschrieb 1886 in der 2. Auflage seines oben erwähnten Handbuchs die Naßfäule von Zwiebeln, bei der die Pflanzenteile durch Bakterien in eine schmierige, stinkende Masse umgewandelt werden. Zehn Jahre später stellte A.B. Frank[16] alle bis dahin beschriebenen bakteriellen Pflanzenkrankheiten zusammen, glaubte aber, daß sie primär durch äußere Faktoren oder Pilze hervorgerufen seien und die Bakterien erst nachträglich hinzugekommen wären, änderte jedoch seine Meinung bereits im darauffolgenden Jahre. Heftig entbrannte der Streit kurz vor der Jahrhundertwende zwischen dem amerikanischen Phytopathologen Erwin Smith[17], der aufgrund umfassender Untersuchungen die Bakterien als Krankheitserreger ansah, und dem Botaniker Alfred Fischer, der diese Auffassung scharf bekämpfte. Im Jahre 1901 entschied Otto Appel[18] die Diskussion zugunsten des erstgenannten. E. Smith war es auch, der erstmals die von *Bacillus tumefaciens* hervorgerufene Tumorbildung beschrieb (1907), die bis heute ein wichtiges Studienobjekt geblieben ist.

Eine höchst bedeutsame Entdeckung machte 1892 der Petersburger Akademiker Dimitrii Iwanowski: Die mehrere Jahre vorher von Adolf Mayer beschriebene Mosaikkrankheit des Tabaks läßt sich durch den aus erkrankten Blättern gewonnenen Saft übertragen, wenn dieser sogar eine für Bakterien undurchlässige Filterkerze durchlaufen hat. Der Holländer M.W. Beijerinck sprach 1898 von einem «contagium vivum fluidum» oder «virus», welches sogar nach Diffusion durch Agar noch infektionsfähig ist. Damit war der Grund gelegt für die weitere Erforschung der in theoretischer wie praktischer Hinsicht höchst bedeutsamen Viren.[19]

Ein Sonderfall aus dem großen Bereiche der Pflanzenkrankheiten verdient noch unsere Aufmerksamkeit; die Gallen der Pflanzen.[20] Wir verstehen darunter Bildungsabweichungen, die durch andere Organismen hervorgerufen werden, vor allem durch parasitische Pilze und durch bestimmte Insektengruppen. Schon Theophrastos erwähnt die Gallen der Eiche (*κηκίδες δρυός*), der Ulme (*οἱ τῆς πτελέας κύτταροι*), der Pistazie (*κωρυκώδη κοῖλα τῆς τερμίνθου*) und die darin lebenden Tiere. Genauer beschreibt sie Albertus Magnus: In foliis quercus invenitur rotunda sphaera, quae galla vocatur, quae in se profert vermiculum (an den Blättern der Eiche findet man eine runde Kugel, die Galle genannt wird, die in sich ein Würmchen erzeugt). Der erste Botaniker, der eingehendere Untersuchungen über die Gallen angestellt hat, war Marcello Malpighi[21], der ihnen in seiner «Anatome plantarum» (1675) ein umfangreiches Kapitel gewidmet hat. Er beschreibt nicht nur über 60 verschiedene Gallen und stellt sie in Habitusbildern und Schnitten dar, sondern untersucht auch die Gallentiere (sogar den Legestachel von Gallwespen). Er schließt das Gallen-Kapitel mit folgenden Sätzen: «Es werden also die Gallen... erzeugt durch die unter dem Einfluß des hineingelegten Eies veränderte Struktur der Pflanzen und die gestörte Bewegung der Säfte, in ihnen werden die eingeschlossenen Eier und Tierchen wie in einem Uterus geboren, und diese wachsen darin, bis ihre eigenen Teile ausgebildet sind und sie gewissermaßen auferstehen, um die frische Luft zu genießen.» Die Zahl der bekannten Gallen ist seit MALPIGHI unermeßlich gewachsen (in Mitteleuropa zählt man über 3000 auffälligere von Tieren und Pilzen erzeugte Gallenarten), ihre Histologie und Entwicklungsgeschichte wurde eingehend erforscht, aber über ihre Ätiologie wissen wir auch heute nur wenig. Der Holländer M.W. BEIJERINCK stellte 1888 fest, daß die *Pontania*-Gallen der Weidenblätter durch ein Sekrettröpfchen ausgelöst werden, das vom Insekt bei der Eiablage abgegeben wird; und der dänische Pflanzenphysiologe BOYSEN-JENSEN beobachtete 1952 an beschädigten *Mikiola*-Gallen der Buchenblätter, daß sie nur dann regenerieren, wenn sich noch die lebende Larve darin befindet. Über die Natur der von den Insekten abgegebenen Stoffe ist nichts bekannt. So wissen wir über die Ätiologie der Gallen heute im Grunde genommen nicht viel mehr als MALPIGHI vor dreihundert Jahren.

Anmerkungen

1 Unter den Lehr- und Handbüchern, die den heutigen Wissensstand darlegen, seien vor allem genannt: HORSFALL, J.G., & A.E. DIMOND, Plant Pathology. An advanced Treatise. 3 vol. New York and London 1959–60. KLINKOWSKI, M., E. MÜHLE & E. REINMUTH, Phytopathologie und Pflanzenschutz. 3 Bde. Berlin 1965–68. SORAUER, P., Handbuch der Pflanzenkrankheiten. 5./6. Aufl. 6 Bde. Berlin und Hamburg 1954ff.
Die Geschichte der Phytopathologie wird behandelt in: AINSWORTH, G.C., Introduction to the history of plant pathology. Cambridge 1980. BRAUN, H., Geschichte der Phytomedizin. Berlin u. Hamburg 1965. KEITT, G.W., History of plant pathology, in: HORSFALL & DIMOND (s.o.!) vol. 1, 61–97, 1959. ORLOB, G.B., Vorstellungen über die Ätiologie in der Geschichte der Pflanzenkrankheiten. Pflanzenschutz-Nachrichten «BAYER» **17** (4), 185–272, 1964.
–, Frühe und mittelalterliche Pflanzenpathologie. Ebenda **26** (2), 69–314, 1973. WHETZEL, H.H., An outline of the history of phytopathology. Philadelphia and London 1918. REDLHAMMER, D., u.a., Die Pflanzen schützen, den Menschen nützen. Eine Geschichte des Pflanzenschutzes. Frankfurt/Main 1987.

2 WEHNELT, B., Mathieu Tillet – Tilletia, die Geschichte einer Entdeckung. Nachrichten über Schädlingsbekämpfung **12**, 41–146, 1937. TILLET's «Dissertation» erschien 1757 auch in deutscher Übersetzung.

3 WEHNELT, B., Die Pflanzenpathologie der deutschen Romantik als Lehre vom kranken Leben und Bilden der Pflanzen. Bonn 1943.

4 CHRISTIAN GOTTFRIED NEES VON ESENBECK wurde 1776 auf Schloß Reichenberg bei Erbach (Odenwald) geboren, studierte in Jena Medizin (wo u.a. BATSCH sein Lehrer war), wurde 1817 nach Erlangen, 1818 nach Bonn und 1830 nach Breslau als Professor der Botanik berufen. Wegen seiner sozialpolitischen Anschauungen wurde er 1852 ohne Pension aus seinem Amt entlassen. In großer Armut starb er 1858, also 82 Jahre

alt, in Breslau. Die ungewöhnlich zahlreiche Beteiligung an seinem Begräbnis bezeugt die Verehrung, die ihm wegen seiner idealen Gesinnung zuteil wurde. 1818–1858 war er Präsident der «Leopoldinisch-Carolinischen Akademie der Naturforscher». Von seinen zahlreichen Abhandlungen und Werken haben ihn vor allem diejenigen systematisch-taxonomischen Inhalts überdauert, insbesondere seine vierbändige «Naturgeschichte der europäischen Lebermoose» (1833–38).
Biogr.: Naturwiss. Wochenschrift **36**, 337–346, 1921 (H. Winkler); Allg. dtsch. Biogr. **23**, 368–376, 1886 (E. Wunschmann); DSB **10**, 11–14, 1974.

5 Diese Auffassung wird heute wieder vertreten, z.B. von H. Kreisel (Grundzüge eines natürlichen Systems der Pilze. Lehre 1969) und Takhtajan, A. (Priroda Akad. Nauk 1973, Nr. 2).

6 Über das Leben Unger's s. Kap. 21.

7 Näheres über Meyen s. Kap. 9 und 12.

8 Über Leben und Werk von A. de Bary s. Kap. 14.

9 Julius Kühn (geb. 1825 in Tulsnitz/Sachsen, gest. 1910 in Halle/Saale) war 1841–1855 praktischer Landwirt, studierte dann in Bonn, habilitierte sich an der Landwirtschaftl. Akademie in Troskau, war nochmals fünf Jahre in der Praxis tätig und wurde 1862 auf den neugegründeten Lehrstuhl für Landwirtschaft nach Halle berufen. Er war ein Forscher, Praktiker und Organisator von ungewöhnlicher Weite und begründete das hohe Ansehen der Landwirtschaftswissenschaften an der Universität Halle.
Biogr.: Julius Kühn, sein Leben und Wirken. Festschrift zum 80. Geburtstag. Berlin 1905; Biograph. Jahrb. **15**, 52ff., 1913.

10 Über Robert Koch (1843–1910): siehe Biographie von R. Bochalli (Stuttgart 1954). Die Bedeutung von Kochs Forschungen wurde zuerst erkannt von dem Breslauer Botaniker Ferdinand Cohn (vgl. Kap. 14).

11 Näheres bei K. Kisskalt, Max von Pettenkofer (Stuttgart 1948), S. 116.

12 Paul Sorauer (1839–1916) war Leiter der pflanzenphysiologischen Versuchsstation am Pomologischen Institut in Proskau bei Oppeln (Oberschlesien) und später Dozent an der Universität Berlin. Sein «Handbuch der Pflanzenkrankheiten» erschien 1874 in erster, 1886 in zweiter und 1908–13 in dritter Auflage.
Biogr.: Zeitschr. f. Pflanzenkrankheiten **26**, 2–17, 1916 (L. Wittmack).

13 Bot. Zeitung **44**, 436, 1886.

14 Ernst Gäumann (1893–1963) war von 1927–1963 Professor der Botanik an der Eidgenöss. Techn. Hochschule in Zürich. Sein umfangreiches wissenschaftliches Werk umfaßt außer der Phytopathologie vor allem Entwicklungsgeschichte, Morphologie und Systematik der parasitischen Pilze.
Biogr.: Verhandl. d. schweiz. naturf. Ges. 1963, 194–206 (E. Landolt); Festgabe zum 70. Geburtstag am 6. Okt. 1963; Mitteil. d. naturforsch. Ges. Bern, N.F. **21**, 245–249, 1964 (S. Blumer).

15 Friedrich Merkenschlager (geb. 1892 in Hauslach bei Schwabach, gest. 1968 ebenda) war Botaniker an der Biologischen Reichsanstalt in Berlin, später Professor der Botanik und Phytopathologie an der Gartenbauschule Freising-Weihenstephan.
Merkenschlager, F., Tafeln zur vergleichenden Physiologie und Pathologie der Kulturpflanzen. Berlin 1927. – & M. Klinkowski, Pflanzliche Konstitutionslehre, dargestellt an Kulturpflanzen. Berlin 1933.
Biogr.: Aus der Spalter Heimat 1970, Heft 9.

16 Frank, Albert Bernhard, Die Krankheiten der Pflanzen. 2. Aufl. 3 Bde. Breslau 1895–96.
Biogr.: Ber. d. dtsch. bot. Ges. **19**, (10)–(36), 1901.

17 Erwin Frank Smith (1854–1927) war Leiter des «Laboratory of plant pathology» in Michigan.

18 Otto Appel (1867–1952) war Direktor der Biologischen Reichsanstalt für Land- und Forstwirtschaft in Berlin.

Biogr.: Ber. d. dtsch. bot. Ges. **68**a, 211–215, 1955.

19 Näheres über die Geschichte der Virus-Forschung siehe H. S. REED, A short History of Botany, Waltham 1942, p. 296–302; E. UNGERER, Die Wissenschaft vom Leben, Bd. 3, Freiburg 1966, p. 77–80; M. KLINKOWSKI Pflanzliche Virologie, 2. Aufl., Bd. 1, Berlin 1967, p. 1–10; S. S. HUGHES, The virus, a history of a concept, London 1977.

20 Über Bau und Ökologie der Gallen: KÜSTER, E., Die Gallen der Pflanzen (Leipzig 1911); MANI, M. S., The ecology of plant galls (The Hague 1964). Geschichte: BÖHNER, K., Geschichte der Cecidologie, 2 Bände (Mittenwald 1933–1935).

21 Über MALPIGHI vgl. Kap. 7.

21. Die Pflanzenwelt der Vorzeit

Die Erforschung der in den aufeinanderfolgenden Perioden der Entwicklung der Erde erschienenen Pflanzen lehrt uns den inneren Zusammenhang der Pflanzenformen und gibt uns somit eine Entwicklungsgeschichte des Pflanzenreiches selbst.

F. UNGER (1852)

Die ersten Angaben über fossile Pflanzen[1] und Tiere liegen aus dem fünften vorchristlichen Jahrhundert vor. Wie ORIGINES berichtet, fand XENOPHANES «*ἐν δὲ Πάρῳ τύπον δάφνης ἐν τῷ βάθει τοῦ λίθου*»(«auf Paros den Abdruck eines Lorbeerblattes in der Tiefe des Gesteins»). Ebenso erwähnt HERODOT Muschelabdrücke, aus denen er auf frühere Meeresbedeckung schließt. Offensichtlich hat man damals die Fossilien bereits richtig als Reste ehemaliger Lebewesen angesprochen, eine Erkenntnis, die über ein Jahrtausend lang verschüttet war. Erst LEONARDO DA VINCI (1452–1519) spricht wieder mit Bestimmtheit aus, daß die Versteinerungen Reste früherer Organismen sind, die dort gelebt haben, wo wir sie heute finden; sie können auch nicht durch die Sintflut zusammengeschwemmt worden sein, da wir sie in zahlreichen Schichten in sehr verschiedenen Höhenlagen antreffen. Ähnliche Ansichten äußert auch CESALPINO. Dies hinderte nicht, daß die mittelalterliche Auffassung, die Fossilien seien in den Gesteinen durch eine geheimnisvolle «vis plastica» gebildet worden oder sie seien überhaupt nur «Naturspiele» («naturae juvantis ludibria»), weiter bestehen blieb. 1580 mußte BERNHARD PALISSY seine Behauptung, die Versteinerungen seien Reste wirklicher Lebewesen, auf Veranlassung des Doktorenkollegiums in Paris widerrufen und starb als Gefangener in der Bastille. ROBERT HOOKE, der Entdecker der Zelle (1665), war seiner Zeit weit voraus: Schildkröten und große Ammoniten im englischen Jura hält er für Zeugen eines wärmeren Klimas, das er durch Änderung der Ekliptikschiefe erklärt. Anstelle einer einzigen Sintflut rechnet er mit mehreren Überflutungen und hält er es für möglich, nach den Fossilien eine Chronologie aufzustellen. Als Kuriosum sei demgegenüber erwähnt, daß der Geologe CARL VON RAUMER noch 1819 die Versteinerungen für verunglückte Probeschöpfungen hielt und die fossilen Pflanzen des schlesischen Karbons «als eine Entwicklungsfolge ungeborener Pflanzenembryonen im Erdenschoß» ansah.

Die ältesten Abbildungen fossiler Pflanzen (wenn wir von HOOKE's versteinertem Holz, Abb. 38a, absehen) gab der Engländer EDUARD LHWYD (LUIDIUS)[2] in seiner «Lithophylacii Britannici Ichnographia» (1699), wo er auf Tafel 3 und 4 einige Farne und Annularien in recht schematischen Bildern darstellt. Er glaubt aber noch an die Entstehung der Fossilien durch eine «aura seminalis», während sein Zeitgenosse und Landsmann JOHN WOODWARD mit Bestimmtheit die Fossilien für Reste ehemaliger Organismen erklärte, die durch die Sintflut zusammengeschwemmt worden seien, eine Auffassung, die von der Kirche stark unterstützt wurde. Zu den Anhängern WOODWARD's, den «Diluvianern», ge-

Abb. 144. Johann Jacob Scheuchzer (1672–1733)

hörte auch der Schweizer Naturforscher J. J. Scheuchzer, der durch das erste Werk über fossile Pflanzen zum Vater der Paläobotanik wurde und somit eine eingehende Würdigung verdient.

Johann Jakob SCHEUCHZER[3] (Abb. 144), 1672 in Zürich als Sohn eines Arztes geboren, studierte Medizin und Naturwissenschaften an der Universität Altdorf, wurde 1694 in Utrecht zum Doctor medicinae promoviert und ging anschließend wieder nach Altdorf, um Mathematik zu studieren. 1696 wurde er als Stadtarzt (Poliater) und 1710 als Professor für Mathematik am Gymnasium in Zürich angestellt. Im nächsten Jahr begann er mit der systematischen Erforschung seines Vaterlandes durch Versendung von Fragebogen (deutsch und lateinisch) in alle Gegenden der Schweiz, enthaltend fast 200 Fragen, die sich auf die geographischen und klimatischen Verhältnisse, auf Mineralien, Pflanzen, Tiere, Fossilien usw. beziehen. Außerdem führte er selbst zahlreiche Reisen in alle Teile des Landes durch, die er in seinen »*Οὐρεσιφοίτης* Helveticus» («der schweizerische Bergwanderer» 1723) beschrieb. Er führte erstmals barometrische Messungen im Gebirge, meteorologische Beobachtungen, viele geodätische Arbeiten durch und zeichnete eine für damalige Verhältnisse vorzügliche Karte der Schweiz im Maßstab 1:230000, die er jedem der Fragebogen-Beantworter übersandte. Seine landeskundlichen Forschungen faßte er schließlich zusammen in seiner «Beschreibung der Naturgeschichten des Schweizerlandes» und wurde damit zum Begründer der physischen Geographie der Schweiz. Scheuchzer, seit 1710 Professor der Mathematik am Gymnasium in Zürich, starb 1733 im 61. Lebensjahr als einer der angesehensten Gelehrten seiner Zeit; ihm zu Ehren tragen das Scheuchzerhorn im Berner Oberland sowie die Alpenpflanzen *Campanula Scheuchzeri* und *Phyteuma Scheuchzeri* seinen Namen.

Auf allen seinen Reisen hatte Scheuchzer auch auf Versteinerungen geachtet und solche fleißig gesammelt. Die selbstgefundenen sowie die im Züricher Museum liegenden pflanzlichen Fossilien hat er in einem besonderen Werk «Herbarium diluvianum» (1709) beschrieben, das 1723, durch einen systematischen Anhang erweitert, in zweiter Auflage erschien. Auf 14 Tafeln, deren jede einem zeitgenössischen Gelehrten gewidmet ist (Abb. 145), sind Pflanzenabdrücke, vor allem aus Karbon, Perm und Tertiär, dargestellt. Die Zeichnungen sind so naturgetreu, daß man viele der dargestellten Objekte bis auf die Art genau anzusprechen vermag. Die Dendriten ordnet er bereits richtig unter die «Pseudophyta (lapides, qui plantarum figuras mentiuntur)» ein und kommt zu dem richtigen Schluß «productas esse has figuras et motu fluidi alicuius inter duo solida inclusi, compressi et sese inter illa diffundentis» (daß diese Figuren entstanden sind aus der Bewegung einer Flüssigkeit, die, zwischen zwei feste Schichten eingeschlossen und zusammengepreßt, sich ausgebreitet hat). Demgegenüber sei erwähnt, daß noch im Jahre 1879 ein Schwefelkiesdendrit aus silurischen Schiefern von Angers als «Eopteris» = Urfarn beschrieben worden ist, sogar von einem angesehenen Paläobotaniker. – Bei allen Pflanzenabdrücken gibt Scheuchzer Gestein und Fundort an. Die überwiegende Zahl stammt aus dem englischen Karbon, aus dem Rotliegenden des Thüringer Waldes, besonders von Manebach, und aus dem Tertiär von Öhningen am Bodensee. Scheuchzer teilt die Pflanzenversteinerungen ein in antediluvianae, diluvianae und postdiluvianae. Zu letzteren zählt er die Blattabdrücke in Kalktuffen und die tuffinkrustierten Moose.

In der zweiten Ausgabe des «Herbarium diluvianum» (1723) ordnet Scheuchzer in einem Anhang sämtliche fossilen Pflanzenreste in das Tournefortsche System ein. Im Schlußabschnitt zählt er alle diejenigen Funde auf, die sich nicht in dieses System einreihen lassen («Plantae ad nullam certam classem redigendae»), darunter über hundert fossile Hölzer.

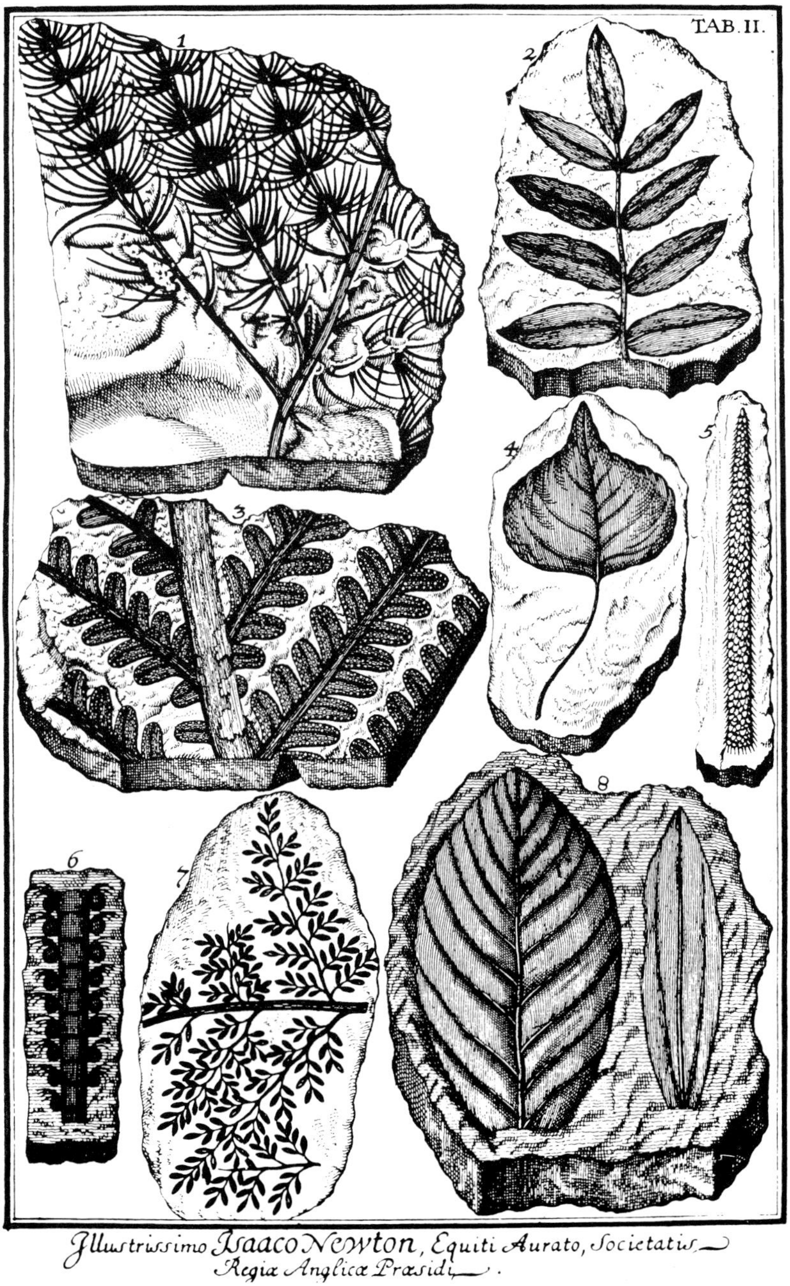

Abb. 145. Tafel aus SCHEUCHZERS Herbarium diluvianum (1709). Links Fossilien aus Karbon/Perm *(Asterophyllites, Callipteris, Calamostachys, Sphenopteris)*, rechts Blattabdrücke aus dem Tertiär.

Anfangs (z.B. 1702 in seiner «Lithographia Helvetica») hielt SCHEUCHZER die Versteinerungen «eher für Naturspiele als für Überreste der Sintflut», wurde aber durch JOHN WOODWARD's «Essay toward a Natural History of the Earth» (1692), den er 1704 ins Lateinische übersetzte, von der zweiten Möglichkeit überzeugt. Ja er versuchte sogar aus bestimmten Pflanzenresten (Pappel-Kätzchen) den Monat zu bestimmen, in dem die Sintflut begonnen hat. SCHEUCHZER befaßte sich auch mit tierischen Fossilien (1708: «Piscium querelae et vindiciae») und beschrieb schließlich 1726 in den «Philosophical Transactions of the royal Society» das Skelett eines in der Sintflut ertrunkenen Menschen als «Homo diluvii testis» («Betrübtes Beingerüst von einem alten Sünder, erweiche Sinn und Herz der neuen Bosheits-Kinder»), das jedoch CUVIER als einem Riesensalamander zugehörig erkannte und mit dem Namen *Andrias Scheuchzeri* belegte. Erwähnt sei auch SCHEUCHZER's «Physica sacra iconibus aeneis illustrata», ein fünfbändiges Naturgeschichts-Lehrbuch im Anschluß an das Alte Testament, u.a. mit prachtvoll ausgeführten Fossil-Tafeln.

Es wäre ungerecht, SCHEUCHZER wegen seiner zuletzt genannten Veröffentlichungen geringschätzig zu beurteilen. Vielmehr müssen wir ihn aus seiner Zeit heraus verstehen. Daß er ein vorzüglicher Beobachter war, beweist unter vielen anderen seine richtige Erkenntnis der Dendriten-Bildung. Sein «Herbarium diluvianum» blieb ein Jahrhundert lang das einzige, ausschließlich den fossilen Pflanzen gewidmete Werk und sichert seinem Verfasser einen Ehrenplatz in der Geschichte der Botanik.

Daß SCHEUCHZER's «Herbarium diluvianum» zu seiner Zeit sehr anregend gewirkt hat, sehen wir daraus, daß nunmehr die «Geognosten» den fossilen Pflanzen große Aufmerksamkeit schenkten. So bilden z.B. G.F. MYLIUS in seinen «Memorabilia Saxoniae subterraneae» (1709, 1718) und G.A. VOLKMANN in seiner «Silesia subterranea» (1720) zahlreiche Pflanzenabdrücke ab. Eine eingehende Darstellung finden die fossilen Gewächse aber erst wieder im Jahre 1771 durch JOHANN ERNST IMMANUEL WALCH[4] (Abb. 146). Als Professor der Beredsamkeit und Dichtkunst beschäftigte er sich nebenbei, später wohl sogar vorwiegend mit Gesteinen und Versteinerungen. Bereits in seinem «Steinreich» (1762–64), einem der ältesten Lehrbücher der Geologie und Paläontologie, wird der fossilen Pflanzen gedacht. In seiner «Naturgeschichte der Versteinerungen» (1768–73), welche fünf Foliobände mit 275 handkolorierten Tafeln umfaßt und vor allem die umfangreiche Fossilsammlung des Nürnberger Kupferstechers G.W. KNORR zur Grundlage hat, wird den Pflanzenversteinerungen eine eingehende Dar-

Abb. 146. JOHANN ERNST IMMANUEL WALCH (1725–1778)

stellung (im 3. Bande) zuteil, und zwar sowohl den Hölzern wie den Abdrücken. Die abgebildeten wie die von früheren Autoren behandelten Pflanzenfossilien werden eingehend und umständlich beschrieben; noch heute ist WALCH's Werk wichtig durch seine vielen Hinweise auf das ältere Schrifttum. Die Pflanzen- und Tierreste sind nach seiner Meinung nicht durch eine Sintflut in das Gestein geraten, sondern haben an Ort und Stelle gelebt. Meerestiere liegen jetzt auf dem Festlande, «weil die See ihre Betten und Gänge änderte, so daß jetzo da festes Land ist, wo ehedem See gewesen». Die Sintflut-Theorie ist damit überwunden. Mit Recht bedauert WALCH, dessen Name in der permischen Koniferengattung *Walchia* festgehalten ist, den Mangel botanischer Kenntnisse bei den Geologen: «Die meisten haben auch nicht genug botanische Kenntnis zur Aufklärung der Kräuterschiefer mitgebracht und begnügen sich, eine wenig ähnliche Figur aus dem BAUHIN angegeben zu haben. Dem künftigen Naturforscher bleibt noch manches übrig, so er zu untersuchen und in ein mehreres Licht zu setzen hat. Kurz die Botanic ist noch von niemand recht, so wie es billig sollte, auf die Lithologie genutzt worden.»

WALCH's Wunsch ging in den ersten Jahrzehnten des nächsten Jahrhunderts in Erfüllung, und zwar durch das Wirken von drei Forschern, die wir mit Fug und Recht die Begründer der wissenschaftlichen Paläobotanik nennen dürfen: SCHLOTHEIM, STERNBERG und BRONGNIART.

ERNST FRIEDRICH VON SCHLOTHEIM[5] (Laubmoos *Schlotheimia*, Ammonit *Schlotheimia*!), dessen Hauptverdienste auf dem Gebiete der Paläozoologie liegen, wurde 1765 in Allmenhausen (östlich Mühlhausen) in Thüringen geboren und schon frühzeitig durch einen Lehrer für Mineralogie und Geologie interessiert. Er studierte zunächst Kameralwissenschaften in Göttingen, ging dann aber zu ABRAHAM GOTTLOB WERNER nach Freiberg, wo er Freundschaft mit ALEXANDER VON HUMBOLDT schloß, und schließlich nach Clausthal. Er ergriff die Verwaltungslaufbahn in Gotha und starb hier 1832 als Minister und Oberhofmarschall. Er war befreundet mit dem hier lebenden Legationsrat KARL ERNST ADOLPH VON HOFF, der 1822 mit seinem Buch «Geschichte der durch Überlieferung nachgewiesenen natürlichen Veränderungen der Erd-Oberfläche» die Katastrophentheorie CUVIER's durch das aktualistische Prinzip abgelöst hatte. SCHLOTHEIM bekleidete im Herzogtum Gotha dasselbe Amt wie GOETHE zur gleichen Zeit im Großherzogtum Weimar.

Die wissenschaftlichen Arbeiten SCHLOTHEIM's sind fast alle der Petrefaktenkunde gewidmet, und eine der ersten stellt einen Markstein in der Geschichte der Paläobotanik dar: «Beschreibung merkwürdiger Kräuterabdrücke und Pflanzenversteinerungen» (1804). Etwa zwei Dutzend Pflanzenabdrücke aus dem Karbon und Rotliegenden werden beschrieben, mit lateinischen Diagnosen gekennzeichnet und auf sorgfältigen Abbildungen dargestellt. Bedeutsam erscheint die allgemeine Feststellung, «daß fast alle Pflanzenarten aus dem Dachgestein der mehresten Steinkohlenlager durchgängig die Produkte eines südlichen Himmelsstrichs sind». Zwar sind sie ostindischen und amerikanischen Farnkräutern ähnlich, aber doch deutlich verschieden. Aus der «außerordentlichen Menge baumähnlicher Farrenkräuter mit ungewöhnlich starken Stämmen können wir nicht nur auf eine sehr üppige, südliche und von der gegenwärtigen abweichende Vegetation schließen, sondern auch mit vieler Wahrscheinlichkeit annehmen, daß wir fast lauter untergegangene Pflanzenarten vor uns haben».

In einer späteren Abhandlung «Beiträge zur Naturgeschichte der Versteine-

Abb. 147. ERNST FRIEDRICH VON SCHLOTHEIM (1764–1832)

Abb. 148. KASPAR GRAF STERNBERG (1761–1838)

rungen» (1813) erkennt SCHLOTHEIM klar die Bedeutung der Petrefakten als Leitfossilien zur Identifizierung der Schichten, eine Erkenntnis, die meist dem Engländer WILLIAM SMITH zugeschrieben wird, dessen Werk aber erst 1816 erschienen ist.

Mit seiner «Petrefaktenkunde auf ihrem jetzigen Standpunkte» (1820) wird SCHLOTHEIM schließlich zum eigentlichen Begründer der wissenschaftlichen Paläontologie, da er erstmals die LINNÉsche binäre Nomenklatur auf die Fossilien konsequent anwendet und alle damals bekannten Petrefakten mit Gattungs- und Artnamen belegt.

«Ein Mann, der neben seinem Beruf Zeit und Kraft findet, einer Wissenschaft maßgebende Richtlinien zu geben, ist in Wahrheit ein großer Mann. Mit Bewunderung blicken wir auf das Lebenswerk ERNST FRIEDRICH VON SCHLOTHEIM's zurück. In ihm waren in seltener Harmonie die Eigenschaften des deutschen Forschers vereinigt: Gründlichkeit in den Einzeluntersuchungen und Hinstreben auf die Erkenntnis allgemein-gültiger Gesetze, Einfachheit in der Darstellung von Gedankengängen, durch welche die Entwicklung seiner Wissenschaft maßgebend beeinflußt wurde» (VON FREYBERG 1932).

Ähnlich wie WALCH und SCHLOTHEIM war auch KASPAR Graf STERNBERG[6] (Abb. 148) zunächst nur «Liebhabergeologe». 1761 in Prag geboren, studierte er Theologie am deutschen Collegium in Rom und wurde Domherr zu Passau und Regensburg. 1809 aber trat er aus dem geistlichen Stande aus und begründete das böhmische Nationalmuseum in Prag. Auch war er ein eifriger Förderer der botanischen Gesellschaft zu Regensburg, der ältesten noch bestehenden Vereinigung dieser Art in der Welt[6a], sowie einer der Mitbegründer der deutschen Naturforscherversammlungen. Seit 1822 war er mit GOETHE befreundet, der über das erste Zusammentreffen schrieb: «Aber wenn bei hohen Jahren sich ein Edler uns gesellt, o wie herrlich ist die Welt.» STERNBERG starb 1838 auf seinem Schloß Březina in Böhmen; ein *Lepidodendron*-Stamm schmückt die Nische über seinem Grab.

1820, also gleichzeitig mit SCHLOTHEIM's «Petrefaktenkunde», erschien das erste Heft von STERNBERG's «Versuch einer geognostisch-botanischen Darstellung der Flora der Vorwelt», dessen letztes (8.) Heft 1838 herauskam. Wie schon der Titel vermuten läßt, ist es kein einheitliches Lehrbuch, sondern eine Aneinanderreihung von Einzelabhandlungen[7] über Fundstellen fossiler Pflanzen, Stein- und Braunkohlen und deren Bildung, Klima der Vorzeit, von Beschreibungen fossiler Pflanzen und einem über mehrere Hefte verteilten «Tentamen classificationis systematicae plantarum primordialium», beginnend im ersten Heft (1820) mit der Gattung Lepidodendron und endend im vierten Heft (1825) mit einer Gesamtübersicht. Dieses Tentamen (= Versuch) ist historisch deshalb von großer Bedeutung, weil – gleichzeitig mit SCHLOTHEIM (1820) – die binäre Nomenklatur LINNÉS auf die fossilen Pflanzen angewendet und den Gattungen und Arten lateinische Diagnosen beigefügt werden. In der Anordnung folgt STERNBERG «naturae et WILBRANDO», d.h. seinen eigenen Beobachtungen und dem natürlichen System von J.B. WILBRAND (veröffentlicht in «Flora», Band 7, Teil 1, Beilage, 1824). Später (1838), unter Verwendung der noch zu besprechenden Werke BRONGNIART's, hat STERNBERG abermals eine systematische Übersicht über die fossile Flora gegeben. STERNBERG gebührt schließlich ein besonderes Verdienst insofern, als er die Paläobotanik von beiden Seiten her zu fördern versucht, von der botanischen wie von der geologischen Seite. GOETHE rühmt an STERNBERG's Werk «höhere Ansicht und gründliche Forschung, so wie ruhig besonnene und ansprechende Klarheit». – Die Amaryllidacee *Sternbergia* hält den Namen dieses bedeutenden Mannes fest.

Der dritte Begründer der wissenschaftlichen Paläobotanik, ADOLPHE BRONGNIART[8] (Abb. 149), war, wenn wir so sagen dürfen, «ein Mann vom Fach». Geboren 1801 als Sohn des Geologen ALEXANDRE BRONGNIART, begann er schon frühzeitig mit dem Studium fossiler Pflanzen. 1818 findet sich im Tagebuch des Vaters der Eintrag «travail dans mon cabinet avec ADOLPHE et DE CANDOLLE sur les végétaux fossiles». In dieser Zeit begann er mit dem Studium der Medizin, das er 1824 abschloß. Danach widmete er sich ganz der Botanik (seiner Untersuchungen zur Befruchtung der Pflanzen haben wir bereits gedacht) und der Paläobotanik. 1834 wurde er in die Sektion Botanik des «Institut de France» berufen, 1846 wurde er Präsident der Akademie, 1852 Generalinspektor der Naturwissenschaften an den französischen Hochschulen, 1864 Kommandeur der Ehrenlegion. Er unternahm zahlreiche Reisen durch viele Länder Europas, um die großen Museen und Sammlungen zu studieren. Nach einem ganz der Wissenschaft gewidmeten Leben starb er 1876.

Wenn wir von den zahlreichen paläobotanischen Einzelabhandlungen BRONGNIART's absehen, die 1821 beginnen und mit seiner bedeutsamen Arbeit über karbonische Samenformen (1874) enden, so sind zwei Werke zu Marksteinen in der Geschichte der Paläobotanik geworden: Der «Prodrome d'une histoire des Végétaux fossiles» (1828) und die «Histoire des végétaux fossiles (1828–30). Der «Prodrome» bringt eine Übersicht über die fossilen Pflanzen mit binärer Nomenklatur, Charakteristik der Gattungen und Aufzählung der Arten sowie eine Charakteristik der Floren mit Artenlisten vom «Übergangsgebirge» (Unterkarbon) bis zum Quartär. Die «Histoire», ein stattlicher Band von 560 Seiten mit

Abb. 149. ADOLPHE BRONGNIART (1801–1876)

Abb. 150. HEINRICH ROBERT GOEPPERT (1800–1884)

194 Tafeln, holt viel weiter aus und wurde zum eigentlichen Grundstein der neueren Paläobotanik. Jeder Pflanzengruppe stellt BRONGNIART eingehende Untersuchungen über Morphologie und Histologie der nächstverwandten rezenten Gattungen voran, z.B. bei den Farnen sorgfältige Studien über die Nervatur der Fiedern und den Bau der Baumfarnstämme. Alle fossilen Genera und Spezies werden mit lateinischen Diagnosen versehen und eingehend (französisch) beschrieben. Außer dem Fundort werden stets auch die Fundschichten genau angegeben. Und schließlich verdienen die vorzüglichen Abbildungen (Lithographien) besonders hervorgehoben zu werden. Die auf Fiederform und Nervatur gegründeten «künstlichen» Gattungen der farnlaubigen Gewächse, wie *Sphenopteris, Neuropteris, Pecopteris, Odontopteris* usw., haben sich bestens bewährt und sind heute noch im Gebrauch. – Die «Histoire» behandelt leider nur die Algen, Equisetinen, Filicinen und einen Teil der Lycopodiinen. Es bleibt ungeklärt, warum BRONGNIART das Werk nicht vollendet hat (es bricht inmitten eines Satzes im Lycopodiinen-Abschnitt ab), obwohl er später noch zahlreiche paläobotanische Abhandlungen veröffentlichte.

Auch in England nahm die Paläobotanik in den dreißiger Jahren des vorigen Jahrhunderts einen mächtigen Aufschwung. Davon legt vor allem «The fossil flora of Great Britain» von J. LINDLAY und W. HUTTON (1831–37) ein Zeugnis ab. In drei Bänden mit 230 Tafeln werden die auf englischem Boden gefundenen Pflanzen unter Verwendung der binären Nomenklatur und nach dem natürlichen System geordnet beschrieben.

In Deutschland wurden BRONGNIART's Anregungen tatkräftig aufgenommen durch HEINRICH ROBERT GOEPPERT (1800–1884)[9] (Abb. 150) in Breslau, den «Vater der deutschen Paläobotanik». Er war anfangs Apotheker, dann Arzt, habilitierte sich für Medizin und Botanik und erhielt schließlich die Professur für

Botanik, die er 45 Jahre bekleidete. Neben pflanzenphysiologischen Fragen fesselten ihn besonders die Pflanzen der Vorzeit, vor allem diejenigen des schlesischen Karbons. In seinen großen Monographien über «die fossilen Farrenkräuter» (1836) und über die fossilen Koniferen (1850) sowie in seinen «Gattungen der fossilen Pflanzen» ist es GOEPPERT ebenso wie BRONGNIART vor allem um den Vergleich mit rezenten Formen zu tun. Durch den Nachweis, daß innerhalb des niederschlesischen Oberkarbons die liegenden Waldenburger Schichten von den hangenden Schatzlarer Schichten floristisch scharf unterschieden sind, legte er den Grund für die Feinstratigraphie des Karbons auf paläobotanischer Basis. Die Frage, ob die Steinkohlen autochthoner oder allochthoner Entstehung sind, entschied GOEPPERT in einer von der Leidener Akademie mit dem doppelten Preis ausgezeichneten Abhandlung im erstgenannten Sinne. Schließlich verdanken wir GOEPPERT im wesentlichen unsere Kenntnis von den im Bernstein eingeschlossenen Pflanzenresten.

SCHLOTHEIM, STERNBERG, BRONGNIART und GOEPPERT, die Begründer der wissenschaftlichen Paläobotanik, haben sich vorwiegend mit den als Abdrücke vorliegenden Pflanzenresten beschäftigt. Echte Versteinerungen mit erhaltener Struktur, also vor allem verkieselte Stämme, hatte schon WALCH in großer Zahl abgebildet, jedoch ohne Berücksichtigung ihrer Histologie, während bereits hundert Jahre früher ROBERT HOOKE das Anschliffbild eines fossilen Holzes (Abb. 38a) dargestellt hatte. Erst die Erfindung des Dünnschliffes durch den Engländer WILLIAM NICOL (1830)[10] schuf die Voraussetzung für eine erfolgreiche Erforschung der strukturerhaltenen Pflanzenfossilien. NICOL sowie sein Landsmann HENRY WITHAM haben aufgrund von «thin slices» die histologische Struktur fossiler Gymnospermen-, Dicotyledonen- und Palmenhölzer beschrieben und abgebildet, wobei sie die mikroskopischen Bilder rezenter Hölzer zum Vergleich heranzogen.

Daß man aber in günstigen Fällen auch am polierten Anschliff den histologischen Bau von Stämmen weitgehend aufklären kann, zeigte eine kleine Abhandlung von ANTON SPRENGEL über die als *Psaronius* bezeichneten Baumfarnstämme (1828)[11] und vor allem das ausgezeichnete Werk von BERNHARD COTTA[12] (Abb. 151) über «Die Dendrolithen in Beziehung auf ihren inneren Bau» (1832). Der Verfasser dieses Buches wurde 1808 in Zillbach bei Eisenach als Sohn von HEINRICH COTTA[13], dem Begründer der Waldbauwissenschaft, geboren, wurde von seinem Vater in die Naturwissenschaft eingeführt, widmete sich der Geologie und Lagerstättenkunde und starb 1879 als Professor an der Bergakademie in Freiberg. HEINRICH COTTA hatte eine umfangreiche Sammlung fossiler Stämme (über 500!) aus Mitteldeutschland, vor allem aus dem Rotliegenden von Chemnitz, zusammengebracht und die Stücke anschleifen und polieren lassen. Dieses wahrhaft einmalige Material bildete die Grundlage zu dem oben genannten Werk, das sich durch genaue Beschreibung wie durch vorzügliche, vom Verfasser selbst entworfene Abbildungen auszeichnet. BERNHARD COTTA schickte sein Buch auch an GOETHE, der ihm am 15. März 1832, also eine Woche vor seinem Tode, dafür dankt und schreibt: «Daß ich für alle fossilen Gegenstände seit geraumer Zeit eine besondere Vorliebe gehegt, ist Ihnen nicht verborgen geblieben; ich habe selbst durch anhaltende Bemühungen und Freundesgunst sehr schöne Beispiele zusammengestellt, wobei dann immer mehr offenbar wird, daß Abbildungen und genaue Beschreibungen ganz allein geeignet sind, uns in einem so unermeßlichen Felde zurechtzuweisen ... Sie haben die Natur auf

Abb. 151. Bernhard von Cotta (1808–1879)

Abb. 152. August Corda (1808–1849)

eine so vollkommene Weise nachgeahmt, daß man Ihre Arbeiten ebenso gut als die Originale dem Vergrößerungsglase unterwerfen und sich dadurch von Ihrer ebenso großen Aufmerksamkeit als Geschicklichkeit überzeugen muß.» Bei den von Cotta dargestellten Objekten handelt es sich vor allem um Stämme von Farnen *(Psaronius, Tubicaulis)*, Pteridospermen *(Medullosa)* und Calamiten.

Auf eine breite Basis wurde jedoch die Histologie der fossilen Pflanzen erst durch August CORDA[14] (Abb. 152) gestellt, zunächst in einem Beitrag zur letzten Lieferung von STERNBERG's Werk (1838), vor allem aber in seinen «Beiträgen zur Flora der Vorwelt» (1845), einem Folioband mit 60 prachtvollen Tafeln. CORDAS Leistungen verdienen auch aus dem Grunde unsere besondere Achtung, als ihm nur ein kurzes und zudem noch hindernisreiches Leben beschieden war. Er wurde 1809 in Reichenberg (Böhmen) geboren. Als er kaum ein Jahr alt war, verlor er beide Eltern. Nach dem Tode seiner Großmutter (1819) nahm ihn ein Onkel in Prag auf, wo ihm durch Arbeit in einer Arzneiwarenhandlung eine dürftige Existenz geboten war. Mit Unterstützung eines Gönners, des Professors JULIUS KROMBHOLZ, war es ihm schließlich möglich, Medizin zu studieren. Nach 2 Jahren jedoch brach er das Studium ab und trat in eine Naturalienhandlung ein. Nebenher bearbeitete er für STURM's «Flora» die Pilze und Lebermoose, auch half er KROMBHOLZ bei der Ausarbeitung seines großen Pilz-Werkes. Ferner verdiente er sich seinen Lebensunterhalt als Zeichner und Lithograph, bis er schließlich 1835 durch STERNBERG's Vermittlung eine Kustosstelle am böhmischen Nationalmuseum erhielt. Von jetzt ab widmete sich CORDA zwei Gebieten: den Pilzen und den fossilen Pflanzen. Er führte als erster das Mikroskop in die Mykologie ein. Fast alle Arten, die er in den sieben Foliobänden «Icones fungorum» und «Prachtflora europäischer Schimmelbildungen» beschrieb und auf 90 ebenso genauen wie schönen Tafeln abbildete, waren neu für die Pilzkunde. 1847 trat CORDA eine Reise nach Texas an, auf deren Rückfahrt er im September 1849 durch Schiffbruch sein Leben verlor. Die fossile Pflanzengattung *Cordaites* wurde von UNGER ihm zu Ehren benannt.

CORDA war, wie er selbst schreibt, durch WITHAM's Abhandlung zur mikroskopischen Untersuchung der fossilen Pflanzenreste angeregt worden. Das Prager Museum und eigene Aufsammlungen boten ihm reiches Material für seine Studien. Besonders beschäftigte sich CORDA mit den Farnen; er wies nach, daß die von ihm sehr sorgfältig studierten Psaronien zu den Marattiaceen gehören, untersuchte erstmals die zu den Cyatheaceen gehörigen *Protopteris*-Stämme sowie eine größere Zahl von Palmenstämmen, erwies anhand des Sporangienbaues *Senftenbergia* als Schizaeacee usw. Wenn CORDA die Stämme von *Sigillaria* und *Lepidodendron* mit denen von *Euphorbia* und Crassulaceen verglich und sich dabei durch gewisse auffällige Konvergenzen täuschen ließ, möge man ihm dies nicht zu sehr anrechnen; begegnen wir ähnlichen Vergleichen sogar noch um die letzte Jahrhundertwende. Manche von CORDA's Abbildungen treffen wir noch heute in unseren Lehr- und Handbüchern an. Aus dem hohen Anteil der Farne in den karbonischen und permischen Floren sowie aus dem Überwiegen der Baumfarne schließt CORDA auf ein tropisches Klima zur damaligen Zeit in Mitteleuropa.

Bis in die Mitte des vorigen Jahrhunderts waren es in erster Linie die Pflanzenreste der Steinkohlen- und Rotliegend-Zeit, mit denen sich die Paläobotanik befaßte. Seit etwa 1850 trat die Tertiärflora stärker als bisher in den Vordergrund, und zwar dank der Forschungen des Österreichers FRANZ UNGER und des Schweizers OSWALD HEER, die beide von der Botanik her den Zugang zur Pflanzenwelt der Vorzeit fanden. FRANZ UNGER[15] (Abb. 153) war ein Gelehrter von ungewöhnlicher Vielseitigkeit. Wie sein Biograph H. LEITGEB sagt, «konnte man den Pflanzenphysiologen, umgeben von Petrefakten aller Art, beim Entziffern einer alten Münze treffen». UNGER wurde im Jahre 1800 auf einem Gutshof bei Leutschach in der südlichen Steiermark geboren. Da er als ältester von 9 Geschwistern das väterliche Gut übernehmen sollte, studierte er zunächst Rechtswissenschaft, wurde aber von dem Arzt und erfolgreichen Floristen

Abb. 153. FRANZ UNGER (1800–1870)

Abb. 154. OSWALD HEER (1809–1883)

ANTON SAUTER, damals noch Student der Medizin, für die Naturwissenschaft gewonnen und widmete sich in Wien der Medizin «als jener Wissenschaft, deren Studium allein zu jener Zeit in Österreich es möglich machte, sich einigermaßen gründliche naturwissenschaftliche Bildung anzueignen» (LEITGEB). 1830 wurde UNGER Landgerichtsarzt in Kitzbühel (Tirol). Die infolge der mannigfaltigen geologischen Verhältnisse sehr artenreiche Flora dieses Gebietes veranlaßte UNGER zu eingehenden Vegetationsstudien, die ihren Abschluß fanden in dem Werk «Über den Einfluß des Bodens auf die Vertheilung der Gewächse» (1836). UNGER erkannte in der chemischen Zusammensetzung des Bodens den Hauptfaktor für die Unterschiede in der Vegetation, wobei er erstmals zwischen bodensteten, bodenholden und bodenvagen Arten unterschied.[16] In das Kitzbüheler Sexennium fallen außerdem noch wichtige pflanzenpathologische Forschungen (s. Kap. 20), die Entdeckung der *Sphagnum*-Spermatozoiden, die Aufklärung des Leuchtens am Leuchtmoos-Protonema. Diesen Erfolgen verdankte UNGER die Berufung auf die Lehrkanzel für Botanik am Joanneum in Graz (1836), wo er sich nun ganz der Botanik widmen konnte. Neben vielseitigen physiologischen und anatomischen Forschungen begann UNGER mit dem Studium der fossilen Flora. Dieselbe rege Tätigkeit auf botanischem wie paläobotanischem Gebiet setzte er in Wien fort, wohin er 1849 auf eine neu errichtete «Lehrkanzel für Anatomie und Physiologie der Pflanzen» berufen worden war. Nach seinem Rücktritt vom Lehramt (1866) kehrte UNGER nach Graz zurück, wo er 1870 starb. In seinem letzten Jahrzehnt trat anstelle der Botanik mehr und mehr die Beschäftigung mit kulturgeschichtlichen Fragen, neben denen jedoch die Paläobotanik weiter gepflegt wurde. Auf dem letztgenannten Gebiet liegt UNGER's Bedeutung in zwei Richtungen: in der Erforschung der Tertiärflora und in der zusammenfassenden Darstellung des damaligen Wissens. Die mannigfaltigen tertiären Floren der alten österreichisch-ungarischen Monarchie, von denen in den

Sammlungen ein umfangreiches, unbearbeitetes Material lagerte und von denen manche erst erschlossen wurde (wie die berühmte Fundstelle von Radoboj in Kroatien), hat UNGER sorgfältig untersucht, wobei er sich nicht mit der Beschreibung begnügte, sondern auch eine pflanzengeographische Auswertung versuchte. Gegenüber den ähnlichen Arbeiten seines Landsmannes KONSTANTIN VON ETTINGSHAUSEN, der in den fünfziger Jahren des vorigen Jahrhunderts ebenfalls mehrere österreichische Tertiärfloren beschrieb, zeichnen sich UNGERS Bearbeitungen durch größere Gewissenhaftigkeit und kritische Einstellung aus.

Daneben hatte sich UNGER auch in älteren Formationen umgetan, so daß ihm die Pflanzenwelt der Vorzeit weitgehend aus eigener Anschauung geläufig war. Seine «Synopsis plantarum fossilium» (1845) ist das erste Werk, das alle damals bekannten fossilen Gattungen und Arten behandelt und ebenso wie die «Chloris protogaea» (1841–47) und die 1850 erschienenen «Genera et species plantarum fossilium» heute noch zu Rate gezogen wird.[17] Einer Künstlernatur wie UNGER fügten sich die Pflanzen einer Fundschicht zu einem Vegetationsbild zusammen. So wagte er es, in Zusammenarbeit mit einem Kunstmaler, vierzehn botanische Landschaftsbilder zu entwerfen, die die Entwicklung der Pflanzenwelt vom Unterkarbon bis zur Jetztzeit darstellen. Dieses Werk «Die Urwelt in ihren verschiedenen Bildungsperioden» (1851) hat als erstes Unternehmen dieser Art ungemein anregend gewirkt.[18] Zwar ist es an botanischen Einzelheiten heute völlig überholt, an künstlerischer Darstellung jedoch unübertroffen geblieben. Auch hat es UNGER, im Gegensatz zu ähnlichen Bildern späterer Zeit, vermieden, botanische Gärten der Vorzeit zu zeichnen, sondern es ist ihm gelungen, den Eindruck natürlicher Pflanzengemeinschaften zu erwecken. – Nicht minder originell erscheint schließlich ein bilderloses Textbuch, welches in derselben Zeit entstanden ist wie die Vegetationsbilder: der «Versuch einer Geschichte der Pflanzenwelt» (1852). Nach einer Einleitung über die klimatische und historische Bedingtheit der heutigen Pflanzenverbreitung behandelt UNGER die Art der Erhaltung der fossilen Pflanzen, die Methoden ihrer Bestimmung, das Verhältnis der fossilen Flora zur rezenten und die Flora der verschiedenen geologischen Perioden. Historisch von besonderer Bedeutung ist das vorletzte Kapitel des letzten Abschnittes, das die Überschrift trägt «Ursprung der Pflanzen. Ihre Vervielfältigung und Entstehung differenter Typen». Folgende Sätze (S. 344–345) kennzeichnen UNGER's Meinung unzweideutig: «Nichts ist in diesem geregelten Entwicklungsgange der Pflanzenwelt (im Laufe der Erdperioden) hinzugekommen, was nicht vorher vorbereitet und gleichsam angedeutet gewesen wäre... Der Entstehungsgrund aller dieser Verschiedenheiten kann durchaus kein äußerer sein, sondern muß nur ein innerer sein. Nur in dem tiefsten Grunde des allgemeinen Pflanzenlebens allein kann und muß der Grund jeder Veränderung, mag diese das Individuum oder die Einheit der Art, Gattung usw. betreffen, liegen. Es kann also nicht anders sein, als daß die Verschiedenheit der Gattungstypen von der Pflanze oder vielmehr von der Pflanzenwelt selbst hervorgebracht und geregelt werde. Mit Einem Worte..., eine Pflanzenart muß aus der andern hervorgehen.» Damit ist eindeutig der Gedanke der Deszendenz ausgesprochen, und zwar sieben Jahre vor dem Erscheinen von DARWIN's «Entstehung der Arten».[19]

Der zweite Begründer der Tertiär-Paläobotanik, OSWALD HEER[20] (Abb. 154), wurde 1809 in Niederuzwil (zwischen Wil und St. Gallen) geboren und verbrachte seine Jugendzeit im Sernftal inmitten der Glarner Alpen. Schon frühzeitig erwarb er sich eine gründliche Kenntnis der Insekten und der Pflanzen. Der Familientradition folgend studierte Heer Theologie, aber bei der Wahl zwischen einem Pfarramt in seiner Heimat und einer Konservatorstelle an einer großen privaten Insektensammlung in Zürich entschied er sich für die letztere. Bald bot sich Gelegenheit zur Habilitation an der neu eröffneten Universität Zürich, und unmittelbar danach wurde er im Alter von 26 Jahren als Professor für Botanik und Entomologie berufen. Dieses Amt bekleidete er – ab 1855 auch an der Eidgenössischen Technischen Hochschule – bis 1882, ein Jahr vor seinem Tode.

Seine erste größere wissenschaftliche Arbeit wurzelt in seiner engsten Heimat und trägt den Titel «Die Vegetationsverhältnisse des südöstlichen Teils des Cantons Glarus; ein Versuch, die pflanzengeographischen Erscheinungen der Alpen aus climatologischen und Bodenverhältnissen abzuleiten» (1835). Heer hatte sich also ein ganz ähnliches Ziel gesteckt wie um dieselbe Zeit Franz Unger in Tirol. Heer gliedert die Vegetation in fünf Höhenregionen (deren oberste, die nivale Region, ihn noch mehrfach beschäftigt hat) und unterscheidet – ebenso wie Unger – zwischen Kalk- und Schieferflora. Die Pflanzengemeinschaft der «Schneetälchen» hat Heer erstmals gekennzeichnet. Noch seine letzte Abhandlung, die er wenige Wochen vor seinem Tod vollendete, gilt der «Nivalen Flora der Schweiz»; jetzt ist Heer aber nicht nur Pflanzengeograph, sondern Paläobotaniker von weitumfassender Erfahrung, der zwei Gruppen von Nivalpflanzen unterscheidet: endemisch-alpine Arten und nordische Arten, die während der Eiszeit zu uns eingewandert sind. – Seine Tätigkeit als Konservator einer großen Züricher Insektensammlung veranlaßte Heer zur Abfassung zweier umfangreicher Werke über die Käfer der Schweiz und legte den Grund für seine ungleich bedeutenderen Veröffentlichungen über die fossilen Insekten, besonders des Tertiärs von Öhningen am Bodensee. Durch besondere Berücksichtigung der Skulptur der Flügeldecken (diese sind fossil meist allein vorhanden) wurden seine Untersuchungen richtungsweisend für die Paläo-Entomologie. Die Beschäftigung mit den Tertiärinsekten von Öhningen hatte Heer's Aufmerksamkeit schon frühzeitig auf die dort in großer Menge vorkommenden Pflanzenabdrücke gelenkt, die er 1855–59 in seiner dreibändigen «Flora tertiaria Helvetiae» beschrieben und abgebildet hat, insgesamt etwa 500 Arten. Wenn wir eine lebende Pflanze bestimmen, d.h. ihre Stellung im natürlichen System ermitteln wollen, verwenden wir in erster Linie Merkmale der Blüten und Früchte. Fossil liegen in den Tertiärablagerungen meist nur Blätter vor. Heer versuchte nun, durch sorgfältiges Studium der Nervatur die Sicherheit der Bestimmung zu erhöhen. Leopold von Buch (1852) und Oswald Heer haben als erste die Bedeutung der Nervatur für die Charakteristik der Blätter erkannt und eine noch heute verwendete Terminologie hierzu geschaffen. Es war eine umfangreiche Vorarbeit, die Heer an rezentem Material geleistet hat. In neuer Zeit sind die Blattabdrücke etwas in Mißkredit gekommen (vgl. auch das noch zu besprechende «Handbuch» von Schenk), da vielfache Konvergenzen leicht zu Fehlbestimmungen führen können, während Früchte eine größere Sicherheit gewährleisten. Dessen war sich auch Heer schon bewußt; wie sorgfältig er auf Früchte geachtet hat, zeigt fast jede Tafel seiner «Flora tertiaria». Wenn man, wie dies in letzter Zeit oft geschieht, Merkmale der Kutikula-Struktur heranzieht, erhöht sich die Sicherheit bei der Bestimmung von Blättern beträchtlich.

Heer blieb jedoch nicht bei einer bloßen Inventur der Formen stehen. Auf-

Abb. 155. William Crawford Williamson (1816–1895)

Abb. 156. Dukinfield Henry Scott (1854–1934)

grund sorgfältiger biostratonomischer Beobachtungen entwarf er ein Bild vom Ablauf der Jahreszeiten an der Öhninger Fundstelle und zog aus der Verbreitung nahe verwandter rezenter Arten Schlüsse auf das Klima zur Ablagerungszeit. Auch die Insekten stellte er in den Dienst der Paläobotanik, indem er aus den Funden von Arten, deren nahestehende heutige Verwandte auf bestimmte Futterpflanzen spezialisiert sind, auf die Existenz dieser Gewächse an der Öhninger Fundstelle schloß.

Die Fähigkeit Heer's, aus zahllosen, oft mühsam festgestellten Einzeltatsachen ein lebendiges Bild der Vorzeit vor unseren Augen erstehen zu lassen, tritt uns besonders in seiner «Urwelt der Schweiz» entgegen, einem Werk, in dem er die vorzeitliche Pflanzen- und Tierwelt der Schweiz vom «Steinkohlenland» bis zur «Gletscherzeit» schildert, dabei eine Fülle eigener Beobachtungen und Gedanken einflechtend. Das Buch wurde ins Englische sowie ins Französische übersetzt und 1948 im Auszug nochmals abgedruckt.

Durch seine Schweizer Tertiärflora war Heer zu einer Autorität auf diesem Gebiete der Paläobotanik geworden, so daß ihm in zunehmendem Maße fossile Pflanzen, besonders aus dem hohen Norden, zur Bearbeitung übersandt wurden. So veröffentlichte Heer von 1868 bis 1883 insgesamt 23 Abhandlungen, die in den sieben Foliobänden der «Flora fossilis arctica» zusammengefaßt wurden, «der bedeutendsten pflanzen-paläontologischen Publikation, die wohl je erschienen ist» (Engler). Heer hat hierin jedoch nicht nur tertiäre, sondern auch mesozoische, karbonische und devonische Floren beschrieben.

Die Bedeutung der beiden großen Werke Heer's geht aber weit über die Paläobotanik hinaus, da sie zugleich einen der wichtigsten Grundpfeiler unserer Kenntnis vom Klima der Vorzeit bilden. Aus dem Wärmebedürfnis der den fossilen Formen nächststehenden heutigen Arten der betreffenden Gattung schloß HEER auf das Klima, das zu Lebzeiten der fossilen Vertreter an ihrem Fundort herrschte. So kommt er für das Oberoligozän zu folgenden Durchschnittstemperaturen: Grinnel-Land 8°, Spitzbergen 9°, Grönland (70° n. Br.) 12°, Niederrheinisches Becken 18°, Schweiz 20,5° und Oberitalien 22°. Zahlreiche fossile Floren sind in den darauffolgenden Jahrzehnten aus dem Tertiär der nördlichen Halbkugel geborgen und untersucht worden. HEER's klimatologische Schlüsse haben dadurch nur geringfügige Korrekturen erfahren. – Es soll nicht unerwähnt bleiben, daß HEER diese immense Forschungsarbeit nur in der freien Zeit durchführen konnte, die ihm seine Ämter als Professor an zwei Hochschulen, als Direktor des Botanischen Gartens und Museums übrig ließen.

Einen unerwarteten Aufschwung nahm die Erforschung des inneren Baues der fossilen Pflanzen in England, und zwar durch die Entdeckung, daß die Dolomitknollen (coal balls) des Oberkarbons von Yorkshire und Lancashire Reste der Steinkohlengewächse, wie Wurzeln, Stammstücke, Blätter und Sporophyllstände, in vorzüglicher Erhaltung enthalten. In den sechziger Jahren des vorigen Jahrhunderts beschrieb E. W. BINNEY die ersten Fossilien dieser Art, und 1871 setzten die planvollen Untersuchungen von WILLIAM CRAWFORD WILLIAMSON[21] (Abb. 155) ein, die zu einer Aufklärung des inneren Baues aller wichtigeren Gruppen der Steinkohlenflora führten. WILLIAMSON wurde 1816 in Scarborough in Yorkshire geboren. Er war zunächst Apothekerpraktikant, studierte dann Medizin und wurde praktischer Arzt. 1851 übernahm er eine Stelle als Professor der Naturgeschichte am Owens College in Manchester, wo er bis 1892 lehrte. Drei Jahre darauf starb er in London. Schon frühzeitig erhielt WILLIAMSON geologische Anregungen durch seinen Vater, der mit WILLIAM SMITH, dem Begründer der Leitfossilien-Stratigraphie, befreundet war. Seine ersten wissenschaftlichen Arbeiten waren den Foraminiferen und *Volrox globator* gewidmet, und erst 1871, als er bereits 56 Jahre alt war, begann die Folge von insgesamt 19 Monographien «On the organisation of the fossil plants of the coal measures», die sämtlich in den «Philosophical Transactions of the royal Society» erschienen und denen 122 von WILLIAMSON selbst gezeichnete histologische Tafeln beigegeben sind. Die einmalige Sammlung von mehr als 1800 Dünnschliffen, die diesen Untersuchungen zugrunde liegen und in deren Herstellung WILLIAMSON selbst ein Meister war, befindet sich als «WILLIAMSON-Collection» im Britischen Museum (Natural History) in London. H. C. SORBY, der die Dünnschliffe in die Petrographie einführte, erlernte diese Technik einst von WILLIAMSON. Daß die Ergebnisse dieser über zwanzig Bände der genannten Zeitschrift verstreuten Abhandlungen den weiteren Kreisen der Botaniker bekannt wurden, verdanken wir der «Einleitung in die Paläophytologie» von Graf zu SOLMS-LAUBACH[22] und vor allem den «Studies in fossil botany» von D. H. SCOTT. DUKINFIELD HENRY SCOTT (1854–1934)[23] (Abb. 156), der seine botanische Ausbildung bei JULIUS SACHS in Würzburg genossen und mit F. O. BOWER die «Vergleichende Anatomie» von A. DE BARY ins Englische übersetzt hatte, wurde durch SOLMS-LAUBACH's «Einleitung» für die Paläobotanik interessiert. Er war noch WILLIAMSON's Mitarbeiter in dessen letzten Lebensjahren und führte sein Werk im Jodrell-Laboratorium in Kew mit bestem Erfolg weiter. Zu seinen bedeutendsten Entdeckungen gehört der Nachweis, daß die *Lagenostoma*-Samen zu *Lyginodendron* gehören, womit die Existenz der Pteridospermen bewiesen war (1903). SCOTT war kein Freund von großen Theorien und hielt sich streng an die Tatsachen; diese vermochte er aber so anschaulich darzustellen, daß seinen «Stu-

Abb. 157. AUGUST SCHENK (1815–1891)

Abb. 158. ALFRED GABRIEL NATHORST (1850–1921)

dies in fossil botany» ein Erfolg beschieden war wie wohl kaum einem anderen Werke der Paläobotanik. WILLIAMSON und SCOTT ist es in erster Linie zu danken, daß das Studium der fossilen Pflanzen in keinem Land der Erde so intensiv betrieben wurde und heute noch betrieben wird wie in England. Bei dieser Gelegenheit sei einer weiteren bedeutsamen Entdeckung gedacht, die an strukturbietendem Material gemacht wurde: der Psilophyten im Devon von Schottland durch R. KIDSTON und W. H. LANG (1917). – Fast gleichzeitig mit WILLIAMSON untersuchte BERNHARD RENAULT (1836–1904)[24] in Paris die verkieselten Pflanzenreste von Autun, wobei er vor allem den Bau der Cordaiten musterhaft aufklärte. RENAULT wirkte in Frankreich in ähnlicher Weise anregend auf die paläobotanische Arbeit wie WILLIAMSON in England.

Von allen geologischen Formationen enthalten Karbon und Tertiär die meisten Pflanzenfossilien und stehen daher in der Paläobotanik auch im Vordergrund des Interesses. Daß aber auch das Mesozoikum nicht zurückzustehen braucht, hat als erster AUGUST SCHENK[25] (Abb. 157) vor Augen geführt. Er wurde 1815 in Hallein bei Salzburg geboren, studierte in München bei MARTIUS und wurde durch SCHLEIDEN's «Grundzüge» für die entwicklungsgeschichtliche Richtung in der Botanik gewonnen. Von 1845 ab war er 23 Jahre als Professor in Würzburg tätig, von 1868 bis zu seinem Tode (1891) wirkte er in Leipzig. In Würzburg kam SCHENK mit der so reichhaltigen Flora des fränkischen Keupers in Berührung, über die er mehrere heute noch bedeutsame Arbeiten veröffentlichte. Aber erst seine große Monographie über «Die fossile Flora der Grenzschichten des Keupers und Lias Frankens» (1867) mit ihrer Fülle von morphologisch interessanten Farnen und Gymnospermen stellte die mesozoische Flora würdig neben diejenige der Steinkohlen- und Braunkohlenzeit. Drei Jahre später folgte «Die fossile Flora der nordwestdeutschen Wealdenformation», die mannig-

Abb. 159. ALBERT CHARLES SEWARD (1863–1941)

Abb. 160. ALFRED WEGENER (1880–1930)

faltige Beziehungen zur Rhät/Lias-Flora zeigt. Die Pflanzenfossilien in diesen Schichten liegen meist als Abdrücke vor. Doch ist dabei oft noch ein feiner Kohlebelag vorhanden, aus dem SCHENK durch das Mazerationsverfahren noch Kutikularpräparate gewinnen und den Epidermisbau klarlegen konnte. SCHENK's Bedeutung für die Paläobotanik liegt aber noch in einer anderen Richtung. Für ZITTEL's großes «Handbuch der Paläontologie» hatte er nach dem Tode von W. PH. SCHIMPER die Abteilung «Paläophytologie» übernommen, eine Aufgabe, der er sich mit größter Gewissenhaftigkeit unterzog. Insbesondere bei den Angiospermen, von denen aus dem Tertiär Unmengen von Blattabdrükken vielfach ohne botanische Sachkenntnis beschrieben worden waren, sonderte er die Spreu vom Weizen in einer so kritischen Weise, wie dies seitdem nicht wieder geschehen ist. So hat SCHENK, um nur ein Beispiel zu nennen, die als Proteaceen bedeuteten Blattabdrücke aus dem europäischen Tertiär, aus denen man weitreichende pflanzengeographische Schlüsse gezogen hatte (UNGER hatte eine Abhandlung verfaßt «Neuholland in Europa»), als Myricaceenabdrücke erkannt. SCHENK's «Paläophytologie» hatte zur Folge, daß man mit der Bestimmung tertiärer Blattabdrücke vorsichtiger wurde.

Unsere Kenntnis der mesozoischen Pflanzenwelt wurde in den Jahrzehnten um die Jahrhundertwende noch bedeutend vertieft durch die Forschungen des schwedischen Paläobotanikers ALFRED GABRIEL NATHORST[26] (Abb. 158), der – ein seltener Fall – in gleicher Weise Geologe wie Botaniker war. Er wurde 1850 in Bergshammar in Södermanland geboren, besuchte das Gymnasium in Malmö und studierte in Lund und Uppsala. Schon als Schüler besaß er ein umfangreiches Herbar und hatte die Absicht, sich ganz der Botanik zu widmen. Der Geologe

N. P. ANGELIN gewann ihn aber für die Geologie, und bereits als Student veröffentlichte er seine erste Arbeit über die Schichtenfolge des Kambriums in Schonen. 1870 unternahm NATHORST seine erste Polarfahrt nach Spitzbergen; die hier gesammelten fossilen Pflanzen aus dem Karbon wurden von HEER beschrieben. Im Jahre darauf entdeckte NATHORST pflanzenführende Glazialablagerungen in Schonen, und dem Studium eiszeitlicher Pflanzenfossilien war auch eine Reise nach Deutschland, in die Schweiz und nach England gewidmet, wobei er – ein für seine weitere Entwicklung bedeutsames Ereignis – die persönliche Bekanntschaft von OSWALD HEER machte. Die auf der Reise gemachten Funde führten zu einem klaren Bild des Klimawechsels und der Vegetationsfolge im Pleistozän. Für diese Untersuchungen erhielt NATHORST mit 22 Jahren die Silbermedaille der dänischen «Vidskabernes Selskab». Auch in späteren Jahren beschäftigte er sich noch mehrmals mit der eiszeitlichen Vegetation. – 1874 wurde NATHORST in Lund promoviert, habilitierte sich für Geologie und trat in die «Sveriges geologiska undersökning» ein. 1884 übernahm er die Leitung der neuen Abteilung für Archegoniaten und fossile Pflanzen am Naturhistorischen Reichsmuseum. Dieses Amt bekleidete er bis zu seiner Pensionierung im Jahre 1917 und starb 1921. Nach seiner ersten Polarfahrt führte er noch vier weitere Expeditionen nach Spitzbergen, Grönland, König-Karls-Land und der Bäreninsel durch, die eine Fülle geologischer und paläobotanischer Ergebnisse brachten.

Die rein geologischen Veröffentlichungen NATHORST's, die sowohl Schweden als auch die von ihm bereisten Polargebiete betreffen, müssen wir übergehen und uns auf die paläobotanischen beschränken. Bereits seine Dissertation hat eine gewisse Beziehung zu seinem späteren Hauptarbeitsgebiet, als er eine Anzahl von Gebilden, die für fossile Algen gehalten wurden (wie *Palaeochorda, Palaeophycus, Buthotrephis* u.a.), erstmals als Kriechspuren von Tieren erkannte. Die eigentlichen paläobotanischen Arbeiten NATHORSTS gliedern sich in drei bis zu einem gewissen Grade auch zeitlich aufeinanderfolgende Gruppen. Seine Tätigkeit als Geologe an der schwedischen Geologischen Landesuntersuchung führte ihn zur Beschäftigung mit den rhätischen und liasischen Floren von Schonen, die er sorgfältig beschrieb. Dann folgen die Bearbeitungen des reichen Materials fossiler Pflanzen, das er auf seinen Polarreisen gesammelt hatte. Die «oberdevonische Flora der Bäreninsel» ist wohl die bedeutendste von NATHORSTS Abhandlungen über die fossilen Polarfloren. Zuletzt – etwa seit 1905 – widmete sich NATHORST der monographischen Behandlung einzelner mesozoischer Pflanzengattungen, und hierin liegt wohl seine größte Bedeutung als Paläobotaniker. Durch die Erfindung des Kollodiumabdrucks und die meisterhafte Anwendung der Mazerationsmethode hat NATHORST das Äußerste aus dem Material «herausgeholt». Es seien vor allem die Untersuchungen der rhätoliasischen Dipteridaceen, Matoniaceen, Nilssonien, Koniferen und Bennettiteen genannt. NATHORST's Rekonstruktionen dieser Gewächse gehören heute zum Abbildungsbestand der Paläobotanik-Lehrbücher in aller Welt. Schließlich verdient erwähnt zu werden, daß die paläobotanische Sammlung des Naturhistorischen Reichsmuseums in Stockholm unter NATHORST's Betreuung zu einer der größten dieser Art überhaupt herangewachsen ist. – Die Liste von NATHORSTS Veröffentlichungen weist 377 Nummern auf, wobei Referate, Übersetzungen, Zeitungsaufsätze nicht mitgezählt sind. Fast ein Drittel davon bezieht sich auf paläobotanische, etwa ebensoviel auf geologische Themen.

Ähnlich wie für SCHENK und NATHORST standen auch für ALBERT CHARLES

SEWARD[27] (Abb. 159) die Pflanzenwelt des Mesozoikums im Mittelpunkt seiner Arbeit. Seine Monographie der Wealdenflora (1894/95) brachte dem erst 35jährigen Paläobotaniker die Aufnahme in die «Royal Society». Ihr folgte 1900/04 die Bearbeitung der Juraflora. SEWARD, der von 1906 bis 1936 als Professor der Botanik in Cambridge wirkte, war es weniger um die Morphologie der Einzelpflanze zu tun als mehr um die Erfassung der fossilen Floren und ihre Verbreitung über die Erde. Die Zusammenfassung des paläobotanischen Wissens in seinem 4bändigen Werk «Fossil plants» (1898–1919) gehört wegen der sorgfältigen Beachtung des älteren Schrifttums noch heute zum literarischen Rüstzeug jedes Paläobotanikers. In seinem «Plant life through the ages» (1933) gibt SEWARD eine Übersicht über die Entwicklung der fossilen Floren vom Präkambrium bis zum Quartär. Bedeutende Paläobotaniker unseres Jahrhunderts wie B. SAHNI, W.N. EDWARDS, T. HARRIS, H.H. THOMAS und J. WALTON waren SEWARD's Schüler.

Die Ergebnisse der Paläobotanik haben, wie oben bereits am Beispiel von HEER's «fossilen Polarfloren» dargelegt, eine grundlegende Bedeutung für die Feststellung des Klimas bzw. der Klimazonen der Vorzeit.[28] Daß die letzteren in ihrer Lage nicht mit den heutigen übereinstimmen, hat schon im vorigen Jahrhundert zu vielerlei Hypothesen Anlaß gegeben. Eine einigermaßen befriedigende Lösung dieser vielschichtigen Probleme brachte erst die «Kontinentalverschiebungstheorie» des Geophysikers ALFRED WEGENER (Abb. 160).[29] Von Biologen und Paläontologen wurde sie daher vielfach positiv aufgenommen, während Geologen und Geophysiker sie ablehnten.[30] Die Erforschung des Paläomagnetismus und der Ozeanböden bestätigte den Grundgedanken WEGENERS. Seine Kontinentalverschiebungstheorie hat in modifizierter Form in die «Plattentektonik»[31] Eingang gefunden.

Mit diesem Hinweis, der die enge Verflechtung der Botanik und ihrer geschichtlichen Entwicklung mit anderen Gebieten der Naturwissenschaften eindrucksvoll zeigt und zugleich bis in die gegenwärtigen Problemstellungen führt, wollen wir den Gang durch die Geschichte der Botanik beschließen.

Anmerkungen

1 Über die Geschichte der Paläobotanik finden sich Angaben in folgenden Veröffentlichungen: ANDREWS, H. N., The fossil hunters. In search of ancient plants. Ithaca and London 1980. FREYBERG, B. VON, Die geologische Erforschung Thüringens in älterer Zeit. Berlin 1932. GOTHAN, W., Die Probleme der Paläobotanik und ihre geschichtliche Entwicklung. Probl. d. Wissenschaft in Vergangenh. u. Gegenw. Nr. 10, Berlin 1948. –, Die Paläobotanik in Deutschland in den letzten hundert Jahren. Zschr. d. dtsch. geol. Ges. **100**, 94–105, 1948. HÖLDER, H., Geologie und Paläontologie in Texten und ihrer Geschichte. Orbis Academicus II/11. Freiburg und München 1960. LAMBRECHT, K., & W. QUENSTEDT, Palaeontologi, Fossilium Catalogus, I (Animalia), Pars 72. Gravenhage 1938. MÄGDEFRAU, K., Paläobiologie der Pflanzen. 4. Aufl. Jena 1968 (mit 33 Paläobotaniker-Portraits). SCHINDEWOLF, O.H., Wesen und Geschichte der Paläontologie. Probl. d. Wissensch. in Vergangenh. u. Gegenw. No. 9. Berlin 1948. ZITTEL, K.A. VON, Geschichte der Geologie und Paläontologie bis Ende des 19. Jahrhunderts. München u. Leipzig 1899.

2 LUIDIUS, EDUARDUS, Lithophylacii britannici Ichnographia. Lipsiae 1699 (150 S., 15 Taf.).
Biogr.: GUNTHER, R. T., Life and letters of Edwad Lhwyd. Oxford 1945. EMERY, F., Edward Lhwyd. Caerdydd 1971. DSB **8**, 307–308, 1973.

3 SCHEUCHZER, JOH. JACOB, Herbarium diluvianum. Zürich 1709. Editio novissima. Zürich 1723.
Biogr.: FISCHER, H., Johann Jakob Scheuchzer. Neujahrsbl. d. naturforsch. Ges. Zürich, Nr. 175. Zürich 1973. HOEHERL, FR. X., Joh. Jac. Scheuchzer, der Begründer der physischen Geographie des Hochgebirges (Dissertation München 1901, = Münchner Geogr. Studien No. 2); PEYER, B., Johann Jakob Scheuchzer im europäischen Geistesleben seiner Zeit (Gesnerus **2**, 23–34, 1945); STEIGER, RUD., Joh. Jac. Scheuchzer, Dissertation Zürich 1927;
–, Verzeichnis des wissenschaftlichen Nachlasses von Johann Jacob Scheuchzer (Vierteljahrsschr. d. Naturf. Ges. Zürich, Bd. 78, Beiblatt Nr. 21, 1933); WOLF, RUD., Biographien zur Kulturgeschichte der Schweiz I, Zürich 1858. DSB **12**, 159, 1975.

4 WALCH, JOH. ERNST IMMANUEL, Das Steinreich. Halle 1762–64.
–, Die Naturgeschichte der Versteinerungen. Nürnberg 1755–1773. (Der die fossilen Pflanzen enthaltende 3. Band erschien 1771.)
J. E. I. WALCH wurde 1725 als Sohn des Theologen JOHANN GEORG WALCH in Jena geboren. Anfangs Theologe, befaßte er sich neben neutestamentlicher Exegese und klassischer Philologie vor allem mit epigraphischen Studien. 1755 wurde er zum Professor der Logik und Metaphysik, 1759 zum «Professor eloquentiae et poeseos» an der Universität Jena ernannt. Er starb hier 1778. Über seine Bedeutung als Paläontologe vgl. B. VON FREYBERG 1932 (zit. in Anm. 1), S. 16–20.
Biogr.: Joh. Samuel Schroeters Journal f. d. Liebhaber des Steinreichs u. d. Konchyliologie **5**, 564–581, Weimar 1779; F.C.G. Hirschings Histor.-litter. Handbuch **15**/II, 236–250, Leipzig 1812; Allg. dtsch. Biogr. **40**, 652–655, 1896 (VON DOBSCHÜTZ). MÖLLER, R., J. E. I. Walch, Leben und wissenschaftl. Werk. NTM-Schriftenreihe Gesch. Naturwiss., Techn. Med. **9**, 70–93, 1972. DSB **14**, 119–120, 1976.

5 SCHLOTHEIM, ERNST FRIEDRICH, Beschreibung merkwürdiger Kräuter-Abdrücke und Pflanzenversteinerungen. Gotha 1804 (Neudruck Ges. f. geolog. Wissensch. Berlin 1981.
–, Die Petrefaktenkunde auf ihrem jetzigen Standpunkte. Gotha 1820 (Nachträge 1822).
Die Sammlung SCHLOTHEIM's mit den Belegstücken zu seinen Werken befindet sich im Museum für Geologie und Paläontologie der Humboldt-Universität Berlin.
Biogr.: Neuer Nekrolog der Deutschen **10**, I, 246–250, Ilmenau 1834 (CHR. CREDNER); Naturw. Monatsschr. «Aus der Heimat» **45**, 288–292, 1932 (B. VON FREYBERG); Bergakademie **16**, 444–448, Freiberg i. Sa. 1964 (M. OSCHMANN); Argumenta palaeobotanica **1**, 19–40, 1966 (W. LANGER); Wiss. Zschr. d. Humboldt-Univ. Berlin, math.-nat. Reihe, **19**, 249–255, 1970 (R. DABER). DSB **12**, 182–183, 1975.

6 STERNBERG, KASPAR, Versuch einer geognostisch-botanischen Darstellung der Flora der Vorwelt. 2 Bde. (I–IV, V–VIII), Prag 1820–38 (Nachdruck 1965).
Biogr.: MARTIUS, C. F. PH. VON, Akad. Denkreden, S. 83–94, Leipzig 1866; PALACKY, FR., Das Leben des Grafen Kaspar Sternberg, Prag 1868. Weitere Literatur über STERNBERG in: SCHMID, G., Goethe und die Naturwissenschaften, eine Bibliographie, S. 588–589, Halle 1940. WURZBACH, C., Biograph. Lexikon d. Kaiserthums Österreich **38**, 252–266, 1879.

6a ILG, W., Die Regensburgische Botanische Gesellschaft. Hoppea **42**, 1–391, 1984, sowie Hoppea **48** und **49**, 1990.

7 Die Übersichtlichkeit des Werkes wird dadurch erschwert, daß die Lieferungen, z. T. ohne Jahresangabe, bei verschiedenen Verlegern und später in zwei Bänden erschienen sind, wobei die Aufeinanderfolge der Einzelteile in den mir bekannten Exemplaren stark voneinander abweicht.

8 Brongniart, Ad. Th., Prodrome d'une histoire des végétaux fossiles. Paris 1828.
–, Histoire des végétaux fossiles ou recherches botaniques et géologiques sur les végétaux renfermés dans les diverses couches du globe. Paris 1828–38.
Biogr.: Bull. de la Soc. géol. de France, Sér. III, **4**, 373–407, 1876 (G. Saporta); Launay, L. de, Les Brongniarts, Paris 1940 (p. 155–167, 200–208).

9 Goeppert, Heinr. Rob., Die fossilen Farrenkräuter. Nova Acta Acad. Leop. nat. cur. **17**, Suppl. 1836.
–, Abhandlung über die Preisfrage «Man suche durch genaue Untersuchung darzutun, ob die Steinkohlenlager aus Pflanzen entstanden sind, welche an Stellen, wo jene gefunden werden, gewachsen sind, oder ob diese Pflanzen an anderen Orten lebten ...». Leiden 1848.
–, Monographie der fossilen Coniferen. Leiden 1850. – & C. Chr. Beinert, Über die Beschaffenheit und die Verhältnisse der fossilen Flora in den verschiedenen Steinkohlenablagerungen eines und desselben Reviers. Leiden 1850.
–, A. Menge & H. Conwentz, Die Flora des Bernsteins. Danzig 1883, 1886.
Biogr.: Leopoldina **20**, 196–199, 211–214, **21**, 135–139, 149–154, 1884–85 (F. Cohn); Schriften d. naturf. Ges. Danzig, N.F. **6**, 253–285, 1885 (H. Conwentz). Graetzer, J., Lebensbilder hervorrag. schlesischer Ärzte (Breslau 1889, S. 107–113. DSB **5**, 440–442, 1972.

10 Nicol, W., Bemerkungen über die Struktur neuer und fossiler Zapfenbäume. Froriep's Notizen a.d. Geb. der Natur- u. Heilkunde **40**, Nr. 859 u. 860, 1834. Witham, H., Observations on fossil vegetables, accompanied by representations of their internal structure, as seen through the microscope. London 1831.

11 Sprengel, Anton, Commentatio de Psarolithis, ligni fossilis genere. Halle 1828.

12 Cotta, Bernhard, Die Dendrolithen in Beziehung auf ihren inneren Bau. Dresden und Leipzig 1832. Wagenbreth, C., Bernhard von Cotta. Leben und Werk eines deutschen Geologen im 19. Jahrhundert. Freiberger Forschungshefte D36. Leipzig 1965.
–, Bernhard von Cotta. Sein geologisches und philosophisches Lebenswerk an Hand ausgewählter Zitate. Ber. d. geol. Ges. i.d. DDR, Sonderheft 3. 1965. DSB **3**, 433–435, 1971. – Cotta's «Dendrolithen»-Sammlung befindet sich im Museum für Naturkunde Berlin (H. Süss in: Neue Museumskunde 27, 17–30, 1984).

13 Heinrich Cotta (1763–1844) gründete 1795 die Forstschule Zillbach (Thür. Wald) und wurde 1810 an die Forstlehranstalt Tharandt (Sachsen) berufen. Hauptwerke: «Naturbeobachtungen über Bewegung und Funktion des Saftes in den Gewächsen» (1806) und «Anweisung zum Waldbau» (1817, 9. Aufl. 1865).
Biogr.: Richter, A., Heinrich Cotta. 2. Aufl. Radebeul und Berlin 1952.

14 Corda, August Joseph, Skizzen zur vergleichenden Anatomie vor- und jetztweltlicher Pflanzenstämme. In: Sternberg, K., Versuch einer geognostisch-botanischen Darstellung der Flora der Vorwelt. Heft 7/8. Prag 1838.
–, Beiträge zur Flora der Vorwelt. Prag 1845.
Biogr.: Weitenweber, W. R., Denkschrift über A. J. Cordas Leben und botanisches Wirken, Prag 1852 (auch in: Abhandl. d. böhm. Gesellsch. d. Wissenschaften **7**, 59–94, 1852); Zobel, J. B., A. C. J. Corda, sein Leben und sein Wirken, in: Corda, A. C. J., Icones fungorum, **6**, IX–XVIII, Prag 1854. Maiwald, V., Geschichte der Botanik in Böhmen (Wien 1904), S. 195–202.

15 Unger, Franz, Genera et species plantarum fossilium. Wien 1850.
–, Die Urwelt in ihren verschiedenen Bildungsperioden. Wien 1851 (16 Tafeln mit Text).
–, Versuch einer Geschichte der Pflanzenwelt. Wien 1852 (Neudruck 1972).
Biogr.: Bot. Zeitung **28**, 241–264, 1870 (H. Leitgeb); Journ. of Botany **8**, 192–203, 1870 (anonym); Verhandl. d. zool.-bot. Ges. Wien **52**, 51–65, 1902 (J. Wiesner); Reyer, A., Leben und Wirken des Naturhistorikers Franz Unger, Graz 1871; Haberlandt, G., Briefwechsel zwischen Franz Unger und Stephan Endlicher, Berlin 1899.

ENSLEIN, J., Die wissenschaftsgeschichtl. Untersuchung und Wertung der anatomischen, physiologischen und ökologischen Arbeiten von Franz Unger. Wien 1956. BARON, W., Ungers Versuch einer Geschichte der Pflanzenwelt. Sudhoffs Archiv **47**, 19–35, 1963.

16 Vor UNGER unterschieden bereits ANDREAS SAUTER (Flora **14**, 225–228, 1831), JOH. ZAHLBRUCKNER (Darstellung d. pflanzengeogr. Verhältnisse d. Erzherzogthums Österreich unter der Enns, Wien 1831) und OSWALD HEER (Vegetationsverh. d. Kantons Glarus 1835) Kalk- und Kieselpflanzen. HUGO MOHL (Einfluß d. Bodens auf die Alpenpflanzen 1838, abgedr. in «Vermischte Schriften») wies erstmals darauf hin, daß sich Kalk- und Kieselböden auch physikalisch unterscheiden.

17 Eine solche Überschau aller bekannten fossilen Pflanzen-Arten ist nur noch einmal gegeben worden, und zwar von W. PH. SCHIMPER in seinem dreibändigen «Traité de paléontologie végétale» (Paris 1869–74). Vgl. Kap. 11, Anm. 15.

18 Vor allem vom Steinkohlenwald und vom Braunkohlenwald sind von vielen Autoren Vegetationsbilder entworfen worden. Darstellungen vom Unterdevon bis zum Holozän bringt MÄGDEFRAU (Vegetationsbilder der Vorzeit, Jena 1948, 3. Aufl. 1959). Künstlerisch vorzügliche und zugleich wissenschaftlich einwandfreie Lebensbilder geben B. AUGUSTA & Z. BURIAN in ihrem Tafelwerk «Tiere der Urzeit», Prag, Leipzig, Jena 1956.

19 Die vorzeitlichen Landschaftsbilder und die «Geschichte der Pflanzenwelt» dürften den Anlaß zu den verleumderischen Angriffen der klerikalen Presse gegen UNGER gebildet haben, die ihn als Pantheisten, Materialisten und Verderber der Jugend anklagte. Die Studenten setzten sich in einer an das Unterrichtsministerium gerichteten Adresse mit 401 Unterschriften für UNGER ein. Vgl. REYER (zit. in Anm. 15).

20 HEER, OSWALD, Flora tertiaria Helvetiae. 3 Bände. Winterthur 1855–59.
–, Die Urwelt der Schweiz. Zürich 1865. 2. Aufl. 1879.
–, Flora fossilis arctica. 7 Bde. Zürich 1868–83.
Biogr.: SCHRÖTER, C., Oswald Heer, Lebensbild eines schweizerischen Naturforschers, Zürich 1885–87; Leopoldina **21**, 18–20, 22–30, 42–49, 1885 (A. JENTZSCH); Aus der Heimat **67**, 142–149, 1959 (K. MÄGDEFRAU). Medizinhist. Journ. **19**, 347–362, 1984 (B. HOPPE). DSB **6**, 220–222, 1972.

21 WILLIAMSON, WILLIAM CRAWFORD, On the organisation of the fossil plants of the coal measures. I–XIX. Philosoph. Trans. of the roy. Soc. London 1871–1893.
Biogr.: WILLIAMSON, W.C., Reminiscences of a Yorkshire Naturalist, London 1896; Nature **52**, 441–443, 1895 (H. Graf SOLMS-LAUBACH); Obituary notices of the Proceed. of the roy. Soc. London **60**, XXVII–XXXII, 1896 (D.H. SCOTT); OLIVER, F.W., Makers of british Botany, Cambridge 1913, S. 243–260 (D.H. SCOTT).

22 SOLMS-LAUBACH, H. Graf zu, Einleitung in die Paläophytologie. Leipzig 1887. HERMANN Graf zu SOLMS-LAUBACH (1842–1915) war Professor der Botanik an der Universität Straßburg.
Biogr.: Proceed. of the roy. Soc. London, Ser. B, **90**, XIX–XXVI, 1919 (D.H. SCOTT); Ber. d. dtsch. bot. Ges. **33**, (95)–(112), 1916 (L. JOST).

23 SCOTT, D.H., Studies in fossil Botany, 2 vol. 3. Ed. London 1920–23 (Reprint 1963).
Biogr.: Ann. of Bot. **49**, 823–840, 1935 (F.W. OLIVER). WALTON, J., Paleobotany in Great Britain. In: TURILL, W.B., Vistas in Botany **1**, 231–244, London 1959. DSB **12**, 258–260

24 RENAULT, BERN., Cours de Botanique fossil. 4 Bände. Paris 1881–85.
Biogr.: Journ. of the roy. microscop. Soc. 1906, 129–145; Mém. de la Soc. d'Hist. nat. d'Autun **18**, 1905.

25 SCHENK, AUGUST, Die fossile Flora der Grenzschichten des Keupers und Lias Frankens. Wiesbaden 1867.
–, Die fossile Flora der nordwestdeutschen Wealdenformation. Palaeontographica **20**, 1871.
–, Paläophytologie. ZITTEL, Handbuch der Paläontologie, II. Abteilung. München 1879–1890.

Biogr.: Ber. d. dtsch. bot. Ges. **9**, (15)–(26), 1891 (O. DRUDE); HAECKEL, E., Entwicklungsgeschichte einer Jugend, Leipzig 1921 (SCHENK in vielen Briefen erwähnt).

26 NATHORST, A.G., Zur oberdevonischen Flora der Bäreninsel. Kgl. Svenska Vedenskaps-Akad. Handl. **36**, Nr. 3. 1902.
–, Paläobotanische Mitteilungen. 1–11. Ebenda **42–48**. 1907–1912.
–, Über die Gattung Nilssonia. Ebenda **43**, Nr. 12. 1909.
Biogr.: Geol. Fören. i Stockholm Förhandl. **43**, 241–311, 1921 (T.G. HALLE); DSB **9**, 617–618, 1974.

27 Obituary Notices of Fellows of the roy. Soc. London 1941, 867–880 (H.H. THOMAS); New Phytologist **40**, 160–164, 1941 (T. HARRIS); DSB **12**, 339–340, 1975.

28 MÄGDEFRAU, K., Paläobiologie der Pflanzen. 4. Aufl. Stuttgart 1968. SCHWARZBACH, M., Das Klima der Vorzeit. 3. Aufl. Stuttgart 1974.

29 WEGENER, A., Die Entstehung der Kontinente und Ozeane. 5. Aufl. Braunschweig 1936 (1. Aufl. 1915). KÖPPEN, W., & WEGENER, A., Die Klimate der geologischen Vorzeit. Berlin 1924 (Ergänzungen 1940).
Biogr.: Gerlands Beitr. z. Geophysik **31**, 337–377, 1931 (H. BENNDORF); Polarforschungen, 2. Beiheft, 1960 (J. GEORGI); WEGENER, E., Alfred Wegener, Wiesbaden 1960; MILANKOVITCH, M., Durch ferne Welten und Zeiten (Leipzig 1936), S. 263–277; SCHWARZBACH, M., Alfred Wegener und die Drift der Kontinente (Stuttgart 1980); DSB **14**, 214–217, 1976.

30 Aus der umfangreichen Literatur seien nur als Beispiele genannt: IRMSCHER, E., Pflanzenverbreitung und Entwicklung der Kontinente. Mitteil. a.d. Inst.f. allg. Botanik Hamburg **5** (1922) und **8** (1929); HERZOG, TH., Geographie der Moose. Jena 1926. Um dieselbe Zeit schrieb der Geophysiker A. SIEBERG in seiner »Geolog. Einführung in die Geophysik« (Jena 1927, S. 270): «Im Grunde genommen spricht der ganze Inhalt des vorliegenden Buches gegen WEGENER.»

31 FRISCH, W., & LOESCHKE, J., Plattentektonik. Darmstadt 1986.

Schlußbetrachtungen

Eine Chronik schreibt nur derjenige, dem die Gegenwart wichtig ist.

GOETHE (Maximen und Reflexionen)

In den 21 Kapiteln dieses Buches wurde eine Überschau über die Entwicklung der Botanik innerhalb einer Zeitspanne von fast drei Jahrtausenden zu geben versucht. Zum Abschluß sollen einige allgemeine Ergebnisse und Folgerungen herausgearbeitet werden.

Der aufmerksame Leser hat bemerkt, wie sehr jede Forschergeneration in der vorhergehenden wurzelt und deren Werk weiterführt. Besonders in den beiden letzten Jahrhunderten läßt sich dieser Umstand sogar im persönlichen Bereich feststellen, indem bedeutende Forscher ebenso bedeutende Schüler hatten; wenn letztere oft andere Arbeitsgebiete pflegten als ihre Lehrer, so hatten sie in ihnen doch ein großes Vorbild.[1] «Tristo é quel discepolo, che non avanza il suo maestro» (Traurig ein Schüler, der nicht seinen Meister übertrifft). Dieser Satz LEONARDO DA VINCI's, der sich als Inschrift im Chemie-Hörsaal der Universität Rom befindet, drückt denselben Sachverhalt mit anderen Worten aus. – Ansehnlich war die Zahl hervorragender Schüler z.B. bei DE BARY, STRASBURGER und PFEFFER. Es leben noch jetzt in Deutschland Botaniker, die ihre «Lehren-Schüler-Ahnenfolge» ohne Unterbrechung sogar bis auf LINNÉ zurückführen können.

Wenn man in den vorangegangenen biographischen Abschnitten das Erscheinen der bedeutenden, richtungweisenden Veröffentlichungen mit dem Geburtsjahr ihres Verfassers in Beziehung setzt, so läßt sich erkennen, daß die Zeit zwischen dem 20. und dem 35. Lebensjahr den eigentlich schöpferischen Abschnitt eines Forscherlebens darstellt.[2] «Alles hatte er sich concipirt, ehe er noch 23 Jahre alt war», schreibt LINNÉ in seinen «Eigenhändigen Anzeichnungen».[8] Viele andere Forscher könnten wohl ähnliches von sich sagen. Es wäre aber unzulässig, daraus zu folgern, daß die Leistung in der zweiten Hälfte eines Forscher- und Gelehrtenlebens von geringerem Wert wäre. Pläne und Ideen müssen, um wirksam zu sein, auch ausgeführt und ausgebaut werden, und dies ist im wesentlichen die Aufgabe der mittleren Lebensjahre. «Wenn dem früheren Alter Tun und Wirken gebührt, so ziemt dem späteren Betrachtung und Mitteilung» (GOETHE). Hohes Lebensalter ist bei Botanikern, wie überhaupt bei Gelehrten, keine Seltenheit. Um nur ein paar Beispiele zu nennen: CHRIST wurde 99, RADLKOFER 98, J.D. HOOKER 94, BOWER und FITTING 93, HABERLANDT, SCHWENDENER und TSCHERMAK 90 Jahre alt. Das 9. Lebensjahrzehnt erreichten, um nur die bedeutendsten Forscher zu nennen: BROWN, A. DE CANDOLLE, CAESALPINUS, DUHAMEL, ENGLER, GOEPPERT, GOETHE, HAECKEL, W.J. HOOKER, HUMBOLDT, A.L. JUSSIEU, LAMARCK, LINK, NEES VON ESENBECK, THEOPHRASTOS, DE VRIES, WARMING. Fast alle Genannten waren bis in ihr letztes Lebensjahr wissenschaftlich tätig. Aber manche, denen nur ein kurzes Lebensalter vergönnt war, haben sich durch außergewöhnliche Leistung einen Ehrenplatz unter den Botanikern errungen, z.B. HOFMEISTER (52 Jahre), GESNER (49), EICHLER (47), BRUNFELS (46), WILLDENOW (46), A.F.W. SCHIMPER (45), ENDLICHER (44), BATSCH (41), CORDA (39), MEYEN (36).

Ein schon oft und besonders gegenwärtig wieder viel diskutiertes Thema ist die Frage, ob zwischen Schul- und Lebensleistung eine Beziehung steht.[3] Aus zahlreichen Botaniker-Biographien, die daraufhin durchgesehen wurden, ergab sich, daß die meisten bedeutenden Forscher sich durch sehr gute Schulleistungen ausgezeichnet haben. Dasselbe gilt nach den Untersuchungen von E. SCHWINGE allgemein für Gelehrte. Eine Ausnahme unter den Botanikern macht nur LINNÉ, der – in gleicher Weise wie LIEBIG – bereits in der Schule sich voll auf sein Lieblingsfach konzentrierte und alles andere vernachlässigte. Die Vorliebe für ihr zukünftiges Forschungsgebiet erwacht bei den meisten Biologen schon sehr frühzeitig; guten Lehrern kommt nach vielfachem Zeugnis dabei ein wesentlicher Anteil zu. Fast alle bedeutenden Biologen haben den Grund zu ihrer Formenkenntnis schon als Schüler gelegt, und zwar weitgehend als Autodidakten.

Viele Eigenschaften haben die Biologen mit allen anderen Gelehrten gemeinsam[4]: Gedächtnis, Phantasie, Selbstkritik, Fleiß, Ordnungssinn, Konzentration, Wahrheitsliebe. Feindschaft gegen jede Art von Intrigantentum wird in den Biographien großer Forscher oft besonders hervorgehoben. Für den Botaniker, wie überhaupt für den Naturforscher, kommt noch eine wesentliche Voraussetzung hinzu: die Beobachtungsgabe, d.h. die Fähigkeit, zu sehen, was andere nicht beachten, und das Gesehene mit ähnlichen Erscheinungen geistig zu verbinden.

Bezüglich der beruflichen Zugehörigkeit der Botaniker läßt sich im Laufe der Jahrhunderte ein bestimmter Wandel feststellen. Bis ins 18. Jahrhundert waren die Forscher fast ausschließlich «Dilettanten», d.h. Männer, welche die Forschung neben ihrem andersgerichteten Berufe betrieben. Meist waren sie Ärzte, einige waren Verwaltungsbeamte oder Geistliche. Vielfach trat der eigentliche Beruf gegenüber der Botanik sogar zurück. Vom 18. Jahrhundert ab wird die Forschung fast ausschließlich das Nebenamt des lehrenden Universitätsprofessors. Anfangs war die Botanik mit der Medizin verbunden; erst im 19. Jahrhundert wurden eigene Lehrstühle für Botanik geschaffen. Aber noch bis Ende des vorigen Jahrhundertsd begannen die Botaniker vielfach mit dem Studium der Medizin, Pharmazie oder Theologie und wandten sich erst nach dem Studienabschluß der Botanik zu. Ein eigentliches Biologie-Studium mit Promotion in Botanik oder Zoologie gibt es erst seit kaum hundert Jahren. Die Berufung auf eine Professur erfolgt auch heute noch aufgrund der Leistung als Forscher. Der Professor ist aber in erster Linie zur Lehrtätigkeit und zur Mitarbeit an der Selbstverwaltung der Universität verpflichtet und kann seine Forschungen nur noch nebenher weiterbetreiben. Die verschiedenen Tätigkeitsbereiche ließen sich meist gut miteinander vereinen, und so sind in den letzten zweihundert Jahren die Forschungsstätten der Biologie fast ausschließlich die Universitäten gewesen. Eigentliche Forschungsinstitute außerhalb der Universitäten wurden erst kurz vor dem Ersten Weltkrieg geschaffen (in Deutschland die Kaiser-Wilhelm-Institute, 1948 in Max-Planck-Institute umbenannt) und auch nur für ganz bestimmte Gebiete, so daß noch heute in der Biologie die Forschungsarbeit überwiegend von den Universitäten und ihren Instituten geleistet wird. Doch wird dies in

Zukunft bei der stark zunehmenden Belastung der Professoren durch Lehre und vor allem durch vielfältigen Verwaltungsaufgaben nicht mehr möglich sein. LINNÉ schrieb in seinen «Eigenhändigen Anzeichnungen»[8] von sich: «Nie versäumte er eine Lection; aber Consistorialia behandelte er als aliena.» Heute aber kann sich der Hochschullehrer den «Consistorialia» nicht nur nicht entziehen, sondern sie nehmen sogar den Hauptanteil seiner Arbeitszeit in Anspruch. Die Forschung wird daher an den Universitäten in zunehmendem Maße rückläufig werden.

Der Gang durch die gesamte Geschichte der Botanik zeigt, daß alle bedeutenden Leistungen niemals auf einen unmittelbaren Nutzen abzielten. Dies hat schon ARISTOTELES betont: «Man strebt nach dem Wissen, um ein Verständnis der Welt zu erlangen und nicht um eines äußeren Nutzens willen».[5] Der gleichsinnige Satz von K. E. VON BAER[6], «daß nicht die Rücksicht auf den Nutzen die Wissenschaft erzeugt und genährt hat», besitzt auch heute noch völlige Gültigkeit. Dies zu betonen ist besondere Pflicht in der Gegenwart, wo oftmals Naturwissenschaft und Technik gleichgesetzt, wo nur die unmittelbare Nutzanwendung als Forschungsziel angesehen wird und wo diese Auffassung durch staatliche Forschungsplanung in die Tat umgesetzt werden soll. Die Geschichte der Biologie bestätigt vollauf die Warnung, die schon vor fünfzig Jahren der englische Zoologe JOHN BAKER[7] ausgesprochen hat: «Nur zwei Dinge können den wissenschaftlichen Fortschritt töten. Das sind die Planung und die Verwechslung von Wissenschaft und Technik.»

Die Geschichte der Wissenschaften zeigt, wie weitgehend jede Forschergeneration auf den Schultern der früheren steht; sie erregt ein Gefühl der Achtung vor den Leistungen unserer Vorgänger und bewahrt uns vor einer Überschätzung augenblicklicher Lehrmeinungen.

Die Entwicklung der Botanik wie jeder Naturwissenschaft läßt erkennen, daß die Tatsachen bestehen bleiben und lediglich die Auffassungen, die Theorien, wechseln, jeweils gewandelt durch die fortschreitende Vertiefung unserer Erkenntnis. «Die Gegenstände blieben fest, die Ansichten bewegten sich aufs mannigfaltigste» (GOETHE 1817).

Schließlich tritt in der Botanik-Geschichte zutage, welche Denkweisen und Methoden den Fortschritt in den Naturwissenschaften bedingen: niemals die zügellose Deduktion, sondern nur die sorgfältige Beobachtung, das planvolle Experiment, geleitet von vorausschauenden, aber durch wachsame Kritik im Zaume gehaltenen Gedanken, oder mit JULIAN HUXLEY's Worten: «Phantasie und harte Arbeit.»

Anmerkungen

1 Groß ist die Zahl der Zeugnisse bedeutender Forscher über den vorbildlichen Einfluß ihrer Lehrer. Eine Zusammenstellung gab W. G. FISCHER in seinem Buch «Hochschullehrer», Karlsbad und Leipzig 1943.

2 Näheres hierüber bei E. SCHWINGE (Welt und Werkstatt des Forschers, Wiesbaden 1957); W. OSTWALD, Große Männer, 3.–4. Aufl., Leipzig 1910; DE CANDOLLE, A., Histoire des sciences et des savants depuis deux siècles, 2. éd., Genève 1884 (deutsch:

Zur Geschichte der Wissenschaften und der Gelehrten, Leipzig 1911); WALDEN, P., Persönlichkeit und Leistung in der Naturwissenschaft, Universitas **1**, 713–730, 1946.

3 Eine solche Beziehung wurde z.B. von W. OSTWALD (zit. Anm. 2) geleugnet. Doch beruht O.s Meinung nur auf sechs Biographien und auf z.T. irrigen Angaben. Sehr gute, sachliche Erörterung bei SCHWINGE (zit. Anm. 2), S. 147–163.

4 Weitere Ausführungen hierüber bei SCHWINGE, DE CANDOLLE und WALDEN (s. Anm. 2). In diesem Zusammenhang sei auch auf die «Regeln und Ratschläge zur wissenschaftlichen Forschung» (4. Aufl., München u. Basel 1957) des Nobelpreisträgers S. RAMON Y CAJAL hingewiesen. Die Lektüre dieses Büchleins sei jedem jungen Forscher ganz besonders empfohlen.

5 ARISTOTELES, Biologische Schriften (herausgeg. von H. BALSS, München 1943), S. 7.

6 BAER, K.E. VON, Blicke auf die Entwickelung der Wissenschaft (Vortrag St. Petersburg 1835), in: Reden und kleinere Aufsätze, Bd. 1, Petersburg 1864, S. 75–160.

7 BAKER, J.R., The scientific Life, London 1942; Science in the planned State, London 1945. Auswahl in deutscher Übersetzung: Freiheit und Wissenschaft, München 1950. SCHRAMM, M., Zu den Bedingungen naturwissenschaftlicher Forschung an der Universität. In: JOH. NEUMANN (Herausg.), 500 Jahre Univ. Tübingen, Tübingen 1977, S. 45–95.

8 LINNÉ, Eigenhändige Anzeichnungen über sich selbst. Deutsch von K. LAPPE. Berlin 1826.

Literatur zur Geschichte der Botanik und ihrer Nachbargebiete

1. Biographische und Bibliographische Nachschlagewerke

BARNHART, J. H., Biographical Notes on Botanists. 3 vol. Boston, Mass., 1965.
Dictionary of scientific Biography. 16 vol. New York 1970–80.
GRUMANN, V., Biographisch-bibliographisches Handbuch der Lichenologie. Lehre 1974.
HENZE, D., Enzyklopädie der Entdecker und Erforscher der Erde. Graz 1976ff.
JACKSON, B. D., Guide to the Literature of Botany. London 1881. (Reprint New York and London 1964.)
LAMBRECHT, K., & QUENSTEDT, W., Palaeontologi. Catalogus biobibliographicus. Fossilium Catalogus I, pars 72. 's Gravenhage 1938.
NISSEN, C., Die botanische Buchillustration. 2. Aufl. Stuttgart 1966.
PRITZEL, G. A., Thesaurus literaturae botanicae, 2. Ed. Leipzig 1872. (Nachdruck Milano 1950.)
RATZEBURG, J. TH., Forstwissenschaftliches Schriftsteller-Lexikon. Berlin 1872.
STAFLEU, F. A., & COWAN, R. S., Taxonomic literature. 2. Ed. 7 vol. 1976–1988.
WITTROCK, V. B., Catalogus illustratus iconothecae botanicae. Pars I–II. Acta horti Bergiani 3, Nr. 2 und 3. Stockholm 1903, 1905.
World Who's who in Science. A biographical Dictionary of Scientists from Antiquity to the Present. Chicago, Illin., 1968.
ZISCHKA, G., Allgemeines Gelehrtenlexikon. Kröner's Taschenausgabe Bd. 306. Stuttgart 1961.

2. Kulturgeschichte

BERNAL, J. D., Science in History. 3. Ed. London 1965. (Deutsch: Die Wissenschaft in der Geschichte. 3. Aufl. Berlin 1967.)
CANDOLLE, A. DE, Zur Geschichte der Wissenschaften und der Gelehrten seit zwei Jahrhunderten. Leipzig 1911.
FRIEDELL, E., Kulturgeschichte der Neuzeit. München 1927–31.
STEIN, W., Kulturfahrplan. 650. Tsd. Berlin-Grunewald 1991.
STÖRIG, H. J., Kleine Weltgeschichte der Wissenschaft. 3. Aufl. Stuttgart 1965.

3. Geschichte der Naturwissenschaften

DANNEMANN, F., Die Naturwissenschaften in ihrer Entwicklung und in ihrem Zusammenhange. 2. Aufl. 4 Bde. Leipzig 1920–23. (Nachdruck Walluf 1971.)
DARMSTAEDTER, L., Handbuch zur Geschichte der Naturwissenschaften und Technik. 2. Aufl. Berlin 1908. (Nachdruck 1961.)
DAMPIER, W. C., A History of Science. 4. Ed. Cambridge 1948. (Deutsche Übersetzung «Geschichte der Naturwissenschaft» Zürich 1952.)

LENARD, PH., Großer Naturforscher. 5. Aufl. München 1943.
MASON, ST. F., Geschichte der Naturwissenschaft. Kröner's Taschenausgabe Bd. 307. 2. Aufl. Stuttgart 1974.

4. Geschichte der Biologie

ANKER, J., & S. DAHL, Werdegang der Biologie. Leipzig 1938.
ARBER, A., The Mind and the Eye. Deutsche Übersetzung: Sehen und Denken in der biologischen Forschung. Rowohlt's Deutsche Enzyklopädie Bd. 110. Hamburg 1960.
BALLAUF, TH., Die Wissenschaft vom Leben. Bd. 1: Eine Geschichte der Biologie vom Altertum bis zur Romantik. Freiburg u. München 1954.
BUDDENBROCK, W. VON, Biologische Grundprobleme und ihre Meister. 2. Aufl. Berlin 1951.
FREUND, H., & BERG, A., Geschichte der Mikroskopie. 3 Bde. Frankfurt a. M. 1963–66.
GARDNER, E. J., History of Biology. 3. Ed. Minneapolis 1972.
HOPPE, B., Biologie – Wissenschaft von der belebten Materie von der Antike bis zur Neuzeit. Beihefte zu Sudhoff's Archiv **17**, 1976.
JAHN, I., LÖTHER, R. & SENGLAUB, K., Geschichte der Biologie. Jena 1982.
JAHN, I., Grundzüge der Biologiegeschichte. Jena 1991.
LOCY, W. A., Biology and its Makers. 2. Ed. New York 1910. Deutsch: Die Biologie und ihre Schöpfer, Jena 1915.
MAY, W., Große Biologen. Leipzig u. Berlin 1914.
MAYR, E., The growth of biological thought. London 1982. Deutsch: Die Entwicklung der biologischen Gedankenwelt. Berlin 1984.
MIALL, L. C., The early Naturalists (1530–1789). London 1912 (Reprint 1970).
NORDENSKIÖLD, E., Geschichte der Biologie. Jena 1926.
NOWIKOFF, M., Grundzüge der Geschichte der biologischen Theorien. München 1949.
PEATTIE, D. C., Green Laurels. The Life and Achievements of great Naturalists. New York 1938. Deutsch: Immergrüner Lorbeer, Berlin o. J.
RÁDL, E., Geschichte der biologischen Theorien in der Neuzeit. Bd. 1, Leipzig 1905 (2. Aufl. 1913); Bd. 2, Leipzig 1909. (Nachdruck Hildesheim 1970.)
ROTSCHUH, K. E., Geschichte der Physiologie. Berlin, Göttingen, Heidelberg 1953.
SCHMUCKER, TH., Geschichte der Biologie. Göttingen 1936.
SINGER, CH., A short History of Biology. 2. Ed. London 1950.
–, The History of Biology to the End of the 19th Century. 3. Ed. London 1959.
TSCHULOK, S., Das System der Biologie in Forschung und Lehre. Jena 1910.
UNGERER, E., Die Wissenschaft vom Leben. Bd. 3: Der Wandel der Problemlage der Biologie in den letzten Jahrzehnten. Freiburg u. München 1966.

5. Geschichte der Botanik

a) Allgemein

BISCHOFF, G. W., Von der Entstehung der wissenschaftlichen Pflanzenkunde und ihren Fortschritten bis auf unsre Zeit. In: Lehrbuch der Botanik Bd. II/2, 418–830. Stuttgart 1839.
CONSTANTIN, J., Asperçu historique des progrès de la botanique depuis cent ans (1834–1934). Ann. des Sci. nat., Botan., 10. Sér., **16**, Paris 1934.
GREENE, E. L., Landmarks of botanical history. Part I–II. Stanford 1983.
HARVEY-GIBSON, R. J., Outlines of the History of Botany. London 1919.
JESSEN, K. F. W., Die Botanik der Gegenwart und Vorzeit. Leipzig 1864. (Reprint Waltham 1948; Nachdruck Walluf 1972.)

MEYER, E. H. F., Geschichte der Botanik. 4 Bde. Königsberg 1854–57. (Nachdruck Amsterdam 1965.)
MÖBIUS, M., Geschichte der Botanik. Jena 1937. (Nachdruck Stuttgart 1968.)
MORTON, A. G., History of botanical science. London 1981.
REED, H. S., A short History of Botany. Waltham 1942.
REYNOLDS-GREEN, J., A History of Botany 1860–1900. Oxford 1909.
SACHS, J., Geschichte der Botanik. München 1875 (Reprint New York, London 1968) Englische Übersetzung Oxford 1890, 1967.
SPRENGEL, K., Geschichte der Botanik. 2 Bde. Leipzig 1817–18.
WALTER, H., Bekenntnisse eines Ökologen. 6. Aufl. Stuttgart 1989.

b) Regional

Botanik und Zoologie in Österreich in den Jahren 1850–1900. Wien 1901.
BRIQUET, J., Biographies des botanistes à Genève. Ber. d. schweiz. botan. Gesellsch. **50**a, 1940.
BURKILL, J. H., Chapters on the history of botany in India. Calcutta 1965.
CHRISTENSEN, C. F. A., Den danske Botanik's Historie. 2 Bde. Kobenhavn 1924–26.
COLLANDER, R., The history of botany in Finland 1828–1918. Helsinki 1965.
DAVY DE VIRVILLE, A., Histoire de botanique en France. Paris 1954.
ERIKSON, G., Botanikens historia i Sverige intit år 1800. Stockholm 1969.
EWAN, J., A short History of Botany in the United States. New York and London 1969.
FRIES, R. E., A short History of Botany in Sweden. Uppsala 1950.
GUNN, M., & CODD, L. E., Botanical exploration of southern Africa. Introductory volume of the Flora of Southern Africa. Cape Town 1981.
HRYNIEWIECKI, B., Précis de l'histoire de la botanique en Pologne. Warszawa 1933.
HUMPHREY, H. B., Makers of North American botany. New York 1961.
KANITZ, A., Versuch einer Geschichte der ungarischen Botanik. Linnaea **33**, 401–664, 1865. Auch Separat Halle 1865.
LEFORT, F. L., Contribultion à l'histoire botanique du Luxembourg. Bull. de la Soc. des Naturalistes Luxembourgois, N. S. **43**. 1949.
OLIVER, F. W., Makers of British Botany. Cambridge 1913.
REYNOLDS-GREEN, J., A History of Botany in the United Kingdom. London and Toronto 1914.
SACCARDO, P., La botanica in Italia. Memorie del Istituto Veneto di Scienze, Lettere ed Arti **25**, Nr. 4. Venezia 1895.
SIERKS, M. J., Botany in the Netherlands. Leiden 1935.

6. Geschichte der Zoologie

BURCKHARDT, R., & H. ERHARD, Geschichte der Zoologie. 2. Aufl. Berlin u. Leipzig 1921.
CARUS, J. V., Geschichte der Zoologie. München 1872. (Reprint New York, London 1964.)
USCHMANN, G., Geschichte der Zoologie in Jena. Jena 1959.

7. Geschichte der Erdwissenschaften

BANSE, E., Große Forschungsreisende. München 1933.
BECK, H., Große Reisende. München 1971.
BECK, H., Geographie. Europäische Entwicklung in Texten und Erläuterungen. Freiburg u. München 1973.
BERINGER, C. C., Geschichte der Geologie und des geologischen Weltbildes. 2. Aufl. Stuttgart 1954.

CLOUD, P., Adventures in earth history. San Francisco 1970.

FREYBERG, B. VON, Die geologische Erforschung Thüringens in älterer Zeit. Berlin 1932.

HÖLDER, H., Geologie und Paläontologie in Texten und ihrer Geschichte. Freiburg u. München 1960.

HÖLDER, H., Kurze Geschichte der Geologie und Paläontologie. Springer-Verlag Berlin–Heidelberg–London 1989.

KRÄMER, W., Die Entdeckung und Erforschung der Erde. 6. Aufl. Leipzig 1974.

RUDWICK, M. J. S., The meaning of fossils. Episodes in the history of palaeontology. 2. Ed. New York 1976.

SCHMITHÜSEN, J., Geschichte der geographischen Wissenschaft. Mannheim 1970.

ZITTEL, K. A., Geschichte der Geologie und Paläontologie. München u. Leipzig 1899. (Reprint New York, London 1964.)

Bildnachweise

1. Thermen-Museum Rom (DROYSEN, Weltreich Alexanders des Großen, Berlin 1934, S. 86).
2. Archäologisches Institut Göttingen (PROF. DR. H. DÖHL).
3. WITTROCK II (1905), Taf. 3.
4. WITTROCK II (1905), Taf. 4.
5. Staatsbibliothek Lucca, um 1240.
6. WITTROCK II (1905), Taf. 5.
7. JAHN, J., Schmuckformen des Naumburger Doms (Leipzig 1944), Abb. 62.
8. WITTROCK II (1905), Taf. 6.
9. WITTROCK II (1905), Taf. 7.
10. Hortus sanitatis (1485), cap. CCXLVIII.
11. a BRUNFELS, Herbarum vivae eicones (1530), p. 103.
    b RYTZ, W., Pflanzenaquarelle des Hans Weiditz (Bern 1936).
12. Ölbild Universität Tübingen. Dieses Bild ist eine Kopie des Gemäldes (1541) im Württembergischen Landesmuseum Stuttgart (vgl. FICHTNER, zit. Kap. 3, Anm. 10).
13. FUCHS, New Kreuterbuch (1543).
14. MATTHIOLUS, Commentarii (1565).
15. MATTHIOLUS, Commentarii (1565).
16. WITTROCK II (1905), Taf. 12.
17. CLUSIUS, Rariorum stirpium per Hispanias observatarum historia (1576), p. 12.
18. Museum zu Allerheiligen, Schaffhausen. Aus: FISCHER, H., Conrad Gessner, 1966.
19. Manuskript zu GESNER, Historia plantarum (Univ.-Bibl. Tübingen).
20. WITTROCK II (1905), Taf. 11.
21. WITTROCK II (1905), Taf. 13.
22. Jungius-Gedenkschrift, Hamburg 1957, Titelbild.
23. RAVEN, John Ray (Cambridge 1950), Titelbild.
24. WITTROCK II (1905), Taf. 20.
25. Sammlung DR. E. SPEER, Braunschweig.
26. WITTROCK II (1905), Taf. 23.
27. MICHELI, Nova plantarum genera (1729), tab. 102.
28. DILLENIUS, Historia Muscorum (1741), tab. XXXIV.
29. LINNAEUS, Philosophia botanica (1780). Original: 1748.
30. Nach einem käuflichen Gipsabguß der 1773 von C.F. INLANDER angefertigten Wachsplakette.
31. FRIES, R.E., A short history of Botany in Sweden (Uppsala 1950), Taf. 1.
32. Journal of Botany vol. 3, London 1841.
33. Ölgemälde im Institut f. Biologie I, Tübingen.
34. MORREN, E., Prologue à la mémoire de R. Brown (1858).
35. WITTROCK II (1905), Taf. 44.
36. Knoll, F., Österreichische Naturforscher (Wien 1957), S. 78.
37. a MICHEL, K., Vom Flohglas zum Elektronenmikroskop (Berlin 1937), S. 3.
    b HOOKE, Micrographia (1665), pl. I.
38. HOOKE, Micrographia (1665), p. X, XI, XIII, XV.

39. Wittrock II (1905), Taf. 15.
40. Wittrock II (1905), Taf. 18.
41. Malpighi, Anatome plantarum (1675), tab. XII.
42. Grew, The anatomy of plants (1682), tab. 36.
43. Uschmann, G., Caspar Friedrich Wolff (1955), S. 71 (Bildnis: 1784).
44. Wolff, Theoria generationis (1759), Taf. I.
45. Wittrock II (1905), Taf. 28 (Bildnis: 1795).
46. Wittrock II (1905), Taf. 22 (Bildnis: 1759).
47. Hales, St., Vegetable staticks (1727).
48. Bronzebüste Universität Wien (Aufn. Prof. R. Biebl).
49. Conservatoire botanique Genève.
50. Wittrock II (1905), Taf. 24.
51. Knight, Th., A Selection of physiolog. and horticult. Papers (1841).
52. Académie des Sciences, Paris.
53. Zeichnung von F. Gerard 1804. Aus: Terra, H. dE, A.v. Humboldt (1956), Taf. 2.
54. Ikonothek des Verfassers (Daguerreotypie um 1857).
55. Hein, W.H., Bildnisse von C.L. Willdenow (Veröff. d. intern. Ges. d. Pharm., N.F. 22, 1963 (Kupferstich 1802).
56. Ikonothek des Verfassers.
57. Humboldt, Prolegomena zu «Nova genera et species plantarum» I, 1815.
58. Schouw, J., Die Erde, die Pflanzen und der Mensch (Leipzig 1851), Titelbild.
59. Wehnelt, B., Die Pflanzenpathologie d. dtsch. Romantik (Bonn 1943), S. 64.
60. De Candolle, A., Zur Geschichte d. Wissenschaften (Leipzig 1911), Titelbild.
61. Grisebach, A., Gesammelte Abhandlungen (Leipzig 1880), Titelbild.
62. Clements, F.E., Dynamics of vegetation (New York 1949), Titelbild.
63. Ölgemälde Universität Tübingen.
64. Ölgemälde Institut f. Biologie II, Tübingen.
65. Sprengel, K., Das neu entdeckte Geheimnis der Natur (1793), Taf. XVIII (Größe der Originaltafel: 16,3 × 19,3 cm).
66. Ölgemälde Institut f. Biologie I, Tübingen.
67. Knuth, P., Handb. d. Blütenbiologie Bd. II/1 (1898) Titelbild (Aufn. 1883).
68. Freund, H., & Berg, A., Geschichte d. Mikroskopie Bd. 3 (Frankfurt/M. 1966), S. 1.
69. Ikonothek des Verfassers.
70. Kupferstich von J.H. Lips. Aus: Goethe (Slg. «Der Eiserne Hammer», Königstein b. Leipzig 1932), S. 32.
71. Schleiden, M.J., Die Pflanze (Leipzig 1855), Taf. V.
72. Stahlstich von A. Weise. Aus: Jahn (zit. Kap. 11, Anm. 10).
73. Martins, Ch.Fr., Œuvres d'hist. nat. de Goethe, Atlas par P.J.F. Turpin (Londres 1838), Taf. V.
74. Ber. d. naturforsch. Ges. Freiburg i.Br., Bd. 33, 1934.
75. Mettenius, C., Alexander Braun's Leben (Berlin 1882), Titelbild.
76. Nova Acta phys. med. Acad. Leop.-Carol. vol. 15/1 (1831), Taf. XXVII.
77. Ikonothek des Verfassers.
78. Ikonothek des Verfassers.
79. Obituary Notices of Fellows of the roy. Soc. London vol. 6 (1949), p. 347.
80. Ölgemälde Institut f. Biologie I, Tübingen.
81. Photographie Botanisches Institut Heidelberg.
82. Ikonothek des Verfassers.
83. Botanisches Museum Berlin-Dahlem.
84. Botanisches Institut Bonn.
85. Botanisches Institut Kiel.
86. Institut f. Biologie I, Tübingen (Lithographie 1843).
87. Botanisches Institut Bonn.

88. Ber. d. dtsch. bot. Ges. Bd. 40 (1922), S. 53 (Photographie 1899).
89. HABERLANDT, G., Erinnerungen (Berlin 1933), Titelbild.
90. Ikonothek des Verfassers.
91. HOFMEISTER, W., Die Lehre von der Pflanzenzelle (Leipzig 1867), Fig. 16.
92. STRASBURGER, E., Zellbildung und Zellteilung (Jena 1880), Taf. VIII.
93. BELAR, K., Formwechsel der Protistenkerne (Jena 1926), S. 27.
94. Münchner mediz. Wochenschr. 1912, Nr. 26 (Aufn. etwa 1902).
95. KÜSTER, E., Erinnerungen eines Botanikers (Gießen 1956), Titelbild.
96. STAHL, E., Schleiden-Gedächtnisfeier (Jena 1905), Titelbild.
97. Ikonothek des Verfassers (Aufnahme 1867).
98. Zeitschr. f. Botanik Bd. 24 (1930), S. 1.
99. Ber. d. dtsch. bot. Ges. Bd. 13 (1895), S. (10).
100. COHN, P., Ferdinand Cohn (Breslau 1901), Titelbild.
100. a WITTROCK II (1905), Taf. 76.
b WITTROCK II (1905), Taf. 73.
101. Botanisches Institut Münster (Westf.).
102. Ber. d. dtsch. bot. Ges. Bd. 48 (1930), S. (164).
103. Arch. du Mus. nation. d'hist. natur., 6. Sér., tome 6 (1930).
104. DE BEER, G., Charles Darwin (London 1963), p. 23 (Original 1854).
105. DE BEER, G., Charles Darwin (London 1963), S. 39.
106. More Letters of Charles Darwin, vol. 1 (London 1903), p. 316 (Photogr. 1870).
107. Ebenda p. 72 (Photogr. 1857).
108. Ebenda vol. 2, p. 113.
109. Ebenda vol. 1, p. 454 (Photogr. 1867).
110. DE BEER, G., Charles Darwin (London 1963), pl. 14 (Photogr. 1869).
111. BÖLSCHE, W., Ernst Haeckel im Bilde (Berlin 1914), Taf. 9 (Photogr. 1872).
112. HAECKEL, Generelle Morphologie (Berlin 1866), Bd. 2, Taf. II.
113. Österreichische Banknote (50 Schilling, 1964).
114. Ber. d. dtsch. bot. Ges. Bd. 48 (1930), S. (141).
115. ILTIS, H., Gregor Mendel (Berlin 1924), Taf. 7 (Original 1865).
116. DE VEER, P.H., Leven en werk van H. de Vries (1969), S. 17 (Photogr. 1896).
117. Ber. d. dtsch. bot. Ges. Bd. 56 (1939), S. (140).
118. TSCHERMAK VON SEYSENEGG, Leben und Wirken (Berlin 1958) Titelbild (Photogr. 1956).
119. PRINGSHEIM, E., Julius Sachs (Jena 1932), Titelbild (Photogr. 1893).
120. Ber. d. dtsch. bot. Ges. Bd. 38 (1921), S. (30) (Photogr. 1905).
121. Ikonothek des Verfassers. Photographie etwa 1914.
122. KRONFELD, E.M., Anton Kerner von Marilaun. Leipzig 1908. Titelbild (Photogr. 1890).
123. WITTROCK II (1905), Taf. 91 (Photogr. 1900).
124. Ber. d. dtsch. bot. Ges. Bd. 19 (1901), S. (54).
125. WITTROCK II (1905), Taf. 89 (Photogr. 1877).
126. Ikonothek des Verfassers (Photographie 1911).
127. POSTELS, A., & RUPRECHT, F., Illustrationes Algarum (Leipzig 1840).
128. HOOKER, J.D., The Botany of the Antarctic Voyage, vol. I (Flora Antarctica) London 1844–47.
129. WITTROCK II (1905), Taf. 69.
130. WITTROCK II (1905), Taf. 105.
131. Challenger-Report vol. I/1 (1885), p. 1.
132. Challenger-Report vol. I/1, p. 6 (fig. 2).
133. HERDMAN, W., Founders of Oceanography (London 1923), pl. V.
134. Symposium «Marine plancton and sediments» Kiel 1974.
135. Handwörterbuch d. Naturwiss., 2. Aufl., Bd. 4 (Jena 1934), S. 294.
136. POREP, R., Victor Hensen (Kieler Beitr. z. Gesch. d. Med., Heft 9, 1970), Titelbild (Photogr. 1903).

137. Mitteil. d. zool. Staatsinstituts Hamburg, Bd. 45 (1935).
138. Wissensch. Ergebnisse d. dtsch. Tiefsee-Expedition «Valdivia», Bd. II, Teil 2, Heft 2 (1906), Taf. XXIII und L.
139. Internat. Revue d. ges. Hydrobiol., Bd. 4 (1911), Taf. 1.
140. FRIEDRICH, H., Meeresbiologie (Berlin 1965), Abb. 5.
141. HENTSCHEL, E., Leben des Weltmeeres (Berlin 1929), S. 42.
142. WOLTMANN & HOLDEFLEISS, Julius Kühn (Berlin 1905).
143. Verhandl. d. schweiz. naturforsch. Ges. 1963, S. 194.
144. SCHEUCHZER, J. J., Herbarium diluvianum (1723), Titelbild.
145. SCHEUCHZER, J. J., Herbarium diluvianum (1723), tab. II.
146. FREYBERG, B. VON, Geolog. Erforschung Thüringens (Berlin 1932), S. 40.
147. Ebenda, S. 80.
148. SAUER, A., Ausgewählte Werke des Grafen K. von Sternberg, Bd. 1 (Prag 1902), Titelbild.
149. WITTROCK II (1905), Taf. 57.
150. Ikonothek des Verfassers (Photographie 1866).
151. COTTA, B., Geologische Wanderbilder (Leipzig 1852), Titelbild (Original 1847).
152. Einziges von CORDA existierendes Bild. Nationalmuseum Prag.
153. WEHNELT, B., Pflanzenpathologie d. dtsch. Romantik (Bonn 1943), S. 48.
154. Botanisches Centralblatt Bd. 17 (1884), Titelbild.
155. OLIVER, F. M., Makers of british Botany (Cambridge 1913), p. XXI.
156. Annals of Botany vol. 49 (1935), p. 823.
157. Ikonothek des Verfassers.
158. Geolog. Fören. i Stockholm Förhandl. Bd. 43 (1921), S. 241.
159. Obituary Notices of Fellows of the roy. Soc. London 1941, p. 867.
160. Ikonothek des Verfassers.

Sachregister

Namenregister

K

L

M

T